"十二五"国家重点出版规划项目
雷达与探测前沿技术丛书

三维合成孔径雷达

Three Dimensional Synthetic Aperture Radar

张晓玲　师君　韦顺军　等著

国防工業出版社
·北京·

内容简介

本书系统地介绍了三维合成孔径雷达成像技术的基本理论、处理方法、阵列设计及应用。本书共分9章，主要内容包括三维合成孔径雷达成像概述、合成孔径雷达成像基础、三维合成孔径雷达成像、三维频域成像处理算法、后向投影成像及并行化处理技术、压缩传感三维成像处理算法、自聚焦成像处理算法、三维高效时域成像处理算法、三维成像阵列设计与分析等。

本书力求理论性、实用性和系统性，密切结合当前教学和培训需要，强调理论研究与工程实践紧密结合，可作为高等院校研究生教材，也可供从事遥感、测绘、探测等相关领域工程人员和科研人员参考。

图书在版编目(CIP)数据

三维合成孔径雷达/张晓玲等著. —北京：国防工业出版社，2017.12
(雷达与探测前沿技术丛书)
ISBN 978-7-118-11448-5

Ⅰ.①三… Ⅱ.①张… Ⅲ.①合成孔径雷达 Ⅳ.①TN958

中国版本图书馆 CIP 数据核字(2018)第007714号

※

国防工業出版社出版发行
(北京市海淀区紫竹院南路23号 邮政编码100048)
天津嘉恒印务有限公司印刷
新华书店经售

*

开本 710×1000 1/16 **印张** 24¼ **字数** 441千字
2017年12月第1版第1次印刷 **印数** 1—3000册 **定价** 98.00元

(本书如有印装错误，我社负责调换)

国防书店：(010)88540777 发行邮购：(010)88540776
发行传真：(010)88540755 发行业务：(010)88540717

“雷达与探测前沿技术丛书”
编审委员会

编辑委员会

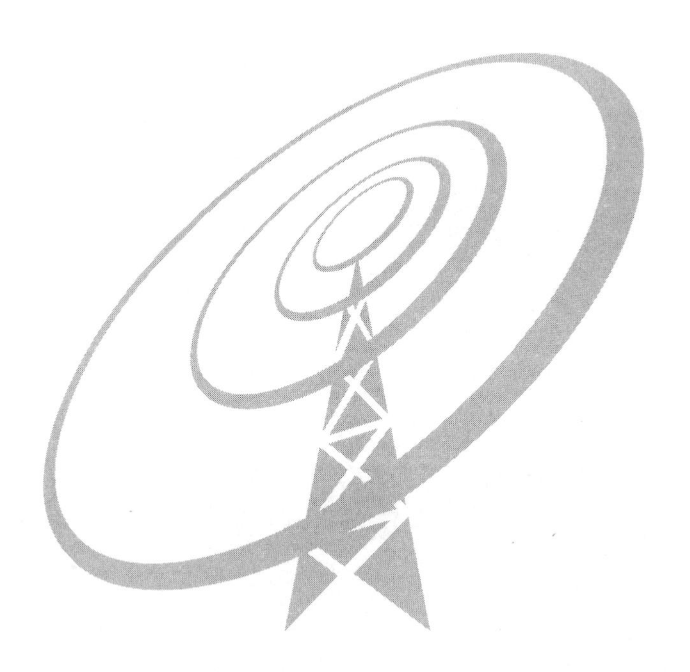

总　序

雷达在第二次世界大战中初露头角。战后，美国麻省理工学院辐射实验室集合各方面的专家，总结战争期间的经验，于1950年前后出版了一套雷达丛书，共28个分册，对雷达技术做了全面总结，几乎成为当时雷达设计者的必备读物。我国的雷达研制也从那时开始，经过几十年的发展，到21世纪初，我国雷达技术在很多方面已进入国际先进行列。为总结这一时期的经验，中国电子科技集团公司曾经组织老一代专家撰著了"雷达技术丛书"，全面总结他们的工作经验，给雷达领域的工程技术人员留下了宝贵的知识财富。

电子技术的迅猛发展，促使雷达在内涵、技术和形态上快速更新，应用不断扩展。为了探索雷达领域前沿技术，我们又组织编写了本套"雷达与探测前沿技术丛书"。与以往雷达相关丛书显著不同的是，本套丛书并不完全是作者成熟的经验总结，大部分是专家根据国内外技术发展，对雷达前沿技术的探索性研究。内容主要依托雷达与探测一线专业技术人员的最新研究成果、发明专利、学术论文等，对现代雷达与探测技术的国内外进展、相关理论、工程应用等进行了广泛深入研究和总结，展示近十年来我国在雷达前沿技术方面的研制成果。本套丛书的出版力求能促进从事雷达与探测相关领域研究的科研人员及相关产品的使用人员更好地进行学术探索和创新实践。

本套丛书保持了每一个分册的相对独立性和完整性，重点是对前沿技术的介绍，读者可选择感兴趣的分册阅读。丛书共41个分册，内容包括频率扩展、协同探测、新技术体制、合成孔径雷达、新雷达应用、目标与环境、数字技术、微电子技术八个方面。

（一） 雷达频率迅速扩展是近年来表现出的明显趋势，新频段的开发、带宽的剧增使雷达的应用更加广泛。本套丛书遴选的频率扩展内容的著作共4个分册：

(1)《毫米波辐射无源探测技术》分册中没有讨论传统的毫米波雷达技术，而是着重介绍毫米波热辐射效应的无源成像技术。该书特别采用了平方千米阵的技术概念，这一概念在用干涉式阵列基线的测量结果来获得等效大口径阵列效果的孔径综合技术方面具有重要的意义。

(2)《太赫兹雷达》分册是一本较全面介绍太赫兹雷达的著作,主要包括太赫兹雷达系统的基本组成和技术特点、太赫兹雷达目标检测以及微动目标检测技术,同时也讨论了太赫兹雷达成像处理。

(3)《机载远程红外预警雷达系统》分册考虑到红外成像和告警是红外探测的传统应用,但是能否作为全空域远距离的搜索监视雷达,尚有诸多争议。该书主要讨论用监视雷达的概念如何解决红外极窄波束、全空域、远距离和数据率的矛盾,并介绍组成红外监视雷达的工程问题。

(4)《多脉冲激光雷达》分册从实际工程应用角度出发,较详细地阐述了多脉冲激光测距及单光子测距两种体制下的系统组成、工作原理、测距方程、激光目标信号模型、回波信号处理技术及目标探测算法等关键技术,通过对两种远程激光目标探测体制的探讨,力争让读者对基于脉冲测距的激光雷达探测有直观的认识和理解。

(二) 传输带宽的急剧提高,赋予雷达协同探测新的使命。协同探测会导致雷达形态和应用发生巨大的变化,是当前雷达研究的热点。本套丛书遴选出协同探测内容的著作共10个分册:

(1)《雷达组网技术》分册从雷达组网使用的效能出发,重点讨论点迹融合、资源管控、预案设计、闭环控制、参数调整、建模仿真、试验评估等雷达组网新技术的工程化,是把多传感器统一为系统的开始。

(2)《多传感器分布式信号检测理论与方法》分册主要介绍检测级、位置级(点迹和航迹)、属性级、态势评估与威胁估计五个层次中的检测级融合技术,是雷达组网的基础。该书主要给出各类分布式信号检测的最优化理论和算法,介绍考虑到网络和通信质量时的联合分布式信号检测准则和方法,并研究多输入多输出雷达目标检测的若干优化问题。

(3)《分布孔径雷达》分册所描述的雷达实现了多个单元孔径的射频相参合成,获得等效于大孔径天线雷达的探测性能。该书在概述分布孔径雷达基本原理的基础上,分别从系统设计、波形设计与处理、合成参数估计与控制、稀疏孔径布阵与测角、时频相同步等方面做了较为系统和全面的论述。

(4)《MIMO 雷达》分册所介绍的雷达相对于相控阵雷达,可以同时获得波形分集和空域分集,有更加灵活的信号形式,单元间距不受 $\lambda/2$ 的限制,间距拉开后,可组成各类分布式雷达。该书比较系统地描述多输入多输出(MIMO)雷达。详细分析了波形设计、积累补偿、目标检测、参数估计等关键技术。

(5)《MIMO 雷达参数估计技术》分册更加侧重讨论各类 MIMO 雷达的算法。从 MIMO 雷达的基本知识出发,介绍均匀线阵,非圆信号,快速估计,相干目标,分布式目标,基于高阶累计量的、基于张量的、基于阵列误差的、特殊阵列结构的 MIMO 雷达目标参数估计的算法。

(6)《机载分布式相参射频探测系统》分册介绍的是 MIMO 技术的一种工程应用。该书针对分布式孔径采用正交信号接收相参的体制,分析和描述系统处理架构及性能、运动目标回波信号建模技术,并更加深入地分析和描述实现分布式相参雷达杂波抑制、能量积累、布阵等关键技术的解决方法。

(7)《机会阵雷达》分册介绍的是分布式雷达体制在移动平台上的典型应用。机会阵雷达强调根据平台的外形,天线单元共形随遇而布。该书详尽地描述系统设计、天线波束形成方法和算法、传输同步与单元定位等关键技术,分析了美国海军提出的用于弹道导弹防御和反隐身的机会阵雷达的工程应用问题。

(8)《无源探测定位技术》分册探讨的技术是基于现代雷达对抗的需求应运而生,并在实战应用需求越来越大的背景下快速拓展。随着知识层面上认知能力的提升以及技术层面上带宽和传输能力的增加,无源侦察已从单一的测向技术逐步转向多维定位。该书通过充分利用时间、空间、频移、相移等多维度信息,寻求无源定位的解,对雷达向无源发展有着重要的参考价值。

(9)《多波束凝视雷达》分册介绍的是通过多波束技术提高雷达发射信号能量利用效率以及在空、时、频域中减小处理损失,提高雷达探测性能;同时,运用相位中心凝视方法改进杂波中目标检测概率。分册还涉及短基线雷达如何利用多阵面提高发射信号能量利用效率的方法;针对长基线,阐述了多站雷达发射信号可形成凝视探测网格,提高雷达发射信号能量的使用效率;而合成孔径雷达(SAR)系统应用多波束凝视可降低发射功率,缓解宽幅成像与高分辨之间的矛盾。

(10)《外辐射源雷达》分册重点讨论以电视和广播信号为辐射源的无源雷达。详细描述调频广播模拟电视和各种数字电视的信号,减弱直达波的对消和滤波的技术;同时介绍了利用 GPS(全球定位系统)卫星信号和 GSM/CDMA(两种手机制式)移动电话作为辐射源的探测方法。各种外辐射源雷达,要得到定位参数和形成所需的空域,必须多站协同。

（三）以新技术为牵引，产生出新的雷达系统概念，这对雷达的发展具有里程碑的意义。本套丛书遴选了涉及新技术体制雷达内容的6个分册：

（1）《宽带雷达》分册介绍的雷达打破了经典雷达5MHz带宽的极限，同时雷达分辨力的提高带来了高识别率和低杂波的优点。该书详尽地讨论宽带信号的设计、产生和检测方法。特别是对极窄脉冲检测进行有益的探索，为雷达的进一步发展提供了良好的开端。

（2）《数字阵列雷达》分册介绍的雷达是用数字处理的方法来控制空间波束，并能形成同时多波束，比用移相器灵活多变，已得到了广泛应用。该书全面系统地描述数字阵列雷达的系统和各分系统的组成。对总体设计、波束校准和补偿、收/发模块、信号处理等关键技术都进行了详细描述，是一本工程性较强的著作。

（3）《雷达数字波束形成技术》分册更加深入地描述数字阵列雷达中的波束形成技术，给出数字波束形成的理论基础、方法和实现技术。对灵巧干扰抑制、非均匀杂波抑制、波束保形等进行了深入的讨论，是一本理论性较强的专著。

（4）《电磁矢量传感器阵列信号处理》分册讨论在同一空间位置具有三个磁场和三个电场分量的电磁矢量传感器，比传统只用一个分量的标量阵列处理能获得更多的信息，六分量可完备地表征电磁波的极化特性。该书从几何代数、张量等数学基础到阵列分析、综合、参数估计、波束形成、布阵和校正等问题进行详细讨论，为进一步应用奠定了基础。

（5）《认知雷达导论》分册介绍的雷达可根据环境、目标和任务的感知，选择最优化的参数和处理方法。它使得雷达数据处理及反馈从粗犷到精细，彰显了新体制雷达的智能化。

（6）《量子雷达》分册的作者团队搜集了大量的国外资料，经探索和研究，介绍从基本理论到传输、散射、检测、发射、接收的完整内容。量子雷达探测具有极高的灵敏度，更高的信息维度，在反隐身和抗干扰方面优势明显。经典和非经典的量子雷达，很可能走在各种量子技术应用的前列。

（四）合成孔径雷达（SAR）技术发展较快，已有大量的著作。本套丛书遴选了有一定特点和前景的5个分册：

（1）《数字阵列合成孔径雷达》分册系统阐述数字阵列技术在SAR中的应用，由于数字阵列天线具有灵活性并能在空间产生同时多波束，雷达采集的同一组回波数据，可处理出不同模式的成像结果，比常规SAR具备更多的新能力。该书着重研究基于数字阵列SAR的高分辨力宽测绘带SAR成像、极化层析 SAR 三维成像和前视 SAR 成像技术三种新能力。

(2)《双基合成孔径雷达》分册介绍的雷达配置灵活，具有隐蔽性好、抗干扰能力强、能够实现前视成像等优点，是 SAR 技术的热点之一。该书较为系统地描述了双基 SAR 理论方法、回波模型、成像算法、运动补偿、同步技术、试验验证等诸多方面，形成了实现技术和试验验证的研究成果。

(3)《三维合成孔径雷达》分册描述曲线合成孔径雷达、层析合成孔径雷达和线阵合成孔径雷达等三维成像技术。重点讨论各种三维成像处理算法，包括距离多普勒、变尺度、后向投影成像、线阵成像、自聚焦成像等算法。最后介绍三维 MIMO-SAR 系统。

(4)《雷达图像解译技术》分册介绍的技术是指从大量的 SAR 图像中提取与挖掘有用的目标信息，实现图像的自动解译。该书描述高分辨 SAR 和极化 SAR 的成像机理及相应的相干斑抑制、噪声抑制、地物分割与分类等技术，并介绍舰船、飞机等目标的 SAR 图像检测方法。

(5)《极化合成孔径雷达图像解译技术》分册对极化合成孔径雷达图像统计建模和参数估计方法及其在目标检测中的应用进行了深入研究。该书研究内容为统计建模和参数估计及其国防科技应用三大部分。

(五) 雷达的应用也在扩展和变化，不同的领域对雷达有不同的要求，本套丛书在雷达前沿应用方面遴选了 6 个分册：

(1)《天基预警雷达》分册介绍的雷达不同于星载 SAR，它主要观测陆海空天中的各种运动目标，获取这些目标的位置信息和运动趋势，是难度更大、更为复杂的天基雷达。该书介绍天基预警雷达的星星、星空、MIMO、卫星编队等双/多基地体制。重点描述了轨道覆盖、杂波与目标特性、系统设计、天线设计、接收处理、信号处理技术。

(2)《战略预警雷达信号处理新技术》分册系统地阐述相关信号处理技术的理论和算法，并有仿真和试验数据验证。主要包括反导和飞机目标的分类识别、低截获波形、高速高机动和低速慢机动小目标检测、检测识别一体化、机动目标成像、反投影成像、分布式和多波段雷达的联合检测等新技术。

(3)《空间目标监视和测量雷达技术》分册论述雷达探测空间轨道目标的特色技术。首先涉及空间编目批量目标监视探测技术，包括空间目标监视相控阵雷达技术及空间目标监视伪码连续波雷达信号处理技术。其次涉及空间目标精密测量、增程信号处理和成像技术，包括空间目标雷达精密测量技术、中高轨目标雷达探测技术、空间目标雷达成像技术等。

(4)《平流层预警探测飞艇》分册讲述在海拔约20km的平流层，由于相对风速低、风向稳定，从而适合大型飞艇的长期驻空，定点飞行，并进行空中预警探测，可对半径500km区域内的地面目标进行长时间凝视观察。该书主要介绍预警飞艇的空间环境、总体设计、空气动力、飞行载荷、载荷强度、动力推进、能源与配电以及飞艇雷达等技术，特别介绍了几种飞艇结构载荷一体化的形式。

(5)《现代气象雷达》分册分析了非均匀大气对电磁波的折射、散射、吸收和衰减等气象雷达的基础，重点介绍了常规天气雷达、多普勒天气雷达、双偏振全相参多普勒天气雷达、高空气象探测雷达、风廓线雷达等现代气象雷达，同时还介绍了气象雷达新技术、相控阵天气雷达、双/多基地天气雷达、声波雷达、中频探测雷达、毫米波测云雷达、激光测风雷达。

(6)《空管监视技术》分册阐述了一次雷达、二次雷达、应答机编码分配、S模式、多雷达监视的原理。重点讨论广播式自动相关监视(ADS-B)数据链技术、飞机通信寻址报告系统(ACARS)、多点定位技术(MLAT)、先进场面监视设备(A-SMGCS)、空管多源协同监视技术、低空空域监视技术、空管技术。介绍空管监视技术的发展趋势和民航大国的前瞻性规划。

(六) 目标和环境特性，是雷达设计的基础。该方向的研究对雷达匹配目标和环境的智能设计有重要的参考价值。本套丛书对此专题遴选了4个分册：

(1)《雷达目标散射特性测量与处理新技术》分册全面介绍有关雷达散射截面积(RCS)测量的各个方面，包括RCS的基本概念、测试场地与雷达、低散射目标支架、目标RCS定标、背景提取与抵消、高分辨力RCS诊断成像与图像理解、极化测量与校准、RCS数据的处理等技术，对其他微波测量也具有参考价值。

(2)《雷达地海杂波测量与建模》分册首先介绍国内外地海面环境的分类和特征，给出地海杂波的基本理论，然后介绍测量、定标和建库的方法。该书用较大的篇幅，重点阐述地海杂波特性与建模。杂波是雷达的重要环境，随着地形、地貌、海况、风力等条件而不同。雷达的杂波抑制，正根据实时的变化，从粗犷走向精细的匹配，该书是现代雷达设计师的重要参考文献。

(3)《雷达目标识别理论》分册是一本理论性较强的专著。以特征、规律及知识的识别认知为指引，奠定该书的知识体系。首先介绍雷达目标识别的物理与数学基础，较为详细地阐述雷达目标特征提取与分类识别、知识辅助的雷达目标识别、基于压缩感知的目标识别等技术。

(4)《雷达目标识别原理与实验技术》分册是一本工程性较强的专著。该书主要针对目标特征提取与分类识别的模式,从工程上阐述了目标识别的方法。重点讨论特征提取技术、空中目标识别技术、地面目标识别技术、舰船目标识别及弹道导弹识别技术。

(七) 数字技术的发展,使雷达的设计和评估更加方便,该技术涉及雷达系统设计和使用等。本套丛书遴选了3个分册:

(1)《雷达系统建模与仿真》分册所介绍的是现代雷达设计不可缺少的工具和方法。随着雷达的复杂度增加,用数字仿真的方法来检验设计的效果,可收到事半功倍的效果。该书首先介绍最基本的随机数的产生、统计实验、抽样技术等与雷达仿真有关的基本概念和方法,然后给出雷达目标与杂波模型、雷达系统仿真模型和仿真对系统的性能评价。

(2)《雷达标校技术》分册所介绍的内容是实现雷达精度指标的基础。该书重点介绍常规标校、微光电视角度标校、球载BD/GPS(BD为北斗导航简称)标校、射电星角度标校、基于民航机的雷达精度标校、卫星标校、三角交会标校、雷达自动化标校等技术。

(3)《雷达电子战系统建模与仿真》分册以工程实践为取材背景,介绍雷达电子战系统建模的主要方法、仿真模型设计、仿真系统设计和典型仿真应用实例。该书从雷达电子战系统数学建模和仿真系统设计的实用性出发,着重论述雷达电子战系统基于信号/数据流处理的细粒度建模仿真的核心思想和技术实现途径。

(八) 微电子的发展使得现代雷达的接收、发射和处理都发生了巨大的变化。本套丛书遴选出涉及微电子技术与雷达关联最紧密的3个分册:

(1)《雷达信号处理芯片技术》分册主要讲述一款自主架构的数字信号处理(DSP)器件,详细介绍该款雷达信号处理器的架构、存储器、寄存器、指令系统、I/O资源以及相应的开发工具、硬件设计,给雷达设计师使用该处理器提供有益的参考。

(2)《雷达收发组件芯片技术》分册以雷达收发组件用芯片套片的形式,系统介绍发射芯片、接收芯片、幅相控制芯片、波速控制驱动器芯片、电源管理芯片的设计和测试技术及与之相关的平台技术、实验技术和应用技术。

(3)《宽禁带半导体高频及微波功率器件与电路》分册的背景是,宽禁带材料可使微波毫米波功率器件的功率密度比Si和GaAs等同类产品高10倍,可产生开关频率更高、关断电压更高的新一代电力电子器件,将对雷达产生更新换代的影响。分册首先介绍第三代半导体的应用和基本知识,然后详细介绍两大类各种器件的原理、类别特征、进展和应用：SiC器件有功率二极管、MOSFET、JFET、BJT、IBJT、GTO等；GaN器件有HEMT、MMIC、E模HEMT、N极化HEMT、功率开关器件与微功率变换等。最后展望固态太赫兹、金刚石等新兴材料器件。

本套丛书是国内众多相关研究领域的大专院校、科研院所专家集体智慧的结晶。具体参与单位包括中国电子科技集团公司、中国航天科工集团公司、中国电子科学研究院、南京电子技术研究所、华东电子工程研究所、北京无线电测量研究所、电子科技大学、西安电子科技大学、国防科技大学、北京理工大学、北京航空航天大学、哈尔滨工业大学、西北工业大学等近30家。在此对参与编写及审校工作的各单位专家和领导的大力支持表示衷心感谢。

王小谟

2017年9月

前　言

合成孔径雷达(SAR)是利用观测目标与雷达之间的相对运动,合成大孔径虚拟天线,以实现对目标高分辨力成像的雷达成像技术。作为一种主动式遥感技术,合成孔径雷达具有全天候、全天时的工作能力,目前已经广泛应用于环境监测、资源勘探、海冰监测、国土测绘及军事侦察等领域。

获取目标的三维空间信息是遥感成像技术的一个重要方向。传统的干涉SAR技术在垂直于运动方向布设多部SAR系统,利用不同视角SAR图像之间的相位差异求解目标散射点的高程信息。该技术已经成为最重要的高精度三维地形测绘手段。但是,由于传统SAR图像是三维空间向二维空间中的投影过程,在处理复杂地形时,可能会产生多散射点投影到同一像素单元的情况,从而导致干涉相位误差和高程提取错误。

与干涉技术不同,三维SAR通过合成虚拟二维阵列的方式实现对空间目标的三维分辨。由于能获得目标区域散射系数的三维分布,三维SAR可从原理上克服传统SAR存在的多散射点叠加问题。另外,通过采用下视工作模式,三维成像SAR可克服传统SAR存在的阴影效应,更便于对城市、山区等起伏地形观测。

目前,三维SAR主要通过三种方式获得二维虚拟阵列:曲线运动、多航迹运动和阵列天线技术。曲线三维SAR通过控制单通道SAR沿曲线轨迹运动,合成二维虚拟阵列。多航迹SAR通过多次航迹运动合成二维虚拟阵列。由于平台运动轨迹及运动测量精度等方面的制约,曲线SAR主要用于小区域目标的三维SAR成像。阵列天线技术利用阵列天线的直线运动合成二维虚拟阵列。由于平台运动轨迹简单,该技术更利于在机载、空间平台上实现,以获得对地面大区域的三维成像。

本书是作者在结合国际三维SAR成像技术领域的前沿发展,总结三维SAR成像技术方面研究成果的基础上编写而成。本书阐述了三维合成孔径雷达的基本理论、数据处理方法、系统阵列设计及应用等内容。全书共分为9章。第1章为绪论,介绍了三维合成孔径雷达的概念、技术背景和发展动态。第2章从合成孔径雷达的基础理论入手,介绍了合成孔径雷达的基本概念、合成孔径技术原理以及相关的信号处理基础等内容。第3章首先从三维SAR成像的基本原理入手,分析了三维SAR成像特点,重点介绍和分析了曲线合成孔径雷达、层析合成孔径雷达和线阵合成孔径雷达三维成像的几何模型、成像原理、信号模型和成像分辨力特性。第4章详细介绍了几种经典的三维频域成像处理算法,并结合仿真数据等分析各频域成像算法性能。第5章介绍了时域三维成像算法和并行化三维成像处理技术,主要包括后向投影成像算法、GPU和CUDA技术、数据仿真和成像并行处理。第6章介绍了压缩传感三维成像处理技术,主要包括压缩传感信号处理基本理论、线阵三维SAR稀疏成像基本原理和基于压缩感知的成像算法等内容,介绍了相关算法的基本原理、算法流程,分析各个压缩感知成像算法的性能。第7章首先分析了三维合成孔径雷达中相位误差特性,接着详细介绍了模型松弛自聚焦算法、后向投影自聚焦算法以及稀疏自聚焦算法等几种三维合成孔径雷达自聚焦成像算法的基本原理和算法流程,分析了各种自聚焦算法的性能。第8章详细介绍了几种高效时域三维成像算法,主要包括快速后向投影成像算法、多分辨力逼近成像算法和子孔径逼近成像算法的基本原理、算法流程,并结合仿真数据等分析各时域成像算法的性能。第9章为三维成像系统设计与分析,主要介绍了单激励三维SAR轨迹优化、三维MIMO-SAR天线设计与优化。

由于作者水平有限,加之编写过程中时间仓促,书中难免存在诸多错误与不妥之处,在此衷心希望读者和专家予以指正。

作者

2017年3月

目 录

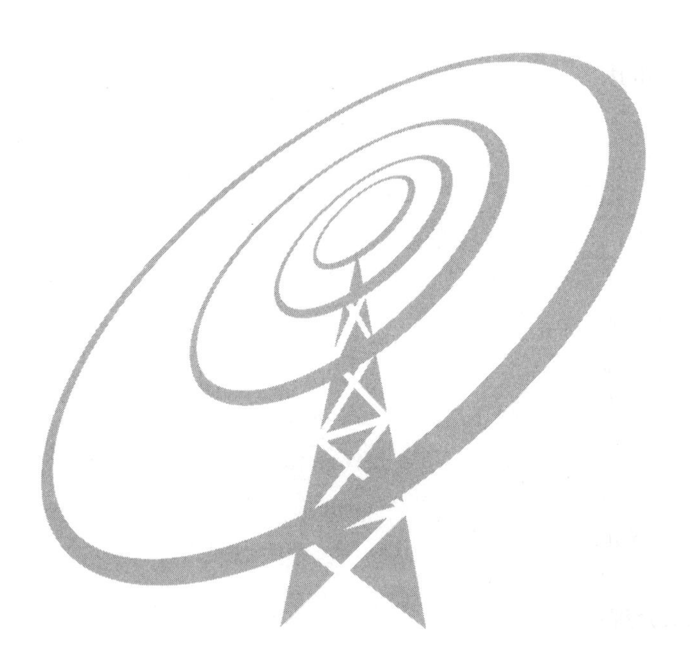

第1章 绪论

1.1 简介

合成孔径雷达(Synthetic Aperture Radar,SAR)是一种全天时、全天候、信息量丰富的主动式微波遥感成像技术,与传统光学成像技术相比,它具有穿透云雨能力强以及不依赖光源的优点,在地形图像生成[1]、目标探测与侦察[2]、目标识别分类[3]、目标精确打击[4]、国土资源勘查[5]和自然灾害监测[6]等国民经济与军事领域得到广泛的应用。1951 年,美国洛克西德·马丁公司的 Carl Wiley 等学者首次提出了 SAR 成像的概念[7]。经过 60 多年的发展,SAR 已逐渐成为当今对地观测不可或缺的手段。

SAR 是对传统实孔径雷达成像技术的扩展。本质上,SAR 是指通过天线与观测区域(目标)的相对运动,天线在不同位置接收同一观测区域的回波,然后将运动轨迹合成一个大的虚拟天线孔径,并通过匹配滤波原理进行成像处理,从而获得观测区域二维、三维雷达散射截面(Radar Cross Section,RCS)分布的雷达成像系统[8]。从成像原理角度分析,SAR 主要利用脉冲压缩技术实现距离向高分辨,依靠运动天线产生虚拟大孔径实现孔径方向高分辨,最终获得观测区域的二维、三维高分辨雷达图像。从阵列天线角度分析,当观测区域目标散射的时间变化与空间变化特征不明显时,同一目标区域相对不同天线位置的回波可等效为阵列天线不同天线单元的回波;相应地,雷达天线与观测目标场景的相对运动可合成一个大等效阵列天线孔径。简单地讲,SAR 是利用雷达运动平台与目标的不同位置关系合成大型的虚拟天线孔径,以获得孔径方向高分辨能力的雷达成像系统。

随着时间推移,SAR 成像技术逐渐从单一平台正侧视成像发展出了诸多的成像功能及模式。根据雷达平台与目标的相对运动特征,SAR 可分成两种:平台相对地面运动的 SAR,平台静止而目标相对平台运动的 SAR。前者即一般意义下的 SAR,主要用于对地面目标成像;后者一般称作逆 SAR(ISAR)[9],主要用于对舰船、飞机、卫星等运动目标成像。根据 SAR 载荷平台的类型,SAR 系统又可以分为星载 SAR(SB－SAR)[10]、机载 SAR(AB－SAR)[11]、弹载 SAR、车载 SAR、星机联合 SAR(Space/Air Hybrid SAR,SAH－SAR)[12]等。不同载荷平台各具优势,如星载 SAR 主要以卫星为载荷平台,具有观测区域大、平台运行稳定和观测周期长等特点,近几年成功发射的典型星载 SAR 系统有德国的 Terra SAR-X 系统和 Tan DEM－X 系统、加拿大的 RadarSAT2、意大利的 Cosmo Skym Med、中国的高分 3 号等。机载 SAR 将飞机、直升机和飞艇等作为载荷平台,具有成本低、应用灵活且分辨力高等特点。弹载 SAR 主要以导弹为载荷平台,具有平台高机动快速运动等特点,主要针对军事应用中目标侦察、定位打击等任务,一般要求其系统满足体积重量小、数据实时成像处理等需求。根据 SAR 系统的成像维度能力,SAR 技术又可分为二维 SAR(获得二维散射截面图)、干涉 SAR(获得二维散射截面图及高程图)和三维 SAR(获得三维散射截面图)。一般来说,SAR 图像维度越高,SAR 图像中的目标信息越丰富,越有利于目标特征的提取、描述和识别,与此同时,其系统设计也更加复杂、数据处理难度也越高。根据雷达极化工作方式,SAR 又可分为单极化 SAR(SP－SAR)[13]、双极化 SAR (DP－SAR)[14]和全极化 SAR(FP－SAR)[15]。极化信息越多,图像中目标信息越丰富,但其系统也越发复杂。随着雷达硬件技术突飞猛进的发展,传统 SAR 成像技术已经日趋成熟,新体制 SAR 成像技术也不断涌现,高分辨、多维度、多模式、多波段、全极化、大幅宽、抗干扰等特点也成为当前 SAR 技术发展及应用的重要趋势。

具有更高成像分辨力一直以来是 SAR 系统设计追求的重要目标。目前星载 SAR 所能提供的图像分辨力已达到亚米级别,如德国 Terra SAR-X 星载 SAR 卫星系统在聚束式成像模式下可以获得 0.25m 分辨力的 SAR 图像,其图像如图 1.1(a)所示;机载 SAR 系统的图像分辨力更是达到了亚厘米级,如美国 Sandia 实验室的毫米波 Ka 波段机载 SAR 系统可以提供 0.1m 分辨力的 SAR 图像,其图像如图 1.1(b)所示。SAR 系统分辨力的提高极大丰富了观测目标的细节信息,尤其是人造目标(如城市、街区、楼房、车辆等)细节特征的提取,使得 SAR 系统对城市地形地物测绘和描述成为可能。但是,传统二维 SAR 是将三维分布的观测空间场景映射到其方位－斜距平面进行回波采集,然后在某投影平面上进行二维成像,只能获得目标在投影平面上的二维图像,丢失了观测目标高度维信息,未能反映观测场景目标的真实三维空间结构,而且由于通常工作在侧视成像模式,不可避免受到地形起伏的影响,导致图像存在几何畸变,尤其是在高山峡谷、城市街区等起伏变化剧烈的复杂地形进行成像时,会存在严重的层叠和阴影效应,导致了观测场景中目标信息丢失。因此,如何获取观测目标的高分辨三维成像也是当前 SAR 技术的研究热点。

目前已出现了一系列三维 SAR 成像技术。典型的三维 SAR 成像技术主要

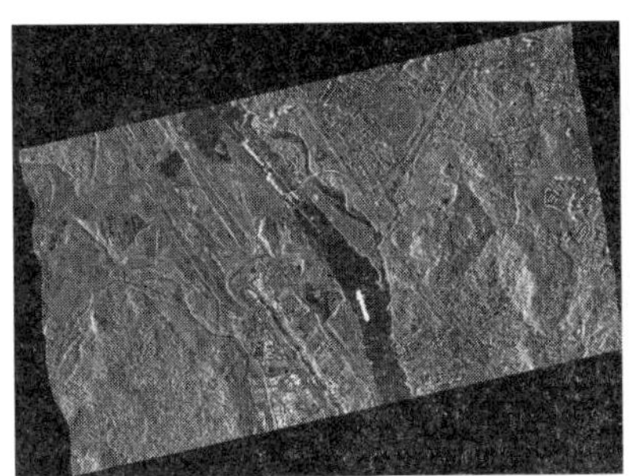

(a) 德国Terra SAR-X 0.25m
分辨力星载SAR图像

(b) 美国Sandia实验室0.1m
分辨力机载SAR图像

图 1.1 高分辨星载和机载 SAR 图像

包括干涉 SAR(Interferometric SAR,In SAR)[16-18]、曲线 SAR(Curval linear SAR,Cur SAR)[19]、圆周 SAR(Circular SAR, Cir SAR)[20]、层析 SAR(Tomography SAR, Tom SAR)[21]以及线阵 SAR(Linear Array SAR, LASAR)[22]等。从工作原理角度分析,曲线 SAR 和圆周 SAR 是通过控制雷达系统中天线运动轨迹,从而合成一个二维的稀疏曲线阵,再结合脉冲压缩技术,最终实现测绘目标的三维分辨能力。层析 SAR 是在传统二维 SAR 成像原理的基础上,利用控制平台的多个平行航迹在层析向合成一个虚拟孔径,实现层析向的第三维分辨能力,因此层析 SAR 又被称为多基线 SAR 或多航迹 SAR。但是,曲线 SAR、圆周 SAR 和层析 SAR 通常只工作在传统侧视或斜视成像模式,成像结果与传统二维 SAR 图像相似,易受地形起伏影响,图像中存在较严重的几何畸变和阴影效应,使得观测场景某些重点区域目标信息丢失。另外,曲线 SAR 平台往往难以获得理想的曲线轨迹,而层析 SAR 同样也受限于多航迹平行轨迹苛刻条件,束缚了曲线 SAR 和层析 SAR 在三维成像领域的应用。相对于曲线 SAR 和层析 SAR,线阵三维 SAR 利用线阵天线获得第三维分辨能力,不受运动平台轨迹和航迹数限制,具有成像灵活的特点。线阵三维 SAR 成像技术主要通过控制线阵天线在空间中运动形成虚拟二维面阵获得观测目标二维分辨,并结合脉冲压缩技术得到观测目标的第三维分辨。简单地讲,线阵三维 SAR 将传统 SAR 成像的合成虚拟一维线阵扩展为合成虚拟二维面阵,从而将二维分辨扩展为三维分辨能力。线阵三维 SAR 具有多种工作模式,如侧视、斜视、下视和前视等,突破了传统二维 SAR 侧视工作模式的限制,例如起伏地形正下视成像时可以有效避免侧视成像的掩叠和阴影效应,从而克服了其他三维 SAR 成像技术的不足。

三维 SAR 成像技术是对传统二维 SAR 成像技术的改进和扩展,而高分辨三维 SAR 成像技术也是当前国内外 SAR 成像技术的研究热点。三维 SAR 成像技术的突出优势是具备三维高分辨成像能力,可获得复杂场景(城市、山区等)及特殊目标(建筑、舰船、坦克等)的高精度三维图像,在全天时、全天候三维地形测绘、目标侦查与探测、导航定位与识别和情报获取等国防军事和资源管理领域有着极大的研究价值和应用前景。

1.2 发展动态

传统 SAR 本质上是三维成像空间向距离 - 方位向二维平面中的投影过程,对于陡变地形,三维成像空间中不同散射点可能被投影到二维图像空间同一分辨单元,导致了 SAR 图像空间模糊。随着雷达技术的发展和硬件水平的提高,为了克服二维 SAR 成像技术的固有缺陷,发展三维 SAR 成像已成为雷达成像技术的一个迫切需要,国内外相关研究机构和学者在三维 SAR 成像系统和成像方法方面的研究取得了一系列重大成果。围绕和整理近几年三维 SAR 成像技术的发展动态,本节将对层析 SAR、圆周 SAR 和线阵三维 SAR 成像技术的研究现状和发展趋势进行介绍。

1.2.1 层析 SAR 三维成像

在国际上,层析 SAR 三维成像技术的研究始于 20 世纪 90 年代中期。1995 年欧洲微波数字实验室(EMSL)首先设计了一个层析 SAR 成像实验系统[23],该系统工作于 Ku 波段,发射信号带宽为 4GHz,采用了 8 条基线进行观测,在微波暗室中对铅球目标进行了成像实验,实验结果验证了多基线层析 SAR 三维分辨能力。1999 年,德国宇航局(DLR)首次完整地提出了层析 SAR 三维成像的概念[24],并成功地使用 P 波段机载 E - SAR 系统进行了多航迹的层析成像飞行实验,获得了 14 条平行航迹数据,并利用傅里叶变换聚焦算法获得德国 Oberpfaffenhofen 郊区层析三维成像结果,实现了高度向 2. 9m 分辨力,其高度成像结果如图 1. 2 所示。随后,美国、意大利、法国等多个研究机构也相续开展了机载层析 SAR 成像实验系统设计及飞行实验研究[25 - 27]。

进入 21 世纪之后,随着国际上多个高分辨、多极化机载及星载 SAR 系统成功研制,层析 SAR 成像系统验证和应用探索得到快速发展。2000 年,A. Reigber 等利用机载 E - SAR 全极化数据进行极化层析成像,获取了不同类型植被的极化层析 SAR 三维图像[28],并分析了层析 SAR 三维成像分辨力、极化特征和成像模糊等问题。之后还有一些文献报道了机载层析 SAR 三维成像的相关研究工作。

机载层析 SAR 成像实验成功后,欧美相关研究机构即利用已有的星载 SAR 系统陆续开展星载层析 SAR 成像研究。尤其随着高频段高分辨力星载 SAR 系

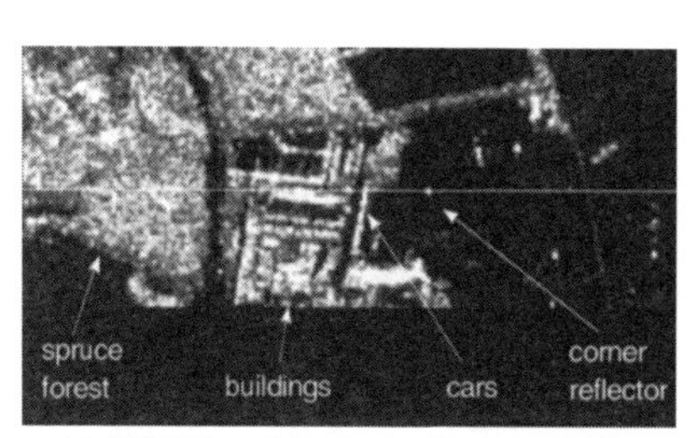

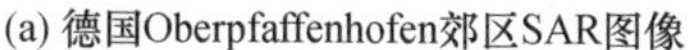
(a) 德国Oberpfaffenhofen郊区SAR图像

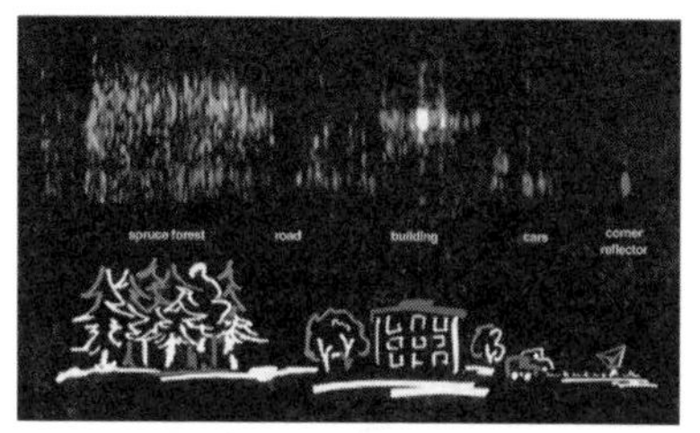

(b) 高度维层析成像结果

图 1.2　14 条航迹机载层析 SAR 系统及三维成像结果(见彩图)

统相继升空,如 2007 年成功发射的德国 Terra SAR-X 系统[29]和意大利 Cosmo Skymed 系统[30]、2010 年成功发射的德国 Tan DEM - X 系统[31],分辨力达到了米级或亚米级,为星载层析 SAR 三维成像研究提供了良好的数据来源。2005 年,G. Fornaro 等利用星载 ERS 长时间间隔(基线间最长时间间隔约一年)获取的多航迹数据,获得意大利圣保罗体育馆的层析 SAR 三维成像结果[32],成像场景和结果如图 1.3 所示,并分析了时间去相关对层析成像的影响。2009 年,X. X. Zhu 等人提出了一种基于奇异值分解（KVD）谱估计方法对非均匀航迹进行高精度层析三维成像,并利用多航迹 X 波段星载 Terra SAR-X 数据进行了算法验证,获得了美国拉斯维加斯某酒店场景 1m 分辨力的高分辨星载层析 SAR 三维图像 [33],实验场景和层析成像如图 1.4 所示。

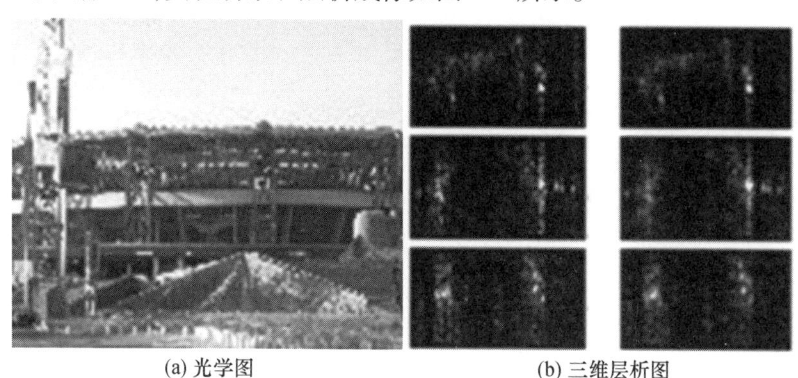

(a) 光学图　　　　(b) 三维层析图

图 1.3　圣保罗体育馆星载 ERS 层析 SAR 三维成像(见彩图)

2010 年之后,层析 SAR 三维成像的相关应用研究及高分辨成像技术得到重点关注。2011 年,O. Frey 等人提出一种非均匀基线层析 SAR 时域 BP 成像算法,并利用 P 波段和 L 波段全极化 E - SAR 层析数据进行融合成像,获得如图 1.5 所示的层析 SAR 三维成像结果[34]。2014 年,G. Fornaro 等人利用意大利 COSMO - SKYMED 星载 SAR 多航迹数据进行多视层析 SAR 三维成像处理,并且提出了一种特性提取选择 SAR(CAESAR)的层析成像处理方法,获得了意大

(a) 光学图

(b) 三维层析图

图 1.4　美国拉斯维加斯某建筑星载 Terra SAR-X 层析 SAR 三维成像(见彩图)

利城市那不勒斯城区的三维成像结果,如图 1.6 所示,可以有效地实现城区建筑物单散射和偶散射特性检测[35]。2016 年,X. X. Zhu 等提出了一种大地星载 SAR 层析成像技术,将星载 SAR 大地测量技术与层析成像融合,以实现对大地目标的真实三维信息提取[36],并利用 Terra SAR-X 星载 SAR 多航迹数据进行成像验证,获得了德国柏林市区的三维成像结果,其结果如图 1.7 所示。

(a) 机载E-SAR系统平台

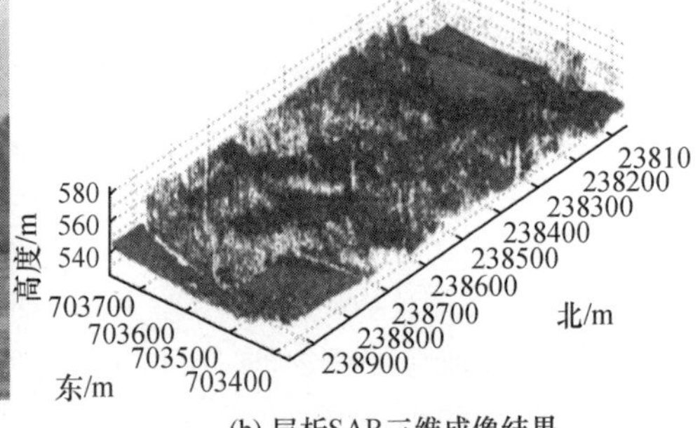

(b) 层析SAR三维成像结果

图 1.5　机载 E-SAR 层析 SAR 系统及三维成像结果(见彩图)

近几年一些新的信号处理方法也不断被应用到层析 SAR 成像中,如基于稀疏特性的谱估计、正则化技术以及压缩感知等方法,使得层析 SAR 三维成像的性能不断提升,大大增强了层析 SAR 三维成像技术在植被资源、城市测绘监测、冰川水文等领域的应用。国内中科院电子所、遥感所、北京航天航空大学、西安电子科技大学、国防科技大学、电子科技大学等单位均已经开展了层析 SAR 三维成像系统验证、成像理论等研究,但由于起步较晚以及硬件系统等原因,与国外还存在一定的差距。总之,层析 SAR 三维成像技术已经成为当今 SAR 成像技术的研究热点之一,如何实现高分辨成像、航迹优化等依然是层析 SAR 成像技术的重要问题。

(a) 光学图

(b) 三维层析图

图 1.6　意大利城市那不勒斯城区 COSMO－SKYMED 星载 SAR 层析三维成像(见彩图)

图 1.7　德国柏林城区 Terra SAR-X 星载 SAR 层析三维成像结果(见彩图)

1.2.2　圆周 SAR 三维成像

圆周 SAR 成像技术的研究始于 20 世纪 90 年代中期,最初目的是解决常规直线轨迹 SAR 的小角度观测对目标识别存在的漏警问题。起初,圆周 SAR 成像的研究仅限于实验室系统验证及成像处理技术研究。1999 年,美国华盛顿大学 T. K. Chan 等提出了圆周 SAR 三维成像的概念[37],并在实验室中对直升机模型成像验证了圆周 SAR 三维成像性能。2001 年,美国乔治亚技术研究所开展了提升圆周 SAR 三维成像分辨力研究[38],基本思路是控制测量目标在转台上进行圆周运动,同时雷达沿垂直方向运动,两者运动合成为等效圆柱运动,即可利用圆柱面获得目标二维分辨,再结合距离向分辨实现目标三维成像,获得了 T－72坦克等目标的高分辨三维成像结果,验证了圆周 SAR 三维成像的高分辨能力。2004 年,德国宇航局(DLR)、法国宇航局(ONERA)等相关研究机构逐渐开展机载 SAR 圆周三维成像实验研究。2004 年,法国宇航局与瑞典国防研究院合作开展了国际首次机载圆周 SAR 数据获取实验,利用 CARABAS 机载 SAR 系统获取了圆周 SAR 数据,实验表明相比于传统直线轨迹 SAR,圆周 SAR 能够大大提高植被覆盖下隐蔽车辆的检测率。2007 年,法国宇航局(ONERA) Helene Oriot 等利用 SETHI 机载 SAR 系统在Nîmes城区开展了 X 波段圆周 SAR 成像飞行实验,并获得了该区域的数字高程模型(DEM)[39],其 DEM 结果如图 1.8 所示。

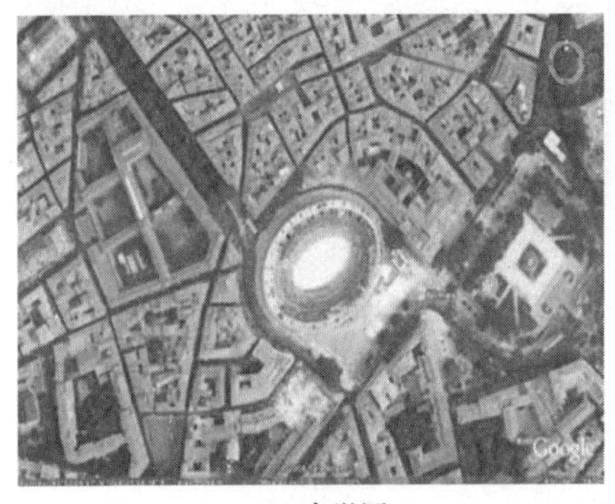

(a) 光学图

(b) 三维成像

图 1.8 法国宇航局 X 波段机载圆周 SAR 三维成像结果(见彩图)

2009 年,德国宇航局(DLR)利用机载 E – SAR 系统,开展了 L 波段全极化圆周 SAR 飞行实验,获得了高分辨的 360°全极化圆周 SAR 图像[40,41],其公布图像如图 1.9 所示,相比于常规条带 SAR 图像,圆周 SAR 图像中地物信息更为精细和丰富,展现了圆周 SAR 成像模式在对地观测中的重要应用潜力。2009 年,E. Ertin 等利用美国空军研究实验室(AFRL)机载圆周 SAR 三维 GOTCHA 数据开展了成像分析[42],其中机载圆周 SAR 系统采用聚束式工作模式,雷达工作于 X 波段,中心载频为 9.6GHz,发射信号带宽为 640MHz,距离分辨力为 0.234m,载机飞行高度为 7500m,下视角从 42°变化到 43°,观测区域大小为 100m × 100m,获得了 8 条不同高度圆环轨迹圆周 SAR 数据,圆环高度向采样间隔为 0.18°,利用后向投影成像算法获得了地面圆柱、轿车和铲车等实验目标圆周 SAR 三维成像,图 1.10 为机载 GOTCHA 数据中地面轿车的圆周 SAR 三维成像结果。

2013 年,德国宇航中心(DLR)的 Octavio Ponce 等利用多航迹圆周轨迹观测的全极化 L 波段机载 F – SAR 数据进行三维成像处理,获得了德国 Kaufbeuren 区域的植被三维成像结果[43],其公布图像如图 1.11 所示,以此开展了基于圆周 SAR 三维成像技术的植被信息提取研究。2014 年,法国 ONERA 机构的 X. Dupuis等开展了 X 波段超高分辨力机载圆周 SAR 成像实验研究[44],利用 RAMSES – NG 机载 SAR 对于典型建筑、飞机和人员等目标进行圆周 SAR 成像,得到了如图 1.12 所示的圆周 SAR 成像结果,验证了高分辨圆周 SAR 可获取更丰富的目标全角度信息,更有利于目标特征识别及建库。2014 年,O. Ponce 等

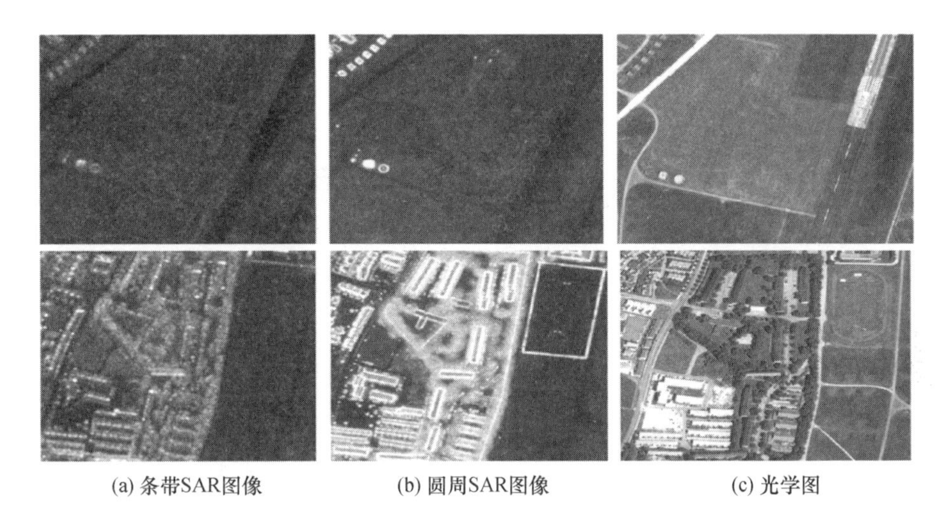

图 1.9　德国宇航局 L 波段全极化机载 SAR 圆周成像与常规条带对比(见彩图)

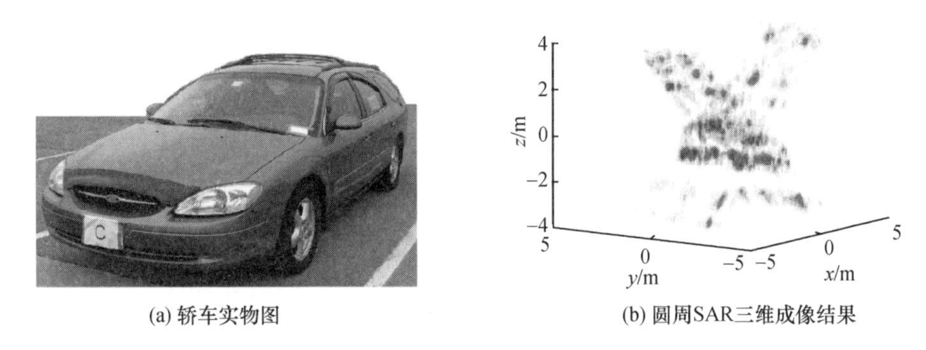

图 1.10　美国空军实验室机载 GOTCHA 圆周 SAR 数据三维成像结果(见彩图)

人将 MIMO 技术应用到圆周 SAR 成像系统中,利用 MIMO 阵列增大了圆周 SAR 聚束成像区域,使圆周 SAR 成像能适应更多的场合[45],同年,O. Ponce 等人又利用德国宇航中心(DLR)机载 F－SAR 系统对瑞士 Vordemwald 植被区域进行了多航迹圆周 SAR 三维成像试验,同时提出了一种基于单值分解的相位校准方法,其 500m×500m 区域的三维成像结果如图 1.13 所示[46]。

国内中科院电子所、清华大学、北京航空航天大学、中国民航学院、西安电子科技大学、电子科技大学等单位均开展了圆周 SAR 成像技术方面相关研究。2002 年,在国家自然科学基金和 863 项目的支持下,中国民用航空学院的吴仁彪等人,提出了一种基于曲线 SAR 的三维目标特征提取与自聚焦算法,并对算法进行了仿真验证,该团队于 2005 年又结合了 ISAR 的相位补偿技术,将其应用到曲线 SAR 成像中,提出了一种新的曲线 SAR 成像方法。

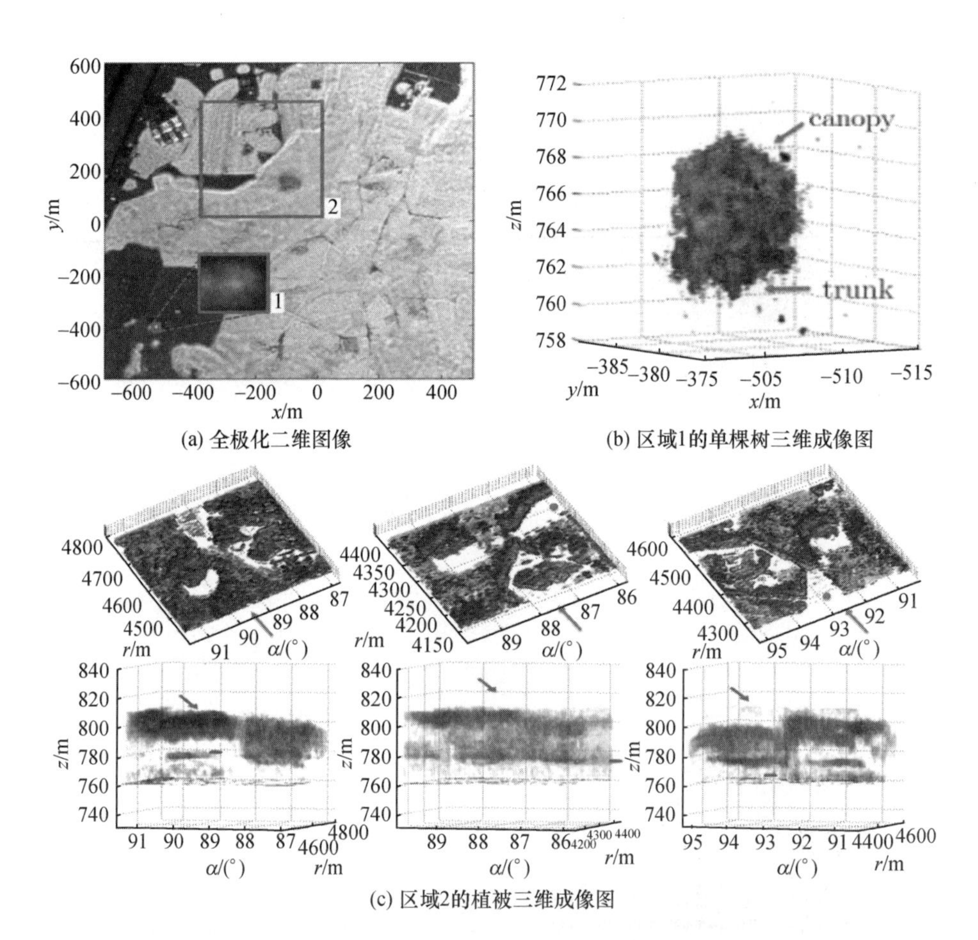

(a) 全极化二维图像　　(b) 区域1的单棵树三维成像图

(c) 区域2的植被三维成像图

图 1.11　德国 L 波段 F－SAR 机载圆周 SAR 三维成像结果(见彩图)

(a) RAMSES–NG机载SAR系统　　(b) 飞机和人的圆周SAR成像结果

图 1.12　法国 X 波段 RAMSES－NG 机载圆周 SAR 成像结果(见彩图)

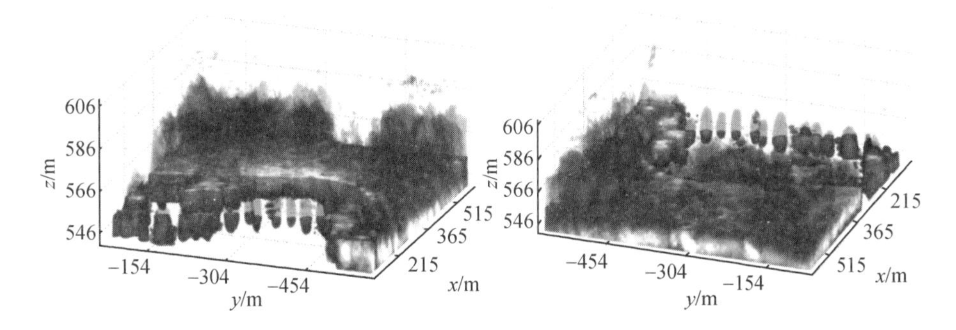

图1.13 瑞士 Vordemwald 区域机载圆周 SAR 三维成像结果(见彩图)

2011年,中科院电子所微波成像技术国家级重点实验室利用自主研制的P波段全极化机载SAR系统[47],在四川省绵阳市彰明镇开展了国内首次圆周SAR飞行实验,成功获取了360°全方位高分辨圆周SAR图像,图1.14为两组不同场景的成像处理结果,图1.15通过将圆周SAR图像与常规SAR图像进行细节对比,展示了圆周SAR的应用优势,圆周SAR将360°回波进行综合,获得的图像效果接近于光学的漫反射成像效果,且相干斑得到有效抑制。

(a) IKONOS光学图像

(b) 全极化圆周SAR成像结果

图1.14 中科院电子所P波段机载圆周SAR成像结果(见彩图)

但是,由于圆周SAR成像过程中通过运动仅仅合成一个圆周孔径,在二维合成孔径平面上采样非常稀疏,因此采用传统傅里叶变换方法获取的三维成像图像中目标旁瓣非常高、成像精度低,一般只能提取少数强散射目标的三维特征。另外,由于采用圆周飞行,圆周SAR回波数据在距离、方位和高度三个维向上耦合严重,导致了数据处理比较复杂,而且圆周SAR需采用聚束式成像模式,不能实现大面积观测场景成像,这些固有缺陷也一定程度地限制了圆周SAR三维成像技术的应用范围。

(a) 图1.14(b)中的输电线区域，上图为圆周SAR图像，下图为条带SAR图像

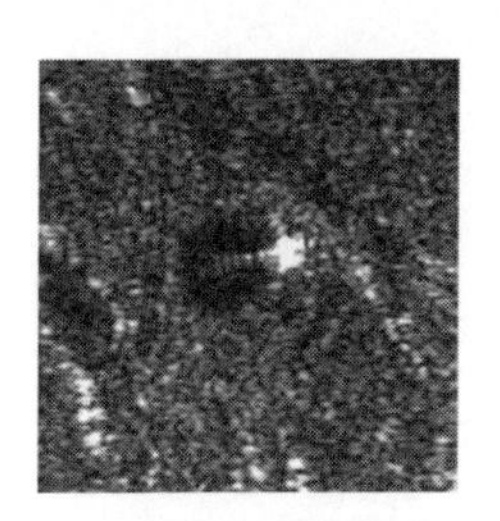

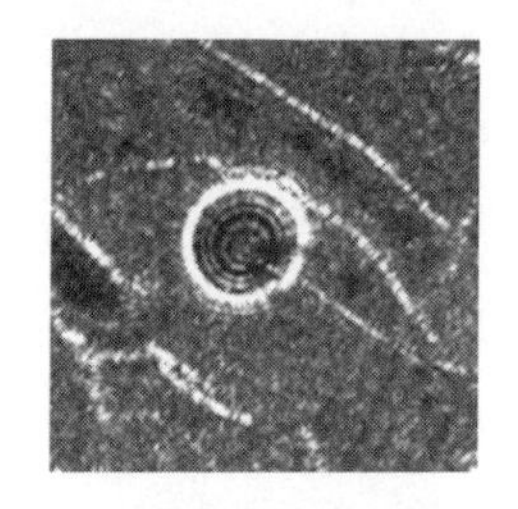

(b) 图1.14(b)中的水井区域，左图为条带SAR图像，中图为圆周SAR图像，右图为光学图像

(c) 图1.14(b)中的高铁区域，左图为条带SAR图像，中图为圆周SAR图像，右图为光学图像

图 1. 15 中科院电子所 P 波段机载圆周 SAR 成像与常规条带 SAR 图像的细节对比(见彩图)

1.2.3 线阵三维 SAR

线阵 SAR 三维成像技术的概念提出始于 20 世纪 90 年代中期。1996 年,美国阿拉巴马大学 B. R. Mahafza 等人首次提出切航迹方向放置线阵天线实现三维 SAR 成像的概念[48],并称这类 SAR 成像技术为线阵三维 SAR。1999 年,德国宇航局 H. Christoph 等人通过仿真分析了线阵三维 SAR 成像模型和成像方法[49],并且论证了系统成像分辨力与线阵阵列参数的关系。2004 年,法国 ONEAR 研究中心的研究者 R. Giret 等人提出了基于正下视成像模式的线阵三

维 SAR 的概念[50]，指出正下视成像可克服传统 SAR 图像中地形遮挡而带来的阴影效应，并构建了一种地面成像验证系统，该系统工作于 Ka 波段，发射信号为调频连续波，系统固定在地面上方 5m 处对下方运动汽车的三维成像。2005 年，德国 FGAN－FHR 研究机构的 M. Weib 和 J. Klare 等学者开展了机载下视三维成像雷达（Airborne Radar for Three dimensional Imaging and Nadir Observation，ARTINO）系统设计与飞行实验研究[51－54]，成像示意图和实物系统如图 1.16 所示，ARTINO 系统安装于无人机上，无人机翼展为 4m，系统质量为 25kg，飞行速度10～15m/s，飞行高度 200m，雷达工作于 Ka 波段，发射信号为调频连续波，信号带宽为 750MHz，脉冲重复频率为 200Hz，线阵天线采用 MIMO 阵列，发射阵元置于机翼两端，每一组有 16 个阵元，接收阵元沿机翼方向均匀布置，共用 44 个接收阵元；为了补偿平台运动误差，无人机安装了 IMU/GPS 等传感器，ARTINO 系统理论三维分辨力可达到 10cm×20cm×20cm[55－57]。2008 年，无人机 ARTINO 雷达系统进行了首次飞行实验，但是没有公布相关的成像实验结果。2010 年，在欧洲合成孔径雷达会议（EUSAR）上，德国 FHR 公布了无人机 ARTINO 系统的飞行实验及结果，其系统 2010 年 3 月飞行实验图如图 1.17 所示，但并没有公布系统的三维成像结果[58]。

(a) ARTINO下视成像示意图

(b) ARTINO无人机实物平台

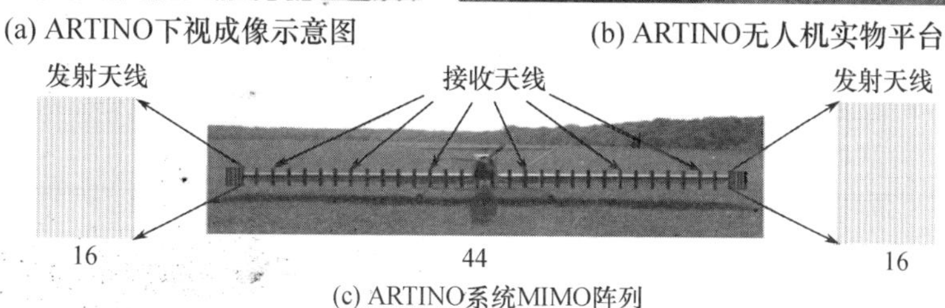

(c) ARTINO系统MIMO阵列

图 1.16　德国 FGAN-FHR 研究机构 ARTINO 工作示意图与实物系统（见彩图）

2012 年，由波兰国家研究和发展中心资助的 WATSAR 项目设计了一套工作于微型无人机（mini UAV）上的机载 SAR 雷达成像系统[59]。该系统有两个版本，一个版本工作于 S 波段，主要用于实验室测试，它的发射信号形式为调频连续波，中心频率为 2.91GHz，带宽为 100MHz，能实现 1.5m 的距离向分辨力。另一个版本工作于 Ku 波段，主要用于无人机平台上，工作于 Ku 波段时，它的中

(a) ARTINO飞行实验图

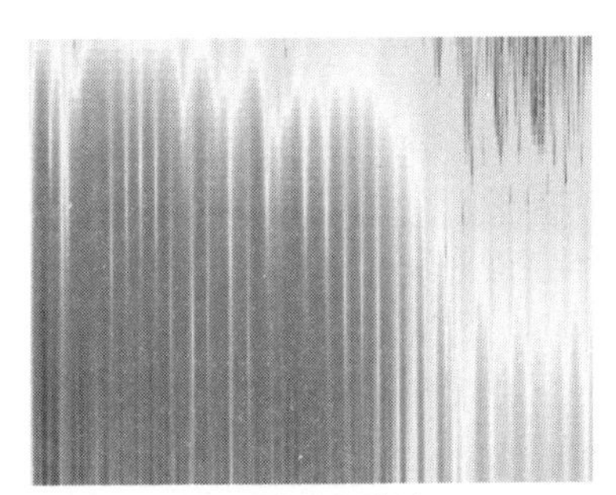

(b) 信号频谱图

图 1.17　2010 年无人机 ARTINO 飞行实验图及信号频谱(见彩图)

心频率为 15.9GHz,带宽为 170MHz,能实现距离向的分辨力为 0.9m。目前,工作于 S 波段的版本已经进行了实验测试,其主要过程如下:雷达传感器以及天线安装在一辆汽车上,汽车以恒定的速度沿着预先制定的路线(优先直线)移动。图 1.18 为目标场景的光学图像以及 SAR 成像结果。2015 年,J. H. Kim 等人针对现有 SAR 系统只能在固定模式工作的缺点,提出了一个多模式机载 MIMO-SAR 系统的概念[60]。

(a) 光学场景图

(b) SAR成像结果

图 1.18　2012 年波兰 WATSAR 项目前期实验光学场景图与 SAR 成像结果(见彩图)

国内对线阵 SAR 三维成像研究始于 2006 年左右,主要有中科院电子所、中科院遥感所、电子科技大学、国防科技大学、北京航空航天大学、西安电子科技大学等单位,但是受到国内实际 SAR 系统和硬件技术限制,目前研究主要集中于线阵 SAR 成像原理、数据处理算法和系统实验验证等初步阶段。2007 年,中科院电子所的王阳平等人提出了一种双线阵的正下视阵列 SAR 三维成像系统,详细推导了该系统在航迹向、切航迹向和距离向的理论分辨力,并进行仿真验证。从 2007 年起,在国家"863"项目支持下,电子科技大学的张晓玲等在国内率先开展了线阵 SAR 三维成像机理、系统验证及数据处理方法等相关技术研究[61],并成功建立了地基线阵三维 SAR 实验平台,在 2008—2010 年间通过多次外场实验验证了线阵三维 SAR 实验成像系统的性能,并对多个不同户外场景进行了实测实验,三维成像结果如图 1.19 所示。2009 年以来,该团队将压缩感知理论

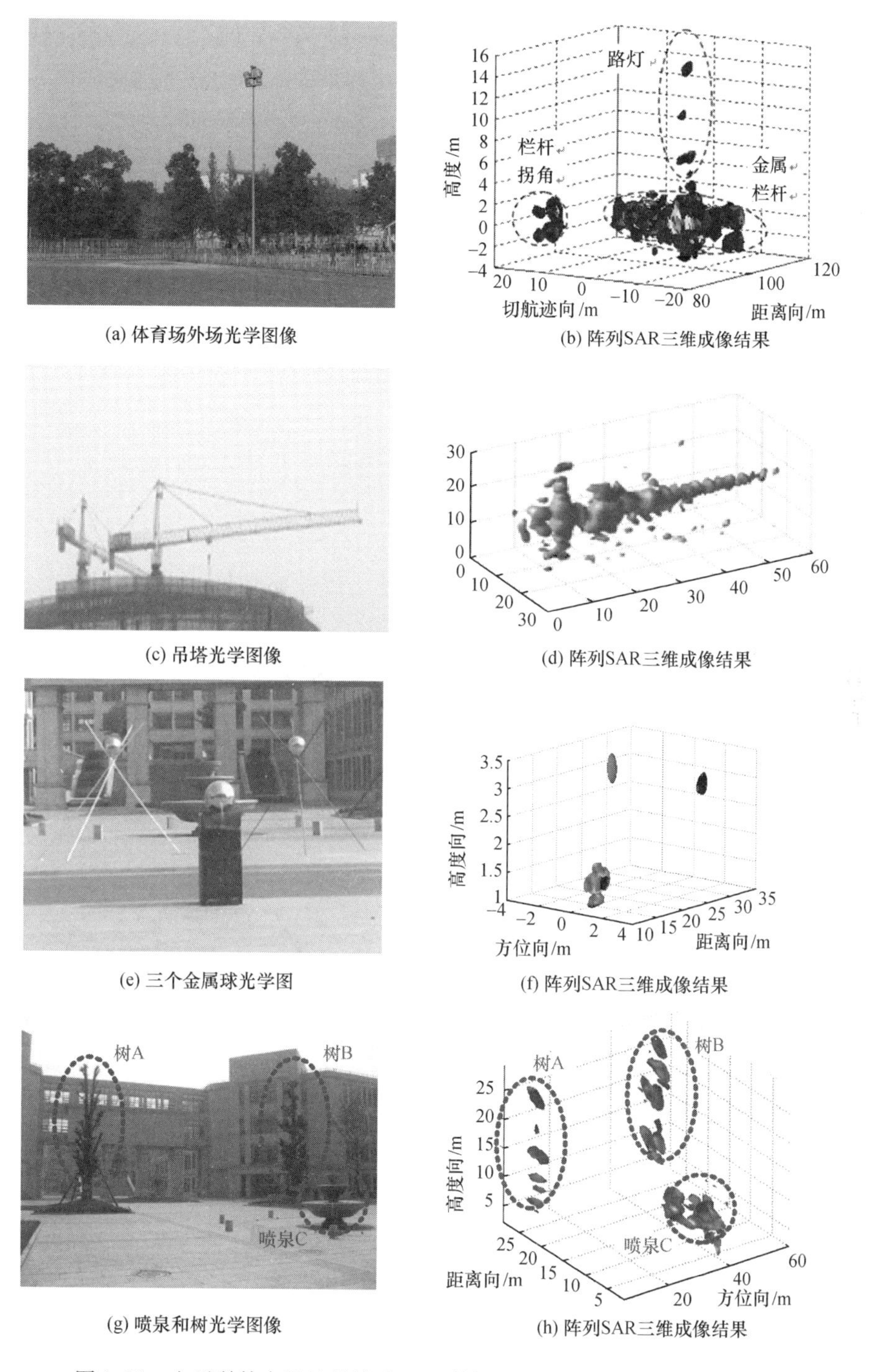

(a) 体育场外场光学图像　(b) 阵列SAR三维成像结果

(c) 吊塔光学图像　(d) 阵列SAR三维成像结果

(e) 三个金属球光学图　(f) 阵列SAR三维成像结果

(g) 喷泉和树光学图像　(h) 阵列SAR三维成像结果

图 1.19　电子科技大学地基线阵 SAR 外场场景三维成像结果(见彩图)

应用到阵列 SAR 三维成像中,分析了基于压缩感知的阵列 SAR 三维成像原理,并提出了一系列基于压缩感知理论的线阵 SAR 三维成像方法。2014 年,中国科学院大学的洪文等人提出了一种极化格式(Polar Format,PF)的成像算法,并将该算法运用于机载下视稀疏阵列三维 SAR 中[62]。后来该团队在 PF 算法的基础上结合 L_1 正则化技术,又提出了一种新算法[63]。该算法在距离向和沿航迹向运用 PF 算法而在切航迹向运用 L_1 正则化技术。通过仿真实验和实测实验证明了该算法比 PF 算法在切航迹上具有更高的分辨力。2015 年,国防科技大学的 Siqian Zhang 等人针对下视阵列三维 SAR 提出了一种 FFT - MUSIC 成像算法[64]。该算法通过减小回波信号峰值搜索范围提高了运算效率。F. F. Gu 等人针对 MIMO-SAR 成像系统中的大数据量和运动补偿问题,提出了一种基于压缩感知的方法[65]。

1.2.4 螺旋三维 SAR

作者所带领的团队正在进行螺旋三维 SAR 的实验验证。与圆周 SAR 和线阵 SAR 不同的是,螺旋 SAR 接收天线的轨迹为螺线形的,如图 1.20 所示。阵列所在的平面为 $X-Y$ 平面,在该平面内,相位中心 $P_{apc}(x,y)$ 呈螺线形分布。测试设备如图 1.21 所示,发射天线与接收天线分离,发射天线放在旁边的支架上,接收天线安装在旋臂上,接收天线在随着旋臂旋转的同时,沿着旋臂做匀速直线运动,这样接收天线的运动轨迹就是一个螺线形。

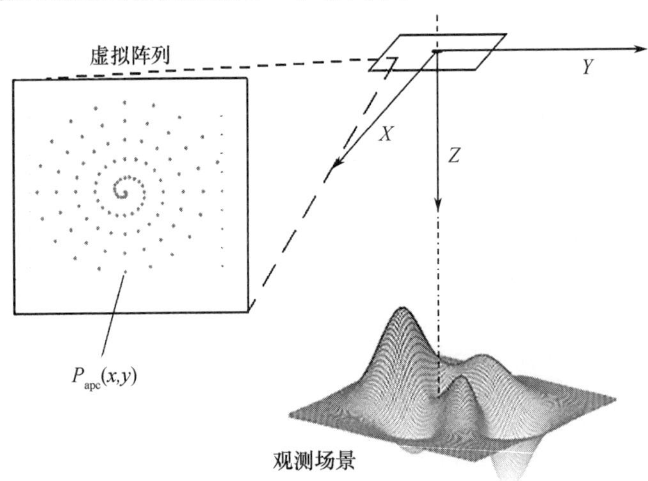

图 1.20　螺旋 SAR 成像示意图

成像所使用的发射信号由矢量网络分析仪产生,矢量网络分析仪可以发射带宽较大的步进频率信号。发射天线使用线极化天线,接收天线使用圆极化天线。

图 1.21　测试设备(见彩图)

图 1.22 为其中一次实验的成像结果和实验场景。本次实验参数设置如下:矢量网络分析仪扫频频率为 4 ~6GHz,扫描周期为 2.5s,扫频点数 801 个。旋臂旋转速度为 0.2r/min,沿旋臂匀速直线运动速度为 0.2mm/s,平台旋转半径约为 1.24m。金属球 1 距离接收天线约为 5.5m,向左偏移约为 1.5m,初始高度约为 1m;金属球 2 距离接收天线约为 7m,向右偏移约为 1.5m,高度约为 2m。

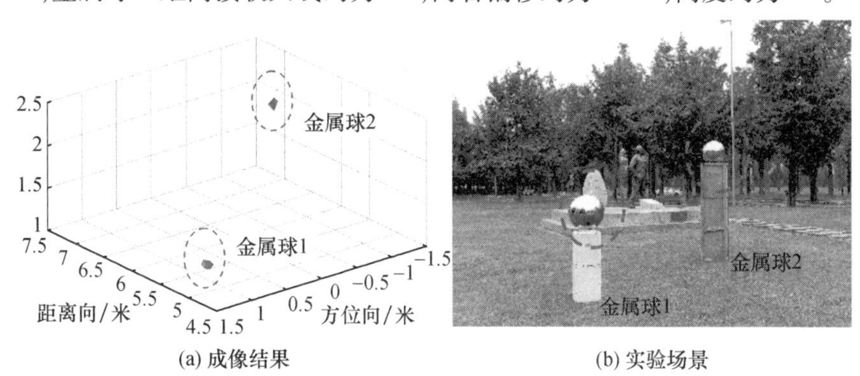

图 1.22　三维 SAR 实测结果(见彩图)

1.3　内容概要

本书是作者近年来在三维合成孔径雷达成像技术及其应用领域的研究工作总结,本书主要内容共 9 章,各章节的具体内容安排如下。

第 1 章为绪论,主要介绍了三维合成孔径雷达成像技术的概念、技术背景、应用方向、研究现状和国内外发展动态。

第2章为合成孔径雷达基础，主要包括了合成孔径雷达的基本概念、合成孔径技术原理以及相关的信号处理基础等内容，是本书的基础理论部分。

第3章为三维合成孔径雷达成像，主要内容包括了三维合成孔径雷达成像的基本原理和特点，重点介绍和分析了曲线合成孔径雷达、层析合成孔径雷达和线阵合成孔径雷达三维成像的几何模型、信号模型和成像分辨力表达式。

第4章为三维频域成像处理算法，主要内容包括了三维距离多普勒算法、三维变尺度算法、三维 SPECAN 算法和极坐标算法等成像算法的基本原理、算法流程，并利用仿真数据等分析各个频域成像算法的性能。

第5章为后向投影成像方法，主要内容包括三维后向投影成像算法及基于 GPU 的三维 SAR 并行仿真与成像技术。利用仿真和实测数据分析了三维后向投影成像算法的性能，并分析了 GPU 并行处理的效率。

第6章为压缩传感三维成像处理，主要内容包括压缩传感信号处理基本理论、线阵三维 SAR 稀疏成像基本原理和基于压缩感知的成像算法，介绍了相关算法的基本原理、算法流程，并利用仿真数据分析各个压缩感知成像算法的性能。

第7章为自聚焦成像处理算法，主要分析了三维合成孔径雷达运动误差特点，介绍了模型松弛自聚焦算法、后向投影自聚焦算法以及稀疏自聚焦算法的基本原理、算法流程，并利用仿真数据等分析了各个自聚焦算法的性能。

第8章为三维高效时域成像，主要介绍了快速后向投影成像、多分辨力逼近曲面预测成像、子孔径逼近成像算法，介绍了相关算法的基本原理、算法流程，并利用仿真数据分析了各算法的性能。

第9章为三维成像阵列设计与分析，主要内容包括单激励三维 SAR 轨迹优化、三维 MIMO-SAR 系统和 MIMO 天线阵列设计与优化。

参考文献

[1] Henderson F M, Anthony J L. Principles and applications of imaging radar[J]. Manual of Remote Sensing,1998.

[2] Howard D, Simon C R, Richard B. Target detection in SAR imagery by genetic programming [J]. Advances in Engineering Software,1999,30(5): 303 – 311.

[3] Zhao Q, Principe J C. Support vector machines for SAR automatic target recognition[J]. IEEE Transactions on Aerospace and Electronic Systems,2001,37(2): 643 – 654.

[4] Fennell M T, Wishner R P. Battlefield awareness via synergistic SAR and MTI exploitation [J]. IEEE Transactions on Aerospace and Electronic Systems, 1998, 13(2): 39 – 43.

[5] Nemoto Y, Nishino H, Ono M, et al. Japanese earth resources satellite – 1 synthetic aperture radar. Proceedings of the IEEE, 1991, 79(6): 800 – 809.

[6] Matsuoka M, Yamazaki F. Use of satellite SAR intensity imagery for detecting building areas damaged due to earthquakes[J]. Earthquake Spectra, 2004, 20(3): 975 - 994.
[7] Cutrona L J. Synthetic aperture radar[M]. New York:Skolnik, McGraw - Hill, 1990.
[8] Soumekh M. Synthetic aperture radar signal processing[M]. New York: Wiley, 1999.
[9] Wehner D R. High resolution radar[M]. Norwood, MA, Artech House, 1987.
[10] Elachi C, Bicknell T, Jordan R L, et al. Spaceborne synthetic - aperture imaging radars: Applications techniques and technology[J]. Proceedings of the IEEE, 1982, 70(10): 1174 - 1209.
[11] Gray A L, Farris - Manning P J. Repeat - pass interferometry with airborne synthetic aperture radar[J]. IEEE Transactions on Geoscience and Remote Sensing, 1993, 31(1): 180 - 191.
[12] Walterscheid I, Espeter T, Brenner A R, et al. Bistatic SAR experiments with PAMIR and TerraSAR - X - setup, processing, and image results[J]. IEEE Transactions on Geoscience and Remote Sensing, 2010, 48(8): 3268 - 3279.
[13] Horstmann J, Koch W, Lehner S, et al. Wind retrieval over the ocean using synthetic aperture radar with C - band HH polarization[J]. IEEE Transactions on Geoscience and Remote Sensing, 2000, 38(5): 2122 - 2131.
[14] Vivekanandan J, Ellis S M, Oye R, et al. Cloud microphysics retrieval using S - band dual - polarization radar measurements[J]. Bulletin of the American Meteorological Society, 1999, 80(3): 381 - 388.
[15] Nord M E, Ainsworth T L, Lee J S, et al. Comparison of compact polarimetric synthetic aperture radar modes[J]. IEEE Transactions on Geoscience and Remote Sensing, 2009, 47(1): 174 - 188.
[16] Pathier E, Angelier J, Fruneau B, et al. Contributions of InSAR to study active tectonics of Taiwan[C]. Geoscience and Remote Sensing Symposium, 2003. IGARSS '03. Proceedings. 2003 IEEE International, 2003, 1:221 - 223.
[17] Mora O, Arbiol R, Pala V, et al. Generation of Accurate DEMs Using DInSAR Methodology (TopoDInSAR)[J]. in IEEE Geoscience and Remote Sensing Letters, 2006. 3(4): 551 - 554.
[18] Fornaro G, Lombardini F, Serafino F. Three - dimensional multipass SAR focusing: experiments with long - term spaceborne data[J]. in IEEE Transactions on Geoscience and Remote Sensing, 2005, 43(4): 702 - 714.
[19] Bryant M L, Gostin L L, Soumekh M. 3 - D E - CSAR imaging of a T - 72 tank and synthesis of its SAR reconstructions[J]. IEEE Transactions on Aerospace and Electronic Systems, 2003, 39(1): 211 - 227.
[20] Ishimaru A, Chan T K, Kuga Y. An imaging technique using confocal circular synthetic aperture radar[J]. IEEE Transactions on Geoscience and Remote Sensing, 1998, 36(5): 1524 - 1530.
[21] Munson Jr D C, O'Brien J D, Jenkins W K. A tomographic formulation of spotlight - mode

synthetic aperture radar[J]. Proceedings of the IEEE, 1983, 71(8): 917 –925.

[22] Du L, Hong Y P, et al. Analytic modeling and three – dimensional imaging of downward – looking SAR using bistatic uniform linear array antennas[J]. IEEE 1st Asian and Pacific Conference on Synthetic Aperture Radar 2007(APSAR2007), 2007: 49 –53.

[23] Pasquali P, Prati C, Rocca F, et al. A 3 – D SAR experiment with EMSL data[J]. IEEE International Geoscience and Remote Sensing Symposium 1995(IGARSS1995), 1995(1): 784 –786.

[24] Scheiber R, Reigber A, Ulbricht A, et al. Overview of interferometric data acquisition and processing modes of the experimental airborne SAR system of DLR[J]. IEEE International Geoscience and Remote Sensing Symposium 1999(IGARSS1999), 1999(1): 35 –37.

[25] Fornaro G, Serafino F. Spaceborne 3D SAR tomography: experiments with ERS data[J]. International Geoscience and Remote Sensing Symposium (IGARSS2004), Alaska, 2004: 1240 –1243.

[26] Lombardini F. Differential tomography: A new framework for SAR interferometry[J]. IEEE Transactions on Geoscience and Remote Sensing, 2005, 43(1): 37 –44.

[27] Stebler O, Meier E, Nüesch D. Multi – baseline polarimetric SAR interferometry – first experimental spaceborne and airborne results[J]. Journal of Photogrammetry and Remote Sensing, 2002, 56(3): 149 –166.

[28] Andreas R,Moreira A. First demonstration of airborne SAR tomography using multibaseline L –band data[J]. IEEE Transactions on Geoscience and Remote Sensing, 2000, 38(5) : 2142 –2152.

[29] Buckreuss S, Balzer W, Muhlbauer P, et al. The TerraSAR –X satellite project[J]. IEEE International Geoscience and Remote Sensing Symposium 2003(IGARSS2003), 2003, 5: 3096 –3098.

[30] Covello F, Battazza F, Coletta A, et al. COSMO –SkyMed an existing opportunity for observing the Earth[J]. Journal of Geodynamics, 2010, 49(3): 171 –180.

[31] Krieger G, Moreira A, Fiedler H, et al. TanDEM –X: a satellite formation for high –resolution SAR interferometry[J]. IEEE Transactions on Geoscience and Remote Sensing, 2007, 45(11): 3317 –3341.

[32] Fornaro G, Lombardini F, Serafino F. Three –dimensional multipass SAR focusing: Experiments with long – term spacebornedata[J]. IEEE Transactions on Geoscience and Remote Sensing, 2005, 43(4): 702 –714.

[33] Zhu X X, Adam N, Brcic R, et al. Space –borne high resolution SAR tomography: experiments in urban environment using TS –X Data[J]. IEEE Joint Urban Remote Sensing Event 2009, 2009: 1 –8.

[34] Fery O,Meier E. 3 –D Time –domain SAR imaging of a forest using airborne multibaseline data at L – and P –bands[J]. IEEE Transactions on Geoscience and Remote Sensing, 2011,49(10): 3660 –3664.

[35] Fornaro G, Pauciullo A, Reale D, et al. Improving SAR Tomography Urban Area Imaging and Monitoring with CAESAR[C]. Eusar 2014, European Conference on Synthetic Aperture Radar. 2014:1 -4.

[36] Zhu X X, Montazeri S, Gisinger C, et al. Geodetic SAR Tomography[J]. IEEE Transactions on Geoscience & Remote Sensing, 2016, 54(1):18 -35.

[37] Chan T K, Kuga Y, Ishimaru A. Experimental studies on circular SAR imaging in clutter using angular correlation function technique[J]. IEEE Transactions on Geoscience and Remote Sensing , 1999, 37(5): 2192 -2197.

[38] Bryant M L, Gostin L L, Soumekh M. Three - dimensional E - CSAR imaging of a T - 72 tank and synthesis of its spotlight, stripmap and interferometric SAR reconstructions[J]. IEEE International Conference on Image Processing 2001, 2001, 3: 628 -631.

[39] Oriot H, Cantalloube H. Circular SAR imagery for urban remote sensing[C]. 7th European Conference on Synthetic Aperture Radar (EUSAR), 2008, 1 -4.

[40] 洪文. 圆迹 SAR 成像技术研究进展[J]. 雷达学报, 2012, 1(2): 124 -135.

[41] Ponce O, Prats P, Rodriguez - Cassola M, et al. Processing of Circular SAR trajectories with Fast Factorized Back - Projection[C]. IEEE International Geoscience and Remote Sensing Symposium (IGARSS), 2011, 3692 -3695.

[42] Ertin E, Austin C D, Sharma S, et al. GOTCHA experience report: three - dimensional SAR imaging with complete circular apertures[P]. Defense and Security Symposium. International Society for Optics and Photonics, 2007: 656802 -656802 - 12.

[43] Ponce O, Prats - Iraola P, Pinheiro M, et al. Fully Polarimetric High - Resolution 3 - D Imaging With Circular SAR at L - Band[J]. IEEE Transactions on Geoscience & Remote Sensing, 2014, 52(6):3074 -3090.

[44] Dupuis X, Martineau P. Very high resolution circular SAR imaging at X band[J]. 2014: 930 -933.

[45] Ponce O, Rommel T, Younis M, et al. Multiple - input multiple - output circular SAR[C]. International Radar Symposium (IRS), 2014(7):1,5, 16 -18.

[46] Ponce O, Prats - Iraola P, Scheiber R, et al. Polarimetric 3 - D reconstruction from multicircular SAR at P - band[J]. IEEE Geoscience & Remote Sensing Letters, 2012, 11(2012 - 07 -24):3130 -3133.

[47] 洪文. 圆迹 SAR 成像技术研究进展[J]. 雷达学报, 2012, 01(2):124 -135.

[48] Mahafza B R, Sajjad M. Three - dimensional SAR imaging using linear array in transverse motion[J]. IEEE Transaction on Aerospace and Electronic System. 1996, 32(1):499 -510.

[49] Gierull, Christoph H. On a concept for an airborne downward - looking imaging radar[J]. AEU - Archiv fur Elektronik und Ubertragungstechnik, 1999,53(6):295 -304.

[50] Giret R, Jeuland H, Enert P. A study of a 3D - SAR concept for a millimeter - wave imaging radar onboard an UAV[J]. IEEE European Radar Conference 2004(EURAD2004), Amsterdam, 2004, 201 -204.

[51] Weib M, Ender J H G. A 3D imaging radar for small unmanned airplanes - ARTINO[J]. IEEE European Radar Conference 2005(EURAD 2005), 2005: 209 -212.

[52] Weiß M, Peters O, Ender J. First flight trials with ARTINO[J]. 7th European Conference Synthetic Aperture Radar 2008 (EUSAR2008), European, 2008: 1 -4.

[53] Klare J, Cerutti - Maori D, Brenner A, et al. Image quality analysis of the vibrating sparse MIMO antenna array of the airborne 3D imaging radar ARTINO[J]. IEEE International Geoscience and Remote Sensing Symposium 2007(IGARSS 2007), 2007: 5310 -5314.

[54] Weiß M, Gilles M. Initial ARTINO radar experiments[J]. 8th European Conference Synthetic Aperture Radar 2010 (EUSAR2010), 2010: 1 -4.

[55] Shi J,Zhang X L,Yang J Y,et al. APC trajectory design for "one - active" linear - array three - dimensional imaging SAR[J]. IEEE Transactions on Geoscience and Remote Sensing, 2010, 48(3):1470 -1486.

[56] Wei S J, Zhang X L, Shi J, et al. Sparse array microwave 3 - D imaging: compressed sensing recovery and experimental study[J]. Progress In Electromagnetics Research, 2013 (135): 161 -181.

[57] Shi J, Zhang X L, Yang J Y, et al. Surface - tracing - based LASAR 3 - D imaging method via multi - resolution approximation[J]. IEEE Transactions on Geoscience and Remote Sensing, 2008, 46(11): 3719 -3730.

[58] Weiss M, Gilles M. Initial ARTINO Radar Experiments[C]. European Conference on Synthetic Aperture Radar. 2010:1 -4.

[59] Kaniewski P, Leśnik C, Susek W, et al. Airborne radar terrain imaging system[C]. Radar Symposium (IRS), 2015 16th International. IEEE, 2015: 248 -253.

[60] Kim J H, Younis M, Moreira A, et al. Spaceborne MIMO synthetic aperture radar for multimodal operation[J]. IEEE Transactions on Geoscience and Remote Sensing, 2015, 53(5): 2453 -2466.

[61] Otten M, Maas N, Bolt R. Light weight digital array SAR[C]. IEEE International Symposium on Information Theory 2010,Austin, 2010,177 -182.

[62] Peng X, Hong W, Wang Y, et al. Polar format imaging algorithm with wave - front curvature phase error compensation for airborne DLSLA three - dimensional SAR[J]. IEEE Geoscience and Remote Sensing Letters, 2014, 11(6): 1036 -1040.

[63] Peng X, Tan W, Hong W, et al. Airborne DLSLA 3 - D SAR Image Reconstruction by Combination of Polar Formatting and L_1 Regularization[J]. IEEE Transactions on Geoscience and Remote Sensing, 2016, 54(1): 213 -226.

[64] Zhang S, Zhu Y, Kuang G. Imaging of downward - looking linear array three - dimensional SAR based on FFT - MUSIC[J]. IEEE Geoscience and Remote Sensing Letters, 2015, 12 (4): 885 -889.

[65] Gu F F, Zhang Q, Chi L, et al. A novel motion compensating method for MIMO - SAR imaging based on compressed sensing[J]. IEEE Sensors Journal, 2015, 15(4): 2157 -2165.

第2章 合成孔径雷达成像基础

2.1 引　　言

合成孔径雷达(SAR)成像技术是现代雷达探测和遥感测绘领域的一项突破性技术,它的出现扩展了传统雷达的概念,使雷达对观测目标和场景具备成像和识别的能力,并在微波遥感领域展现出了潜力,为雷达探测任务提供更加丰富的信息,大大提升了现代雷达探测的性能。因此,合成孔径雷达成像技术对国防技术现代化和国民经济建设具有重大意义。

为了让读者对合成孔径雷达成像技术的基本概念和成像原理有一个基本的了解,本章将主要介绍雷达与信号处理相关知识,并阐述合成孔径雷达成像的基本原理,为本书后续章节成像算法和数据处理提供理论基础。

2.2 雷达相关知识回顾

合成孔径雷达是一种具有高分辨成像能力的雷达系统,其基本原理是通过雷达与目标的相对运动合成雷达运动方向的虚拟天线孔径,从而获得雷达运动方向的高分辨能力,再利用宽带信号及脉冲压缩技术获得雷达视线方向的高分辨能力。对于传统的单天线直线运动正侧视成像模式,合成孔径雷达成像的简单几何关系示意图如图2.1所示。

为了方便描述,SAR几何关系中的相关术语定义为:

(1) 垂下点:合成孔径雷达成像中垂下点是指位于雷达运动平台正下方的地表点。

(2) 近/远地点:合成孔径雷达近地点是指雷达测绘带中距离雷达平台最近的地面位置点,而远地点是雷达测绘带中距离雷达平台最远的地面位置点。

(3) 方位向:合成孔径雷达中方位向是指雷达在观测带运动的方向,即合成

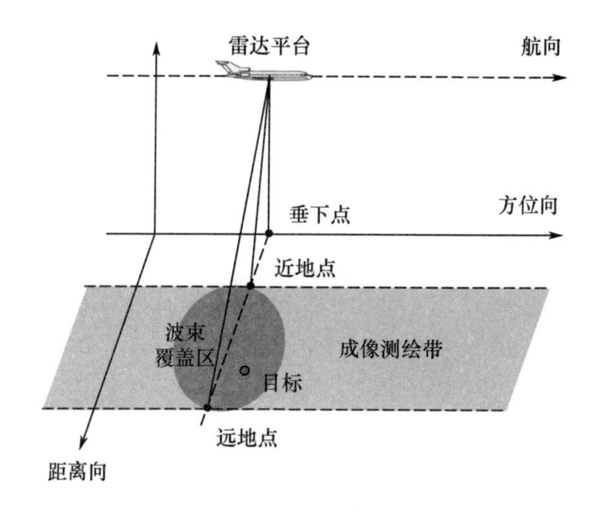

图 2.1　合成孔径雷达成像几何示意图(见彩图)

孔径雷达垂下点在地表上的运动方向。

(4) 距离向:指合成孔径雷达天线波束中心的指向方向,当合成孔径雷达正侧视成像时距离向与方位向垂直,当斜视成像时距离向与方位向的张角与斜视角相同。

(5) 波束覆盖区域:合成孔径雷达中波束覆盖区域为某一个时刻雷达天线波束照射至地面上的区域范围,该波束覆盖区域位置和范围直接取决于雷达天线波束指向角、波束宽度和雷达平台与观测区域的几何关系。

(6) 目标:合成孔径雷达中所指的目标就是被观测对象,通常是指波束覆盖区域中的散射体,为了方便描述合成孔径雷达信号模型,一般采用点散射体来描述,观测场景中目标可认为是多个点散射体的组合。

如图 2.1 中的几何关系所示,图中椭圆阴影区域为某一时刻的雷达波束覆盖区域,随着雷达平台的匀速直线运动,不同时刻的雷达波束覆盖区域可以合成一条带状区域,该带状区域即为合成孔径雷达的测绘带。

根据合成孔径雷达成像基本原理,雷达平台在运动过程中以一定的脉冲频率发射并接收电磁波。在距离向上,合成孔径雷达通过发射大时间带宽积的线性调频信号,接收天线采集信号后利用脉冲压缩技术来实现距离向上的高分辨力;在方位向上,雷达平台在不同位置上都接收到同一观测场景的回波信号,利用目标和雷达平台相对运动合成一个大的虚拟天线阵列,从而达到实现方位向高分辨的目的。

2.2.1　系统参数

2.2.1.1　雷达工作频率

雷达工作频率是指雷达系统发射机的射频振荡频率，一般用符号f_c表示，其度量单位是赫兹（Hz）或周/秒（C/s）。与工作频率相对应的波长称雷达工作波长，用符号λ表示。雷达工作频率与工作波长的关系可表示为

$$\lambda = \frac{c}{f_c} \tag{2.1}$$

式中：c为电磁波在空气中的传播速度。因此，知道工作频率f_c后，即可求得相应的波长大小。例如，工作频率为3000MHz的雷达，其对应波长为10cm。

从原理上讲，只要是通过辐射电磁能量，并利用目标散射的回波来实现对目标的探测和定位，都属于雷达系统的工作范围。

实际上，雷达通常工作在超短波波段及微波波段，其工作频率范围在0.03～300GHz，相应波长为10m～1mm，包括甚高频（VHF）、特高频（UHF）、超高频（SHF）、极高频（EHF）4个波段。甚高频波段通常是指工作频率在30～300MHz的频段，相应的波长为10～1m，称超短波或米波。超高频波段范围很广，工作频率从300MHz～3000GHz，包括分米波（300～3000MHz），厘米波（3000～30000MHz），毫米波（30～300GHz）。分米波、厘米波、毫米波总称微波，目前雷达应用最广泛的是微波。在1GHz频率以下，由于通信和电视等占用频道，频谱拥挤，一般雷达较少采用，只有少数远程雷达和超视距雷达采用这一频段。

目前，在雷达技术领域常使用频段代号，如L、S、C、X等，这是第二次世界大战中一些国家为了保密而采用的频段名称。表2.1为各频段的频率划分及合成孔径雷达主要应用。第二次世界大战期间，为了保密需要，人们将电磁波频段用一系列代码表示，目前作为标准已被电气与电子工程师协会（IEEE）正式接受。在非相控阵单雷达条件下，高频（短波长）波段一般定位更准确，但作用范围短；低频（长波）波段作用范围远，发现目标距离远。虽然不同工作频段雷达的工作原理相同，但在具体实现中，根据工艺水平、总体需求及应用领域等方面的限制，雷达波段是雷达系统的重要指标。

表2.1　雷达工作频段划分

波段名称	标称波长/cm	频率范围/GHz	波长范围/cm	合成孔径雷达典型应用
HF	—	0.003～0.03	10000～1000	—
VHF	—	0.03～0.3	1000～100	—

（续）

波段名称	标称波长/cm	频率范围/GHz	波长范围/cm	合成孔径雷达典型应用
UHF/P	—	0.3～1	100～30	隐蔽目标检测、资源勘探
L	22	1～2	30～15	地质、森林、内陆雪
S	10	2～4	15～7.5	—
C	5	4～8	7.5～3.25	地质、农业、森林、土壤、水文、土地测绘、海洋、海冰、淡水、内陆雪
X	3	8～12.5	3.25～2.4	农业、森林、土地测绘、海冰、内陆雪
Ku	2	12.5～18	2.4～1.677	人造目标高精度成像
K	1.25	18～26.5	1.677～1.172	—
Ka	0.8	26.5～40	1.172～0.75	人造目标高精度成像
U	0.6	40～60	0.75～0.5	—
V	0.4	60～80	0.5～0.375	—
W	0.3	80～100	0.375～0.3	制导
THz	0.03	100～10000	0.3～0.003	微小目标、生物检测

雷达工作频段的选择首先要满足其观测应用的需求，例如，低频段雷达对植被、土壤和干沙等具有更强的穿透能力，因此，L 波段合成孔径雷达适于发现地面隐蔽目标及资源勘探，而 C 波段合成孔径雷达则适于海冰检测及洪涝灾害监视。环境也是影响波段选择的重要因素，如 K 波段为水蒸气的吸收较强的波段范围，大气衰减严重，不适宜做雷达工作频段，而高频电磁波（HF）能被电离层折射，可用于超视距雷达。另外，加工工艺、制造成本等因素也将制约雷达波段的选择。一般情况，频段越低，则工艺越简单，较容易实现大功率收发；频段越高，则调制的基带信号带宽越宽，且可用较小的孔径获得窄波束。

对于合成孔径雷达，频段越高，则对应的微波图像分辨力一般也越高；但是由于平台运动将在回波数据中引入相位噪声，频段越高，对运动平台控制、测量精度的要求也相应越高。

2.2.1.2 信号带宽

雷达系统中信号带宽即为发射或接收信号经过傅里叶变换后在频域的频带宽度。在理论上，对于有限长度的时域信号，其频率变化范围是无限的。因此通常取其频域中幅度下降到峰值的 0.707 倍或 −3dB 处的频带宽度为信号的带宽。例如，对于一个矩形脉冲信号，其傅里叶变换为 sinc 函数形式，sinc 函数通常定义为 $\mathrm{sinc}(x)=\dfrac{\sin(\pi x)}{\pi x}$，故信号带宽为主瓣宽度（近似为第一个零点之间距离的一半）。

雷达信号带宽是雷达系统中最重要的参数之一。从根本上讲,雷达系统的发射信号带宽直接决定雷达系统的分辨能力。通常雷达系统发射信号的带宽越大,则雷达距离向的分辨力就越高。雷达信号带宽对雷达系统采样率要求以及硬件实现也是非常重要的。通常,雷达系统中发射信号带宽越大,则信号采样率要求越高,因而对雷达系统硬件要求越高,相应的成本也越高。

2.2.1.3　脉冲重复频率

脉冲重复频率(Pulse - Recurrence - Frequency,PRF)是指雷达发射机每秒时间内产生脉冲信号的数目,与之对应的是脉冲重复周期或脉冲重复间隔(PRI),即雷达发射机中相邻两个脉冲之间的时间间隔。二者之间的关系是脉冲重复频率是脉冲重复周期的倒数,即

$$\mathrm{PRF}=\frac{1}{\mathrm{PRI}} \tag{2.2}$$

通常,在 SAR 中 PRF 即为方位向的采样率,在合成孔径雷达系统里是一个非常重要的参数。雷达脉冲信号示意图如图 2.2 所示。太低的 PRF 将导致混叠,从而会出现严重的方位向模糊。一个较高的 PRF 可以在不提高峰值功率或脉冲宽度的条件下提高平均发射功率,从而改善信噪比。当然 PRF 并不是越高越好,如果 PRF 相对于回波持续时间过高,由于不同脉冲的回波在接收窗内重叠在一起,则会产生距离模糊。同时过高的 PRF 会提高数据量,从而增加处理难度。

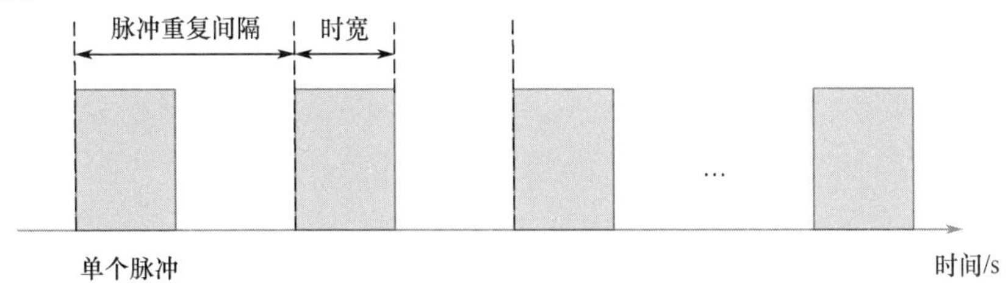

图 2.2　雷达脉冲示意图(见彩图)

2.2.1.4　信号时宽

在雷达系统中,信号时宽是指雷达发射脉冲信号的宽度。如图 2.2 中,信号时宽对应于脉冲重复间隔中脉冲的持续时间长度。信号时宽是雷达系统中的一个重要参数,直接反映了雷达系统的作用距离。在雷达系统有限发射机功率条件下,增加发射信号的脉冲宽度可以提高雷达系统发射的能量,从而提高其作用距离。但是,对于早期的单载频雷达(脉冲雷达),信号时宽与信号带宽近似成反比,信号时宽越大,则其带宽越小,故雷达系统的距离分辨力就越低。这是单

载频雷达发射信号的一个缺陷,即雷达作用距离与距离分辨力两者不能兼顾。因此,对于单载频雷达,不能同时改善雷达的作用距离和分辨力。为了解决单载频雷达的缺陷,通常雷达系统需要采用具有大时宽带宽积的发射信号形式,如线性调频信号。

2.1.1.5 天线真实孔径

天线是一种接收和发射电磁波的装置,与透镜的孔径和直径类似,天线孔径指天线的长度。天线孔径是雷达系统中的一个重要参数,直接影响雷达系统的分辨能力。对于实孔径雷达系统,天线孔径就是其天线的真实长度;而在合成孔径雷达成像中,所利用的天线孔径为合成孔径,合成孔径长度为目标被照射时间内载荷平台在方位向上的运动轨迹长度,其具体公式为

$$L_a = \frac{\lambda}{D}R \tag{2.3}$$

式中:λ 为雷达发射信号的波长;D 为雷达天线真实孔径的长度;R 为雷达的作用距离;L_a为合成孔径的长度。合成孔径示意图如图 2.3 所示。

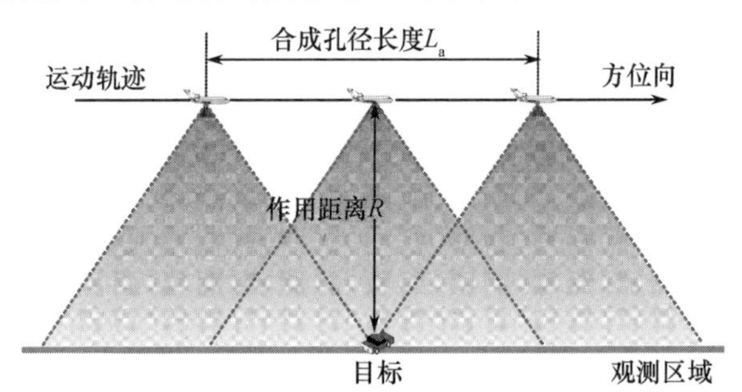

图 2.3 合成孔径示意图(见彩图)

2.2.2 模糊函数

通常可以通过目标回波时延 t_d 计算出距离,并通过目标回波多普勒频率 f_d 计算出径向速度,雷达系统通常利用距离和径向速度来获取目标的分辨特性,该特性可通过系统响应函数或交叉模糊函数$\chi(t_d,f_d)$来描述,其数学表达式为

$$\begin{aligned}\chi(t_d,f_d) &= \int_{-\infty}^{\infty} A(f-f_d)H(f)\exp(j2\pi f t_d)\,df \\ &= \int_{-\infty}^{\infty} a(t-t_d)h(-t)\exp(j2\pi f t_d)\,dt \end{aligned} \tag{2.4}$$

式中:$|A(f)|$的平方为对雷达发射信号调制的能量频谱;$a(t)$为相应的波形;$H(f)$为雷达接收滤波器的响应;$h(t)$为其脉冲响应。一般来说,雷达模糊函数

为复函数(具有相位变化和幅度变化)。在式(2.4)中,函数 $A(f-f_d)$ 为包含多普勒频移的回波信号频谱,而 $\exp(j2\pi f t_d)$ 为频率 f 上频谱分量的相移。模糊函数$\chi(t_d,f_d)$与时间延迟 t_d 和多普勒频移 f_d 呈函数关系变化,即将时间延迟和多普勒频移放到同一个变换域中,作为自变量,$\chi(t_d,f_d)$为因变量,同时受到二者的影响。

在雷达系统中,模糊函数具有以下特性:

(1) 模糊函数最大值在(0,0)点处,其值为常数 C,即

$$\max\{|\chi(t_d,f_d)|^2\}=|\chi(0,0)|^2=C$$
$$|\chi(t_d,f_d)|^2\leqslant|\chi(0,0)|^2 \tag{2.5}$$

(2) 模糊函数是对称的,即

$$|\chi(t_d,f_d)|=|\chi(-t_d,-f_d)| \tag{2.6}$$

(3) 模糊函数下的总体积是定值,即

$$\iint|\chi(t_d,f_d)|^2\mathrm{d}t_d\mathrm{d}f_d=C \tag{2.7}$$

(4) 如果函数 $S(f)$ 是信号 $s(t)$ 的傅里叶变换,根据帕斯瓦尔定理,信号的总能量既可以按照每单位时间内的能量在整个时间内的积分计算出来,也可以按照每单位频率内的能量在整个频率范围内的积分而得到。由此可得

$$|\chi(t_d,f_d)|^2=\left|\int A^*(f)A(f-f_d)\exp(-j2\pi f t_d)\mathrm{d}f\right|^2 \tag{2.8}$$

雷达模糊函数是关于雷达所测量目标属性的函数。不同雷达系统,模糊函数的定义也不相同。例如,对于测距雷达,雷达模糊函数为距离的函数,可表示为$\chi(r)$,其中 r 为距离变量;对于一维测角雷达,雷达模糊函数为所测角度的函数,可表示为$\chi(\theta)$,其中 θ 为方位角度变量;对于脉冲多普勒雷达,其模糊函数为距离和目标径向速度的二元函数,可表示为$\chi(r,v)$;对于二维合成孔径雷达,其模糊函数为距离向和方位向的二元函数,可表示为$\chi(r,a)$;对于三维合成孔径雷达,其模糊函数为三元函数,通常可表示为$\chi(r,a,u)$。

雷达模糊函数直接反映了雷达系统中不同目标点能量相互串扰的程度。考虑测距雷达,假设雷达观测区域内有两个目标,其相对参考点的距离分别为 r_1 和 r_2,则数据处理后的雷达信号可表示为

$$\sigma_1\chi(r-r_1)+\sigma_2\chi(r-r_2) \tag{2.9}$$

式中:σ_1和 σ_2分别为两个目标的散射系数。因测距雷达的模糊函数为$\chi(r)$,则位于 r_2处的目标将对 r_1处目标的散射系数产生 $\sigma_2\chi(r_1-r_2)$的串扰。如果$\chi(r_1-r_2)$或 σ_2取值过大,则 r_1处目标可能会被 r_2处目标产生的串扰淹没。此时,对于目标检测雷达,可能产生目标丢失或虚警;对于成像雷达,可能导致图像

幅度与真实目标存在偏差。因此对于实际雷达系统,在设计相关参数时期望 $\chi(r)$ 在 r 非零处的取值尽可能小,即 $\chi(r)$ 近似为冲激函数 $\delta(r)$。

根据雷达系统的模糊函数,可以得到系统的分辨力指标。假设测距雷达的模糊函数如图 2.4 所示,则该雷达系统的分辨力如图中所示。

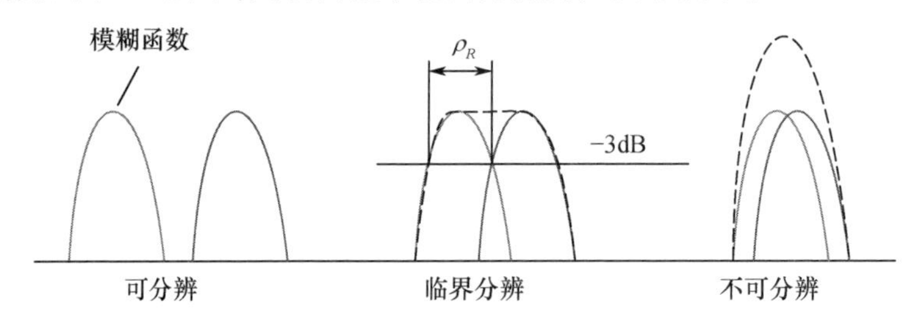

图 2.4　雷达系统距离分辨力与模糊函数

如图 2.4 所示,当两目标距离较远时,其模糊函数相互串扰较小,雷达系统可区分不同目标,并获得两个目标的散射能量;当两目标的距离较近时,目标的雷达模糊函数相互串扰很大,雷达系统很难区分不同目标。一般将模糊函数 $\chi(r)=0.5$ 时对应的宽度定为系统分辨力(分辨临界点)。

合成孔径雷达的模糊函数与传统测距雷达模糊函数类似,但由于其为二元或三元函数,推导和分析过程较为复杂,相关内容将在本书后续章节中详细论述。

2.2.3　成像分辨力

雷达分辨力是指雷达系统区分不同目标属性(如位置、速度及散射截面积等)的能力。分辨力是评估雷达系统的重要指标,根据雷达系统所获取信息的不同,雷达分辨力又可细分为距离分辨力、角度分辨力、频率分辨力、速度分辨力和辐射分辨力等。在合成孔径雷达系统中,雷达分辨力是表征系统性能和图像质量的重要指标。针对合成孔径雷达成像的分辨力特性,其成像分辨力主要划分为空间分辨力和辐射分辨力两个方面。空间分辨力是指合成孔径雷达系统在观测区域中所能区分的两个目标之间最小距离的能力,而辐射分辨力则是合成孔径雷达图像中所能区分的两个目标电磁散射系数之间最小差值,是区分具有不同散射系数特性的两个目标能力的度量。

(1) 距离向分辨力是指雷达观测区域中两个目标位于同一方位角,但与雷达系统的距离不同时,二者能被雷达系统区分出来的最小间距。在合成孔径雷达系统中,当较近目标的模糊函数后沿(下降沿)与较远目标模糊函数前沿(上升沿)刚好重合时,作为其距离向分辨力的极限,此时两目标间距离就是距离向分辨力,如图 2.4 所示。

根据距离向分辨力定义,雷达系统距离分辨力 ρ_r 的数学表达式为

$$\rho_r = \frac{c\tau}{2} \tag{2.10}$$

式中:c 为电磁波在空气中的传播速度;τ 为处理后雷达目标信号在显示屏上的脉冲宽度。由于 c 为常数,距离分辨力仅由雷达目标脉冲宽度决定。脉冲宽度越小,距离向分辨力越好。当 τ 为 1μs 时,雷达系统距离分辨力为 150m。

(2) 方位向分辨力是指两个雷达观测区域中两个目标在位于同一距离,但方位角不同的情况下,能被雷达区分出来的最小角度称为方位向分辨力。方位向分辨力决定了雷达区分相同距离上多重目标的能力。方位向分辨力由雷达系统天线的有效波束宽度确定。对于相同径向距离的目标,若目标间距大于雷达系统的天线波束宽度,目标就能被区分,若小于波束宽度,则目标不能被区分,如图 2.5 所示。图中目标 A、B 和 D 之间的距离都大于天线波束宽度,因此其在不同天线波束范围内,雷达系统能对其进行分辨;而 B 与 C 的距离小于天线波束宽度,故雷达不能进行分辨。

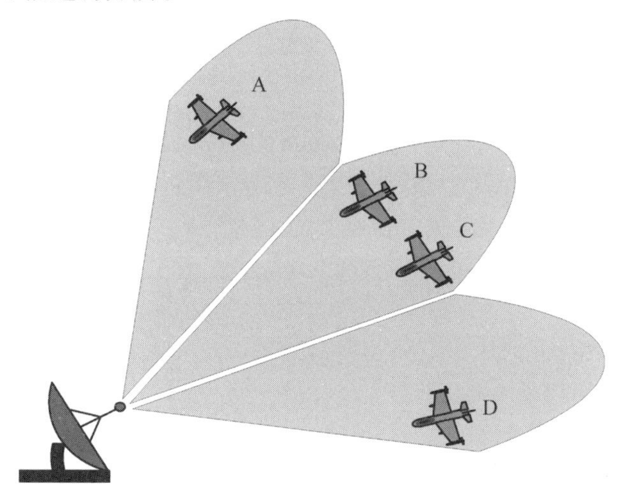

图 2.5　雷达系统方位向分辨力示意图(见彩图)

在实孔径雷达系统中,天线波束宽度 θ 与方位向长度 Δx 的关系为

$$\Delta x \approx \theta R \tag{2.11}$$

式中:R 为观测目标到雷达系统之间的距离。从式(2.11)可知,雷达天线波束越窄,雷达系统的方位向分辨力越好。由天线理论可知,波束宽度与电磁波的波长和天线尺寸有关

$$\theta = k\frac{\lambda}{D} \tag{2.12}$$

式中:λ 为雷达系统工作波长;D 为雷达系统中天线的真实孔径长度,其典型值

为天线实际长度的0.7倍[1]；k 为加权常数，k 的值由天线加权等因素决定，一般取值为 0.886 ~ 1.4。为了方便分析，通常取 $k=1$。因此由式(2.11)及式(2.12)可知实孔径雷达的方位向分辨力为

$$\rho_{a} \approx \frac{\lambda}{D} R \tag{2.13}$$

由式(2.13)可知，雷达系统工作波长越小，天线尺寸越大，则雷达发射的波束就越窄，从而方位向分辨力就越好。但雷达工作波长的减小受到雷达工作频率的限制，因此一般通过增大天线尺寸来获得窄波束，从而提高雷达方位向分辨力。

(3) 辐射分辨力是指雷达系统能分辨的目标反射或辐射的电磁辐射强度的最小变化量，通常也称为灰度级分辨力，是衡量雷达图像质量的重要指标之一。辐射分辨力表征了雷达系统区分相近的目标散射系数的能力，反映了雷达系统观测目标电磁波散射特性的能力。

2.3 雷达信号处理回顾

2.3.1 线性调频信号

线性调频(Linear Frequency Modulation, LFM)信号具有很大的时宽带宽积，能获得大的脉冲压缩比，可以很好地解决雷达作用距离和分辨力上的矛盾。因此，在合成孔径雷达中，系统通常使用 LFM 信号，即

$$s(t) = A \cdot \mathrm{rect}\left(\frac{t}{T_{p}}\right)\exp\left\{\mathrm{j}2\pi\left(f_{c}t + \frac{1}{2}K_{r}t^{2}\right)\right\} \tag{2.14}$$

式中：A 为信号幅度；t 为时间；T_p 为脉冲宽度；f_c 为载波频率；K_r 为调频斜率；rect(·)为矩形窗函数，定义如下

$$\mathrm{rect}(t) = \begin{cases} 1, & -\dfrac{T_{p}}{2} \leqslant t \leqslant \dfrac{T_{p}}{2} \\ 0, & \text{其他} \end{cases} \tag{2.15}$$

图2.6将线性调频信号分解成实部和虚部，分别对应图2.6(a)和图2.6(b)，其中 LFM 信号脉冲宽度为 $T_p = 5\times10^{-6}$ s，调频斜率为 $K_r = 4\times10^{12}$ Hz/s。在式(2.14)中，令 $f_c=0$，得到基带信号的相位 $\phi(t)$ 为

$$\phi(t) = \pi K_{r} t^{2} \tag{2.16}$$

图2.6(c)和图2.6(d)为线性调频信号的参数随时间的变化规律。基带信号的相位是关于时间 t 的二次函数，呈抛物线形，如图2.6(c)所示。则式(2.16)对应的瞬时频率为

$$f = \frac{1}{2\pi}\frac{\mathrm{d}\phi(t)}{\mathrm{d}t} = K_{r}t \tag{2.17}$$

由式(2.17)可知,基带信号的瞬时频率是关于时间 t 的线性函数。如图 2.6(d)所示。因此,称式(2.14)所表示的信号为线性调频信号。图 2.6(d)中直线的斜率大小等于调频斜率 K_r。

线性调频信号的带宽 B_r 可以描述为调频斜率和脉冲持续时间的积

$$B_r = |K_r| T_p \tag{2.18}$$

于是,图 2.6(d)信号的实际带宽为 $B_r = 20\text{MHz}$。

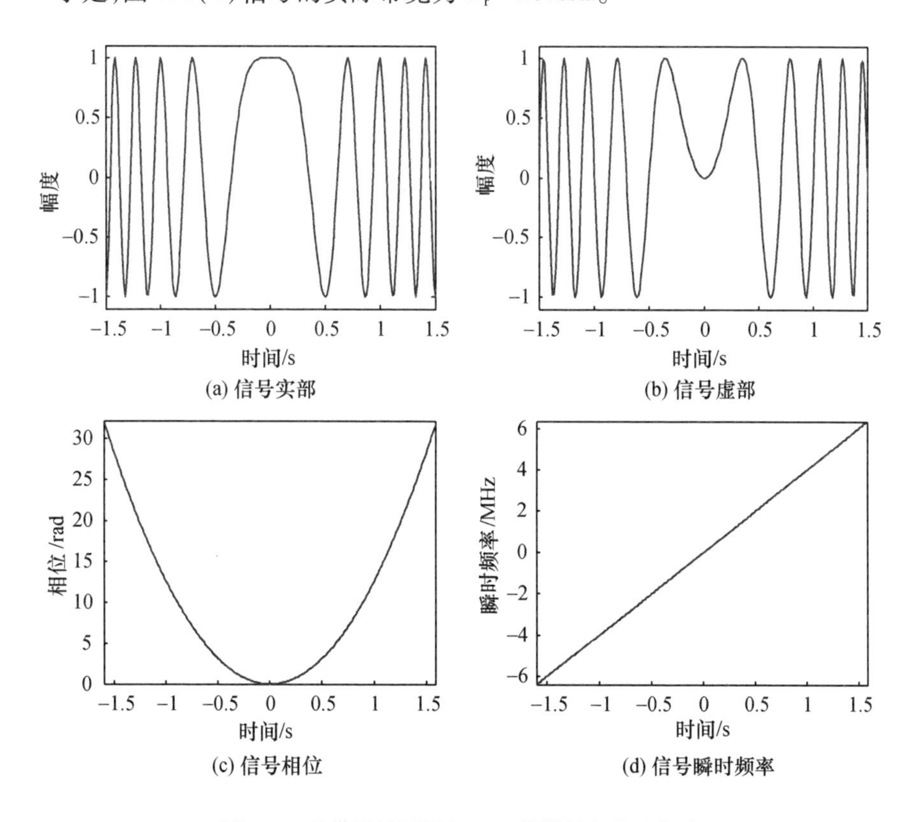

图 2.6　基带线性调频(LFM)信号的相位和频率

2.3.2　驻定相位原理

在合成孔径雷达数据处理过程中,通常需要用到线性调频信号的频域变换形式。然而,由于线性调频信号的相位是关于时间 t 的二次函数,故直接精确推导出线性调频信号的傅里叶变换的解析表达式非常困难。通常要利用驻定相位原理(Principle of Stationary Phase,POSP)来获得线性调频信号傅里叶变换的近似解析表达[2]。此处以基带线性调频信号为例,说明如何利用 POSP 来求解线性调频信号的频域表达。

假设基带线性调频信号 $s_b(t)$ 具有如下形式

$$s_b(t) = \text{rect}\left(\frac{t}{T_p}\right)\exp\{j\pi K_r t^2\} \tag{2.19}$$

根据傅里叶变换,可以得到 $s_b(t)$ 的傅里叶变换 $S_b(f)$ 为

$$S_b(f) = \int_{-\infty}^{\infty} s_b(t)\exp\{-j2\pi ft\}\,dt \tag{2.20}$$

式中,被积函数的相位 $\theta(t)$ 则为

$$\theta(t) = \pi K_r t^2 - 2\pi ft \tag{2.21}$$

令 $d\theta(t)/dt = 0$,得到时间 t 关于频率 f 的表达式,即

$$t = \frac{f}{K_r} \tag{2.22}$$

将式(2.22)代入式(2.21)得到频域的相位 $\Theta(f)$,即

$$\Theta(f) = \theta\left(t = \frac{f}{K_r}\right) = -\pi\frac{f^2}{K_r} \tag{2.23}$$

频域包络 $W(f)$ 可以用式(2.22)的关系替换 $\text{rect}(t/T_p)$ 中 t 来得到

$$W(f) = \text{rect}\left(\frac{f}{K_r T_p}\right) \tag{2.24}$$

式(2.20)可以近似表达为

$$\begin{aligned} S_b(f) &\approx W(f)\exp\{j\Theta(f)\} \\ &= \text{rect}\left(\frac{f}{K_r T_p}\right)\exp\left\{-j\pi\frac{f^2}{K_r}\right\} \end{aligned} \tag{2.25}$$

式(2.25)省略了幅度归一化因子 $1/\sqrt{K_r}$ 和 $\pi/4$ 常数相位[3,4],对结果影响很小。观察式(2.19)和式(2.25),可以发现与时域信号 $s_b(t)$ 类似,频域信号 $S_b(f)$ 的相位也是关于频率 f 的二次函数,也具有线性调频特性。

为了验证驻定相位原理,采用仿真试验进行分析。首先用离散傅里叶变换(Discrete Fourier Transform,DFT)直接计算 $S_b(f)$,如图2.7所示。其中,线性调频信号时宽 $T_p = 5\times10^{-6}$s,信号带宽 $B_r = 120$MHz,信号采样频率为1.4倍信号带宽。为了便于比较,图2.7(b)对驻定相位原理结果进行了适当处理,让其相位的最大值和DFT结果的最大值对齐。

从图2.7可以看出,由驻定相位原理计算得到的结果能够很好地近似计算LFM信号的频谱。

与驻定相位原理密切相关的还有时宽带宽积(Time Bandwidth Product,TBP)概念。对于线性调频信号,时宽带宽积定义为

$$\text{TBP} = T_p B_r = |K_r| T_p^2 \tag{2.26}$$

一般情况下,只有当线性调频信号有较大时宽带宽积时,才能用驻定相位原理得到比较准确的信号频谱。一般地,当时宽带宽积大于100时,可以用驻定相

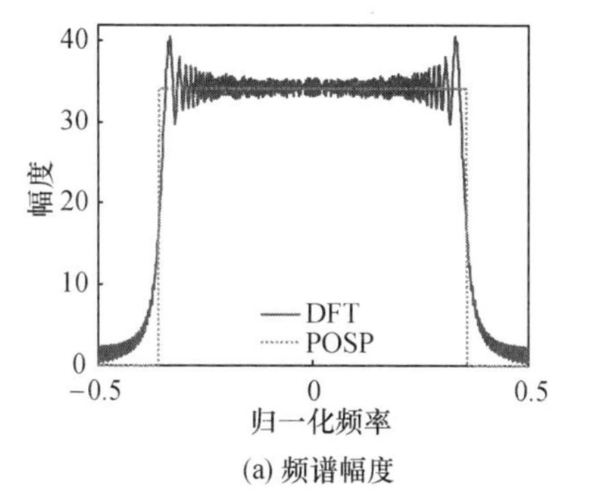

(a) 频谱幅度

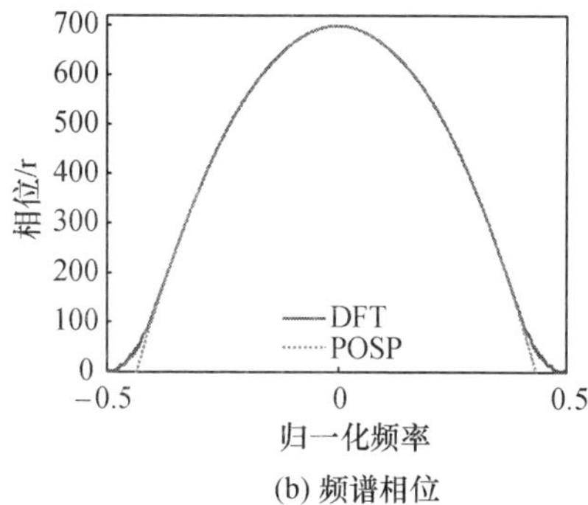

(b) 频谱相位

图 2.7　线性调频信号频谱的幅度和相位

位原理来近似计算线性调频信号的频谱[2]。

2.3.3　脉冲压缩技术

目前,对线性调频信号进行脉冲压缩通常有两种技术:匹配滤波和去斜处理[3,5]。

2.3.3.1　匹配滤波

匹配滤波器是信号形式已知条件下,以最大化输出信噪比为优化准则的线性滤波器。假设信号为 $s(t)$,那么与其对应的匹配滤波器参考信号 $h_{\mathrm{m}}(t)$ 具有如下形式

$$h_{\mathrm{m}}(t)=s^{*}(-t) \tag{2.27}$$

式中:符号 * 表示共轭。可见,匹配滤波器是原始信号时间反转的共轭信号。此时,$h_{\mathrm{m}}(t)$ 的频谱 $H_{\mathrm{m}}(f)$ 可表示为

$$H_{\mathrm{m}}(f)=S^{*}(f) \tag{2.28}$$

假设经过时间延迟 t_0 接收到基带信号 $s_{\mathrm{br}}(t)$ 为

$$s_{\mathrm{br}}(t)=\mathrm{rect}\left(\frac{t-t_0}{T_{\mathrm{p}}}\right)\exp\{\mathrm{j}\pi K_{\mathrm{r}}(t-t_0)^2\} \tag{2.29}$$

那么,对应的匹配滤波器参考信号 $h_m(t)$ 为

$$h_{\mathrm{m}}(t)=\mathrm{rect}\left(\frac{t}{T_{\mathrm{p}}}\right)\exp\{-\mathrm{j}\pi K_{\mathrm{r}}t^2\} \tag{2.30}$$

将式(2.29)和式(2.30)进行卷积,得到匹配滤波器输出信号 $s_{\mathrm{out}}(t)$ 为

$$\begin{aligned}s_{\mathrm{out}}(t) &= \int_{-\infty}^{\infty} s_{\mathrm{br}}(t-\tau)h_{\mathrm{m}}(-\tau)\mathrm{d}\tau \\ &\approx \int_{-T_{\mathrm{p}}/2}^{T_{\mathrm{p}}/2} \exp\{\mathrm{j}\pi K_{\mathrm{r}}(t-t_0-\tau)^2\}\exp\{-\mathrm{j}\pi K_{\mathrm{r}}\tau^2\}\mathrm{d}\tau\end{aligned}$$

$$= \exp\{j\pi K_r(t-t_0)^2\}\int_{-T_p/2}^{T_p/2}\exp\{-j2\pi K_r(t-t_0)\tau\}d\tau$$

$$= T_p\text{sinc}(K_rT_p(t-t_0))\exp\{j\pi K_r(t-t_0)^2\} \tag{2.31}$$

由式(2.31)可知,线性调频信号经过匹配滤波后输出信号具有 sinc 函数形式,其主瓣宽度和信号带宽 B_r 有关。

值得注意的是,式(2.31)是以连续时间信号卷积形式给出的。而实际中需要直接处理离散时间信号,涉及到信号补零和快速傅里叶变换(Fast Fourier Transform,FFT)。一般地,要求进行傅里叶变换的点数 N_{FFT} 为 2 的幂次。图 2.8 为对线性调频信号进行匹配滤波的一般流程图。

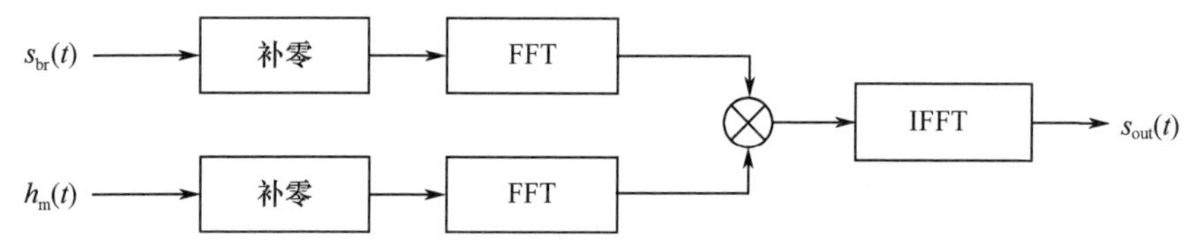

图 2.8　线性调频信号匹配滤波流程图

2.3.3.2　去斜处理

去斜处理(Deramping)是将回波信号和参考信号在时域共轭相乘,然后再通过 FFT 完成脉冲压缩,如图 2.9 所示。与匹配滤波处理获得时域结果不同,去斜处理获得频域结果。假设接收信号 $s_{br}(t)$ 如式(2.29)所示,参考信号 $h_{ref}(t)$ 为

$$h_{ref}(t) = \text{rect}\left(\frac{t}{T_p}\right)\exp\{j\pi K_r t^2\} \tag{2.32}$$

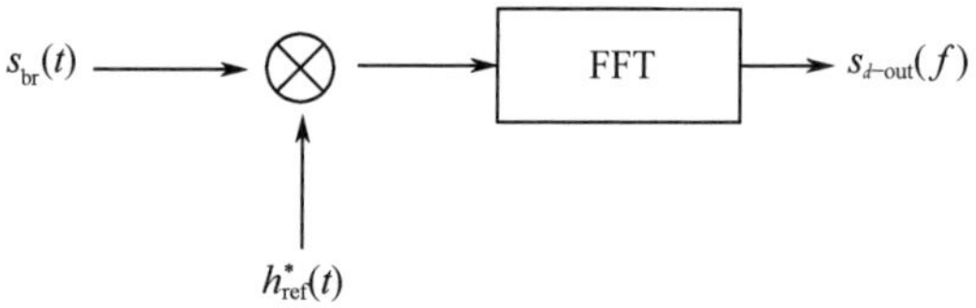

$s_{br}(t)$ → ⊗ → FFT → $s_{d-out}(f)$; $h_{ref}^*(t)$

图 2.9　线性调频信号去斜处理流程图

将输入信号 $s_{br}(t)$ 和参考信号 $h_{ref}(t)$ 共轭相乘,并进行 FFT 操作,得到去斜处理的输出信号 $s_{d-out}(f)$,即

$$s_{d-out}(f) = \text{FFT}[s_{br}(t)h_{ref}^*(t)]$$

$$\approx \exp\{j\pi K_r t_0^2\}\int_{-T_p/2}^{T_p/2}\exp\left\{-j2\pi K_r\left(t_0+\frac{f}{K_r}\right)t\right\}dt$$

$$= T_p\text{sinc}(T_p(K_r t_0 + f))\exp\{j\pi K_r t_0^2\} \tag{2.33}$$

式中:$\exp\{j\pi K_r t_0^2\}$ 为去斜处理后的残余相位项。一般地,在进行合成孔径雷达

方位向处理前,需要消除该残余相位的影响[3,5]。观察式(2.33)可知去斜处理进行脉冲压缩得到的输出信号也为 sinc 函数形式。

图2.10为分别利用匹配滤波和去斜处理进行脉冲压缩的结果,为了便于观察,图2.10只截取了部分结果进行展示。从图2.10看出两种方法压缩结果均为 sinc 函数形式,同式(2.31)和式(2.33)所得的结论一致。

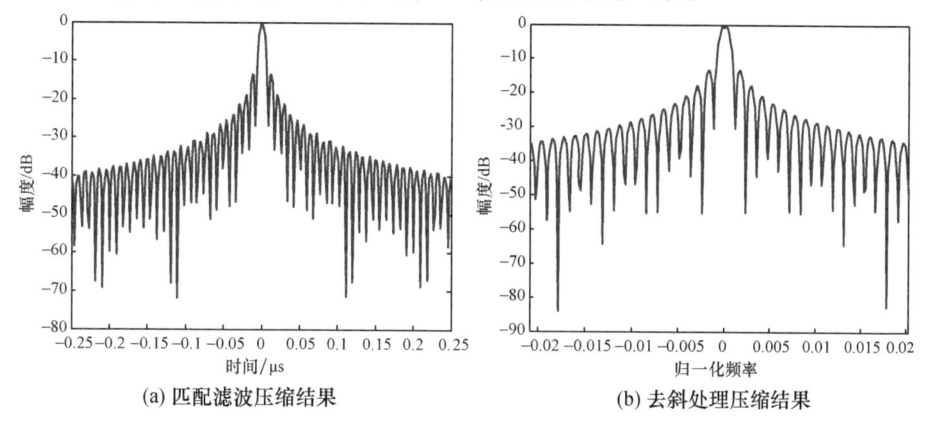

图2.10 匹配滤波和去斜处理进行脉冲压缩

2.3.4 插值技术

在合成孔径雷达数据处理中,插值处理也是经常用到的关键步骤,而插值精度和效率将直接影响成像质量。传统合成孔径雷达信号处理中,通常都采用 sinc 函数插值。此外,非均匀快速傅里叶变换(Nonuniform Fast Fourier Transform,NUFFT)插值方法近年来也备受关注,其插值精度也优于 sinc 函数插值。

2.3.4.1 sinc 函数插值

假设信号 $g(x)$ 为未知,其采样信号 $g_d[m]$ 为已知,插值处理则是计算给定插值点 x 处 $g(x)$ 值的过程。sinc 函数插值可以表示为

$$g(x) = \sum_{i=-L/2}^{L/2-1} g_d[i + [x/\Delta t]]\mathrm{sinc}(x/\Delta t - ([x/\Delta t] + i)) \tag{2.34}$$

式中:L 为插值核的点数;Δt 为采样时间间隔;$[x/\Delta t]$ 为对 $x/\Delta t$ 进行取整。如果 $L\to\infty$,那么式(2.34)即为采样内插公式[6],其等效于在频域用一个低通滤波器对 $g_d[m]$ 的频谱进行滤波,提取基带信号的频谱分量。当 L 为有限点时,相当于用待插值点 x 附近采样点的值进行加权求和来近似 $g(x)$ 的值。

为了兼顾插值处理的精度及运算量,通常选取有限点插值核进行插值。研究表明,当 sinc 函数插值核的长度 $L=16$ 时,具有较好的插值精度;而插值核长

度大于16点，对插值精度的提高是非常有限的。因此，通常 L 常设为16或8。根据式(2.34)，$x/\Delta t-([x/\Delta t]+i)$ 在 $-L/2-1$ 到 $L/2$ 之间变化，为了提高计算效率，将升采样后的插值核存储在表格中，这样就无需对每个插值点计算 sinc 函数，而只需使用最接近移动位置处的表格系数。故可以制作 sinc 函数表来进一步提高 sinc 函数插值的效率。

2.3.4.2 NUFFT 插值

NUFFT 问题被分为 Type Ⅰ、Type Ⅱ和 Type Ⅲ型问题。其中，Type Ⅰ型是由非均匀时域求解均匀频域；Type Ⅱ型是由均匀频域求解非均匀时域；Type Ⅲ型则是由非均匀时域求解非均匀频域。在合成孔径雷达后向投影成像算法中，需要由均匀频域计算非均匀时域信号，可以采用 NUFFT 的 Type Ⅱ型进行插值处理。为了提高 NUFFT 插值的运算效率，Leslie Greengard 和 June - Yub Lee 等将高斯算子作为插值算子，提出了快速高斯栅格算法。本节主要介绍基于高斯栅格的一维 Type Ⅱ型 NUFFT 实现过程[7]。

假设非均匀插值节点 $x_i\in[0,2\pi]$，已知均匀频域序列 $F(k)$，那么一维 Type Ⅱ NUFFT 被定义为

$$f(x_i)=\sum_{k=-M/2}^{M/2-1}F(k)\mathrm{e}^{\mathrm{j}kx_i} \tag{2.35}$$

式中：M 为序列 $F(k)$ 的长度。

首先，定义辅助函数 $F_{-\tau}(k)$ 为

$$F_{-\tau}(k)=\sqrt{\frac{\pi}{\tau}}\mathrm{e}^{k^2\tau}F(k) \tag{2.36}$$

选定 FFT 变换的点数为 M_τ 在 M_τ 的均匀栅格上计算 $F_{-\tau}(k)$ 的傅里叶变换 $f_{-\tau}(x)$，得到

$$f_{-\tau}(x)=\sum_{k=0}^{M_\tau-1}F_{-\tau}(k)\mathrm{e}^{\mathrm{j}kx} \tag{2.37}$$

一般地，$M_\tau>M$，在根据式(2.36)计算 $F_{-\tau}(k)$ 时，当 $M/2\leqslant k<M_\tau-M/2$，让 $F_{-\tau}(k)=0$。于是，$F_{-\tau}(k)$ 可看作是以 M_τ 为周期的周期信号，即

$$F_{-\tau}(k)=F_{-\tau}(k-M_\tau) \tag{2.38}$$

然后，将 $f_{-\tau}(x)$ 和高斯插值核函数 $g_\tau(x)$ 做卷积运算，即可得到

$$\begin{aligned}f(x_i)&=\frac{1}{2\pi}\int_0^{2\pi}f_{-\tau}(x)g_\tau(x_i-x)\,\mathrm{d}x\\&\approx\frac{1}{M_\tau}\sum_{m=0}^{M_\tau-1}f_{-\tau}\left(\frac{2\pi m}{M_\tau}\right)g_\tau\left(x_i-\frac{2\pi m}{M_\tau}\right)\end{aligned} \tag{2.39}$$

式中：高斯插值核 $g_\tau(x)$ 定义为

$$g_\tau(x)=\sum_{l=-\infty}^{\infty}\mathrm{e}^{-(x-2l\pi)^2/4\tau},\quad x\in[0,2\pi] \tag{2.40}$$

根据式(2.40)可知,$g_\tau(x)$是一个类脉冲函数。因此,在实际计算时,式(2.39)无需计算全部M_τ点的运算。用M_{sp}表示插值核点数,实际计算式(2.39)时,用式(2.41)进行近似计算。

$$f(x_i)\approx\frac{1}{M_\tau}\sum_{m=\left[\frac{x_iM_\tau}{2\pi}\right]-\frac{M_{sp}}{2}}^{\left[\frac{x_iM_\tau}{2\pi}\right]+\frac{M_{sp}}{2}-1} f_{-\tau}\left(\frac{2\pi m}{M_\tau}\right)g_\tau\left(x_i-\frac{2\pi m}{M_\tau}\right) \tag{2.41}$$

关于$g_\tau(x)$的计算还可以进行分解,以避免重复的指数运算。根据NUFFT计算过程,NUFFT本身是一个插值过程。

通常,参数M_τ、M_{sp}和τ可按如下关系设置

$$M_\tau=2M \tag{2.42}$$

$$\tau=\frac{M_{sp}}{2M^2} \tag{2.43}$$

$$M_{sp}=12 \quad 或 \quad M_{sp}=24 \tag{2.44}$$

当插值核长度取$M_{sp}=12$时,NUFFT可以获得6位小数的插值精度;而当$M_{sp}=24$时,NUFFT可获得12位小数的插值精度。

下面通过仿真实验来对比分析sinc插值和NUFFT插值的高精度性能。选定某一阵元,计算其与场景中一些像素点的距离历史,然后分别进行sinc函数插值和NUFFT插值,而精确的插值结果是通过对该阵元全部数据进行DFT得到。图2.11展示了16点sinc函数插值和12点NUFFT插值的误差对比图,显然12点NUFFT插值精度远远优于16点sinc函数插值的插值精度。

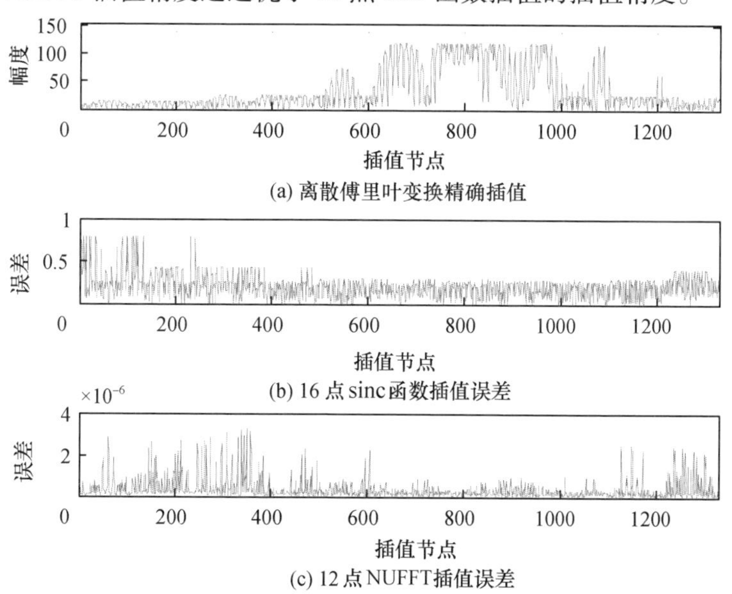

图2.11 sinc函数插值和NUFFT插值比较

2.3.5 旁瓣抑制技术

经过匹配滤波处理后,线性调频信号被压缩为 sinc 函数形式,信号的空间分辨力和输出信噪比得到提高。但是,由于 sinc 函数具有较高的旁瓣,其峰值旁瓣比(Peak to Sidelobe Ratio,PSLR)约为 -13.4dB,所以可能淹没能量较弱的目标。因此,如何进行旁瓣抑制增强图像质量,是合成孔径雷达成像处理中的重要课题之一。本节将介绍加窗处理和空间劫趾滤波[9](Spatially Variant Apodization,SVA)两种方法进行 sinc 函数旁瓣抑制[3,8,14]。需要注意的是,旁瓣抑制方法并不只局限于这两种方法,超分辨力成像方法几乎都能获得旁瓣抑制效果。

2.3.5.1 加窗处理

在信号处理领域,加窗处理常被用来进行信号截取和旁瓣抑制。在脉冲压缩中,加窗处理主要是达到旁瓣抑制的目的,同时尽可能保持较好的分辨力。加窗处理为了获得更低的旁瓣,就伴随着更宽的主瓣,即意味着分辨力的降低。一般地,窗函数是对称实函数,在中心位置取最大值,然后向两边衰落。这使得信号在孔径中心处获得比边缘处更大的加权。常见的窗函数主要有以下几种[4,9]。

1)凯撒窗(Kaiser Window)

$$w_{\text{kaiser}}(n)=\frac{\mathrm{I}_0\left[\beta\sqrt{1-\left(\frac{2n}{N-1}\right)^2}\right]}{\mathrm{I}_0(\beta)},n=0,1,\cdots,N-1 \tag{2.45}$$

式中:$I_0(\cdot)$为零阶贝塞尔函数;N 为窗函数的点数。β 为一个调节参数,能够灵活地调节凯撒窗的形状,如图 2.12 所示,凯撒窗因此成为最常用的窗函数。

另外在设计 FIR 滤波器时,参数 β 选择和旁瓣衰减量有如下关系

$$\beta=\begin{cases}0.1102(\alpha-8.7), & \alpha>50\\ 0.5842(\alpha-21)^{0.4}+0.07886(\alpha-21), & 21\leqslant\alpha\leqslant 50\\ 0, & \alpha<21\end{cases} \tag{2.46}$$

式中:α 为旁瓣幅值衰减的分贝数。通常,凯撒窗的 β 参数选择为 2.5,此时最大旁瓣幅值衰减约 21.3dB。在 MATLAB 软件中,调用凯撒窗的函数为 kaiser(N,β)。图 2.13 为 $N=64$,$\beta=2.5$ 时的凯撒窗的傅里叶变换。

2)升余弦窗

升余弦窗是一类以余弦函数构成的窗函数,如汉宁窗、海明窗和布莱克曼窗。

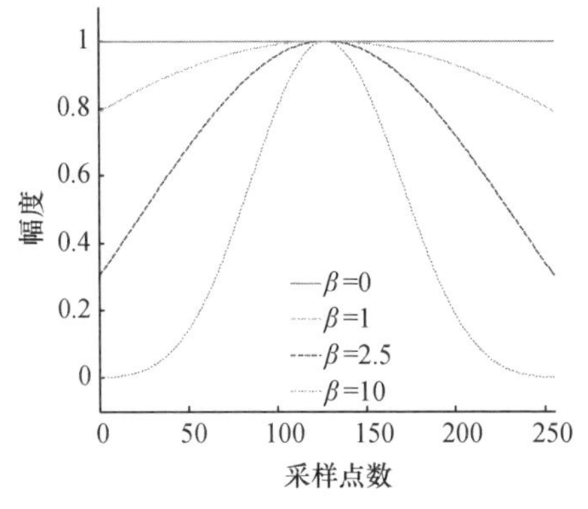

图 2.12　不同 β 对应的凯撒窗形状

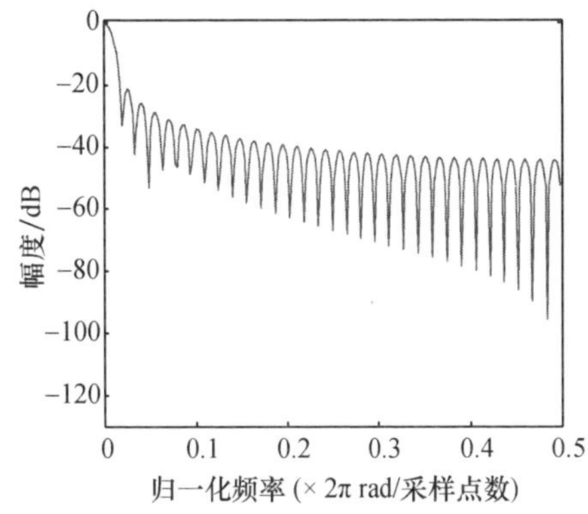

图 2.13　凯撒窗傅里叶变换

（1）汉宁窗（Hanning Window）。

$$w_{\text{hann}}(n)=0.5-0.5\cos\left(\frac{2\pi n}{N-1}\right),\ n=0,1,\cdots,N-1 \tag{2.47}$$

在 MATLAB 中，调用汉宁窗的函数为 hann(N)，其最大旁瓣幅度衰减约 31.5dB。取 $N=64$，汉宁窗的傅里叶变换如图 2.14 所示。

（2）海明窗（Hamming Window）。

$$w_{\text{hamm}}(n)=0.54-0.46\cos\left(\frac{2\pi n}{N-1}\right),\ n=0,1,\cdots,N-1 \tag{2.48}$$

在 MATLAB 软件中，调用海明窗的函数为 hamming(N)，其最大旁瓣幅度衰减约 42.5dB。取 $N=64$，海明窗的傅里叶变换如图 2.15 所示。

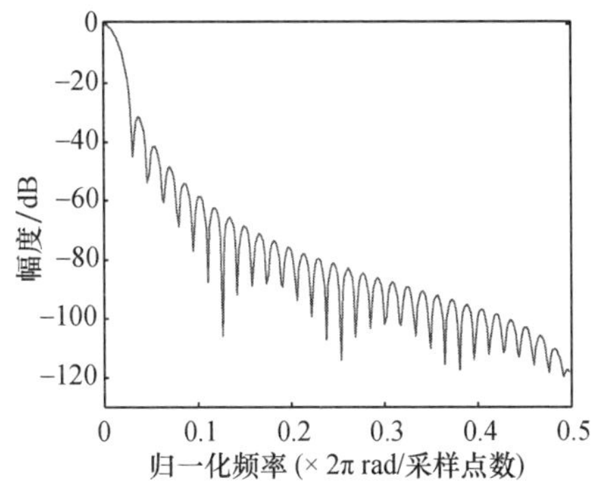

图 2.14　汉宁窗傅里叶变换

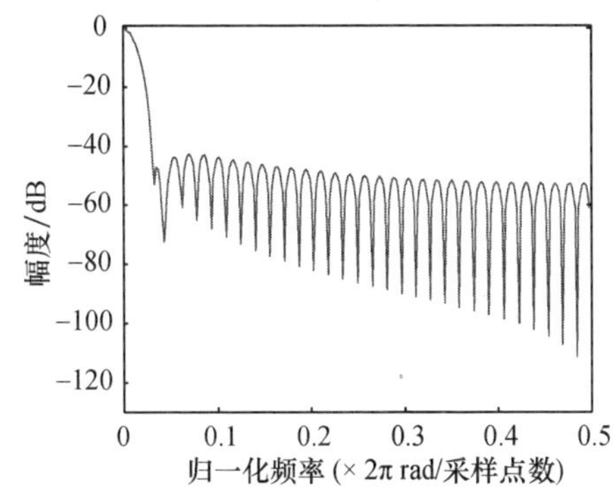

图 2.15　海明窗傅里叶变换

（3）布莱克曼窗（Blackman Window）。

$$w_{\text{blackm}}(n)=0.42-0.5\cos\left(\frac{2\pi n}{N-1}\right)+0.08\cos\left(\frac{4\pi n}{N-1}\right),\ n=0,1,\cdots,N-1 \tag{2.49}$$

在 MATLAB 中，调用布莱克曼窗的函数为 blackman(N)，其最大旁瓣幅度衰减约 58.1dB。取 $N=64$，布莱克曼窗的傅里叶变换如图 2.16 所示。

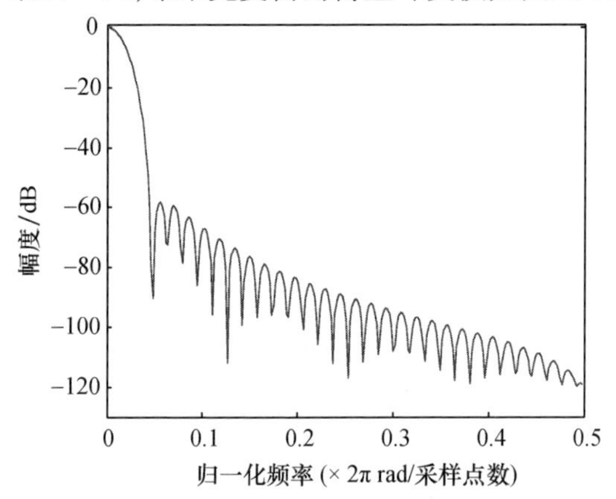

图 2.16 布莱克曼窗傅里叶变换

3）切比雪夫窗（Dolph－Chebyshev Window）

切比雪夫窗函数 $w_{\text{cheb}}(n)$ 通常定义成离散傅里叶变换域的形式[10]

$$W_{\text{cheb}}(k)=\frac{\cos\left\{N\arccos\left[\beta\cos\left(\frac{\pi k}{N}\right)\right]\right\}}{\cosh[N\operatorname{arccosh}(\beta)]} \tag{2.50}$$

式中

$$\beta=\cosh\left[\frac{1}{N}\operatorname{arccosh}(10^{u})\right] \tag{2.51}$$

式中：参数 u 控制切比雪夫窗的最大旁瓣幅度衰减为 $20u$ dB。切比雪夫窗函数 $w_{\text{cheb}}(n)$ 为 $W_{\text{cheb}}(k)$ 的逆离散傅里叶变换（Inverse Discrete Fourier Transform，IDFT），得到

$$w_{\text{cheb}}(n)=\text{IDFT}\{W_{\text{cheb}}(k)\} \tag{2.52}$$

切比雪夫窗是在给定旁瓣水平条件下，最小化主瓣宽度得到的一种窗函数。因此，在相同旁瓣水平下，切比雪夫窗的主瓣最窄。另外，切比雪夫窗还具有等波纹特性，其所有旁瓣都具有相同幅度[11,12]。在 MATLAB 软件中，调用切比雪夫窗的函数为 chebwin(N,α)，旁瓣幅值比主瓣衰减 α dB。取 $N=64$，$\alpha=80$ 时，切比雪夫窗的傅里叶变换如图 2.17 所示。

4）泰勒窗（Taylor Window）

泰勒窗和切比雪夫窗很相似，只不过切比雪夫窗在给定旁瓣水平时具有最小主瓣宽度，而泰勒窗则容许在主瓣宽度和旁瓣水平之间进行调节。泰勒窗的旁瓣不再是等幅度的，而是呈单调递减变化[12]。在 MATLAB 软件中，调用泰勒窗的函数为 taylorwin(N,nbar,α)，邻近主瓣的 nbar 个旁瓣为等幅值，$|\alpha|$ 为最大

旁瓣相对主瓣衰减的分贝数,设置时取负值。取 $N=64,\alpha=-35$,nbar =4 时,泰勒窗的傅里叶变换如图 2.18 所示。

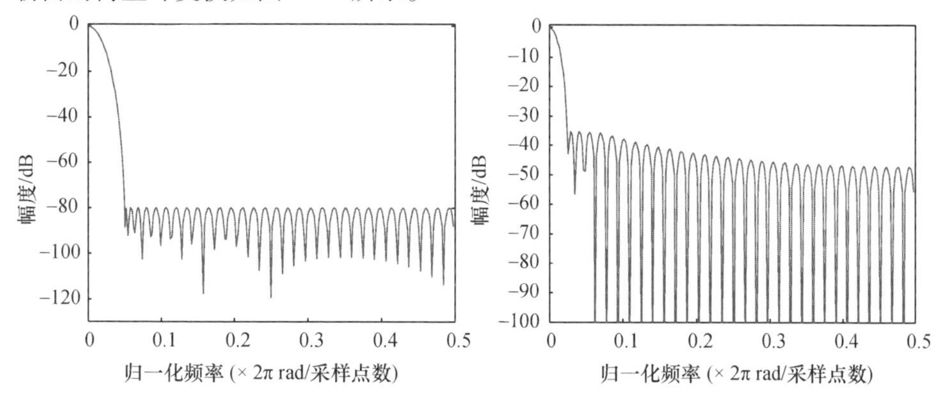

图 2.17　切比雪夫窗傅里叶变换　　图 2.18　泰勒窗傅里叶变换

一般地,对线性调频信号脉冲压缩进行加窗处理是在频域进行的,如图 2.19 所示。

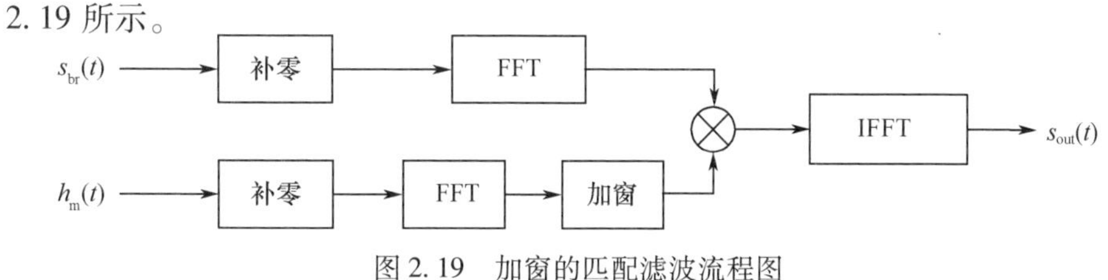

图 2.19　加窗的匹配滤波流程图

图 2.20 为 MATLAB 仿真实验,其展示了对 LFM 信号匹配滤波时,分别为不加窗、加凯撒窗和加切比雪夫窗的滤波结果。明显地,切比雪夫窗比凯撒窗获得了更好的旁瓣抑制,但其主瓣比凯撒窗要宽。可以看出,加窗处理获得旁瓣抑制是以主瓣展宽为代价的。

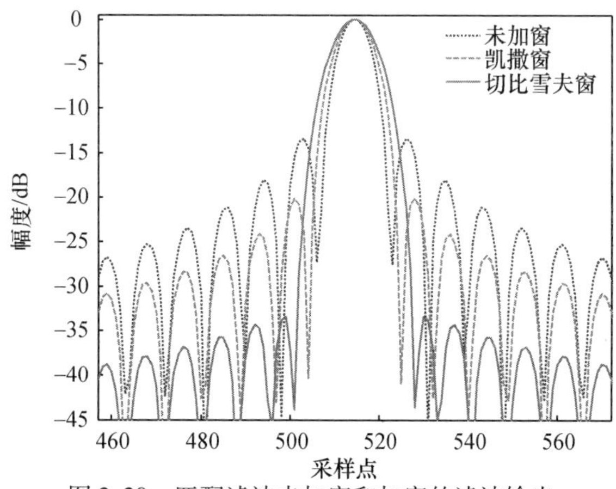

图 2.20　匹配滤波未加窗和加窗的滤波输出

2.3.5.2 空间切趾滤波

空间切趾滤波(SVA)理论最早提出于1995年,H. C. Stankwitz等在研究SAR图像旁瓣控制时提出。SVA基本原理是将sinc信号用一组不同参数的升余弦窗进行滤波,得到很多不同主瓣宽度和不同旁瓣抑制水平的输出。然后,SVA方法将每个采样位置的输出进行综合。如果这些输出具有相同的符号,则保持和滤波前一致;如果具有不同符号,则将这个位置的幅度设置为零。SVA在实际应用时,并不会直接引入大量的升余弦滤波器,因为这样做无疑增加了计算负担。根据升余弦窗滤波的特性,SVA可以只计算两个极端情况的滤波结果,就能综合输出结果。

2000年,B. H. Smith针对原始SVA方法不能处理非整数倍奈奎斯特采样信号的问题,提出了一种改进的SVA算法,对SVA滤波原理进行了新的解释[13,15,16]。下面将对B. H. Smith的SVA方法进行介绍。

一阶频域升余弦窗函数$W(f)$定义为

$$W(f)=1+2w(x)\cos(\pi f/f_0) \tag{2.53}$$

式中:$w(x)$为一个和空间域位置x相关的权函数;f为频率。信号带宽的一半为$B/2$,则$-B/2<f<B/2$。由式(2.53)可以看出,$W(f)$包含了矩形窗($w(x)=0$),汉宁窗($w(x)=0.5$)和海明窗($w(x)=0.43$)。

当采样率为奈奎斯特频率整数倍时,式(2.53)的频域加权滤波能够在图像域用三点卷积高效计算。如果正好以奈奎斯特频率采样时,此时用w来表示权系数$w(x)$。原始未加权图像$g(m)$经式(2.53)加权滤波后,得到

$$g'(m)=g(m)+w[g(m-1)+g(m+1)] \tag{2.54}$$

式中:m为当前处理像素;$g'(m)$为加权滤波输出;$w\in[0,1/2]$。原始SVA方法则是通过优化w使$|g'(m)|^2$取得最小值。但是,这种处理方式不能处理非整数倍奈奎斯特采样信号。

B. H. Smith定义了如下的L阶频域升余弦滤波器$W_L(f)$

$$W_L(f)=a+\sum_{i=1}^{L}2w_i(m)\cos\left(\frac{2\pi if}{f_s}\right) \tag{2.55}$$

式中:f_s为采样频率;$w_i(m)\geqslant 0$;频率f的支撑域为$-B/2<f<B/2$。求式(2.55)的单位脉冲响应$I_L(x)$得到

$$I_L(x)=a\operatorname{sinc}(x)+\sum_{i=1}^{L}w_i(m)[\operatorname{sinc}(iw_s-2f_0x)+\operatorname{sinc}(iw_s+2f_0x)] \tag{2.56}$$

式中:w_s为信号带宽和采样频率的比值,有

$$w_s \triangleq \frac{B}{f_s} \tag{2.57}$$

改进的SVA对式(2.55)加入了符合实际需求的两条约束:

(1) 让直流分量通过滤波器后幅度不变,即当$x=0$时,$I_L(x)=1$;

(2) 让滤波器$W_L(f)$在中心处取最大值,然后随着频率增大而衰减。

根据约束(1)和式(2.56)可以得到

$$a = 1 - \sum_{i=1}^{L} 2w_i(m)\operatorname{sinc}(iw_s) \tag{2.58}$$

对于$L=2$时,式(2.55)对应到图像域为一个五点滤波器,约束(2)可以转化为一个多边形约束[14,15]。

B. H. Smith主要讨论了$L=1$时,式(2.55)退化为三点滤波器的简单情形,即

$$W_L(f) = a + 2w(m)\cos\left(\frac{2\pi if}{f_s}\right) \tag{2.59}$$

此时,式(2.58)可简化为

$$a = 1 - 2w(m)\operatorname{sinc}(w_s) \tag{2.60}$$

当$L=1$时,约束(2)则转化为

$$\begin{cases} W_L(0) \geqslant W_L(f_0) \\ W_L(f_0) \geqslant 0 \end{cases} \tag{2.61}$$

式中:$W_L(0)$为滤波器孔径中心处的值,即

$$W_L(0) = a + 2w(m) \tag{2.62}$$

$W_L(f_0)$为滤波器在孔径边缘处的值,即

$$W_L(f_0) = a + 2w(m)\cos(\pi w_s) \tag{2.63}$$

将式(2.62)和式(2.63)代入式(2.61),可求得权函数$w(m)$的取值范围,即

$$0 \leqslant w(m) \leqslant w_{\max} = \frac{\pi w_s}{2[\sin(\pi w_s) - \pi w_s\cos(\pi w_s)]} \tag{2.64}$$

图像$g(m)$经过式(2.59)的滤波器滤波后,得到

$$g'(m) = ag(m) + w(m)[g(m-1) + g(m+1)] \tag{2.65}$$

然后,SVA即为寻找合适的a和$w(m)$使得$|g'(m)|^2$最小。通常SVA可按如下步骤进行计算。

步骤1:按式(2.63)分别计算$w(m)=0$和$w(m)=w_{\max}$时的滤波结果,分别记为$g_1(m)$和$g_2(m)$。

步骤2:如果$g_1(m) \times g_2(m) < 0$,那么$g'(m)=0$。

步骤3:否则,$g'(m)$取$g_1(m)$和$g_2(m)$中具有较小幅度值的一个。

图 2.21 为 MATLAB 仿真 SVA 和海明窗对 LFM 信号脉冲压缩结果进行旁瓣抑制的效果对比。其中,信号采样频率为信号带宽的 1.6 倍,经滤波后再对滤波输出进行 6 倍插值得到图 2.21。同海明窗滤波结果相比,SVA 在抑制旁瓣幅度的同时,并没有使主瓣展宽。另外,图 2.21 中 SVA 滤波结果对第一旁瓣的抑制仍然不够彻底,这可以通过提高滤波器 $W_L(f)$ 的阶数获得改善。

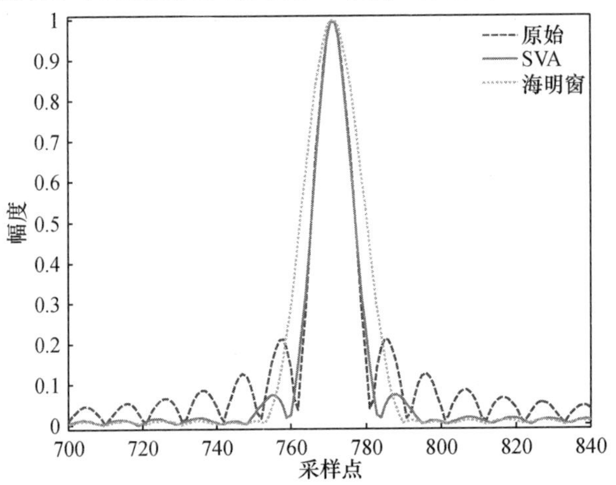

图 2.21　用 SVA 和海明窗对 LFM 信号脉冲压缩结果进行旁瓣抑制

2.4　SAR 工作原理

与传统的脉冲多普勒雷达相比,SAR 最典型的特征是通过载机平台的运动合成等效虚拟孔径,从而获得方位向高分辨力,如图 2.22 所示,其中,$\boldsymbol{P}_1$ 和 $\boldsymbol{P}_2$ 分别为波束照射目标的前后边界时平台的位置,L_s 为合成孔径长度,R_0 为雷达与目标的最短距离,$R(\eta)$ 为在 η 时刻时雷达与目标的距离,$\theta_{3dB}=0.886\lambda/D$ 为雷达 3dB 波束宽度[5,17]。因此,方位向分辨力的推导即为 SAR 工作原理的理解过程。本节将从信号带宽和天线波束两个角度对 SAR 方位向分辨力进行推导。

2.4.1　方位向分辨力的带宽推导

根据毕达哥拉斯定理,雷达到目标点的距离 $R(\eta)$ 由如下等式给出

$$R^2(\eta)=R_0^2+V^2\eta^2 \tag{2.66}$$

由平台运动形成的雷达与目标之间的多普勒频率为

$$f_{\mathrm{d}}=-\frac{2}{\lambda}\frac{\mathrm{d}R(\eta)}{\mathrm{d}\eta}=-\frac{2V^2\eta}{\lambda R(\eta)} \tag{2.67}$$

多普勒带宽为雷达分别位于 P_1 和 P_2 时的多普勒频率之差。根据上式可得

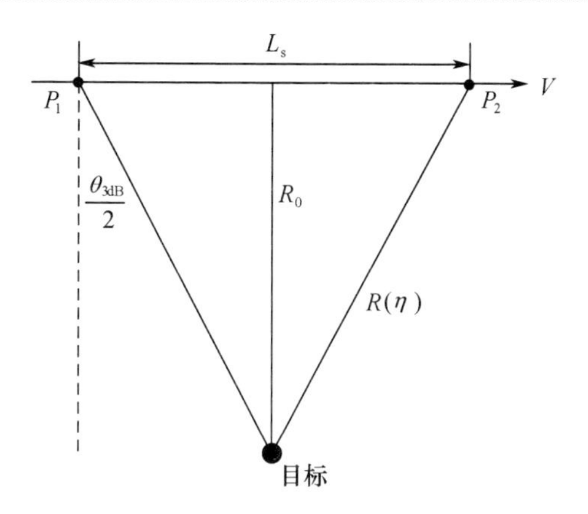

图 2.22　SAR 原理示意图

目标的多普勒带宽为

$$\Delta f_d = \frac{2V\cos\theta_r}{\lambda}\theta_{3dB} \tag{2.68}$$

将 θ_{3dB}代入式(2.68)，Δf_d变为

$$\Delta f_d = 0.886\,\frac{2V\cos\theta_r}{L_a} \tag{2.69}$$

由于平台的运动，方位向信号也受到频率调制，与距离向一样，也希望通过匹配滤波得到高分辨力。因此，方位向时间分辨力可以写成 0.886 乘以带宽的倒数。最终，根据式(2.69)所示的多普勒带宽表达式，可获得以长度“米”为量纲的方位向分辨力为

$$\rho_a = 0.886\,\frac{V\cos\theta_r}{\Delta f_d} = \frac{L_a}{2} \tag{2.70}$$

2.4.2　方位向分辨力的波束推导

对于真实孔径天线，波束单程方向图可以表示为

$$p_a(\theta) = D\mathrm{sinc}\left(\frac{D\theta}{\lambda}\right) \tag{2.71}$$

式中：D 为天线真实孔径长度；θ 为视线方向与平面天线阵列垂直方向的夹角；λ 为波长。可见，真实孔径天线波束单程方向图是一个 sinc 函数，其半功率波束宽度为

$$\theta_{3dB} \approx \frac{\lambda}{D} \tag{2.72}$$

波束分辨力为半功率波束宽度在距离 R_0处照射的范围，即

$$\rho_{R_0} = R_0\theta_{3dB} = \frac{\lambda R_0}{D} \tag{2.73}$$

合成孔径长度可理解为目标被波束照射期间平台运动的距离，对于正侧视模式而言，同时也是3dB波束宽度在距离 R_0 处的照射范围，即

$$L_a = \rho_{R_0} = \frac{\lambda R_0}{D} \tag{2.74}$$

考虑到SAR双程传播特性，并将 L_a 代入式(2.71)，即可得到合成的辐射方向图为

$$p_s(\theta) = L_a \text{sinc}\left(\frac{2L_a\theta}{\lambda}\right) \tag{2.75}$$

合成方向图半功率波束宽度为

$$\theta'_{3dB} = \frac{\lambda}{2L_a} \tag{2.76}$$

与式(2.73)相同，最终可以获得SAR方位向分辨力，即

$$\rho_a = R_0\theta'_{3dB} = \frac{\lambda R_0}{2L_a} = \frac{D}{2} \tag{2.77}$$

由SAR方位向分辨力公式可见，一般的正侧视条带模式SAR方位向分辨力仅与天线实孔径长度 D 有关，而与目标距离无关，并且，实孔径越短，方位向分辨力越高，这个特点使得SAR在环境受限情况下的任务部署具有极大优势。

参考文献

[1] 皮亦鸣，杨建宇，付毓生，等．合成孔径雷达成像原理[M]．成都：电子科技大学出版社，2007.

[2] Cumming I G, Wong F H. Digital processing of synthetic aperture radar data, algorithms and implementation[M]. Boston: Artech House, 2005.

[3] 师君．双基地SAR与线阵SAR原理及成像技术研究[D]．成都：电子科技大学，2009.

[4] 王正明，朱炬波．SAR图像提高分辨力技术[M]．北京：科学出版社，2006.

[5] 保铮，邢孟道，王彤．雷达成像技术[M]．北京：电子工业出版社，2005.

[6] 东南大学．采样内插公式[EB/OL]．[2015-1-21]. http://zlgc.seu.edu.cn/jpkc2/ipkc/signal/new/course/two/2_2%285%29%28v2%29.htm.

[7] Greengard L, Lee J Y. Accelerating the nonuniform fast fourier transform[J]. SIAM review, 2004, 46(3): 443-454.

[8] Stankwitz H C, Dallaire R J, Fienup J R. Nonlinear apodization for sidelobe control in SAR imagery[J]. IEEE Transactions on Aerospace and Electronic Systems, 1995, 31(1): 267-279.

[9] 向高．阵列三维SAR成像及基于稀疏重构的分辨力增强技术[D]．成都：电子科技大学，2016.

[10] Wikipedia. Window. function[EB/OL]. [2015-2-26]. http://en.wikipedia.org/w/index.php&title=Window_function&oldid=648641959.

[11] Mathworks. ChebyshevWindow[EB/OL]. [2015 - 2 - 26]. http://cn. mathworks. com/help/signal/ug/windows. html#f11 - 7021.

[12] Mathworks. Taylor. Window[EB/OL]. [2015 - 2 - 26]. http://cn. mathworks. com/help/signal/ref/taylorwin. html? searchHighlight = taylor% 20window.

[13] Soumekh M. Reconnaissance with slant plane circular SAR imaging[J]. IEEE Transactions on Image Processing, 1996, 5(8): 1252 - 1265.

[14] Smith B H. Generalization of spatially variant apodization to noninteger Nyquist sampling rates [J]. IEEE Transactions on Image Processing, 2000, 9(6): 1088 - 1093.

[15] Castillo - Rubio C, Llorente - Romano S, Burgos - Garcia M. Robust SVA method for every sampling rate condition[J]. IEEE Transactions on Aerospace and Electronic Systems, 2007, 43(2): 571 - 580.

[16] Mahafza B R, Elsherbeni A. MATLAB simulations for radar systems design[M]. Chapman & Hall/CRC, 2003.

[17] 刘永坦. 雷达成像技术[M]. 哈尔滨:哈尔滨工业大学出版社,1991.

第3章 三维合成孔径雷达成像

3.1 概　　述

传统二维 SAR 利用单天线直线运动合成虚拟线阵天线,获得方位向高分辨力,利用脉冲压缩技术获得雷达视线方向高分辨力。但二维 SAR 成像存在着圆柱对称模糊(即成像结果无法分辨具有相同距离的不同散射体)、叠掩现象(雷达接收到目标上部反射回波先于下部反射回波)等问题,难以满足越来越高的成像精度和复杂环境侦察的要求。这些问题的根源在于二维 SAR 成像本质是三维场景空间到二维成像平面的投影。因此,解决问题的最直接方法就是获得目标的第三维信息,避免三维空间到二维平面投影的信息损失。

目前主要的三维合成孔径雷达包括:曲线 SAR(CurSAR)、层析 SAR(TomSAR)以及阵列三维 SAR(LASAR)[1,2]。从工作原理角度分析,曲线 SAR 主要通过控制单个天线的运动轨迹合成一个曲线阵,再结合脉冲压缩技术获得测绘场景的三维分辨力。层析 SAR 主要利用多个平行航过在层析向合成一个虚拟孔径实现第三维分辨力,因此层析 SAR 又被称为多基线 SAR 或多航过 SAR。阵列三维 SAR 成像技术主要通过控制阵列天线在空间中运动形成虚拟二维面阵获得观测目标的二维分辨,并结合脉冲压缩技术得到观测目标的第三维分辨。三维成像直接获得目标的三维空间信息,是目标真实三维分布的无模糊复原,避免了二维成像中三维空间到二维成像平面投影带来的空间信息模糊,是实现隐蔽目标的探测、完成目标分类识别的一种有力手段。

曲线 SAR 能够对目标各个方位进行观测,使得曲线 SAR 在航迹向和切航迹向上的频谱达到最宽,从而能达到很高的分辨力。但是,在实际中观测目标的散射特性会随着观测角度的变化而变化,从而导致曲线 SAR 的实际分辨力无法达到理论值;任意曲线轨迹的复杂性使得目标成像、运动补偿等问题难度增加,不利于传统成像算法的应用,所以曲线 SAR 多采用圆周运动轨迹;曲线 SAR 存在高度维分辨力低的特点,可考虑将其与层析 SAR 结合起来,采用沿高度维的多航过模式的曲线 SAR 系统,即对同一观测场景在不同高度进行多次飞行观测,以提升系统的三维成像能力。

SAR 层析三维成像技术是传统二维 SAR 成像的三维扩展。该技术将一定数量、满足一定分布规律的雷达运动轨迹上获得的二维 SAR 图像联合起来,在二维 SAR 成像平面的法线方向(即高度向),再次利用合成孔径理论建立等效孔径,大大提高了高度向的分辨力[3,4]。但层析 SAR 存在以下不足:需要采用多航过的方式,运行成本较大;每次航过都需平行,对运动平台的稳定性和控制精度有较高要求;单次航过的二维成像结果需要进行图像配准等预处理,成像复杂度较大[5,6]。

阵列三维 SAR 成像技术主要通过控制阵列天线在空间中运动形成虚拟二维面阵获得观测目标二维分辨,并结合脉冲压缩技术实现观测目标的第三维分辨。简单地讲,阵列三维 SAR 将传统 SAR 成像中合成虚拟一维线阵扩展为合成虚拟二维面阵,从而将二维分辨扩展为三维分辨能力。阵列三维 SAR 可选择多种工作模式成像,如侧视、斜视、下视和前视等,突破了传统 SAR 工作模式限制,克服了其它三维 SAR 成像技术的不足。相对于曲线 SAR 和层析 SAR,阵列三维 SAR 利用阵列天线获得第三维分辨力,不受运动平台轨迹和航过数限制,具有成像灵活的特点[7]。

三维合成孔径雷达是合成孔径雷达新的研究方向之一。三维合成孔径雷达的基本原理是通过合成虚拟面阵(或虚拟稀疏面阵)天线,获得面阵平面内的二维高分辨,并结合脉冲压缩技术获得雷达视线方向的高分辨力,实现对观测区域/目标的三维成像。

3.2　曲线合成孔径雷达

曲线 SAR 主要利用雷达平台的曲线运动轨迹形成二维阵列,提供目标的二维分辨能力,再由脉冲压缩技术提供第三维分辨能力,从而实现对目标的三维观测。但是由于任意曲线轨迹的复杂性使得目标成像、运动补偿等问题难度增加,不利于传统成像算法的应用。目前曲线 SAR 多采用圆周 SAR (CSAR)的成像模式[8]。

圆周 SAR,即雷达载体以观测场景中心为圆心,在同一高度平面内做半径为 R 的圆周运动,同时照射观测场景,对目标进行成像。在该模式下,雷达载体通过进行圆周轨迹运动,形成二维孔径,再由脉冲压缩技术获得第三维分辨能力,从而实现对目标的三维成像[9]。

几十年来,合成孔径雷达的发展一直围绕着如何提高目标的分辨力,而随着各国学者对合成孔径认识的不断深入,了解到高分辨力的限制主要集中在方位向,因此通过增加方位向上合成孔径的长度可以拓宽方位向的频谱,提高分辨力,由此聚束 SAR 应运而生。而圆周 SAR 作为一种特殊形式的聚束 SAR,采用圆周运动轨迹实现对目标的全方位观测,使得圆周 SAR 在航迹向和切航迹向上的频谱达到最宽,从而提高了分辨力[9]。由于圆周 SAR 可以获得目标全方位的散射信息,其在军事和民用方面得到了广泛的应用。随着飞行器的发展,搭载圆周 SAR 系统的无人机可以对观测场景进行重点观测,获得敌方隐蔽目标进行全方位信息。圆周 SAR 系统也多用在安检,使用一些特定的波段对人或行李进行成像,检测是否存在危险物品。

但是在实际中,目标的散射特性随着观测角度的不同会发生变化。在传统的条带 SAR 或聚束 SAR 中,由于其观测角度相对较小,各向异性散射特性可以忽略不计,近似地认为目标是各向同性,而在圆周 SAR 大观测角度的成像模式下,这种假设将不再合理[10]。实际中圆周 SAR 回波信号的相关角度也无法达到 360°,因此其实际分辨力无法达到理论值。

3.2.1 信号模型

圆周 SAR 成像系统的示意图如图 3.1 和图 3.2 所示,其中 R_a 为雷达载机平台飞行半径,H_0 为飞行高度,R_0 为观测区域半径,则雷达在运行到方位角 θ 时瞬时位置坐标为 $P_a(R_a\cos\theta, R_a\sin\theta, H_0)$,其中 $\theta\in[0,2\pi]$ 为方位角。雷达载机平台在运动时,波束的照射中心始终在以 R_0 为半径,O 为圆心的观测区域 Ω 内。

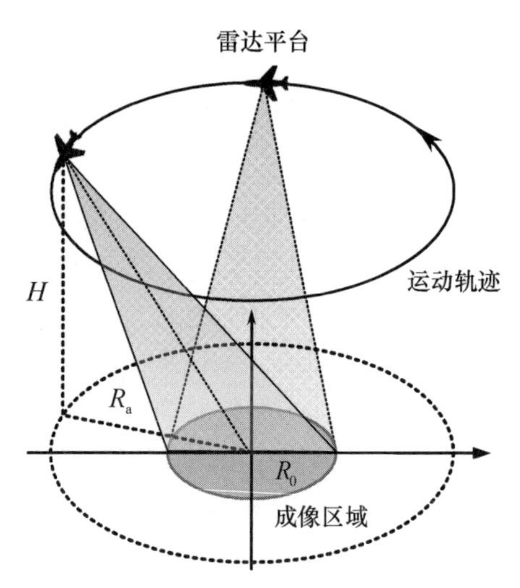

图 3.1 圆周 SAR 成像几何关系图(见彩图)

设观测场景中有一个目标物体位于 $P_t(x_t, y_t, 0)$,则雷达载机平台到该目标物体的斜距为

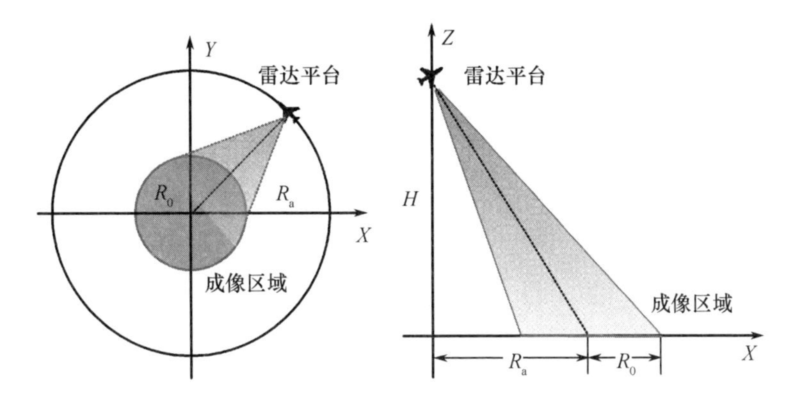

图3.2 圆周SAR成像系统俯视图和侧视图(见彩图)

$$R_s = \| P_a - P_t \|_2 = \sqrt{(R_a\cos\theta - x_t)^2 + (R_a\sin\theta - y_t)^2 + H_0^2} \tag{3.1}$$

假设雷达发射线性调频信号(LFM)为

$$p(t) = \exp\{j(2\pi f_c t + \pi K_r t^2)\} \tag{3.2}$$

式中:f_c 为发射信号载频;K_r 为发射LFM信号调频率。则当载机平台运动到方位角 θ 时刻的回波信号为

$$s(t,\theta) = \iint_{\Omega} f(x,y)p\left(t - \frac{2R_s}{c}\right)\mathrm{d}x\mathrm{d}y \tag{3.3}$$

式中:$R_s = \sqrt{R_a^2 + H_0^2}$。对公式(3.3)中的快时间 t 做一维傅里叶变换,可以得到回波信号的快时间频域模型为

$$s(\omega,\theta) = P(\omega)\iint_{\Omega}(x,y)g_{\theta}(x,y,\omega)\mathrm{d}x\mathrm{d}y \tag{3.4}$$

式中

$$g_{\theta}(x,y,\omega) = \exp\{-j2kR_s\}, k = \frac{\omega}{c} \tag{3.5}$$

可以看出 $g_{\theta}(x,y,\omega)$ 是圆周SAR成像系统对于目标区域的移变响应函数,它表现为一个移变相位。

实际中,需要对目标场景进行远距离观测,以达到军事和民用上的各种需求,例如对敌方基地的侦察、危险地域的地形探测等。如图3.1所示,假设雷达到目标场景中心 O 的距离为 R_0,当 R_0 远远大于目标的尺寸时,称目标位于雷达观测区域的远场。目标远场区域的定义为

$$R_0 \geqslant \frac{4D^2}{\lambda} \tag{3.6}$$

式中:D 为天线的尺寸;λ 为发射电磁波信号的载波波长。

在远场的假设下，将式(3.3)中的回波信号在快时间域进行平移，将雷达发射电磁波到目标场景中心的时间补偿掉，即为

$$s(t,\theta) = \iiint_{\Omega} f(x,y,z)p\left(t-\frac{2\Delta R}{c}\right)\mathrm{d}x\mathrm{d}y\mathrm{d}z \tag{3.7}$$

式中

$$\Delta R = \| R_{\mathrm{s}} - R_0 \|_2 \tag{3.8}$$

将式(3.8)与式(3.2)代入式(3.7)中可以得到

$$s(t,\theta) = \iiint_{\Omega} f(x,y,z)\exp\left\{\mathrm{j}2\pi f_{\mathrm{c}}t + \mathrm{j}\pi K_{\mathrm{r}}\left(t-\frac{\Delta R}{c}\right)^2 - \mathrm{j}\frac{4\pi f_{\mathrm{c}}\Delta R}{c}\right\}\mathrm{d}x\mathrm{d}y\mathrm{d}z \tag{3.9}$$

通过去载频技术将式(3.9)中的载频过滤，得到回波的基带信号

$$s(t,\theta) = \iiint_{\Omega} f(x,y,z)\exp\left\{\mathrm{j}\pi K_{\mathrm{r}}\left(t-\frac{2\Delta R}{c}\right)^2 - \mathrm{j}\frac{4\pi f_{\mathrm{c}}\Delta R}{c}\right\}\mathrm{d}x\mathrm{d}y\mathrm{d}z \tag{3.10}$$

对式(3.10)中的时间 t 进行一维快速傅里叶变换，得到快时间频域的回波信号

$$s(f_{\mathrm{r}},\theta) = \exp\left\{-\mathrm{j}\frac{4\pi f_{\mathrm{c}}\Delta R}{c}\right\}\iiint_{\Omega} f(x,y,z)\exp\left\{\mathrm{j}\pi\frac{f_{\mathrm{r}}^2}{K_{\mathrm{r}}} - \mathrm{j}\frac{4\pi f_{\mathrm{r}}\Delta R}{c}\right\}\mathrm{d}x\mathrm{d}y\mathrm{d}z \tag{3.11}$$

采用匹配滤波技术对回波信号进行距离压缩，补偿掉式(3.11)中的二次相位项，可以得到

$$s(f_{\mathrm{r}},\theta) = \iiint_{\Omega} f(x,y,z)\exp\left\{-\mathrm{j}\frac{4\pi(f_{\mathrm{c}}+f_{\mathrm{r}})\Delta R}{c}\right\}\mathrm{d}x\mathrm{d}y\mathrm{d}z \tag{3.12}$$

对式(3.12)中的$(f_{\mathrm{c}}+f_{\mathrm{r}})$进行变量代换，即

$$f = f_{\mathrm{c}} + f_{\mathrm{r}} \tag{3.13}$$

可知，当发射线性调频信号的带宽为 B_{r}时

$$f \in \left[f_{\mathrm{c}} - \frac{B_{\mathrm{r}}}{2}, f_{\mathrm{c}} + \frac{B_{\mathrm{r}}}{2}\right] \tag{3.14}$$

因此，将替换变量 f 代入式(3.12)中可以得到

$$s(f,\theta) = \iiint_{\Omega} f(x,y,z)\exp\left\{-\mathrm{j}\frac{4\pi f\Delta R}{c}\right\}\mathrm{d}x\mathrm{d}y\mathrm{d}z \tag{3.15}$$

由于在平面波的假设下，忽略电磁波传播阵面的弧线，因此将 ΔR 在原点 O 处进行泰勒展开，可以得到

$$\Delta R \approx \sqrt{R_{\mathrm{a}}^2+H^2} - \frac{xR_{\mathrm{a}}\cos\theta}{\sqrt{R_{\mathrm{a}}^2+H^2}} - \frac{yR_{\mathrm{a}}\sin\theta}{\sqrt{R_{\mathrm{a}}^2+H^2}} - \frac{zH}{\sqrt{R_{\mathrm{a}}^2+H^2}} - \sqrt{R_{\mathrm{a}}^2+H^2}$$

$$= -\frac{xR_{\mathrm{a}}\cos\theta}{\sqrt{R_{\mathrm{a}}^2+H^2}}-\frac{yR_{\mathrm{a}}\sin\theta}{\sqrt{R_{\mathrm{a}}^2+H^2}}-\frac{zH}{\sqrt{R_{\mathrm{a}}^2+H^2}} \tag{3.16}$$

雷达俯仰角 $\theta_z=\arctan\left(\frac{H}{R_{\mathrm{a}}}\right)$,所以式(3.16)可以化简为

$$\Delta R=-x\cos\theta\sin\theta_z-y\cos\theta\sin\theta_z-z\sin\theta_z \tag{3.17}$$

则式(3.15)可以表示为

$$s(f,\theta)=\iiint_{\Omega}f(x,y,z)\exp\left\{\mathrm{j}\frac{4\pi f}{c}(x\cos\theta\sin\theta_z+y\cos\theta\sin\theta_z+z\sin\theta_z)\right\}\mathrm{d}x\mathrm{d}y\mathrm{d}z \tag{3.18}$$

式(3.18)即为圆周 SAR 远场平面波假设下的回波模型。

3.2.2 模糊函数与模糊域

假设圆周 SAR 成像场景内任意一点坐标为 $r=(x,y,z)$,该点附近任意一点坐标为 $r_0=(x_0,y_0,z_0)$,则当载机平台运动到第 n 个方位向时雷达到点 r 的距离为 r_n,到点 r_0 的距离为 r_{on},则圆周 SAR 的广义模糊函数为

$$\chi(r,r_0)=\sum_{n=1}^{N}\int g_n(t,r)f_n^*(t,r_0)\mathrm{d}t \tag{3.19}$$

式中:$g_n(t,r)$ 为第 n 个方位向雷达发射信号与双程延迟格林函数的卷积;$f_n(t,r_0)$ 为聚焦滤波器。

根据广义帕斯瓦尔定理,模糊函数可以表示为频域形式,即

$$\chi(r,r_0)=\sum_{n=1}^{N}\frac{1}{2\pi}\int g_n(\omega,r)f_n^*(\omega,r_0)\mathrm{d}\omega \tag{3.20}$$

式中

$$g_n(\omega,r)=p_{\mathrm{i}}(\omega)\frac{\exp\left(\mathrm{j}\frac{2\omega r_n}{c}\right)}{(4\pi r_n)^2} \tag{3.21}$$

以及

$$f_{\mathrm{n}}(\omega,r)=p_{\mathrm{f}}(\omega)\frac{\exp\left(\mathrm{j}\frac{2\omega r_{\mathrm{on}}}{c}\right)}{(4\pi r_{\mathrm{on}})^2} \tag{3.22}$$

式中:$p_{\mathrm{i}}(\omega)$ 和 $p_{\mathrm{f}}(\omega)$ 分别为发射信号和聚焦滤波器的门函数。将式(3.22)和式(3.21)代入模糊函数的表达式中,可得

$$\chi(r,r_0)=\sum_{n=1}^{N}A_n\int p_{\mathrm{i}}(\omega)p_{\mathrm{f}}^*(\omega)\exp\left\{\mathrm{j}\frac{2\omega\Delta r}{c}\right\}\mathrm{d}\omega \tag{3.23}$$

式中:A_n 为一个幅度常数,根据傅里叶变换的性质,并且将方位向表示为连续形式,式(3.23)可以表示为

$$\chi(r,r_0) = \int_{\theta_{\min}}^{\theta_{\max}} \Pi(\Delta r,\theta)\exp\left(\mathrm{j}\,\frac{2\omega\Delta r}{c}\right)\mathrm{d}\theta \tag{3.24}$$

式中:$\Pi(\Delta r,\theta)$为模糊函数,可知对于圆周 SAR 每个观测角度下模糊函数$\Pi(\Delta r,\theta)$基本一致,因此上式可以表示为

$$\chi(r,r_0) = \Pi(\Delta r)\int_{\theta_{\min}}^{\theta_{\max}} \exp\left(\mathrm{j}\,\frac{2\omega\Delta r}{c}\right)\mathrm{d}\theta \tag{3.25}$$

假设点 r 和点 r_0 位于同一高度平面内,则点 r 和点 r_0 的距离为 $\Delta b = \sqrt{\Delta x^2+\Delta y^2}$,点 r_0 相对于点 r 的方位角为 $\varphi=\arctan(\Delta y/\Delta x)$,则此时有

$$\Delta r = \Delta b\cos\theta_{\mathrm{dp}}\cos(\theta-\varphi) \tag{3.26}$$

将式(3.26)代入式(3.25)中,可得

$$\chi(r,r_0) \sim \int_{\theta_{\min}}^{\theta_{\max}} \exp\left(\mathrm{j}\,\frac{2\omega\Delta b\cos\theta_{\mathrm{dp}}\cos(\theta-\varphi)}{c}\right)\mathrm{d}\theta \tag{3.27}$$

将式(3.27)的指数项展开为三角级数,其展开系数为贝塞尔函数,因此其积分可以表示为

$$\chi(r,r_0) \sim \int_{\theta_{\min}}^{\theta_{\max}} \left[\mathrm{J}_0\left(\frac{4\pi f_{\mathrm{c}}}{c}\Delta r\cos\theta_{\mathrm{dp}}\right) + 2\sum_{n=1}^{\infty} j^n \mathrm{J}_n\left(\frac{4\pi f_{\mathrm{c}}}{c}\Delta r\cos\theta_{\mathrm{dp}}\cos n(\theta-\varphi)\right)\right]\mathrm{d}\theta \tag{3.28}$$

式中:$\mathrm{J}_n(\cdot)$为第 n 阶贝塞尔函数。式(3.28)即为圆周 SAR 模糊函数的表达形式。

3.2.3 全孔径下圆周 SAR 分辨力

假设雷达发射线性调频信号,并且根据共焦投影算法的原理[11],则式(3.21)和式(3.22)中 $p_{\mathrm{i}}(\omega)$ 和 $p_{\mathrm{f}}(\omega)$ 可以表示为

$$p_{\mathrm{i}}(t) = p_{\mathrm{f}}(t) = \begin{cases} \exp\{-\mathrm{j}(\omega_0 t + kt^2)\}, & |t| \leqslant T_0 \\ 0, & |t| > T_0 \end{cases} \tag{3.29}$$

式中:ω_0 为发射信号载频;T_0 为脉冲持续宽度。将式(3.21)和式(3.22)代入模糊函数式(3.20)的表达式中可得

$$\chi(r,r_0) = \sum_{n=1}^{N} \frac{\sqrt{2}T_0}{(4\pi r_n)^2}\exp\left\{\mathrm{j}\,\frac{2\omega_0}{c}(r_n - r_{\mathrm{on}}) - \frac{1}{c^2}\left(\frac{\pi}{2T_0^2}+\frac{\omega_{\mathrm{b}}^2}{2\pi}\right)(r_n - r_{\mathrm{on}})^2\right\} \tag{3.30}$$

为了求解式(3.30)的解析表达式,假设载机平台飞行半径为 R,点 r 和点 r_0 均位于中心轴附近,且与雷达高度差分别为 h 和 h_0,则有

$$r_n - r_{\text{on}} = \sqrt{h^2 + R^2} - \sqrt{h_0^2 + R^2} \tag{3.31}$$

假设雷达位于远场，则 $\Delta h = |h - h_0| << h_0$，所以式(3.31)可以近似地表示为

$$r_n - r_{\text{on}} \approx \frac{h_0 \Delta h}{\sqrt{h_0^2 + R^2}} \tag{3.32}$$

定义归一化模糊函数为

$$N(r, r_0) = \frac{|\chi(r, r_0)|}{|\chi(r, r_0)|} \tag{3.33}$$

根据式(3.30)和式(3.32)，可知

$$N(r, r_0) \propto \exp\left\{ -\frac{1}{c^2}\left(\frac{\pi}{2T_0^2} + \frac{\omega_{\text{b}}^2}{2\pi}\right)\frac{(h_0 \Delta h)^2}{h_0^2 + R^2} \right\} \tag{3.34}$$

因此，在中心轴附近圆周 SAR 高度向的分辨力为

$$\Delta h = \frac{2}{\sin\theta_{\text{dp}}} \frac{c}{\left(\dfrac{\pi}{2T_0^2} + \dfrac{\omega_{\text{b}}^2}{2\pi}\right)^{1/2}} \tag{3.35}$$

式中：θ_{dp}为雷达俯视角。

为了得到圆周 SAR 平面分辨力，首先将坐标原点到雷达的方向向量投影到零高度平面内，可得投影向量为 p_{a}。

同样，将点 r 和点 r_0 的方向向量投影到零高度平面，得到投影向量分别为 p 和 p_0，此时有

$$r_n - r_{\text{on}} = \sqrt{h^2 + |p_{\text{a}} - p|^2} - \sqrt{h_0^2 + |p_{\text{a}} - p|^2} \tag{3.36}$$

仍然假设点 r 和点 r_0位于中心轴附近，即$|p| << h_0$，$|p_0| << h_0$，则

$$r_n - r_{\text{on}} \frac{p_{\text{a}}(p_0 - p)}{\sqrt{h_0^2 + R^2}} \tag{3.37}$$

将式(3.37)代入归一化模糊函数中可得

$$N(r, r_0) \propto J_0\left(\frac{2\omega_0}{c}\cos\theta_{\text{dp}} |p_0 - p|\right) \tag{3.38}$$

式中：J_0 为零阶贝塞尔函数，因此圆周 SAR 的平面分辨力为

$$\Delta r = |p_0 - p| \approx \frac{2.4c}{\omega_0 \cos\theta_{\text{dp}}} \tag{3.39}$$

3.2.4　部分孔径下圆周 SAR 分辨力

3.2.3 节讨论了全孔径下的圆周 SAR 成像分辨力，根据全孔径中圆周的对称性，可将式(3.28)中的积分项消去。但是，在部分孔径下积分项无法消去，并且该积分项无法通过解析手段求解，因而也无法得到圆周 SAR 在任意部分孔径

下分辨力的解析表达式。

下面将对部分孔径下圆周 SAR 的分辨力进行分析。

由式(3.39)的表达式可知圆周 SAR 的二维分辨力与孔径大小有关,当目标物体处于第 θ_i 个观测角度下,其观测角范围假定为$[\theta_i-\Delta\theta,\theta_i+\Delta\theta]$,$\Delta\theta$ 表示观测角范围,当 $\Delta\theta<\pi/4$ 时,由传统的雷达分辨力理论可知此时平面分辨力为[12]

$$\Delta x \approx \frac{c}{4B\cos\theta_{\mathrm{dp}}} \tag{3.40}$$

$$\Delta y \approx \frac{c}{4f_{\mathrm{c}}\cos\theta_{\mathrm{dp}}\sin\Delta\theta} \tag{3.41}$$

当 $\Delta\theta>\pi/4$ 时,传统 SAR 分辨力理论将不再适用。下面对圆周 SAR 有效合成孔径为 π 的情况进行分析,即最大方位角 $\theta_{\max}$ 与最小方位角 $\theta_{\min}$ 之差为 π。取$\theta_{\max}=\pi/2$,$\theta_{\min}=-\pi/2$,将式(3.40)与式(3.41)联合,可以得到归一化模糊函数[13]

$$N(r,r_0)\propto\sqrt{\pi^2J_0\left(\frac{4\pi f_{\mathrm{c}}}{c}\Delta r\cos\theta_{\mathrm{dp}}\right)+16\cos^2\varphi J_1^2\left(\frac{4\pi f_{\mathrm{c}}}{c}\Delta r\cos\theta_{\mathrm{dp}}\right)} \tag{3.42}$$

式(3.42)中的 3dB 宽度可以通过查贝塞尔函数表得出。另外,观察式(3.42)不同的 φ,其查表所得出的 3dB 宽度也不相同,因此在部分孔径下圆周 SAR 的平面分辨力在各个方位角也不相同,在观测孔径为 π 的情况下,点目标的 3dB 切平面为一椭圆,通过查表可以得出椭圆的长半轴和短半轴分别为

$$a=\frac{4.4\lambda}{2\pi\cos\theta_{\mathrm{dp}}} \tag{3.43}$$

$$b=\frac{2.4\lambda}{2\pi\cos\theta_{\mathrm{dp}}} \tag{3.44}$$

因此,当观测孔径为 π 时,圆周 SAR 的平面分辨力为以 a 和 b 为长短半轴的椭圆。

3.3 层析合成孔径雷达

3.3.1 信号模型

在三维 $x-y-z$ 空间坐标系中,假设雷达平台在确定的方位向位置 x_0 处,并且在入射角 θ 已知情况下,SAR 系统的接收信号 $s(t)$是复反射系数 $a(y,h)$与发射信号 $p(t)$的卷积,其中,h 表示高度,y 表示地面雷达与目标之间的直线距离。

$$s(t)=p(t)\times a(y,h) \tag{3.45}$$

所以接收信号的谱函数 $S(\omega)$可以表示成发射信号的傅里叶变换 $P(\omega)$与

复反射系数频谱 $A(k_y,k_z)$ 的乘积

$$S(\omega)=P(\omega)\times A(k_y,k_z) \tag{3.46}$$

$$k_y=\frac{2\omega_0}{c}\sin\theta, k_z=\frac{2\omega_0}{c}\cos\theta \tag{3.47}$$

式中:ω_0为雷达发射的载波角频率;c 为光速。

这里可以利用距离－高度二维波数域来说明,我们可以看到在不同的入射角 θ 下获得的图像频谱包括了复反射频谱 $A(k_y,k_z)$ 的不同切片,如图 3.3 所示。

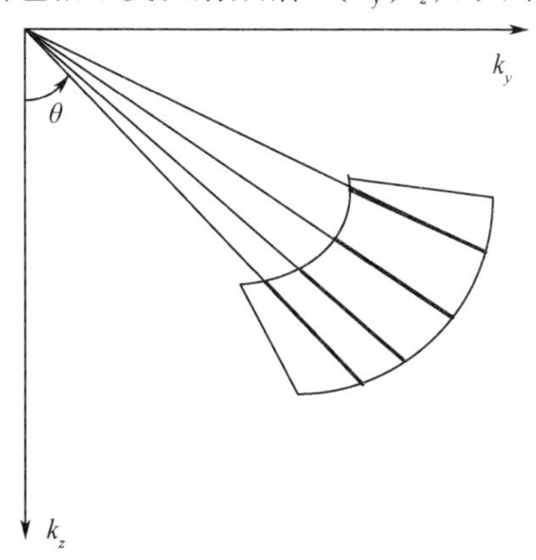

图 3.3　层析 SAR 成像在距离向－高度向二维波数域表示形式

通过不同的飞行轨迹,可以得到距离向－高度向二维平面的一系列切片,从而可以推导出反射频谱 $A(k_y,k_z)$ 的相关信息。再利用层析成像相关处理过程来处理这些数据,可以重建出空间复反射率函数 $a(y,h)$。由此可见,层析 SAR 在不同入射角下接收到的目标回波信号可以重构距离－高度频域的二维反射频谱,然后利用层析处理得到高度维的空间分辨力。

为了获得这些关于反射频谱的切片,可以选用几种常用的成像几何模型,如曲线 SAR 和多基线 SAR,其中曲线 SAR 平台在成像区上方绕着成像区飞行,飞行轨迹与成像区中心形成一种共焦的圆锥形状,但其观测数据在距离向、方位向和高度向是耦合的,直接对三维观测数据进行处理是十分复杂的。因此,层析 SAR 通常选用多基线 SAR 中多基线直线飞行轨迹,在传统二维成像平面法线方向依次增加多幅 SAR 天线,或用多航过的方式对同一地区成像[14]。其基本思想是通过在垂直于 SAR 二维成像平面方向(层析向 $\boldsymbol{n}$)形成第二个合成孔径获得第三维分辨力,如图 3.4 所示。

其中 $\boldsymbol{r}$ 表示视线方向(斜距向),$\boldsymbol{x}$ 表示方位向,$\boldsymbol{n}$ 表示层析向,并且垂直于视线方向 $\boldsymbol{r}$ 和方位向 $\boldsymbol{x}$,N 表示总基线数。多基线层析 SAR 通过雷达平台运动形成虚拟合成孔径获取方位向 $\boldsymbol{x}$ 高分辨力,通过层析向 $\boldsymbol{n}$ 上的第二个合成孔径

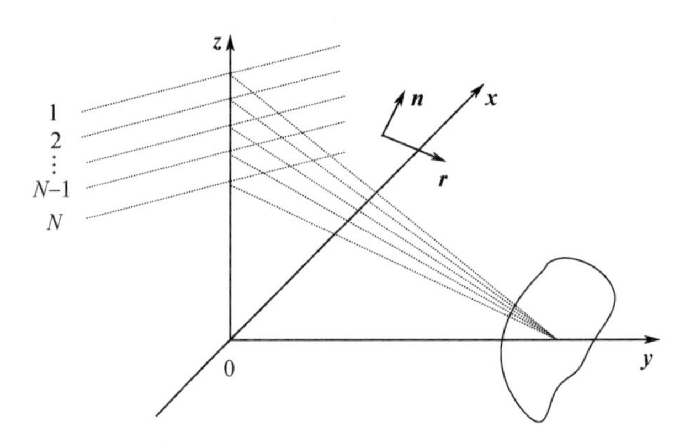

图 3.4　多基线层析 SAR 成像几何模型

获得高度向 z 几何分辨力。其主要优点是采用直线飞行轨迹，层析向上形成第二个合成孔径，与方位向成像处理相类似，利用如图 3.3 所示的距离向－高度向二维波数域信号模型重构目标的三维空间位置，就将三维成像处理简化为传统的二维处理，算法简单，计算量小。

多基线层析 SAR 三维成像的基本原理是利用不同的飞行轨迹形成第二个合成孔径，完成层析向聚焦，而不同的飞行轨迹又直接影响在层析向上的聚焦。为得到一个适当的层析向分辨力，飞行轨迹间的间距可以保持很小，同时假设各个基线间距是相等并且忽略所有与入射角 θ 相关的后向投影，即 $\theta=90°$ 情况下层析向 $\boldsymbol{n}$ 与高度向 z 具有相同的方向，多基线层析 SAR 成像几何关系可以进一步简化，如图 3.5 所示。

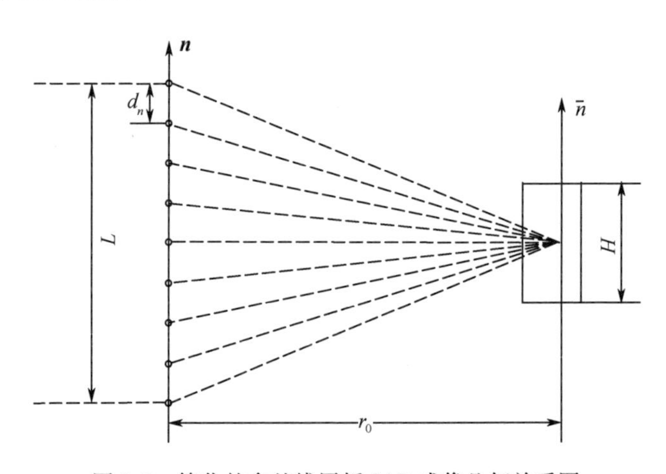

图 3.5　简化的多基线层析 SAR 成像几何关系图

图 3.5 为距离－层析二维平面，SAR 传感器在层析向 $\boldsymbol{n}$ 上沿着合成孔径不同位置处向体目标 V 发射信号，而这些不同位置又对应着方位向上的传感路

径，从图中可以看出方位向传感路径被等空间采样间隔 d_n 所分离。另外体目标 V 的整体高度为 H，总的基线长度为 L，SAR 平台与体目标之间的距离为 r_0。在实际的侧视情况下，n 与 h 之间的关系可以表示为 $h=n\sin(\theta)$。假设 SAR 平台的高度为 n，目标散射中心高度为 $\bar{n}_0$，则平台与目标之间的双程距离可表示为

$$r(n,\bar{n}_0)=2\sqrt{r_0^2+(n-\bar{n}_0)^2}\approx 2r_0+\frac{(n-\bar{n}_0)^2}{r_0} \tag{3.48}$$

接收信号可表示为

$$s_{\mathrm{r}}(n,\bar{n}_0)=a(r_0,\bar{n})\exp\left[-\frac{ik}{r_0}(n-\bar{n}_0)^2\right] \tag{3.49}$$

式中：$a(r_0,\bar{n}_0)$ 为在高度为 $\bar{n}_0$ 和距离为 r_0 处体目标的复反射系数；$k=\dfrac{2\pi}{\lambda}$ 为波数。由式(3.49)可知接收信号 $s_{\mathrm{r}}(n,\bar{n}_0)$ 是由复反射系数 $a(r_0,\bar{n}_0)$ 和包含二次相位的相位项组成，可以看作是层析向 $\boldsymbol{n}$ 上的线性调频信号。层析向 $\boldsymbol{n}$ 上的空间频率（波数域）k_n 可以表示为

$$k_n(n,\bar{n}_0)=\frac{\partial\arg[s_{\mathrm{r}}(n,\bar{n}_0)]}{\partial n}=-\frac{2k}{r_0}(n-\bar{n}_0) \tag{3.50}$$

由式(3.50)可看出，空间频率 k_n 在 $\bar{n}_0=0$ 时是具有零频偏的，当体目标的高度 $\bar{n}_0>0$ 时，k_n 具有正的频率偏移；$\bar{n}_0<0$ 时，k_n 具有负的频率偏移，如图 3.6 所示。当各目标与雷达平台的距离 r_0 不同时，空间频率 k_n 将发生变化。

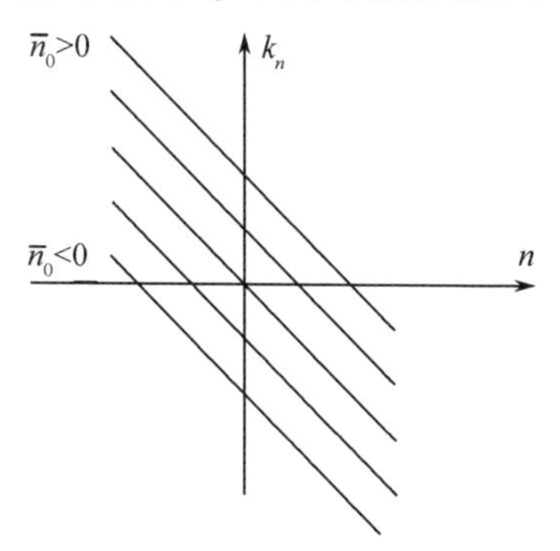

图 3.6　不同高度位置层析信号的空间频率关系图

从图 3.6 所示的空间频率关系图可以看出，接收信号 s_{r} 与 ScanSAR 的接收信号相类似，比如 ScanSAR 的多普勒质心是随着目标的方位向位置变化而变化的。根据空间频率关系图，利用简化后的信号模型，可以直接利用一次傅里叶变换对多基线层析 SAR 进行层析成像处理，聚焦层析向的相关信号。从以上分析可以看出，多基线层析 SAR 三维成像的关键是在层析向 $\boldsymbol{n}$ 上完成信号聚焦，其在距离向和方位向的压缩聚焦与传统的二维 SAR 成像没有区别。

为了更好地理解和阐述多基线层析 SAR 层析向聚焦原理及性质，首先对双程距离 $r(n,\bar{n}_0)$ 作了如式(3.48)的近似；其次假设距离徙动非常小，即 $n \in (-L/2, L/2)$，$r(n)$ 的变化范围小于距离向分辨单元的一半。在仿真实验及实际 SAR 数据处理过程中，需要在 $r(n,\bar{n}_0)$ 无任何近似的情况下补偿相位偏差和进行距离徙动校正。

在这些假设前提下，首先补偿掉二次相位偏差，即对接收信号 s_r 乘以一个参考函数 $u(n)$。

$$u(n) = \exp\left(-\frac{ik}{r_0}n^2\right) \tag{3.51}$$

接收信号 s_r 乘以 $u(n)$ 后完成去斜处理，得到去调频信号 s_d

$$s_d(n,\bar{n}_0) = a(r_0,\bar{n}_0)\exp\left(-\frac{ik}{r_0}(\bar{n}_0^2 - 2n\bar{n}_0)\right) \tag{3.52}$$

信号 s_d 的空间频率 k_n 不再与层析向 s_d 的位置有关，而仅仅与体目标散射点高度 s_d 相关，如图 3.7 所示。

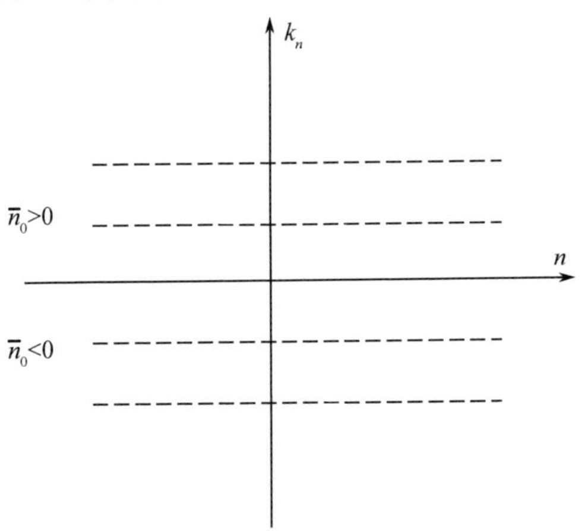

图 3.7　去调频后层析信号的空间频率关系图

$$k_n(\bar{n}_0) = \frac{\partial \arg(s_d)}{\partial n} = \frac{2k}{r_0}\bar{n}_0 \tag{3.53}$$

式(3.53)中，k_n 域(层析向频域)等效于 n 域(空频域)。最后对信号 s_d 进行快速傅里叶变换(FFT)，完成频谱分析。所要得到的成像结果 $v(n,\bar{n}_0)$ 等于信号 s_d 在 $\boldsymbol{n}$ 方向上的傅里叶变换 $S_d(k_n,\bar{n}_0)$。

$$\begin{aligned} v(n,\bar{n}_0) &= S_d(k_n,\bar{n}_0) \\ &= \int_{-L/2}^{L/2} s_d(k_n,\bar{n}_0)\exp(-ik_n n)\,\mathrm{d}n \end{aligned}$$

$$
\begin{aligned}
&= a(r_0,\bar{n}_0)\mathrm{e}^{-(iklr_0)\bar{n}_0^2}\int_{-L/2}^{L/2}\exp\left(\frac{2ik}{r_0}\bar{n}_0 n\right)\exp\left(\frac{2ik}{r_0}n^2\right)\mathrm{d}n \\
&= a(r_0,\bar{n}_0)\mathrm{e}^{-(iklr_0)\bar{n}_0^2}\int_{-L/2}^{L/2}\exp\left(\frac{2ik}{r_0}(\bar{n}_0 - n)n\right)\mathrm{d}n \\
&= a(r_0,\bar{n}_0)\mathrm{e}^{-(iklr_0)\bar{n}_0^2}L\mathrm{sinc}\left(\frac{kL}{r_0}(\bar{n}_0 - n)\right)
\end{aligned}
\tag{3.54}
$$

式中：$\mathrm{sinc}(x)$为$\dfrac{\sin(x)}{x}$函数；L 为总的基线长度，也可以理解为高度向上的合成孔径长度。式(3.54)中存在与 $\bar{n}_0^2$ 成比例关系的相位项 $\mathrm{e}^{-(iklr_0)\bar{n}_0^2}$，而图像的相位在理想情况下与目标散射体的位置是不相关的，这样就会破坏最终图像的相位。对于简单成像情况，如果只关注图像的幅度，则 $\mathrm{e}^{-(iklr_0)\bar{n}_0^2}$无关紧要。但对需要保持相位的成像系统而言，如极化干涉 SAR，需在最终图像上乘以一个相反的相位项来移除该相位项。

最后，空频域复图像 $v(n,\bar{n}_0)$ 每个频率点与层析向上一定位置的目标散射点相对应，完成了层析向聚焦，从而真正意义上确定了目标散射点三维几何空间位置分布。

3.3.2　模糊函数与模糊域

层析 SAR 的层析向合成孔径上必须有合适的采样点来避免层析向模糊问题，这意味着等距离空间采样间隔 d_{n} 必须足够的小，来保证 s_{d} 的空间带宽满足奈奎斯特准则。否则，空频域图像就会出现高旁瓣和层析向模糊问题，就像传统 SAR 二维成像中方位向模糊问题一样。为了避免层析向模糊问题，奈奎斯特空间采样间隔 d_{n} 必须小于等于 s_{d} 的空间带宽的倒数，即

$$
d_{\mathrm{n}}(\bar{n}_0) \leqslant 1B_{\mathrm{sd}} = \left|2\pi\left(\frac{\partial \arg(s_{\mathrm{d}})}{\partial n}\right)^{-1}\right|\frac{\lambda r_0}{2\bar{n}_0}
\tag{3.55}
$$

式(3.55)描述了空间采样间隔 d_{n} 与体目标散射中心高度 $\bar{n}_0$ 的关系，即一定的目标高度具有相应的奈奎斯特空间采样间隔。若目标高度为 H，对应的空间采样间隔 d_{n} 可表示为

$$
d_{\mathrm{n}}(\bar{n}_0 = H) \leqslant \frac{\lambda r_0}{2H}
\tag{3.56}
$$

假设目标高度 $H = 30\mathrm{m}$，目标距离 $r_0 = 5000\mathrm{m}$，波长 $\lambda = 0.24\mathrm{m}$，要实现 2m 层析向分辨力，此时总基线长度 $L = 300\mathrm{m}$，则对应的奈奎斯特空间采样间隔大约为 20m，即最大的基线间隔 $d_{\mathrm{n}} \approx 20\mathrm{m}$，相对应的基线数 $N = \dfrac{L}{d_{\mathrm{n}}} = 15$。如果体目标的高度为 60m，则需要减小基线间隔到 10m，为了保持 2m 层析向分辨力，相应的基

线数就要增加到30条。相反,如果各基线间隔已经确定,则使层析向无模糊的目标最大高度 $H_{\max}$ 可以表示为

$$H_{\max} = \frac{\lambda r_0}{2d_n} \tag{3.57}$$

如果成像区域中体目标的高度大于这一高度 $H_{\max}$,则多基线层析 SAR 系统在层析向是欠采样的,从而影响层析向成像质量,图像出现模糊问题。

3.3.3 成像分辨力

根据式(3.54)可知,多基线层析 SAR 在层析向复图像也是 sinc 函数形式,跟距离向和方位向脉冲压缩后的图像是相类似的,因此三维层析成像信号处理的最终结果是三维 sinc 函数形式。与距离向、方位向分辨力定义相同,根据瑞利准则将 sinc 函数的半功率波瓣宽度定义为多基线层析 SAR 层析向几何分辨力

$$u(n) = \exp\left(-\frac{ik}{r_0}n^2\right) \tag{3.58}$$

由式(3.58)可得,多基线层析 SAR 层析向分辨力与层析向上总的合成孔径长度 L 有关,还与距离 r_0 和波长 λ 有关,而与目标的高度位置 H 无关。这一特性表明,多基线层析 SAR 对成像区域内相同距离、不同高度位置上的目标能做到等分辨力成像,并且从理论上来说,层析向分辨力精度可以达到理论极限值 $\frac{\lambda r_0}{2L}$。以 L 波段机载 SAR 系统为例,采用多航过方式形成层析向合成孔径,设距离 $r_0 = 5000\text{m}$,波长 $\lambda = 0.24\text{m}$,要想获得大约2m的层析向分辨力,则层析向合成孔径长度 L 至少为300m,在机载情况下采用多航过方式是容易实现的。但实际的多基线层析 SAR 系统因存在各种相位误差,如机载情况下基线非均匀造成相位误差,层析向分辨力达不到理论值。

3.4 阵列合成孔径雷达

阵列三维 SAR 技术是近几年来被广泛关注的一种新型三维 SAR 成像技术。阵列三维 SAR 成像技术主要通过控制阵列天线在空间中运动形成虚拟二维面阵获得观测目标二维分辨,并结合脉冲压缩技术得到观测目标的第三维分辨。

在阵列三维 SAR 成像中,阵列天线工作模式主要包括:一发多收(SIMO)模式[15]、多发多收(MIMO)模式[16]、全收发模式[17]以及单激励模式[18]。各模式主要差异体现在方位－切航迹平面的阵元数和分布不同,不同天线工作在方位－切航迹平面的阵元轨迹分布如图3.8所示。

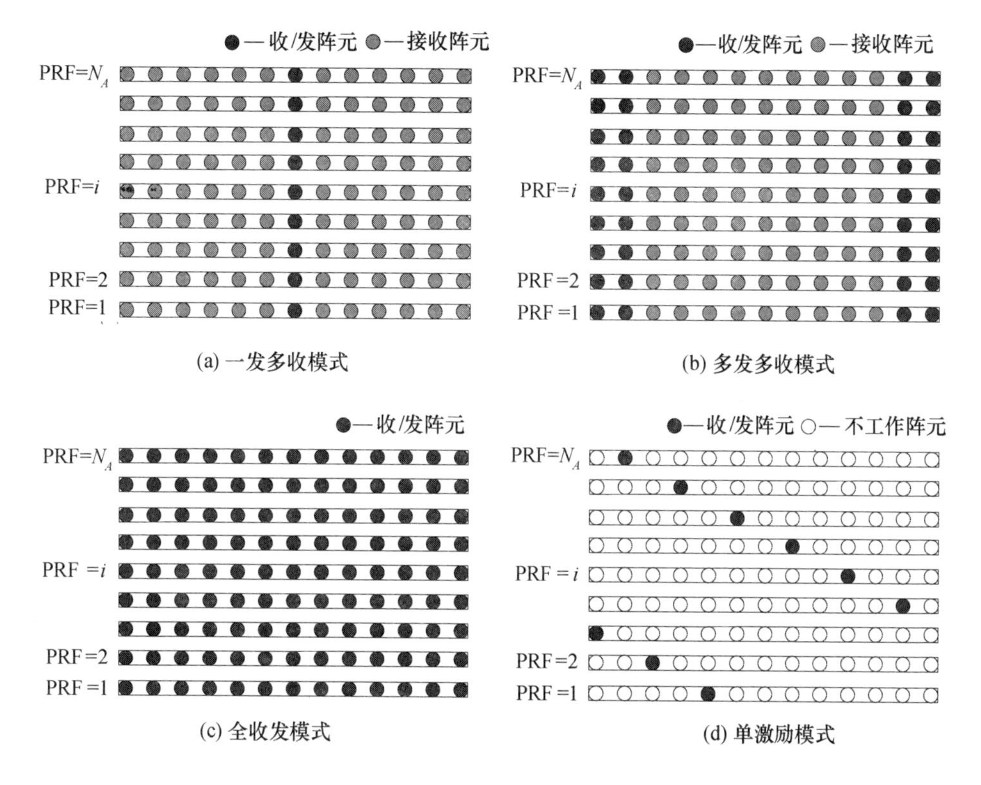

图3.8 不同阵列工作模式在方位-切航迹平面的阵元轨迹分布

根据单个脉冲周期内接收阵元激励个数的不同,阵列SAR可分为全阵元阵列SAR和稀疏阵列SAR。在远场条件下基于相位中心近似原理,不同阵列工作模式都可以等效为虚拟的全收发阵列,差异只在于虚拟阵元数和距离历史不同。

一发多收模式是将阵列天线平行置于切航迹向上,只有一个收/发阵元位于阵列中心位置,所有接收阵元位于阵列两侧,在每一个慢时刻收/发阵元发射调频信号,所有接收阵元同步接收观测场景回波信号。一发多收模式的优势是系统实现相对简单,缺点是阵列长度固定时切航迹向分辨力只有全收发模式的一半。假设第n慢时刻发/收射阵元位置为$\boldsymbol{P}_{\mathrm{T}}(n)$,第$i$个接收阵元位置为$P_{\mathrm{R}}(n,i)$,一发多收阵列三维SAR的距离历史可表示为

$$r(n,i;\boldsymbol{P}_w)=R_{\mathrm{T}}(n;\boldsymbol{P}_w)+R_{\mathrm{R}}(n,i;\boldsymbol{P}_w)=\|\boldsymbol{P}_{\mathrm{T}}(n)-P_w\|_2+\|\boldsymbol{P}_{\mathrm{R}}(n,i)-\boldsymbol{P}_w\|_2 \tag{3.59}$$

多发多收模式是将阵列天线平行置于切航迹向上,多个收/发阵元位于阵列两端,接收阵元位于阵列中间,在每一个慢时刻多个收/发阵元同时发射正交调频信号,所有阵元同步接收观测场景回波信号。基于相位中心近似原理(在远场条件下且两收发阵元间距远小于阵元到目标的距离时,一发一收两阵元等效

为两阵元中心存在一个收发共用阵元,即等效天线相位中心),M 发 N 收阵列可等效为一个虚拟的 $M \times N$ 阵元收发共用阵列。多发多收模式的优势是天线阵列元数少、分辨高,缺点是对发射正交信号要求严格。假设第 n 慢时刻虚拟天线相位中心位置为 $\boldsymbol{P}_U(n,i)$,多发多收阵列三维 SAR 的距离历史可表示为

$$r(n,i;\boldsymbol{P}_w) = 2R_U(n,i;\boldsymbol{P}_w) = 2\parallel \boldsymbol{P}_U(n,i) - \boldsymbol{P}_w \parallel_2 \tag{3.60}$$

全收发模式中阵列阵元全为收发共用阵元,在每一个慢时刻每个收/发阵元同步发射和接收调频信号。全收发模式的优势是分辨高,缺点是系统实现复杂、发射信号要求苛刻和系统成本高。假设第 n 慢时刻第 i 个阵元位置为 $\boldsymbol{P}_{\mathrm{T}}(n,i)$,全收发阵列三维 SAR 的距离历史可表示为

$$r(n,i;\boldsymbol{P}_w) = 2R(n,i;\boldsymbol{P}_w) = 2\parallel \boldsymbol{P}(n,i) - \boldsymbol{P}_w \parallel_2 \tag{3.61}$$

单激励模式是指在每一个慢时刻只有一个收/发共用阵元处于开启状态。单激励模式通常利用单天线运动实现,如圆周 SAR 可认为是单激励模式阵列三维 SAR 的一种特例,该模式优势是利用天阵列元数最少,缺点是阵列平面维样本往往是欠采样、分辨力降低。假设第 n 慢时刻开启阵元位置为 $\boldsymbol{P}(n)$,单激励阵列三维 SAR 的距离历史可表示为

$$r(n,i;\boldsymbol{P}_w) = 2R(n;\boldsymbol{P}_w) = 2\parallel \boldsymbol{P}(n) - \boldsymbol{P}_w \parallel_2 \tag{3.62}$$

总之,无论阵列三维 SAR 采用哪一种工作模式,都需要在方位 - 切航迹平面合成一个虚拟的等效二维面阵。另外,在远场条件下基于相位中心近似原理,不同阵列工作模式都可以等效为虚拟的全收发阵列,差异只在于虚拟阵元数和距离历史不同。

3.4.1 信号模型

全阵元阵列合成孔径雷达(简称阵列 SAR)是指沿切航迹方向放置阵列天线,且所有天线阵列元同时接收场景回波的合成孔径雷达,其几何结构如图 3.9 所示。式中:$\boldsymbol{P}(n)$ 为平台轨迹;γ 为阵列方向矢量;$R(n,i;\boldsymbol{P}_\omega)$ 为散射点 $\boldsymbol{P}_\omega$ 在 n 时刻到第 i 个天线的距离。

阵列 SAR 包含 N 路传统 SAR 数据,可直接给出单点目标阵列 SAR 距离压缩后回波为

$$\begin{aligned} \boldsymbol{d}_{\mathrm{II}}(r,n,i;\boldsymbol{P}_\omega) = {} & \sigma_\omega \cdot w(n) \cdot \exp[\mathrm{j} \cdot K_0 \cdot R(n,i;\boldsymbol{P}_\omega)] \\ & \cdot \{\delta[r - R(n,i;\boldsymbol{P}_\omega)] * \chi^{\mathrm{R}}(r)\} \end{aligned} \tag{3.63}$$

式中:r 为距离域;n 为慢时间域;i 为天线阵列元序号;σ_ω 为散射点 $\boldsymbol{P}_\omega$ 的雷达散射截面积(RCS);$w(n)$ 为天线方向图;K_0 为载波波数;$*$ 为相关运算;$\delta(r)$ 为冲击函数;$\chi^{\mathrm{R}}(r)$ 为距离向模糊函数。

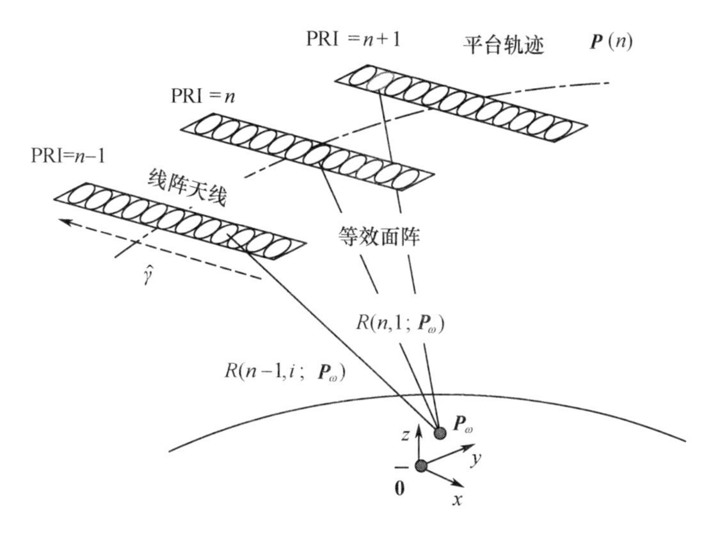

图 3.9 阵列 SAR 几何结构图

对于观测区域 Ω,距离压缩后的阵列 SAR 回波 $\boldsymbol{D}_{\mathrm{II}}(r,n)$ 为单散射点二维回波 $\boldsymbol{d}_{\mathrm{II}}(r,n;\boldsymbol{P}_{\omega})$ 在观测区域 Ω 上的积分,即

$$\boldsymbol{D}_{\mathrm{II}}(r,i,n) = \iiint_{\boldsymbol{P}_{\omega}\in\Omega} \sigma_{\omega} \cdot d_{\mathrm{II}}(r,n,i;\boldsymbol{P}_{\omega})\mathrm{d}\boldsymbol{P}_{\omega} \tag{3.64}$$

为了便于分析,对观测区域 Ω 进行离散化近似,则式(3.64)可近似为

$$\boldsymbol{D}_{\mathrm{II}}(r,i,n) \approx \sum_{\boldsymbol{P}_{\omega}\in\Omega} \sigma_{\omega} \cdot \boldsymbol{d}_{\mathrm{II}}(r,n,i;\boldsymbol{P}_{\omega}) \tag{3.65}$$

可见,与双基地 SAR 相同,阵列 SAR 不同散射点回波的差异完全体现在其到各天线阵元的距离历史上。因此,阵列 SAR 距离历史分析是分析其系统特征的关键。

3.4.2 典型发射模式的距离历史

由于阵列 SAR 采用全阵元接收回波,其距离历史的差异主要体现在不同的发射模式上,典型发射模式包括固定发射方式、正交发射方式和随机发射方式。本节将分析各种发射模式的距离历史。

3.4.2.1 固定发射方式

固定发射方式固定某个天线阵元发射信号,并接收场景回波。由于不需要避免通道间串扰,其发射信号可为线性调频信号,其原理图如图 3.10 所示。

固定发射方式的距离历史可表示为

$$R(n,i;\boldsymbol{P}_{\omega}) = \|\boldsymbol{P}_{\mathrm{T}}(n)-\boldsymbol{P}_{\omega}\|_2 + \|\boldsymbol{P}_{\mathrm{R}}(n,i)-\boldsymbol{P}_{\omega}\|_2 \tag{3.66}$$

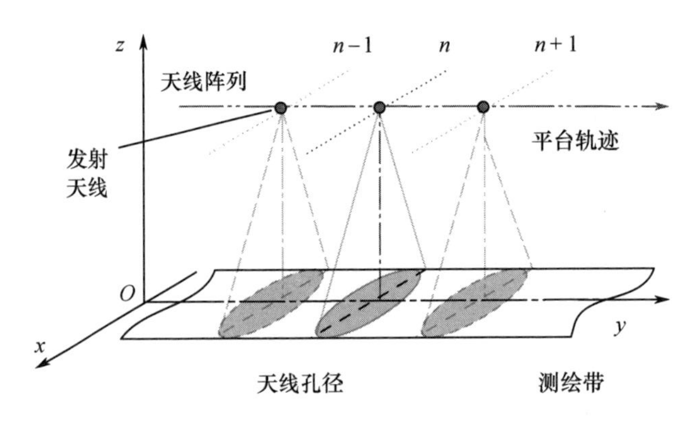

图 3.10 固定发射方式阵列 SAR 原理图(见彩图)

$$\boldsymbol{P}_{\mathrm{T}}(n)=\boldsymbol{P}(0,i_{\mathrm{T}})+\boldsymbol{v}\cdot n \tag{3.67}$$

$$\boldsymbol{P}_{\mathrm{R}}(n,i)=\boldsymbol{P}(0,0)+\boldsymbol{v}\cdot n+\boldsymbol{\gamma}\cdot i\cdot d \tag{3.68}$$

式中:$\boldsymbol{P}_{\mathrm{T}}(n)$为发射阵元在 n 时刻的位置;i_{T}为发射阵元序号;$\boldsymbol{P}_{\mathrm{R}}(n,i)$为第 i 个接收阵元在 n 时刻的位置;$\|\cdot\|_2$表示 l_2 范数;d 为天线阵列元间隔。

将距离历史在参考点 **0** 处展开,可得到距离历史的近似线性公式为

$$R(n,i;\boldsymbol{P}_{\omega})\approx R(n,i;\boldsymbol{0})+(\boldsymbol{\alpha}^{\mathrm{T}}+\boldsymbol{\alpha}^{\mathrm{R}})\cdot\boldsymbol{P}_{\omega}+(\boldsymbol{\omega}^{\mathrm{T}}+\boldsymbol{\omega}^{\mathrm{R}})\cdot\boldsymbol{P}_{\omega}n+\frac{\boldsymbol{\gamma}\cdot\boldsymbol{P}_{\omega}i\cdot d}{R} \tag{3.69}$$

式中:$\boldsymbol{\alpha}^{\mathrm{T}}$和 $\boldsymbol{\alpha}^{\mathrm{R}}$为发射天线和接收天线的视线方向矢量,$\boldsymbol{\omega}^{\mathrm{T}}$和 $\boldsymbol{\omega}^{\mathrm{R}}$为发射天线和接收天线的角速度矢量 $R=R(0,0;\boldsymbol{0})$。

由于收发系统固定在同一运动平台上,近似认为发射天线和接收天线具有相同的视线方向和角速度,即

$$\boldsymbol{\alpha}^{\mathrm{T}}=\boldsymbol{\alpha}^{\mathrm{R}}=\boldsymbol{\alpha},\boldsymbol{\omega}^{\mathrm{T}}=\boldsymbol{\omega}^{\mathrm{R}}=\boldsymbol{\omega} \tag{3.70}$$

则式(3.69)近似可表示为

$$R(n,i;\boldsymbol{P}_{\omega})\approx R(n,i;\boldsymbol{0})+2\boldsymbol{\alpha}\cdot\boldsymbol{P}_{\omega}+2\boldsymbol{\omega}\cdot\boldsymbol{P}_{\omega}n+\boldsymbol{\gamma}\cdot\boldsymbol{P}_{\omega}i\cdot d/R \tag{3.71}$$

3.4.2.2 正交发射方式

正交发射方式是指所有天线阵列元相互独立地发射信号,并接收场景回波,为防止通道间串扰,各天线阵列元应发射相互正交的相位编码信号,其原理图如图 3.11 所示。

正交发射模式的距离历史可表示为

$$R(n,i;\boldsymbol{P}_{\omega})=2\cdot\|\boldsymbol{P}(n,i)-\boldsymbol{P}_{\omega}\|_2 \tag{3.72}$$

$$\boldsymbol{P}(n,i)=\boldsymbol{P}(0,0)+\boldsymbol{v}\cdot n+\boldsymbol{\gamma}\cdot i\cdot d \tag{3.73}$$

将距离历史式(3.72)在参考点 **0** 处展开,其距离历史的近似线性表达式为

$$R(n,i;\boldsymbol{P}_{\omega})\approx R(n,i;\boldsymbol{0})+2\boldsymbol{\alpha}^{\mathrm{T}}\boldsymbol{P}_{\omega}+2\boldsymbol{\omega}^{\mathrm{T}}\boldsymbol{P}_{\omega}n+2\boldsymbol{\gamma}\boldsymbol{P}_{\omega}i\cdot d/R \tag{3.74}$$

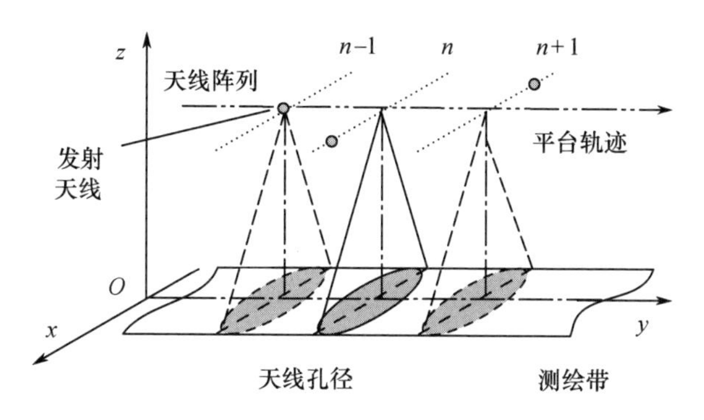

图 3.11　正交发射方式阵列 SAR 原理图(见彩图)

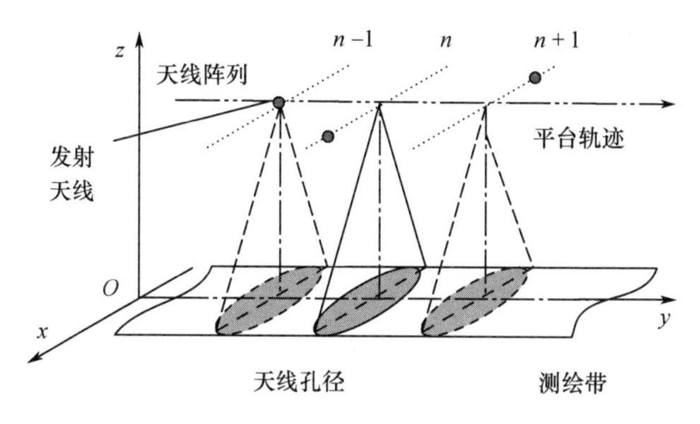

图 3.12　随机发射方式阵列 SAR 原理图(见彩图)

3.4.2.3　随机发射方式

随机发射方式在不同慢时间 n 随机选择某个天线阵列元发射信号,并接收场景回波,此时由于不需要避免通道间串扰,其发射信号可为线性调频信号,其原理图如图 3.12 所示,其距离历史可表示为

$$R(n,i;\boldsymbol{P}_{\omega}) = \|\boldsymbol{P}_{\mathrm{T}}(n) - \boldsymbol{P}_{\omega}\|_2 + \|\boldsymbol{P}_{\mathrm{R}}(n,i) - \boldsymbol{P}_{\omega}\|_2 \tag{3.75}$$

$$\boldsymbol{P}_{\mathrm{T}}(n,i) = \boldsymbol{P}(0,i_0) + \boldsymbol{v}\cdot n + \boldsymbol{\gamma}\cdot g_{\mathrm{ID}}(n)\cdot d \tag{3.76}$$

$$\boldsymbol{P}_{\mathrm{R}}(n,i) = \boldsymbol{P}(0,0) + \boldsymbol{v}\cdot n + \boldsymbol{\gamma}\cdot i\cdot d \tag{3.77}$$

式中:$g_{\mathrm{ID}}(n)$为 n 时刻发射天线阵列元序号,为一随机序列码。

将距离历史在参考点$\bar{\mathbf{0}}$处展开,其距离历史的近似线性公式为

$$R(n,i;\boldsymbol{P}_{\omega}) \approx R(n,i;\mathbf{0}) + 2\boldsymbol{\alpha}\cdot\boldsymbol{P}_{\omega} + 2\boldsymbol{\omega}\cdot\boldsymbol{P}_{\omega}n + \frac{\boldsymbol{\gamma}\cdot\boldsymbol{P}_{\omega}[i\cdot d\cdot g_{\mathrm{ID}}(n)]}{R} \tag{3.78}$$

不同发射模式的距离历史在距离向和沿航迹向具有完全相同的特征,而在切航迹方向却不相同,该特征将直接影响不同发射模式下阵列 SAR 的切航迹向

分辨力。

3.4.3 模糊函数

本节将讨论三种模式下的三维模糊函数和切航迹分辨力[19,20]。

假设单散射点位于参考点处，则阵列 SAR 模糊函数可写为

$$\chi(\boldsymbol{P}_\omega)=\frac{\sum\limits_i\sum\limits_n\int \boldsymbol{d}_{\mathrm{A}}(r,n,i;\boldsymbol{0})\boldsymbol{d}_{\mathrm{B}}^*(r,n,i;\boldsymbol{P}_\omega)\mathrm{d}r}{\sum\limits_i\sum\limits_n\int|\boldsymbol{d}_{\mathrm{A}}(r,n,i;\boldsymbol{0})|^2\mathrm{d}r\cdot\sum\limits_i\sum\limits_n\int|\boldsymbol{d}_{\mathrm{B}}(r,n,i;\boldsymbol{P}_\omega)|^2\mathrm{d}r} \tag{3.79}$$

将式(3.65)代入式(3.79)，可得到

$$\chi(\boldsymbol{P}_\omega)=\frac{\left|\sum\limits_i\sum\limits_n\chi^{\mathrm{R}[\Delta R_{uv}^{\omega}(n,i)]}\cdot\exp[-\mathrm{j}\cdot K_0\cdot\Delta R^{\omega}(n,i)]\right|}{\sum\limits_i\sum\limits_n\int|\boldsymbol{d}_{\mathrm{A}}(t,n,i;\boldsymbol{P}_{\mathrm{A}})|^2\mathrm{d}t\cdot\sum\limits_i\sum\limits_n\int|\boldsymbol{d}_{\mathrm{B}}(t,n,i;\boldsymbol{P}_{\mathrm{B}})|^2\mathrm{d}t} \tag{3.80}$$

式中：$\Delta R^{\omega}(n,i)$为散射点$\boldsymbol{P}_\omega$处双程距离历史与参考点双程距离历史的差，对于不同的收发方式，其表达式也不相同。

对于固定发射模式，根据 3.4.2 节分析，$\Delta R^{\omega}(n,i)$可写为

$$\Delta R^{\omega}(n,i)=2\boldsymbol{\alpha}\cdot\boldsymbol{P}_\omega+2\boldsymbol{\omega}\cdot\boldsymbol{P}_\omega n+\boldsymbol{\gamma}\cdot\boldsymbol{P}_\omega i\cdot d/R \tag{3.81}$$

近似地，式(3.81)可写为

$$\chi(\boldsymbol{P}_\omega)\approx\chi^{\mathrm{R}}(\boldsymbol{\alpha}\cdot\boldsymbol{P}_\omega)\cdot\chi^{\mathrm{AT}}(\boldsymbol{\beta}\cdot\boldsymbol{P}_\omega)\cdot\chi^{\mathrm{CT}}(\boldsymbol{\gamma}\cdot\boldsymbol{P}_\omega) \tag{3.82}$$

$$\chi^{\mathrm{AT}}(x)\triangleq\frac{1}{M}\cdot\left|\sum_{m=0}^{M-1}\exp(\mathrm{j}\cdot K_0\cdot\|\boldsymbol{\beta}\|\cdot x\cdot m/PRF)\right|\quad m\in\mathbb{N} \tag{3.83}$$

$$\chi^{\mathrm{CT}}(y)\triangleq\frac{1}{N}\cdot\left|\sum_{n=0}^{N-1}\exp(\mathrm{j}\cdot K_0\cdot y\cdot i\cdot d/N)\right|\quad i\in\mathbb{N} \tag{3.84}$$

式中：M为沿航迹向观测点数；N为接收阵元总数；$\boldsymbol{\alpha}$为α的单位矢量；$\boldsymbol{\beta}$为β的单位矢量；$\chi^{\mathrm{AT}}(\cdot)$为沿航迹方位向的模糊函数；$\chi^{\mathrm{CT}}(\cdot)$为切航迹方位向的模糊函数。

利用等比数列求和公式，可知$\chi^{\mathrm{R}}(\cdot)$和$\chi^{\mathrm{A}}(\cdot)$为类 sinc 函数(类 sinc 函数许多与 sinc 函数相似，当式(3.83)和式(3.84)中求和运算近似看作积分运算时，其对应的模糊函数即为 sinc 函数。类 sinc 函数与 sinc 函数的差异在于类 sinc 函数可能会产生栅瓣现象)，$\chi(\boldsymbol{P}_\omega)$可表示为

$$\chi(\boldsymbol{P}_\omega)=\left(\frac{\boldsymbol{\alpha}\cdot\boldsymbol{P}_\omega}{\rho_{\mathrm{R}}}\right)\cdot\operatorname{qsinc}\left(\frac{\boldsymbol{\beta}\cdot\boldsymbol{P}_\omega}{\rho_{\mathrm{AT}}}\right)\cdot\operatorname{qsinc}\left(\frac{\boldsymbol{\gamma}\cdot\boldsymbol{P}_\omega}{\rho_{\mathrm{CT}}}\right) \tag{3.85}$$

$$\operatorname{qsinc}(y)\triangleq\frac{2\sin(y)}{N\sin(y/N)} \tag{3.86}$$

$$\rho_{\mathrm{R}}=c/(2B) \tag{3.87}$$

$$\rho_{\mathrm{AT}}=\lambda/(2\theta_{\mathrm{AT}}) \tag{3.88}$$

$$\rho_{\mathrm{CT}}=R\cdot\lambda/L \tag{3.89}$$

式中:ρ_{R}、ρ_{AT}和ρ_{CT}分别为距离向、沿航迹方位向和切航迹方位向的分辨力;c 为光速;B 为发射信号带宽;λ 为信号载频。

对于正交发射模式,根据式(3.81),$\chi(\boldsymbol{P}_{\omega})$可表示为

$$\chi(\boldsymbol{P}_{\omega})=\mathrm{sinc}\left(\frac{\boldsymbol{\alpha}\cdot\boldsymbol{P}_{\omega}}{\rho_{\mathrm{R}}}\right)\cdot\mathrm{qsinc}\left(\frac{\boldsymbol{\beta}\cdot\boldsymbol{P}_{\omega}}{\rho_{\mathrm{AT}}}\right)\cdot\mathrm{qsinc}\left(\frac{\boldsymbol{\gamma}\cdot\boldsymbol{P}_{\omega}}{\rho_{\mathrm{CT}}}\right) \tag{3.90}$$

$$\rho_{\mathrm{R}}=c/(2B) \tag{3.91}$$

$$\rho_{\mathrm{AT}}=\lambda/(2\theta_{\mathrm{AT}}) \tag{3.92}$$

$$\rho_{\mathrm{CT}}=R\cdot\lambda/(2L) \tag{3.93}$$

对于随机发射模式,根据式(3.84),其切航迹模糊函数可写为

$$\begin{aligned}\chi^{\mathrm{CT}}(y)&\triangleq\frac{1}{N}\cdot\sum_{n}\exp(\mathrm{j}\cdot K_0\cdot y\cdot g_{\mathrm{ID}}(n)\cdot d/N)\cdot\sum_{i}\exp(\mathrm{j}\cdot K_0\cdot y\cdot i\cdot d/N)\\&=q\mathrm{sinc}^2(y),i\in\mathbb{N}\end{aligned} \tag{3.94}$$

与固定发射模式和正交发射模式类似,$\chi(\boldsymbol{P}_{\omega})$可表示为

$$\chi(\boldsymbol{P}_{\omega})=\left(\frac{\boldsymbol{\alpha}\cdot\boldsymbol{P}_{\omega}}{\rho_{\mathrm{R}}}\right)\cdot q\mathrm{sinc}\left(\frac{\boldsymbol{\beta}\cdot\boldsymbol{P}_{\omega}}{\rho_{\mathrm{AT}}}\right)\cdot q\mathrm{sinc}^2\left(\frac{\boldsymbol{\gamma}\cdot\boldsymbol{P}_{\omega}}{\rho_{\mathrm{CT}}}\right) \tag{3.95}$$

$$\rho_{\mathrm{R}}=c/(2B) \tag{3.96}$$

$$\rho_{\mathrm{AT}}=\lambda/(2\theta_{\mathrm{AT}}) \tag{3.97}$$

$$\rho_{\mathrm{CT}}=R\cdot\lambda/L \tag{3.98}$$

图 3.13 为阵列天线长度相同条件下,不同发射模式阵列 SAR 切航迹向模糊函数。

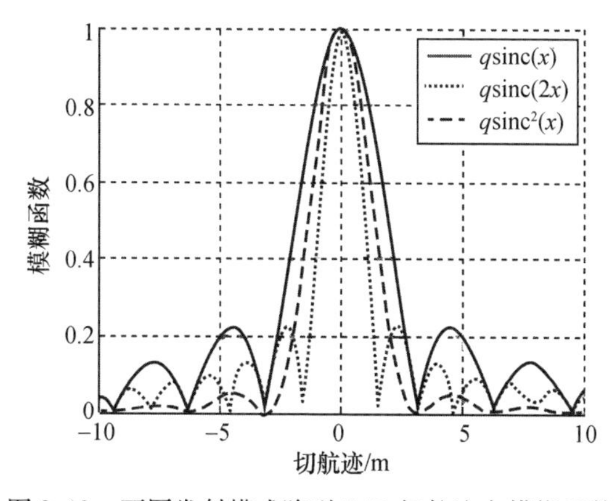

图 3.13　不同发射模式阵列 SAR 切航迹向模糊函数

从图 3.13 中可以看出,固定发射模式的切航迹向模糊函数主瓣最宽,正交发射模式模糊函数主瓣最窄,随机发射模式模糊函数主瓣介于两者之间。其原因可从其各自距离历史的切航迹向特征加以分析:固定发射模式发射天线固定,没有产生切航迹向天线孔径,分辨力最低。正交发射方式各天线独立收发,发射天线和接收天线产生相互匹配的切航迹向天线孔径,分辨力最高。随机发射方式虽然发射天线也产生切航迹孔径,但发射天线和接收天线产生的切航迹向天线孔径不匹配,所以其分辨力要低于正交发射模式,但高于固定发射模式。

阵列 SAR 需要接收、采集、存储、处理所有天线阵列元的回波,运算量十分巨大。为此,借鉴稀疏阵列的概念,在每个脉冲重复周期内只接收一个或几个通道的数据,此类阵列 SAR 称为稀疏阵列 SAR。当每个脉冲重复周期内只接收一个通道的数据时,稀疏阵列 SAR 的天线相位中心轨迹与曲线 SAR 类似,且天线相位中心轨迹设计较曲线 SAR 更为灵活,相位中心轨迹控制较曲线 SAR 更为精确。本节将详细研究稀疏阵列 SAR 成像原理,所采用的分析方法和结论也可用于分析曲线 SAR 原理。

3.4.4 三维成像基本条件

与全阵阵列 SAR 不同,单激励稀疏阵列 SAR 的数据结构为二维数组,与传统 SAR 类似。为了揭示稀疏阵列 SAR 系统与传统 SAR 的差异,本节将推导单激励稀疏阵列 SAR 的基本成像条件[21,22]。

利用合成孔径雷达基本投影关系,可得到如下方程组

$$\begin{cases} \|\boldsymbol{P}_{\mathrm{apc}}(1)-\boldsymbol{P}_{\omega}\|_2=\|\boldsymbol{P}_{\mathrm{apc}}(1)-\boldsymbol{P}_{\mathrm{uvw}}\|_2 \\ \cdots \\ \|\boldsymbol{P}_{\mathrm{apc}}(M)-\boldsymbol{P}_{\omega}\|_2=\|\boldsymbol{P}_{\mathrm{apc}}(M)-\boldsymbol{P}_{\mathrm{uvw}}\|_2 \end{cases} \tag{3.99}$$

即

$$\begin{cases} (x-x_1)^2+(y-y_1)^2+(z-z_1)^2\equiv(u-x_1)^2+(v-y_1)^2+(w-z_1)^2 \\ \cdots\cdots \\ (x-x_M)^2+(y-y_M)^2+(z-z_M)^2\equiv(u-x_M)^2+(v-y_M)^2+(w-z_M)^2 \end{cases} \tag{3.100}$$

$$\boldsymbol{P}_{\omega}=[x\quad y\quad z]^{\mathrm{T}} \tag{3.101}$$

$$\boldsymbol{P}_{\mathrm{uvw}}=[u\quad v\quad w]^{\mathrm{T}} \tag{3.102}$$

式中:x、y 和 z 为变量;(x_n,y_n,z_n) 为天线相位中心在 n 时刻的位置;M 为接收脉冲数;上标 T 表示转置运算。

与单基地 SAR 投影关系推导类似,稀疏阵列 SAR 的等距离历史集可写为

$$\|\boldsymbol{P}_{\mathrm{apc}}(1)-\boldsymbol{P}_{\omega}\|_2^2=\|\boldsymbol{P}_{\mathrm{apc}}(1)-\boldsymbol{P}_{\mathrm{uvw}}\|_2^2 \tag{3.103}$$

$$\boldsymbol{A}\cdot(\boldsymbol{P}_{\omega}-\boldsymbol{P}_{\mathrm{uvw}})=0 \tag{3.104}$$

式中:$\boldsymbol{A}$ 为等距离历史矩阵(equiv - range - history matrix),是$(M-1)\times 3$ 矩阵,定义为

$$\boldsymbol{A}_{(M-1)\times 3}\triangleq\begin{bmatrix}(x_1-x_2) & (y_1-y_2) & (z_1-z_2)\\(x_1-x_3) & (y_1-y_3) & (z_1-z_3)\\ & \cdots & \\(x_1-x_M) & (y_1-y_M) & (z_1-z_M)\end{bmatrix}_{(M-1)\times 3} \tag{3.105}$$

易知,等距离历史集为式(3.103)和式(3.104)解集的交集,不同的天线相位中心轨迹对应的等距离历史集也不相同。

下面,将比较直线运动 SAR 和稀疏阵列 SAR 的等距离历史集。

3.4.4.1　直线运动 SAR

对于直线运动 SAR,x_0-x_1、y_0-y_1 和 z_0-z_1 可写为

$$x_0-x_n=\boldsymbol{v}_x\cdot f(n) \tag{3.106}$$

$$y_0-y_n=\boldsymbol{v}_y\cdot f(n) \tag{3.107}$$

$$z_0-z_n=\boldsymbol{v}_z\cdot f(n) \tag{3.108}$$

式中:$(\boldsymbol{v}_x,\boldsymbol{v}_y,\boldsymbol{v}_z)$ 为直线运动的方向;$f(n)$ 为慢时间 n 的函数。

此时,矩阵 $\boldsymbol{A}$ 可写为

$$\boldsymbol{A}=\begin{bmatrix}f(1)\cdot\boldsymbol{v}_x & f(1)\cdot\boldsymbol{v}_y & f(1)\cdot\boldsymbol{v}_z\\f(2)\cdot\boldsymbol{v}_x & f(2)\cdot\boldsymbol{v}_y & f(2)\cdot\boldsymbol{v}_z\\ & \cdots & \\f(M-1)\cdot\boldsymbol{v}_x & f(M-1)\cdot\boldsymbol{v}_y & f(M-1)\cdot\boldsymbol{v}_z\end{bmatrix} \tag{3.109}$$

明显地,矩阵 $\boldsymbol{A}$ 的秩为 1,相应地,式(3.104)的解为垂直于速度方向的平面,其等距离历史集为圆。因此,直线运动 SAR 不具有三维成像能力。

3.4.4.2　非直线运动 SAR

对于非直线运动 SAR,x_0-x_1、y_0-y_1 和 z_0-z_1 可写为

$$x_0-x_n=f_x(n) \tag{3.110}$$

$$y_0-y_n=f_y(n) \tag{3.111}$$

$$z_0-z_n=f_z(n) \tag{3.112}$$

式中:$f_x(n)$、$f_y(n)$ 和 $f_z(n)$ 为三个任意函数。

因此,矩阵 $\boldsymbol{A}$ 可写为

$$
\boldsymbol{A}=\begin{bmatrix} f_x(1) & f_y(1) & f_z(1) \\ f_x(2) & f_y(2) & f_z(2) \\ & \cdots & \\ f_x(M-1) & f_y(M-1) & f_z(M-1) \end{bmatrix} \tag{3.113}
$$

由于天线相位中心运动轨迹非直线,则$f_x(n)$、$f_y(n)$和$f_z(n)$中至少有两个相互独立,即矩阵$\boldsymbol{A}$的秩为2(天线相位中心在平面内运动)或3(天线相位中心在三维空间中运动)。

当矩阵$\boldsymbol{A}$的秩为2时,式(3.104)的解集为直线,其与式(3.103)确定的球面有两个交点。但在实际中,只有其中一个解位于观测区域之内。因此,等距离历史集可认为只包含一个散射点(u,v,w)。

当矩阵$\boldsymbol{A}$的秩为3时,式(3.104)的解集为零矢量,等距离历史集只包含一个散射点(u,v,w)。

总之,当合成孔径雷达天线相位中心非直线运动时,即矩阵$\boldsymbol{A}$的秩为2或3时,等距离历史集只包含一个散射点(u,v,w),空间中任何两个散射点是数学上可分的。上述条件即为合成孔径雷达三维成像的基本条件。

但是,数学上可分不等于工程上可分,不同天线相位中心轨迹导致系统模糊函数不同,其对应的分辨能力也不相同。本章后面的内容将着重分析单激励稀疏阵列SAR模糊函数及天线相位中心轨迹的优化。

3.4.5 分辨力分析

3.4.5.1 模糊函数

单激励稀疏阵列SAR的三维模糊函数$\chi(\boldsymbol{P}_{\mathrm{uvw}})$可写为

$$
\chi(\boldsymbol{P}_{\mathrm{uvw}}) \triangleq \frac{\sum_n \int \boldsymbol{d}_{\mathrm{I}}[\tau,n;\boldsymbol{P}_{\mathrm{uvw}}]\cdot \boldsymbol{d}_I^*[\tau,n;\boldsymbol{0}]\mathrm{d}\tau}{\sum_n \int |\boldsymbol{d}_{\mathrm{I}}[\tau,n;\boldsymbol{0}]|^2\mathrm{d}\tau} \tag{3.114}
$$

式中:上标*为复共轭;$\boldsymbol{0}$为参考点的坐标。

由于不同脉冲重复周期内的单散射点回波能量相同,式(3.114)可写为

$$
\chi(\boldsymbol{P}_{\mathrm{uvw}}) \triangleq \frac{\sum_n \int \boldsymbol{d}_{\mathrm{I}}[\tau,n;\boldsymbol{P}_{\mathrm{uvw}}]\cdot \boldsymbol{d}_{\mathrm{I}}^*[\tau,n;\boldsymbol{0}]\mathrm{d}\tau}{M\cdot \int |\boldsymbol{d}_{\mathrm{I}}[\tau,n;\boldsymbol{0}]|^2\mathrm{d}\tau} \tag{3.115}
$$

由于相对于快时间τ的积分等效于距离压缩运算,则式(3.115)可写为

$$
\chi(\boldsymbol{P}_{\mathrm{uvw}}) = \frac{\sum_n \boldsymbol{d}_{\mathrm{II}}[r,n;\boldsymbol{P}_{\mathrm{uvw}}]\cdot \exp[-\mathrm{j}\cdot 2K_0\cdot R(n;\boldsymbol{0})]}{M} \tag{3.116}
$$

忽略孔径效应,代入式(3.116)可得到

$$\chi(\boldsymbol{P}_{\text{uvw}})=\frac{\sum_{n}\chi^{\text{R}}[\Delta R_{\text{uvw}}^{\omega}(n)]\cdot\exp[-\text{j}\cdot 2K_0\cdot\Delta R_{\text{uvw}}^{\omega}(n)]}{M}\tag{3.117}$$

$$\Delta R_{\text{uvw}}^{\omega}(n)\triangleq R(n;\boldsymbol{P}_{\text{uvw}})-R(n;\boldsymbol{0})\tag{3.118}$$

式中:$\Delta R_{\text{uvw}}^{\omega}(n)$为距离历史 $R(n;\boldsymbol{0})$和 $R(n;\boldsymbol{P}_{\text{uvw}})$的差。

假设距离向模糊函数与慢时间无关,即

$$\chi^{\text{R}}[\Delta R_{\text{uvw}}^{\omega}(n)]\approx\chi^{\text{R}}(\Delta R_{\text{uvw}}^{\omega}(0))\tag{3.119}$$

则$\chi(\boldsymbol{P}_{\text{uvw}})$可表示为

$$\chi(\boldsymbol{P}_{\text{uvw}})\approx\chi^{R}[\Delta R_{\text{uvw}}^{\omega}(0)]\cdot\frac{1}{M}\cdot\sum_{n}\exp[-\text{j}\cdot 2K_0\cdot\Delta R_{\text{uvw}}^{\omega}(n)]\tag{3.120}$$

采用多元泰勒定理,$\Delta R_{\text{uvw}}^{\omega}(n)$可近似为

$$\Delta R_{\text{uvw}}^{\omega}(n)\approx[\boldsymbol{\alpha}+\omega\cdot\boldsymbol{\beta}\cdot n+\theta_{\gamma}\cdot\boldsymbol{\gamma}\cdot g(n)]\cdot\boldsymbol{P}_{\text{uvw}}\tag{3.121}$$

$$\boldsymbol{\alpha}^{\text{T}}\triangleq\boldsymbol{P}_{\text{apc}}(0)/R(0;\boldsymbol{0})\tag{3.122}$$

$$\boldsymbol{\beta}\triangleq\boldsymbol{v}/\|\boldsymbol{v}\|_2\tag{3.123}$$

$$\omega=\|\boldsymbol{v}\|_2/R(0;\boldsymbol{0})\tag{3.124}$$

$$\theta_{\gamma}=L/R(0;\boldsymbol{0})\tag{3.125}$$

式中:$\boldsymbol{\alpha}$ 为距离向单位矢量;ω 为平台角速度;$\boldsymbol{\beta}$ 为平台运动方向的单位矢量;θ_{γ} 为阵列方向 $\boldsymbol{\gamma}$ 的孔径角。

将式(3.121)代入式(3.120),可得到

$$\chi(\boldsymbol{P}_{\text{uvw}})=\frac{1}{M}\chi_N^{R}(r)\cdot\chi_N^{\beta-\gamma}(p,q)\tag{3.126}$$

式中:$\chi_N^{R}(r)$为距离向归一化模糊函数(一般为 sinc 函数);$\chi_N^{\beta-\gamma}(p,q)$为沿航迹向和切航迹向所在平面的归一化二维模糊函数,定义为

$$\chi_N^{\beta-\gamma}(p,q)\triangleq\left|\sum_{l}\exp[\text{j}\cdot 2\pi(p\cdot l+q\cdot g(l))]\right|\tag{3.127}$$

式中:$l=0,\frac{1}{N},\cdots,1$。

$$r=\frac{\boldsymbol{\alpha}\boldsymbol{P}_{\text{uvw}}}{\rho_{\alpha}},p=\frac{\boldsymbol{\beta}\boldsymbol{P}_{\text{uvw}}}{\rho_{\beta}},q=\frac{\boldsymbol{\gamma}\boldsymbol{P}_{\text{uvw}}}{\rho_{\gamma}}\tag{3.128}$$

式中:ρ_{α}、ρ_{β}和ρ_{γ}为距离向 α、沿航迹向 β 和切航迹向 γ 的空域分辨力。

$$\rho_{\alpha}=c/2B\tag{3.129}$$

$$\rho_{\beta}=\lambda/(2\omega\cdot T)=\lambda/(2\theta_{\beta})\tag{3.130}$$

$$\rho_{\gamma}=\lambda/(2\theta_{\gamma})\tag{3.131}$$

式中:T 为合成孔径时间;θ_{β}为 β 方向的孔径角。

从式(3.129)和式(3.130)可以看出,单激励稀疏阵列 SAR 的距离分辨力 ρ_α 和沿航迹分辨力 ρ_β 与传统 SAR 的距离分辨力和方位分辨力相同。切航迹分辨力 ρ_γ 由载波波长和切航迹向天线孔径角决定。

根据本节的推导,影响单激励稀疏阵列 SAR 空域模糊函数的因素包括阵列天线长度、阵列天线方向和稀疏阵列阵元切换模式。本节的后面部分将讨论阵列天线长度和阵列天线方向对稀疏阵列 SAR 空域模糊函数的影响。

3.4.5.2 模糊域

根据瑞利判椐(Rayleigh criterion),定义稀疏阵列 SAR 的模糊区域为

$$\boldsymbol{\Psi} = \{\boldsymbol{P}_{\mathrm{uvw}} / \chi(\boldsymbol{P}_{\mathrm{uvw}}) \geqslant 0.707\} \tag{3.132}$$

另外定义归一化模糊区域为

$$\boldsymbol{\Psi}_{\mathrm{norm}} = \{(r,p,q) / \chi_N^{\mathrm{R}}(r)\, \chi_N^{\beta-\gamma}(p,q) \geqslant 0.707\} \tag{3.133}$$

从式(3.133)可以看出,单激励稀疏阵列 SAR 的模糊函数可通过归一化模糊区域的线性变换 $\mathcal{H}:(r,p,q)\rightarrow\boldsymbol{P}_{\mathrm{uvw}}$ 获得

$$\boldsymbol{\Psi} = \{\boldsymbol{P}_{\mathrm{uvw}} / \boldsymbol{P}_{\mathrm{uvw}} = \mathcal{H}\cdot(r,p,q)^{\mathrm{T}}, (r,p,q) \in \boldsymbol{\Psi}_{\mathrm{norm}}\} \tag{3.134}$$

式中

$$\mathcal{H} = \boldsymbol{H}^{-1}\cdot\boldsymbol{\Lambda} \tag{3.135}$$

$$\boldsymbol{H} = [\boldsymbol{\alpha}^{\mathrm{T}} \quad \boldsymbol{\beta}^{\mathrm{T}} \quad \boldsymbol{\gamma}^{\mathrm{T}}]^{\mathrm{T}} \tag{3.136}$$

$$\boldsymbol{\Lambda} = \begin{bmatrix} \rho_\alpha & 0 & 0 \\ 0 & \rho_\beta & 0 \\ 0 & 0 & \rho_\gamma \end{bmatrix} \tag{3.137}$$

根据矩阵的三角分解定理,矩阵 $\boldsymbol{H}$ 可分解为下三角矩阵 $\boldsymbol{L}$ 和酉阵 $\boldsymbol{U}$ 的乘积

$$\boldsymbol{H} = \boldsymbol{L}\cdot\boldsymbol{U} \tag{3.138}$$

式中

$$\boldsymbol{L} = \begin{bmatrix} 1 & 0 & 0 \\ k_{21} & k_{22} & 0 \\ k_{31} & k_{32} & k_{33} \end{bmatrix} \tag{3.139}$$

式中:k_{ij} 为非负数,可通过施密特正交化方法计算,并且满足

$$k_{21} + k_{22} = 1 \tag{3.140}$$

$$k_{31} + k_{32} + k_{33} = 1 \tag{3.141}$$

通过推导可知,$\boldsymbol{L}$ 的逆矩阵为

$$\boldsymbol{L}^{-1} = \boldsymbol{L}'\cdot\boldsymbol{\Lambda}' \tag{3.142}$$

$$\boldsymbol{L}' = \begin{bmatrix} 1 & 0 & 0 \\ -k_{21}/k_{22} & 1 & 0 \\ -(-k_{21}k_{32} + k_{22}k_{31})/k_{22}/k_{33} & -k_{32}/k_{33} & 1 \end{bmatrix} \tag{3.143}$$

$$\boldsymbol{\Lambda}' = \begin{bmatrix} 1 & 0 & 0 \\ 0 & 1/k_{22} & 0 \\ 0 & 0 & 1/k_{33} \end{bmatrix} \tag{3.144}$$

因此有

$$\mathcal{H} = \boldsymbol{H}^{-1} \cdot \boldsymbol{\Lambda} = \boldsymbol{U}^{\mathrm{H}} \cdot \boldsymbol{L}' \cdot \boldsymbol{\Lambda}'' \tag{3.145}$$

$$\boldsymbol{\Lambda}'' = \boldsymbol{\Lambda}' \cdot \boldsymbol{\Lambda} = \begin{bmatrix} \rho_\alpha & 0 & 0 \\ 0 & \rho_\beta/k_{22} & 0 \\ 0 & 0 & \rho_\gamma/k_{33} \end{bmatrix} \tag{3.146}$$

式中:上标 H 为 Hermitian 变换。

式(3.145)表明:单激励稀疏阵列 SAR 的模糊函数可通过归一化模糊区域的伸缩变换 $\boldsymbol{\Lambda}''$、切变换 $\boldsymbol{L}'$和旋转变换 $\boldsymbol{U}^{\mathrm{H}}$获得。

根据仿射变换理论,切变换和旋转变换为等体积变换,只导致模糊区域发生变形和旋转,不改变模糊区域的大小。伸缩变换则改变模糊区域的大小。

根据上面的分析,可很容易解决阵列天线方向的优化问题。从式(3.145)和式(3.146)可以看出,由于 k_{ij}非负,且 k_{22}和 k_{33}小于等于 1。当 α、β 和 γ 相互正交时,$k_{22} = k_{33} = 1$,相应的模糊区域最小。另外,当 α、β 和 γ 相互正交时,L'为单位矩阵(Identity Matrix),相应的模糊区域不存在切变失真。因此,α、β 和 γ 相互正交设计是稀疏阵列 SAR 的最优阵列天线方向设计。

3.4.5.3　切航迹角分辨力

稀疏阵列 SAR 距离向和沿航迹向分辨力与传统的 SAR 系统相同。本节将主要讨论稀疏阵列 SAR 切航迹分辨力。

切航迹分辨力 ρ_γ 由载波波长和切航迹向天线孔径角决定。与沿航迹向不同,由于切航迹向的阵列长度一定,距天线不同距离的散射点的天线孔径角也不相同。为了消除距离对分辨力的影响,将式(3.131)两边同时除以距离 R,如图 3.14 所示,可得到切航迹方向的角分辨力(angle resolution)φ_γ

$$\varphi_\gamma = \frac{\rho_\gamma}{R} = \frac{\lambda}{2L} \tag{3.147}$$

式(3.147)表明,切航迹方向的角分辨力只与天线长度和载波波长有关,当上述系统参数一定时,切航迹方向的空域分辨力随距离的增加而降低。

图 3.15 为阵列长度和切航迹向角分辨力的关系,其载频分别 10GHz、35GHz、92GHz 和 135GHz。从中可以看出,角分辨力随阵列长度的增加而增大。载频越高,角分辨力越大。假设切航迹空域分辨力为 1m,图 3.16 为观测距离和阵列长度的变化关系,其载频分别 10GHz、35GHz、92GHz 和 135GHz。在切航迹

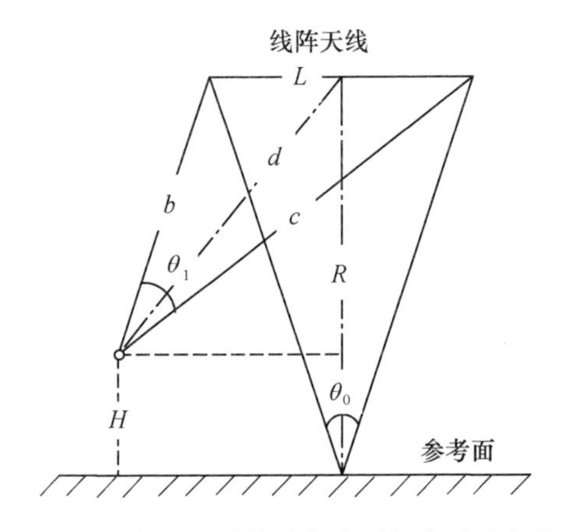

图 3.14 切航迹向分辨力与阵列长度及距离关系

空域分辨力为 1m 的条件下,工作于大气层、临近空间和近地轨道的不同波段的天线长度如表 3.1 所列。

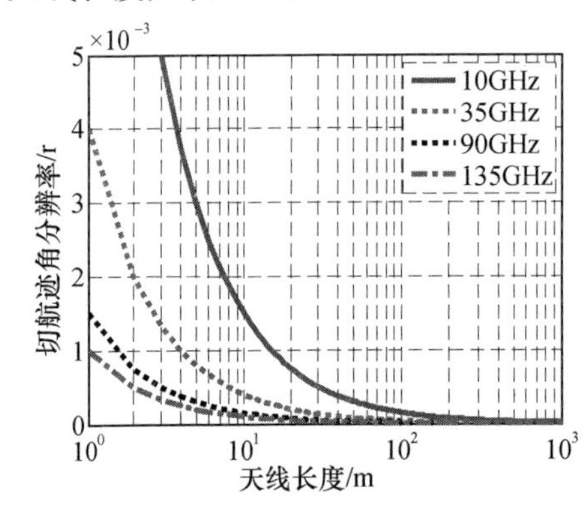

图 3.15 不同波段天线长度与切航迹角分辨力关系

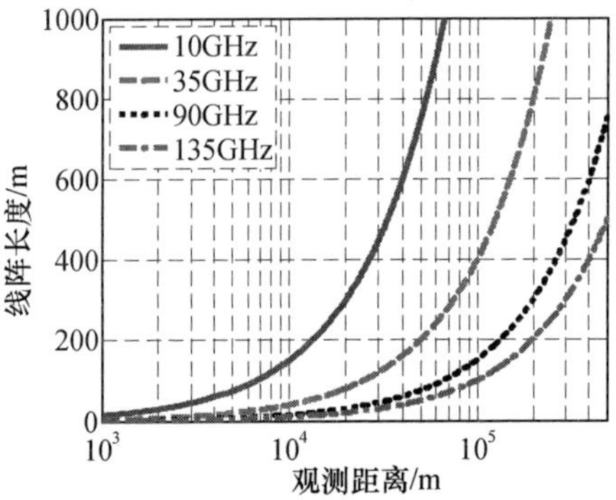

图 3.16 距离与阵列长度关系

表 3.1 不同高度不同波段阵列 SAR 典型天线长度

频率	6km 高度	20km 高度	400km 高度
10GHz	90.0m	300.0m	6000.0m
35GHz	25.7m	85.7m	1714.3m
90GHz	10.0m	33.3m	666.7m
135GHz	6.7m	22.2m	444.4m

从表中可以看出,对于机载阵列 SAR(飞行高度 6km),为达到 1m 切航迹分辨力,其切航迹角分辨力大约为 1.67×10^{-4} rad。10GHz、35GHz、92GHz 和 135GHz 载频对应的阵列天线长度分别为:90.0m、25.7m、10.0m 和 6.7m。对于临近空间阵列 SAR(飞行高度 20km),为达到 1m 切航迹分辨力,其切航迹角分

辨力大概为 5×10^{-5} rad。10GHz、35GHz、92GHz 和 135GHz 载频对应的阵列天线长度分别为 300m、85.7m、33.3m 和 22.2m。对于近地轨道阵列 SAR（飞行高度 400km），为达到 1m 切航迹分辨力，其切航迹角分辨力大约为 2.50×10^{-6} rad。10GHz、35GHz、92GHz 和 135GHz 阵列天线长度分别为 6000.0km、1714.3km、666.7km 和 444.4km。

综上所述，阵列天线长度是制约阵列 SAR 分辨力的关键问题之一，为保证阵列天线长度可接受，稀疏阵列 SAR 的载频应选择在 ku 波段或更高的波段。

参考文献

[1] Webb J L H, Munson Jr. D C. "SAR image reconstruction for an arbitrary radar path" acoustics, speech, and signal processing[J]. ICASSP－95, 1995(4): 2285－2288.

[2] Chan C K, Farhat N H. Frequency swept tomographic imaging of 3-D perfectly conducting objects[J]. IEEE Trans. Antennas Propagat. ,1981(29):312－319.

[3] Munson Jr D C, O'Brien J D, Jenkins W K. A tomographic formulation of spotlight-mode synthetic aperture radar[J]. Proceedings of the IEEE, 1983, 71(8): 917－925.

[4] Fornaro G, Serafino F. Spaceborne 3D SAR tomography: experiments with ERS data[J]. International Geoscience and Remote Sensing Symposium (IGARSS2004), Alaska, 2004: 1240－1243.

[5] Homer J, Longstaff L D, Callaghan G. High resolution 3-D SAR via multi-baseline interferometry[J]. Geoscience and Remote Sensing Symposium, 1996(1):796－798.

[6] Tomiyasu K. Conceptual performance of a sattelite borne, wide swath synthetic aperture radar [J]. IEEE Trans. Geosci. Remote Sensing, 1981(19):108－116.

[7] Mahafza B R, Sajjadi M. Three-dimensional SAR imaging using linear array in transverse motion[J]. IEEE Transaction on Aerospace And electronic System, 1996,32(1):499－510.

[8] Knaell K. Three-dimensional SAR from curvilinear apertures[J]. SPIE, 1994:120－134.

[9] 皮亦鸣，杨建宇，付毓生，等．合成孔径雷达成像原理[M]．成都：电子科技大学出版社，2007.

[10] Trintinalia L C, Bhalla R, Ling H. Scattering center parameterization of wide-angle backscattered data using adaptive Gaussian representation[J]. IEEE Trans. Antennas Propag,1997: 1664－1668.

[11] Ishimaru A, Chan T-K, Kuga Y. An imaging technique using confocal circular synthetic aperture radar[J]. IEEE Transactions on Geoscience and Remote Sensing,1998,5(36) : 1524－1530.

[12] Soumekh M. Reconnaissance with slant plane circular SAR imaging[J]. IEEE Transactions on Image Processing, 1996, 5(8): 1252－1265.

[13] Kou L L. Resolution analysis of circular SAR with partia circular aperture measurements[J]. Synthetic Aperture Radar(EUSAR), 2010:1－4.

[14] Dugeon D E, Lacoss R T, Lazott C H, et al. Use of persistent scatters for model-based recognition[J]. Proc SPIE, 1994:356 - 368.

[15] Gong P, Zhou J, Shao Z, et al. A near - field imaging algorithm based on SIMO-SAR system [J]. IEEE International Conference on Computational Problem-Solving 2011 (ICCP2011), 2011: 678 - 681.

[16] Ender J H G, Klare J. System architectures and algorithms for radar imaging by MIMO-SAR [J]. IEEE Radar Conference 2009, 2009: 1 - 6.

[17] Repetto S, Palmese M, Trucco A. High-resolution 3-D imaging by a sparse array: array optimization and image simulation[J]. IEEE Europe Oceans 2005, 2005, 2: 763 - 768.

[18] Shi J, Zhang X L, Yang J Y, et al. APC trajectory design for "one-active" linear-array three-dimensional imaging SAR[J]. IEEE Transactions on Geoscience and Remote Sensing, 2010, 48(3): 1470 - 1486.

[19] Antonio G S, Fuhrmann D R, Robey F C. MIMO radar ambiguity functions[J]. IEEE Journal of Selected Topics in Signal Processing, 2007, 1(1): 167 - 177.

[20] 师君. 双基地 SAR 与阵列 SAR 原理及成像技术研究[D]. 成都:电子科技大学,2009.

[21] Horn R A, Johnson C R. Matrix analysis[M]. 北京:人民邮电出版社,2005.

[22] Ferrara M, Jackson J A, Austin C. Enhancement of multi-pass 3D circular SAR images using sparse reconstruction techniques[J]. Algorithms for Synthetic Aperture Radar Imagery XVI, Proceedings of SPIE, 2009: 7337 - 02.

第4章 三维频域成像处理

4.1 概　　述

与传统二维 SAR 成像系统不同,阵列三维 SAR 成像系统[3]的成像空间为三维空间,这大大增加了阵列三维 SAR 成像开销和数据运算量;另一方面,因数据维度增加,传统二维成像算法不能直接用于阵列三维 SAR 成像,需要对传统成像算法进行改进或扩展,并在此基础上降低成像算法的运算量。

根据数据域处理方式,目前三维 SAR 成像算法一般可分为两类:时域成像算法和频域成像算法。典型的时域三维 SAR 成像算法,如三维后向投影算法[4,5],其主要思想是把一个孔径内的 SAR 回波数据进行相干累加,然后把幅度信息反投到三维空间,但该类算法在时域中相干积累,故运算量较大。较时域算法、频域三维成像处理算法具有简单、高效和精确等特点,成为目前三维 SAR 使用最广泛的成像算法。典型的频域三维成像算法,如三维距离 - 多普勒算法,其主要思想为将 SAR 三维数据空间的时域相关运算分解为三个独立的一维相关,并对每一维进行单独的聚焦成像,从而可大大降低 SAR 三维成像的运算量。本章针对阵列三维 SAR 成像模型,主要介绍距离 - 多普勒算法(RDA)[1,2]、变尺度算法(CSA)[1]和波数域算法(WKA)[1,2],并分析这些算法的成像性能,在此基础之上将谱估计技术引入到阵列三维 SAR 成像中,以提升成像算法的性能。

4.2 频域算法原理

4.2.1 距离 - 多普勒算法

基于正侧视 SAR 回波距离向和方位向的正交性,可将二维匹配滤波处理近似等效为沿距离向和方位向的一维匹配滤波处理,这就是距离 - 多普勒(Range - Doppler,RD)算法的基本思路[1,2]。由于算法原理简单、运算效率高,

距离 – 多普勒算法已经成为目前最常用的正侧视 SAR 成像算法。本节将从 SAR 距离历史空域特征角度分析距离 – 多普勒算法的基本原理及适用条件。

分析 SAR 成像空间,可推导出距离 – 多普勒算法的两条重要性质。

性质 1:对于正侧视 SAR,沿雷达视线方向的散射点距离历史近似平行,即对于空间中两个点 x_1 和 x_2 有

$$R(n;x_1) \approx R(n;x_2) + C \tag{4.1}$$

式中:C 为常数。

性质 2:对于正侧视 SAR 成像,沿平台运动方向散射点的距离历史形式相同,且相差一定时延,即对于空间中两个点 x_1 和 x_2 有

$$R(n;x_1) = R(n-\tau;x_2) \tag{4.2}$$

式中:τ 为时延常数。

性质 1 表明,对于正侧视 SAR 成像,沿雷达视线方向散射点的距离历史近似平行。该性质保证了距离 – 多普勒算法采用参考点距离历史对所有点进行距离徒动校正的可行性。

性质 2 表明,平台运动方向散射点具有相同的多普勒函数,采用参考点方位向函数可实现所有点的方位压缩,距离历史的时延关系保证了不同散射点可通过匹配滤波实现。

但是,性质 1 和性质 2 只有在 SAR 工作于正侧视状态时才成立。因此,距离 – 多普勒算法(不包括改进型)通常只适用于正侧视 SAR 成像处理。

线阵三维 SAR 系统的几何结构如图 4.1 所示,系统工作在正下视模式,机载平台以速度 v 沿 x 方向运动,线性阵列平行于 y 轴,所以 x 为沿航向,y 为跨航向,z 为距离向。在平台运动的同时,发射阵元在每个脉冲重复间隔(PRI)上发射线性调频信号,所有接收阵元接收回波,当机载平台在沿航向上飞过一个合成孔径长度时,便是一次完整的三维成像回波采集。目前线阵三维 SAR 收发阵元的工作模式有多种,主要包括一发多收模式(SIMO)模式、多发多收模式(MIMO)、单激励模式和全收发模式,不管哪种模式,最终都是要合成一个等效的二维虚拟面阵,差异就在于这个面阵的阵元数目的分布不同,另外在远场条件下,基于相位中心近似(PCA)原理,即收发分置的两个阵元可以等效为它们连线中心的一个收发共用的虚拟阵元,不同的线阵工作模式都可以等效为虚拟的全收发线阵。所以,为了简化过程也不失一般性,以下以单激励模式分析回波信号模型。

设线阵长度为 L,线阵方向为 $\boldsymbol{\gamma}$,则天线发射机和接收机运动轨迹可表示为

$$\begin{cases} \boldsymbol{P}_{\mathrm{t}}(m) = \boldsymbol{P}(0) + \boldsymbol{v} \cdot m \\ \boldsymbol{P}_{\mathrm{r}}(m) = \boldsymbol{P}(0) + \boldsymbol{v} \cdot m + L \cdot \boldsymbol{\gamma} \cdot g(m) \end{cases} \tag{4.3}$$

式中:m 为方位向慢时刻;$\boldsymbol{P}(0)$ 为平台初始位置;$\boldsymbol{v}$ 为平台速度矢量;$g(m)$ 为激

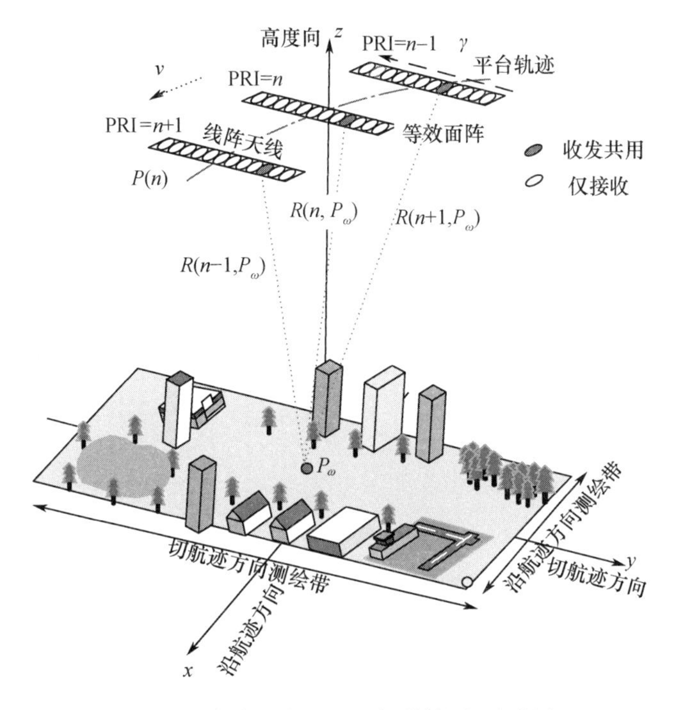

图 4.1　线阵三维 SAR 几何结构图(见彩图)

励阵元的位置随慢时刻 m 的切换规律,其取值范围为 $-1\sim1$。

设当前波束照射范围内的任意一个散射点为 $\boldsymbol{P}_\omega$,则阵元到该散射点的距离可表示为

$$R(m;\boldsymbol{P}_\omega)=\|\boldsymbol{P}_{\mathrm{t}}(m)-\boldsymbol{P}_\omega\|_2+\|\boldsymbol{P}_{\mathrm{r}}(m)-\boldsymbol{P}_\omega\|_2 \tag{4.4}$$

设发射阵元发射的线性调频(LFM)信号为

$$S_{\mathrm{t}}(t)=A\exp(\mathrm{j}2\pi f_{\mathrm{c}}t+\mathrm{j}\pi K_{\mathrm{r}}t^2),\ |t|\in\frac{T_{\mathrm{p}}}{2} \tag{4.5}$$

式中:A 为发射信号幅度;t 为距离向快时间;f_{c} 为发射信号中心频率;K_{r} 为 LFM 信号的调频斜率;T_{p} 为发射信号脉宽。发射信号由散射点 $\boldsymbol{P}_\omega$ 反射传播到接收阵元,即 $\boldsymbol{P}_\omega$ 的回波为发射信号经过固定的时延,可表示为

$$\begin{aligned}S_{\mathrm{r}}(n,m;\boldsymbol{P}_\omega)=&\operatorname{rect}[(t(n)-\tau(m;\boldsymbol{P}_\omega))/T_{\mathrm{p}}]\operatorname{rect}[mT_{\mathrm{p}}/T_{\mathrm{a}}]\alpha(\boldsymbol{P}_\omega)\cdot\\&\exp\left\{-\mathrm{j}2\pi f_{\mathrm{c}}\frac{R(m;\boldsymbol{P}_\omega)}{c}\right\}\cdot\exp\left\{\mathrm{j}\pi K_{\mathrm{r}}\left[t(n)-\frac{R(m;\boldsymbol{P}_\omega)}{c}\right]^2\right\}\end{aligned} \tag{4.6}$$

式中:n 为快时间序号;m 为慢时间序号;T_{a} 为一个合成孔径时间;$\alpha(\boldsymbol{P}_\omega)$ 为散射点 $\boldsymbol{P}_\omega$ 的后向散射系数;c 为电磁波在真空的传播速度;$\operatorname{rect}(t/T)$ 为矩形窗函数,其定义式为

$$\mathrm{rect}(t/T)=\begin{cases}1, & |t|\leqslant T/2\\ 0, & |t|>T/2\end{cases} \tag{4.7}$$

在回波 $S_{\mathrm{r}}(n,m;\boldsymbol{P}_{\omega})$ 的表达式中,指数项 $\exp\left\{-\mathrm{j}2\pi f_{\mathrm{c}}\frac{R(m;\boldsymbol{P}_{\omega})}{c}\right\}$为由载频引起的延迟相位,指数项 $\exp\left\{\mathrm{j}\pi K_{\mathrm{r}}\left[t(n)-\frac{R(m;\boldsymbol{P}_{\omega})}{c}\right]^{2}\right\}$包含了散射点在距离向的延时信息。

雷达真实接收的回波为观测场景的三维空间 $\boldsymbol{\Omega}$ 内所有散射点回波的积分,所以,SAR 回波信号可表示为

$$S_{\mathrm{r}}(n,m)=\iiint_{\boldsymbol{P}_{\omega}\in\boldsymbol{\Omega}}S_{\mathrm{r}}(n,m;\boldsymbol{P}_{\omega})\,\mathrm{d}\boldsymbol{P}_{\omega} \tag{4.8}$$

在实际信号处理时都是基于离散数字信号的,将回波写成离散的形式,式(4.8)可近似为

$$S_{\mathrm{r}}(n,m)=\sum_{\boldsymbol{P}_{\omega}\in\boldsymbol{\Omega}}S_{\mathrm{r}}(n,m;\boldsymbol{P}_{\omega}) \tag{4.9}$$

目前,基本所有的成像算法都是在距离压缩域进行的,将回波信号 $S_{\mathrm{r}}(n,m;\boldsymbol{P}_{\omega})$在距离向上进行脉冲压缩,得到单散射点距离压缩后的回波为

$$\begin{aligned}S_{\mathrm{rc}}(n,m;\boldsymbol{P}_{\omega})=&\mathrm{rect}[(r(n)-R(m;\boldsymbol{P}_{\omega}))/L_{\mathrm{r}}]\mathrm{rect}[mT_{\mathrm{p}}/T_{\mathrm{a}}]\alpha(\boldsymbol{P}_{\omega})\times\\&\chi_{\mathrm{r}}[r(n)-R(m;\boldsymbol{P}_{\omega})]\exp\left\{-\mathrm{j}\frac{2\pi}{\lambda}R(m;\boldsymbol{P}_{\omega})\right\}\\&1\leqslant n\leqslant N_{\mathrm{r}},1\leqslant m\leqslant N_{\mathrm{a}}\end{aligned} \tag{4.10}$$

式中:L_{r}为距离向测绘带的宽度;$r(n)$为距离向第 n 个采样点值;λ 为发射信号的波长;$\chi_{\mathrm{r}}(\cdot)$为距离向模糊函数;N_{r}为距离向采样点数;N_{a}为方位向采样数,即脉冲重复个数。

设观测场景都在距离向测绘范围内,且散射点在一个合成径孔时间 T_a 内都被照射到,则式(4.6)可简化为

$$\begin{aligned}S_{\mathrm{r}}(n,m;\boldsymbol{P}_{\omega})=&\alpha(\boldsymbol{P}_{\omega})\cdot\exp\left\{-\mathrm{j}2\pi f_{\mathrm{c}}\frac{R(m;\boldsymbol{P}_{\omega})}{c}\right\}\times\\&\exp\left\{\mathrm{j}\pi K_{\mathrm{r}}\left[t(n)-\frac{R(m;\boldsymbol{P}_{\omega})}{c}\right]^{2}\right\}\\&1\leqslant n\leqslant N_{\mathrm{r}},1\leqslant m\leqslant N_{\mathrm{a}}\end{aligned} \tag{4.11}$$

相应地,式(4.10)可简化为

$$\begin{aligned}S_{\mathrm{rc}}(n,m;\boldsymbol{P}_{\omega})=&\alpha(\boldsymbol{P}_{\omega})\chi_{\mathrm{r}}[r(n)-R(m;\boldsymbol{P}_{\omega})]\exp\left\{-\mathrm{j}\frac{2\pi}{\lambda}R(m;\boldsymbol{P}_{\omega})\right\}\\&1\leqslant n\leqslant N_{\mathrm{r}},1\leqslant m\leqslant N_{\mathrm{a}}\end{aligned} \tag{4.12}$$

式(4.12)即为单散射点距离压缩后的回波模型。

对于阵列三维 SAR 成像，与传统正侧视 SAR 的距离－多普勒算法类似，当线阵 SAR 距离向、沿航迹向和切航迹向垂直时，RD 算法匹配算子可分解为三个一维匹配算子，以达到提高成像运算效率的目的，即三维距离－多普勒算法。因此，三维距离－多普勒算法的基本思路是把 SAR 三维空间的时域相关运算分解为三个独立的一维相关，进而对每一维进行单独的聚焦处理。

对于阵列三维 SAR 成像，对距离向回波数据经过脉冲压缩后，线阵中第 l 个通道距离压缩后的归一化幅度回波为

$$s_c(r,n,l;\boldsymbol{P}_\omega)=\chi_r[r-R(n;\boldsymbol{P}_\omega)]\cdot\exp\left\{-j2\pi\frac{R(n;\boldsymbol{P}_\omega)}{\lambda}\right\} \tag{4.13}$$

式中：$\chi_r[r-R(n;\boldsymbol{P}_\omega)]$为阵列三维 SAR 的距离向模糊函数。

取参考点 P_0处的回波，则可得到参考点的信号形式为

$$H_c(r,n,l;P_0)=\chi_r[r-R(n;P_0)]\cdot\exp\left\{-j2\pi\frac{R(n;P_0)}{\lambda}\right\} \tag{4.14}$$

设阵列三维 SAR 载荷平台的飞行高度为 H_0，根据泰勒公式展开，则距离史 $R(n;P_0)$在 H_0处的展开式可写为

$$R(n;P_0)=2\sqrt{(l\cdot d)^2+(v\cdot n)^2+H_0^2}\approx 2H_0+\frac{(l\cdot d)^2}{H_0}+\frac{(v\cdot n)^2}{H_0} \tag{4.15}$$

该公式中采用泰勒近似公式 $\sqrt{1+u^2}\approx 1+u^2/2$，条件为 $|u|<<1$；d 为天线阵元间隔。

把式(4.15)代入到式(4.14)中，可得

$$H_c(r,n,l;P_0)=\chi^R[r-R(n;P_0)]\cdot\exp\{-j2K_cH_0\}\cdot\exp\left\{-jK_c\frac{(l\cdot d)^2}{H_0}\right\}\cdot\exp\left\{-jK_c\frac{(v\cdot n)^2}{H_0}\right\} \tag{4.16}$$

式中：$K_c=2\pi/\lambda$。

从式(4.16)可看出，第一个指数项为常数项，在成像处理时需加以补偿。第二个指数项为切航迹相位项，第三个指数项为沿航迹相位项，从其表达式可知，其均为线性调频信号。另外，由于沿航迹向和切航迹向在空间正交，因此其数据处理可单独处理。因此，通过回波数据分解，可以把全激励阵列三维 SAR 回波分成了三个方向的处理：距离压缩处理、沿航迹压缩处理和切航迹压缩处理。

对于阵列三维 SAR 的三维距离－多普勒算法成像中，一般先对距离向和沿航迹向的回波数据进行处理，可利用传统二维 SAR 成像中距离－多普勒算法进行成像聚焦，最后对阵列三维 SAR 切航迹向进行处理。需注意的是，为了获得较好的三维聚焦效果，在距离压缩后一般要进行距离徙动校正。由于线性调频

信号经匹配滤波后的输出为一个类辛格函数,因此三维 RD 算法成像后阵列三维 SAR 的三维模糊函数形式为三个独立的辛格函数的乘积,即

$$\chi(\boldsymbol{P}_{\omega},\boldsymbol{P}_{0}) = \mathrm{sinc}(r)\cdot\mathrm{sinc}(y)\cdot\mathrm{sinc}(x) \tag{4.17}$$

$$\rho_{\mathrm{r}} = c/2B,\rho_{\mathrm{at}} = \lambda/2\theta_{\mathrm{at}},\rho_{\mathrm{ct}} = \lambda R/2L \tag{4.18}$$

式中:ρ_{r}为距离向分辨力;ρ_{at}为沿航向分辨力;ρ_{ct}为切航向分辨力;$\theta_{\mathrm{at}} = \frac{1}{2}\|\boldsymbol{\omega}\|\cdot T_{\mathrm{sum}}$,$\omega$ 为沿航向角速度矢量;T_{sum}为一个孔径的相干时间。

4.2.2 线频调变标算法

在频域成像算法中,距离徙动校正的目的是将弯曲的距离压缩数据校正为直线,解除距离向回波与方位向回波的耦合。但是,由于 SAR 成像中距离弯曲量的空间移变特性,不同距离历史单元的回波弯曲徙动量不同,故不能利用相同的线性相位补偿函数实现不同距离单元历史的弯曲校正。对于该问题,可以通过在回波数据上乘以一个相位因子,使得 SAR 不同距离单元上的回波信号具有相同的弯曲徙动曲线,此时即可利用相同的线性相位补偿函数实现所有距离单元的弯曲校正。

线频调变标(CS)算法[1]是 RD 算法的改进。CS 算法的基本思想是通过对 Chirp 信号进行频率调制,利用相位因子补偿实现信号的尺度变换(变标)或平移,通过相位相乘替代时域相关来完成随距离变化的距离徙动校正,使得距离徙动校正避免了 RD 算法中的插值运算,可降低插值带来的误差,更好保持图像的相位精度,提高 SAR 成像质量。此外,由于在二维频域进行数据处理,CS 算法还可以解决二次距离压缩(SRC)[2]对方位频率的依赖问题。但是,频率调制变标平移不能过大,否则将引起不利于信号中心频率和带宽的改变。这种限制可在距离徙动校正中采用两步操作予以避免。首先通过 Chirp Scaling 操作,校正不同距离门上的信号距离徙动差量,使所有信号具有一致的 RCM。然后,在二维频域通过相位因子相乘进行校正。以上两步分别称为“补余距离徙动校正”和“一致距离徙动校正”。

三维 CS 成像算法是传统二维 CS 算法的扩展,是将传统二维 CS 算法与波束形成技术相结合,以实现阵列三维 SAR 数据的三维成像。在三维 CS 算法中,距离向和沿航迹向数据处理与传统二维 CS 成像算法相似,均利用相位因子相乘代替时域相关实现距离徙动校正,下面给出相位因子推导过程。

在三维成像中,散射点 P 的回波信号可表示为

$$\begin{aligned} pp(\tau,t;r_{\mathrm{T}},r_{\mathrm{R}}) = {} & w_{\mathrm{a}}(t)w_{\mathrm{r}}(\tau;r_{\mathrm{T}},r_{\mathrm{R}})\exp\left\{-\mathrm{j}\frac{2\pi}{\lambda}R_{\mathrm{s}}(t;r_{\mathrm{T}},r_{\mathrm{R}})\right\} \\ & \times\exp\left\{-\mathrm{j}\pi K_{\mathrm{r}}\left[\tau-\frac{1}{c}R_{\mathrm{s}}(t;r_{\mathrm{T}},r_{\mathrm{R}})\right]^{2}\right\} \end{aligned} \tag{4.19}$$

式中：τ 为快时刻；t 为慢时刻；w_a 为天线方向图幅度调制；w_r 为距离向窗函数；r_T 和 r_R 为发射天线和接收天线到目标点的最小距离。式中的第一相位项包含了方位信息，第二相位项包含了距离信息，$R_s(t;r_T,r_R)$ 为收发天线的距离历史和。

$$R_s(t;r_T,r_R)=\sqrt{r_T^2+v^2t^2}+\sqrt{r_R^2+v^2t^2} \tag{4.20}$$

式中：t 为方位时间。将 R_s 在 $t=0$ 处 Taylor 展开到四次项，得到

$$R_s(t;r_T,r_R)\approx(r_T+r_R)+\frac{1}{2}\left(\frac{1}{r_T}+\frac{1}{r_R}\right)v^2t^2-\frac{1}{8}\left(\frac{1}{r_T^3}+\frac{1}{r_R^3}\right)v^4t^4 \tag{4.21}$$

第一步，由式(4.19)，对回波数据 $pp(\tau,t;r_T,r_R)$ 进行距离压缩，得到

$$pp(\tau,t;r_T,r_R)=\delta\left[\tau-\frac{1}{c}\Delta R_s(t;r_T,r_R)\right]\exp\left\{-\mathrm{j}\frac{2\pi}{\lambda}\Delta R_s(t;r_T,r_R)\right\} \tag{4.22}$$

收发天线距离历史和 R_s 与距离徙动 ΔR_s 的关系为

$$R_s=(r_T+r_R)+\Delta R_s=r_s+\Delta R_s \tag{4.23}$$

为了便于分析，在式(4.22)中，我们省略由最短距离所决定的时延、相位及 w_r 窗函数，这些省略对最终结果不会造成影响。

第二步，对式(4.22)做距离向傅里叶变换，且 $\lambda\omega_c=2\pi c$

$$P_cp(\omega_\tau,t;r_T,r_R)=\exp\left\{-\mathrm{j}(\omega_\tau+\omega_c)\frac{1}{c}\Delta R_s(t;r_T,r_R)\right\} \tag{4.24}$$

第三步，对式(4.24)做方位向傅里叶变换

$$P_cP(\omega_\tau,\omega_t;r_T,r_R)=\int P_cp(\omega_\tau,t;r_T,r_R)\exp\{-j\omega_t t\}\,\mathrm{d}t \tag{4.25}$$

由驻定相位原理

$$f(t)=-(\omega_\tau+\omega_c)\frac{1}{c}\Delta R_s(t;r_T,r_R)-\omega_t t \tag{4.26}$$

对方位时间 t 求导并通过式(4.21)和式(4.25)进行二阶 Taylor 展开，得到

$$\begin{aligned}\frac{\mathrm{d}f(t)}{\mathrm{d}t}&=-(\omega_\tau+\omega_c)\frac{1}{c}\frac{\mathrm{d}\Delta R_s(t;r_T,r_R)}{\mathrm{d}t}-\omega_t\\&\approx-(\omega_\tau+\omega_c)\frac{r_T+r_R}{cr_Tr_R}v^2t-\omega_t\end{aligned} \tag{4.27}$$

令 $\frac{\mathrm{d}f(t)}{\mathrm{d}t}=0$，求出相位驻定点 t^*，得到

$$t^*=-\frac{cr_Tr_R}{(\omega_\tau+\omega_c)(r_T+r_R)v^2}\omega_t \tag{4.28}$$

从式(4.28)的线性关系可看出，SAR 方位信号可看成是线性调频信号。将 t^* 代入式(4.24)得

$$P_cP(\omega_\tau,\omega_t;r_T,r_R)=\exp\left\{\mathrm{j}\frac{cr_Tr_R}{2(\omega_\tau+\omega_c)(r_T+r_R)v^2}\omega_t^2\right\} \tag{4.29}$$

$\Delta R_s^F(\omega_t;r_T,r_R)$是$\Delta R_s(t;r_T,r_R)$的傅里叶变换，则

$$\Delta R(\omega_t;r_T,r_R)=\frac{\lambda^2 r_T r_R}{8\pi^2(r_T+r_R)v^2}\omega_t^2-\frac{\lambda^4}{128\pi^4 v^4}\frac{r_T r_R}{r_s^4}(r_T^3+r_R^3)\omega_t^4 \quad (4.30)$$

由式(4.19)可以看出ω_t和ω_τ存在耦合。一般 SAR 系统发射信号带宽都远ω_τ小于载频，即$\omega_\tau \ll \omega_c$。因此，将式(4.29)展开到ω_τ的二次项

$$P_cP(\omega_\tau,\omega_t;r_T,r_R)\approx \exp\left\{j\frac{cr_Tr_R}{2\omega_c(r_T+r_R)v^2}\omega_t^2\right\}\exp\left\{-j\frac{cr_Tr_R\omega_t^2}{2\omega_c^2(r_T+r_R)v^2}\omega_\tau\right\}$$
$$\times\exp\left\{j\frac{cr_Tr_R\omega_t^2}{2\omega_c^3(r_T+r_R)v^2}\omega_\tau^2\right\} \quad (4.31)$$

第四步，距离向进行逆傅里叶变换

$$p_cP(\tau,\omega_t;r_T,r_R)=\int P_cP(\omega_\tau,\omega_t;r_T,r_R)\exp\{j\omega_\tau\tau\}\mathrm{d}\tau \quad (4.32)$$

由于式(4.32)不满足距离域内的大时宽带宽积特性，则驻定相位定理不能使用。为了满足大时宽带宽积特性，应对$P_cP(\omega_\tau,\omega_t;r_T,r_R)$先加上快时间域大时宽带宽积 chirp 信号。

$$PP(\omega_\tau,\omega_t;r_T,r_R)\approx \exp\left\{j\frac{cr_Tr_R\omega_t^2}{2\omega_c(r_T+r_R)v^2}\right\}\exp\left\{-j\frac{cr_Tr_R\omega_t^2}{2\omega_c^2(r_T+r_R)v^2}\omega_\tau\right\}\times$$
$$\exp\left\{j\left[\frac{cr_Tr_R\omega_t^2}{2\omega_c^3(r_T+r_R)v^2}+\frac{1}{4\pi K_r}\right]\omega_\tau^2\right\} \quad (4.33)$$

式中，傅里叶变换对

$$\exp\{-j\pi K\tau^2\}\xrightarrow{F}\exp\left\{\frac{1}{4\pi K_r}\omega_\tau^2\right\} \quad (4.34)$$

式(4.34)忽略了常数因子，它可以通过驻定相位原理推得。

式(4.33)中，第一相位项包含了 SAR 方位向信息；第二相位项是ω_τ的一次项，包含了回波距离徙动的信息；第三项是ω_τ的二次项，包含了二次距离压缩的信息。

式(4.33)中距离向信号已满足大时宽带宽积特性，利用驻定相位原理，进行傅里叶逆变换，得到

$$pP(\tau,\omega_t;r_T,r_R)=\exp\left\{-j\pi K_s\left[\tau-\frac{cr_Tr_R\omega_t^2}{2\omega_c^2(r_T+r_R)v^2}\right]^2\right\}\times$$
$$\exp\left\{-j\frac{cr_Tr_R\omega_t^2}{2\omega_c(r_T+r_R)v^2}\right\} \quad (4.35)$$

式中：第一相位项表示表示距离向线性调频信号；第二相位表示方位向多普勒线性调频信号。由于二维耦合，发射信号调频斜率K_r畸变为K_s，即

$$\frac{1}{K_s}=\frac{2\pi cr_Tr_R\omega_t^2}{\omega_c^3(r_T+r_R)v^2}+\frac{1}{K_r} \quad (4.36)$$

4.2.3　波数域算法

阵列 SAR 系统几何关系如图 4.1 所示。图中天线阵列平行于 Y 轴,在高度 H_0 处以速度 V 沿着 X 方向运动,参考阵元的初始位置为 $(0,0,H_0)$。假设场景中心为 $P_c(X_c,Y_c,0)$,在 $P_t(X_c+x_n,Y_c+y_n,z_n)$ 有一点目标,则阵列上某一阵元到该目标的距离可以表示为

$$R(x,y)=\sqrt{(X_c+x_n-x)^2+(Y_c+y_n-y)^2+(z_n-H_0)^2} \tag{4.37}$$

式中:$x=V\cdot t$ 为该阵元天线方位向位置;y 为阵元相对于参考阵元的位置(符号定义与 Y 轴相同)。该阵元接收到的回波为

$$S_0(x,y,\tau)=A_0\mathrm{rect}\left[\frac{\tau-2R(x,y)/c}{T_\mathrm{p}}\right]\exp\left\{\mathrm{j}\pi Kr\left[\tau-\frac{2R(x,y)}{c}\right]^2\right\} \tag{4.38}$$

式中:A_0 为回波信号的幅度;τ 为快时间;c 为光速;T_p 为脉冲宽度;K_r 为调频斜率。对式(4.38)做距离向傅里叶变换有

$$S_0(x,y,f_\tau)=\exp\left\{-\mathrm{j}\frac{4\pi(f_c+f_\tau)R(x,y)}{c}\right\}\exp\left\{-\mathrm{j}\frac{\pi f_\tau^2}{K_\mathrm{r}}\right\} \tag{4.39}$$

为了方便分析,我们在式(4.39)中省略了系数及窗函数,这些省略对最终结果不会造成影响。将信号通过匹配滤波器进行脉冲压缩,匹配滤波器和脉冲压缩结果的表达式分别为

$$\mathrm{ref}_{\mathrm{RC}}=\exp\left\{\mathrm{j}\frac{\pi f_\tau^2}{K_\mathrm{r}}\right\} \tag{4.40}$$

$$S_1(x,y,f_\tau)=\exp\left\{-\mathrm{j}\frac{4\pi(f_c+f_\tau)R(x,y)}{c}\right\} \tag{4.41}$$

将距离向波数 $k=\dfrac{2\pi(f_c+f_\tau)}{c}$ 代入式(4.41)得

$$S_1(x,y,k)=\exp\{-\mathrm{j}2kR(x,y)\} \tag{4.42}$$

由驻定相位定理求式(4.42)关于 x 的傅里叶变换

$$S_1(k_x,y,k)=\int\exp\left\{-\mathrm{j}2k\sqrt{(X_c+x_n-x)^2+(Y_c+y_n-y)^2+(z_n-H)^2}\right\}\exp\{-\mathrm{j}k_x x\}\mathrm{d}x \tag{4.43}$$

式中:k_x 为方位向波数。可求出驻定相位点为

$$x_0=-\frac{k_x\sqrt{(Y_c+y_n-y)^2+(z_n-H)^2}}{\sqrt{4k^2-k_x^2}}+X_c+x_n \tag{4.44}$$

由驻定相位定理可得式(4.43)的积分结果为

$$S_1(k_x,y,k)=\exp\{-\mathrm{j}\sqrt{4k^2-k_x^2}\cdot\sqrt{(Y_c+y_n-y)^2+(z_n-H)^2}-\mathrm{j}k_x(X_c+x_n)\} \tag{4.45}$$

求上式关于 y 的傅里叶变换：

$$S_1(k_x,k_y,k)=\int\exp\{-\mathrm{j}\sqrt{4k^2-k_x^2}\cdot\sqrt{(Y_c+y_n-y)^2+(z_n-H)^2}-\mathrm{j}k_x(X_c+x_n)\}\exp\{-\mathrm{j}k_y y\}\mathrm{d}y \tag{4.46}$$

式中：k_y为切航向波数，可求得驻定相位点为

$$y_0=-\frac{k_y}{\sqrt{4k^2-k_x^2-k_y^2}}(z_n-H)+Y_c+y_n \tag{4.47}$$

由驻定相位定理可得式(4.46)的结果为

$$S_1(k_x,k_y,k)=\exp\{-\mathrm{j}k_x(X_c+x_n)-\mathrm{j}k_y(Y_c+y_n)+\mathrm{j}\sqrt{4k^2-k_x^2-k_y^2}(z_n-H)\} \tag{4.48}$$

式(4.48)即为回波脉冲压缩后的三维波数域信号。用下面的三维匹配滤波器进行匹配，即

$$\mathrm{ref}_{\mathrm{RFM}}=\exp\{\mathrm{j}k_xX_c+\mathrm{j}k_yY_c+\mathrm{j}\sqrt{4k^2-k_x^2-k_y^2}H\} \tag{4.49}$$

$$S_2(k_x,k_y,k)=\exp\{-\mathrm{j}k_xx_n\}\exp\{-\mathrm{j}k_yy_n\}\exp\{\mathrm{j}\sqrt{4k^2-k_x^2-k_y^2}z_n\} \tag{4.50}$$

式(4.50)中第三个相位项中存在耦合，作如下变量代换

$$k_r=\sqrt{4k^2-k_x^2-k_y^2} \tag{4.51}$$

$$\begin{aligned}S_3(k_x,k_y,k_r)&=\exp\{-\mathrm{j}k_xx_n\}\exp\{-\mathrm{j}k_yy_n\}\exp\{\mathrm{j}k_rz_n\}\\&=S_2\left(k_x,k_y,\frac{1}{2}\sqrt{k_x^2+k_y^2+k_r^2}\right)\end{aligned} \tag{4.52}$$

这一过程称为STOLT变换。经过STOLT变换后，k_x,k_y,k_r三者相互正交，只需对式(4.52)进行三维傅里叶反变换就可以得到目标空间的散射分布。

4.3 算法实现与分析

4.3.1 距离-多普勒算法

对于阵列三维SAR成像处理，三维RD成像算法的主要处理步骤如下。

步骤1：距离压缩。对于阵列三维SAR距离向回波数据，首先采用匹配滤波

方法进行距离压缩处理,具体过程可参考前面的脉冲压缩技术。

步骤 2:沿航迹距离徙动校正。由式(4.15)可知,阵列三维 SAR 沿航迹向距离史在不同的慢时间表现为一条二次曲线,因此在不同慢时间距离压缩后的回波数据将表现在一条弧线上,如图 4.2(a)所示。

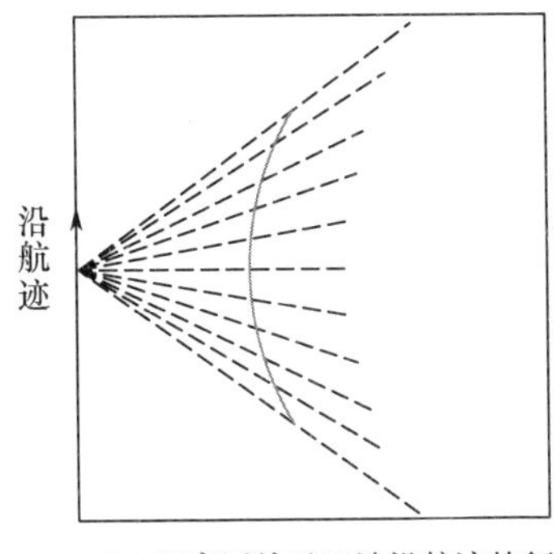

(a) 距离压缩后回波沿航迹特征

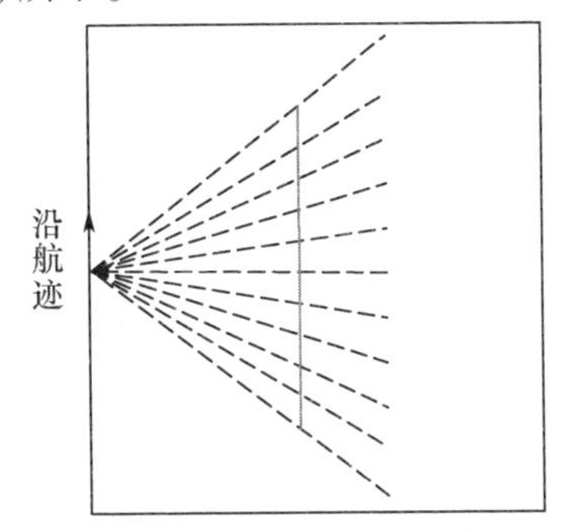

(b) 徙动校正后回波沿航迹特征

图 4.2　距离徙动校正示意图

距离徙动校正就是把处于弯曲线上的回波校正到沿航迹上的一条直线上。一般地,可以采用直接时域搬移校正或者根据傅里叶变换特性在频域乘以到参考点的相位因子进行频域校正[6,7]。

步骤 3:沿航迹压缩。根据式(4.16),可以得到阵列三维 SAR 沿航向匹配滤波所用的参考信号,为

$$H_{at}(r,n,l;P_0) = \exp\{-j\pi K_{at} n^2\} \tag{4.53}$$

$$K_{at} = 2v^2/\lambda H_0 \tag{4.54}$$

式中:K_{at}即为沿航迹线性调频信号的调频斜率。

步骤 4:切航迹压缩。一般地,因阵列三维 SAR 切航迹的阵列孔径相对沿航迹要小得多,故在远场条件下阵列三维 SAR 切航迹的距离徙动不明显,故可不做距离徙动校正。

类似地,根据式(4.16),可得到切航迹压缩所用的匹配滤波参考信号为

$$H_{ct}(r,n,l;P_0) = \exp\{-j\pi K_{ct} l^2\} \tag{4.55}$$

$$K_{ct} = 2d^2/\lambda H \tag{4.56}$$

式中:K_{ct}为切航迹线性调频信号的调频斜率;l 为阵列阵元的通道个数。需要指出的是,式(4.55)是基于均匀阵列所得到的参考信号表达式。对于非参考点的切航迹压缩,在补偿式(4.53)相位后,从式(2.44)可知非参考点的参考信号还有一个关于切航迹的单频正弦调制项,一般对该项用波束形成技术或超分辨技术(直接 FFT 算法、MUSIC 算法、ESPRIT 算法等)进行聚焦成像。

步骤 5:剩余相位补偿。补偿式(4.16)中第一个相位项,即可实现三维 RD 算法成像聚焦。

三维 RD 算法成像处理的算法方框图和流程图如图 4.3 和图 4.4 所示。

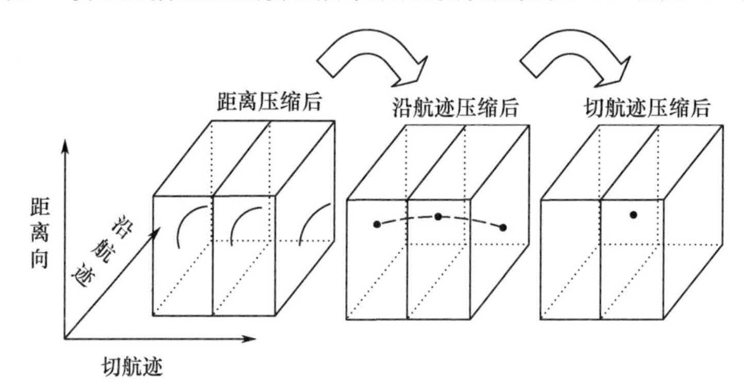

图 4.3　三维 RD 算法成像方框图

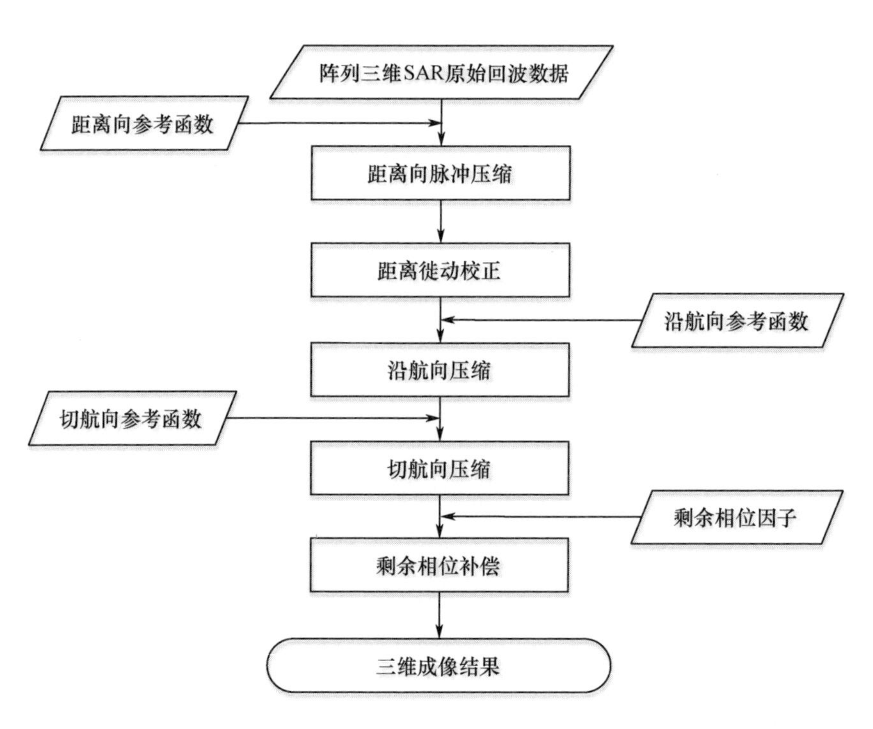

图 4.4　三维 RD 算法成像流程图

根据三维 RD 算法成像处理步骤,若三维成像场景大小为 $M \times M \times M$,每个阵元接收到的回波数据量为 $I \times J$(其中 I 为距离向,J 为沿航迹向),阵元个数为 N,则三维 RD 算法的运算量如表 4.1 所列。

表 4.1 三维 RD 算法运算量

操作	运算量
距离向 FFT	$J\times\frac{I}{2}\log_2 I$ 次复乘,$J\times I\times\log_2 I$ 次复加
距离向参考函数相乘	$J\times I$ 次复乘
沿航向 FFT	$I\times\frac{J}{2}\log_2 J$ 次复乘,$I\times J\times\log_2 J$ 次复加
距离校正因子相乘	$I\times J$ 次复乘
距离向 IFFT	$J\times\frac{I}{2}\log_2 I$ 次复乘,$J\times I\times\log_2 I$ 次复加
沿航迹向参考函数相乘	N 次复乘
沿航迹向 IFFT	$I\times\frac{J}{2}\log_2 J$ 次复乘,$I\times J\times\log_2 J$ 次复加
切航迹向压缩	$I\times J\times M$ 复乘

根据表可知,三维 RD 算法中线阵单个阵元距离维和沿航迹维的运算量为:

(1) 复乘次数:$I\times J\times\log_2(I\times J)+2\times I\times J+I\times J\times M$。

(2) 复加次数:$2\times I\times J\times\log_2(I\times J)$。

对于阵列三维 SAR 成像,N 个阵元需要进行 N 倍的距离压缩和沿航迹向的压缩,所以三维 RD 算法总的运算量为:

(1) 复乘次数:$N\times(I\times J\times\log_2(I\times J)+2\times I\times J+I\times J\times M)$。

(2) 复加次数:$2\times N\times I\times J\times\log_2(I\times J)+(N-1)\times I\times J\times M$。

为了验证三维 RD 算法的可行性,本节采用仿真数据进行分析,阵列三维 SAR 雷达系统仿真参数如表 4.2 所列,阵列三维 SAR 工作在正下视成像模式。图 4.5(a)和 4.5(b)是单点目标的距离脉冲压缩后回波数据及三维 RD 算法的成像结果,其中单点目标位于仿真场景中(0,0,0)m 位置。图 4.5(c)和 4.5(d)是 6 个点目标的距离脉冲压缩后回波数据及三维 RD 算法的成像结果,其中 6 个点目标位于仿真场景中(0,0,2)m、(0,0,−2)m、(2,0,0)m、(0,2,0)m、(−2,0,0)m、(0,−2,0)m,并且散射系数相同。

表 4.2 阵列三维 SAR 雷达系统仿真参数

雷达系统参数	值
雷达中心频率	37.5GHz
发射信号带宽	1GHz
信号采样率	1.5GHz
雷达下视角	0°
脉冲宽度	1μs
飞机高度	500m

（续）

雷达系统参数	值
飞机速度	50m/s
天线孔径	0.4m
线阵长度	4m
线阵阵元数	256
方位向采样点数	512
距离向采样点数	512

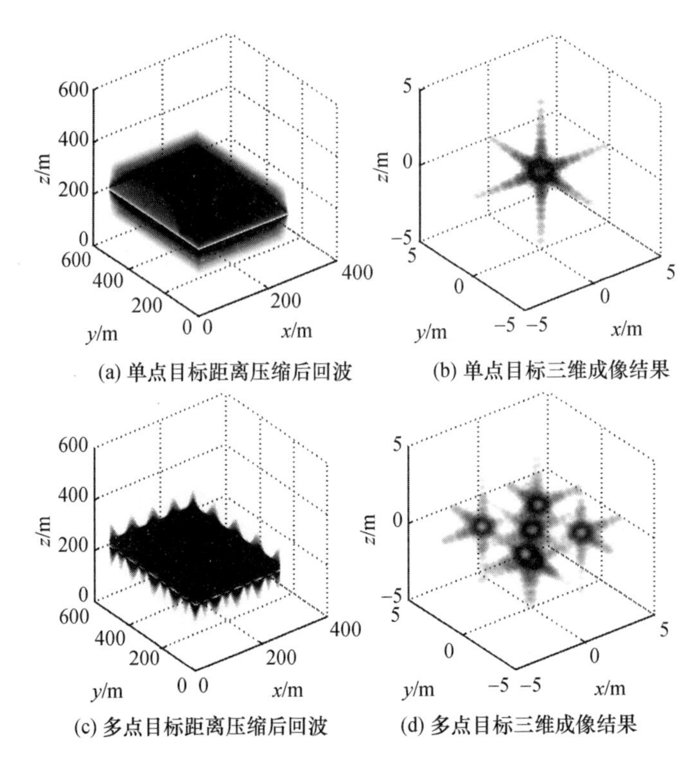

图 4.5　点目标三维 RD 算法仿真成像结果

从成像结果可知，三维 RD 算法能实现点目标的三维聚焦成像，需要指出的是，其各个点之间的聚焦效果不均衡，这主要是在距离近似和距离徙动校正时所引起的相位误差所致。

4.3.2　线频调变标算法

根据前面三维 CS 算法成像处理思路，三维 CS 算法首先在距离频域－方位时域消除距离走动，这是其与常规 CS 算法第一个不同之处；然后在距离多普勒域进行线性调频变换操作,将全部目标的距离弯曲校准到同参考点一致;接着在回波数据的二维频域完成距离压缩、二次距离压缩(SRC)和距离徙动校正(RCMC);最后在距离多普勒域完成方位压缩及残余相位补偿。

对于阵列三维 SAR 的三维 CS 算法成像,基本思路是对每个线阵单元进行上述操作就可得到 N 幅聚焦的二维 SAR 图像,然后采用波束形成技术可获得切航向分辨力。

根据以上推导,三维 CS 算法成像处理的主要步骤如下:

步骤 1:对阵列三维 SAR 系统接收到的第一个天线回波数据进行方位向 FFT 处理;

步骤 2:对补余距离徙动校正进行 CS 操作,即与相位因子 $\boldsymbol{\Phi}_1$ 相乘

$$\boldsymbol{\Phi}_1(\tau,\omega_t)=\exp\left\{-\mathrm{j}\pi\boldsymbol{K}_s(\omega_t,\boldsymbol{r}_{s0})\boldsymbol{C}_s(\omega_t)\left[\tau-\frac{1}{c}\boldsymbol{R}_s^F(\omega_t,\boldsymbol{r}_{s0})\right]^2\right\} \tag{4.57}$$

式中:r_{s0} 为参考距离和。

$$C_s(\omega_t)=\frac{\alpha r_R^2+\beta r_T^2}{(\alpha+\beta)(r_R+r_T)^2}\cdot\frac{\lambda^2\omega_t^2}{8\pi^2 v^2} \tag{4.58}$$

式中:α 和 β 由下列公式决定

$$\alpha=\cos\theta_T$$

$$\beta=\cos\theta_R$$

式中:$C_s(\omega_t)$ 为弯曲因子;θ_T 和 θ_R 分别为发射机和接收机与参考斜距和 r_s 处点目标连线与地面的夹角。

$$K_s(\omega_t;r_s)=\frac{2\pi c r_T r_R\omega_t^2}{\omega_c^3 r_s v^2}+\frac{1}{k} \tag{4.59}$$

$$R_s^F(\omega_t;r,r_R)\approx[1+C_s(\omega_t)]r_s+g(\omega_t;r,r_R) \tag{4.60}$$

$$g(\omega_t;r,r_R)=\frac{r_T r_R}{r_T+r_R}\cdot\frac{\lambda^2\omega_t^2}{8\pi^2 v^2}-C_s(\omega_t)r_s \tag{4.61}$$

式中:$r_s=r_T+r_R$ 为双程距离。

步骤 3:对距离向回波数据进行 FFT 变换。

步骤 4:与相位因子 $\boldsymbol{\Phi}_2$ 相乘,实现距离徙动校正,距离压缩,二次距离压缩。

$$\begin{aligned}\boldsymbol{\Phi}_2(\omega_\tau,\omega_t;r_{s0})=&\exp\left\{\mathrm{j}\frac{\omega_\tau}{c}[C_s(\omega_t)r_{s0}+g(\omega_t;r_{s0})]\right\}\\&\cdot\exp\left\{-\mathrm{j}\frac{\omega_\tau^2}{4\pi K_{sc}(\omega_t;r_{s0})}\right\}\end{aligned} \tag{4.62}$$

步骤 5:对步骤 4 的回波数据进行 IFFT 变换。

步骤6:与相位因子 Φ_3 相乘,实现方位压缩和剩余相位补偿

$$\Phi_3(\tau,\omega_t)=\exp\{-j\Phi_a+j\theta_\Delta(\omega_t;r_s)\} \tag{4.63}$$

式中

$$\Phi_a=-\frac{2\pi}{\lambda}r_s-\frac{\lambda r_T r_R}{4\pi(r_T+r_R)v^2}\omega_t^2+\frac{\lambda^3}{64\pi^3 v^4}\frac{r_T r_R}{r_s^4}(r_T^3+r_R^3)\omega_t^4,$$

$$\theta_\Delta(\omega;r_s)=\frac{\pi}{c^2}K_s(\omega;r_{s0})C_s(\omega)[1+C_s(\omega)](r_s-r_{s0})^2 \tag{4.64}$$

步骤7:方位向 IFFT 变换

$$p_c p_c(\tau,t)=w_{rc}\left(\tau-\frac{r_s}{c}\right)w_{ac}(t) \tag{4.65}$$

式中:$r_s=r_T+r_R$;w_{ac} 为方位压缩后的包络,通常情况下是一个类辛格函数。

步骤8:切航迹向加权。

利用波束形成原理,对接收天线阵列的数据进行沿方向角 θ_k 的加权,得到

$$\begin{aligned}f_{r,a,\theta}(\tau,t,\theta_k)&=\sum_{n=1}^{N}f_{r,a}(\tau,t,y_n)\cdot\exp\left(j\frac{\pi}{\lambda}\frac{y_n^2}{R_0}\right)\cdot\exp\left(-j\frac{2\pi}{\lambda}y_n\sin\theta_k\right)\\&=\iiint\gamma(X,Y,Z)\cdot w_{rc}\left(\tau-\frac{r_s}{c}\right)w_{ac}(t)\left[\sum_{n=1}^{N}\exp\left(j\frac{2\pi y_n Y}{\lambda R_0}\right)\right.\\&\quad\left.\cdot\exp\left(-j\frac{2\pi}{\lambda}y_n\sin\theta_k\right)\right]dXdYdZ\\&=\iiint\gamma(X,Y,Z)\cdot w_{rc}\left(\tau-\frac{r_s}{c}\right)w_{ac}(t)\frac{\sin\left[\frac{\pi}{\lambda}Nd(\sin\theta_k-\sin\theta_0)\right]}{\sin\left[\frac{\pi}{\lambda}d(\sin\theta_k-\sin\theta_0)\right]}\\&\quad\cdot dXdYdZ\end{aligned} \tag{4.66}$$

通过改变加权因子中转动角 θ_k,接收和发射线阵形成波束图的主瓣可以指向不同方向,从而在沿切航迹方向实现整个照射范围内的扫描。

三维 CS 算法成像处理的算法方框图如图 4.6 所示。

根据三维 CS 算法的成像处理步骤,假设三维成像场景大小为 $M\times M\times M$,每个阵元接收到的回波数据大小为 $I\times J$(其中 I 为距离向,J 为沿航迹向),线阵

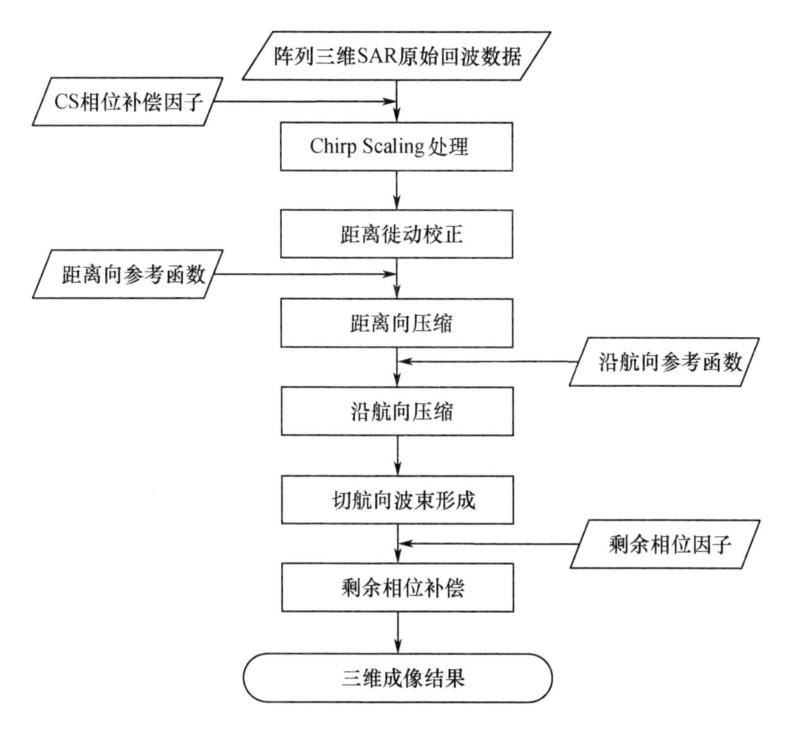

图 4.6　三维 CS 算法成像流程图

阵元个数为 N,则三维 CS 算法的运算量如表 4.3 所列。

表 4.3　三维 CS 算法运算量

操作	运算量
沿航向 FFT	$J\times\frac{I}{2}\log_2 I$ 次复乘,$J\times I\times\log_2 I$ 次复加
相位因子 Φ_1 相乘	$J\times I$ 次复乘
距离向 FFT	$I\times\frac{J}{2}\log_2 J$ 次复乘,$I\times J\times\log_2 J$ 次复加
相位因子因子 Φ_2 相乘	$I\times J$ 次复乘
距离向 IFFT	$J\times\frac{I}{2}\log_2 I$ 次复乘,$J\times I\times\log_2 I$ 次复加
相位因子因子 Φ_3 相乘	$I\times J$ 次复乘
沿航迹向 IFFT	$I\times\frac{J}{2}\log_2 J$ 次复乘,$I\times J\times\log_2 J$ 次复加
切航向加权	$I\times J\times M$ 复乘

根据表可知,三维 CS 算法中线阵单个阵元距离维和沿航迹维的运算量为:

(1) 复乘次数:$I\times J\times\log_2(I\times J)+3I\times J+I\times J\times M$。

(2) 复加次数:$2\times I\times J\times\log_2(I\times J)$。

对于阵列三维 SAR 成像,三维 CS 算法总的运算量为:

(1) 复乘次数:$N\times(I\times J\times\log_2(I\times J)+3\times I\times J+I\times J\times M)$。

(2) 复加次数:$2\times N\times I\times J\times\log_2(I\times J)+(N-1)\times I\times J\times M$。

假设阵列三维 SAR 系统工作在 X 波段 10GHz,飞行高度为 2000m,入射角度 $\theta=60°$,线性阵列天线长度为 10m,平台沿 x 轴飞行,速度为 30m/s。线性调频信号带宽为 250MHz,脉冲宽度 2μs,沿航向天线孔径为 2m。图 4.7 为利用三维 Chirp Scaling 算法对单点目标成像结果。由图 4.7 可知,点目标得到良好的聚焦,并且可看出几何畸变校正主要体现为坐标轴的旋转和尺度变换。

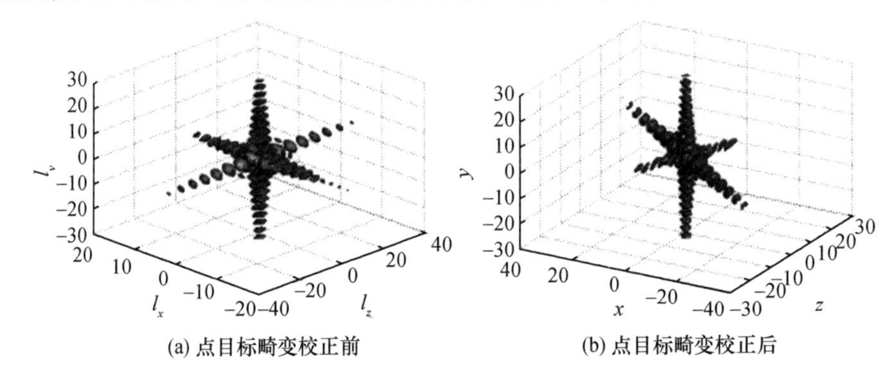

(a) 点目标畸变校正前　　(b) 点目标畸变校正后

图 4.7　三维点扩展函数形状(−30dB 显示门限)(见彩图)

因单点目标仿真不能得到成像中目标的相对位置关系,无法体现成像的几何畸变校正。因此,考虑 8 个散射点仿真情况,点目标的位置如图 4.8(a)所示。图 4.8(b)和图 4.8(c)分别表示几何畸变校正前和校正后的成像结果,可发现几何畸变校正将目标重建到正确的位置上。

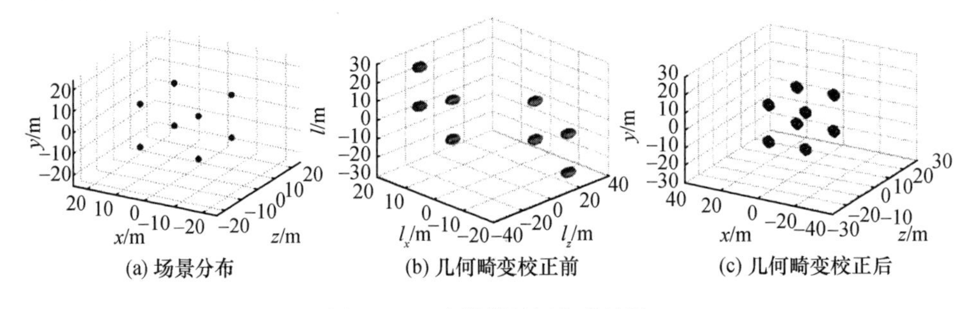

(a) 场景分布　　(b) 几何畸变校正前　　(c) 几何畸变校正后

图 4.8　八个散射目标仿真结果

4.3.3　波数域算法

根据波数域算法原理三维 wk 算法的成像处理步骤如下:

步骤 1:距离压缩。对回波信号 $S_0(x,y,\tau)$ 作距离向傅里叶变换得 $S_0(x,y,$

f_τ)，采用匹配滤波方法进行距离压缩处理得 $S_1(x,y,f_\tau)$，距离频域参考函数为

$$\mathrm{ref}_{\mathrm{RC}}=\exp\left\{\mathrm{j}\,\frac{\pi f_\tau^2}{Kr}\right\} \tag{4.67}$$

步骤 2：参考函数相乘（一致压缩）。对距离压缩后的信号 $S_1(x,y,f_\tau)$ 作方位和切航迹二维傅里叶变换，得到 $S_1(k_x,k_y,k)$，进入波数域并与参考函数相乘得到 $S_2(k_x,k_y,k)$，参考函数为

$$\mathrm{ref}_{\mathrm{RFM}}=\exp\{\mathrm{j}k_xX_c+\mathrm{j}k_yY_c+\mathrm{j}\sqrt{4k^2-k_x^2-k_y^2}H\} \tag{4.68}$$

由于使用参考点处的相位对整个数据块相位进行校正，步骤 2 的滤波处理称为“一致压缩”。经过这一步骤，参考点处的相位得到了精确的校正，但其他位置仍存在残余相位，需要进一步处理。

步骤 3：STOLT 插值。对一致压缩后的信号 $S_2(k_x,k_y,k)$ 做 STOLT 变换得到 $S_2(k_x,k_y,k)$，即

$$S_3(k_x,k_y,k_r)=\mathrm{ST}\{S_2(k_x,k_y,k)\}=S_2\left(k_x,k_y,\frac{1}{2}\sqrt{k_x^2+k_y^2+k_r^2}\right) \tag{4.69}$$

在信号空间中，由于距离徙动的影响，k 与 k_x，k_y 不是正交的，而经过 STOLT 变换后 k_x，k_y，k_r 三者之间是两两正交的，因此以它们为变量进行傅里叶变换就可得到目标空间的散射分布。

步骤 4：三维傅里叶反变换。以 k_x，k_y，k_r 为变量对 $S_3(k_x,k_y,k_r)$ 做三维傅里叶反变换，得到目标分布 $s_3(x,y,r)$。

三维 wk 算法成像处理的算法方框图如图 4.9 所示。

从三维 wk 算法的成像处理步骤，每个阵元接收到的回波数据为 $I\times J$（其中 I 为距离向，J 为沿航迹向），阵元个数为 N，STOLT 插值中的插值长度为 L，则三维 wk 算法的运算量如下。

（1）距离向 FFT：$N\times J\times\frac{I}{2}\log_2 I$ 次复乘，$N\times J\times I\log_2 I$ 次复加。

（2）与距离压缩参考函数 $\mathrm{ref}_{\mathrm{RC}}$ 相乘：$N\times J\times I$ 次复乘。

（3）方位向、切航迹向二维 FFT：$N\times I\times J/2\log_2 J+J\times I\times N/2\log_2 N$ 次复乘，$N\times I\times J\log_2 J+J\times I\times N\log_2 N$ 次复加。

（4）与一致压缩参考函数 $\mathrm{ref}_{\mathrm{RFM}}$ 相乘：$N\times J\times I$ 次复乘。

（5）STOLT 插值：$N\times J\times I\times L$ 次复乘，$N\times J\times I\times(L-1)$ 次复加。

（6）三维 IFFT：$N\times J\times I/2\log_2 I+N\times I\times J/2\log_2 J+J\times I\times N/2\log_2 N$ 次复乘；$N\times J\times I\log_2 I+N\times I\times J\log_2 J+J\times I\times N\log_2 N$ 次复加。

所以三维 wk 算法总的运算量为：

（1）复乘次数：$N\times I\times J(\log_2(N\times I\times J)+L+2)$。

（2）复加次数：$N\times I\times J(2\log_2(N\times I\times J)+L-1)$。

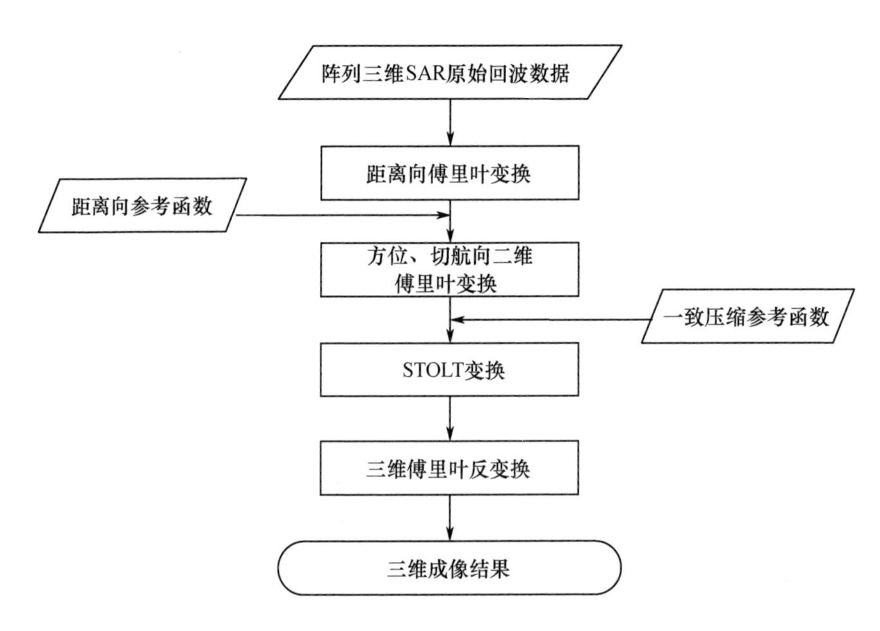

图 4.9　三维 wk 算法流程图

为了验证三维 wk 算法的可行性,采用如表 4.4 所列的参数进行仿真实验。

表 4.4　wk 算法仿真参数

参数	值
雷达中心频率	10GHz
发射信号带宽	250MHz
信号采样率	300MHz
雷达下视角	0°
脉冲宽度	2μs
飞机高度	750m
飞机速度	30m/s
天线孔径	1m
线阵长度	10m
线阵阵元数	256
方位向采样点数	256
距离向采样点数	256

单点目标仿真结果如图 4.10 所示。

由图 4.10 可知,点目标得到良好的聚焦。但是单点目标的仿真不能体现出相对位置关系,因此,进一步考虑 8 个散射点的情况,它们的位置如图 4.11(a)所示。图 4.11(b)为三维 wk 算法成像结果。

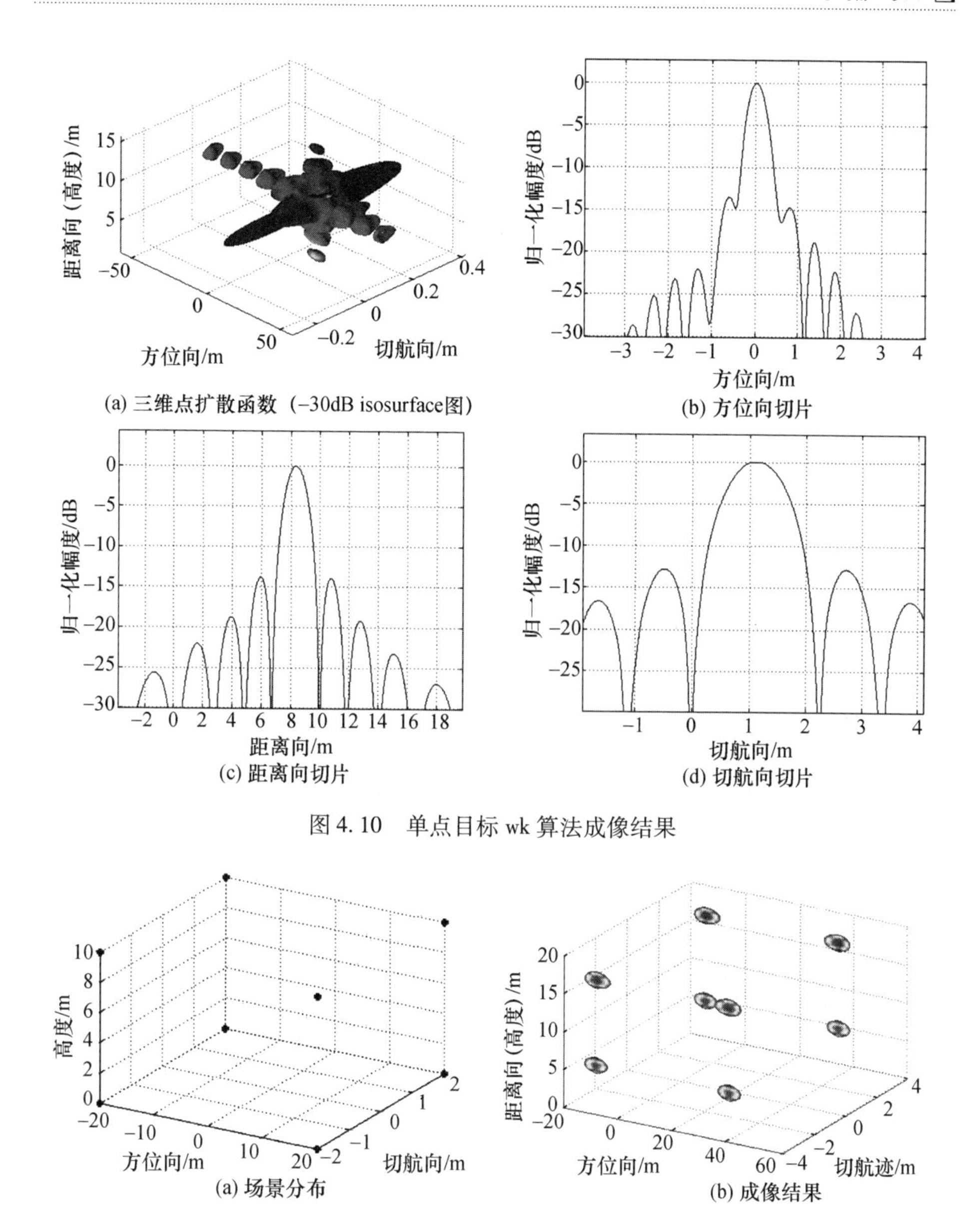

(a) 三维点扩散函数（−30dB isosurface图）　(b) 方位向切片

(c) 距离向切片　(d) 切航向切片

图 4.10　单点目标 wk 算法成像结果

(a) 场景分布　(b) 成像结果

图 4.11　8 个散射目标仿真结果

4.4　基于谱估计技术的性能提升

前面介绍的频域三维 SAR 成像算法，其本质上均是基于传统的匹配滤波理论。匹配滤波成像处理是一种非参数成像方法，可以不依赖观测目标的先验信息,具有简单、稳健等优点。但是,匹配滤波方法同样也存在两个重要的局限性,一是数据的采样率必须要满足香农－奈奎斯特(Shannon－Nyquist)采样定理;二是成像分辨力受限于分辨力瑞利极限,在信号带宽较小时难于实现高分辨。随着雷达成像应用需求的不断提升,各个领域对雷达成像分辨能力的要求也越来越高,基于传统匹配滤波理论的成像算法越难以满足。

高分辨成像算法,是利用一些新的信号处理理论,如谱估计、正则化、压缩感知等理论,突破传统雷达成像方法的分辨力瑞利极限,从而提高雷达系统的成像分辨能力。针对阵列三维 SAR 高分辨成像处理,本节将介绍基于谱估计技术的高分辨三维成像算法。

4.4.1 MUSIC 三维成像算法

4.4.1.1 MUSIC 算法原理

多重信号分类(MUSIC)算法[8]是基于协方差矩阵特征值分解的谱估计方法,利用了信号子空间和噪声子空间的正交性,构造空间谱函数,获得信号的空间信息。

针对阵列成像,传统 MUSIC 算法需要满足以下假设条件。

(1) 阵列形式为均匀阵列,阵元间隔通常不大于发射信号波长的1/2。

(2) 处理器的噪声为加性高斯白噪声,不同阵元间距噪声均为独立分布的平稳随机过程。

(3) 导向矩阵(基矩阵)$\boldsymbol{A}$ 的每一列向量都是线性不相关的。

(4) 信号协方差矩阵是非奇异的。

(5) 信号源数小于阵列个数,信号采样数(快拍次数)大于阵元个数。

如图 4.12 所示,二维天线阵列中的阵元均匀排列,相邻阵列单元的间距 d 为1/2 个波长,设接收到 P 个互不相关的散射点回波信号的平面波。

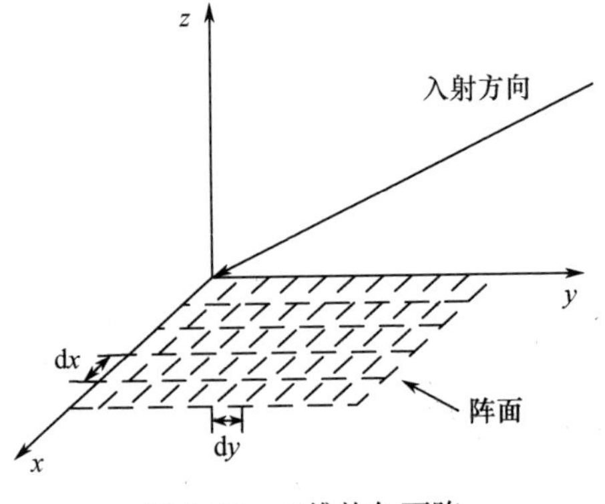

图 4.12　二维均匀面阵

在第 k 个采样时刻(快拍),接收信号矢量的基本形式为

$$\boldsymbol{S}(k)=\boldsymbol{A}\boldsymbol{s}_0(k)+\boldsymbol{N}(k),\quad k=1,2,\cdots,K \tag{4.70}$$

式中:$\boldsymbol{S}(k)=[\boldsymbol{s}_1(k)\quad \boldsymbol{s}_2(k)\quad \cdots\quad \boldsymbol{s}_L(k)]^{\mathrm{T}}$为 L 个阵元接收到的回波信号矢量,k 为信号采样时刻数,$\boldsymbol{N}(k)=[\boldsymbol{n}_1(k)\quad \boldsymbol{n}_2(k)\quad \cdots\quad \boldsymbol{n}_L(k)]^{\mathrm{T}}$为接收器的噪声矢量,噪声为均值为0,方差为 σ^2 的高斯白噪声,$\boldsymbol{s}_0(k)$为复散射回波系数矢量,大小为 $L\times M$ 的矩阵,L 为阵元个数,M 为复散射回波系数矢量的长度,每一列为一个场景散射点对应的导向矢量。

接收信号的协方差矩阵可以定义为

$$\boldsymbol{R}=\boldsymbol{E}[\boldsymbol{S}\boldsymbol{S}^{\mathrm{H}}]=\boldsymbol{A}\boldsymbol{E}[\boldsymbol{s}_0\boldsymbol{s}_0^{\mathrm{H}}]\boldsymbol{A}^{\mathrm{H}}+\boldsymbol{E}[\boldsymbol{N}\boldsymbol{N}^{\mathrm{H}}] \tag{4.71}$$

式中:$(\cdot)^{\mathrm{H}}$ 为共轭转置。

由于求解期望值相关矩阵的难度较大,且在实际工程应用中接收回波信号数据矩阵是有限长的,所以通常协方差矩阵可由式(4.72)估计得到,即

$$\hat{\boldsymbol{R}}=\frac{1}{K}\sum_{k=1}^{K}\boldsymbol{S}(k)\boldsymbol{S}(k)^{\mathrm{H}} \tag{4.72}$$

因为 $\hat{R}$ 为 $L\times L$ 矩阵,所以可分解为 L 个特征值和特征向量,按特征值大小顺序,将与信号个数 P 相等的特征值和对应的特征向量看做信号子空间,将剩余的$(M-P)$个特征值和对应的特征向量看做噪声子空间。

理想条件下数据空间的信号子空间与噪声子空间相互正交,且阵列导向矩阵张开的子空间 $\mathrm{span}\{A\}$ 和信号子空间是同一个空间,则下面的关系成立

$$\mathrm{span}\{\boldsymbol{A}\}\perp\mathrm{span}\{\boldsymbol{G}\} \tag{4.73}$$

由于噪声子空间和信号子空间是正交的,构造 MUSIC 谱表示为

$$\boldsymbol{P}_{\mathrm{MUSIC}}=\frac{\boldsymbol{a}(\boldsymbol{\varepsilon}_x,\boldsymbol{\varepsilon}_y)^{\mathrm{H}}\boldsymbol{a}(\boldsymbol{\varepsilon}_x,\boldsymbol{\varepsilon}_y)}{\boldsymbol{a}(\boldsymbol{\varepsilon}_x,\boldsymbol{\varepsilon}_y)^{\mathrm{H}}\boldsymbol{G}\boldsymbol{G}^{\mathrm{H}}\boldsymbol{a}(\boldsymbol{\varepsilon}_x,\boldsymbol{\varepsilon}_y)} \tag{4.74}$$

式中:$\boldsymbol{G}$ 为噪声子空间;$\boldsymbol{A}$ 为信号子空间,$\boldsymbol{a}(\boldsymbol{\varepsilon}_x,\boldsymbol{\varepsilon}_y)$为场景分辨单元对应的导向矢量。通过扫描场景散射点位置,计算谱函数,峰值对应的位置为 MUSIC 谱函数估计值。

4.4.1.2　改进 MUSIC 成像算法

根据 MUSIC 算法的基本原理,MUSIC 算法应用到阵列三维 SAR 成像中有三个问题需要解决。

(1) 由于成像雷达的工作特点,雷达目标成像主要是以单次航过的回波信号为主,而 MUSIC 方法构造协方差矩阵需要利用回波的统计信息。

(2) 当信号源相干时,相干信号会合并成一个信号,导致阵列回波数据协方

差矩阵的秩有所下降，导致信号子空间的维数小于信号源数，导致子空间不相交。

(3) MUSIC 谱是利用子空间正交性构造的，其功率谱是伪谱，因此不具有目标的后向散射特性信息。

为了解决以上问题，需对 MUSIC 算法进行改进，将空间滑动平均理论[9]和最小二乘方法[10]与 MUSIC 算法结合，以实现阵列三维 SAR 高分辨成像处理，具体步骤如下。

步骤 1：初始化成像系统参数。初始化雷达成像系统参数，包括平台速度矢量，记做 $\boldsymbol{V}$，平台初始位置矢量记做 $\boldsymbol{P}^0$，雷达发射电磁波的波数，记做 K_c，虚拟面阵各阵元相对平台中心的位置，记做 $\boldsymbol{P}_m$，其中 m 为天线各阵元序号，为自然数，$m=0,1,\cdots,M$，M 为各阵元总数，为方位向合成阵列的阵元个数与切航迹向线阵的阵元个数的乘积；雷达发射基带信号的信号带宽，记做 B_r，雷达发射信号脉冲宽度，记做 T_p，雷达接收波束持续宽度，记做 T_o，雷达接收系统的采样频率，记做 f_s，雷达系统的脉冲重复频率，记做 PRF，雷达接收系统接收波门相对于发射信号发散波门的延迟，记做 T_D，线性阵列天线长度，记做 L，雷达的合成孔径长度，记做 l。

步骤 2：回波数据距离压缩。采用传统 SAR 标准距离脉冲压缩方法，对阵列三维 SAR 距离向回波数据进行压缩，距离脉冲压缩参考函数为

$$H_r(t)=\exp\{-j\pi K_r t^2\},t\in[-T_r/2,T_r/2] \tag{4.75}$$

步骤 3：获取等距离切片的回波数据。阵列三维 SAR 距离压缩回波矩阵在数据域是三维矩阵形式，对于某一个距离单元，提取该距离单元的回波数据，可以得到切航迹向和沿航迹向组成的二维矩阵数据形式。

步骤 4：获得第一个等距离切片回波的成像结果。对步骤 3 中获得第一个距离切片回波进行 MUSIC 成像处理，具体方法如下：

(1) 采用去调频方法预处理第一个距离切片。

第一个距离切片中回波信号的表示形式为

$$S(n,m)=\sum_{p}\sigma_p\exp[-j2K_cR(n,m;p)]\chi^R[r_1-2R(n,m;p)] \tag{4.76}$$

式中：p 为第 p 个目标点；σ_p 为第 p 个目标点的后向散射系数；j 为虚数单位；K_c 为雷达发射电磁波的波数；n 为第 n 个慢时刻，为自然数，n 的取值范围为 $1,2,\cdots,N$；m 为第 m 个阵元，为自然数，m 的取值范围为 $1,2,\cdots,M$；r_1 为第一个距离切片 $\overline{R}_1$ 在距离向的值；χ^R 为距离模糊函数；$R(n,m;p)$ 为目标点 p 在慢时刻 n 到第 m 阵元的距离，表示为：

$$R(n,m;p)=\sqrt{(\varepsilon_{xp}-x_n)^2+(\varepsilon_{yp}-y_m)^2+(H-\varepsilon_{yp})^2} \tag{4.77}$$

式中：x_n，y_m 和 H 为慢时刻 n 时第 m 阵元的三维位置信息；第 p 个目标点的三维坐标信息为 $\xi=(\xi_{xp},\xi_{yp},\xi_{zp})^t$，通过菲涅尔近似表示为

$$R(n,m;p)=R_0\left[1+\frac{(\varepsilon_{xp}-x_n)^2+y_m^2-2y_m\varepsilon_{yp}}{2R_0}\right] \tag{4.78}$$

式中：R_0 为 $R_0=\sqrt{\xi_{yp}^2+(H-\xi_{zp})^2}$ 是 $R(n,m;p)$ 在 $y-z$ 平面的投影。

然后，将第一个距离切片中的元素乘以乘子 $\exp\left(\mathrm{j}\cdot 2K_c\dfrac{x_n^2+y_m^2}{2R_0}\right)$，得到二维复正弦信号，记作 $\overline{F}_1$，二维复正弦信号 $\overline{F}_1$ 中的元素表示为

$$s(n,m)=\sum_p\sigma_p\exp\left[-\mathrm{j}\cdot K_c\cdot\left(2\cdot x_n\frac{\varepsilon_{xp}}{R_0}+2\cdot y_m\frac{\varepsilon_{yp}}{R_0}\right)\right] \tag{4.79}$$

（2）采用空间滑动平均方法构造协方差矩阵。

设置二维滑动窗口的维数分别为 P_1 和 P_2，其中滑动窗口的行数 P_1 小于距离切片的行数 M，滑动窗口的列数 P_2 小于距离切片的列数 N，通过滑动窗口方法获得多个 $P_1\times P_2$ 子孔径二维矩阵。为了便于划分子孔径，文中采用的阵列模型是均匀满阵阵列，如图 4.13 所示。

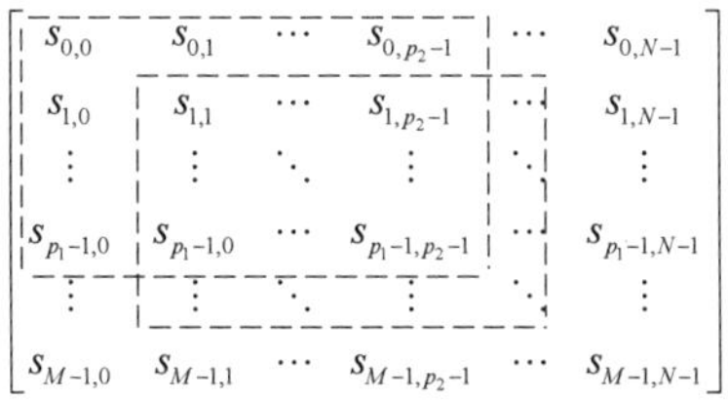

$$\begin{bmatrix} s_{0,0} & s_{0,1} & \cdots & s_{0,p_2-1} & \cdots & s_{0,N-1} \\ s_{1,0} & s_{1,1} & \cdots & s_{1,p_2-1} & \cdots & s_{1,N-1} \\ \vdots & \vdots & \ddots & \vdots & \ddots & \vdots \\ s_{p_1-1,0} & s_{p_1-1,0} & \cdots & s_{p_1-1,p_2-1} & \cdots & s_{p_1-1,N-1} \\ \vdots & \vdots & \ddots & \vdots & \ddots & \vdots \\ s_{M-1,0} & s_{M-1,1} & \cdots & s_{M-1,p_2-1} & \cdots & s_{M-1,N-1} \end{bmatrix}$$

图 4.13　空间滑动平均方法示意图

然后，对滑动窗口获得的每个子孔径二维矩阵 $P_1\times P_2$ 的二维回波数据进行一对一重排使子孔径二维矩阵 $P_1\times P_2$ 转化为 $P_1P_2\times 1$ 的一维矢量，记为 $\boldsymbol{S}_k$，其中 k 为自然数，取值范围为 $k=0,1,\cdots,K$，K 为子孔径的个数：$K=(M-P_1+1)(N-P_2+1)$。

最后，构造 $P_1P_2\times P_1P_2$ 的协方差矩阵 $\boldsymbol{R}_{xx}$，构造公式为 $\boldsymbol{R}_{xx}=\dfrac{1}{2K}\sum\limits_{k=1}^{K}(\hat{\boldsymbol{R}}_k+\boldsymbol{J}\hat{\boldsymbol{R}}_k^*\boldsymbol{J})$，$\hat{\boldsymbol{R}}_k$ 为第 k 个子孔径的协方差矩阵：$\hat{\boldsymbol{R}}_k=\boldsymbol{S}_k\boldsymbol{S}_k^{\mathrm{H}}$，$(\cdot)^{\mathrm{H}}$ 为共轭转置符号，$\boldsymbol{J}$ 为转换矩阵，定义为 $\boldsymbol{J}=\begin{bmatrix} 0 & 0 & \cdots & 0 & 1 \\ 0 & 0 & \cdots & 1 & 0 \\ \vdots & \vdots & .\cdot\dot{} & \vdots & \vdots \\ 0 & 1 & \cdots & 0 & 0 \\ 1 & 0 & \cdots & 0 & 0 \end{bmatrix}$。

(3) 利用 MUSIC 算法对场景成像。

对协方差矩阵 $\boldsymbol{R}_{xx}$ 进行传统的特征值分解方法进行特征值分解,得到特征值 $\lambda_1,\lambda_2,\cdots,\lambda_{P1\times P_2}$, $P_1\times P_2-F$ 个最小特征值对应的特征向量为 $u_1,u_2,\cdots,u_{P_1\times P_2-F}$,其中 F 为目标散射点个数;构造噪声子空间矩阵 $\boldsymbol{G}$,噪声子空间矩阵 $\boldsymbol{G}$ 的每一列为最小特征值对应的特征向量。

然后,在场景范围内遍历所有点位置坐标,计算 MUSIC 谱函数 $\boldsymbol{P}_{\mathrm{MUSIC}}=\dfrac{\boldsymbol{a}(\boldsymbol{\varepsilon}_x,\boldsymbol{\varepsilon}_y)^{\mathrm{H}}\boldsymbol{a}(\boldsymbol{\varepsilon}_x,\boldsymbol{\varepsilon}_y)}{\boldsymbol{a}(\boldsymbol{\varepsilon}_x,\boldsymbol{\varepsilon}_y)^{\mathrm{H}}\boldsymbol{G}\boldsymbol{G}^{\mathrm{H}}\boldsymbol{a}(\boldsymbol{\varepsilon}_x,\boldsymbol{\varepsilon}_y)}$ 的值,$\boldsymbol{a}(\boldsymbol{\varepsilon}_x,\boldsymbol{\varepsilon}_y)=\exp\left(-\mathrm{j}\cdot\boldsymbol{K}_{\mathrm{c}}\left(2\boldsymbol{x}_n\dfrac{\boldsymbol{\varepsilon}_x}{\boldsymbol{R}_0}+2\boldsymbol{y}_m\dfrac{\boldsymbol{\varepsilon}_y}{\boldsymbol{R}_0}\right)\right)$ 为行坐标 x,纵坐标为 y 的场景采样点的位置($\varepsilon_x,\varepsilon_y$)对应的导向矢量,谱峰位置对应场景点坐标就是散射点的坐标信息的估计值。

最后,将对应的场景采样点的谱函数的值赋值给坐标(x,y),得到第一个距离切片的成像结果,记为 $\boldsymbol{H}_1$,$\boldsymbol{H}_1$ 为一个二维矩阵,二维矩阵 $\boldsymbol{H}_1$ 行数为场景横向采样点数,二维矩阵 $\boldsymbol{H}_1$ 列数为场景纵向采样点数。

(4) 采用最小二乘算法获得场景点的后向散射信息。

首先,根据阵元位置信息构造数据矩阵 $\boldsymbol{A}$,数据矩阵 $\boldsymbol{A}$ 的行数为线阵阵元个数 M 与慢时间的采样个数 N 的乘积,列数为总场景坐标个数,数据矩阵 $\boldsymbol{A}$ 中元素的值为单个场景采样点到单个阵元回波信号的相位信息。

然后,将第一个距离切片 $\overline{R}_1$ 一对一重排,一对一重排的具体方法是:将矩阵中下标为(m,n)的元素的值作为矢量中下标为(mn,1)的元素值;得到观测向量 $\boldsymbol{y}$;

最后采用 LS 算法对观测向量 $\boldsymbol{y}$ 进行处理,得到后向散射系数矢量 ϕ,处理公式为 $\phi=(\boldsymbol{A}^{\mathrm{H}}\boldsymbol{A})^{-1}\boldsymbol{A}^{\mathrm{H}}\boldsymbol{y}$,$\phi$ 中非 0 元素的值对应场景散射点的后向散射系数,获得场景点的后向散射信息 σ_p,$p=1,2,\cdots,F$,p 为自然数。

步骤 4:全场景成像。采用步骤 4 方法处理所有的距离切片,将距离切片的结果赋值给三维成像矩阵的后两维,构造最终的三维成像结果。

基于 MUSIC 算法的阵列三维 SAR 成像具体流程图如图 4.14 所示。

通过成像处理,可以将阵列三维 SAR 成像问题转化为多个距离平面的二维谱估计问题,幅度信息代表了场景点的后向散射系数信息,相位信息反映了散射点的位置信息。

4.4.1.3 仿真结果

由于全激励阵列三维 SAR 系统划分子孔径比较方便,本节仿真验证采用全激励阵列三维 SAR 系统。由于 MUSIC 三维成像方法中每一个距离切面是相互独立的,为了简便,本节只分析了一个距离切面的二维成像结果,并与传统成像方法相比较,阵列三维 SAR 仿真参数如表 4.5 所列。

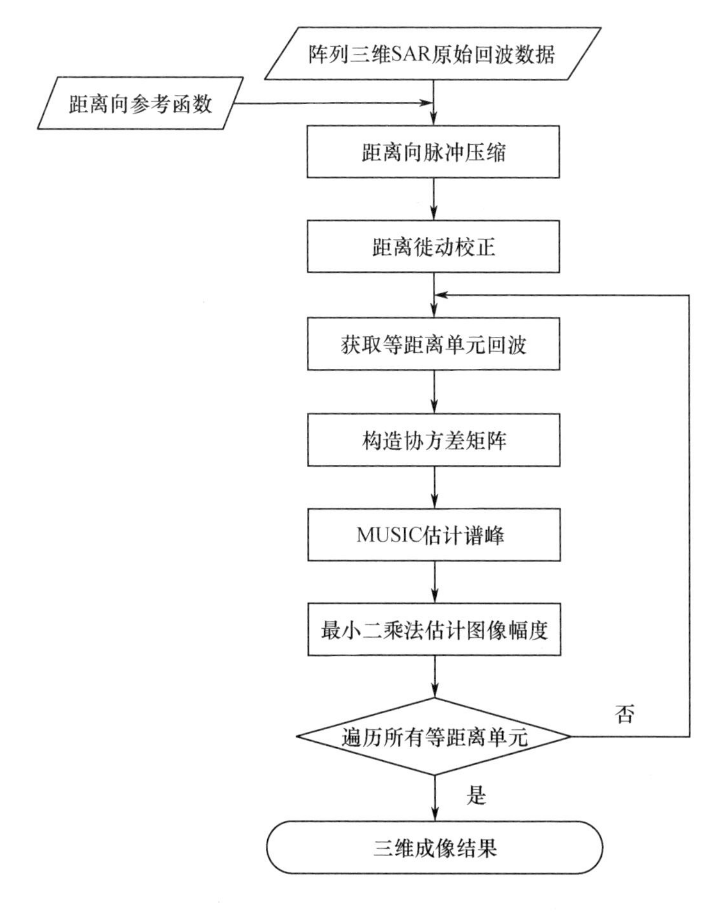

图 4.14　改进超 MUSIC 算法成像流程图

表 4.5　阵列三维 SAR 系统仿真参数

参数	值
载频	37.5GHz
平台运动速度	[0,20,0]m/s
等效切航迹向阵元间距	0.02m
等效沿航迹向阵元间距	0.02m
信噪比	20dB
PRF	500
等效切航迹向阵元数	20
等效沿航迹向阵元数	20
采样频率	7×10^{8}Hz
平台高度	400m

图 4.15 为一个飞机模型的等距离切面,图中 8 个点表示飞机模型中等距离切面的强散射点,图 4.16(a)为传统方法成像仿真结果,图 4.16(b)为本节 MUSIC 算法成像结果。比较图 4.16(a)和图 4.16(b),可知 MUSIC 算法成像分辨力高于传统算法的分辨力,其图像中可分开两个距离比较近的点,而且 MUSIC 成像方法对背景噪声的抑制效果更好,说明 MUSIC 算法可以获得高于传统匹配滤波成像理论的分辨力能力。

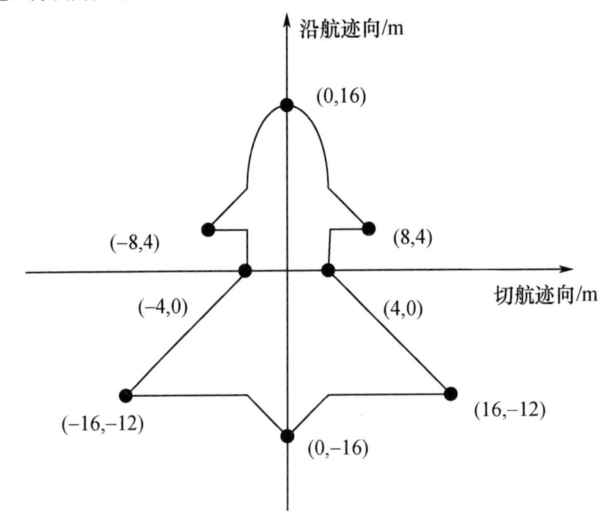

图 4.15 飞机模型的二维剖面图

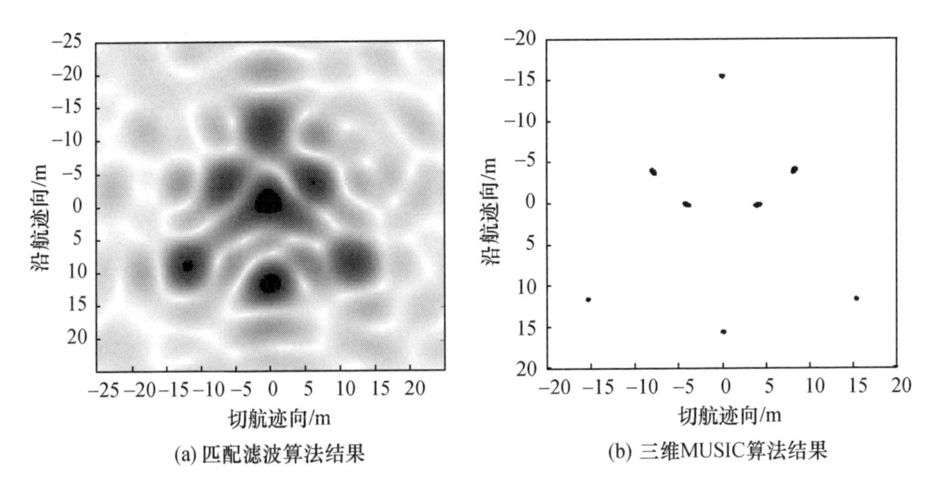

图 4.16 等距离切片成像结果

为了进一步对比,选择某个切航向进行分析。图 4.17 为切航迹向两个点的一维剖面仿真结果,其中图 4.17(a)和图 4.17(b)为间隔距离 4m 的两个点的匹配滤波方法成像结果和 MUSIC 方法成像结果,图 4.17(c)和图 4.17(d)为间隔距离 3m 的两个点的匹配滤波方法成像结果和 MUSIC 方法成像结果。从MUSIC 算法与传统匹配滤波算法成像结果比较可知,MUSIC 算法可有效分开传统匹配滤波算法不可以分开的相邻两点,而且 MUSIC 方法极大抑制了传统匹配滤波方法的旁瓣。由剖面结果可以看出,传统匹配滤波方法的旁瓣为 -13dB,而 MUSIC 算法的旁瓣仅为 -40dB,因此 MUSIC 三维成像方法显著提高了阵列三维 SAR 切航迹向和沿航迹向的分辨力。通过定量分析,MUSIC 的分辨力与空间滑动平均方法所取的滑窗的大小有关,在该仿真条件下,改进 MUSIC 方法的成像分辨力可达到传统匹配滤波理论分辨力的 2.5 倍。

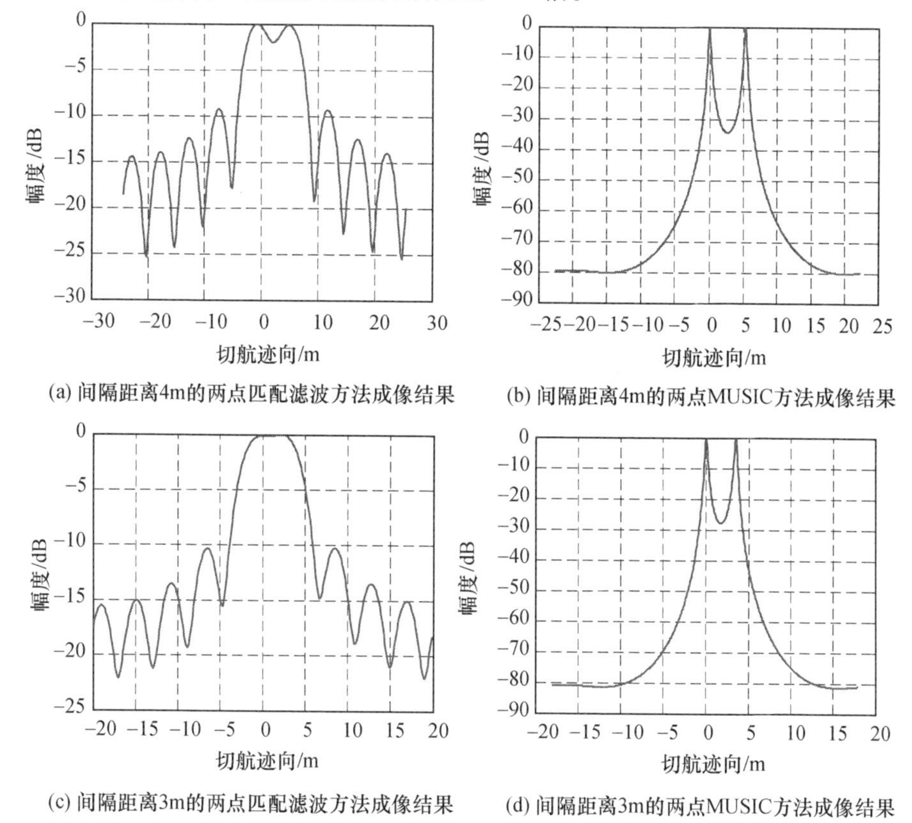

图 4.17　三维 MUSIC 方法一维剖面成像结果比较

4.4.2　IAA 三维成像算法

4.4.2.1　IAA 算法原理

迭代自适应算法(Iterative Adaptive Approach,IAA)是近年来提出的一种新的谱估计方法[11],IAA 算法原理等效于幅度相位估计(APES)算法,但 APES 需要多次快拍数据或者空间滑动平均方法构造协方差矩阵，而 IAA 算法利用多次迭代逼近的方法获得协方差矩阵，所以 IAA 算法只需要几次甚至一次快拍的回波数据，IAA 算法是在 APES 算法的理论基础上提出的具有鲁棒性的，非参数的自适应谱分析方法。

根据 MUSIC 成像算法原理，上一节中 MUSIC 成像方法还存在一些不足。首先，MUSIC 成像算法需估算场景散射点的个数作为先验信息，通常利用 Akaike Information Criterion(AIC)算法或 Minimum Description Length(MDL)算法进行估算[12]。其次，MUSIC 成像算法需要利用空间滑动平均方法构造协方差矩阵，但是空间滑动平均方法减小了孔径长度，导致分辨力有所降低，且可成像散射点数的值一般为 $N-1$，其中 N 为子孔径阵元个数，场景大小受到限制。另外，MUSIC 成像方法得到的谱函数是伪谱，需要用最小二乘方法得到后向散射系数信息，成像处理比较复杂。相对 MUSIC 成像算法，IAA 算法可以克服这些缺陷，IAA 算法利用一次回波数据获得切航迹向和沿航迹向的高分辨成像结果，而且适用于任意阵列模型的三维阵列 SAR 成像系统。

IAA 算法的基本数据模型如下

$$\boldsymbol{x}=\boldsymbol{\psi}\boldsymbol{\alpha}+\boldsymbol{w} \tag{4.80}$$

式中：$\boldsymbol{\psi}$ 为基函数矩阵；$\boldsymbol{x}$ 为阵列接收信号；$\boldsymbol{\alpha}$ 为复散射回波系数矢量；$\boldsymbol{w}$ 为加性高斯噪声信号。对于阵列三维 SAR 成像系统，通常矩阵 $\boldsymbol{\psi}$ 和矢量 $\boldsymbol{x}$ 是已知的。

设 $\boldsymbol{P}$ 为 $D\times D$ 的对角矩阵，矩阵 $\boldsymbol{P}$ 的对角元素为场景散射点的能量

$$\boldsymbol{P}=E(\boldsymbol{\alpha}\boldsymbol{\alpha}^{\mathrm{H}}) \tag{4.81}$$

式中：$E(\cdot)$ 为期望值；$(\cdot)^{\mathrm{H}}$ 为共轭转置。假设 $\boldsymbol{\alpha}$ 中的元素为相互独立的。若测量矩阵 $\boldsymbol{\psi}$ 和能量矩阵 $\boldsymbol{P}$ 是已知的，则可以得到协方差矩阵，表示为

$$\boldsymbol{R}=\boldsymbol{\psi}\boldsymbol{P}\boldsymbol{\psi}^{\mathrm{H}} \tag{4.82}$$

式中：能量矩阵 $\boldsymbol{P}$ 的对角元素的值为场景分辨单元$(x_{\bar{k}},y_{\bar{k}})$点的能量，能量估计表达式[13]为

$$\boldsymbol{P}(\tilde{k},\bar{k})=\left|\frac{\varphi^{*}(\tilde{k},\bar{k})\boldsymbol{R}^{-1}\boldsymbol{x}}{\varphi^{*}(\tilde{k},\bar{k})\boldsymbol{R}^{-1}\varphi(\tilde{k},\bar{k})}\right|^{2} \tag{4.83}$$

式中：$|\cdot|$为绝对值；$(\tilde{k},\bar{k})$为二维场景中沿航迹向第 $\tilde{k}$ 个元素和切航迹向第 $\bar{k}$ 个元素。由式(4.83)得到的能量矩阵 $\boldsymbol{P}$ 是由协方差矩阵 $\boldsymbol{R}$ 计算得到，所以 IAA 算法需要通过迭代计算得到。

首先，初始化能量矩阵 $\boldsymbol{P}_0$，$\boldsymbol{P}_0$ 为对角矩阵，对角元素为 $\boldsymbol{P}_0(\tilde{k},\bar{k})=\dfrac{1}{L^2}|\varphi^{*}(\tilde{k},\bar{k})y|^2$，$\boldsymbol{R}_0$为单位矩阵。

若空间散射点稀疏分布，且信噪比比较大的情况，由式(4.82)得到的协方

差矩阵可能是不满秩的,易导致矩阵求逆失败,所以可以采用对角加载[48]的 IAA 方法,协方差矩阵可以表示为

$$\boldsymbol{R} = \boldsymbol{\psi}\boldsymbol{P}\boldsymbol{\psi}^{\mathrm{H}} + \sum \tag{4.84}$$

式中: $\sum$ 为对角矩阵,对角元素表示为

$$\sum(\boldsymbol{m}) = \left|\frac{\boldsymbol{e}^{\mathrm{H}}(m)\boldsymbol{R}^{-1}\boldsymbol{x}}{\boldsymbol{e}^{\mathrm{H}}(m)\boldsymbol{R}^{-1}\boldsymbol{e}(m)}\right|^2 \tag{4.85}$$

式中:$\boldsymbol{e}(m)$为基础单位向量,即 $\boldsymbol{e}(m)$中第 m 个元素为 1,其余元素为 0。

针对阵列三维 SAR 成像处理,IAA 成像算法的步骤如下。

步骤 1:初始化阵列三维 SAR 成像系统参数。

具体初始化方法与 4.2 节相同。

步骤 2:对距离向回波数据进行脉冲压缩。

对每一个虚拟阵元不同时刻接收到的回波数据进行距离压缩,具体方法与 4.2 节相同。

步骤 3:获取等距离切片的回波数据。

距离压缩回波矩阵在数据域是三维矩阵的形式,在同一个等距离单元,获取切航迹向和沿航迹向组成的二维数据形式。

步骤 4:获得第一个距离切片的成像结果。

(1) 初始化虚拟二维面阵,确定每个阵元的位置,初始化成像场景网格得到切航迹向与沿航迹向的空间分辨单元位置$(x_{\tilde{k}}, y_{\bar{k}})$,构造测量矩阵和观测矢量。

(2) 初始化能量矩阵 $\boldsymbol{P}_0$,$\boldsymbol{P}_0$ 为对角矩阵,对角元素为 $\boldsymbol{P}_0(\tilde{k},\bar{k}) = \frac{1}{L^2}|\boldsymbol{\alpha}^*(\tilde{k},\bar{k})y|^2$,$\boldsymbol{R}_0$为单位矩阵。

(3) 设定迭代次数为 10,重复迭代,即

$$\boldsymbol{R} = \boldsymbol{\psi}\boldsymbol{P}\boldsymbol{\psi}^{\mathrm{H}} + \sum \tag{4.86}$$

$$\sum(\boldsymbol{m}) = \left|\frac{\boldsymbol{e}^{\mathrm{H}}(m)\boldsymbol{R}^{-1}x}{\boldsymbol{e}^{\mathrm{H}}(m)\boldsymbol{R}^{-1}\boldsymbol{e}(m)}\right|^2 \tag{4.87}$$

$$\boldsymbol{P}(\tilde{k},\bar{k}) = \left|\frac{\varphi^*(\tilde{k},\bar{k})\boldsymbol{R}^{-1}\boldsymbol{x}}{\varphi^*(\tilde{k},\bar{k})\boldsymbol{R}^{-1}\varphi(\tilde{k},\bar{k})}\right|^2 \tag{4.88}$$

(4) 达到设定的迭代次数停止迭代。

(5) 最后,复散射回波系数矢量 $\boldsymbol{\alpha}$ 中的元素表示为

$$\boldsymbol{\alpha}(\tilde{k},\bar{k}) = \sqrt{\boldsymbol{P}(\tilde{k},\bar{k})} \tag{4.89}$$

将每一个回波系数矢量对应到场景目标分辨单元中,获得一个等距离切面上的场景二维成像结果。

步骤5:全三维场景成像。采用步骤4方法处理所有的等距离切片,然后将所有距离切片的成像结果合成三维矩阵,得到最终的三维成像结果。

IAA成像算法的具体流程图如图4.18所示。

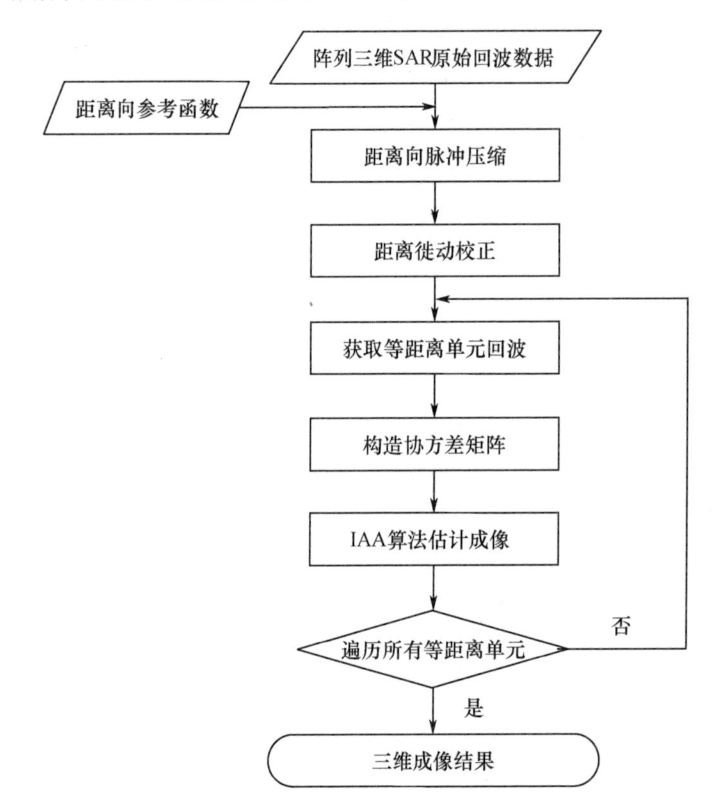

图4.18 IAA成像算法处理流程图

4.4.2.2 仿真结果

本节通过仿真实验分析IAA三维算法在阵列三维SAR成像中的性能。阵列三维系统仿真参数与上节一致。

由图4.19可见,IAA成像算法较BP算法提高了成像分辨力。对于BP算法不能分辨的场景点目标,IAA算法成像结果可明显分离,而且IAA算法可以较好抑制目标旁瓣水平。

设定原始目标场景中存在8个散射点,其中8个按照正方体分布,上面4个点高度为9m,底部4个点的高度为15m。三维BP算法的成像结果如图4.20(a)所示,三维IAA成像算法的成像结果如图4.20(b)所示。从结果图可知,对比三维BP方法,三维IAA方法可得到更好的成像效果,有效抑制了旁瓣,分辨

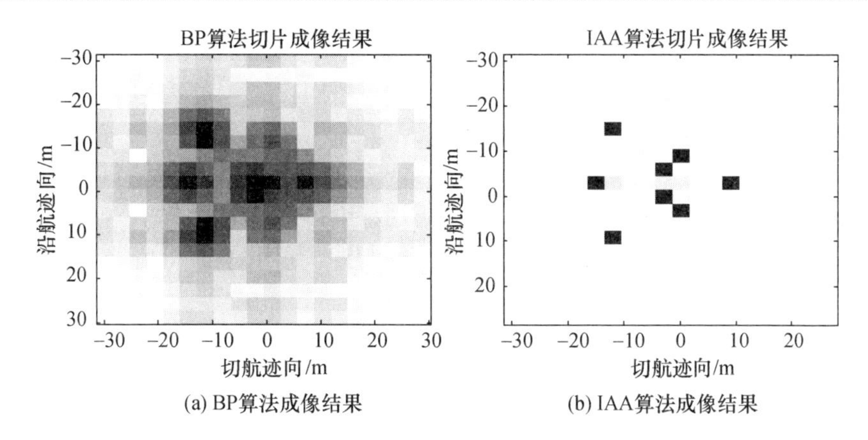

(a) BP算法成像结果　(b) IAA算法成像结果

图4.19 二维切面图算法比较

力得到提高。

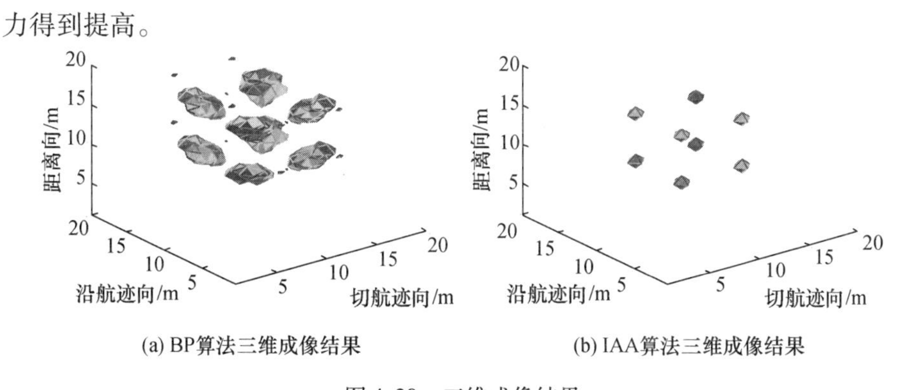

(a) BP算法三维成像结果　(b) IAA算法三维成像结果

图4.20 三维成像结果

为了便于比较,通过一维剖面成像分析三维 IAA 算法成像效果,其中,图4.21(a)为三维 BP 算法一维剖面成像结果,图4.21(b)为三维 IAA 算法的一维剖面成像结果,场景点为三个点坐标分别为(−2.5,0,0),(0,0,0),(2.5,0,0),信噪比为25dB。从结果可知,BP 算法无法分辨场景三个点的确切位置,而 IAA 算法可正确分辨三个点的确切位置,BP 算法旁瓣为−13dB,而 IAA 算法旁瓣为−40dB。

为了定量评估 IAA 算法的成像能力,采用归一化均方误差准则(NMSE)进行分析

$$\mathrm{MSE} = \frac{1}{N^2}\sum |\alpha - \hat{\alpha}^k|^2 \tag{4.90}$$

式中:α 为原始图像;$\hat{\alpha}^k$为在 k 条件下(信噪比,迭代次数)的成像结果;$|\cdot|^2$ 为 l_2范数。

首先分析 IAA 算法性能随信噪比变化的情况。图4.22 给出了 NMSE 与信噪比的关系,随着信噪比的增加,IAA 算法成像性能逐渐提高。由图4.23 可知,

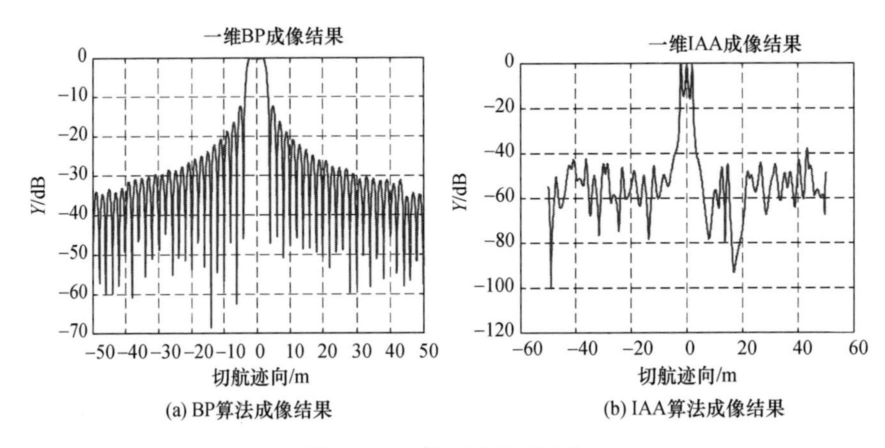

(a) BP算法成像结果 (b) IAA算法成像结果

图 4.21 一维成像结果比较

信噪比为 -5dB 时,IAA 算法仍取得优于三维 BP 算法的成像结果。

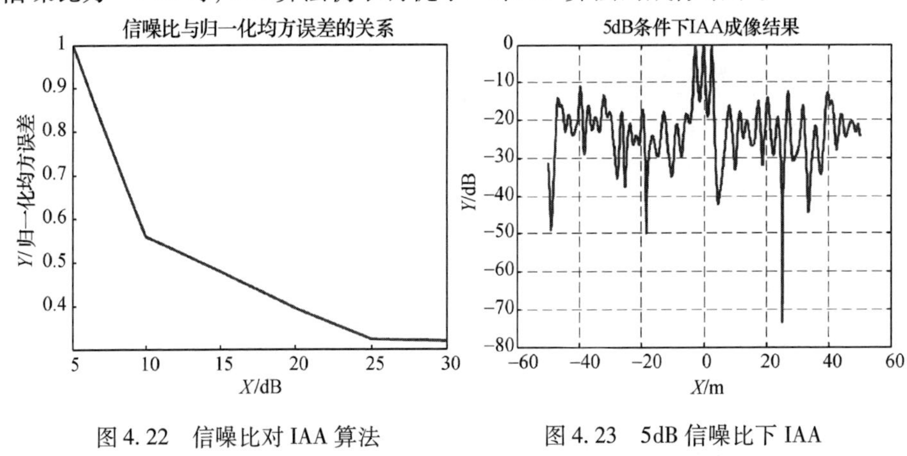

图 4.22 信噪比对 IAA 算法成像效果的影响

图 4.23 5dB 信噪比下 IAA 算法一维成像效果

然后分析 IAA 算法性能随迭代次数变化的情况。图 4.24 给出了 NMSE 与迭代次数的关系,其中迭代次数的的取值范围为[1,10],间隔为 1 次。随着迭代次数的增加,IAA 算法成像性能有所提高。一般情况,当迭代次数大于 5 时,成像效果图趋于平稳,即迭代次数大于 5 时以取得较好的成像效果,三维 IAA 算法具有较快收敛性。

4.4.2.3 实测数据成像

本节所用的三维 SAR 实测数据来自第 5 章中单激励地基阵列三维 SAR 系统,详细系统参数见第五章,本次实测数据中雷达系统合成的运动轨迹为 1m × 1m,具体天线轨迹位置如图 4.25 所示。为了便于分析,本节采用了一个强散射

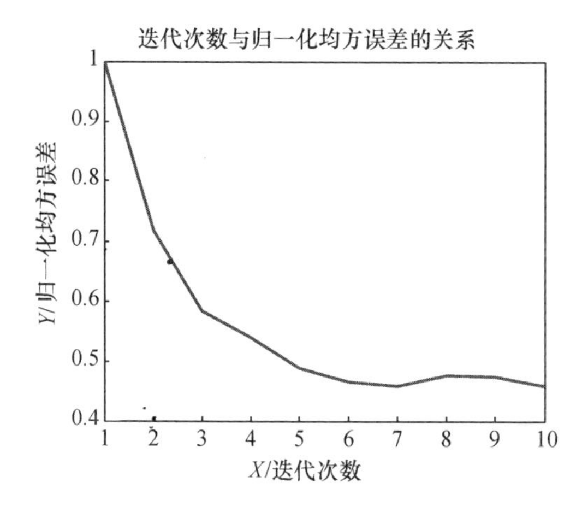

图 4.24　IAA 算法迭代次数与 NMSE 的关系

点的数据进行成像处理,原始强点目标场景如图 4.26 所示。

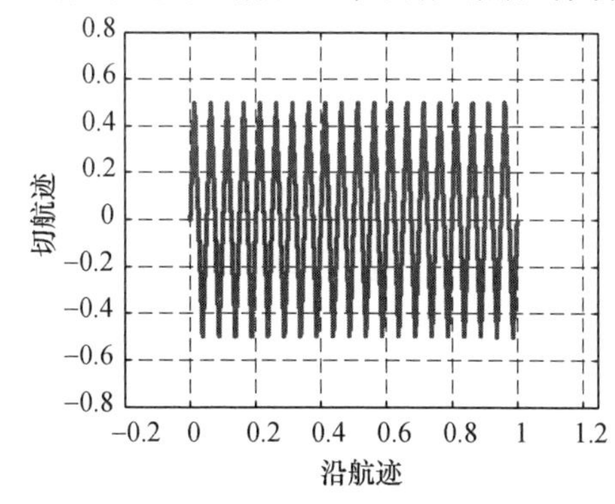

图 4.25　地基阵列三维 SAR 天线运动轨迹

图 4.26　原始强散射目标场景图

图 4.27(a)为强散射点在切航迹向和沿航迹向二维平面中采用 BP 算法得到的成像结果。图 4.27(b)为强点目标的 IAA 算法成像结果。比较二维切面成像结果可知,IAA 算法相对传统 BP 算法有效提高了成像结果。

4.4.3　算法运算量分析

假设虚拟二维面阵的阵元个数为 N,二维场景分辨单元 M,采用 MUSIC 算法和 IAA 算法对于一个等距离平面进行成像处理,其运算量分别如下。

1) MUSIC 算法复杂度

(1) 计算时延:$6 \cdot N \times M$ 次实乘,$11 \cdot N \times M$ 次实加,$2 \cdot N \times M$ 次开方,$N \times M$ 次复指计算。

(2) 构造协方差矩阵:滑窗大小为 P,$P \times P \times (N-P+1) \times (N-P+1)$ 次复乘,$(N-P+1) \times (N-P+1)$ 次复加。

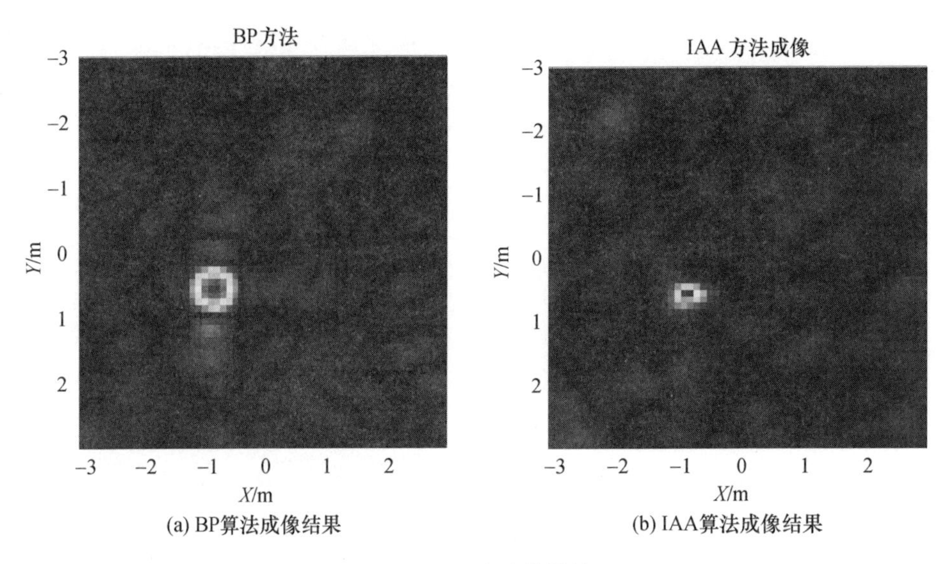

(a) BP算法成像结果　(b) IAA算法成像结果

图 4.27　强点成像结果

(3) 奇异值分解：$O(P^3)$次复乘和复加。

(4) MUSIC 谱计算：$4\times M$ 次复乘。

2) IAA 算法复杂度

(1) 计算时延：$6\cdot N\times M$ 次实乘，$11\cdot N\times M$ 次实加，$2\cdot N\times M$ 次开方，$N\times M$ 次复指计算。

(2) 初始化能量矩阵：$M\times N\times N$ 次复乘，$2\cdot M$ 次实乘。

(3) 迭代过程(迭代次数为 T)：迭代过程有多次矩阵求逆和矩阵相乘的运算，计算量估计为：$T\times O(M^3)+T\times O(N^3)$次复乘和复加。

(4) 求出复散射回波系数矢量：M 次开方。

比较 MUSIC 算法和 IAA 算法的运算量，MUSIC 算法主要计算量是求解奇异值部分，运算量为 $O(P^3)$，IAA 算法主要计算量是矩阵求逆与矩阵相乘部分，运算量为 $T\times O(M^3)+T\times O(N^3)$，因为 $N>P$ 且 T 的取值一般为 10，所以 IAA 运算量远大于 MUSIC 算法的运算量。

MUSIC 算法是基于子空间正交原理的谱估计算法，优点是与传统匹配滤波算法相比，显著提高了分辨力和成像质量。缺点是利用了空间滑动平均方法求协方差矩阵，减小了实际孔径长度。利用了最小二乘算法获得后向散射矢量的值，增加的算法复杂度。而且，MUSIC 算法需要知道场景点的个数，而正常场景散射点的个数是未知的。IAA 算法是基于最小均方误差准则原理的谱估计算法，优点是与传统 BP 算法相比，显著提高了分辨力和成像质量，不需要利用多次快拍数据，适合阵列三维 SAR 成像系统。缺点是算法多次使用矩阵求逆运算，计算量大，需要占用的内存空间大，不适合应用于大场景成像。

参考文献

[1] Cumming I G, Wong F H. Digital processing of synthetic aperture radar data, algorithms and implementation[M]. Boston :Artech House, 2005.

[2] Bamler R. A comparison of range-Doppler and wavenumber domain SAR focusing algorithms [J]. IEEE Transactions on Geoscience and Remote Sensing, 1992, 30(4): 706 – 713.

[3] Lopez-Sanchez J M, Fortuny-Guasch J. 3-D radar imaging using range migration techniques [J]. IEEE Transactions on Antennas and Propagation, 2000,48(5): 728 – 737.

[4] Ishimaru A, Chan T K, Kuga Y. An imaging technique using cofocal circular synthetic aperture Radar[J]. IEEE Transacticons on Geoscience and Remote Sensing,1998,5(36).

[5] Walterscheid I, Ender J H G. Bistatic SAR processing and experiments[J]. IEEE Transactions on Antennas and Propagation, 2006,10(44).

[6] Lopez-Sanchez J M, Fortuny-Guasch J. 3-D Radar Imaging Using Range Migration Techniques [J]. IEEE Transactions on Antennas and Propagation,2000,5(48).

[7] Rigling B D, Moses R L. Polar format algorithm for bistatic SAR[J]. IEEE Transactions on Aerospace and Electronic Systems, 2004,40:1147 – 1159.

[8] 张贤达. 现代信号处理[M]. 2 版. 北京:清华大学出版社,2002.

[9] Williams R T, Prasan S, Mahalanabis A K, et al. An improved spatial smoothing technique for bearing estimation in a multipath environment[J]. IEEE Transactions on Acoustics speech and signal processing, 1988,4(36):425 – 432.

[10] Horn R A, Johnson C R. Matrix analysis[M]. 北京:人民邮电出版社,2005.

[11] Roberts W, Stoica P, Li J, et al. Iterative adaptive approaches to MIMO radar imaging, selected topics in signal processing[J]. IEEE Journal of voulume,2010,1(4):5 – 20.

[12] 何子述. 现代数字信号处理[M]. 北京:清华大学出版社,2007.

[13] Yang J, Ma X, Hou C H, et al. Signal processing letters[J]. IEEE, 2009,10(16): 869 – 872.

第5章 后向投影成像及并行化处理

第4章介绍的频域算法具有成像效率高的优点，广泛应用于各种模式 SAR 成像处理。但对于一般的频域算法，模型存在一定近似误差，在处理复杂模式三维 SAR 成像问题中仍存在一些不足。

后向投影（BP）算法[1,2]是一种典型的时域成像算法，因其成像精度高、算法实现简单、适用于任意运动轨迹成像模式等优点，在雷达成像领域得到了广泛的应用[3]。其基本思路是将散射点的回波信号进行距离压缩并补偿掉多普勒相位，然后将每个方位向信号相干叠加得到该散射点幅度信息，最后把幅度信息投影到成像空间中，从而获得目标的雷达成像结果。

本章将主要讲解三维后向投影成像算法及基于 GPU 的三维 SAR 并行仿真与成像技术。

5.1 后向投影成像算法

5.1.1 时域相关法

三维 BP 成像算法处理思想和步骤与二维 BP 成像算法类似。三维 BP 成像算法同时适用于全激励和单激励两种模式的阵列三维 SAR 成像系统，其处理过程的不同在于每个慢时间全激励模式要处理每个通道的回波数据并做相干累加，而单激励模式在每个慢时间仅处理一个通道的回波数据。下面将介绍全激励模式下三维 BP 成像算法的处理步骤。

假设雷达载机平台在慢时刻 τ 的位置坐标为 $r_{\mathrm{a}}(\tau)$，场景中一个点目标坐标为 $r(\tau)$，则二者坐标可以表示为

$$\begin{cases} r_{\mathrm{a}}(\tau) = [x_{\mathrm{a}}(\tau), y_{\mathrm{a}}(\tau), z_{\mathrm{a}}(\tau)] \\ r(\tau) = [x(\tau), y(\tau), z(\tau)] \end{cases} \tag{5.1}$$

雷达到成像场景中心距离 $d_{\mathrm{a}}(\tau)$ 和雷达到目标斜距 $d_{\mathrm{a0}}(\tau)$ 可表示为

$$d_{\mathrm{a}}(\tau) = \sqrt{x_{\mathrm{a}}^2(\tau) + y_{\mathrm{a}}^2(\tau) + z_{\mathrm{a}}^2(\tau)} \tag{5.2}$$

$$d_{a0}(\tau)=\sqrt{[x_a(\tau)-x(\tau)]^2+[y_a(\tau)-y(\tau)]^2+[z_a(\tau)-z(\tau)]^2} \tag{5.3}$$

位于 $r(\tau)$ 处目标距离压缩后回波可表示为

$$S(f_k,\tau_n)=A(f_k,\tau_n)\exp\left\{-\mathrm{j}\frac{4\pi f_k\Delta R(\tau_n)}{c}\right\} \tag{5.4}$$

$$\Delta R(\tau_n)=d_{a0}(\tau_n)-d_a(\tau_n) \tag{5.5}$$

式中:$A(f_k,\tau_n)$ 为目标的散射系数(RCS),$\{f_k|k=1,2,\cdots,K\}$ 为快时间频率,$\{\tau_n|n=1,2,\cdots,N_p\}$ 为慢时刻。将成像场景离散化,则第 m 个距离单元内目标的散射幅度,可以通过下式得出,即

$$s(m,\tau_n)=\frac{1}{K}\sum_{k=1}^{K}S(f_k,\tau_n)\cdot\exp\left\{\mathrm{j}\frac{4\pi f_k\Delta R(m,\tau_n)}{c}\right\} \tag{5.6}$$

假设快时间频率采样间隔为 Δf,则快时间频率可以表示为

$$f_k=(k-1)\Delta f+f_1 \tag{5.7}$$

将上式代入 $s(m,\tau_n)$ 中可得

$$\begin{aligned}s(m,\tau_n)&=\frac{1}{K}\sum_{k=1}^{K}S(f_k,\tau_n)\exp\left\{\mathrm{j}\frac{4\pi[(k-1)\Delta f+f_1]\Delta R(m,\tau_n)}{c}\right\}\\&=\frac{1}{K}\sum_{k=1}^{K}S(f_k,\tau_n)\exp\left\{\mathrm{j}\frac{4\pi(k-1)\Delta f\Delta R(m,\tau_n)}{c}\right\}\exp\left\{\mathrm{j}\frac{4\pi f_1\Delta R(m,\tau_n)}{c}\right\}\end{aligned} \tag{5.8}$$

由傅里叶变换尺度关系可知,快时间频率采样间隔与成像场景大小 W_r 之间的关系为

$$W_r=\frac{c}{2\Delta f} \tag{5.9}$$

因此,$\Delta R(m,\tau_n)$ 有

$$\Delta R(m,\tau_n)=\frac{m-1}{K}W_r=\frac{m-1}{K}\cdot\frac{c}{2\Delta f} \tag{5.10}$$

将 $\Delta R(m,\tau_n)$ 代入到式(5.8)中,可得

$$s(m,\tau_n)=\frac{1}{K}\sum_{k=1}^{K}S(f_k,\tau_n)\exp\left\{\mathrm{j}\frac{2\pi(k-1)(m-1)}{K}\right\}\exp\left\{\mathrm{j}\frac{4\pi f_1\Delta R(m,\tau_n)}{c}\right\} \tag{5.11}$$

而根据离散傅里叶变换定义,即

$$x(m)=\frac{1}{K}\sum_{k=1}^{K}X(k)\exp\left\{\mathrm{j}\frac{2\pi(m-1)}{K}(k-1)\right\} \tag{5.12}$$

对比式(5.11)和式(5.12),可发现 $s(m,\tau_n)$ 和 $S(f_k,\tau_n)$ 补偿掉相位因子 $\exp\left\{\mathrm{j}\frac{4\pi f_1\Delta R(m,\tau_n)}{c}\right\}$ 为一对傅里叶变换对,即

$$s(m,\tau_n)=K\{\mathrm{FFT}\{S(f_k,\tau_n)\}\}\exp\left\{\mathrm{j}\frac{4\pi f_1\Delta R(m,\tau_n)}{c}\right\} \tag{5.13}$$

因此,由式(5.13)可得到 $s(m,\tau_n)$,将每个方位向回波信号进行相干叠加,投影到对应成像空间,即可得到目标成像结果。

5.1.2 实现与运算量分析

三维 BP 成像算法步骤如下。

步骤 1:距离压缩。

采用合成孔径雷达处理中的常规匹配滤波[4,5]算法对每个通道的回波数据进行距离压缩。匹配滤波的参考函数为

$$\mathrm{H_r}(t)=\exp\{-\mathrm{j}\pi K_{\mathrm{r}}t^2\},\qquad t\in[-T_{\mathrm{r}}/2,T_{\mathrm{r}}/2] \tag{5.14}$$

由于时域相关运算等效于频域相乘运算,因此该步骤一般用快速傅里叶变换在频域进行处理。设距离压缩后第 l 个接收通道的回波数据为 $E_{\mathrm{c}}(l)$。

步骤 2:计算回波延时。

计算慢时间 n 处不同阵列通道回波的延时。假设为第 k 个阵元发射,第 l 个阵元接收时,延时计算公式为

$$\tau(k,l;P_\omega)=\frac{R_{\mathrm{t}}(n,k;P_\omega)+R_{\mathrm{r}}(n,l;P_\omega)}{c} \tag{5.15}$$

式中:$R_{\mathrm{t}}(n,k;P_\omega)$ 和 $R_{\mathrm{r}}(n,l;P_\omega)$ 分别为发射阵元和接收阵元到散射点 P_ω 的距离。

步骤 3:距离向数据插值、重采样。

选择第 l 个接收通道,通过延时计算散射点 P_ω 回波所在距离门,从 $E_{\mathrm{c}}(l)$ 中选择以距离门为中心的长度为 W_0 的回波数据。选择窗长为 W_0 的窗函数对选择的回波数据进行插值并采样,得到 $\tau(k,l;P_\omega)$ 点的数据 $I_n(l)$。

由于距离向的模糊函数为一个类辛格函数,故窗函数一般选择辛格窗函数进行插值。

步骤 4:剩余相位补偿。

根据慢时间 n 处所得到的第 l 个通道的收发距离史,通过下式可得剩余相位补偿因子,即

$$\mathrm{H_c}(n;l)=\exp\{\mathrm{j}K_{\mathrm{c}}R(n,l;P_\omega)\} \tag{5.16}$$

式中:K_{c} 为发射载波的波数;R 为收发距离之和。

将步骤 3 中的数据 $I_n(l)$ 与相位补偿因子 $H_{\mathrm{c}}(n;l)$ 相乘,得到通道 l 剩余相位补偿后的单通道回波幅度 $A_n(l)$。

步骤 5:切航迹幅度累加。

对慢时间 n 处的所有通道进行步骤 3 和步骤 4 的处理,得到每个通道剩余

相位补偿后的回波幅度,把这些幅度做累加求和得到慢时间 n 处散射点 P_{ω}的回波幅度 σ_n,即

$$\sigma_n = \sum_{l=1}^{M} A_n(l) \tag{5.17}$$

步骤 6:沿航迹幅度累加。

对不同的慢时间 n,重复步骤 2 ~ 步骤 5,可得到每个慢时间处散射点 P_{ω}的回波幅度 σ_n,将这些回波幅度在不同的慢时间上做累加求和,可得散射点 P_{ω}在三维成像空间中的最终散射幅度值 $\sigma(P_{\omega})$,即

$$\sigma_n = \sum_{n=-T_{\text{sum}}/2}^{T_{\text{sum}}/2} \sigma_n \tag{5.18}$$

步骤 7:全场景成像。

对成像空间中的不同散射点,重复步骤 2 ~ 步骤 6,可得到最终的三维空间成像结果 $\boldsymbol{\sigma}$。

图 5.1 为三维 SAR 成像系统的三维 BP 算法方框图。

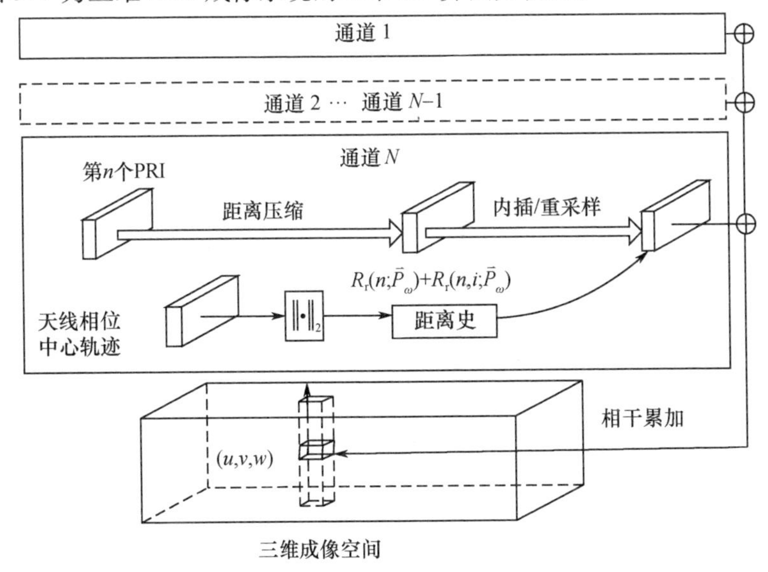

图 5.1 三维 BP 算法方框图

前面已经指出,单激励模式的三维 BP 算法仅相当于在每个慢时间只处理一个通道的回波数据。因此,单激励模式下三维 BP 算法成像的运算量相当于全激励模式下三维 BP 算法的 $1/M$,这里 M 为阵列接收通道的个数;但是单激励模式下三维图像的信噪比将比全激励模式下三维图像的信噪比要低。

如果把三维 BP 算法作为一个成像算子 $\boldsymbol{O}$,则从数据空间 $\boldsymbol{\Omega}$ 到成像空间S重建映射可以表示为

$$O[\boldsymbol{\Omega},R(n,l;P_{uvw}),P_{uvw}]\rightarrow\sigma(u,v,w) \tag{5.19}$$

式中：P_{uvw}为成像空间中的重建点；σ为重建后该点的幅度。

设成像的场景大小为$M\times M\times M$，每个阵元接收到的回波数据为$I\times J$（其中I为距离向，J为沿航迹向），阵元个数为N，则三维BP算法的运算量如下：

（1）距离向FFT：$N\times J\times I/2\times\log_2 I$次复乘，$N\times J\times I/2\times\log_2 I$次复加。

（2）与距离向参考函数相乘：$N\times J\times I$次复乘。

（3）距离向IFFT：$N\times J\times I/2\times\log_2 I$次复乘，$N\times J\times I/2\times\log_2 I$次复加。

（4）计算时延：$M\times M\times M\times J\times N$次实乘，$M\times M\times M\times J\times N$次实加，$2\times M\times M\times M\times J\times N$次开方，$K\times K\times K\times J\times N$次复指运算。

（5）相位因子补偿：$M\times M\times M\times J\times N$次复乘。

（6）成像累加：$M\times M\times M\times(J-1)\times N$次复加。

所以，BP算法总运算量为：

（1）乘法的次数：$N\times(J\times I\times\log_2 I+J\times M^3)$。

（2）加法的次数：$N\times(J\times I\times\log_2 I+J\times I+J\times M^3+M^3\times(J-1))$。

（3）开方次数：$2\times N\times J\times M^3$。

（4）复指预算：$N\times J\times M^3$。

5.1.3 实测数据处理

为了验证三维BP算法的有效性和单激励阵列三维SAR成像系统三维成像的可行性，我们用表5.1的参数及第4章推导的最优随机天线相位中心分布进行点目标的数值仿真。图5.2为9个点的点目标仿真原始场景和三维BP算法的成像结果，从仿真结果可以看出，三维BP算法能够实现三维空间散射点的良好聚焦，同时也验证了单激励阵列三维SAR成像系统的具有三维成像能力。

表5.1 系统仿真参数

系统参数	值
平台位置/m	[0 0 5000]
平台速度/(m/s)	[0 170 0]
载频频率/Hz	37.5×10^9
发射信号带宽/Hz	750×10^6
发射信号脉宽/s	0.1×10^{-6}
采样频率/Hz	1000×10^6
脉冲重复频率/Hz	2000

为了进一步验证三维BP算法成像性能，本节中利用课题组研制的地基单

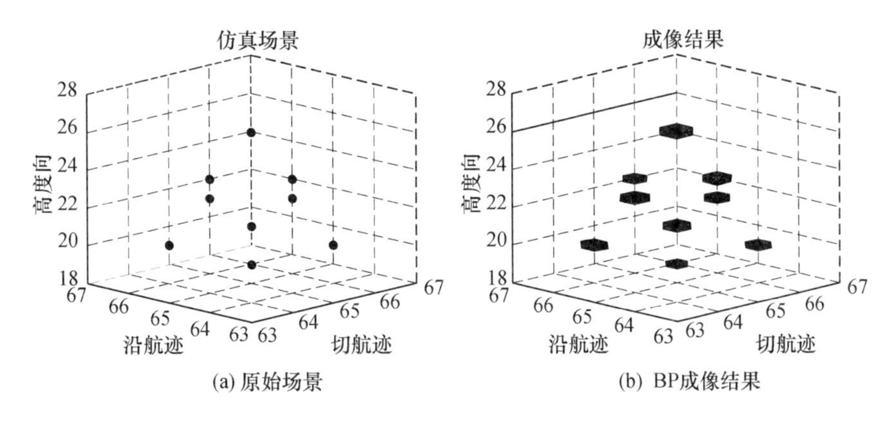

(a) 原始场景　　(b) BP成像结果

图 5.2　点目标仿真的原始场景和成像结果

激励线阵 SAR 实测数据进行分析。

图 5.3 为地基单激励线阵 SAR 原理验证试验的典型方案图,主要包括单激励线阵 SAR 原理验证系统、布设的参考点及观测场景。单激励线阵 SAR 原理验证系统主要包括高精度二维运动模块,运动控制器和 X 波段雷达。其中,高精度二维运动模块由精密电机、传动装置及导轨等部件组成,有效行程 2m;运动控制器用于控制二维平台的运动轨迹,X 波段雷达用于产生 X 波段线性调频信号,并接收场景回波。图 5.4 为单激励线阵 SAR 回波距离压缩后的图像,其中,顶部的黑色线形区域为试验方案所设参考点回波,中部的黑色条带状区域为观测场景回波。

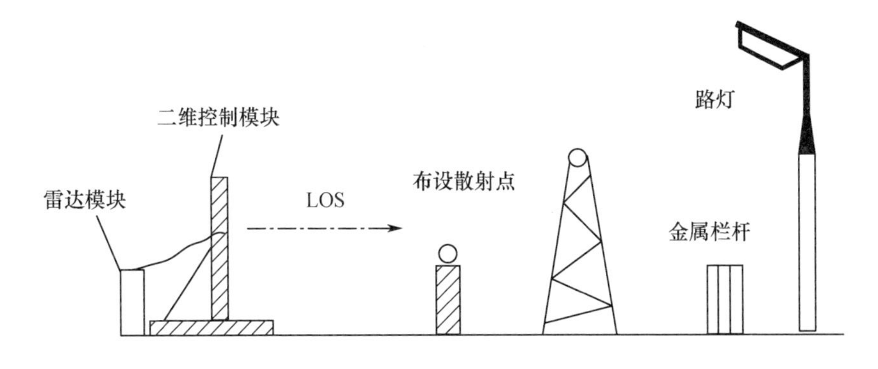

图 5.3　试验方案示意图

为了进一步分析单激励线阵 SAR 回波方位向信号特征,选择图 5.4 中某一距离单元内的回波,并进行短时傅里叶变换,其结果如图 5.5 所示。

从中可以看出,由于单激励线阵 SAR 天线相位中心在二维空间中运动,其方位向信号的时频特征与传统二维 SAR(其方位向信号可近似为线性调频信

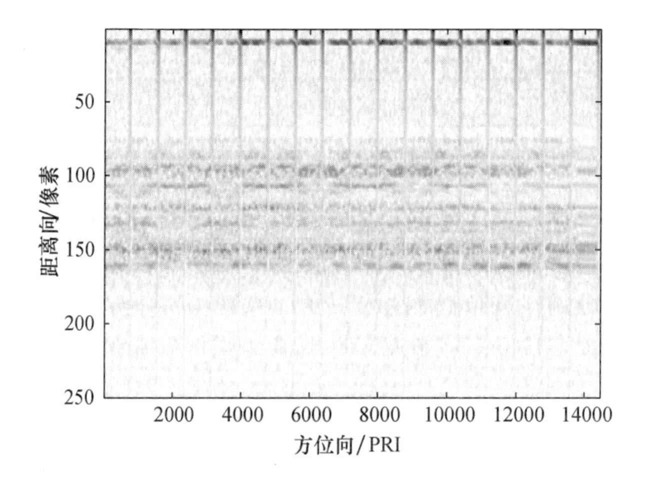

图 5.4　实测单激励线阵 SAR 回波距离压缩后图像

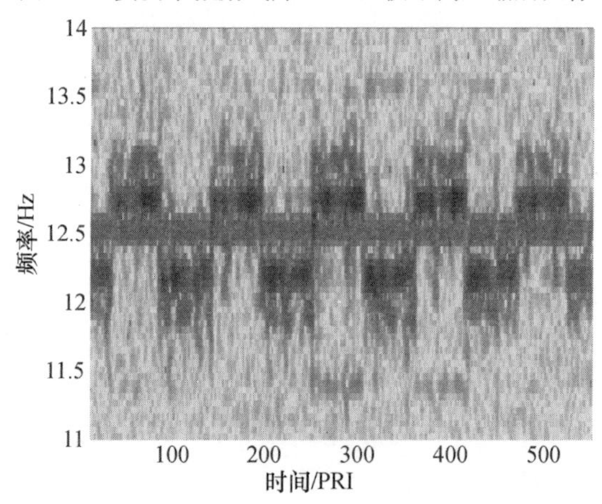

图 5.5　实测单激励线阵 SAR 回波方位向信号时频谱

号,时频谱为斜线)具有很大差异,表现出周期性的变化规律(由于图 5.5 所对应的天线相位中心轨迹为周期三角函数,其时频谱表现出类周期矩形函数)。

为了进一步分析线阵 SAR 产生切航迹分辨力的原因,我们将两个散射点沿切航迹方向放置,并保证两散射点位于同一个距离单元内,对该仿真信号的方位向回波进行时频分析,得到的时频谱如图 5.6(a)所示。

从中可以看出,对于沿切航迹方向放置的不同散射点,其方位向信号时频谱中的类周期矩形函数的幅度不同,利用该特征即可实现同一距离单元内沿切航迹方向放置不同散射点的区分。图 5.6(b)为实测多点目标回波方位向信号时的频谱图。可以看出,该距离单元回波时的频谱图与仿真的时频谱图具有相似

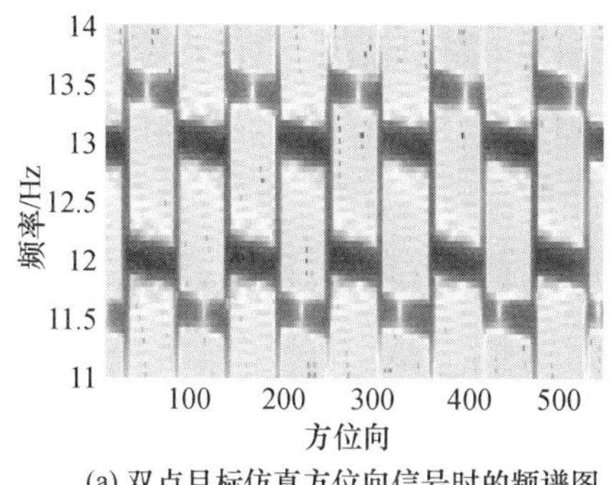

(a) 双点目标仿真方位向信号时的频谱图

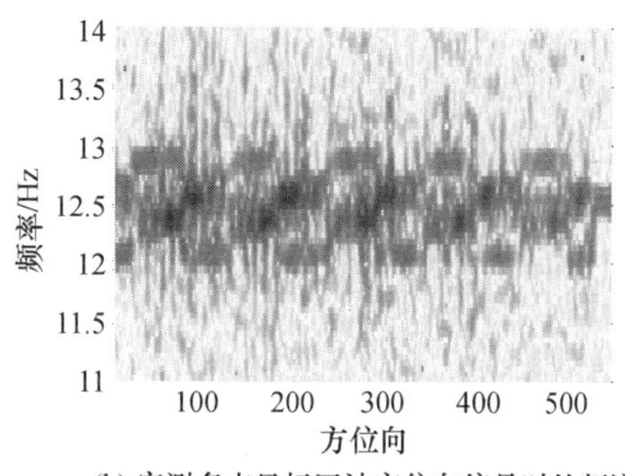

(b) 实测多点目标回波方位向信号时的频谱图

图 5.6　方位向信号时频谱

的特征，即该距离单元内很可能包含两个强散射点。

图 5.7 为天线相位中心轨迹为 5 周期时，单点目标实测数据成像结果（侧视图）。

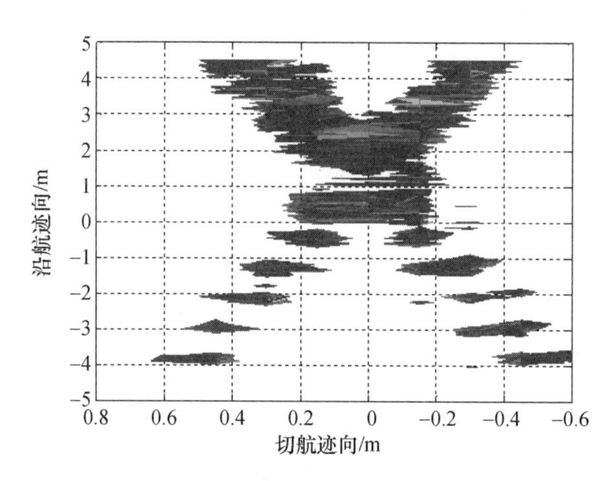

图 5.7　实测单点目标实测数据成像结果侧视图（5 周期天线相位中心轨迹）

图 5.8(a)为单激励线阵 SAR 观测场景实物图，图 5.8(b)为该场景各典型目标几何关系的测量值（俯视图），图 5.8(c)为该场景各典型目标几何关系的测量值（侧视图）。

图 5.9(a)和图 5.9(b)分别为利用单激励线阵 SAR 原理验证系统对该三维场景进行三维成像得到的该场景的成像结果的俯视图和侧视图（散射系数取对数显示）。

从图 5.9 可以看出，利用单激励线阵 SAR 原理验证系统得到的观测场景的三维成像结果与观测区域的实际情况吻合良好。但是从成像结果中也可看出，

(a) 观测场景实物图

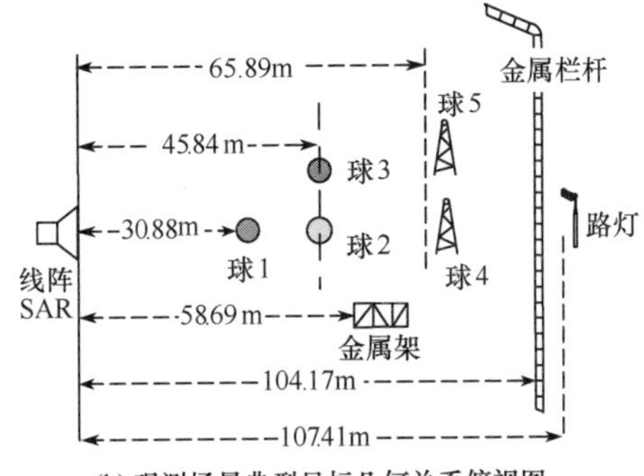

(b) 观测场景典型目标几何关系俯视图

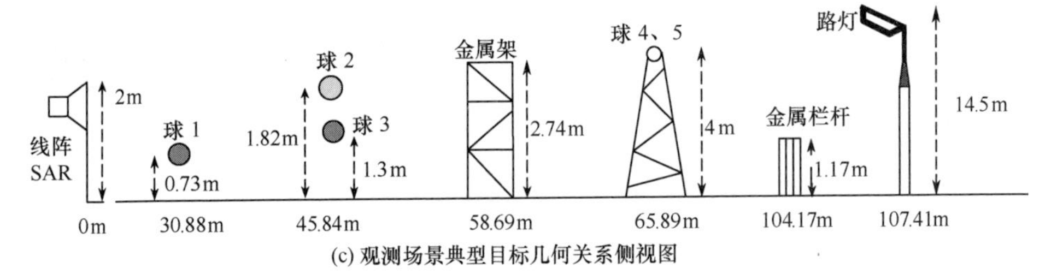

(c) 观测场景典型目标几何关系侧视图

图 5.8　观测场景图

有些散射点,球 3、球 4 和球 5 在三维成像结果中表现不明显或无法显示。该现象可能由于上述散射点散射系数较小所致,需要考虑弱目标在三维图像中的提取与显示问题。

下面将进一步定量分析三维图像中散射点的几何关系。图 5.10(a)为图 5.9 所示场景中金属栏杆和路灯区域的细节实物图,图 5.10(b)为观测场景三维成像结果中与金属栏杆和路灯区域对应的局部成像结果。

从图中可以看出,金属栏杆和路灯区域三维成像结果可较好反映该区域的几何特征。另外,从图 5.10(b)中可得到路灯高度约为 14m,该高度与该路灯的实际测量高度 14.5m 吻合较好。

图 5.11(a)为图 5.10 所示场景中球 1 和球 2 的细节实物图。

图 5.11(b)和图 5.11(c)为球 1 和球 2 对应的单激励线阵 SAR 成像结果的侧视图和俯视图。从图 5.11(b)中可得到球 1 和球 2 的相对高度差为 1.2m,与球 1 和球 2 高度差的测量值 1.09m 吻合良好;从图 5.11(c)中可得到球 1 和球 2 的相对距离差为 15.8m,与球 1 和球 2 距离差的测量值 14.96m 吻合良好。

通过实测数据成像结果的定性和定量分析,验证了单激励线阵 SAR 进行三维成像的可行性及单激励线阵 SAR 成像理论的正确性。另外,通过对实测数据的定性分析也表明,线阵 SAR 不但可获得目标散射系数的三维分布,同时也可对各散射点的几何位置进行精确测量。

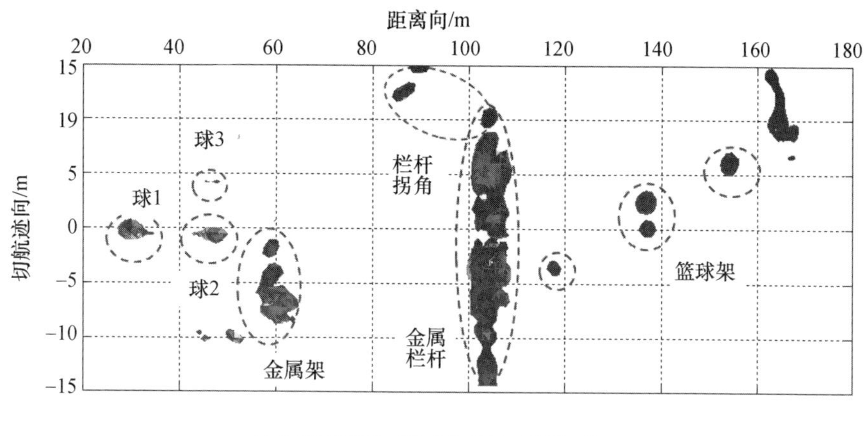

(a) 观测场景的三维成像结果（俯视图）

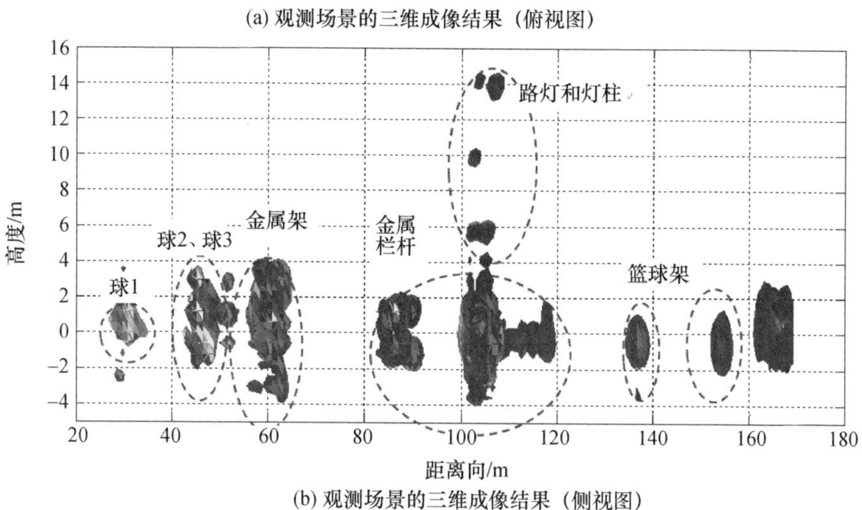

(b) 观测场景的三维成像结果（侧视图）

图 5.9　观测场景的三维成像结果

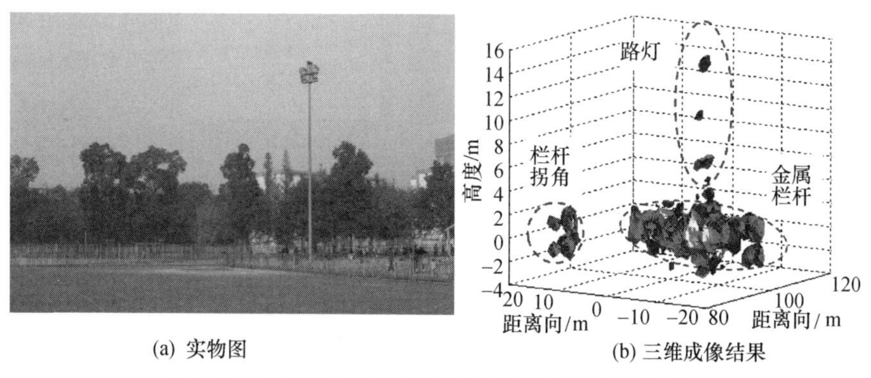

(a) 实物图　　(b) 三维成像结果

图 5.10　金属栏杆和路灯区域实物图及三维成像结果

(a) 球1和球2实物图

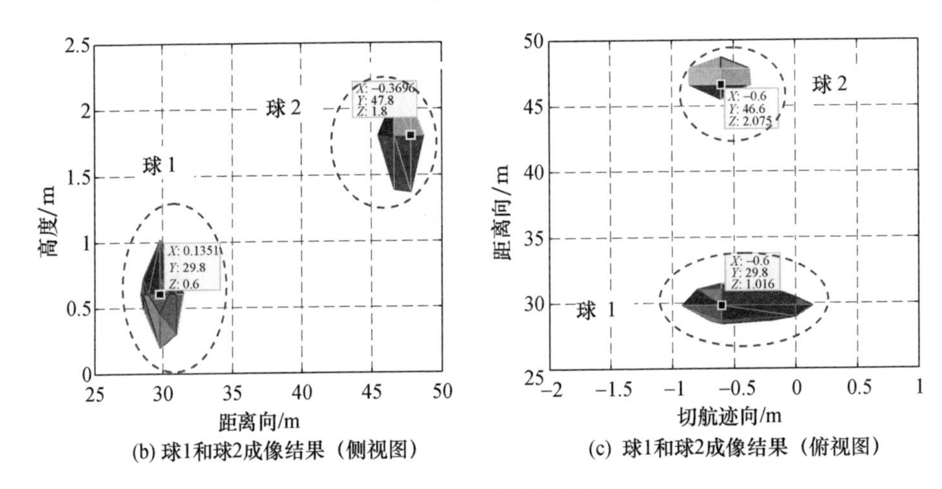

(b) 球1和球2成像结果（侧视图）

(c) 球1和球2成像结果（俯视图）

图 5.11　实验球实物图及成像结果

5.2　三维 SAR 回波并行仿真技术

为了验证三维 SAR 成像算法的性能，必须提供有效的回波数据。回波数据来自于两个方面，一是三维 SAR 系统真实测量，二是计算机仿真。其中，三维 SAR 系统实验耗费较大、时间较长，且采集的回波数据包含诸多噪声和误差，不利于对算法进行理论研究。因此，在科研工作中，计算机仿真三维 SAR 回波数据具有重要作用。

然而，三维 SAR 回波数据量巨大，如果利用 CPU 进行串行仿真，效率极其低下。为了对三维 SAR 数据仿真进行加速，本节将把数据仿真移植到 GPU 进行并行处理[6-9]。

5.2.1　回波仿真流程

三维 SAR 成像处理一般都要先对距离维数据进行脉冲压缩，因此在回波仿真的时候,可以直接生成距离压缩后的数据,即 sinc 函数,这样可以节约成像处理时间。三维 SAR 数据仿真流程如图 5.12 所示。

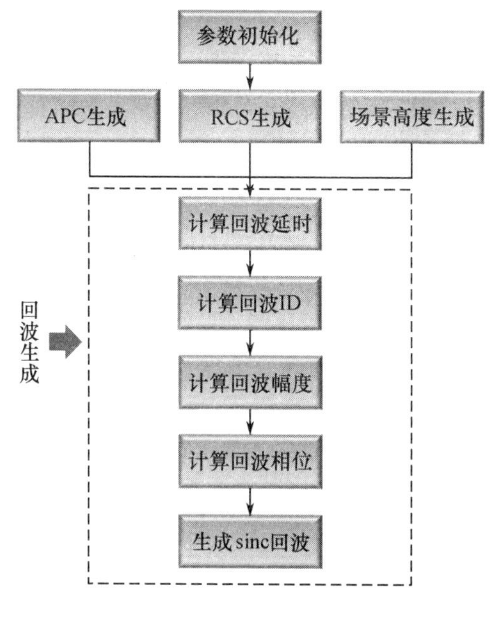

图 5.12　三维 SAR 回波仿真流程

(1) APC 生成:目前,三维 SAR 主要包括线阵三维 SAR、圆周 SAR 和层析 SAR 等,各种模式三维 SAR 的天线相位中心(Antenna Phase Center, APC)轨迹均不相同,因此考虑到数据仿真算法的适应性,APC 生成作为一个单独的模块提出。APC 矩阵可以表示为 $\boldsymbol{P}_{\mathrm{APC}}$,假设有 K 个脉冲重复间隔(PRI),则 $\boldsymbol{P}_{\mathrm{APC}}$ 的大小为 3 行 K 列。

(2) RCS 生成:场景 RCS 的变化可以反映不同地形的辐射特性,比如沙漠、丛林等,通过改变场景 RCS,即可仿真不同地形的雷达回波数据。RCS 矩阵可以表示为复数矩阵 $\boldsymbol{C}_{\mathrm{RCS}}$,假设 $\boldsymbol{C}_{\mathrm{RCS}}$ 的大小为 M 行 N 列,M 和 N 确定了三维场景在地面的二维投影网格大小。如果仅仅是点目标仿真,则只需要生成点目标的 RCS 即可。

(3) 场景高度生成:场景高度的变化可以反映不同地形的几何特性,比如房屋、舰船等,在数据仿真时,根据想要的场景进行高度设计。另外,为了生成三维的离散网格空间,还需要将地平面进行二维离散化。最后,三维场景坐标可以表示为三维矩阵 $\boldsymbol{P}_{\mathrm{SCN}}$,代表三维离散曲面网格上点的坐标。注意,在回波仿真时,场景其实是一个三维曲面,这与成像处理中图像三维空间不同。

(4) 回波生成主要部分包括回波延时、ID、剩余延时、相位和幅度等的计算,由于生成的回波幅度是 sinc 函数形式,因此需要计算回波 ID 附近一定范围内的

sinc 函数值。下面给出各过程的具体计算方法。

① 回波延时计算公式为

$$\tau_{k,mn}=\frac{2\parallel \boldsymbol{P}_{\mathrm{APC},k}-\boldsymbol{P}_{\mathrm{SCN},mn}\parallel_2}{c} \tag{5.20}$$

式中：$k=1,2,\cdots,K$ 为 APC 的 ID，$\boldsymbol{P}_{\mathrm{APC},k}$为第 k 个 APC 位置；$m=1,2,\cdots,M$ 和 $n=1,2,\cdots,N$ 分别为场景地平面二维网格中像素点在 X 方向和 Y 方向的 ID，$\boldsymbol{P}_{\mathrm{SCN},mn}$为地平面中像素点$(m,n)$对应的三维坐标。

② 回波 ID 计算公式为

$$\mathrm{ID}_{k,mn}=[\tau_{k,mn}\cdot f_{\mathrm{s}}]_{\mathrm{int}} \tag{5.21}$$

式中：f_s 为距离向采样频率；符号$[\ \cdot\ ]_{\mathrm{int}}$为四舍五入取整。

③ 剩余延时计算公式为

$$\Delta\tau_{k,mn}=\tau_{k,mn}-\frac{\mathrm{ID}_{k,mn}}{f_{\mathrm{s}}} \tag{5.22}$$

剩余延时代表离散采样导致的回波误差，用于后续 sinc 函数。

④ 回波相位计算公式为

$$\varphi_{k,mn}=-2\pi f_{\mathrm{c}}\tau_{k,mn} \tag{5.23}$$

式中：f_c 为雷达发射信号载频。

⑤ Sinc 函数。

对于三维 SAR 回波幅度问题，生成的 sinc 函数中心应在 $\tau_{k,mn}$时刻，而非 $\mathrm{ID}_{k,mn}$对应时刻，因此需要考虑剩余延时 $\Delta\tau_{k,mn}$。另外，还需要考虑回波与接收窗的位置关系，即位于接收窗内的可能是回波的前面部分、后面部分或者全部，如图 5.13 所示。在数据仿真时，只生成接收窗内的回波，接收窗外的回波并没有被雷达采样。

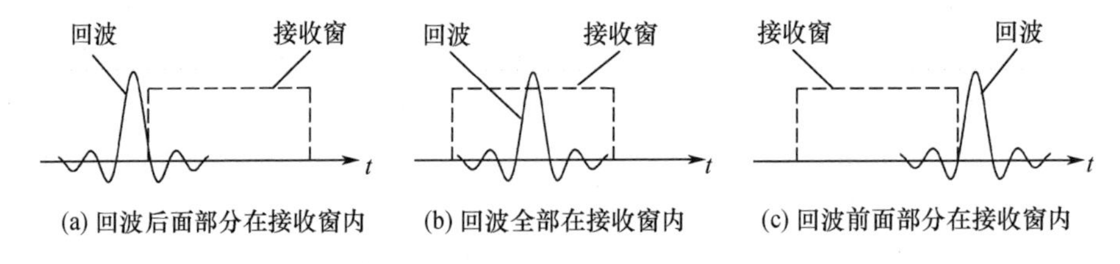

图 5.13 回波与接收窗位置关系

根据以上三种位置关系，把 sinc 函数生成部分分为三种不同情况。在此之前，先给出 sinc 函数幅度计算公式，即

$$\boldsymbol{A}_{k,mn}=\begin{cases}T_{\mathrm{r}}, & \boldsymbol{\theta}<0\\ \dfrac{T_{\mathrm{r}}\sin(\boldsymbol{\theta})}{\boldsymbol{\theta}}, & \boldsymbol{\theta}\geqslant 0\end{cases} \tag{5.24}$$

$$\boldsymbol{\theta}=\pi K_{\mathrm{r}}T_{\mathrm{r}}\left(\frac{\boldsymbol{\alpha}}{f_{\mathrm{s}}}-\Delta\tau_{k,mn}\right) \tag{5.25}$$

注意,式(5.24)中,$\boldsymbol{A}_{k,mn}$和$\boldsymbol{\theta}$均为向量,长度为 sinc 函数长度,设为 $L+1$,L 为偶数;$\frac{T_{\mathrm{r}}\sin(\boldsymbol{\theta})}{\boldsymbol{\theta}}$中的除法表示向量点除,即每个元素分别相除。

对于图 5.13 中所示的不同情况,产生 sinc 函数的区别仅在于式(5.25)中的 $\boldsymbol{\alpha}$,下面分情况给出结果,假设回波 ID 从 0 开始。

① 回波后面部分在接收窗内

此时,$\mathrm{ID}_{k,mn}$的范围为

$$-\frac{L}{2}\leqslant \mathrm{ID}_{k,mn}\leqslant\frac{L}{2}-1 \tag{5.26}$$

$\boldsymbol{\alpha}$ 为

$$\boldsymbol{\alpha}=[\,-\mathrm{ID}_{k,mn}\quad -\mathrm{ID}_{k,mn}+1\quad \cdots\quad L/2\,] \tag{5.27}$$

② 回波全部在接收窗内

此时,$\mathrm{ID}_{k,mn}$的范围为

$$\frac{L}{2}\leqslant \mathrm{ID}_{k,mn}\leqslant N_{\mathrm{r}}-\frac{L}{2} \tag{5.28}$$

式中:N_{r} 为距离向采样点数。

$\boldsymbol{\alpha}$ 为

$$\boldsymbol{\alpha}=[\,-L/2\quad -L/2+1\quad \cdots\quad L/2\,] \tag{5.29}$$

③ 回波前面部分在接收窗内

此时,$\mathrm{ID}_{k,mn}$的范围为

$$N_{\mathrm{r}}-\frac{L}{2}\leqslant \mathrm{ID}_{k,mn}\leqslant N_{r}+\frac{L}{2}-1 \tag{5.30}$$

$\boldsymbol{\alpha}$ 为

$$\boldsymbol{\alpha}=[\,-L/2\quad -L/2+1\quad \cdots\quad N_{\mathrm{r}}-\mathrm{ID}_{k,mn}-1\,] \tag{5.31}$$

遍历所有的 APC 和所有的像素点,将同一个距离单元的数据进行累加后,即可得到场景的回波数据矩阵。

5.2.2 回波仿真并行化

根据前述数据仿真流程,本小节将数据仿真移植到 GPU 以实现并行化加速,主要从任务划分和并行方案等方便进行阐述。

1) 任务划分

目前,任何一个算法的并行化计算,都不大可能完全仅在 GPU 端进行,在 CPU 端也需要做相关的数据准备、内存准备等工作。因此,数据仿真并行化的

第一步就是任务划分。

从图 5.14 所示的流程图中可以看出,数据仿真运算量最大的是回波生成部分,而参数初始化、APC 生成、RCS 生成和场景高度生成的运算量均不大,都可以在 CPU 端完成,当然,如果要用 GPU 实现同样可以,但本书不予考虑。因此,根据三维 SAR 数据仿真的流程,将任务划分如图 5.14 所示。在本节中,APC、RCS、场景高度都事先用 Matlab 生成,然后用 C 语言读取并使用。

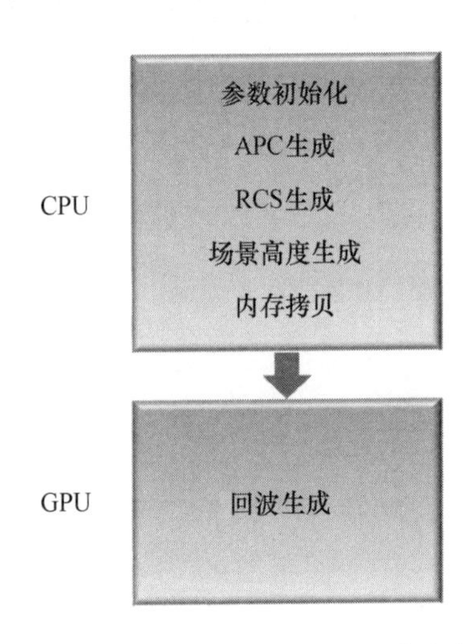

图 5.14　三维 SAR 数据仿真并行任务划分

2）并行方案

在三维 SAR 数据仿真中,存在两个基本的遍历过程:APC 遍历和像素点遍历,并且这两个遍历过程的顺序可以交换,既可先遍历 APC,也可先遍历像素点。基于此,三维 SAR 数据仿真的两个最基本并行方案为:基于 APC 的并行和基于像素点的并行。需要说明的是,将这两种并行方案进行融合,还可以得到新的并行方案,本书不予讨论。

(1) 基于 APC 的并行。

基于 APC 的并行方案如图 5.15 所示。在该方案中,线程与 APC 一一对应,即一个线程计算一个 APC 时刻的某个像素点回波;而所有线程仅对应一个像素点,即在一次 Kernel 调用中,仅计算一个像素点散射的回波;因此,Kernel 需要在 CPU 端循环调用,以遍历场景中所有的像素点。

(2) 基于像素点的并行。

基于像素点的并行方案如图 5.16 所示。在该方案中,线程与像素点一一对应,即一个线程计算一个像素点散射的回波;而所有线程仅计算一个 APC 时刻的回波;Kernel 也需要在 CPU 端循环调用,但用来遍历所有 APC 时刻。

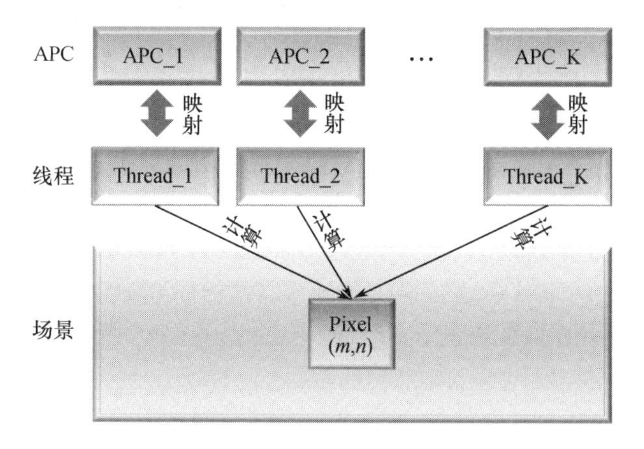

图5.15 基于APC的并行方案

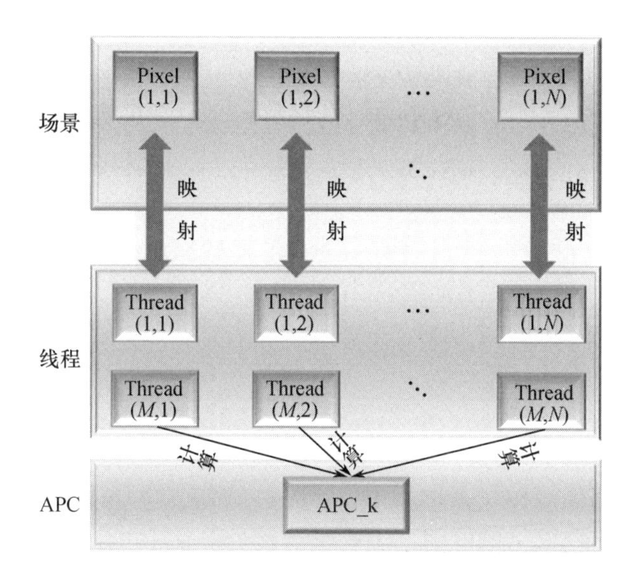

图5.16 基于像素点的并行方案

（3）并行方案对比。

衡量一种并行方案的好坏，大致可以从并行程度、显存大小和显存访问方式几个方面去考虑，对于不同的应用情形，同一种并行方案可能体现出不同的优劣势。下面对上述两种并行方案作简单地讨论对比。

① 并行程度。这里的并行程度主要指在一次Kernel调用中，分配的线程数目，非严格地认为线程数目越多，并行程度越高。基于APC的并行方案中，线程数目与APC数目相等，但对于线阵三维SAR而言，APC数目为沿航迹向采样点

数与阵元数目的乘积,数量极其庞大,这一点是三维 SAR 数据仿真与二维 SAR 数据仿真最大的区别,如果 APC 数目大于 GPU 容许的最大线程数,就需要将 APC 数目分批次处理。基于像素点的并行方案中,线程数目与地平面像素点数目($M \times N$)相同,这与二维 SAR 数据仿真完全一样。

由此可见,对于小场景的线阵三维 SAR 而言,APC 数目可能比地平面像素点数大得多,在这种情况下,基于 APC 的并行方案并行程度比基于像素点的并行方案并行程度更高;但在大场景条件下,结论可能相反。

② 显存大小。GPU 虽然有多种类型的显存资源,但都非常有限,因此显存占用大小也是并行方案优劣的重要评判指标之一。基于 APC 的并行方案中,一次 Kernel 调用虽然只计算一个像素点的回波,但所有 APC 时刻都需要计算,所以占用的显存非常巨大,但是如果将所有 APC 分批次处理,就可以将所需显存限制在一定范围内,显然这样会降低并行程度。基于像素点的并行方案中,一次 Kernel 调用仅需要一个距离向的显存用来存储一个 APC 时刻的回波,可见这种方案占用的显存非常小。

③ 显存访问方式。对于基于 APC 的并行方案,由于只需处理单个像素点,像素点坐标信息、RCS 信息都可以拷贝到显存后再传入 Kernel。因为所有线程都需要利用像素点的这些信息,所以存在大量的显存读取冲突;在写显存方面,一个像素点在相邻 APC 时刻的回波延迟非常接近,因此相邻线程计算的回波极有可能会写到同一块显存,导致显存写冲突。可见,在显存读和写两个方面,基于 APC 的并行方案访存效率都较低。

对于基于像素点的并行方案,虽然每个线程读取不同像素点的信息,不存在访存冲突,但每个线程会读取同一个 APC 坐标信息,所以仍然存在大量的显存读取冲突;在写内存方面,同一个 APC 时刻,相邻像素点间隔非常近,其回波仍然会写到同一块显存。因此,在显存访问方面,两种并行方案都存在严重的读写冲突,很难直观地比较孰优孰劣。

综合以上分析结果易见,基于 APC 的并行方案并行程度可能比基于像素点的并行方案更高,但其显存占用更大,两者内存访问效率势均力敌,因此,这两种并行方案性能相差不大。

5.2.3 回波仿真实验

本节将选用基于 APC 的并行方案进行线阵三维 SAR 回波数据仿真,主要比较 GPU 相对于 CPU 的计算性能。仿真中均采用双精度浮点运算以保证数据精度。仿真场景为三维的小山,如图 5.17 所示;仿真参数如表 5.2 所列。仿真采用的处理器为 Inter(R) Core(TM) i5 -2320 CPU @3.00GHz,显卡为 NVIDIA GeForce GTX 590 Ti,环境为 Visual Studio 2010。

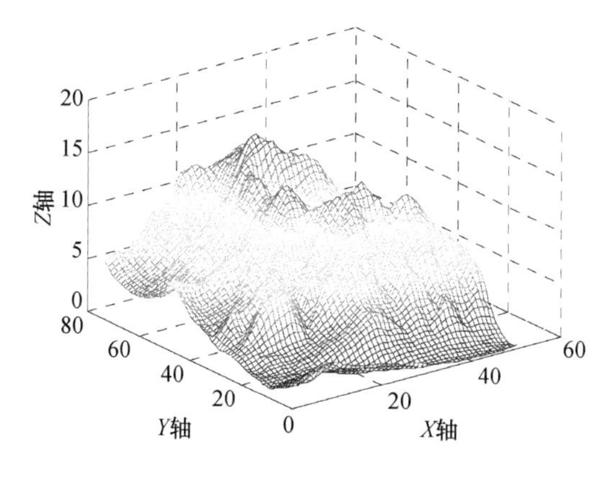

图 5.17　三维原始场景

表 5.2　仿真参数

载频	10GHz
时宽	1μs
带宽	300MHz
采样频率	330MHz
平台高度	100m
场景高度	16m
场景切航向宽度	13m
场景沿航向宽度	23m
阵列长度	6m
阵元间隔	0.015m
场景切航向点数	50
场景沿航向点数	70
场景高度向点数	40
沿航向 PRF	800Hz
合成孔径长度	5m
沿航向采样点数	448
距离向采样点数	348 +

由于多航过 APC 数目太大,超过了 GPU 线程块最大维数,在处理过程中,将所有的多航过 APC 进行分组,每一组包含 PATCH 个单航过,每个内核仅处理一组 APC,表 5.3 为不同的 PATCH 对应的执行时间。可见,PATCH 为 1 时,相对于 CPU,GPU 几乎没有加速,而 PATCH 从 8 增加到 128,GPU 执行时间差距很小,这是因为 PATCH 增加虽然减少了循环导致的内存拷贝次数,但 GPU 资源的

限制和访存冲突的加剧都导致内核执行效率变低。总体上看,三维 SAR 数据仿真的 GPU 加速比在 8 倍左右,这样的效率没有很好地体现出 GPU 的优势,主要原因还是数据仿真时访存冲突过于严重。不过在下一节中,我们将看到 GPU 在三维 SAR 成像处理效率上具有巨大优势。

表 5.3 不同 PATCH 对应的 GPU 执行时间

PATCH	1	8	16	32	64	128
GPU 时间/s	169.45	24.06	24.99	22.43	23.46	23.83
加速比	1.1	7.7	7.4	8.3	7.9	7.8

5.3 成像并行技术

5.2 节给出了三维 SAR 数据仿真流程,并将其移植到 GPU 进行并行处理,获得了较高的加速比。数据仿真的并行化为成像算法研究提供了便利,但对于三维 SAR 而言,最重要的还是成像处理。

后向投影算法(Back Projection, BP)是从层析成像技术中借鉴的处理方法,该方法通过将回波数据逐点投影到图像空间各像素,实现各散射点能量的积累。与其他方法相比[10],BP 方法成像原理简单,处理过程不存在任何近似误差,可适用于各种模式 SAR 成像处理,且便于进行高精度运动误差补偿。但是,由于该算法存在运算量大的缺点,其在传统 SAR 成像处理中很少使用。随着 GPU 等并行处理技术的发展,硬件运算水平飞速提高,一定程度上缓解了 BP 算法运算量大的问题。本节将主要讨论三维 BP 算法及其 GPU 并行化技术[11]。

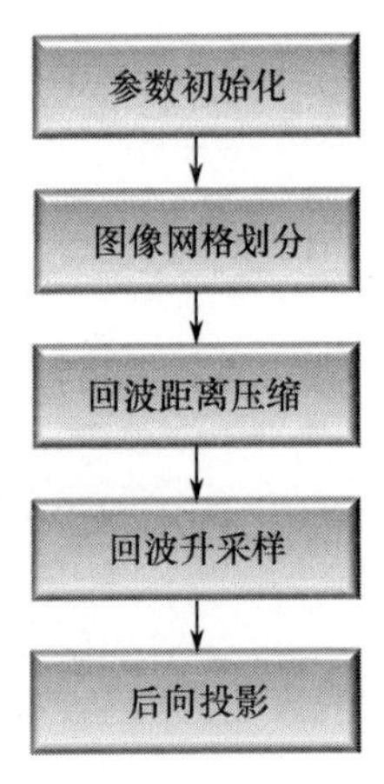

图 5.18 BP 算法基本流程

BP 算法在计算距离历史时,未进行任何近似处理,能对复杂运动轨迹产生的复杂距离走动和相位误差进行精确补偿。另外,BP 算法中各像素的处理相互独立,因此具有优良的并行化潜力。

为了更清晰地看到 BP 算法的原理,以及方便后续 BP 算法并行化分析,将 BP 算法流程绘制如图 5.18 所示。

在图 5.18 中,图像网格划分主要是确定三维图像空间大小及像素间隔;回波距离压缩实现回波在距离向聚焦,这一个步骤与后向投影独立,并非后向投影的特点,其他算法(如 CS、RD、WK 等)均需要距离压缩;为了提高插值精度,可以在后向投影过程中进行 sinc 插值,但 sinc 插值效率非常低,会严重影响后向投影效率，因此通常在后向投影之前，先将距离压缩后的回波在频域进行插值；后向投影的过程包含了更多细节的操作，其实，后向投影的过程就是上一节中回波生成的逆过程，其操作流程细节如图 5.19 所示。

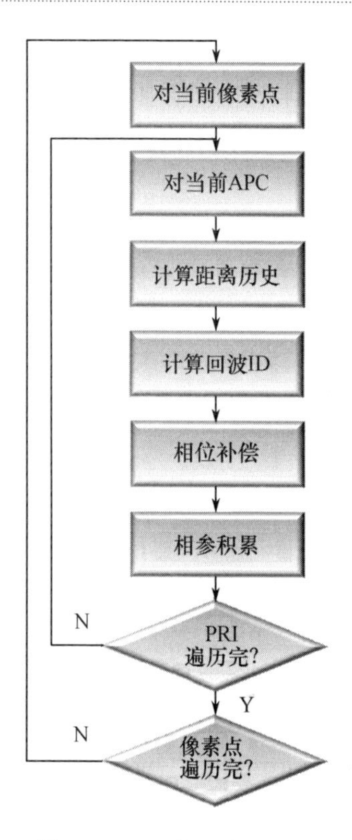

图 5.19　BP 处理流程细节

5.3.1　后向投影并行化

1）并行方案

从图 5.19 可以看出，与回波数据仿真中的回波生成部分相同，后向投影也存在两重最基本的循环结构，即 APC 循环和像素点循环，因此，对于 BP 算法的并行化，我们也从两个循环结构出发，提出基于 APC 的并行和基于像素点的并行。基于 APC 的并行结构与图 5.15 完全相同，这里不再重复给出；基于像素点的并行结构与数据仿真不同，在数据仿真中，场景虽然是三维的，但只对三维场景曲表面上的像素点进行回波生成，这与二维 SAR 的回波生成没有本质区别，所以基于像素点的并行方案中，仍可以看成是二维场景与二维线程网格的对应惯性。但是在后向投影的过程中，三维场景的高度是未知的，不可能仅对三维场景曲表面进行后向投影，而必须对整个三维图像空间中的所有像素点作后向投影，这也是我们将图像空间划分为三维网格的原因，因此基于像素点并行的后向投影[12]与回波生成有较大区别。针对这一问题，由于 CUDA 支持三维线程网格[13]，可以将三维图像空间网格与三维线程网格对应，然而虽然 CUDA 支持三维线程网格，但第三维的最大允许线程数受到严重约束，这就限制了图像空间在某一个维度上的长度，显然这不符合应用要求，因此需要在 Kernel 内部或者外部另加一个循环来解决这个问题。三维线程网格与三维图像空间关系如图 5.20 所示。

除了这个方法以外，还有一种更加直观、简洁的办法来处理三维图像空间域线程网格的对应问题，那就是将图像空间在某个维度上进行切片，另外两个维度构成一个二维平面，而每个 Kernel 仅处理该二维平面网格，在 Kernel 外对作了切片的维度进行循环，这样每个 Kernel 的并行结构就与图 5.21 一样。二维线程网格与三维图像空间切片关系如图 5.21 所示。

2）并行方案对比

我们选择如图 5.16 所示的基于像素点的并行方案，可见这时每次 Kernel 调

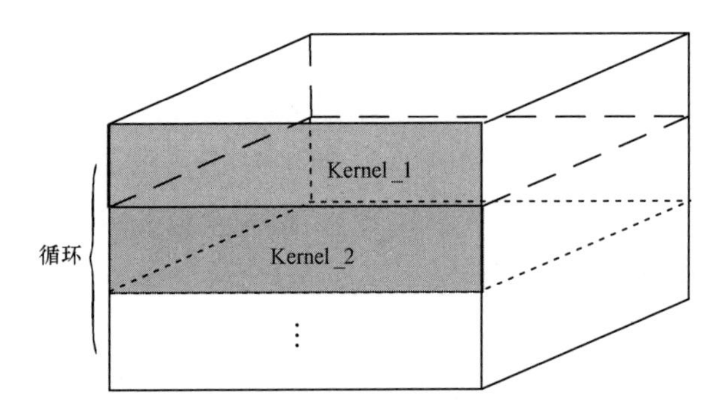

图 5.20　三维线程网格与三维图像空间的关系

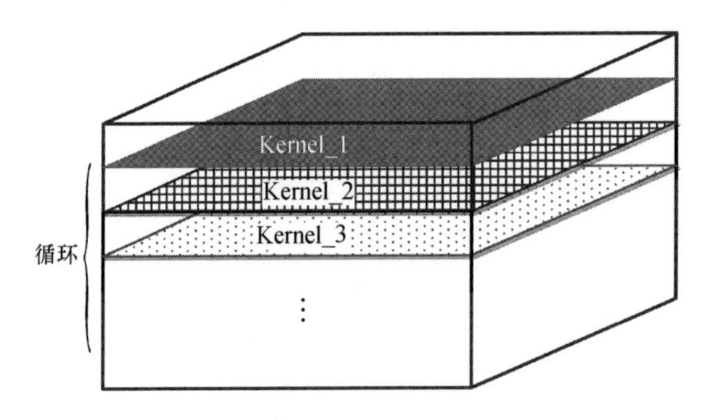

图 5.21　二维线程网格与三维图像空间切片的关系

用都相当于作一个二维后向投影,这与二维 SAR 后向投影的并行化一致,因此在并行化程度方面,基于 APC 和基于像素点的后向投影与回波生成时具有相同特点。但是基于 APC 和基于像素点的后向投影和回波生成,除了前述区别外,在内存访问方式上还有其他显著差异,我们将对此作简要分析和对比。

在基于 APC 的并行方案中,由于不同的线程读取不同方位时刻的回波数据,所以不存在显存读取冲突。但是,当所有线程都将各自的后向投影结果写入图像空间中同一个像素点对应的显存单元时,每个线程都在竞争有限的显存访问权限,导致大部分线程都将进入等待或者挂起状态。可见,基于 APC 的并行方案存在严重的显存写入冲突。

在基于像素点的并行方案中,因为每个线程都处理不同的像素点,所以在后向投影结果进行累加和写入显存操作过程中都不存在显存写入冲突。然而,由于相邻几个像素点的间隔极其小,其距离就非常接近,它们的回波很有可能位于同一个距离单元,也就是同一个显存单元,继而导致相邻几个线程同时访问同一个显存单元,最终显存读取冲突较为严重。但相比于基于 APC 的并行方案中所有线程全部写入同一个显存单元,基于像素点的并行方案中,显存读取冲突相对较弱。

综合 5.3.1 节数据仿真并行化方案中对并行化程度和显存占用大小的分析来看，在单 Kernel 调用情况下，基于像素点的后向投影并行方案可能比基于 APC 的并行方案更优。但是在后向投影两种并行方案中，均存在 Kernel 外部循环，APC 并行时外部循环次数为三维空间中像素点数目，像素点并行时外部循环次数为 APC 数目，通常情况下三维 SAR 成像三维空间像素点数目比阵列 APC 数目大得多，因此两种方案孰优孰劣很难从理论上确定。

5.3.2　流结构后向投影算法

在阵列下视三维测绘任务中，三维 SAR 可能连续观测几个小时，测绘区域覆盖上百千米，采集几百 GB 数据。在面对如此大量数据时，采用分块处理策略将导致冗余操作（为了获得某区域图像，需要处理该区域长度及合成孔径长度的数据，相邻两个分块之间，必然存在半个孔径长度的重叠，导致冗余操作）、数据拼接等方面的问题。

更为有效的 SAR 成像处理策略为流结构。该过程模仿三维 SAR 系统的实际工作过程，在处理中，原始数据按照时间顺序流入处理器，图像流出处理器，并按照需要划分为适当大小的子图像。与分块处理结构相比，流结构避免了冗余操作，简化了数据拼接，并具有更好的实时性，更适合于程序化、大批量的三维 SAR 成像处理。

流结构 BP 主要针对方位向进行处理，因此在三维 SAR 中，我们也仅考虑方位向的流处理问题。因此本节将以二维 SAR 为基础，解析流结构 BP 的详细原理。

5.3.2.1　流结构 BP

在成像过程中，观测条带可以分为三个区域：已照射区域、当前照射区域和未照射区域，如图 5.22 所示。

已照射区域是指天线波束已经完全滑出的区域，由于已获得该区域成像处理所需的全部数据，三维 SAR 成像处理系统可以完成该区域的成像处理工作。当前照射区域是指当前时刻天线波束所覆盖的区域，由于该区域仍在数据采集阶段，因此无法完成成像处理工作，但已采集数据应该被压缩，并相参累加到对应像素位置。未照射区域是指天线波束还未照射的区域，由于目前尚无该区域的数据，因此成像处理工作尚无法开始。随着时间的推移，未照射区域滑入当前照射区域，具备成像处理条件；当前区域将滑入已照射区域，完成成像处理。

流结构 BP 处理过程与上述过程类似，在读取当前 PRI 回波后，处理器将此回波投影到当前照射区域内的各像素中。随着 PRI 的推移，部分像素滑入当前照射区域，开始进行成像处理；部分图像从当前照射区域滑出，完成成像处理。

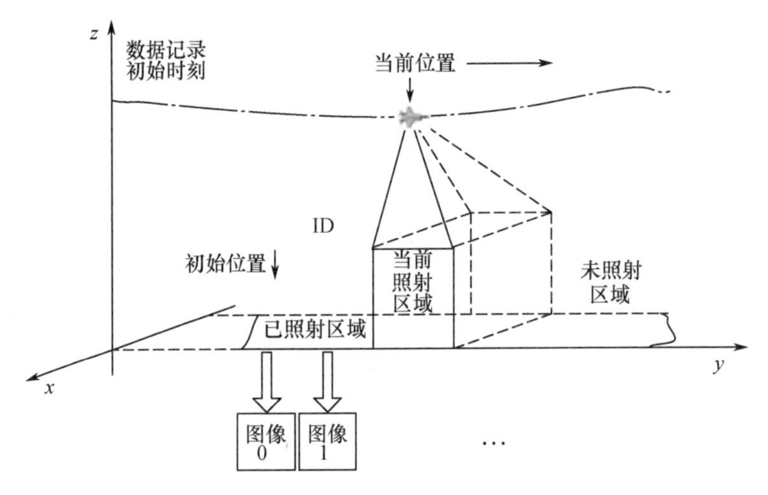

图 5.22　流结构 BP 示意图

为了实现流结构 BP,需要采用双缓存结构,GPU 端的缓存对应“当前照射区域”,称为“孔径缓存”,孔径缓存具有循环数据结构;CPU 段缓存对应“子图像”,称为“图像缓存”,如图 5.23 所示。

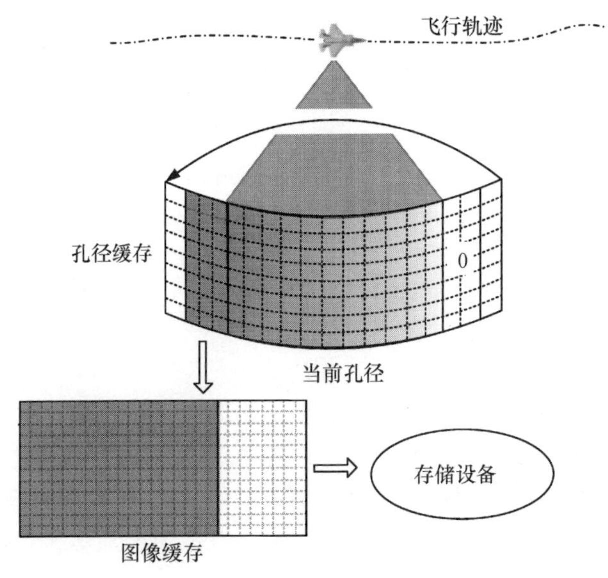

图 5.23　孔径缓存与图像缓存示意图

假设孔径长度为 L_a,测绘条带宽度为 L_u,高度向 L_z孔径间隔为 ϑ_u和 ϑ_v,孔径缓存的尺寸为 $N_{aper} \times N_u \times N_z$:

$$N_{aper} = \left\lceil \frac{L_a + \Delta L}{\vartheta_v} \right\rceil \tag{5.32}$$

$$N_{\mathrm{u}}=\left\lceil\frac{L_{\mathrm{u}}}{\vartheta_{\mathrm{u}}}\right\rceil \tag{5.33}$$

式中:⌈·⌉为向上取整;ΔL 为孔径缓存冗余。

图像缓存用于将孔径缓存输出的 3D 成像结果拼接为指定大小的 3D 图像,并转存到大规模存储设备上。假设需要的图像长度为 N_{Azi},则孔径缓存的尺寸为 $N_{\mathrm{Azi}}\times N_{\mathrm{u}}\times N_{\mathrm{z}}$。

5.3.2.2 调度策略

流结构 BP 原理与其他实现方式类似,但调度策略存在很大差异,需要及时保存已处理数据,将新增数据区域置零,并克服平台非直线运动所产生的误差积累效应。

在描述流结构 BP 调度策略前,首先定义成像坐标系:y 轴平行于理想速度方向,z 轴垂直于地面,x 轴满足右手准则。此时,天线相位中心轨迹表示为 $\boldsymbol{p}_{\mathrm{apc}}[n]$,场景初始位置为 $\boldsymbol{p}_{\mathrm{scn}}$,其各自的 y 分量分别表示为 $\boldsymbol{p}_{\mathrm{apc}}^{v}[n]$ 和 $\boldsymbol{p}_{\mathrm{scn}}^{v}$。

在实际中,雷达视线方向很难精确垂直于速度方向,此时,处理数据的起始位置为:

$$\mathrm{PRI}_0=\underset{n}{\operatorname{argmin}}\left[\left|\boldsymbol{p}_{\mathrm{apc}}^{v}[n]+d-\boldsymbol{p}_{\mathrm{scn}}^{v}+L_{\mathrm{a}}/2\right|\right]-\mathrm{batch} \tag{5.34}$$

式中:d 为斜视角导致的波束偏移量,batch 为一次核函数调用处理的 PRI 数目。

同理,处理数据的终止位置为:

$$\mathrm{PRI}_{\mathrm{End}}=\underset{n}{\operatorname{argmin}}\left[\left|\boldsymbol{p}_{\mathrm{apc}}^{v}[n]+d-(\boldsymbol{p}_{\mathrm{scn}}^{v}+L_{\mathrm{v}})-L_{\mathrm{a}}/2\right|\right]+\mathrm{batch} \tag{5.35}$$

式中:L_{v}为处理区域的方位向长度。

自 PRI 开始,处理系统重复载入天线相位中心数据和原始数据,直到终止 PRI。对于某个 PRI 时刻 n,当前照射区域的起始位置相对处理区域的偏移量为:

$$\mathrm{ID}_0^{n}=\left\lceil\frac{\boldsymbol{p}_{\mathrm{apc}}^{v}[n]+d-\boldsymbol{p}_{\mathrm{scn}}^{v}-L_{\mathrm{a}}/2}{\vartheta_{\mathrm{v}}}\right\rceil \tag{5.36}$$

考虑到孔径缓存的循环结构,其对应的 y 地址为:

$$\mathrm{ID}_{\mathrm{blockId}x.\,y}^{n}=\mathrm{mod}\left[(\mathrm{ID}_0^{n}+\mathrm{blockId}x.\,y),N_{\mathrm{aper}}\right] \tag{5.37}$$

式中:mod[·]为取模操作。

另外,循环结构同时要求在使用孔径缓存的新增单元前,必须对该区域进行置零操作,其起始地址为:

$$\mathrm{ID}_{\mathrm{zero}}^{\mathrm{start}}=\mathrm{mod}\left[\mathrm{ID}_{\mathrm{Last}}^{k-1}+\mathrm{GridDim}.\,y+1,\quad N_{\mathrm{aper}}\right] \tag{5.38}$$

$$\mathrm{ID}_{\mathrm{Last}}^{k-1}=\left\lceil\frac{\boldsymbol{p}_{\mathrm{apc}}^{v}[\mathrm{PRI}_0+k\times\mathrm{batch}-1]-(\boldsymbol{p}_{\mathrm{scn}}^{v}-L_{\mathrm{a}}/2)}{\vartheta_{\mathrm{v}}}\right\rceil \tag{5.39}$$

式中:$k=0,1,\cdots,n,\mathrm{PRI}_0+k\times\mathrm{batch}-1$。

置零单元的终止位置为：

$$\mathrm{ID}_{\mathrm{zero}}^{\mathrm{end}} = \mathrm{mod}[\mathrm{ID}_{\mathrm{Last}}^{k} + \mathrm{GridDim}.y + 1, N_{\mathrm{aper}}] \tag{5.40}$$

在处理完当期批次数据后，需要将滑出当期照射区域的像素数据存入图像缓存，孔径缓存的起始地址和终止地址为

$$\mathrm{ID}_{\mathrm{store}}^{\mathrm{start}} = \mathrm{mod}[\mathrm{ID}_{\mathrm{Last}}^{k-1} - 1, N_{\mathrm{aper}}] \tag{5.41}$$

$$\mathrm{ID}_{\mathrm{store}}^{\mathrm{end}} = \mathrm{mod}[\mathrm{ID}_{\mathrm{Last}}^{k} - 1, N_{\mathrm{aper}}] \tag{5.42}$$

对应的图像缓存的起始地址和终止地址为：

$$\mathrm{ID}_{\mathrm{read}}^{\mathrm{start}} = \mathrm{mod}[\mathrm{ID}_{\mathrm{Last}}^{k-1} - 1, N_{\mathrm{Azi}}] \tag{5.43}$$

$$\mathrm{ID}_{\mathrm{read}}^{\mathrm{end}} = \mathrm{mod}[\mathrm{ID}_{\mathrm{Last}}^{k} - 1, N_{\mathrm{Azi}}] \tag{5.44}$$

另外，当图像缓存满时，需要将孔径缓存数据进一步转存到大规模存储设备中。通过上述处理，即可实现对海量3DSAR数据的高精度成像处理。

5.3.3 成像实验

本节将通过图5.16所示的并行方案对小山分别用CPU和GPU进行成像处理，以分析GPU在处理三维SAR数据上的优势。小山模型和相关仿真参数均与5.3.1节相同。

5.3.3.1 成像质量对比

采用CPU和GPU的成像结果如图5.24所示。图5.24(a)为CPU成像结果，图5.24(b)为GPU成像结果。对比可以看出，GPU与CPU具有完全相同的成像质量。

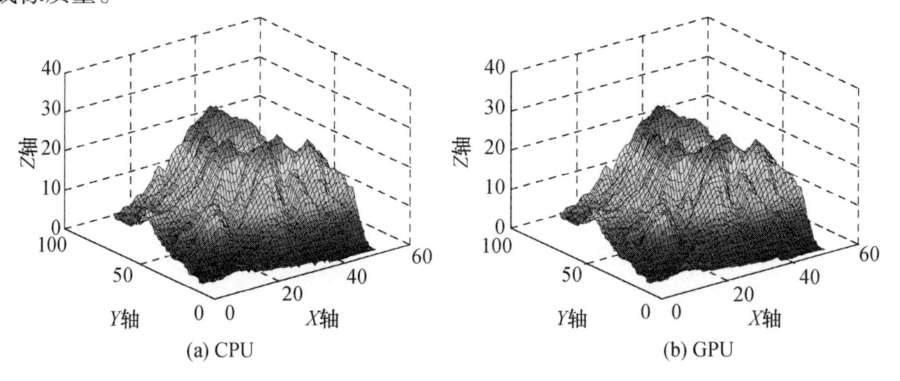

图5.24 CPU和GPU的成像结果

5.3.3.2 并行优化方法

下面我们从Grid/Block维度设计、存储器访问、指令流、线程粒度、循环展开等方面来分析和优化GPU并行处理的效率。

1. Grid/Block 维度设计

Grid/Block 维度的设计与诸多因素有关，比如算法并行结构、GPU 存储资源和 GPU 执行模型等，在实际应用中，可以对这些因素进行大致分析，然后通过实验进行最优方案选择。对于图 5.16 所示的并行方案，由于一个线程处理一个像素点的单 PRI 数据，而图像空间是三维的，因此最终线程在 Grid 中的分布应该是三维的。假设选择 Block 的三个维度大小分别为 BD_X、BD_Y 和 BD_Z，那么 Grid 的三个维度大小分别为：

$$GD_X = (Nscnx + BD_X - 1)/BD_X \tag{5.45}$$

$$GD_Y = (Nscnx + BD_Y - 1)/BD_Y \tag{5.46}$$

$$GD_Z = (Nscnx + BD_Z - 1)/BD_Z \tag{5.47}$$

当 Block 的三个维度大小和三维场景网格尺寸确定后，Grid 的三个维度也就相应确定。因此，合理改变 Block 的三个维度大小，对比各种组合下程序的执行时间，从而选择最佳的 Block 维度大小（回波方位向和距离向点数分别为 800 和 394，三维场景离散网格点数分别为 50、40 和 30）。先固定 $BD_X = 32$，至少保证一个 Block 里面有一个 warp，改变 BD_Y 和 BD_Z，观察运行时间，如表 5.4 所示。

表 5.4 当固定 $BD_X = 32$ 时，BD_Y 和 BD_Z 不同组合的运行时间/ms

BD_Z \ BD_Y	1	2	4	8	16	32
1	2046	1661	1580	1657	1763	2107
2	1648	1586	1620	1631	1839	
4	1572	1628	1618	1791		
8	1649	1653	1751			
16	1694	1698				
32	1683					

由上表 5.4 可以看出，当 $BD_Y = 1$ 和 $BD_Z = 4$ 时，时间最短，为 1572ms。因为上表中达到最佳效率时 $BD_Y = 1$，因此下面固定 $BD_Y = 1$，改变 BD_X 和 BD_Z，观察运行时间，如表 5.5 所示。

表 5.5 当固定 $BD_Y = 1$ 时，BD_X 和 BD_Z 不同组合的运行时间/ms

BD_Z \ BD_X	32	64	128	256	512
1	2038	1708	1676	1963	2667
2	1650	1685	1683	1945	
4	1578	1625	1691		
8	1640	1664			
16	1686				

由上表可以看出，当 $BD_X = 32$ 和 $BD_Y = 1$ 时，时间最短，这与表 5.4 揭示的规律是一样的。再固定 $BD_Z = 4$，改变 BD_X 和 BD_Y，观察运行时间，如表 5.6 所列。

表 5.6　当固定 $BD_Z = 4$ 时，BD_X 和 BD_Y 不同组合的运行时间/ms

BD_Y \ BD_X	32	64	128
1	1575	1628	1670
2	1621	1636	
4	1625		

由上表 5.6 可以看出，当 $BD_X = 32$ 和 $BD_Y = 1$ 时，时间最短，与前面的两个结果是一样的。因此，本方案中最优的 Grid/Block 设计为 $BD_X = 32$、$BD_Y = 1$ 和 $BD_Z = 4$。

2. 存储器访问

图 5.16 所示方案的存储器访问优化主要有对全局存储器访问的优化、对共享存储器访问的优化和对寄存器的优化，而对纹理存储器访问的优化和对常数存储器的访问优化几乎没有效果。下面分别讨论对前三种存储器的访问优化。

(1) 全局存储器。

对于计算能力为 2. x 的设备，全局存储器访问的优化，主要是避免非合并的访问，否则一个 warp 会分成两次甚至多次访问。在图 8.7 所示方案的 Kernel 函数中需要访问的全局存储器包括 APC 坐标数据空间、每个 API 对应的回波数据空间和图像空间。

对于 APC 坐标数据空间：由于一个 Kernel 函数只处理一个 PRI，所有线程访问的都是相同的 APC 显存单元，因此可以在同一个 Block 内共享这一 APC 坐标数据，即事先将单个 PRI 对应的 APC 坐标数据加载到共享存储器。修改前后运行时间对比如表 5.7 所示。

表 5.7　线程直接访问 APC 全局存储器和预加载到共享存储器后再访问的时间对比

	运行时间/ms
APC 全局访问	1575
APC 共享访问	1590

由表 5.7 可以看出，虽然在共享存储器中访问 APC，但效率却降低了。出现这一现象的原因有两个：一是每个 Block 中线程数较少，二是因为出现了很多不同路径的分支，不同分支又访问同一个共享单元，从而导致访问冲突。另外，全

局存储器有 Cache 加速也从侧面降低了共享存储器访问相比于全局存储器访问的优势。因此,最终仍然选择直接访问 APC 全局存储器,而不预加载到共享后再访问。

(2) 寄存器。

单线程寄存器使用过多,将会导致活动 Block 数量下降,且活动线程数量将会以 Block 为单位下降,因此应当尽量减少 Kernel 函数中变量的使用。根据这一原则,可采用变量复用的方法来减少总的变量的数量,即将前面使用过的变量用在后面。

3. 指令流优化

并行 BP 的 Kernel 函数中除法指令是极其耗时的,因此对算术指令的优化主要针对除法,包括两个方面的操作:

(1) 通过 pitch 值计算 APC 显存地址时,需要除以 sizeof(double),可以将其放到 Kernel 函数调用前计算,而在 Kernel 函数中直接通过以元素为单位的二维显存宽度进行地址计算,从而避免该除法运算;

(2) 计算 ID 和补偿相位时,需要除以 π,通过将 1/π 这一常数预先算好并以宏的形式声明,从而避免该除法运算。

除法指令优化前后的时间对比如表 5.8 所示。从表中可以看出,除法指令优化后约比优化前的时间减少了 30ms,当回波数据量越大、场景越宽时,这一效果将更加明显。

表 5.8 除法指令优化前后的时间对比

	运行时间/ms
除法指令优化前	1575
除法指令优化后	1544

4. 线程粒度

在访存较多而计算较少的情况下,一个线程处理所有 PRI 数据并不可选,但如果适当增加一个线程处理的 PRI 数量,是否可能提高效率?因此将方案改为一个线程处理 PATCH 个 PRI,然后改变 PATCH 的值,比较程序执行时间。统计结果如表 5.9 和图 5.25 所示。从表中可以明显地看出,当 PATCH 增大后时间减少,但是从图 5.25 中又看到,随着 PATCH 增加,时间减少的速度变慢,将逐渐趋近稳定。另外,PATCH 的增大,势必导致对显存的要求越多,当回波数据距离向点数很大的情况下,显存空间大小不容易满足要求,因此,应根据实际情况对 PATCH 做适当调整,根据表 5.9,选择 PATCH = 32,这时相对于单 PRI 处理的速度提高了将近一倍(1544/744)。

表 5.9　不同 PATCH 的时间对比

PATCH	运行时间/ms
1	1544
2	1275
4	980
8	874
16	777
32	744

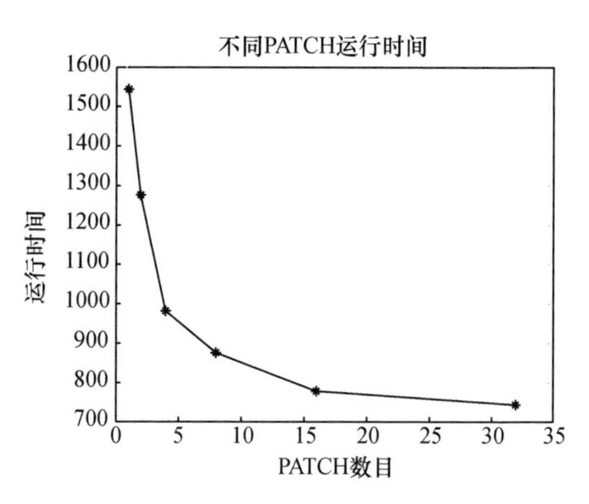

图 5.25　不同 PATCH 程序运行时间

5.3.3.3　并行性能分析

下面利用 Compute Visual Profiler 对整体优化后的程序做简单分析。首先来看 GPU 执行时间比例,如图 5.26 所示。其中,BP_Kernel 占了总的 GPU 时间的 63.48%,除此之外,占用时间较多是在重采样中用作 FFT 的三个核函数以及设备端到设备端的内存拷贝函数[14,15],这一部分不是 BP 算法最核心的,因为它可以在 Kernel 函数中用 sinc 插值来实现,这样可以提高 BP_Kernel 的执行时间比例。但是需要注意的是,sinc 插值是一个运算量极其宏大的操作,在理论仿真和工程应用中都会极力避免。实践也证明,FFT 重采样比 sinc 插值的效率要高出许多倍。因此,虽然这里的 BP_Kernel 执行时间占总的 GPU 时间的比例不大,但总体上已经对程序进行了很大加速。

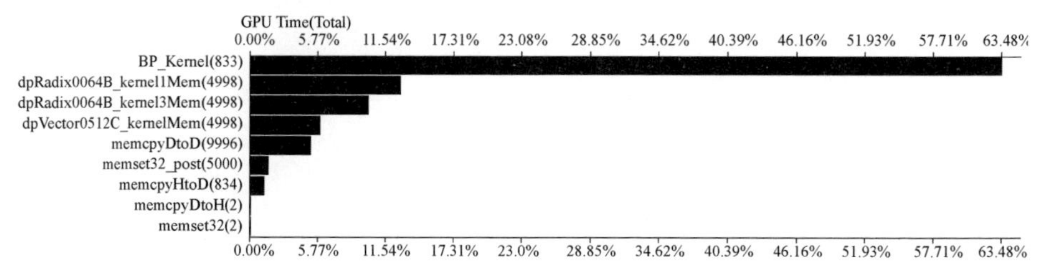

图 5.26　各函数在 GPU 执行时间的占用比例图

"Limiting Factor Identification"页面对程序进行 Kernel 级的分析,主要观察"Limiting Factor"所列项,如图 5.27 所示。

从图中可以看出,4 个指标都与理论值有差距,特别是"Achieved Instruction Per Byte Ratio"和"Achieved global memory throughput"。其中,"Achieved Instruction Per Byte Ratio"比理论值高出了一倍多,这是因为:为了保证高精度成像,程

```
Limiting Factor
Achieved Instruction Per Byte Ratio:  8.71 ( Balanced Instruction Per Byte Ratio:  3.82 )
Achieved Occupancy:  0.62 ( Theoretical Occupancy:  0.67 )
IPC:  1.79 ( Maximum IPC:  2 )
Achieved global memory throughput:  41.86 ( Peak global memory throughput(GB/s):  164.16 )
```

图 5.27 BP_Kernel 性能的限制因素

序中的数据都是 double 型。而"Achieved global memory throughput"只是峰值的 25.5%，这是对全局存储器的非合并访问造成的。而对回波数据的非合并访问主要是由 BP 算法的本质决定的，无法进行进一步优化，还有就是对图像空间的非合并访问主要是不同路径的分支造成的，而不同路径的分支在 BP 算法里面仍然是一个不可避免的问题。

"Occupancy Analysis"页面显示了各种性能指标与理论值的比较，如图 5.28 所示。从图中可以看出，使用的寄存器量占最大量的 87.5%，比较充分地利用了寄存器资源。不仅如此，每个 SM 的活动线程块数目也达到了最大值。而每个 SM 的活动线程数目却比最大值少了三分之一，这是因为：虽然活动线程块数目达到峰值，但是每个 Block 的线程只有 32 个，总体的活动线程数目就相对少了。然而，Block 维度优化设计中的统计信息表明，当前的 Block 维度分配最合理。

```
Occupancy Analysis for kernel BP_Kernel on device GeForce GTX 590

• Kernel details: Grid size: [2 40 8], Block size: [32 1 4]

• Register Ratio: 0.875 ( 28672 / 32768 ) [27 registers per thread]
• Shared Memory Ratio: 0 ( 0 / 49152 ) [0 bytes per Block]

• Active Blocks per SM: 8 (Maximum Active Blocks per SM: 8)
• Active threads per SM: 1024 (Maximum Active threads per SM: 1536)

• Potential Occupancy: 0.666667 ( 32 / 48 )
```

图 5.28 BP_Kernel 的资源占用情况

5.3.3.4 加速比分析

为了得到不同情况下的加速比，事先选定影响计算规模的参数如表 5.10 所示。其中，N_a 为所有方位向点数(航过数乘以一个航过的方位点数)，N_r 为距离向点数，S_x、S_y 和 S_z 分别为场景三个坐标方向的离散点数。

表 5.10 大 N_a 小场景仿真参数

N_a	N_r	S_x	S_y	S_z
179200	348	50	70	40

GPU 和 CPU 的执行时间和加速比如表 5.11 所示。可以看出，在表 5.10 的

参数下,GPU 相对于 CPU 只有大约 75 倍的加速,这是因为我们采用的并行方案是针对像素点的,而表 5.10 中的三维像素点数目比较少,方位向点数 N_a 却非常大,造成了在升采样过程中大量的内存拷贝操作。不过在实际中,方位向点数 N_a 不会太大,而场景点数却非常大,所以加速比将远远超过 75。

表 5.11　大 N_a 小场景 BP 算法的 GPU 加速比

GPU 执行时间/s	CPU 执行时间/s	加速比
21.7235	1627.8190	74.9336

为了观察 N_a 过大造成过多的内存拷贝对加速比的影响,将程序中升采样部分注释掉,只观察 BP 内核执行的效率,参数如表 5.10,结果如表 5.12 所示。可以看出,GPU 执行时间比表 5.10 中的减少了一半多,而加速比在相同情况下提高了将近一倍,可见升采样过程中过多的内存拷贝操作极度影响 GPU 的加速性能。可在实际中,由于场景点很多,可以掩盖这一影响。

表 5.12　去掉升采样后 BP 算法的 GPU 加速比

GPU 执行时间/s	CPU 执行时间/s	加速比
10.6562	1435.8530	134.7434

为了观察在场景较大时 GPU 的加速比,将表 5.10 中的参数修改为表 5.13 中的值,且程序中场景各个方向的像素单元间隔 dx、dy 和 dz 应分别改为原值的一半,否则大多数场景点在波束范围以外,将得不到正确的加速比。结果如表 5.14 所示。可以明显地看出,当场景总的像素点数目变为表 5.9 中的 8 倍后,加速比大约增加为原来的 5/3 倍,GPU 加速得到很大的提高。

表 5.13　大 N_a 较大场景仿真参数

N_a	N_r	S_x	S_y	S_z
179200	348	100	140	80

表 5.14　大 N_a 较大场景 BP 算法的 GPU 加速比

GPU 执行时间/s	CPU 执行时间/s	加速比
95.3336	11921.77	125.0492

综上所述,在目前的仿真条件下,三维 BP 算法的 GPU 加速比可以达到约 125 倍,但实际上场景点数目将远大于目前仿真的数目,因此可以预测,在大场景条件下,加速比将有更大提升空间。

参考文献

[1] Ishimaru A, Chan T-K, Kuga Y. An imaging technique using cofocal circular synthetic aperture radar[J]. IEEE Transactions on Geoscience and Remote Sensing, 1998,5(36).

[2] Walterscheid I, Ender J H G. Bistatic SAR processing and experiments[J]. IEEE Transactions on Antennas and Propagation, 2006,10(44).

[3] 师君. 双基地 SAR 与线阵 SAR 原理及成像技术研究[D]. 成都:电子科技大学,2009.

[4] Wehner D R. High resolution aperture radar[M]. Artech House, 1978.

[5] Fries R. Three dimensional matched filtering, in infrared systems signal and components III [J], SPIE, (R. Caswell, ed.) 1050: 19 - 27, 1989.

[6] Shi J, Ma L, Zhang X L. Streaming BP for Non-Linear Motion Compensation SAR Imaging Based on GPU[J]. IEEE Journal of Selected Topics in Applied Earth Observations and Remote Sensing, 2013,6(4): 2035 - 2050.

[7] Guha S, Krisnan S, Venkatasubramanian S. Datavisualization and mining using the gpu[J]. in Data Visualization and Mining Using the GPU, Tutorial at 11th ACM International Conference on Knowledge Discovery and Data Mining (KDD2005), 2005.

[8] Hu K B, Zhang X L, Wu W J, et al. Three GPU-based parallel schemes for SAR back projection imaging algorithm[J]. 2014 IEEE 17th International Conference on Computational Science and Engineering (CSE), IEEE, 2014:324 - 328.

[9] Shi J, Ma L, Zhang X L. Streaming BP for non-linear motion compensation SAR imaging based on GPU[J]. IEEE Journal of Selected Topics in Applied Earth Observations and Remote Sensing, 2013,4(6):2035 - 2050.

[10] 林翊青,李景文. 大距离徙动情况下距离多普勒(RD)算法与后向投影(BP)算法的比较[J]. 雷达科学与技术,2004, 2(6).

[11] Benson T M, Campbell D P, Cook D A. Gigapixel spotlight synthetic aperture radar backprojection using clusters of GPUs and CUDA [C]. Radar Conference (RADAR), 2012 IEEE, 2012: 0853 - 0858.

[12] Manavski S A, Valle G. CUDA compatible GPU cards as efficient hardware accelerators for Smith-Waterman sequence alignment[J]. BMC Bioinformatics, 2008.

[13] Nickolls J, Buck I, Garland M, et al. Scalable parallel programming with CUDA[J]. Queue, ACM, 2008,2(6):40 - 53.

[14] Spitzer J. Implementing a GPU-Efficient FFT[J]. NVIDIA course presentation, SIGGRAPH, 2003.

[15] Kenneth M, Angel E. The FFT on a GPU[J]. In Proceedings of the SIGGRAPH. Eurographics Workshop on Graphics Hardware 2003: 112 - 120.

第6章 压缩传感三维成像处理

近年来，一种新兴的压缩传感（Compressed Sensing，CS）理论为稀疏信号精确重构技术带来了革命性的突破，并在压缩成像、信道编码、图像处理、医学成像、模式识别、无线网络和雷达技术等不同应用领域引起高度关注。CS 理论主要采用非自适应线性投影来保持原始信号的结构信息，再通过求解方程最优解重构出原始信号。CS 理论指出只要原始信号存在稀疏性或可压缩性，就可用远低于 Nyquist 采样率的采样信号恢复出原始信号，并且信号稀疏性越强，稀疏重构所需的观测数据越少。

一般情况下，线阵三维 SAR 目标散射体在三维成像空间中具有很强的空间稀疏性。因此，CS 新理论的出现为克服传统线阵三维 SAR 成像技术和数据处理方法的缺陷提供了契机。线阵三维 SAR 成像技术可以与 CS 新理论良好地结合，用低于 Nyquist 采样率进行回波欠采样，如切航迹向采用稀疏线阵、沿航迹向稀疏发射脉冲及距离向稀疏采样等，从而通过稀疏重构方法实现稀疏目标高精度三维成像。

6.1 压缩传感信号处理基本理论

6.1.1 压缩传感概述

在传统信号处理系统中，为了确保无失真恢复出带限信号，系统采样频率必须服从香农（Shannon）采样定理，不得低于原始信号最高频率的 2 倍，也称为奈奎斯特（Nyquist）采样率[1]。在实际中，Nyquist 采样率成为了大多数信号采集系统设计的参考准则。然而对于 SAR 成像系统，服从 Nyquist 采样定理会导致海量数据，大大增加了系统采样、数据存储、传输和处理的代价。近年来，一种新兴的压缩传感（CS）稀疏信号处理理论为信号采集和重构技术带来了革命性的突破[2-7]。CS 理论指出当信号可稀疏表示时，将高维原始信号采用非自适应线性投影到低维空间中，可以保持稀疏信号的原始结构，并利用远低于 Nyquist 采样率进行采样，将原始信号重构问题转化为线性约束最优化求解问题，从而实现信号的精确重构。

假设向量信号 $\boldsymbol{x} \in \mathbb{R}^{N\times 1}$（$\mathbb{R}$ 为实数域）能通过一组正交基函数矩阵 $\boldsymbol{\Psi} = [\boldsymbol{\psi}_1 \quad \boldsymbol{\psi}_2 \quad \cdots \quad \boldsymbol{\psi}_N] \in \mathbb{R}^{N\times N}$线性表示，即

$$\boldsymbol{x} = \sum_{n=1}^{N} \boldsymbol{\psi}_n \boldsymbol{\alpha}_n = \boldsymbol{\Psi\alpha} \tag{6.1}$$

$$\langle \boldsymbol{\psi}_i, \boldsymbol{\psi}_j \rangle = \begin{cases} 1, & i = j \\ 0, & i \neq j \end{cases} \tag{6.2}$$

式中：$\boldsymbol{\alpha} = [\alpha_1 \quad \alpha_2 \quad \cdots \quad \alpha_N] \in \mathbb{R}^{N\times 1}$为信号 $\boldsymbol{x}$ 在基矩阵 $\boldsymbol{\Psi}$ 表示下的系数向量值，且 $\boldsymbol{\alpha}_n = \langle \boldsymbol{x}, \boldsymbol{\psi}_n \rangle = \boldsymbol{\psi}_n^{\mathrm{T}} \boldsymbol{x}$，$\langle \cdot \rangle$表示向量自相关运算符。如果向量 $\boldsymbol{\alpha}$ 中仅有 $K(K<N)$个非零系数或远大于零系数时，则称信号 $\boldsymbol{x}$ 在基矩阵 $\boldsymbol{\Psi}$ 上是稀疏或可压缩的，并称矩阵 $\boldsymbol{\Psi}$ 为信号 $\boldsymbol{x}$ 的稀疏基或稀疏字典，K 为信号 $\boldsymbol{x}$ 的稀疏度。

在 CS 稀疏信号处理理论中，对稀疏信号 $\boldsymbol{x}$ 的观测并不是直接测量信号 $\boldsymbol{x}$ 本身，而是通过非相关测量将信号 $\boldsymbol{x}$ 投影到一组低维的测量矩阵 $\boldsymbol{\Phi} = [\boldsymbol{\varphi}_1 \quad \boldsymbol{\varphi}_2 \quad \cdots \quad \boldsymbol{\varphi}_N] \in \mathbb{R}^{M\times N}(M<N)$上，测量表达式为

$$\boldsymbol{y} = \boldsymbol{\Phi x} \tag{6.3}$$

式中：向量 $\boldsymbol{y} \in \mathbb{R}^{M\times 1}$为测量信号向量，矩阵 $\boldsymbol{\Phi}$ 称为信号传感矩阵。

将式（6.1）代入式（6.3）中，得到

$$\boldsymbol{y} = \boldsymbol{\Phi x} = \boldsymbol{\Phi \Psi \alpha} = \boldsymbol{\Theta \alpha} \tag{6.4}$$

式中：$\boldsymbol{\Theta} = \boldsymbol{\Phi\Psi} \in \mathbb{R}^{M\times N}$，矩阵 $\boldsymbol{\Theta}$ 称为向量 $\boldsymbol{\alpha}$ 测量矩阵。由于测量信号 $\boldsymbol{y}$ 维数 M 小于原始信号 $\boldsymbol{x}$ 维数 N，等式（6.4）是一个病态线性问题，方程组具有无穷多解，所以无法直接解出信号 $\boldsymbol{x}$。如果系数向量 $\boldsymbol{\alpha}$ 是 K 稀疏的，即仅有 K 个非零系数，且 $K<M<N$，则可通过估计式（6.4）逆问题得到最优稀疏系数 $\boldsymbol{\alpha}$，然后再利用基矩阵 $\boldsymbol{\Psi}$ 恢复出原信号 $\boldsymbol{x}$。

对于向量信号 $\boldsymbol{x} \in \mathbb{R}^{N\times 1}$，向量 ℓ_p范数 $p \in (0,\infty]$定义为

$$\|\boldsymbol{x}\|_p = \begin{cases} \left(\sum_{i=1}^{N} |x_i|^p\right)^{1/p}, & p \in (0,\infty) \\ \max\limits_{i=1,2,\cdots,N} |x_i|, & p = \infty \end{cases} \tag{6.5}$$

而向量 $\boldsymbol{x}$ 的 ℓ_0范数则是向量 $\boldsymbol{x}$ 非零元素个数的总和。

给定测量信号 $\boldsymbol{y}$ 和测量矩阵 $\boldsymbol{\Theta}$，CS 稀疏重构过程即为寻找式（6.4）中线性方程的最稀疏解 $\boldsymbol{\alpha}$。当无噪声时，重建稀疏信号 $\boldsymbol{\alpha}$ 最直接方法是通过 ℓ_0范数下求解式（6.4）最小化问题，即

$$\hat{\boldsymbol{\alpha}} = \arg \min_{\boldsymbol{\alpha} \in \mathbb{R}^{N\times 1}} \|\boldsymbol{\alpha}\|_0 \quad \text{s. t.} \quad \boldsymbol{y} = \boldsymbol{\Theta\alpha} \tag{6.6}$$

得到稀疏系数 $\boldsymbol{\alpha}$ 的精确估计。然而式（6.6）中 ℓ_0范数最小化求解是一个广义 NP－hard 问题，即 ℓ_0范数最优化解释一个不确定性问题，需要穷举 $\boldsymbol{\alpha}$ 中非零值

的所有可能,因而难以直接求解。Candès 指出当测量矩阵 $\boldsymbol{\Theta}$ 满足一定约束条件(如约束等距性质和非相干性质)且测量样本数满足 $M > \mathcal{O}(K\lg(N/K))$ 时[8,9],式(6.6)中 ℓ_0 范数最小化可以等效为 ℓ_1 范数下的最小化问题即

$$\hat{\boldsymbol{\alpha}} = \arg\min_{\boldsymbol{\alpha}\in\mathbb{R}^{N\times 1}} \|\boldsymbol{\alpha}\|_1 \quad \text{s.t.} \quad \boldsymbol{y} = \boldsymbol{\Theta\alpha} \tag{6.7}$$

为了直观比较不同范数对稀疏信号的重构效果,图 6.1 给出了 ℓ_2 范数、ℓ_1 范数和 ℓ_0 范数最小化对二维信号向量 $[x_1, x_2]$ 重构的几何关系图。从图 6.1 看出,ℓ_0 范数最小化获得最稀疏解,最优解只位于单个坐标轴,并只有一个非零系数值;ℓ_2 范数最小化往往得到非稀疏解,在两坐标轴 x_1 和 x_2 存在非零系数值;而 ℓ_1 范数最小化可以得到与 ℓ_0 范数最小化相似的稀疏解。因此可利用 ℓ_1 范数最小化近似求解 ℓ_0 范数最小化问题。

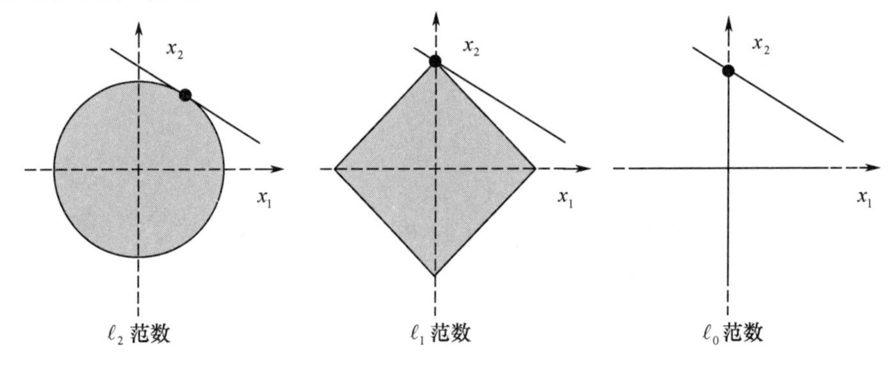

图 6.1 二维信号 ℓ_2 范数、ℓ_1 范数和 ℓ_0 范数最小化几何模型

当测量信号 $\boldsymbol{y}$ 存在加性噪声 $\boldsymbol{e}$ 时 $\boldsymbol{y} = \boldsymbol{\Theta\alpha} + \boldsymbol{e}$,系数向量 $\boldsymbol{\alpha}$ 的 ℓ_1 范数稀疏重构问题可以写成

$$\hat{\boldsymbol{\alpha}} = \arg\min_{\boldsymbol{\alpha}\in\mathbb{R}^{N\times 1}} \|\boldsymbol{\alpha}\|_1 \quad \text{s.t.} \quad \|\boldsymbol{y} - \boldsymbol{\Theta\alpha}\|_2 \leqslant \varepsilon \tag{6.8}$$

式中:$\varepsilon \geqslant \|\boldsymbol{e}\|_2$ 为信号 $\boldsymbol{y}$ 中噪声门限。

在未知信号 $\boldsymbol{\alpha}$ 稀疏度 K 条件下,式(6.8)也可以通过 $\ell_1 - \ell_2$ 范数联合最小化进行估计

$$\hat{\boldsymbol{\alpha}} = \arg\min_{\boldsymbol{\alpha}\in\mathbb{R}^{N\times 1}} (\lambda_K \|\boldsymbol{\alpha}\|_1 + \|\boldsymbol{y} - \boldsymbol{\Theta\alpha}\|_2^2) \tag{6.9}$$

式中:λ_K 为拉格朗日正则化参数,λ_K 由测量信号 $\boldsymbol{y}$ 维数 M 和测量噪声方差 σ_ε 决定。式(6.9)同时考虑了测量信号 $\boldsymbol{y}$ 在 ℓ_2 范数下的重构残余 $\|\boldsymbol{y} - \boldsymbol{\Theta\alpha}\|_2^2$ 和系数向量 $\boldsymbol{\alpha}$ 在 ℓ_1 范数下的稀疏约束 $\|\boldsymbol{\alpha}\|_1$。

根据文献[10],当测量矩阵 $\boldsymbol{\Theta}$ 的约束等距常数满足 $\delta_{2K}^{\Theta} < \sqrt{2} - 1$,即对于任意 $2K$ 稀疏向量 $\boldsymbol{u}$,测量矩阵 $\boldsymbol{\Theta}$ 都满足以下不等式

$$(1 - \delta_{2K}^{\boldsymbol{\Theta}}) \|\boldsymbol{u}\|_2^2 \leqslant \|\boldsymbol{\Theta u}\|_2^2 \leqslant (1 + \delta_{2K}^{\boldsymbol{\Theta}}) \|\boldsymbol{u}\|_2^2 \tag{6.10}$$

则可以保证 K 稀疏信号 $\boldsymbol{\alpha}$ 能够以很高的概率被精确重建。

当测量过程无噪声时,式(6.6)中的最优解 $\hat{\boldsymbol{\alpha}}$ 满足以下不等式,即

$$\|\hat{\boldsymbol{\alpha}}-\boldsymbol{\alpha}\|_1 \leqslant C_0\|\boldsymbol{\alpha}-\boldsymbol{\alpha}_K\|_1 \tag{6.11}$$

$$\|\hat{\boldsymbol{\alpha}}-\boldsymbol{\alpha}\|_2 \leqslant C_0 K^{-1/2}\|\boldsymbol{\alpha}-\boldsymbol{\alpha}_K\|_1 \tag{6.12}$$

式中:$\boldsymbol{\alpha}_K$为向量 $\boldsymbol{\alpha}$ 最优的 K 项稀疏估计,即

$$\boldsymbol{\alpha}_K = \arg\min_{\beta\in\Sigma_K}\|\boldsymbol{\alpha}-\boldsymbol{\beta}\|_1 \tag{6.13}$$

式中:集合 $\Sigma_K=\{\boldsymbol{\beta}\in\mathbb{R}^N:|T_{\boldsymbol{\beta}}|\leqslant K\}$,$T_{\boldsymbol{\beta}}$为向量 $\boldsymbol{\beta}$ 的集合。

当测量过程存在噪声时,式子(6.8)中的最优解满足以下不等式,即

$$\|\hat{\boldsymbol{\alpha}}-\boldsymbol{\alpha}\|_2 \leqslant C_0 K^{-1/2}\|\boldsymbol{\alpha}-\boldsymbol{\alpha}_K\|_1 + C_1\varepsilon \tag{6.14}$$

式中:常数 C_0和 C_1为

$$C_0=\frac{2(1+\alpha_0)}{1-\alpha_0},C_1=\frac{2\alpha_1}{1-\alpha_0} \tag{6.15}$$

式中

$$\alpha_0=\frac{\sqrt{2}\delta_{2K}^{\boldsymbol{\Theta}}}{1-\delta_{2K}^{\boldsymbol{\Theta}}},\alpha_1=\frac{2\sqrt{1+\delta_{2K}^{\boldsymbol{\Theta}}}}{1-\delta_{2K}^{\boldsymbol{\Theta}}} \tag{6.16}$$

CS 信号处理理论主要包含三个关键问题:信号稀疏表示、信号测量矩阵设计以及信号稀疏重构。如果能够有效解决这三个关键问题,即可以在稀疏样本条件下利用 CS 实现稀疏信号的精确重构。

6.1.2　信号稀疏表示

信号稀疏性是 CS 稀疏信号处理理论的基础和前提。信号稀疏表示是指将信号映射到某个特定空间时,大部分系数的幅度等于零或接近于零。虽然一个信号在时域内或者空域中是非稀疏,但在某些变换域可能是稀疏的,如离散余弦变换、傅里叶变换、小波变换、Curvelets 变换以及多尺度几何变换等。信号稀疏表示又可解释为信号在特定正交基、过完备字典或者学习字典上的稀疏分解。

6.1.2.1　正交基矩阵

对于一个正交基矩阵 $\boldsymbol{\Psi}_O=[\boldsymbol{\psi}_1\quad\boldsymbol{\psi}_2\quad\cdots\quad\boldsymbol{\psi}_N]\in\mathbb{R}^{N\times N}$,列向量 $\boldsymbol{\psi}_i$具有以下性质

$$\langle\psi_i,\psi_j\rangle=\begin{cases}1, & i=j\\0, & i\neq j\end{cases} \tag{6.17}$$

现代信号处理中许多经典的基变换,如傅里叶变换、离散余弦变换、小波变换等,都是由正交基矩阵构成。正交基字典特点是实现快速、构造简单。但是,在实际中,信号通常都是由多个具有简单结构特征的信号组合,只有极少数信号在一个正交基上的变换系数是稀疏的。因此,为了有效对复杂信号进行稀疏表

示，可利用多个正交基构成联合正交基矩阵，使信号每一部分都能在相应的子正交基上得到有效的稀疏表示。

6.1.2.2 过完备冗余矩阵

过完备冗余矩阵是信号稀疏表示的另一个研究热点[11,12]。过完备矩阵较正交基矩阵更加灵活，使信号表示更加稀疏，因而受到越来越多的关注。框架理论为过完备冗余矩阵设计提供了基础[13]。框架定义为在平方可求和空间 $L^2(-\infty,+\infty)$ 中，若存在两个正常数 a 和 $b(0<a<b<\infty)$，对所有向量 $\boldsymbol{\beta}$ 满足

$$a\|\boldsymbol{\beta}\| \leqslant \sum_{m=1}^{M}\sum_{n=1}^{N}|\langle\boldsymbol{\beta},\boldsymbol{\Psi}_{mn}\rangle| \leqslant b\|\boldsymbol{\beta}\| \tag{6.18}$$

集合 $\{\boldsymbol{\Psi}_{mn}\}$ 组成一个框架，正常数 a 和 b 分别表示框架的下边界和上边界，a 和 b 度量了框架 $\{\boldsymbol{\Psi}_{mn}\}$ 的冗余性。当 $a=b$ 时，称之为紧框架；当 $a=b=1$ 时，则该框架变为正交基。一些常见的变换如小波变换、冗余 DCT 变换、Curvelets 变换等都能够构成过完备冗余矩阵。

6.1.2.3 自适应学习矩阵

正交基矩阵和过完备冗余矩阵都基于原始信号先验信息，一旦测量矩阵确定就不能更改。为了适应信号自身变化，自适应学习矩阵设计是通过学习算法获得更符合信号内容、特征或者纹理信息的基矩阵。

基矩阵的学习是从训练信号学习中获取最优的稀疏表示。设 $\boldsymbol{X}=[\boldsymbol{x}_1\quad\boldsymbol{x}_2\quad\cdots\quad\boldsymbol{x}_N]$ 为一组训练原始信号，$\boldsymbol{Z}=[\boldsymbol{\alpha}_1\quad\boldsymbol{\alpha}_2\quad\cdots\quad\boldsymbol{\alpha}_N]$ 为信号在稀疏字典 $\boldsymbol{\Psi}_S$ 上的表示系数，信号表示过程为

$$\boldsymbol{X}=\boldsymbol{\Psi}\boldsymbol{Z} \tag{6.19}$$

信号稀疏表示误差可以表示为

$$\|\boldsymbol{E}\|_2^2=\|\boldsymbol{X}-\boldsymbol{\Psi}\boldsymbol{Z}\|_2^2 \tag{6.20}$$

若已知 $\boldsymbol{X}$ 和 $\boldsymbol{Z}$，通过求解以下目标函数

$$\boldsymbol{\Psi}_{\mathrm{opt}}=\min_{\boldsymbol{\Psi},\boldsymbol{Z}}\|\boldsymbol{X}-\boldsymbol{\Psi}\boldsymbol{Z}\|_2^2 \quad \text{s.t.} \quad \|\boldsymbol{x}_i\|_0 \leqslant K, i=1,2,\cdots,N \tag{6.21}$$

的最优解解可得到最优的变换矩阵 $\boldsymbol{\Psi}_{\mathrm{opt}}$。目前，广泛应用的自适应基矩阵学习算法有 MOD 算法[14]、K-SVD 算法[15]以及相关改进算法[16-17]等。

6.1.3 信号测量矩阵

在 CS 信号理论中，为了获得式(6.4)中欠定方程的唯一稀疏解，信号测量矩阵设计需要考虑以下两个关系：①观测矩阵 $\boldsymbol{\Phi}$ 和基矩阵 $\boldsymbol{\Psi}$ 的关系；②测量矩阵 $\boldsymbol{\Theta}=\boldsymbol{\Phi}\boldsymbol{\Psi}$ 和 K 稀疏信号 $\boldsymbol{\alpha}$ 的关系。

一方面，观测矩阵 $\boldsymbol{\Phi}$ 和基矩阵 $\boldsymbol{\Psi}$ 要具有不相干性或低相干性[16]。

定义 6.1：观测矩阵 $\boldsymbol{\Phi}$ 和基矩阵 $\boldsymbol{\Psi}$ 的互相干性定义为

$$\mu(\boldsymbol{\Phi},\boldsymbol{\Psi}) = \max_{1\leqslant i,j\leqslant N} \frac{|\langle \boldsymbol{\phi}_i, \varphi_j \rangle|}{\|\boldsymbol{\phi}_i\|_2 \|\varphi_j\|_2} \tag{6.22}$$

式中：$\boldsymbol{\phi}_i$为观测矩阵 $\boldsymbol{\Phi}$ 的第 i 列；φ_j为基矩阵 $\boldsymbol{\Psi}$ 的第 j 列。

定义 6.2：观测矩阵 $\boldsymbol{\Theta}$ 的相干性定义为

$$\mu(\boldsymbol{\Theta}) = \max_{1\leqslant i,j\leqslant N} \frac{|\langle \boldsymbol{\chi}_i, \boldsymbol{\chi}_j \rangle|}{\|\boldsymbol{\chi}_i\|_2 \|\boldsymbol{\chi}_j\|_2} \tag{6.23}$$

式中：$\boldsymbol{\chi}_i$为测量矩阵 $\boldsymbol{\Theta}$ 的第 i 列。

根据定义 6.1 和 6.2，可得到$\mu(\boldsymbol{\Phi},\boldsymbol{\Psi})=\mu(\boldsymbol{\Theta})$。相干系数$\mu(\boldsymbol{\Phi},\boldsymbol{\Psi})$度量观测矩阵 $\boldsymbol{\Phi}$ 和基矩阵 $\boldsymbol{\Psi}$ 之间的最大相干性。相干系数$\mu(\boldsymbol{\Phi},\boldsymbol{\Psi})$值范围为$\mu\in[1/\sqrt{N},1]$。当$\mu(\boldsymbol{\Phi},\boldsymbol{\Psi})=1/\sqrt{N}$时，观测矩阵 $\boldsymbol{\Phi}$ 和基矩阵 $\boldsymbol{\Psi}$ 完全不相干；当$\mu(\boldsymbol{\Phi},\boldsymbol{\Psi})=1$ 时，矩阵 $\boldsymbol{\Phi}$ 和基矩阵 $\boldsymbol{\Psi}$ 完全相干。对于 CS 信号测量，要求尽可能地使每个观测值 y_i包含原始稀疏信号 $\boldsymbol{\alpha}$ 的结构信息，则矩阵 $\boldsymbol{\Phi}$ 和 $\boldsymbol{\Psi}$ 尽可能正交，即相干系数$\mu(\boldsymbol{\Phi},\boldsymbol{\Psi})$要尽可能小，$\mu(\boldsymbol{\Phi},\boldsymbol{\Psi})$越小意味着准确稀疏重构概率越高。一些典型矩阵 $\boldsymbol{\Phi}$ 和 $\boldsymbol{\Psi}$ 对，如雷达成像中傅里叶基矩阵与单位矩阵、随机矩阵和任意固定基等，都已经被证明具有很低的相干系数。

另一方面，测量矩阵 $\boldsymbol{\Theta}$ 和 K 稀疏信号 α 的关系由约束等距性质（Restricted Isometry Property，RIP）决定[18]。

定义 6.3：对于任意常数 $K>0$，定义矩阵 $\boldsymbol{\Theta}$ 的约束等距常量 δ_K为满足以下不等式的最小值

$$(1-\delta_K)\|\boldsymbol{x}\|_2^2 \leqslant \|\boldsymbol{\Theta x}\|_2^2 \leqslant (1+\delta_K)\|\boldsymbol{x}\|_2^2 \tag{6.24}$$

式中：$\boldsymbol{x}$ 为任意 K 稀疏向量，如果 $0<\delta_K<1$，则称矩阵 $\boldsymbol{\Theta}$ 满足 K 阶 RIP。

当测量矩阵 $\boldsymbol{\Theta}$ 满足 K 阶 RIP 时，就能近似保证 K 稀疏向量 $\boldsymbol{x}$ 的欧氏距离不变，即意味着 α 不可能在 $\boldsymbol{\Theta}$ 的零空间中。若测量矩阵 $\boldsymbol{\Theta}$ 在 $\delta_{2s}<\sqrt{2}-1\approx 0.4142$ 满足 RIP，则称矩阵 $\boldsymbol{\Theta}$ 满足 $2s-$RIP 性质。

测量矩阵 $\boldsymbol{\Theta}$ 满足 RIP 性质是 CS 方法精确重构原信号的充要条件，然而对于任意给定的测量矩阵 $\boldsymbol{\Theta}$，验证 $\boldsymbol{\Theta}$ 是否具有 RIP 性质是一个 NP 问题，尤其当矩阵维数大时，矩阵 $\boldsymbol{\Theta}$ 的 RIP 性质验证非常困难。为了能够快速地验证矩阵 $\boldsymbol{\Theta}$ 是否满足精确重构的条件，一般只用相干系数$\mu(\boldsymbol{\Theta})$进行度量。相干性$\mu(\boldsymbol{\Theta})$计算简单，非常利于衡量测量矩阵 $\boldsymbol{\Theta}$ 是否满足重构条件标准。文献[18]指出，如果采样矩阵 $\boldsymbol{\Phi}$ 和 $\boldsymbol{\Psi}$ 不相关，则测量矩阵 $\boldsymbol{\Theta}$ 在很大程度上满足 RIP 性质。

根据 Candes 和 Tao 的文献[19]，CS 稀疏重构算法有以下定理和性质。

理论 6.1：对于 K 稀疏信号 $\boldsymbol{\alpha}$ 和测量矩阵 $\boldsymbol{\Theta}$，若不等式

$$\delta_{2K}+\delta_{3K}<1 \tag{6.25}$$

成立,则 CS 稀疏重构算法能实现信号 $\boldsymbol{\alpha}$ 的无失真恢复。

性质 6.1:若测量信号 $\boldsymbol{y}$ 不包含噪声,稀疏重构算法精确重建的信号稀疏度需要满足

$$K < \frac{1+\mu(\boldsymbol{\Theta})}{2\mu(\boldsymbol{\Theta})} \tag{6.26}$$

当信号包含噪声时,通过 ℓ_1 范数约束的重构算法能够精确恢复的信号的稀疏度需要满足

$$K < \frac{1+\mu(\boldsymbol{\Theta})}{4\mu(\boldsymbol{\Theta})} \tag{6.27}$$

理论 6.1 和性质 6.1 的具体证明以及相关 RIP 性质的引申,本文在这里不做详细论述,详情可参阅文献[26,27]。

基于不相干性和 RIP 性质,在信号处理系统中即可设计合理的测量矩阵 $\boldsymbol{\Theta}$,使稀疏信号 $\boldsymbol{\alpha}$ 能被精度重构。然而,单纯用不相干性和 RIP 性质设计观测矩阵 $\boldsymbol{\Theta}$ 是一个 NP - hard 问题,在实际中很难实现。研究表明随机观测矩阵能以很大的概率同时满足不相干性和 RIP 性质[21],故实际中一般采用随机矩阵作为测量矩阵 $\boldsymbol{\Theta}$,最常见的随机测量矩阵主要包括随机分布的高斯矩阵、贝努利矩阵和傅里叶矩阵等。随机测量为 CS 理论提供了一种实现稀疏压缩采样的有效方法,当然,随着 CS 稀疏压缩采样理论的发展,还会涌现出更多的随机观测方法或其他方法。

6.1.4 信号稀疏重构算法

稀疏重构算法是 CS 稀疏信号处理理论的核心。根据图 6.1 范数性质,虽然 ℓ_0 范数最优化可得到最优稀疏解,但 ℓ_0 范数最小化求解是一个广义 NP - hard 问题。Candes 等已从理论上证明若信号 α 稀疏且测量矩阵 $\boldsymbol{\Theta}$ 满足不相干性和 RIP 性质时,稀疏信号重构可通过求解稀疏约束的 ℓ_1 范数最小化问题实现

$$\hat{\boldsymbol{\alpha}} = \arg \min_{\boldsymbol{\alpha} \in \mathbb{R}^{N \times 1}} \| \alpha \|_1 \quad \text{s.t.} \quad \| \boldsymbol{y} - \boldsymbol{\Theta\alpha} \|_2 \leqslant \varepsilon \tag{6.28}$$

针对上式稀疏信号 $\boldsymbol{\alpha}$ 求解,至今相关学者已提出了多种不同类型的稀疏重构算法,这些稀疏信号重构算法大致可分为以下三大类:

(1)贪婪追踪算法。该类算法通过每次迭代时选择一个局部最优解来逐步逼近原始信号 α。这类算法包括匹配追踪(MP)算法[22]、正交匹配追踪(OMP)算法[23]、分段 OMP(StOMP)算法[24]、正则化 OMP(ROMP)算法[25]和压缩采样匹配追踪(CoSaMP)算法[26]等。

(2)凸松弛算法。该类算法通过求解凸优化问题找到原始信号 $\boldsymbol{\alpha}$ 的最优估计。这类算法主要包括:基追踪(BP)算法[27]、最小绝对值收缩和选择(LASSO)算法[28]、迭代加权 ℓ_1 范数最小二乘(IRLS)算法[29]、梯度映射稀疏重构(GPSR)算法[30]、迭代硬阈值 (IHT)算法[31]和软阈值迭代(IST)算法[32]等。

（3）组合算法。该类算法要求信号的采样支持通过分组测试快速重建。这类算法包括 HHS 追踪算法[33]等。

每种稀疏重构算法都具有固有的优点与缺点，如组合算法效率高，但需要大量非常规采样，对硬件系统采样要求过高，在实际中系统难以实现等。凸松弛算法重构信号所需的测量样本数最少，但往往计算量复杂。贪婪追踪算法在运算量和采样效率上则介于组合算法和凸松弛算法之间。

基于以上三种稀疏重构算法特点，本书主要利用贪婪追踪算法和凸松弛算法实现线阵三维 SAR 稀疏成像。OMP 算法和 BP 算法分别作为经典的贪婪追踪算法和凸松弛算法，具有以下性质。

（1）OMP 算法。OMP 算法主要思想是通过贪婪迭代追踪算法解决以下 ℓ_0 范数最小化问题，即

$$\hat{\boldsymbol{\alpha}}_{\text{OMP}} = \arg\min_{\boldsymbol{\alpha}\in\mathbb{R}^{N\times 1}} \|\boldsymbol{\alpha}\|_0 \quad \text{s.t.} \quad \|\boldsymbol{y}-\boldsymbol{\Theta\alpha}\|_2 \leqslant \varepsilon \tag{6.29}$$

对于 OMP 算法，若测量矩阵 $\boldsymbol{\Theta}$ 满足 RIP 性质且信号稀疏度 K 满足

$$K < \frac{1}{2}\left[1+\frac{1}{\mu(\boldsymbol{\Theta})}\right] \tag{6.30}$$

OMP 算法稀疏重构误差门限为

$$\|\hat{\boldsymbol{\alpha}}_{\text{OMP}}-\boldsymbol{\alpha}\|_2 \leqslant \frac{\varepsilon^2}{1-\mu(\boldsymbol{\Theta})(K-1)} \tag{6.31}$$

（2）BP 算法。BP 算法主要思想是通过 $\ell_1-\ell_2$ 联合范数最小化求解稀疏解，即

$$\hat{\boldsymbol{\alpha}}_{\text{BP}} = \arg\min_{\boldsymbol{\alpha}\in\mathbb{R}^{N\times 1}} \left(\lambda_{\text{BP}}\|\boldsymbol{\alpha}\|_1 + \|\boldsymbol{y}-\boldsymbol{\Theta\alpha}\|_2\right) \tag{6.32}$$

式中：$\lambda_{\text{BP}} \geqslant 0$ 为稀疏约束正则化参数，用于均衡重构误差和信号稀疏性约束，λ_{BP} 越大对信号稀疏性约束越强。

对于 BP 算法，若测量矩阵 $\boldsymbol{\Theta}$ 满足 RIP 性质且信号稀疏度 K 满足

$$K < 1+\frac{1}{4\mu(\boldsymbol{\Theta})} \tag{6.33}$$

BP 算法稀疏重构误差门限为

$$\|\hat{\boldsymbol{\alpha}}_{\text{BP}}-\alpha\|_2 \leqslant \frac{2\varepsilon^2}{1-\mu(\boldsymbol{\Theta})(2K-1)} \tag{6.34}$$

6.2　线阵三维 SAR 稀疏成像基本原理

6.2.1　线阵三维 SAR 回波线性表示

根据压缩传感信号处理理论，为了实现基于 CS 理论的线阵三维 SAR 稀疏成像，必须构建线阵三维 SAR 回波信号的线性测量模型。本节将推导线阵三维 SAR 不同维向回波信号的线性表示。首先，针对 CS 线性信号模型要求，本节构

建的线阵三维 SAR 回波线性表示总体模型如图 6.2 所示。该线性模型由回波信号 $\boldsymbol{y}_s$、稀疏采样矩阵 $\boldsymbol{H}$、雷达测量矩阵 $\boldsymbol{F}$、稀疏表示矩阵 $\boldsymbol{\Psi}$、稀疏散射系数 $\boldsymbol{\alpha}$ 和加性噪声 $\boldsymbol{n}$ 构成，其中线阵三维 SAR 观测矩阵为 $\boldsymbol{\Phi}=\boldsymbol{HF}$，回波测量矩阵为 $\boldsymbol{\Theta}=\boldsymbol{HF\Psi}$，雷达测量矩阵 $\boldsymbol{F}$ 由线阵三维 SAR 系统参数、平台运动参数和场景目标参数等共同决定。

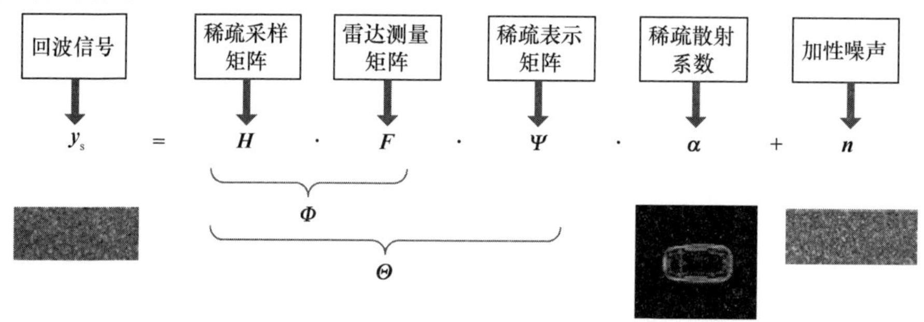

图 6.2　基于压缩传感的线阵三维 SAR 回波测量模型

对于线阵三维 SAR 不同数据观测集和不同维向，如原始回波信号 $S_E(l,n,i)$ 或者距离压缩后回波 $S_C(l,n,i)$，回波信号线性测量模型的表达方式不同。为了满足 CS 理论中对信号线性测量模型的要求，针对线阵三维 SAR 成像处理中常用的回波信号观测集和回波维向，本节构建了三种回波信号线性测量模型：距离向信号线性表示、阵列平面信号线性表示和全场景回波信号线性表示。下面给出详细推导。

6.2.1.1　距离向信号线性表示

在线阵三维 SAR 成像中，对于不同线阵阵元 i，在不同慢时刻 n 的回波信号可以认为是相互独立的。假设在距离向成像空间分辨单元总数为 M_R，则线阵三维 SAR 某一个距离向回波可以等效于该距离向 M_R 个分辨单元的回波之和。

根据回波信号模型，在一个脉冲宽度 T_r 内，第 i 个线阵阵元在慢时间 n 的距离向回波信号可表示为

$$\begin{aligned} S_{E-R}(l,n,i) &= \sum_{m=1}^{M_R} \alpha_R(n,i;\boldsymbol{P}_m)\exp(-\mathrm{j}2\pi f_{cV}\tau(\mathrm{n},\mathrm{i};\boldsymbol{P}_m))\exp\{\mathrm{j}\pi f_{dr}[t(l)-\\ &\quad \tau(n,i;\boldsymbol{P}_m)]^2\} \\ &= \sum_{m=1}^{M_R} \alpha_{R-AC}(n,i;\boldsymbol{P}_m)\exp\{\mathrm{j}\pi f_{dr}[t(l)-\tau(n,i;\boldsymbol{P}_m)]^2\} \end{aligned} \tag{6.35}$$

$$\alpha_{R-AC}(n,i;\boldsymbol{P}_m)=\alpha_R(n,i;\boldsymbol{P}_m)\exp(-\mathrm{j}2\pi f_c\tau(n,i;\boldsymbol{P}_m)) \tag{6.36}$$

式中：f_c 为中心载频；f_{dr} 为调频斜率；$\alpha_R(n,i;\boldsymbol{P}_m)$ 为距离向成像空间第 m 个单元在第 i 个线阵阵元及第 n 个慢时间时对应的散射系数；$\tau(n,i;\boldsymbol{P}_m)$ 为距离向第 m

个单元在第 i 个线阵阵元及第 n 个慢时间时对应的时间延时；$\exp(-\mathrm{j}2\pi f_c\tau(n,i;\boldsymbol{P}_m))$ 为第 m 个距离单元对应的相位信息。

令向量 $\boldsymbol{\alpha}_{\mathrm{R}}(n,i)\in\mathbb{C}^{M_{\mathrm{R}}\times 1}$ 表示在第 i 个线阵阵元及第 n 个慢时间时对应的距离向等效散射系数向量，表达式为

$$\boldsymbol{\alpha}_{\mathrm{R}}(n,i)=\{\alpha_{\mathrm{R-AC}}(n,i;\boldsymbol{P}_m)\},m=1,2,\cdots,M_R \tag{6.37}$$

距离向回波信号的时延相位测量向量 $\boldsymbol{\psi}_{\mathrm{R}}(l,n,i)\in\mathbb{C}^{M_R\times 1}$ 为

$$\boldsymbol{\psi}_{\mathrm{R}}(l,n,i)=\{\exp(\mathrm{j}\pi f_{\mathrm{dr}}[t(l)-\tau(n,i;\boldsymbol{P}_m)]^2)\} \tag{6.38}$$

$$l=1,2,\cdots,N_{\mathrm{R}},m=1,2,\cdots,M_{\mathrm{R}}$$

因此，距离向回波信号 $S_{\mathrm{E-R}}(l,n,i)$ 可表示为向量积形式，即

$$S_{\mathrm{E-R}}(l,n,i)=\boldsymbol{\psi}_{\mathrm{R}}(l,n,i)^{\mathrm{T}}\boldsymbol{\alpha}_{\mathrm{R}}(n,i) \tag{6.39}$$

将慢时间 n 第 i 个线阵阵元所有距离向回波信号用向量 $\boldsymbol{y}_{\mathrm{R}}(n,i)\in\mathbb{C}^{N_{\mathrm{R}}\times 1}$ 表示为

$$y_{\mathrm{R}}(n,i)=\{S_{\mathrm{E-R}}(l,n,i);l=1,2,\cdots,N_{\mathrm{R}}\} \tag{6.40}$$

所以，线阵三维 SAR 距离向回波信号的线性测量模型可表示为

$$\boldsymbol{y}_{\mathrm{R}}(n,i)=\boldsymbol{F}_{\mathrm{R}}(n,i)\boldsymbol{\alpha}_{\mathrm{R}}(n,i),1\leqslant n\leqslant N_{\mathrm{A}},1\leqslant i\leqslant N_{\mathrm{C}} \tag{6.41}$$

式中：$\boldsymbol{F}_{\mathrm{R}}(n,i)\in\mathbb{C}^{N_R\times M_R}$ 为线阵三维 SAR 回波信号距离向的测量矩阵，表达式为

$$\boldsymbol{F}_{\mathrm{R}}(n,i)=[\psi_{\mathrm{R}}(1,n,i)\quad \psi_{\mathrm{R}}(2,n,i)\quad\cdots\quad \psi_{\mathrm{R}}(N_{\mathrm{R}},n,i)]^{\mathrm{T}}$$

$$=\begin{bmatrix}\exp(\mathrm{j}\pi f_{\mathrm{dr}}[t(1)-\tau(n,i;\boldsymbol{P}_1)]^2) & \cdots & \exp(\mathrm{j}\pi f_{\mathrm{dr}}[t(1)-\tau(n,i;\boldsymbol{P}_{M_{\mathrm{R}}})]^2)\\ \exp(\mathrm{j}\pi f_{\mathrm{dr}}[t(2)-\tau(n,i;\boldsymbol{P}_1)]^2) & \cdots & \exp(\mathrm{j}\pi f_{\mathrm{dr}}[t(2)-\tau(n,i;\boldsymbol{P}_{M_{\mathrm{R}}})]^2)\\ \vdots & \ddots & \vdots\\ \exp(\mathrm{j}\pi f_{\mathrm{dr}}[t(N_R)-\tau(n,i;\boldsymbol{P}_1)]^2) & \cdots & \exp(\mathrm{j}\pi f_{\mathrm{dr}}[t(N_{\mathrm{R}})-\tau(n,i;\boldsymbol{P}_{M_{\mathrm{R}}})]^2)\end{bmatrix} \tag{6.42}$$

若考虑信号 $S_{\mathrm{E}}(l,n,i)$ 中噪声影响，线阵三维 SAR 距离向回波信号可表示为

$$\boldsymbol{y}_{\mathrm{R}}(n,i)=\boldsymbol{F}_{\mathrm{R}}(n,i)\boldsymbol{\alpha}_{\mathrm{R}}(n,i)+\boldsymbol{n}_{\mathrm{R}}(n,i),1\leqslant n\leqslant N_{\mathrm{A}},1\leqslant i\leqslant N_{\mathrm{C}} \tag{6.43}$$

式中：$\boldsymbol{n}_{\mathrm{R}}(n,i)$ 为距离向弱散射目标回波信号和测量噪声合成的等效加性噪声。根据式(6.43)，线阵三维 SAR 距离向成像转变为已知矩阵 $\boldsymbol{F}_{\mathrm{R}}(n,i)$ 和回波向量 $\boldsymbol{y}_{\mathrm{R}}(n,i)$，通过求解线性方程估计距离向目标散射系数向量 $\boldsymbol{\alpha}_{\mathrm{R}}(n,i)$。根据 MF 方法，基于脉冲匹配压缩的距离向聚焦即可表示为

$$\begin{aligned}\hat{\boldsymbol{\alpha}}_{\mathrm{R}}(n,i)&=\boldsymbol{F}_{\mathrm{R}}^{\mathrm{H}}(n,i)\boldsymbol{y}_{\mathrm{R}}(n,i)\\&=\boldsymbol{F}_{\mathrm{R}}^{\mathrm{H}}(n,i)\boldsymbol{F}_{\mathrm{R}}(n,i)\boldsymbol{\alpha}_{\mathrm{R}}(n,i)+\boldsymbol{F}_{\mathrm{R}}^{\mathrm{H}}(n,i)\boldsymbol{n}_{\mathrm{R}}(n,i)\end{aligned} \tag{6.44}$$

式中：$\boldsymbol{F}_{\mathrm{R}}^{\mathrm{H}}(n,i)\boldsymbol{F}_{\mathrm{R}}(n,i)$ 近似为距离向模糊函数，因 $\boldsymbol{F}_{\mathrm{R}}^{\mathrm{H}}(n,i)\boldsymbol{F}_{\mathrm{R}}(n,i)\neq\boldsymbol{I}$，则 $\hat{\boldsymbol{\alpha}}_{\mathrm{R}}(n,i)\neq\boldsymbol{\alpha}_{\mathrm{R}}(n,i)$，传统距离向匹配脉冲压缩聚焦必存在估计误差。

6.2.1.2 阵列平面信号线性表示

阵列平面又称为沿航迹—切航迹平面。当距离压缩后回波 $S_C(l,n,i)$ 经过精确距离徙动校正后,阵列平面维与距离向回波信号不再耦合,即不同距离单元 l 间回波数据是相互独立的。假设阵列平面维成像空间分辨单元总数为 M_{AC},则在第 l 个距离单元的阵列平面维回波信号表示为

$$S_{\mathrm{E\text{-}AC}}(l,n,i) = \sum_{m=1}^{M_{\mathrm{AC}}} \alpha_{\mathrm{AC}}(l;\boldsymbol{P}_m)\exp[-\mathrm{j}2\pi f_{\mathrm{c}}\tau(l,n,i;\boldsymbol{P}_m)] \tag{6.45}$$

式中:$\alpha_{\mathrm{AC}}(l;\boldsymbol{P}_m)$ 为第 l 个距离单元中阵列平面维成像空间上第 m 个分辨单元对应的散射系数值;$\alpha_{\mathrm{AC}}(l;\boldsymbol{P}_m)$ 为距离向成像后散射系数;$\tau(l,n,i;\boldsymbol{P}_m)$ 为阵列平面中第 m 个分辨单元在慢时间 n 到第 i 个线阵阵元的时延。

令向量 $\boldsymbol{\alpha}_{\mathrm{AC}}(l) \in \mathbb{C}^{M_{\mathrm{AC}}\times 1}$ 为第 l 个距离单元中阵列平面维上散射系数向量,即

$$\boldsymbol{\alpha}_{\mathrm{AC}}(l) = \{\boldsymbol{\alpha}_{\mathrm{R}}(l;\boldsymbol{P}_m)\},m=1,2,\cdots,M_{\mathrm{AC}} \tag{6.46}$$

阵列平面回波信号的时延相位测量向量 $\boldsymbol{\psi}_{\mathrm{AC}}(l) \in \mathbb{C}^{M_{\mathrm{AC}}\times 1}$ 为

$$\begin{aligned}\boldsymbol{\psi}_{\mathrm{AC}}(l,n,i) &= \{\exp[-\mathrm{j}2\pi f_{\mathrm{c}}\tau(l,n,i;\boldsymbol{P}_m)]\},\\ &1\leqslant n\leqslant N_{\mathrm{A}},1\leqslant i\leqslant N_{\mathrm{C}},1\leqslant m\leqslant M_{\mathrm{AC}}\end{aligned} \tag{6.47}$$

因此,阵列平面向的回波信号 $S_{\mathrm{E-AC}}(l,n,i)$ 可表示为向量积形式,即

$$S_{\mathrm{E-AC}}(l,n,i) = \boldsymbol{\psi}_{\mathrm{AC}}(l,n,i)^{\mathrm{T}}\boldsymbol{\alpha}_{\mathrm{AC}}(l),1\leqslant l\leqslant N_{\mathrm{R}} \tag{6.48}$$

将第 l 个距离单元所有阵列平面回波信号用向量 $\boldsymbol{y}_{\mathrm{AC}}(l) \in \mathbb{C}^{N_{\mathrm{A}}N_{\mathrm{C}}\times 1}$ 表示,为

$$\boldsymbol{y}_{\mathrm{AC}}(l) = \{S_{\mathrm{E-AC}}(l,n,i);n=1,2,\cdots,N_{\mathrm{A}},i=1,2,\cdots,N_{\mathrm{C}}\} \tag{6.49}$$

线阵三维 SAR 阵列平面向回波信号的线性测量模型可以表示为

$$\boldsymbol{y}_{\mathrm{AC}}(l) = \boldsymbol{F}_{\mathrm{AC}}(l)\boldsymbol{\alpha}_{\mathrm{AC}}(l),1\leqslant l\leqslant N_{\mathrm{R}} \tag{6.50}$$

式中:$\boldsymbol{F}_{\mathrm{AC}}(l) \in \mathbb{C}^{N_{\mathrm{A}}N_{\mathrm{C}}\times M_{\mathrm{AC}}}$ 为线阵三维 SAR 阵列平面维的回波测量矩阵,表达式为

$$\begin{aligned}\boldsymbol{F}_{\mathrm{AC}}(l) &= [\psi_{\mathrm{AC}}(l,1,1)\ \cdots\ \psi_{\mathrm{AC}}(l,N_{\mathrm{A}},1)\ \cdots\ \psi_{\mathrm{AC}}(l,1,N_{\mathrm{C}})\ \cdots\ \psi_{\mathrm{AC}}(l,N_{\mathrm{A}},N_{\mathrm{C}})]^{\mathrm{T}}\\
&= \begin{bmatrix}\exp[-\mathrm{j}2\pi f_{\mathrm{c}}\tau(l,1,1;\boldsymbol{P}_1)] & \cdots & \exp[-\mathrm{j}2\pi f_{\mathrm{c}}\tau(l,1,1;\boldsymbol{P}_{M_{\mathrm{AC}}})]\\ \vdots & \ddots & \vdots\\ \exp[-\mathrm{j}2\pi f_{\mathrm{c}}\tau(l,N_{\mathrm{A}},1;\boldsymbol{P}_1)] & \cdots & \exp[-\mathrm{j}2\pi f_{\mathrm{c}}\tau(l,N_{\mathrm{A}},1;\boldsymbol{P}_{M_{\mathrm{AC}}})]\\ \vdots & \ddots & \vdots\\ \exp[-\mathrm{j}2\pi f_{\mathrm{c}}\tau(l,1,N_{\mathrm{C}};\boldsymbol{P}_1)] & \cdots & \exp[-\mathrm{j}2\pi f_{\mathrm{c}}\tau(l,1,N_{\mathrm{C}};\boldsymbol{P}_{M_{\mathrm{AC}}})]\\ \vdots & \ddots & \vdots\\ \exp[-\mathrm{j}2\pi f_{\mathrm{c}}\tau(l,N_{\mathrm{A}},N_{\mathrm{C}};\boldsymbol{P}_1)] & \cdots & \exp[-\mathrm{j}2\pi f_{\mathrm{c}}\tau(l,N_{\mathrm{A}},N_{\mathrm{C}};\boldsymbol{P}_{M_{\mathrm{AC}}})]\end{bmatrix}\end{aligned} \tag{6.51}$$

若考虑回波 $\boldsymbol{y}_{\mathrm{AC}}(l)$ 噪声影响，阵列平面维回波信号的线性测量模型可表示为

$$\boldsymbol{y}_{\mathrm{AC}}(l)=\boldsymbol{F}_{\mathrm{AC}}(l)\boldsymbol{\alpha}_{\mathrm{AC}}(l)+\boldsymbol{n}_{\mathrm{AC}}(l),1\leqslant l\leqslant N_{\mathrm{R}} \tag{6.52}$$

式中：$\boldsymbol{n}_{\mathrm{AC}}(l)\in\mathbb{C}^{N_{\mathrm{A}}N_{\mathrm{C}}\times 1}$ 为第 l 个距离单元阵列平面的噪声向量。根据 MF 方法，传统 BP 阵列平面维聚焦即可表示为

$$\begin{aligned}\hat{\boldsymbol{\alpha}}_{\mathrm{AC}}(l)&=\boldsymbol{F}_{\mathrm{AC}}^{\mathrm{H}}(l)\boldsymbol{y}_{\mathrm{AC}}(l)+\boldsymbol{n}_{\mathrm{AC}}(l)\\&=\boldsymbol{F}_{\mathrm{AC}}^{\mathrm{H}}(l)\boldsymbol{F}_{\mathrm{AC}}(l)\boldsymbol{\alpha}_{\mathrm{AC}}(l)+\boldsymbol{F}_{\mathrm{AC}}^{\mathrm{H}}(l)\boldsymbol{n}_{\mathrm{AC}}(l)\end{aligned} \tag{6.53}$$

式中：$\boldsymbol{F}_{\mathrm{AC}}^{\mathrm{H}}(l)\boldsymbol{F}_{\mathrm{AC}}(l)$ 近似为阵列平面维模糊函数，同式(6.44)，因 $\boldsymbol{F}_{\mathrm{AC}}^{\mathrm{H}}(l)\boldsymbol{F}_{\mathrm{AC}}(l)\neq\boldsymbol{I}$，则 $\hat{\boldsymbol{\alpha}}_{\mathrm{AC}}(l)\neq\boldsymbol{\alpha}_{\mathrm{AC}}(l)$，因此传统 BP 算法在阵列平面维必存在估计误差。

6.2.1.3　全场景回波信号线性表示

假设三维离散成像空间 $\boldsymbol{\Omega}$ 分辨单元总数为 M_{S}，根据回波模型，线阵三维 SAR 回波信号 $S_{\mathrm{E}}(l,n,i)$ 为 $\boldsymbol{\Omega}$ 中所有分辨单元回波总和，表达式写为

$$S_{\mathrm{E}}(l,n,i)=\sum_{m=1}^{M_{\mathrm{S}}}\alpha(\boldsymbol{P}_m)\exp(-\mathrm{j}2\pi f_{\mathrm{c}}\tau(n,i;\boldsymbol{P}_m))\exp(\mathrm{j}\pi f_{\mathrm{dr}}[t(l)-\tau(n,i;\boldsymbol{P}_m)]^2), \tag{6.54}$$

$$1\leqslant n\leqslant N_{\mathrm{A}},1\leqslant i\leqslant N_{\mathrm{C}},1\leqslant l\leqslant N_{\mathrm{R}}$$

式中：$\alpha(\boldsymbol{P}_m)$ 为观测场景中第 m 个分辨单元的散射系数；$\tau(n,i;\boldsymbol{P}_m)$ 为第 m 个分辨单元在慢时间 n 到第 i 个线阵阵元的时间延时。

令向量 $\boldsymbol{\alpha}_{\mathrm{S}}\in\mathbb{C}^{M_{\mathrm{S}}\times 1}$ 为三维成像空间 $\boldsymbol{\Omega}$ 所有分辨单元排序得到的散射系数向量，即

$$\boldsymbol{\alpha}_{\mathrm{S}}=\{\alpha(\boldsymbol{P}_m)\},m=1,2,\cdots,M_{\mathrm{S}} \tag{6.55}$$

三维回波信号 $S_{\mathrm{E}}(l,n,i)$ 对应的时延相位测量向量 $\boldsymbol{\psi}(l,n,i)\in\mathbb{C}^{M_{\mathrm{S}}\times 1}$ 为

$$\boldsymbol{\psi}_{\mathrm{S}}(l,n,i)=\{\exp(-\mathrm{j}2\pi f_{\mathrm{c}}\tau(n,i;\boldsymbol{P}_m))\exp(\mathrm{j}\pi f_{\mathrm{dr}}[t(l)-\tau(n,i;\boldsymbol{P}_m)]^2)\} \tag{6.56}$$

$$1\leqslant n\leqslant N_{\mathrm{A}},1\leqslant i\leqslant N_{\mathrm{C}},1\leqslant l\leqslant N_{\mathrm{R}},1\leqslant m\leqslant M_{\mathrm{S}}$$

则回波信号 $S_{\mathrm{E}}(l,n,i)$ 可以用向量相积形式表示为

$$S_{\mathrm{E}}(l,n,i)=\boldsymbol{\psi}_{\mathrm{S}}(l,n,i)^{\mathrm{T}}\boldsymbol{\alpha}_{\mathrm{S}} \tag{6.57}$$

将线阵三维 SAR 所有回波信号用向量 $\boldsymbol{y}_{\mathrm{S}}\in\mathbb{C}^{N_{\mathrm{R}}N_{\mathrm{A}}N_{\mathrm{C}}\times 1}$ 表示为

$$\boldsymbol{y}_{\mathrm{S}}=\{S_{\mathrm{E}}(l,n,i)\},l=1,2,\cdots,N_{\mathrm{R}},n=1,2,\cdots,N_{\mathrm{A}},i=1,2,\cdots,N_{\mathrm{C}} \tag{6.58}$$

所以，全场景线阵三维 SAR 回波信号的线性测量模型可以表示为

$$\boldsymbol{y}_{\mathrm{S}}=\boldsymbol{F}_{\mathrm{S}}\boldsymbol{\alpha}_{\mathrm{S}} \tag{6.59}$$

式中：$\boldsymbol{F}_{\mathrm{S}} \in \mathbb{C}^{N_{\mathrm{R}}N_{\mathrm{A}}N_{\mathrm{C}} \times M_{\mathrm{S}}}$为线阵三维 SAR 全场景回波的测量矩阵，表达式为

$$\boldsymbol{F}_{\mathrm{S}} = [\psi_{\mathrm{S}}(1,1,1) \quad \cdots \quad \psi_{\mathrm{S}}(N_{\mathrm{R}},1,1) \quad \cdots \quad \psi_{\mathrm{S}}(1,N_{\mathrm{A}},N_{\mathrm{C}}) \quad \cdots \quad \psi_{\mathrm{S}}(N_{\mathrm{R}},N_{\mathrm{A}},N_{\mathrm{C}})]^{\mathrm{T}}$$

$$= \begin{bmatrix} \begin{matrix} \exp(-\mathrm{j}2\pi f_{\mathrm{c}}\tau(1,1;\boldsymbol{P}_1)) \cdot \\ \exp(\mathrm{j}\pi f_{\mathrm{dr}}[t(1)-\tau(1,1;\boldsymbol{P}_1)]^2) \end{matrix} & \cdots & \begin{matrix} \exp(-\mathrm{j}2\pi f_{\mathrm{c}}\tau(1,1;\boldsymbol{P}_{M_{\mathrm{S}}})) \cdot \\ \exp(\mathrm{j}\pi f_{\mathrm{dr}}[t(1)-\tau(1,1;\boldsymbol{P}_{M_{\mathrm{S}}})]^2) \end{matrix} \\ \vdots & \ddots & \vdots \\ \begin{matrix} \exp(-\mathrm{j}2\pi f_{\mathrm{c}}\tau(N_{\mathrm{A}},N_{\mathrm{C}};\boldsymbol{P}_1)) \cdot \\ \exp(\mathrm{j}\pi f_{\mathrm{dr}}[t(N_{\mathrm{R}})-\tau(N_{\mathrm{A}},N_{\mathrm{C}};\boldsymbol{P}_1)]^2) \end{matrix} & \cdots & \begin{matrix} \exp(-\mathrm{j}2\pi f_{\mathrm{c}}\tau(N_{\mathrm{A}},N_{\mathrm{C}};\boldsymbol{P}_{M_{\mathrm{S}}})) \cdot \\ \exp(\mathrm{j}\pi f_{\mathrm{dr}}[t(N_{\mathrm{R}})-\tau(N_{\mathrm{A}},N_{\mathrm{C}};\boldsymbol{P}_{M_{\mathrm{S}}})]^2) \end{matrix} \end{bmatrix} \tag{6.60}$$

若考虑回波中噪声影响，线阵三维 SAR 回波信号的线性测量模型可以表示为

$$\boldsymbol{y}_{\mathrm{S}} = \boldsymbol{F}_{\mathrm{S}}\boldsymbol{\alpha}_{\mathrm{S}} + \boldsymbol{n}_{\mathrm{S}}, 1 \leqslant l \leqslant N_{\mathrm{R}} \tag{6.61}$$

式中：$\boldsymbol{n}_{\mathrm{S}} \in \mathbb{C}^{N_{\mathrm{R}}N_{\mathrm{A}}N_{\mathrm{C}} \times 1}$为三维回波数据中的噪声向量。

综上所述，对于线阵三维 SAR 不同数据观测集和不同维向，距离向信号、阵列平面信号和全场景回波信号线性表示模型中雷达测量矩阵 $\boldsymbol{F}$ 均由时延相位函数构成，但因测量信号维向不同，雷达测量矩阵 $\boldsymbol{F}_{\mathrm{R}}$、$\boldsymbol{F}_{\mathrm{AC}}$和 $\boldsymbol{F}_{\mathrm{S}}$的表达方式也不同。对于图 6.2 中不同维向的线阵三维 SAR 回波线性测量模型，可根据重构需要选择不同的雷达测量矩阵 F 进行线阵三维 SAR 稀疏成像。

6.2.2 线阵三维 SAR 稀疏重构成像

6.2.2.1 散射系数稀疏表示

CS 稀疏信号处理理论的前提是信号在某个空间是稀疏表示的。对于线阵三维 SAR 稀疏成像，若以回波信号作为测量信号，目标散射系数为原始信号，则首先要验证散射系数在某个特定空间存在稀疏表示。对于三维成像空间 $\boldsymbol{\Omega}$，由于存在大量的非目标区域，如大气区域和电磁波遮挡区域（阴影和非穿透地表下层）等，目标散射体只占有整体空间 $\boldsymbol{\Omega}$ 中很小一部分分辨单元，如图 6.3 所示，连续山体曲面在三维成像空间 $\boldsymbol{\Omega}$ 中只占有少量的分辨单元。因此，通常情况下三维成像空间 $\boldsymbol{\Omega}$ 中目标散射体是空间稀疏分布的[6]。然而在传统 SAR 中，雷达系统将三维空间 $\boldsymbol{\Omega}$ 投影到距离－方位向二维平面进行成像，即高维空间向低维空间映射，因此二维投影后目标稀疏性会大大降低，如图 6.3 中连续山体曲面在传统 SAR 成像空间中目标不稀疏。与传统 SAR 不同，线阵三维 SAR 则将三维空间 $\boldsymbol{\Omega}$ 投影到沿航迹－切航迹－距离向三维空间进行成像，因此沿航迹－切航迹－距离向三维空间中目标稀疏度和空间 $\boldsymbol{\Omega}$ 中目标稀疏度一致，仍具有很强的稀疏特征。例如，假设图 6.3 中三维成像空间 $\boldsymbol{\Omega}$ 大小为 1000 × 1000 ×

1000，山体地形在高度上只有一个散射中心，在传统 SAR 时目标稀疏率约为 0，而对于线阵三维 SAR 其稀疏率为 99.999% 。因此对于整体三维成像空间 $\boldsymbol{\Omega}$，由于 $\alpha(\boldsymbol{P}_w)$ 在三维成像空间 $\boldsymbol{\Omega}$ 中只有少数单元为非零值，式(6.54)中全场景散射系数向量 $\boldsymbol{\alpha}_S$ 在空域上是强稀疏分布。

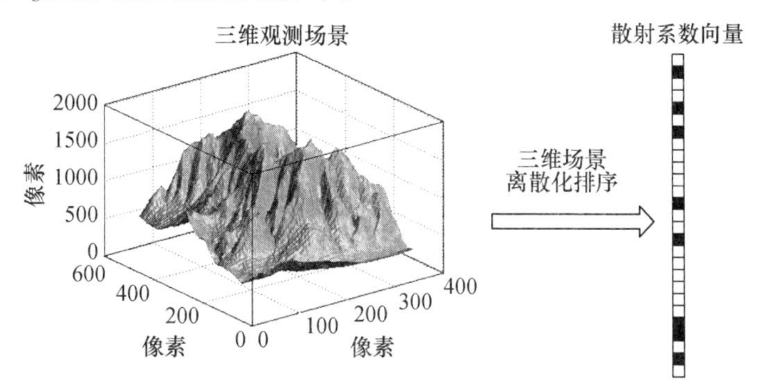

图 6.3　三维场景目标的稀疏性

另外，忽略孔径效应，线阵三维 SAR 距离压缩后回波信号 $S_C(l,n,i)$ 可表示为

$$S_C(l,n,i) = \sum_{\boldsymbol{P}_w \in \boldsymbol{\Omega}} \alpha(\boldsymbol{P}_w) \chi_R(r(l) - R(n,i;\boldsymbol{P}_w)) \exp(-j2K_w R(n,i;\boldsymbol{P}_w)) \tag{6.62}$$

若给定某一个距离单元 l_0，并且仅考虑模糊函数 $\chi_R(r(l_0) - R(n,i;\boldsymbol{P}_w))$ 主瓣峰值，则回波信号 $S_C(l,n,i)$ 可表示为

$$S_C(l_0,n,i) = \sum_{\boldsymbol{P}_w \in \boldsymbol{\Omega}} \alpha(\boldsymbol{P}_w) \delta_R(r(l_0) - R(n,i;\boldsymbol{P}_w)) \exp(-j2K_w R(n,i;\boldsymbol{P}_w)) \tag{6.63}$$

式中：$\delta_R(\cdot)$ 为单位冲击函数。在起伏地形三维成像空间 $\boldsymbol{\Omega}$，等距离平面 $r(l_0)$ 中往往只有少量 $\delta_R(r(l_0) - R(n,i;\boldsymbol{P}_w))$ 值为 1，因此式(6.46)中阵列平面散射系数 $\boldsymbol{\alpha}_{AC}(l_0)$ 在等距离平面 $r(l_0)$ 通常也具有很强的空间稀疏性。图 6.4 显示了图 6.3 山体曲面在不同等距离平面的目标空域稀疏性示意图，在不同高度的两个等距离二维切片中，如其中切片 1 和切片 2 的图像，白色区域为散射体目标，黑色区域为无散射体区，显然两个切片中散射体非常稀疏，只包含少量的目标散射体，等距离切片离散化向量排序后大多数分辨单元为零值或接近零值。

综上分析，在三维成像空间 $\boldsymbol{\Omega}$ 中，线阵三维 SAR 目标散射稀疏 $\boldsymbol{\alpha}$ 是空间稀疏的，并且在等距离切片上通常也是空间稀疏的。空间稀疏目标的稀疏表示可以采用地面坐标基函数 $[\boldsymbol{e}_x \quad \boldsymbol{e}_y \quad \boldsymbol{e}_z]$ 表示，矩阵表示为单位矩阵。因此，对于图 6.2 中线阵三维 SAR 回波线性测量模型，线阵三维 SAR 稀疏表示矩阵为 $\boldsymbol{\Psi} = \boldsymbol{I}$。

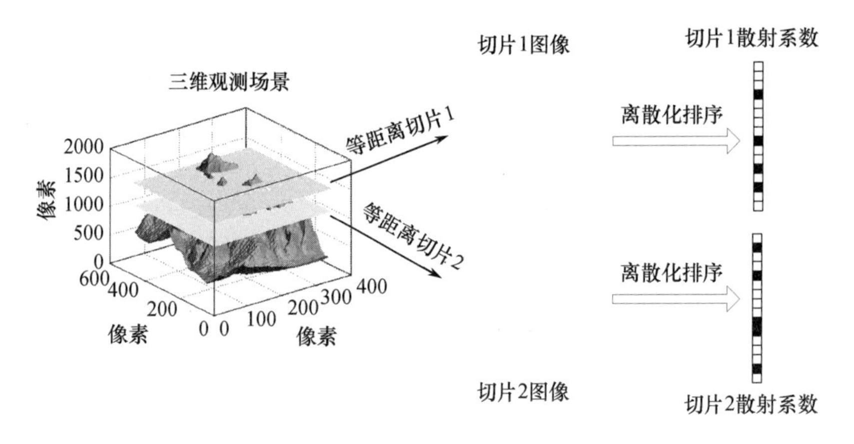

图 6.4　三维成像空间等距离平面目标的稀疏性

6.2.2.2　回波稀疏欠采样

为了抑制成像栅瓣,传统 MF 算法通常要求线阵三维 SAR 中线阵天线是全阵元(满阵)分布,即切航迹向信号采样率满足 Nyquist 采样定理,这将导致线阵阵元数量非常大。然而根据 CS 理论,若目标散射系数 α 稀疏时线阵三维 SAR 回波信号采样不必满足 Nyquist 采样定理,利用随机稀疏采样也可实现散射系数 $\boldsymbol{\alpha}$ 精确恢复。对于线阵三维 SAR 成像,根据回波数据维度不同,随机稀疏采样可以分为距离随机采样、方位随机采样和切航迹随机采样。距离向随机采样通常采用周期非均匀 A/D 采样实现[7],方位随机采样可以利用发射或接收周期非均匀 PRF 脉冲回波实现,而切航迹随机采样则主要通过稀疏线阵阵元分布实现。

线阵三维 SAR 距离向周期非均匀 A/D 采样器简单示意图如图 6.5 所示,主要由 A/D 采样器、随机序列产生器和信号选择器组成,其中 f_s 为距离向采样频率,l_i 为整数且 $l_i \in [1,2,\cdots,N_{\mathrm{R}}]$,集合 $\{l_i\}$ 的元素个数为 $N_{\mathrm{R-s}}$ 且 $N_{\mathrm{R-s}} < N_{\mathrm{R}}$。图 6.6 给出了一维距离向信号周期均匀采样和周期非均匀采样对比结果。距离向周期非均匀采样可认为是雷达系统利用 f_s 对距离回波信进行均匀采样,然后选择 $\{n_i\}$ 确定的 $N_{\mathrm{R-s}}$ 个样本序列构成一个非均匀采样的样本序列。

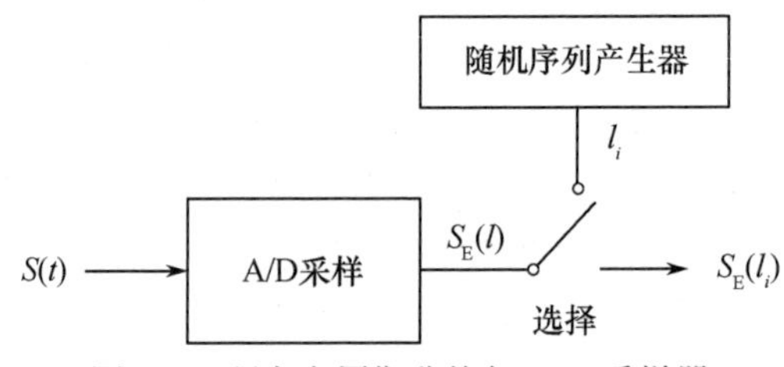

图 6.5　距离向周期非均匀 A/D 采样器

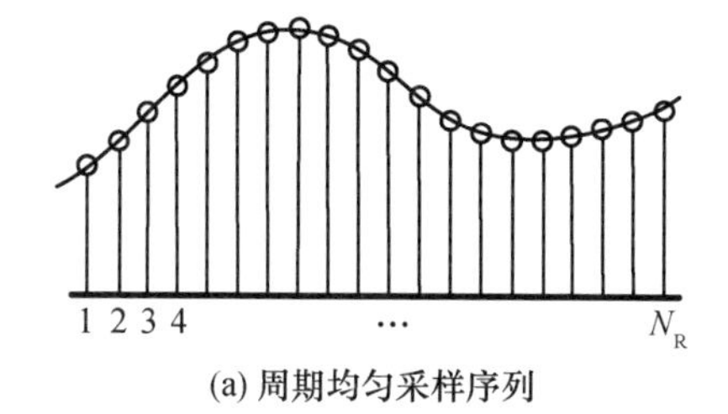

(a) 周期均匀采样序列

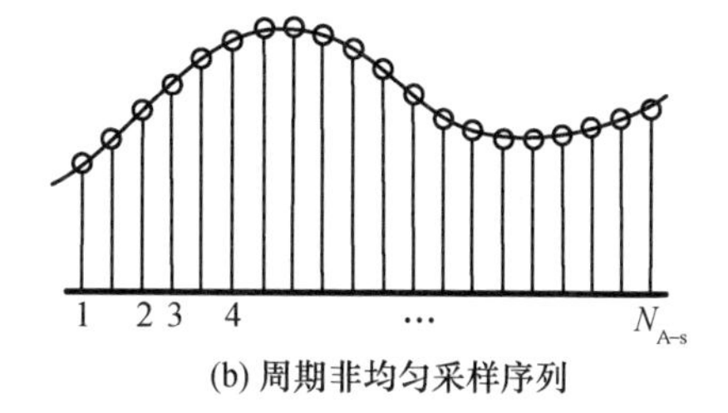

(b) 周期非均匀采样序列

图 6.6　距离向信号周期非均匀采样

对于沿航迹向随机稀疏采样，也可以采用周期非均匀采样方法实现。在一个合成孔径时间内，利用随机产生器产生序列$\{n_s\}$，$n_s \in [1,2,\cdots,N_A]$，集合$\{n_s\}$元素个数为N_{A-s}且$N_{A-s} < N_A$，利用$\{n_s\}$随机选择沿航迹慢时间序列$[1,2,\cdots,N_A]$中的N_{A-s}个慢时刻进行回波接收，获得沿航迹随机稀疏采样。

线阵三维 SAR 切航迹向采样主要取决于线阵阵元个数N_C和相邻阵元间距d。对于切航迹向随机稀疏欠采样，通常采用两种线阵分布方式实现：固定随机稀疏线阵和全随机稀疏线阵。固定随机稀疏线阵是指在线阵天线阵元在切航迹向随机分布，但在沿航迹每一个慢时刻n，线阵阵元数以及切航迹相对位置保持不变。全随机稀疏线阵是指在沿航迹每一个慢时刻，线阵阵元数和切航迹相对位置都是随机变化。图 6.7 给出了线阵三维 SAR 沿航迹均匀采样情况下满阵线阵、固定随机稀疏线阵和全随机稀疏线阵在阵列平面的分布图。

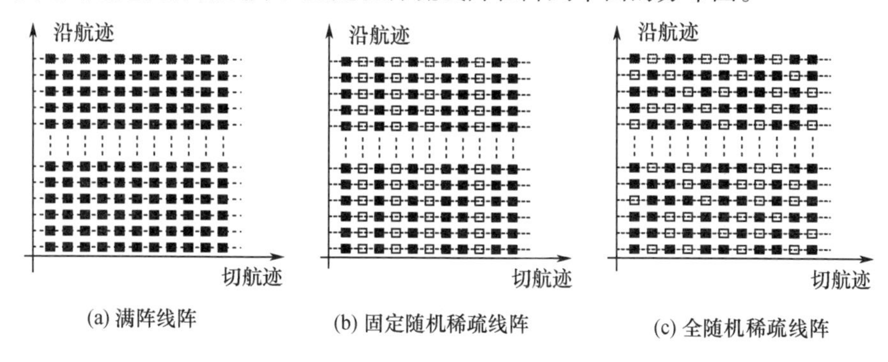

(a) 满阵线阵　(b) 固定随机稀疏线阵　(c) 全随机稀疏线阵

图 6.7　阵列平面阵元分布图

综上分析，在线阵三维 SAR 稀疏成像中，回波数据在距离向、沿航迹向和切航迹向的稀疏采样都可认为是在服从 Nyquist 采样率的线阵三维 SAR 样本中随机选择部分样本。线阵三维 SAR 稀疏采样回波信号可以表示为

$$\boldsymbol{y}_S = \boldsymbol{H}\boldsymbol{y} \tag{6.64}$$

式中：$\boldsymbol{y}_S$为线阵三维 SAR 稀疏采样信号；$\boldsymbol{y}$为遵从 Nyquist 采样率的回波信号；矩阵$\boldsymbol{H}$由单位矩阵的部分行向量组成，且行向量序号对于向量$\boldsymbol{y}$中选择元素序号。因此，对于图 6.2 中线阵三维 SAR 回波测量模型，稀疏采样矩阵$\boldsymbol{H}$表达

式为

$$
\boldsymbol{H}=\begin{bmatrix} 1 & 0 & 0 & \cdots & 0 & 0 \\ 0 & 0 & 1 & \cdots & 0 & 0 \\ \vdots & \vdots & \vdots & \ddots & \vdots & \vdots \\ 0 & 0 & 0 & \cdots & 0 & 1 \end{bmatrix} \tag{6.65}
$$

6.2.2.3 散射系数稀疏重构

获取线阵三维SAR回波测量模型中稀疏表示矩阵 $\boldsymbol{\Psi}$、雷达测量矩阵 $\boldsymbol{F}$ 和稀疏采样矩阵 $\boldsymbol{H}$ 后，即可构造回波信号测量矩阵 $\boldsymbol{\Theta}=\boldsymbol{HF\Psi}$ 以及回波测量模型 $\boldsymbol{y}_{\mathrm{S}}=\boldsymbol{\Theta\alpha}+\boldsymbol{n}$。给定回波信号 $\boldsymbol{y}_{\mathrm{S}}$，根据式(6.8)，线阵三维SAR稀疏成像转变为复数域 ℓ_1 范数最小化求解问题，即

$$
\hat{\boldsymbol{\alpha}}=\arg\min_{\alpha\in\mathbb{C}^{N\times 1}}\|\boldsymbol{\alpha}\|_1 \quad \text{s. t.} \quad \|\boldsymbol{y}_{\mathrm{S}}-\boldsymbol{\Theta}\alpha\|_2\leqslant\varepsilon \tag{6.66}
$$

式中：ε 为线阵三维SAR信号 $\boldsymbol{y}_{\mathrm{S}}$ 中的噪声水平。当未知目标散射系数向量 $\boldsymbol{\alpha}$ 稀疏度 K 时，式(6.66)也可以通过复数域 $\ell_1-\ell_2$ 范数联合最小化进行估计，即

$$
\hat{\boldsymbol{\alpha}}=\arg\min_{\boldsymbol{\alpha}\in\mathbb{C}^{N\times 1}}(\lambda_{\mathrm{K}}\|\boldsymbol{\alpha}\|_1+\|\boldsymbol{y}_{\mathrm{S}}-\boldsymbol{\Theta\alpha}\|_2^2) \tag{6.67}
$$

式中：λ_{K} 为拉格朗日正则化参数，λ_{K} 由回波信号 $\boldsymbol{y}_{\mathrm{S}}$ 维数 M 和噪声水平 σ_ε 决定。

因此，线阵三维SAR稀疏成像的本质是求解复数域线性最优解问题。CS稀疏信号处理理论已经证明在实数域上，式(6.8)和式(6.39)存在唯一解，然而对于复数域回波数据，式(6.66)中最优化问题是否存在且具有唯一解？本节先通过证明得到以下理论。

理论6.2：给定信号 $\boldsymbol{y}_{\mathrm{S}}$、矩阵 $\boldsymbol{\Theta}$ 和参数 λ_{K}，复数域 $\ell_1-\ell_2$ 范数联合函数最小化问题 $\hat{\boldsymbol{\alpha}}=\arg\min\limits_{\alpha\in\mathbb{C}^{N\times 1}}(\lambda_{\mathrm{K}}\|\boldsymbol{\alpha}\|_1+\|\boldsymbol{y}_{\mathrm{S}}-\boldsymbol{\Theta\alpha}\|_2^2)$ 存在最优化解。

证明：令函数 $J(\boldsymbol{\alpha})=\lambda_{\mathrm{K}}\|\boldsymbol{\alpha}\|_1+\|\boldsymbol{y}_{\mathrm{S}}-\boldsymbol{\Theta}\alpha\|_2^2$，则函数 $J(\boldsymbol{\alpha})$ 为变量 $\boldsymbol{\alpha}$ 的连续函数。

因 $\|\boldsymbol{y}_{\mathrm{S}}-\boldsymbol{\Theta\alpha}\|_2^2\geqslant 0$，则 $J(\boldsymbol{\alpha})\geqslant\lambda_{\mathrm{K}}\|\boldsymbol{\alpha}\|_1$，函数 $J(\boldsymbol{\alpha})$ 存在下限。又因

$$
\begin{aligned}
J(\boldsymbol{\alpha}) &= \lambda_{\mathrm{K}}\|\boldsymbol{\alpha}\|_1+\|\boldsymbol{y}_{\mathrm{S}}-\boldsymbol{\Theta\alpha}\|_2^2 \\
&\leqslant \lambda_{\mathrm{K}}\|\boldsymbol{\alpha}\|_1+\|\boldsymbol{y}_{\mathrm{S}}\|_2^2+\|\boldsymbol{\Theta\alpha}\|_2^2\leqslant\mathcal{M}
\end{aligned} \tag{6.68}
$$

式中：$\mathcal{M}$ 为某一个常数，因此函数 $J(\boldsymbol{\alpha})$ 存在上限，则水平集 $L[J(\boldsymbol{\alpha})]=\{\boldsymbol{\alpha}|J(\boldsymbol{\alpha})\leqslant\mathcal{M}\}$ 为闭集且有限。而估计解 $\hat{\boldsymbol{\alpha}}=\min\limits_{\boldsymbol{\alpha}\in L(J(\boldsymbol{\alpha}))}J(\boldsymbol{\alpha})$ 在一个紧集合上使得连续函数 $J(\boldsymbol{\alpha})$ 最小，从而 $\hat{\boldsymbol{\alpha}}=\min\limits_{\boldsymbol{\alpha}\in L(J(\boldsymbol{\alpha}))}J(\boldsymbol{\alpha})$ 有解。

理论6.3：给定信号 $\boldsymbol{y}_{\mathrm{S}}$、矩阵 $\boldsymbol{\Theta}$ 和参数 λ_{K}，若测量矩阵 $\boldsymbol{\Theta}$ 满足RIP性质，复数域 $\ell_1-\ell_2$ 范数联合函数最小化问题 $\hat{\boldsymbol{\alpha}}=\min\limits_{\boldsymbol{\alpha}\in\mathbb{C}^{N\times 1}}(\lambda_{\mathrm{K}}\|\boldsymbol{\alpha}\|_1+\|\boldsymbol{y}_{\mathrm{S}}-\boldsymbol{\Theta\alpha}\|_2^2)$ 最优解唯一。

证明：令函数 $J(\boldsymbol{\alpha})=\lambda_{\mathrm{K}}\|\boldsymbol{\alpha}\|_1+\|\boldsymbol{y}_{\mathrm{S}}-\boldsymbol{\Theta}\boldsymbol{\alpha}\|_2^2$，$\mathcal{D}$表示函数 $J(\boldsymbol{\alpha})$的最小值，假设 $\boldsymbol{\alpha}_1$和 $\boldsymbol{\alpha}_2(\boldsymbol{\alpha}_2\neq\boldsymbol{\alpha}_1)$都为函数 $J(\boldsymbol{\alpha})$的最小解。则 $\boldsymbol{\alpha}_1$和 $\boldsymbol{\alpha}_2$满足

$$\min_{\boldsymbol{\alpha}\in\mathbb{C}^{N\times1}}J(\boldsymbol{\alpha})=\lambda_{\mathrm{K}}\|\boldsymbol{\alpha}_1\|_1+\|\boldsymbol{y}_{\mathrm{S}}-\boldsymbol{\Theta}\boldsymbol{\alpha}_1\|_2^2=\lambda_{\mathrm{K}}\|\boldsymbol{\alpha}_2\|_1+\|\boldsymbol{y}_{\mathrm{S}}-\boldsymbol{\alpha}_2\|_2^2=\mathcal{D} \tag{6.69}$$

再令 $\boldsymbol{\alpha}_3=\eta\boldsymbol{\alpha}_1+(1-\eta)\boldsymbol{\alpha}_2$，其中 $0<\eta<1$。因测量矩阵 $\boldsymbol{\Theta}$ 满足 RIP 性质，则

$$\begin{aligned}J(\boldsymbol{\alpha}_3)&=J(\eta\boldsymbol{\alpha}_1+(1-\eta)\boldsymbol{\alpha}_2)\\&=\lambda_{\mathrm{K}}\|\eta\boldsymbol{\alpha}_1+(1-\eta)\boldsymbol{\alpha}_2\|_1+\|\boldsymbol{y}_{\mathrm{S}}-\boldsymbol{\Theta}(\eta\boldsymbol{\alpha}_1+(1-\eta)\boldsymbol{\alpha}_2)\|_2^2\\&\leqslant\eta\lambda_{\mathrm{K}}\|\boldsymbol{\alpha}_1\|_1+(1-\eta)\lambda_{\mathrm{K}}\|\boldsymbol{\alpha}_2\|_1\\&\quad+\|\eta\boldsymbol{y}_{\mathrm{S}}-\eta\boldsymbol{\Theta}\boldsymbol{\alpha}_1+(1-\eta)\boldsymbol{y}_{\mathrm{S}}-(1-\eta)\boldsymbol{\alpha}_2\|_2^2\\&\leqslant\eta(\lambda_{\mathrm{K}}\|\boldsymbol{\alpha}_1\|_1+\|\boldsymbol{y}_{\mathrm{S}}-\boldsymbol{\Theta}\boldsymbol{\alpha}_1\|_2^2)\\&\quad+(1-\eta)(\lambda_{\mathrm{K}}\|\boldsymbol{\alpha}_2\|_1+\|\boldsymbol{y}_{\mathrm{S}}-\boldsymbol{\alpha}_2\|_2^2)\\&\leqslant\mathcal{D}\end{aligned} \tag{6.70}$$

即有 $J(\boldsymbol{\alpha}_3)\leqslant\min\limits_{\boldsymbol{\alpha}\in\mathbb{C}^{N\times1}}J(\boldsymbol{\alpha})$，与假设 $\min\limits_{\boldsymbol{\alpha}\in\mathbb{C}^{N\times1}}J(\boldsymbol{\alpha})=D$ 矛盾，所以函数 $J(\boldsymbol{\alpha})$存在两个以上最小解不成立，函数 $J(\boldsymbol{\alpha})$只存在唯一解。

由理论 6.2 和理论 6.3 可知，线阵三维 SAR 稀疏成像复数域 $\ell_1-\ell_2$范数最优化问题存在唯一解，因此可以利用 CS 稀疏重构算法进行有效估计。然而，对于线阵三维 SAR 稀疏成像，当利用 CS 稀疏重构算法求解式(6.66)的最优解时，对比其他应用领域，需要解决以下几个关键问题：复数域数据处理、三维图像重构以及大规模数据处理。

对于线阵三维 SAR 复数域稀疏成像问题，可利用两种方法解决：一种是将复数域模型转为为实数域[34-36]，另一种是直接利用复数域稀疏重构算法[37,39]。目前大多数 CS 稀疏重构算法都是针对实数域重构而提出，为了能够利用实数域 CS 算法实现复数域稀疏重构，有效的方法是将线阵三维 SAR 复数域回波模型转到实数域。首先将复数域回波 $\boldsymbol{y}_{\mathrm{S}}$、矩阵 $\boldsymbol{\Theta}$、向量 $\boldsymbol{\alpha}$ 和噪声 $\boldsymbol{n}$ 分解为实部和虚部，得到

$$\mathrm{Re}(\boldsymbol{y}_{\mathrm{S}})=\mathrm{Re}(\boldsymbol{y}_{\mathrm{S}})\mathrm{Re}(\boldsymbol{\alpha})-\mathrm{Im}(\boldsymbol{y}_{\mathrm{S}})\mathrm{Im}(\boldsymbol{\alpha})+\mathrm{Re}(\boldsymbol{n}) \tag{6.71}$$

$$\mathrm{Im}(\boldsymbol{y}_{\mathrm{S}})=\mathrm{Re}(\boldsymbol{y}_{\mathrm{S}})\mathrm{Im}(\boldsymbol{\alpha})+\mathrm{Im}(\boldsymbol{y}_{\mathrm{S}})\mathrm{Re}(\boldsymbol{\alpha})+\mathrm{Im}(\boldsymbol{n}) \tag{6.72}$$

式中：Re(·)为取实部符号，Im(·)为取虚部符号，得到

$$\tilde{\boldsymbol{y}}_{\mathrm{S}}=\begin{bmatrix}\mathrm{Re}(\boldsymbol{y}_{\mathrm{S}})\\\mathrm{Im}(\boldsymbol{y}_{\mathrm{S}})\end{bmatrix},\tilde{\boldsymbol{\alpha}}=\begin{bmatrix}\mathrm{Re}(\boldsymbol{\alpha})\\\mathrm{Im}(\boldsymbol{\alpha})\end{bmatrix},\tilde{\boldsymbol{\Theta}}=\begin{bmatrix}\mathrm{Re}(\boldsymbol{\Theta})&-\mathrm{Im}(\boldsymbol{\Theta})\\\mathrm{Im}(\boldsymbol{\Theta})&\mathrm{Re}(\boldsymbol{\Theta})\end{bmatrix},\tilde{\boldsymbol{n}}=\begin{bmatrix}\mathrm{Re}(n)\\\mathrm{Im}(n)\end{bmatrix} \tag{6.73}$$

则式(6.67)中复数域最优化问题转变为实数域最优化问题，即

$$\hat{\tilde{\boldsymbol{\alpha}}}=\arg\min_{\tilde{\boldsymbol{\alpha}}\in\mathbb{R}^{2N\times1}}(\lambda_K\|\tilde{\boldsymbol{\alpha}}\|_1+\|\tilde{\boldsymbol{y}}_{\mathrm{S}}-\tilde{\boldsymbol{\Theta}}\tilde{\boldsymbol{\alpha}}\|_2^2) \tag{6.74}$$

此时,可利用实数域 CS 稀疏重构算法求解式(6.66)最小化实现稀疏成像。显然,式(6.61) 信号模型维数较式(6.66)中增大了 2 倍,求解时所需内存和计算量也相应增大,因此复数域转实数域增加了计算量。随着 CS 雷达技术研究热潮,近两年基于 ℓ_1范数最优化也相续出现一些复数域稀疏重构算法,如 SDA 算法[40]、自适应 ℓ_p范数最优化算法[41]和 FBMP 算法[42]等。相对于复数向实数转换,复数域稀疏重构算法精度更高、所需内存更小,更适合于线阵三维 SAR 稀疏成像。

虽然线阵三维 SAR 稀疏成像技术可利用稀疏采样回波实现高质量成像,但稀疏成像算法计算复杂度和运算时间远高于传统线阵三维 SAR 成像方法。若采用式(6.61)全场景三维信号模型进行稀疏成像,测量矩阵 $\boldsymbol{\Theta}_S$维数 M_S将非常大,数据处理所需的计算量和内存空间也十分巨大。例如对于一个三维小场景空间 $\boldsymbol{\Omega}$,假设 $\boldsymbol{\Omega}$ 大小为 $100\times100\times100$,则需重构向量 $\boldsymbol{\alpha}$ 的维数为 10^6,测量矩阵 $\boldsymbol{\Theta}$ 维数约为 $10^6\times10^6$,此时计算机存储矩阵 $\boldsymbol{\Theta}$ 所需内存约为 $10^6\times10^6\times2\mathrm{B}\approx2^{40}\mathrm{b}=1\mathrm{Tb}$,处理矩阵 $\boldsymbol{\Theta}$ 需要耗费大量存储空间和运算时间,普通计算机难以满足这样的硬件要求。若场景空间 $\boldsymbol{\Omega}$ 增大到中等场景,如大小为 $1000\times1000\times1000$,测量矩阵 $\boldsymbol{\Theta}$ 维数约为 $10^9\times10^9$,目前普通计算机更是难以实现矩阵 $\boldsymbol{\Theta}$ 的存储和运算。因此,采用 CS 稀疏重构方法对式(6.61)全场景三维信号模型进行稀疏成像是非常耗时甚至难以实现的过程。

均衡线阵三维 SAR 稀疏成像质量以及处理计算量、运算时间和内存等因素,本节利用距离向与阵列平面向分维处理的线阵三维 SAR 稀疏成像方法,该方法结合 6.2.1 节中线阵三维 SAR 不同维向回波线阵表示模型,首先对距离向进行成像处理,然后进行距离徙动校正,最后对阵列二维平面进行稀疏成像。分维稀疏成像算法的主要流程如图 6.8 所示,对于小观测场景,若回波距离向走动量小于一个分辨单元,可以不进行距离徙动校正。

图 6.8 线阵三维 SAR 分维稀疏成像方法主要流程图

另外,线阵三维 SAR 成像中,传统距离向分辨力只由发射信号带宽 B_r决定,系统通过发射大带宽信号即可实现距离向高分辨力。通过步进频[43]等技术,目前 SAR 硬件系统已能实现 $B_r>1.5\mathrm{GHz}$,获得亚厘米级距离向分辨力。因此,当信号带宽较大时,对于线阵三维 SAR 分维稀疏成像,本书在距离向采用传统匹配滤波进行成像,即保证距离向成像精度又提高距离处理后回波 SNR,在阵列平面维采用稀疏重构算法成像。

本节提出的线阵三维 SAR 分维稀疏成像方法具体处理步骤如下:

步骤 1:距离压缩。

采用匹配滤波压缩算法对线阵三维 SAR 每个阵元回波 $S_{\mathrm{E}}(l,n,i)$ 进行距离脉冲压缩。

步骤 2:距离徙动校正。

采用距离徙动校正方法对距离压缩后回波 $S_{\mathrm{C}}(l,n,i)$ 进行距离徙动校正,消除 $S_{\mathrm{E}}(l,n,i)$ 在阵列平面维和距离向耦合。

步骤 3:计算阵列平面所有分辨单元的时延。

对于第 l 个距离单元,建立阵列平面成像空间 $\boldsymbol{\Omega}_{\mathrm{AC}}(l)$,划分阵列平面网格,计算阵列平面中第 m 个单元在慢时间 n 到第 i 个线阵阵元的时延函数 $\tau(l,n,i;\boldsymbol{P}_m)$。

步骤 4:建立阵列平面信号测量矩阵。

利用时延函数 $\tau(l,n,i;\boldsymbol{P}_m)$ 建立阵列平面回波时延向量函数 $\boldsymbol{\psi}_{\mathrm{AC}}(l)\in\mathbb{C}^{M_{\mathrm{AC}}\times 1}$ 为

$$\boldsymbol{\psi}_{\mathrm{AC}}(l,n,i)=\{\exp[-\mathrm{j}2\pi f_{\mathrm{c}}\tau(l,n,i;\boldsymbol{P}_m)]\},\quad 1\leqslant n\leqslant N_{\mathrm{A}},1\leqslant i\leqslant N_{\mathrm{C}},1\leqslant m\leqslant M_{\mathrm{AC}} \tag{6.75}$$

再利用向量 $\boldsymbol{\psi}_{\mathrm{AC}}$ 构建阵列平面信号测量矩阵 $\boldsymbol{\Theta}_{\mathrm{AC}}(l)$ 为

$$\boldsymbol{\Theta}_{\mathrm{AC}}(l)=[\psi_{\mathrm{AC}}(l,1,1)\quad\cdots\quad\psi_{\mathrm{AC}}(l,N_{\mathrm{A}},1)\quad\cdots\quad\psi_{\mathrm{AC}}(l,1,N_{\mathrm{C}})\quad\cdots\quad\psi_{\mathrm{AC}}(l,N_{\mathrm{A}},N_{\mathrm{C}})]^{\mathrm{T}} \tag{6.76}$$

步骤 5:利用稀疏重构算法进行阵列平面稀疏成像。

利用 CS 稀疏重构算法求解式(6.77)及式(6.78)的最优化问题

$$\boldsymbol{\alpha}_{\mathrm{AC}}(l)=\arg\min_{\boldsymbol{\alpha}_{\mathrm{AC}}(l)\in\mathbb{C}^{N_{\mathrm{A}}N_{\mathrm{C}}\times 1}}\|\boldsymbol{\alpha}_{\mathrm{AC}}(l)\|_1\quad\text{s.t.}\quad\|\boldsymbol{y}_{\mathrm{AC}}(l)-\boldsymbol{\Theta}(l)\boldsymbol{\alpha}_{\mathrm{AC}}(l)\|_2\leqslant\varepsilon \tag{6.77}$$

$$\boldsymbol{\alpha}_{\mathrm{AC}}(l)=\arg\min_{\boldsymbol{\alpha}_{\mathrm{AC}}(l)\in\mathbb{C}^{N_{\mathrm{A}}N_{\mathrm{C}}\times 1}}\{\lambda_{\mathrm{K}}\|\boldsymbol{\alpha}_{\mathrm{AC}}(l)\|_1+\|\boldsymbol{y}_{\mathrm{AC}}(l)-\boldsymbol{\Theta}(l)\boldsymbol{\alpha}_{\mathrm{AC}}(l)\|_2\} \tag{6.78}$$

获得第 l 个距离单元的阵列平面成像结果 $\boldsymbol{\alpha}_{\mathrm{AC}}(l)$。对三维成像空间 $\boldsymbol{\Omega}$ 中所有距离单元,执行步骤 4 ~ 步骤 5,即可得到最终的线阵三维 SAR 稀疏成像结果。

假设线阵三维 SAR 中成像空间 $\boldsymbol{\Omega}$ 大小为 $M\times M\times M$,距离向采样点数为 N_{R},方位向采样点数为 N_{A},切航迹向采样点数为 N_{C},若利用基追踪(BP)算法直接对全场景三维回波模型进行稀疏成像,算法所需计算量约为 $\mathcal{O}(N_{\mathrm{R}}^2\cdot N_{\mathrm{A}}^2\cdot N_{\mathrm{C}}^2\cdot M^3)$;而利用本书距离 - 阵列平面分维成像算法,所需计算量约为 $\mathcal{O}(N_{\mathrm{R}}\cdot N_{\mathrm{A}}^2\cdot N_{\mathrm{C}}^2\cdot M^2)$,只为全场景三维回波模型稀疏成像运算量 $1/(N_{\mathrm{R}}M)$,大大减少了线阵三维 SAR 稀疏成像的运算时间。另外,为了进一步减少线阵三维 SAR 稀疏成像重构时间,还可利用 GPU 等计算机并行计算提高大规模稀疏重构算法效率。

6.2.2.4 稀疏重构成像分辨力

根据3.4.5节传统线阵三维SAR成像分辨力分析,传统成像算法分辨力由系统模糊函数$\chi(\boldsymbol{P}_m)$决定。与传统成像算法不同,CS稀疏重构算法作为一种参数化的成像方法,其分辨力不再受限于系统模糊函数,而是与建立测量矩阵$\boldsymbol{\Theta}$时成像空间$\boldsymbol{\Omega}$离散化得到的分辨单元大小和算法成功概率有关,若稀疏重构算法精确重构,则分辨单元大小即为稀疏重构成像算法的分辨力。因此,在稀疏重构成像时,为了获得高分辨力,$\boldsymbol{\Omega}$中应尽量减小分辨单元尺寸。但分辨单元减小会影响线阵三维SAR以下参数:目标稀疏度K、重构信号维数M和测量矩阵互相干系数$\mu(\boldsymbol{\Theta})$。随着分辨单元减小,$\mu(\boldsymbol{\Theta})$会随之增大,故稀疏重构算法精确重构所需的最低测量样本数N也相应增大,例如,OMP算法精确重构所需的最低样本数$N\geqslant\mathcal{O}(K\lg(M/K))$会变大。另外,分辨单元减小,使得矩阵$\boldsymbol{\Theta}$各列相关性增加,矩阵$\boldsymbol{\Theta}$不一定再满足RIP性质,又因$K$和$\mu(\boldsymbol{\Theta})$增大,使得式(6.30)中目标稀疏度不再满足约束条件,导致稀疏重构算法成功重构的概率大大降低。因此,减小分辨单元尺寸以得到高分辨力与稀疏重构算法成功重构的概率相互矛盾。所以,在线阵三维SAR稀疏成像中,划分成像空间$\boldsymbol{\Omega}$分辨单元大小时需在满足高分辨力要求和算法重构概率之间进行折中。

假设均匀面阵长度为4m×4m,阵元数为40×40,载频为30GHz,场景中心距离面阵为1000m,则传统分辨力为$\rho=1.25\text{m}$,图6.9给出互相干系数$\mu(\boldsymbol{\Theta})$随阵列平面分辨单元大小d的变化曲线,其中横轴表示分辨单元尺寸d与ρ倍数。为了保证较高重构概率,稀疏重构算法中$\mu(\boldsymbol{\Theta})$应满足$\mu(\boldsymbol{\Theta})\leqslant1/(2K-1)$,若$K=1$时$\mu(\boldsymbol{\Theta})\leqslant1$,而$K=2$时$\mu(\boldsymbol{\Theta})\leqslant1/3$,因此一般要求$\mu(\boldsymbol{\Theta})\leqslant0.3$。图6.9显示在$d\in[0.1\rho,0.9\rho]$区间$\mu(\boldsymbol{\Theta})$递减,当$d=0.7\rho$时$\mu(\boldsymbol{\Theta})\approx0.3$,当$d=0.5\rho$时$\mu(\boldsymbol{\Theta})\approx0.6$,此时$\mu(\boldsymbol{\Theta})$难以满足稀疏重构算法高概率精确重构要求。所以,在线阵三维SAR稀疏成像,均衡成像分辨力和算法重构概率,d应尽量选为$[0.5\rho,\rho]$。

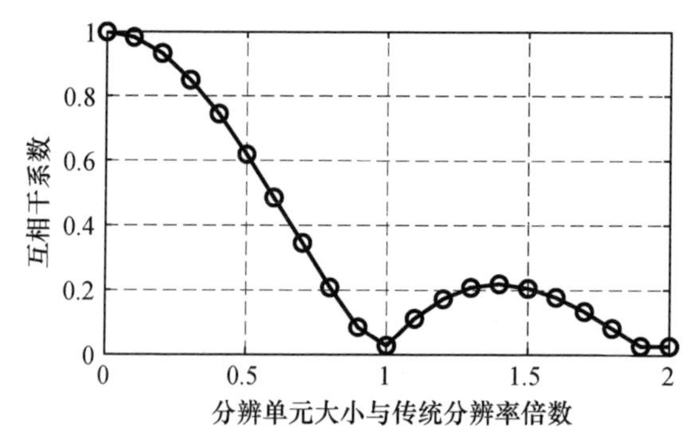

图6.9 测量矩阵互相干系数随分辨单元大小的变化曲线

6.3　正交匹配追踪成像算法

对于线阵三维 SAR 稀疏成像,构建回波信号的线性测量模型后,贪婪迭代追踪算法主要思想是利用贪婪迭代追踪算法来解决以下复数域 ℓ_0范数最小化问题,即

$$\hat{\boldsymbol{\alpha}} = \min_{\boldsymbol{\alpha} \in \mathbb{C}^{N \times 1}} \| \boldsymbol{\alpha} \|_0 \quad \text{s.t.} \quad \| \boldsymbol{y}_S - \boldsymbol{\Theta}\boldsymbol{\alpha} \|_2 \leqslant \varepsilon \tag{6.79}$$

MP 算法和 OMP 算法作为贪婪迭代追踪算法中的经典算法,因算法结构简单、运算量小而颇受关注。MP 算法在每一次迭代中从测量矩阵 $\boldsymbol{\Theta}$ 中选择最匹配原子构建稀疏基,计算该稀疏基下信号 $\boldsymbol{y}_S$ 残差,再从矩阵 $\boldsymbol{\Theta}$ 寻找与残差最匹配的原子,依次迭代后信号 $\boldsymbol{y}_S$ 可由选定原子线性表示。但信号残差在选定原子的投影是非正交的,故 MP 算法每次迭代结果并不是最优而是次优,算法收敛需较多次迭代,运算量大。OMP 算法是 MP 算法的改进,在每一次迭代中对所选定原子进行正交化以保证迭代结果最优。相对于 MP 算法,OMP 算法收敛速度更快,并且能以简单递归迭代形式实现。

基于 OMP 算法结构简单、计算复杂度低和运算时间快的优点,本书将 OMP 算法应用于线阵三维 SAR 复数域数据成像,并分析该算法的成像性能。

6.3.1　算法原理与流程

OMP 算法稀疏信号重构的主要框图描述如算法 6.1 所示。

算法 6.1:OMP 算法

输入:测量信号 $\boldsymbol{y}_S$,测量矩阵 $\boldsymbol{\Theta}$,稀疏度 K,残差门限 ε_0。

输出:稀疏信号估计值 $\hat{\boldsymbol{\alpha}}$。

初始化:估计值 $\boldsymbol{\alpha}^{(0)}=0$,残余量 $\boldsymbol{r}^{(0)}=\boldsymbol{y}_S$,索引集 $\Omega^{(0)}=\varnothing$,迭代次数 $n=0$。

循环开始

(1) 寻找信号残差最大相关原子索引:$k^{(n)}=\arg\max_{k=1,2,\cdots,M} \| \boldsymbol{\varphi}_k^{\mathrm{T}} \boldsymbol{r}^{(n-1)} \|_2$。

(2) 索引集更新:$\Omega^{(n)}=\Omega^{(n-1)} \cup k^{(n)}$。

(3) 利用最小二乘方法估计信号:$\boldsymbol{\alpha}^{(n)}|_{\Omega(n)}=\boldsymbol{\Theta}_{\Omega(n)}^{\dagger}\boldsymbol{y}_S$,$\boldsymbol{\alpha}^{(n)}|_{\bar{\Omega}(n)}=0$。

(4) 更新信号残余:$\boldsymbol{r}^{(n)}=\boldsymbol{y}_S-\boldsymbol{\Theta}\boldsymbol{\alpha}^{(n)}$。

(5) 迭代判定:若 $n \leqslant K$ 且 $\| \boldsymbol{r}^{(n)} \|_2 \geqslant \varepsilon_0$,则 $n \leftarrow n+1$,重复(1)-(5);否则,结束循环。

循环结束

结果：$\hat{\boldsymbol{\alpha}} \leftarrow \boldsymbol{\alpha}^{(n)}$。

根据算法6.1描述，OMP算法重构残差$\|\boldsymbol{r}^{(n)}\|_2$随着迭代次数$n$单调递减，即$\|\boldsymbol{r}^{(n)}\|_2 \leqslant \|\boldsymbol{r}^{(n-1)}\|_2$。为了保证重构精度，OMP算法需通过$\|\boldsymbol{\alpha}\|_0$和残差门限$\varepsilon_0$将重构残差限定在某一范围内。下面通过理论分析复数域OMP算法的一些性质。

首先，在无噪声$\boldsymbol{n}=0$条件下复数域OMP算法精确重构具有以下性质。

性质6.2：对于线性测量方程$\boldsymbol{y}_{\mathrm{S}}=\boldsymbol{\Theta\alpha}$，若测量矩阵$\boldsymbol{\Theta} \in \mathbb{C}^{N \times M}(N<M)$满足RIP性质，对于$K$稀疏信号$\boldsymbol{\alpha}$，在无噪声条件下OMP算法测量样本数$N$只需满足如下不等式，即

$$N \geqslant \mathcal{O}(K\lg(M/K)) \tag{6.80}$$

即可以极大概率实现稀疏信号$\boldsymbol{\alpha}$的精确重构。证明详见文献[44]。

性质6.3：对于线性测量方程$\boldsymbol{y}_{\mathrm{S}}=\boldsymbol{\Theta\alpha}$，若测量矩阵$\boldsymbol{\Theta} \in \mathbb{C}^{N \times M}(N<M)$且$\mathrm{rank}(\boldsymbol{\Theta})=N$，在无噪声条件下OMP算法精确重构$\boldsymbol{\alpha}$稀疏度需满足

$$\|\boldsymbol{\alpha}\|_0 = K < \frac{1}{2}\left[1+\frac{1}{\mu(\boldsymbol{\Theta})}\right] \tag{6.81}$$

式中：$\mu(\boldsymbol{\Theta})$为测量矩阵$\boldsymbol{\Theta}$互相干系数。

证明：由于线性方程$\boldsymbol{y}_S=\boldsymbol{\Theta\alpha}$存在$\|\boldsymbol{\alpha}\|_0=K$稀疏解，则信号$\boldsymbol{y}_S$可表示向量线性组合，即

$$\boldsymbol{y}_{\mathrm{S}} = \boldsymbol{\Theta\alpha} = \sum_{k=1}^{K} \varphi_k \alpha_k \tag{6.82}$$

式中：假设$\alpha_1 \geqslant \alpha_2 \geqslant \cdots \geqslant \alpha_K$，当$i=j$时$|\boldsymbol{\varphi}_i^{\mathrm{H}}\boldsymbol{\varphi}_j|=1$，$i \neq j$时$|\boldsymbol{\varphi}_i^{\mathrm{H}}\boldsymbol{\varphi}_j|<1$。根据测量矩阵$\boldsymbol{\Theta}$相干系数定义$\mu(\boldsymbol{\Theta})=\max\limits_{i \neq j}|\boldsymbol{\varphi}_i^{\mathrm{H}}\boldsymbol{\varphi}_j|$。在OMP算法迭代处理过程中，由于

$$\boldsymbol{\alpha}_1 = \max_k |\boldsymbol{\varphi}_k^{\mathrm{H}}\boldsymbol{y}_S|, \boldsymbol{\alpha}_j = \max_k \left|\boldsymbol{\varphi}_k^{\mathrm{H}}\left(\boldsymbol{y}_S - \sum_{k=1}^{j}\boldsymbol{\varphi}_k\boldsymbol{\alpha}_k\right)\right| \tag{6.83}$$

则必有

$$\left|\sum_{k=1}^{K}\boldsymbol{\varphi}_1^{\mathrm{H}}\boldsymbol{\varphi}_k\boldsymbol{\alpha}_k\right| \geqslant \left|\sum_{k=1}^{K}\boldsymbol{\varphi}_j^{\mathrm{H}}\boldsymbol{\varphi}_k\boldsymbol{\alpha}_k\right| \tag{6.84}$$

而

$$\left|\sum_{k=1}^{K}\boldsymbol{\varphi}_j^{\mathrm{H}}\boldsymbol{\varphi}_k\boldsymbol{\alpha}_k\right| \leqslant \left|\sum_{k=1}^{K}\boldsymbol{\varphi}_j^{\mathrm{H}}\boldsymbol{\varphi}_k\boldsymbol{\alpha}_1\right| \leqslant |\boldsymbol{\alpha}_1|\left|\sum_{k=1}^{K}\boldsymbol{\varphi}_j^{\mathrm{H}}\boldsymbol{\varphi}_k\right| \leqslant K|\boldsymbol{\alpha}_1|\mu(\boldsymbol{\Theta}) \tag{6.85}$$

$$\left|\sum_{k=1}^{K}\boldsymbol{\varphi}_1^{\mathrm{H}}\boldsymbol{\varphi}_k\boldsymbol{\alpha}_k\right| \geqslant |\boldsymbol{\alpha}_1| - \left|\sum_{k=2}^{K}\boldsymbol{\varphi}_1^{\mathrm{H}}\boldsymbol{\varphi}_k\boldsymbol{\alpha}_k\right| \geqslant |\boldsymbol{\alpha}_1| - \sum_{k=2}^{K}|\boldsymbol{\varphi}_1^{\mathrm{H}}\boldsymbol{\varphi}_k||\boldsymbol{\alpha}_k|$$

$$\geqslant |\boldsymbol{\alpha}_1| - \sum_{k=2}^{K} |\boldsymbol{\varphi}_1^{\mathrm{H}}\boldsymbol{\varphi}_k| |\boldsymbol{\alpha}_1| \geqslant |\boldsymbol{\alpha}_1|[1-\mu(\boldsymbol{\Theta})(K-1)] \tag{6.86}$$

将式(6.85)和式(6.86)代入式(6.84)中,得到

$$\left|\sum_{k=1}^{K}\boldsymbol{\varphi}_1^{\mathrm{H}}\boldsymbol{\varphi}_k\boldsymbol{\alpha}_k\right| \geqslant |\boldsymbol{\alpha}_1|[1-\mu(\boldsymbol{\Theta})(K-1)] > K|\boldsymbol{\alpha}_1|\mu(\boldsymbol{\Theta}) \geqslant \left|\sum_{k=1}^{K}\boldsymbol{\varphi}_j^{\mathrm{H}}\boldsymbol{\varphi}_k\boldsymbol{\alpha}_k\right| \tag{6.87}$$

根据式(6.87)中 $1-\mu(\boldsymbol{\Theta})(K-1) \geqslant K\mu(\boldsymbol{\Theta})$,可以得到式(6.81)。

当考虑 $\boldsymbol{y}_{\mathrm{S}}$ 中测量噪声时,假设噪声 $\boldsymbol{n} \sim \mathcal{CN}(0,\sigma^2\boldsymbol{I})$ 服从复高斯随机独立同分布,参考文献[45]复数域 OMP 算法精确重构条件具有以下性质。

性质 6.4: 令 $\boldsymbol{\Theta}_T$ 为索引集合 $\boldsymbol{T}$ 对应于测量矩阵 $\boldsymbol{\Theta}$ 中列组成的矩阵,k 为索引集合 $\boldsymbol{T}$ 维数大小,若 $\mu(\boldsymbol{\Theta}) < 1/(k-1)$,则有

$$1-(k-1)\mu(\boldsymbol{\Theta}) \leqslant \lambda\min(\boldsymbol{\Theta}_T^{\dagger}\boldsymbol{\Theta}_T) \leqslant \lambda\max(\boldsymbol{\Theta}_T^{\dagger}\boldsymbol{\Theta}_T) \leqslant 1+(k-1)\mu(\boldsymbol{\Theta}) \tag{6.88}$$

且在当前迭代精确选择原子的充分条件是

$$|\boldsymbol{\alpha}_i| \geqslant \frac{2\,\|(\boldsymbol{I}-\boldsymbol{\Theta}_T^{\dagger}\boldsymbol{\Theta}_T)\boldsymbol{n}\|_2}{1-\mu(\boldsymbol{\Theta})(2K-1)} \tag{6.89}$$

性质 6.4 的详细证明见文献[45]。

性质 6.5: 假设高斯噪声 $\boldsymbol{n} \sim \mathcal{CN}(0,\sigma^2\boldsymbol{I})$,对于线性测量方程 $\boldsymbol{y}_{\mathrm{S}} = \boldsymbol{\Theta}\alpha + \boldsymbol{n}$,测量矩阵 $\boldsymbol{\Theta} \in \mathbb{C}^{N\times M}(N<M)$,假设 $\|\boldsymbol{n}\|_2 \leqslant b_2$ 和 $\mu(\boldsymbol{\Theta}) < 1/(2K-1)$,若非零系数 α_i 满足

$$|\alpha_i| \geqslant \frac{2b_2}{1-\mu(\boldsymbol{\Theta})(2K-1)}, i=1,2,\cdots,K \tag{6.90}$$

则 OMP 算法在迭代终止条件 $\|\boldsymbol{r}^{(n)}\|_2 \leqslant b_2$ 条件下能精确选择原子 $\boldsymbol{\Theta}_{\mathrm{S}}$,其中原子 $\boldsymbol{\Theta}_S = \{\boldsymbol{\varphi}_k : k \in S\}$ 且 $S = \{i : |\alpha_i| \neq 0\}$。

证明:因 OMP 算法第 n 次迭代 $\boldsymbol{r}^{(n)} = (\boldsymbol{I}-\boldsymbol{\Theta}_{\Omega^{(n)}}\boldsymbol{\Theta}_{\Omega^{(n)}}^{\dagger})\boldsymbol{y}_{\mathrm{S}}$,令 $\boldsymbol{r}^{(n)} = \boldsymbol{r}_{\mathrm{S}}^{(n)} + \boldsymbol{r}_{\mathrm{N}}^{(n)}$,其中

$$\boldsymbol{r}_{\mathrm{S}}^{(n)} = (\boldsymbol{I}-\boldsymbol{\Theta}_{\Omega^{(n)}}\boldsymbol{\Theta}_{\Omega^{(n)}}^{\dagger})\boldsymbol{\Theta}\boldsymbol{\alpha}, \boldsymbol{r}_{\mathrm{N}}^{(n)} = (\boldsymbol{I}-\boldsymbol{\Theta}_{\Omega^{(n)}}\boldsymbol{\Theta}_{\Omega^{(n)}}^{\dagger})\boldsymbol{n} \tag{6.91}$$

令 $a^{(n)} = \max\limits_{k\in\boldsymbol{\Theta}_{\boldsymbol{\Omega}^{(n)}}} |\boldsymbol{\varphi}_k^{\mathrm{H}}\boldsymbol{r}_{\mathrm{S}}^{(n)}|$,$b^{(n)} = \max\limits_{k\in\boldsymbol{\Theta}/\boldsymbol{\Theta}_{\boldsymbol{\Omega}^{(n)}}} |\boldsymbol{\varphi}_k^{\mathrm{H}}\boldsymbol{r}_{\mathrm{S}}^{(n)}|$ 和 $c^{(n)} = \max\limits_{k\in\boldsymbol{\Theta}} |\boldsymbol{\varphi}_k^{\mathrm{H}}\boldsymbol{r}_{\mathrm{N}}^{(n)}|$,对 $\|\boldsymbol{n}\|_2 \leqslant b_2$ 则有

$$c^{(n)} = \max_{k\in\boldsymbol{\Theta}} |\boldsymbol{\varphi}_k^{\mathrm{H}}\boldsymbol{r}_{\mathrm{N}}^{(n)}| \leqslant \max_{k\in\boldsymbol{\Theta}} \|\boldsymbol{\varphi}_k^{\mathrm{H}}\|_2 \|\boldsymbol{r}_{\mathrm{N}}^{(n)}\|_2 \leqslant \|\boldsymbol{r}_{\mathrm{N}}^{(n)}\|_2 \leqslant \|\boldsymbol{n}\|_2 \leqslant b_2 \tag{6.92}$$

$$|\boldsymbol{\alpha}_i| \geqslant \frac{2b_2}{1-\mu(\boldsymbol{\Theta})(2K-1)} \geqslant \frac{2\,\|\boldsymbol{r}_{\mathrm{N}}^{(n)}\|_2}{1-\mu(\boldsymbol{\Theta})(2K-1)} \tag{6.93}$$

因此根据性质 6.4,当非零系数 α_i 满足式(6.90)时第 n 次迭代可以正确选择当前原子。另外对于迭代次数 $n<K$ 时,因为

$$\begin{aligned}\|\boldsymbol{r}_{\mathrm{S}}^{(n)}\|_2 &\geqslant \|(\boldsymbol{I}-\boldsymbol{\Theta}_{\boldsymbol{\Omega}^{(n)}}\boldsymbol{\Theta}_{\boldsymbol{\Omega}^{(n)}}^{\dagger})\boldsymbol{\Theta}\alpha^{(n)}\|_2 \\ &\geqslant \lambda\min((\boldsymbol{I}-\boldsymbol{\Theta}_{\boldsymbol{\Omega}^{(n)}}\boldsymbol{\Theta}_{\boldsymbol{\Omega}^{(n)}}^{\dagger})\boldsymbol{\Theta})\|\alpha^{(n)}\|_2 \\ &\geqslant \lambda\min(\boldsymbol{\Theta}_{\boldsymbol{\Omega}^{(n)}}\boldsymbol{\Theta}_{\boldsymbol{\Omega}^{(n)}}^{\dagger})\|\alpha^{(n)}\|_2\end{aligned} \tag{6.94}$$

根据式(6.88),得到

$$\|\boldsymbol{r}_{\mathrm{S}}^{(n)}\|_2 \geqslant [1-(k-1)\mu(\boldsymbol{\Theta})]\frac{2b_2}{1-\mu(\boldsymbol{\Theta})(2K-1)} \geqslant 2b_2 \tag{6.95}$$

于是

$$\|\boldsymbol{r}^{(n)}\|_2 = \|\boldsymbol{r}_{\mathrm{S}}^{(n)}+\boldsymbol{r}_{\mathrm{N}}^{(n)}\|_2 \geqslant \|\boldsymbol{r}_{\mathrm{S}}^{(n)}\|_2 - \|\boldsymbol{r}_{N}^{(n)}\|_2 \geqslant b_2 \tag{6.96}$$

因此 OMP 算法迭代继续,直至 $\|\boldsymbol{r}^{(n)}\|_2 \leqslant b_2$ 时得到精确选择原子 $\boldsymbol{\Theta}_S$。

理论 6.4:假设高斯噪声 $\boldsymbol{n}\sim\mathcal{CN}(0,\sigma^2\boldsymbol{I})$,且噪声集合 $\boldsymbol{B}_2=\{\boldsymbol{n}:\|\boldsymbol{n}\|_2\leqslant \sigma\sqrt{N+0.5\sqrt{N\ln N}}\}$,噪声 $\boldsymbol{n}\in\boldsymbol{B}_2$ 的概率满足

$$P(\boldsymbol{n}\in\boldsymbol{B}_2)\geqslant 1-1/\sqrt{4\pi\ln(2N)} \tag{6.97}$$

推论 6.1:假设高斯噪声 $\boldsymbol{n}\sim\mathcal{CN}(0,\sigma^2\boldsymbol{I})$ 和 $\mu(\boldsymbol{\Theta})<1/(2K-1)$,若非零散射系数 α_i 满足

$$|\alpha_i| \geqslant \frac{2\sigma\sqrt{[N+\sqrt{2N\ln(2N)}]}}{1-\mu(\boldsymbol{\Theta})(2K-1)}, i=1,2,\cdots,K \tag{6.98}$$

则 OMP 算法在迭代终止条件 $\|\boldsymbol{r}^{(n)}\|_2 \leqslant 2\sigma\sqrt{[N+\sqrt{2N\ln(2N)}]}$ 条件下能以概率 $P\geqslant 1-1/\sqrt{4\pi\ln(2N)}$ 成功选择原子 $\boldsymbol{\Theta}_{\mathrm{S}}$。

基于 OMP 算法的线阵三维 SAR 稀疏成像处理的主要步骤如下。

步骤 1:对线阵三维 SAR 原始回波信号进行距离脉冲压缩和距离弯曲徙动校正。

步骤 2:在每一个等距离单元,离散化沿航迹—切航迹二维平面观测场景;根据雷达系统参数、运动平台参数和等距离单元场景参数等构造测量矩阵 $\boldsymbol{\Theta}$,将等距离单元内回波数据向量化排序为 $\boldsymbol{y}_{\mathrm{S}}$。

步骤 3:初始化散射系数向量 $\boldsymbol{\alpha}^{(0)}=0$、残余误差 $\boldsymbol{r}^{(0)}=\boldsymbol{y}_{\mathrm{S}}$、索引集合 $\boldsymbol{\Omega}^{(0)}=\varnothing$、目标稀疏度 K、残差门限 ε_0、迭代次数 $n=0$。

步骤 4:在第 n 次迭代,在测量矩阵 $\boldsymbol{\Theta}$ 中寻找残余误差 $\boldsymbol{r}^{(n-1)}$ 的最大相关项

$$k^{(n)}=\arg\max_k\|\boldsymbol{\phi}_k^{\mathrm{T}}\boldsymbol{r}^{(n-1)}\|_2 \tag{6.99}$$

步骤 5:利用步骤 4 的 $k^{(n)}$ 更新索引集合 $\boldsymbol{\Omega}^{(n)}$,即

$$\boldsymbol{\Omega}^{(n)}=\boldsymbol{\Omega}^{(n-1)}\cup k^{(n)} \tag{6.100}$$

步骤 6:根据步骤 5 索引集合 $\boldsymbol{\Omega}^{(n)}$,利用 LS 算法重构 $\boldsymbol{\alpha}^{(n)}$,即

$$\boldsymbol{\alpha}^{(n)}\big|_{\boldsymbol{\Omega}^{(n)}}=\boldsymbol{\Theta}_{\boldsymbol{\Omega}^{(n)}}^{\dagger}\boldsymbol{y}_{\mathrm{S}},\boldsymbol{\alpha}^{(n)}\big|_{\overline{\boldsymbol{\Omega}}^{(n)}}=\mathbf{0} \tag{6.101}$$

步骤 7:更新重构残余误差为

$$\boldsymbol{r}^{(n)}=\boldsymbol{y}_{\mathrm{S}}-\boldsymbol{\Phi}\boldsymbol{\Psi}\boldsymbol{\alpha}^{(n)} \tag{6.102}$$

步骤 8:迭代条件判断,若 $n\leqslant K$ 且 $\|\boldsymbol{r}^{(n)}\|_2\geqslant\varepsilon_0$,则 $n\leftarrow n+1$,重复步骤 4 ~ 步骤 8,否则终止迭代,获得一个沿航迹 - 切航迹平面中稀疏散射系数向量 $\hat{\boldsymbol{\alpha}}$。

步骤 9:对于线阵三维 SAR 所有等距离单元,利用步骤 2 ~ 步骤 8 进行成像处理,得到最终的线阵三维 SAR 图像。

为了提高 OMP 算法的重构性能和运算效率,近年来相关学者相续提出许多改进算法,如 ROMP 算法[47]、CoSaMP 算法和 SP 算法[48]等,本文在此不再细述,但利用这类算法进行信号重构处理的精确重构条件均基于信号稀疏度 $K=\|\boldsymbol{\alpha}\|_0$ 已知的假设为前提。然而,在线阵三维 SAR 实际成像中,目标散射系数 $\boldsymbol{\alpha}$ 的稀疏度 K 通常不是已知的。虽然目标稀疏度 K 和参数 $\varepsilon_0=\|\boldsymbol{n}\|_2$ 可以通过回波 $\boldsymbol{y}_S$ 中噪声和其他成像算法进行近似估计,但是估计处理过程复杂且结果往往不精确,而非精确目标稀疏度 K 和参数 ε_0 在 OMP 算法会带来严重的重构误差。

6.3.2 仿真成像结果

本节利用仿真数据验证基于 OMP 算法的线阵三维 SAR 稀疏成像性能。由于距离压缩和校正后不同等距离阵列平面的稀疏成像处理相互独立,为了简便,本节在仿真中只对单个等距离单元切面进行成像。仿真中线阵三维 SAR 采用正下视工作模式,距离向对应成像空间高度维,沿航迹对应成像空间 x 轴,切航迹对应成像空间 y 轴,主要仿真实验参数如表 6.1 所列,线阵天线阵元为等间隔均匀分布。

表 6.1 线阵三维 SAR 仿真实验参数

参数	符号	数值	单位
中心频率	f_c	30	GHz
信号带宽	B_r	300	MHz
平台速度	V_S	50	m/s
雷达入射角	θ_0	90	(°)
信号采样频率	f_s	420	MHz
线阵天线长度	L_A	15	m
平台高度	H	3000	m
脉冲重复频率	PRF	250	—
距离向采样点数	N_R	128	—
方位向采样点数	N_A	128	—
线阵天线阵元数	N_C	128	—

根据 MF 算法分辨力，仿真线阵三维 SAR 系统在场景地平面中心的切航迹和方位向分辨力约为 $\rho_c \approx 1\text{m}$ 和 $\rho_a \approx 1\text{m}$。假设等距离切面二维成像空间大小为 128m×128m，并被离散化成 128×128 个分辨单元，ρ_c 和 ρ_a 单元大小相同。

本节利用美国公开的 MSTAR 数据库[49]中 SAR 图像作为原始仿真图像，所选图像如图 6.10(a)所示，该 SAR 图像为 T-72 坦克在 12 个不同观测角度的 SAR 图像合成图，其中白色区域为目标，黑色为背景，灰度表示散射系数大小，散射体点数为 368，背景局域散射系数设为 0。图 6.10(b)为图 6.10(a)中左下角 T-72 坦克单个局部 SAR 图像。为了分析 OMP 算法在不同测量样本数下的成像性能，本节通过随机选取阵列平面测量样本数获得稀疏采样样本。设选取样本率为 $\eta_s(\eta_s \in [0,1])$，测量样本数为 $N = \lceil \eta_s \cdot N_A \cdot N_C \rceil$，式中 $\lceil \cdot \rceil$ 为上取整符号，当 $\eta_s = 1$ 时表示利用全样本回波数据。根据式(6.80)，对于图 6.10 仿真场景进行稀疏成像，OMP 算法精确重构所需的样本数要满足 $N \geqslant N_{T\text{-OMP}} = \mathcal{O}(K\lg(M/K)) \approx 1397$，此时所需最低样本率为 $\eta_{T\text{-OMP}} = N_{T\text{-OMP}}/(N_A N_C) \approx 0.086$。

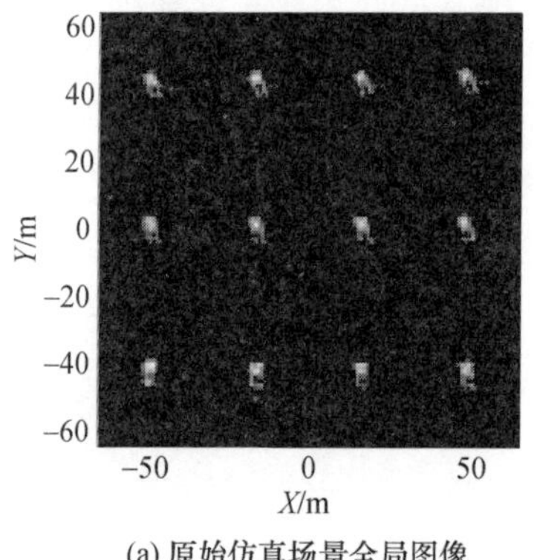

(a) 原始仿真场景全局图像

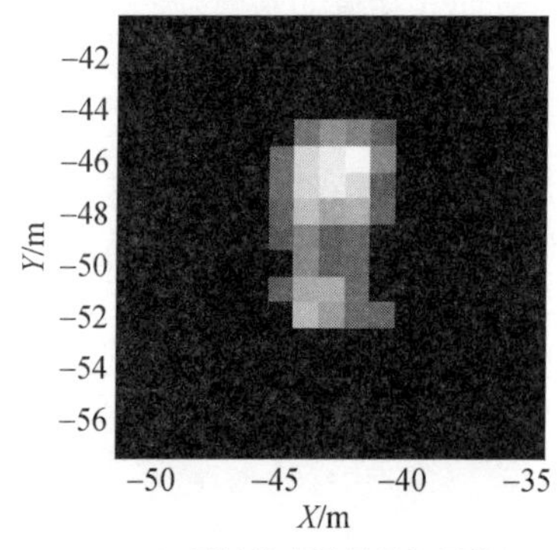

(b) 原始仿真场景局部图像

图 6.10　基于 MSTAR 数据库中坦克 SAR 图像的仿真场景

对距离压缩后线阵三维 SAR 回波信号加入 SNR = 30dB 的高斯白噪声。图 6.11 给出了传统 BP 算法和 OMP 算法在不同样本率 η_s 条件下获得的成像结果，图 6.11(a)为传统 BP 算法成像结果，图 6.11(b)为 OMP 算法成像结果，其中 OMP 算法中预设稀疏度 K 选择为 $\|\boldsymbol{\alpha}\|_0$，即 $K = 368$，残差门限设为 $\varepsilon_0 = 0.0001$，样本率 η_s 从左至右分别 1、0.5 和 0.1。从图 6.11 结果可知，在样本率 $\eta_s = 1$ 时传统 BP 算法和 OMP 算法成像质量差异不大。但样本率 η_s 降低为 0.5 和 0.1 时，BP 算法出现高旁瓣串扰，并且旁瓣串扰会随 η_s 减小而增大，在 $\eta_s = 0.1$ 时边缘弱目标散射体已被旁瓣淹没。然而，对比原始仿真图像和 BP 算法，OMP 算法在样本率为 1、0.5 和 0.1 条件下均能精度地重构出坦克目标图像，重构结果明显优于 BP 算法。图 6.12 给了图 6.10(b)中单个坦克图像时 BP 和

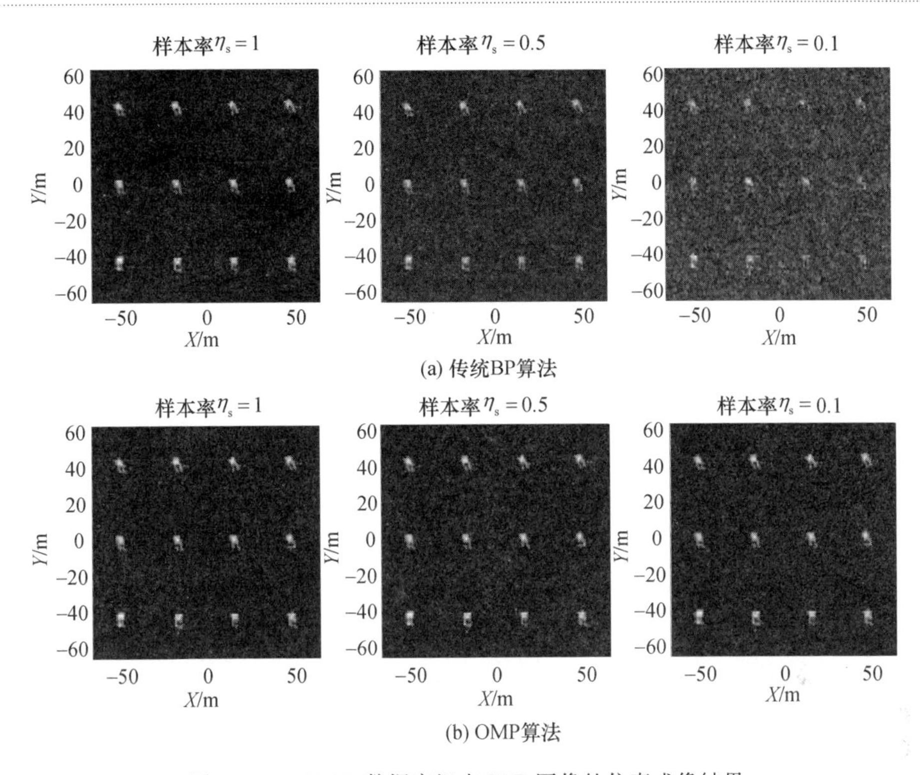

(a) 传统BP算法

(b) OMP算法

图6.11　MSTAR 数据库坦克 SAR 图像的仿真成像结果

OMP 算法成像结果，通过对比也验证了在线阵三维 SAR 成像中，OMP 算法能够获得比传统 BP 算法更高质量的成像结果，并且在稀疏样本条件下也能实现高精度成像。

为了比较传统 BP 和 OMP 算法的稳健性，图 6.13(a)和图 6.13(b)分别给出了 BP 算法和 OMP 算法成像 MSE 随样本率 η_s 和 SNR 变化的曲线，图 6.13(a)中回波信号 SNR = 30dB，图 6.13(b)中 BP 算法样本率 $\eta_s=1$，OMP 算法样本率 $\eta_s=0.1$。对于每一个样本率 η_s 和 SNR 值，进行 100 次蒙特卡洛仿真成像实验。从图 6.13(a)可知，对于所用样本率 η_s，OMP 算法均获得比传统 BP 算法更低的重构误差。另外，当 $\eta_s \geqslant \eta_{T-\mathrm{OMP}} \approx 0.086$ 时，OMP 方法重构 MSE 都接近于零，而当 $\eta_s \leqslant \eta_{T-\mathrm{OMP}}$ 时重构 MSE 显著增大，验证了 OMP 算法精确重构时样本率需满足 $\eta_s \geqslant \eta_{T-\mathrm{OMP}}$。然而 BP 算法重构 MSE 随着样本率 η_s 减小而逐渐增大。图 6.13(b)结果指出 BP 和 OMP 算法重构 MSE 都随着 SNR 减少而减小，但 OMP 算法重构 MSE 变化率大。并且，在 SNR = 10dB 条件下，样本率 $\eta_s=0.1$ 时 OMP 算法和样本率 $\eta_s=1$ 时 BP 算法重构 MSE 相近，当 SNR < 5dB 时 OMP 算法重构 MSE 明显大于 BP 算法，但当 SNR > 15dB 时，OMP 算法重构 MSE 明显优于 BP 算法，尤其当 SNR > 25dB 时 OMP 算法重构 MSE 已接近于 0。从图 6.13 得

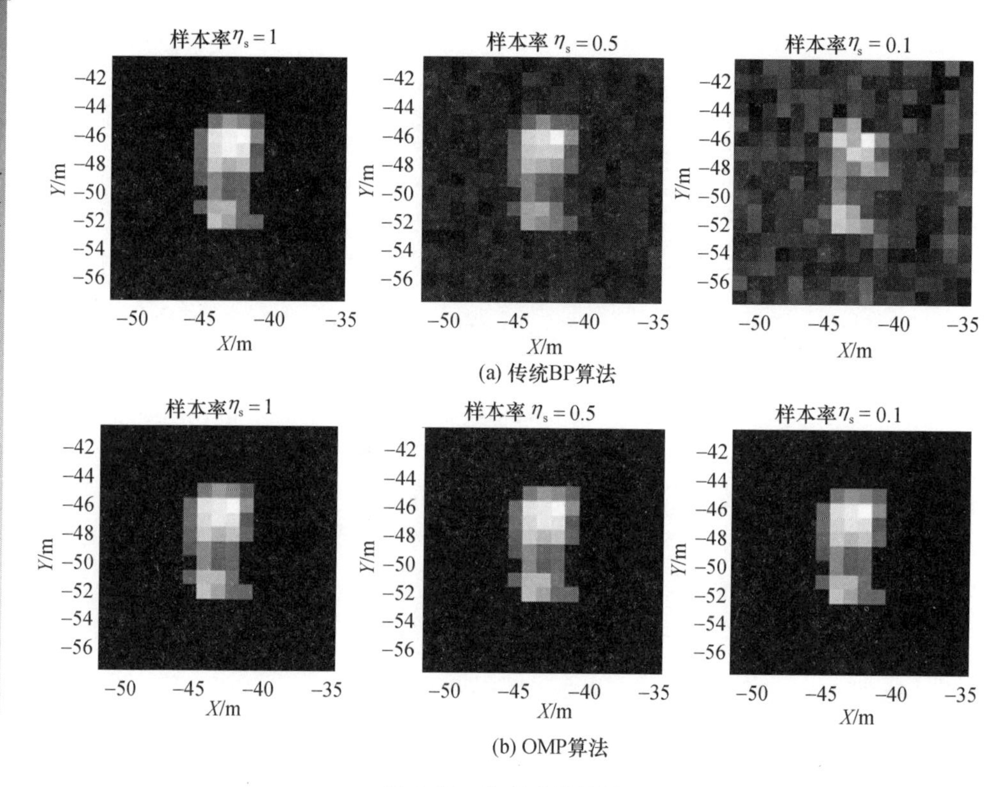

(a) 传统BP算法

(b) OMP算法

图6.12 仿真成像结果

到,BP算法对SNR变化较稳健,对样本率$\boldsymbol{\eta}_s$变化敏感;而当$\boldsymbol{\eta}_s \geqslant \boldsymbol{\eta}_{T-\text{OMP}}$时OMP算法对样本率$\boldsymbol{\eta}_s$变化较稳健,在低SNR时对SNR变化敏感。然而,采用线阵三维SAR稀疏分维成像,距离向采用脉冲压缩后回波信号SNR提高了$\sqrt{N_R}$倍,因此对回波SNR要求可以降低$1/\sqrt{N_R}$,从而在低SNR线阵三维SAR原始回波条件下也可实现OMP算法稀疏成像。

在OMP算法中,预设稀疏度K直接决定了重构目标个数。为了分析预设稀疏度K对OMP算法性能的影响,图6.14给出了在SNR=30dB条件下,$\boldsymbol{\eta}_s$为1、0.5和0.1时OMP算法重构MSE随目标预设疏度K的变化曲线。从图6.14曲线看出,当选择目标预设稀疏度$K=\|\boldsymbol{\alpha}\|_0=368$时,三种样本率OMP算法重构MSE都达到最优,而$|K-\|\boldsymbol{\alpha}\|_0|$越大时,OMP算法重构MSE越差。另外,当$K<\|\boldsymbol{\alpha}\|_0$时OMP算法重构结果中目标丢失,而$K>\|\boldsymbol{\alpha}\|_0$时,OMP算法重构结果中出现虚假目标。同样,给定SNR,如果残差门限ε_0过低或过高,OMP算法重构精度也会下降。因此,OMP算法重构性能与预设稀疏度K和残差门限ε_0紧密相关,如果不能获得预设稀疏$K=\|\boldsymbol{\alpha}\|_0$,OMP算法重构性能会严重下降。

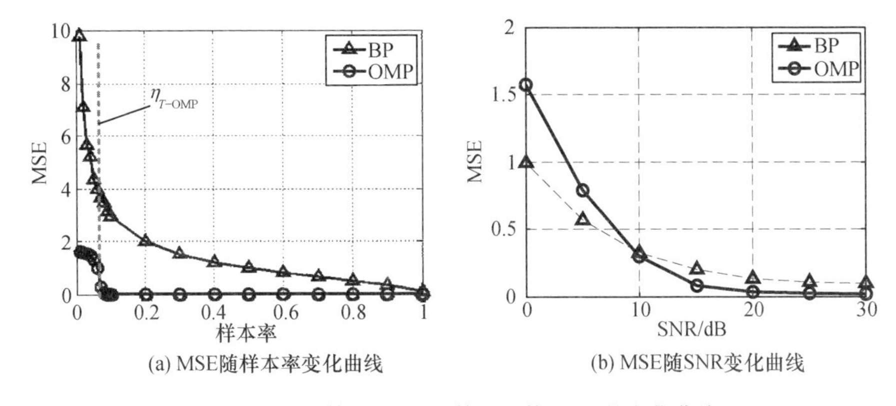

(a) MSE随样本率变化曲线

(b) MSE随SNR变化曲线

图 6.13 BP 算法和 OMP 算法重构 MSE 的变化曲线

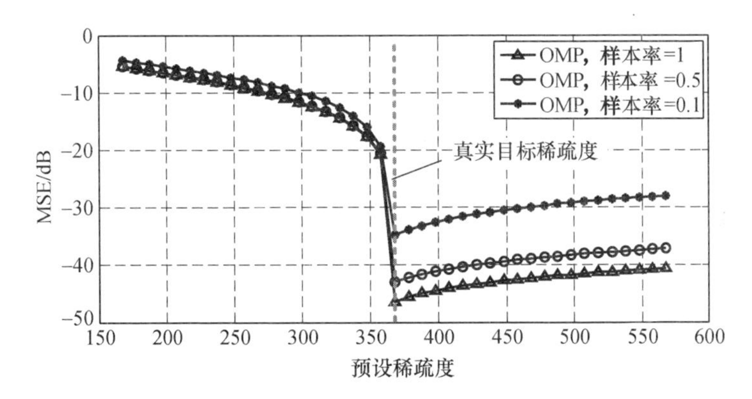

图 6.14 OMP 算法重构 NMSE 随预设稀疏度的变化曲线

6.4 贝叶斯压缩传感成像算法

稀疏贝叶斯算法主要思想是利用信号测量模型的先验概率分布，构造似然函数进行参数估计。相对于其他稀疏重构算法，稀疏贝叶斯算法的优势是通过选择观测模型不同的先验概率分布，可以更加灵活地构造稀疏信号的重构模型或重构函数，提高稀疏信号重构精度，另外还可获得估计信号的协方差矩阵，从而可以进一步对稀疏信号解的误差范围进行评估。目前，最常用的稀疏贝叶斯方法包括最大后验（Maximum a Posteriori，MAP）估计方法[50]、最大似然估计（Maximum likelihood，ML）方法[51]和稀疏贝叶斯学习（Sparse Bayesian Learning，SBL）方法[52]。贝叶斯压缩传感成像（BCS）算法作为一种近几年新提出的稀疏贝叶斯方法，比 OMP 算法具有更优的估计性能以及灵活性，成为目前雷达稀疏重构算法中最热门的算法之一[53]。BCS 算法将原始信号元素看成是相互独立的参数，并且服从同参数的先验概率分布（如高斯分布），通过分布参数来控制估计信号的稀疏性,并利用边缘似然函数的 ML 估计稀疏信号。本节先将 BCS 算法应用于线阵三维 SAR 稀疏成像,通过仿真和实测数据验证 BCS 算法稀疏成像的性能。

6.4.1 算法原理

对于线阵三维 SAR 阵列平面信号观测模型 $\boldsymbol{y}_{\mathrm{S}}=\boldsymbol{\Theta}\alpha+\boldsymbol{n}$,假设信号噪声 $\boldsymbol{n}$ 服从复高斯随机分布 $f(\boldsymbol{n})\propto\mathcal{CN}(\boldsymbol{0},\beta\boldsymbol{I})$,式中 β 为噪声功率。$\mathcal{CN}(\boldsymbol{\mu},\boldsymbol{\Sigma})$ 表示均值向量为 $\boldsymbol{\mu}$、协方差矩阵为 $\boldsymbol{\Sigma}$ 的多变量复高斯随机分布函数,则回波信号 $\boldsymbol{y}_{\mathrm{S}}$ 的条件概率分布可假设为 $f(\boldsymbol{y}_{\mathrm{S}}|\boldsymbol{\alpha},\beta)\propto\mathcal{CN}(\boldsymbol{\Theta\alpha},\beta\boldsymbol{I})$,表达式为[54]

$$f(\boldsymbol{y}_{\mathrm{S}}\mid\alpha,\beta)\propto\frac{1}{(2\pi\beta)^{N/2}}\exp\left(-\frac{\|\boldsymbol{y}_{\mathrm{S}}-\boldsymbol{\Theta\alpha}\|_2^2}{2\beta}\right)\tag{6.103}$$

式中:回波向量 $\boldsymbol{y}_{\mathrm{S}}$ 和测量矩阵 $\boldsymbol{\Theta}$ 已知,参数 $\boldsymbol{\alpha}$ 和 β 需估计。

假设观测场景中每一个分辨单元散射系数元素 α_m 独立同分布,则散射系数 $\boldsymbol{\alpha}$ 的先验分布函数可以表示为

$$f(\boldsymbol{\alpha})\propto\prod_{m=1}^{M}f(\alpha_m)\tag{6.104}$$

式中:$f(\boldsymbol{\alpha})$ 为场景散射系数 $\boldsymbol{\alpha}$ 的先验分布函数;$f(\boldsymbol{\alpha}_m)$ 为第 m 个场景分辨单元散射系数 $\boldsymbol{\alpha}_m$ 的概率密度函数。在 BCS 算法中,散射系数 $\boldsymbol{\alpha}$ 的稀疏性是通过对 $\boldsymbol{\alpha}$ 附加先验条件概率分布实现。SAR 图像广泛使用的稀疏先验条件概率分布是拉普拉斯密度函数,其表达式为

$$f(\alpha_m\mid\lambda)=\frac{\lambda}{2}\exp(-\lambda\,|\alpha_m|)\tag{6.105}$$

$$f(\boldsymbol{\alpha})=\left(\frac{\lambda}{2}\right)^M\exp\left(-\lambda\sum_{m=1}^{M}|\alpha_m|\right)\tag{6.106}$$

然而,因拉普拉斯函数和高斯分布函数不是共轭,在 BCS 算法中拉普拉斯先验条件不便直接使用。为了解决这个问题,文献[55]提出采用两级先验条件分布的贝叶斯模型。根据该贝叶斯模型根据,为了约束散射系数向量 $\boldsymbol{\alpha}$ 的稀疏性,可假设目标散射系数 $\boldsymbol{\alpha}$ 在条件 $\boldsymbol{p}$ 下服从复高斯先验概率分布,而参数 $\boldsymbol{p}$ 和噪声方差 β 服从逆 γ 分布,即

$$f(\boldsymbol{\alpha}|\boldsymbol{p})\propto\mathcal{CN}(\boldsymbol{0},\boldsymbol{P})\tag{6.107}$$

$$f(p_n|a,b)\propto\mathcal{IG}(a,b),f(\beta|c,d)\propto\mathcal{IG}(c,d)\tag{6.108}$$

式中:向量 $\boldsymbol{p}=[p_1\quad p_2\quad\cdots\quad p_n]^{\mathrm{T}}$;矩阵 $\boldsymbol{P}=\mathrm{diag}\{\boldsymbol{p}\}$;$(a,b,c,d)$ 为 BCS 算法超参数;$\mathcal{IG}(a,b)$ 为逆 γ 分布,则有

$$f_x(x|a,b)=\frac{b^a}{\Gamma(a)}x^{-(1+a)}\exp\left(-\frac{b}{x}\right),a>0,b>0\tag{6.109}$$

根据贝叶斯准则

$$p(\boldsymbol{\alpha} \mid \boldsymbol{y}) = \frac{p(\boldsymbol{y}_{\mathrm{S}} \mid \boldsymbol{\alpha})p(\boldsymbol{\alpha})}{\sum_{\alpha'} p(\boldsymbol{y}_{\mathrm{S}} \mid \boldsymbol{\alpha}')p(\boldsymbol{\alpha}')} \tag{6.110}$$

散射系数 $\boldsymbol{\alpha}$ 后验概率密度函数为

$$\begin{aligned} f(\boldsymbol{\alpha} \mid \boldsymbol{y}_{\mathrm{S}}, \boldsymbol{p}, \beta, a, b, c, d) &\propto f(\boldsymbol{y}_{\mathrm{S}} \mid \boldsymbol{\alpha}, \boldsymbol{p}, \beta) f(\boldsymbol{\alpha} \mid \boldsymbol{p}) f(\boldsymbol{p} \mid a, b) f(\beta \mid c, d) \\ &\propto \mathcal{CN}(\mu, \boldsymbol{\Sigma}) \end{aligned} \tag{6.111}$$

式中：协方差矩阵 $\boldsymbol{\Sigma}$ 和均值 μ 为

$$\boldsymbol{\Sigma} = \beta \boldsymbol{\Theta}^{\mathrm{H}} \boldsymbol{\Theta}^{\mathrm{H}} + \boldsymbol{P} \tag{6.112}$$

$$\mu = \beta^{-1} \boldsymbol{\Sigma} \boldsymbol{\Theta}^{\mathrm{H}} \boldsymbol{y}_{\mathrm{S}} \tag{6.113}$$

给定组合参数 (a,b,c,d)，对式(6.111)取参数 $\boldsymbol{p}$ 和 β 对数边缘似然函数，得到

$$\begin{aligned} \mathcal{L}(\boldsymbol{p}, \beta) &= \ln f(\boldsymbol{y}_{\mathrm{S}} \mid \boldsymbol{p}, \beta) = \ln \int f(\boldsymbol{y}_{\mathrm{S}} \mid \boldsymbol{\alpha}, \beta) f(\boldsymbol{\alpha} \mid \boldsymbol{p}) \mathrm{d}\alpha \\ &= -\frac{1}{2}(M \ln 2\pi + \ln | \boldsymbol{C} | + \boldsymbol{y}_{\mathrm{S}}^{\mathrm{T}} \boldsymbol{C}^{-1} \boldsymbol{y}_{\mathrm{S}}) \end{aligned} \tag{6.114}$$

式中：矩阵 $\boldsymbol{C} = \beta \boldsymbol{I} + \boldsymbol{\Theta} \boldsymbol{P}^{-1} \boldsymbol{\Theta}^{\mathrm{H}}$。因此，可通过均值最大(EM)算法求解似然函数 $\mathcal{L}(\boldsymbol{p}, \beta)$ 最大值进行最优估计，即

$$(\hat{\boldsymbol{p}}, \hat{\boldsymbol{\beta}}) = \arg \max_{\boldsymbol{p}, \beta} \mathcal{L}(\boldsymbol{p}, \beta) \tag{6.115}$$

得到向量 $\boldsymbol{p}$ 和参数 β 的估计为

$$\boldsymbol{p}_i^{\mathrm{new}} = \frac{\gamma_i}{\boldsymbol{\mu}_i^2}, i = 1, 2, \cdots, M \tag{6.116}$$

$$\beta^{\mathrm{new}} = \frac{M - \sum_{i=1}^{M} \gamma_i}{\| \boldsymbol{y}_{\mathrm{S}} - \boldsymbol{\Theta} \boldsymbol{\mu} \|_2^2} \tag{6.117}$$

式中：μ_i 为均值向量 $\boldsymbol{\mu}$ 中第 i 个元素；$\gamma_i \triangleq 1 - p_i \boldsymbol{\Sigma}_{ii}$，$\boldsymbol{\Sigma}_{ii}$ 为协方差矩阵 $\boldsymbol{\Sigma}$ 中第 i 个对角元素。从式(6.116)得到，当 μ_i 接近于 0 时，$\boldsymbol{p}_i^{\mathrm{new}}$ 趋于无穷大，而只在非零 μ_i 时 $\boldsymbol{p}_i^{\mathrm{new}}$ 较小，从而保证了信号的稀疏性。另外，$\boldsymbol{p}_i^{\mathrm{new}}$ 和 β^{new} 由均值向量 μ 和协方差矩阵 $\boldsymbol{\Sigma}$ 决定，而 $\boldsymbol{\mu}$ 和 $\boldsymbol{\Sigma}$ 又由 p_i 和 β 决定，因此可以利用迭代方法进行向量 $\boldsymbol{p}$ 和参数 β 逼近估计。虽然 BCS 算法能够获得较精确的解，但迭代过程涉及多次矩阵求逆，直接利用基于 EM 的稀疏贝叶斯估计方法的计算复杂度为 $\mathcal{O}(N^2 M)$，远大于 OMP 算法 $\mathcal{O}(KNM)$。为了提高 BCS 算法的效率，S. D. Babacan 等结合快速 RVM 算法求解似然函数 $\mathcal{L}(\boldsymbol{p}, \beta)$ 最大值[56]。快速 RVM 算法主要利用原子选择得到矩阵 $\boldsymbol{\Theta}$ 中相关支持向量，通过有效的添加和删除测量原子

矩阵维数,算法计算复杂度为 $\mathcal{O}(\mathcal{I}NM)$ 使得计算量大大降低,其中 $\mathcal{I}$ 为快速 RVM 算法总迭代次数。因此,基于快速 RVM 的 BCS 算法与 OMP 算法计算复杂度相当。快速 RVM 算法的主要过程如下。

步骤 1:初始化噪声方差 $\beta=\mathrm{var}(\boldsymbol{y}_{\mathrm{S}})$、索引集合 $\boldsymbol{\Xi}^{(0)}=\varnothing,\boldsymbol{p}^{(0)}=\infty$,在测量矩阵 $\boldsymbol{\Theta}$ 中任选一列 $\boldsymbol{\varphi}_i$,初始化 $\boldsymbol{p}_i^{(0)}=1/(|\boldsymbol{\varphi}_i^{\mathrm{T}}\boldsymbol{y}_{\mathrm{S}}|-\beta)$。

步骤 2:利用式(6.112)和式(6.113)计算协方差矩阵 $\boldsymbol{\Sigma}_{\Xi^{(n-1)}}$ 和均值 $\boldsymbol{\mu}_{\Xi^{(n-1)}}$,若 $\boldsymbol{p}_i^{(n)}<\infty$ 则令

$$\mathcal{S}_i=\boldsymbol{p}_i^{(n-1)}\frac{\boldsymbol{\varphi}_i^{\mathrm{T}}\boldsymbol{C}^{-1}\boldsymbol{\varphi}_i}{\boldsymbol{p}_i^{(n-1)}-\boldsymbol{\varphi}_i^{\mathrm{T}}\boldsymbol{C}^{-1}\boldsymbol{\varphi}_i},\boldsymbol{Q}_i=\boldsymbol{p}_i^{(n-1)}\frac{\boldsymbol{\varphi}_i^{\mathrm{T}}\mathrm{C}^{-1}\boldsymbol{y}_{\mathrm{S}}}{\boldsymbol{p}_i^{(n-1)}-\boldsymbol{\varphi}_i^{\mathrm{T}}\boldsymbol{C}^{-1}\boldsymbol{\varphi}_i} \tag{6.118}$$

否则

$$\boldsymbol{S}_i=\boldsymbol{\varphi}_i^{\mathrm{T}}\boldsymbol{C}^{-1}\boldsymbol{\varphi}_i,\boldsymbol{Q}_i=\boldsymbol{\varphi}_i^{\mathrm{T}}\boldsymbol{C}^{-1}\boldsymbol{y}_{\mathrm{S}} \tag{6.119}$$

步骤 3:计算 $\mathcal{Z}_i=\mathcal{Q}_i^2-\mathcal{S}_i,i=1,2,\cdots,M$,若 $\mathcal{Z}_i>0$ 且 $\boldsymbol{p}_i^{(n-1)}<\infty$,则重新估计 $\boldsymbol{p}_i^{(n-1)}$,若 $\mathcal{Z}_i>0$ 且 $\boldsymbol{p}_i^{(n-1)}=\infty$,则 $\boldsymbol{\Xi}^{(n)}=\boldsymbol{\Xi}^{(n-1)}\cup i$,若 $\mathcal{Z}_i\leqslant 0$ 且 $\boldsymbol{p}_i^{(n-1)}<\infty$,则令 $\boldsymbol{\Xi}^{(n)}=\boldsymbol{\Xi}^{(n-1)}/i,\boldsymbol{p}_i^{(n-1)}=\infty$。

步骤 4:迭代判定,若满足条件则终止,否则执行步骤 2。

综上所述,BCS 算法是基于散射系数 $\boldsymbol{\alpha}$ 服从高斯随机分布的假设前提,然后通过函数 $\mathcal{L}(\boldsymbol{p},\beta)$ 以及 ML 估计实现散射系数 $\boldsymbol{\alpha}$ 重构。为了保证重构精度,BCS 算法需合理选择以下多个参数:超参数 (a,b,c,d)、噪声方差 σ^2 和迭代终止门限 ε_0 等。因此,BCS 算法重构性能对算法参数选择比较敏感,而实际中多个算法参数难以正确选择。基于 BCS 算法的线阵三维 SAR 稀疏成像处理主要流程与 HTOMP 算法成像处理流程相似,差别为散射系数 $\boldsymbol{\alpha}$ 稀疏重构时采用 BCS 算法,本节不再详述。

6.4.2 仿真成像结果

在本节仿真实验中线阵三维 SAR 采用正下视模式,主要仿真参数如表 6-1 所列,但阵元数和沿航迹采样点数变少,其中线阵阵元数 $N_{\mathrm{C}}=64$,沿航迹采样点数 $N_{\mathrm{A}}=64$。假设被观测等距离切面被离散化成 64×64 个分辨单元,场景大小为 $64\mathrm{m}\times64\mathrm{m}$。原始仿真场景如图 6.15(a)所示,白色区域为目标,黑色为背景,目标真实稀疏度为 $K=528$。在距离压缩和徙动校正后对回波信号加入 SNR = 20dB 的高斯白噪声。图 6.15(b)~图 6.15(d)给出了传统 BP 算法、OMP 算法和 BCS 算法在样本率 $\eta_{\mathrm{s}}=0.5$ 时成像结果,重构 NMSE 依次分布为 1.0147、0.0541 和 0.0424,其中 OMP 算法预设稀疏度为目标真实稀疏度,BCS 算法中超参数 (a,b,c,d) 设为 10^{-6},噪声方差预设为 0.01,残差门限为 0.001。图 6.16 给出了传统 BP 算法、OMP 算法和 BCS 算法在样本率 $\eta_{\mathrm{s}}=0.5$ 情况下重构 NMSE

随 SNR 的变化曲线。从图 6.16 曲线结果可知,BCS 算法获得比 BP 算法和 OMP 算法更高的重构精度。

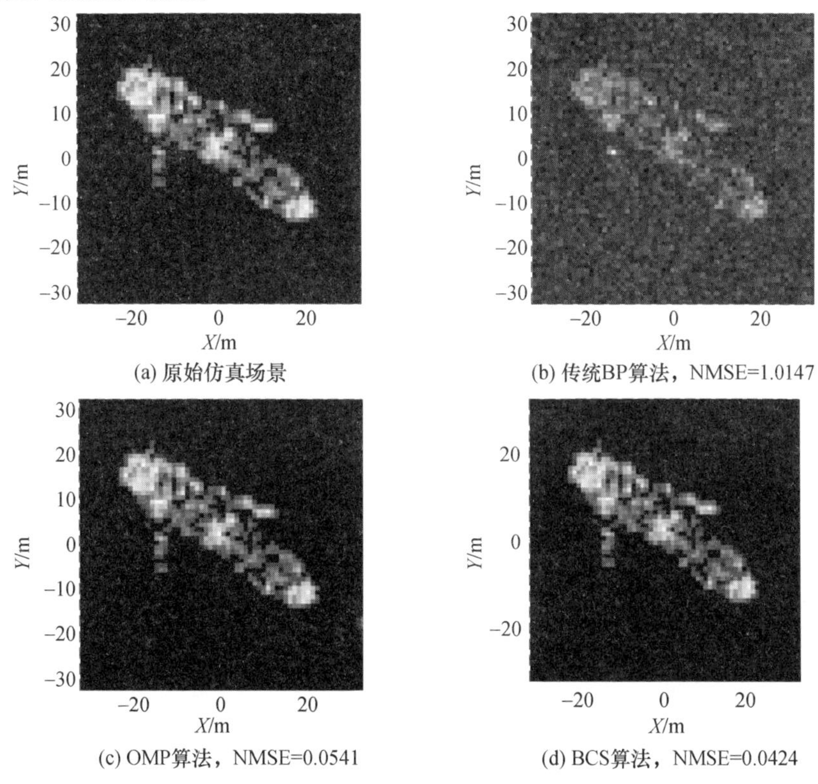

(a) 原始仿真场景　(b) 传统BP算法，NMSE=1.0147

(c) OMP算法，NMSE=0.0541　(d) BCS算法，NMSE=0.0424

图 6.15　SNR = 20dB 条件下仿真成像结果

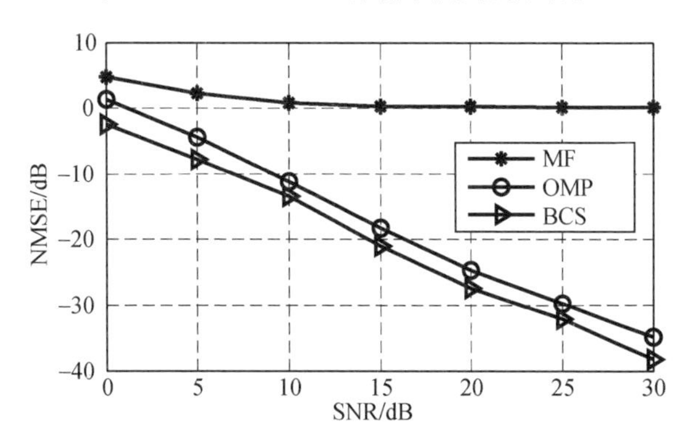

图 6.16　不同算法重构 NMSE 随 SNR 的变化曲线

6.4.3　实测成像结果

本节利用 BCS 算法对地基线阵三维 SAR 实测数据进行成像分析。实验场景为广场地面上一个三层喷泉圆台,原始实验场景光学图像如图 6.17(a)所示,喷泉圆台的高度约为 2.5m,宽度约为 2m,圆台与实验平台的距离约为 35m,线阵三维 SAR 实验系统在该距离的切航迹和沿航迹分辨力约为 $\rho_a=\rho_c\approx0.78$m,故圆台可看作多散射体目标。三维成像空间被划分为 61 ×61 ×21 (沿航迹—切航迹—距离)分辨单元,距离向分辨单元的间距为 1m,阵列平面分辨单元的间距为 0.1m。图 6.17(b) ~图 6.17(e)分别给出了在 8000 个阵元样本条件下实验场景 BP 算法、OMP 算法、HTOMP 算法和 BCS 算法的线阵三维 SAR 成像结果,三维图像显示门限为最大值的 -25dB。图 6.18 为图 6.17 成像结果中喷泉圆台在 $z-x$(切航迹-沿航迹)平面上的切片。从图 6.17 和图 6.18 可知,传统 BP 算法因主瓣展宽以及旁瓣干扰,三层喷泉圆台顶部和底部完全模糊,难以从结果中分辨;OMP 算法在高度向只重构出一个主散射目标,位置对应喷泉圆台底部,丢失了喷泉顶部的散射信息;HTOMP 算法在高度向上只得两个主散射目标,其位置分别对应于圆台顶部和底部,但丢失了喷泉圆台底部和顶部细节;而 BCS 算法在高度向上获得三层主散射目标,图像结果与真实喷泉圆台底部顶部细节几何形状相似。喷泉圆台实验结果说明了 BCS 算法能够获得比 OMP 算法和 HTOMP 算法更好的稀疏成像结果。

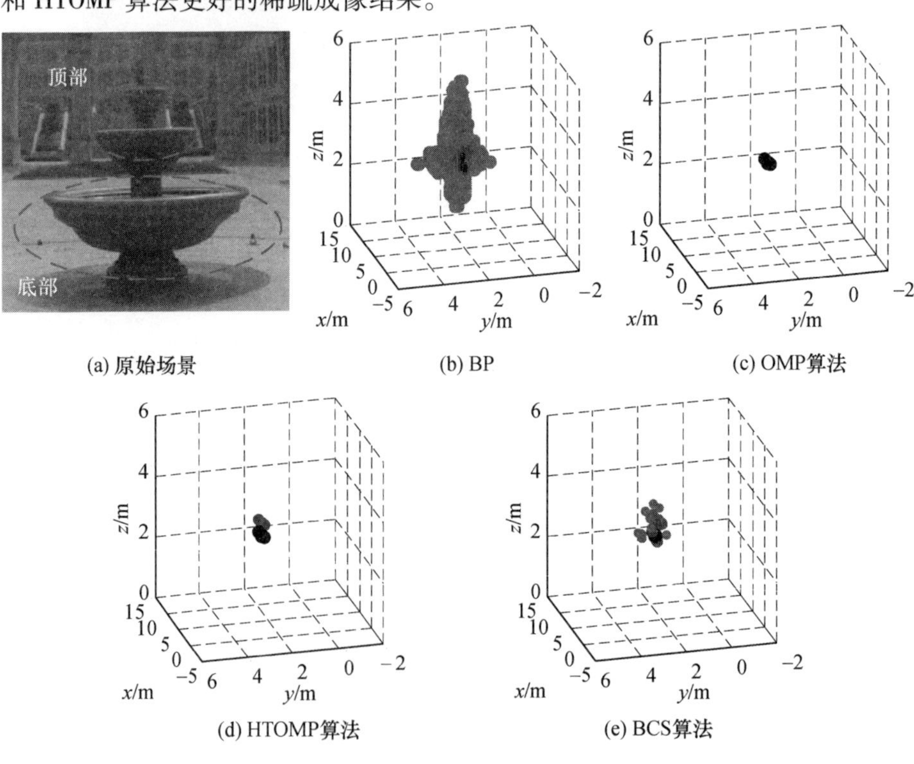

(a) 原始场景　(b) BP　(c) OMP算法

(d) HTOMP算法　(e) BCS算法

图 6.17　喷泉圆台实测数据三维成像结果

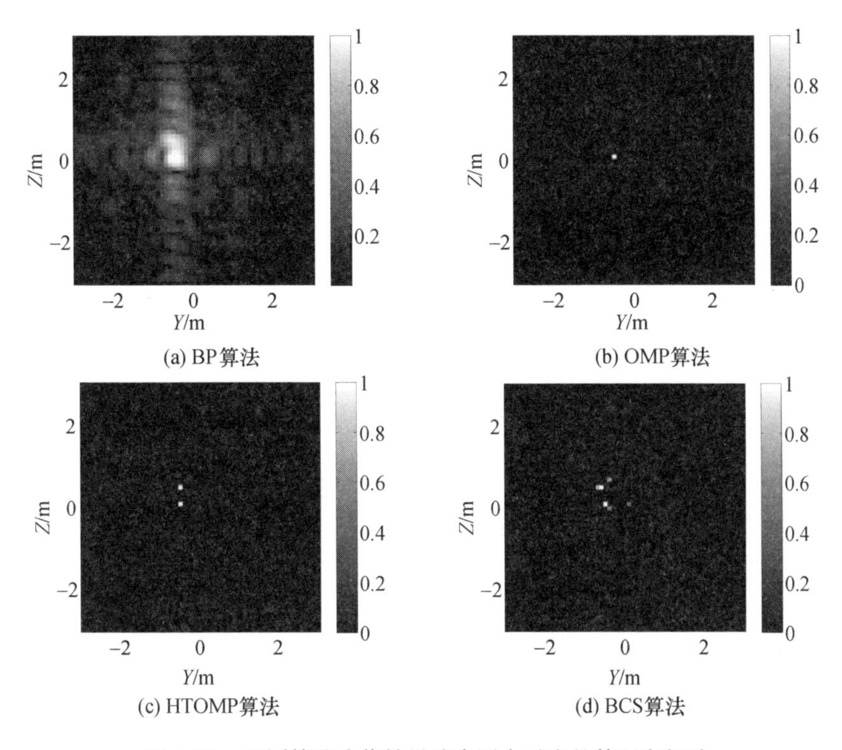

图 6.18　不同算法成像结果喷泉圆台对应的等距离切片

6.5　稀疏贝叶斯迭代最小化成像算法

6.5.1　算法原理

虽然 BCS 算法可获得比 OMP 算法更高精度的稀疏成像结果，但是 BCS 算法主要基于散射系数 $\boldsymbol{\alpha}$ 服从高斯随机分布的假设前提，且需要设置多个算法参数，当信号模型和算法参数选择不当会导致 BCS 算法性能下降。为此，本节基于散射系数 $\boldsymbol{\alpha}$ 服从指数先验分布，采用了一种基于迭代最小化稀疏贝叶斯重构(Sparsity Bayesian Recovery via Iterative Minimum，SBRIM)线阵三维 SAR 稀疏成像方法。

当未知目标散射系数 $\boldsymbol{\alpha}$ 和噪声功率 β 时，假设线阵三维 SAR 回波信号 $\boldsymbol{y}_{\mathrm{S}}$ 后验概率 $f(\boldsymbol{y}|\boldsymbol{\alpha},\beta)$ 服从复高斯分布

$$f(\boldsymbol{y}_{\mathrm{S}} \mid \boldsymbol{\alpha},\beta) \sim \mathcal{CN}(\boldsymbol{\Theta}\boldsymbol{\alpha},\beta\boldsymbol{I}) \tag{6.120}$$

另外，假设散射系数 $\boldsymbol{\alpha}$ 中元素 α_m 为独立同分布，故未知目标散射系数 $\boldsymbol{\alpha}$ 的先验概率密度函数 $f(\boldsymbol{\alpha})$ 服从如下分布

$$f(\boldsymbol{\alpha}) \propto \prod_{m=1}^{M} f(\alpha_m) \tag{6.121}$$

$$f(\alpha_m) = \exp(-\lambda_0 |\alpha_m|^p) \tag{6.122}$$

式中：参数 $\lambda_0 > 0, 0 < p \leqslant 1$。当 $p = 1$ 时，先验概率函数 $f(\boldsymbol{\alpha}) \propto \exp(-\lambda_0 \|\boldsymbol{\alpha}\|_1)$ 为近似拉普拉斯密度函数，$f(\boldsymbol{\alpha})$ 在 $\boldsymbol{\alpha} = \mathbf{0}$ 值最大；当 $p = 0$，先验概率函数 $f(\boldsymbol{\alpha}) \propto \prod_{m=1}^{M} 1/|\alpha_m|$，在 $\boldsymbol{\alpha} = \mathbf{0}$ 值最大，故散射系数 $\boldsymbol{\alpha}$ 的稀疏性可由 $f(\boldsymbol{\alpha})$ 约束。

对于测量 $\boldsymbol{y}_S$ 中的噪声功率 β，因 β 值必有 $\beta \in [0, \infty]$，可合理假设 β 的先验概率密度函数为

$$f(\beta) \propto 1 \tag{6.123}$$

根据贝叶斯准则，可得到散射系数 $\boldsymbol{\alpha}$ 后验概率密度函数 $f(\boldsymbol{\alpha} | \boldsymbol{y}, \beta)$ 为

$$\begin{aligned} f(\boldsymbol{\alpha} | \boldsymbol{y}_S, \beta) &\propto f(\boldsymbol{y}_S | \boldsymbol{\alpha}, \beta) f(\boldsymbol{\alpha}) f(\beta) \\ &= \frac{1}{(2\pi\beta)^{N/2}} \exp\left(-\frac{\|\boldsymbol{y}_S - \boldsymbol{\Theta}\boldsymbol{\alpha}\|_2^2}{2\beta}\right) \prod_{m=1}^{M} \exp(-\lambda_0 |\alpha_m|^p) \end{aligned} \tag{6.124}$$

计算式(6.124)中的条件似然函数，得到

$$\ln f(\boldsymbol{\alpha} | \boldsymbol{y}_S, \beta) = \text{const} - \frac{N\ln\beta}{2} - \lambda_0 \sum_{m=1}^{M} |\alpha_m|^p - \frac{\|\boldsymbol{y}_S - \boldsymbol{\Theta}\boldsymbol{\alpha}\|_2^2}{\beta} \tag{6.125}$$

式中：$\text{const} = -N\ln 2\pi/2$ 为常数项，忽略常数项 const，式(6.125)似然函数可表示为

$$\mathcal{L}(\boldsymbol{\alpha}, \beta) \triangleq -\left(\frac{N\ln\beta}{2} + \lambda_0 \|\boldsymbol{\alpha}\|_p + \frac{\|\boldsymbol{y}_S - \boldsymbol{\Theta}\boldsymbol{\alpha}\|_2^2}{\beta}\right) \tag{6.126}$$

则散射系数 $\boldsymbol{\alpha}$ 和噪声功率 β 可利用 ML 准则进行估计，即

$$(\hat{\boldsymbol{\alpha}}, \hat{\beta}) = \arg\max_{\boldsymbol{\alpha}, \beta} \mathcal{L}(\boldsymbol{\alpha}, \beta) = \arg\max_{\boldsymbol{\alpha}, \beta} \left(\frac{N\ln\beta}{2} + \lambda_0 \|\boldsymbol{\alpha}\|_p + \frac{1}{\beta} \|\boldsymbol{y}_S - \boldsymbol{\Theta}\boldsymbol{\alpha}\|_2^2\right) \tag{6.127}$$

从式(6.127)中可知，散射系数 $\boldsymbol{\alpha}$ 和噪声功率 β 最优化估计取决于参数 γ 和 p。令参数 $\lambda_S = \beta\lambda_0$，若 λ_S 和 β 已知，式(6.127)最优化估计可以转变为

$$\hat{\boldsymbol{\alpha}} = \arg\min_{\boldsymbol{\alpha}} (\lambda_S \|\boldsymbol{\alpha}\|_p + \|\boldsymbol{y}_S - \boldsymbol{\Theta}\boldsymbol{\alpha}\|_2^2) \tag{6.128}$$

因此，若已知噪声功率 β，式(6.127)稀疏贝叶斯估计可以转化为复数域 $\ell_p - \ell_2$ 组合范数最小化求解问题，λ_S 为对应的正则化参数。式(6.128)中第一项 $\lambda_S \|\boldsymbol{\alpha}\|_p$ 为正则化项，ℓ_p 范数约束目标散射系数 $\boldsymbol{\alpha}$ 的稀疏性；第二项 $\|\boldsymbol{y}_S - \boldsymbol{\Theta}\boldsymbol{\alpha}\|_2^2$ 为重构误差项，约束散射系数 $\boldsymbol{\alpha}$ 重构效果。理论 6.2 已证明了复数域 $\ell_1 - \ell_2$ 组合范数最小化问题存在唯一解，经过简单理论推导也可以证明复

数域 $\ell_p-\ell_2$ 组合范数($0<p\leqslant1$)最小化存在唯一解。当 $p=2$ 时,式(6.128)可利用著名的 Tikhonov 正则化方法求解[54],本文不再详述。对于 $0<p\leqslant1$ 情况,先对向量 ℓ_p 范数进行平滑近似,即

$$\|\boldsymbol{\alpha}\|_p \approx \sum_{i=1}^{M}(|\alpha_i|^2+\eta)^{p/2}, 0<p\leqslant1 \tag{6.129}$$

式中:平滑因子 $\eta>0$。η 大小决定 ℓ_p 范数的近似程度,图 6.19 给出了平滑因子 η 对 ℓ_1 范数近似的影响,可知 η 值越小,ℓ_1 范数近似程度越高,但 η 过小会降低稀疏重构算法的稳健性。一般情况下,平滑因子 η 选择在 10^{-6} 附近。

根据式(6.127)和式(6.129),定义代价函数 $J(\alpha,\beta)$ 为

$$J(\boldsymbol{\alpha},\beta) \triangleq N\ln\beta+\frac{1}{\beta}\|\boldsymbol{y}_{\mathrm{S}}-\boldsymbol{\Theta\alpha}\|_2^2+\lambda_0\sum_{i=1}^{M}(|\alpha_i|^2+\eta)^{p/2} \tag{6.130}$$

则式(6.127)中未知量 $\hat{\boldsymbol{\alpha}}$ 和 $\hat{\beta}$ 估计转变为

$$(\hat{\boldsymbol{\alpha}},\hat{\beta})=\arg\min_{\boldsymbol{\alpha},\beta}J(\boldsymbol{\alpha},\beta) \tag{6.131}$$

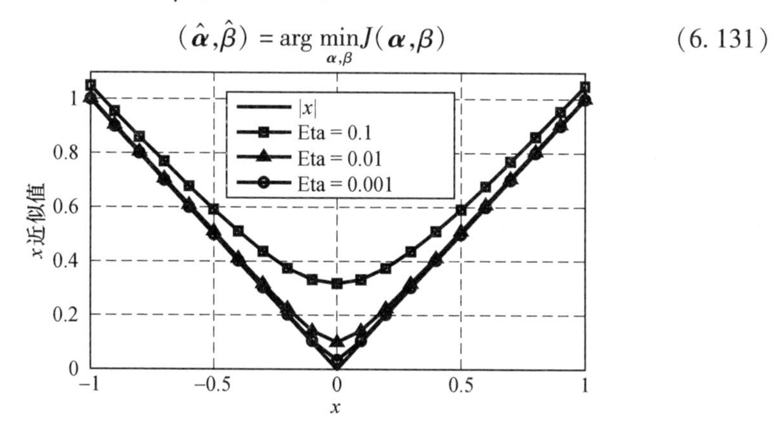

图 6.19　平滑因子 η 对 ℓ_1 范数近似的影响

为了获得式(6.131)两个未知量最优解,本节采用迭代最小化稀疏贝叶斯重构(SBRIM)算法。在每一步迭代过程中,SBRIM 算法主要包含两个步骤:固定噪声方差 $\hat{\beta}$ 估计散射稀疏向量 $\hat{\boldsymbol{\alpha}}$,然后固定散射稀疏向量 $\hat{\boldsymbol{\alpha}}$ 估计噪声方差 $\hat{\beta}$。SBRIM 算法的具体流程如下。

(1) 固定噪声功率 $\hat{\beta}$ 估计散射系数 $\hat{\boldsymbol{\alpha}}$。

给定算法第 $n-1$ 次迭代噪声方差 $\beta^{(n-1)}$,计算代价函数 $J(\boldsymbol{\alpha},\beta^{(n-1)})$ 对 $\boldsymbol{\alpha}$ 的偏导数,得到

$$\frac{\partial J(\boldsymbol{\alpha},\beta^{(n-1)})}{\partial\boldsymbol{\alpha}}=-\frac{2\boldsymbol{\Theta}^{\mathrm{H}}\boldsymbol{y}_{\mathrm{S}}}{\beta^{(n-1)}}+\frac{2\boldsymbol{\Theta}^{\mathrm{H}}\boldsymbol{\Theta\alpha}}{\beta^{(n-1)}}+2\lambda_0\boldsymbol{\Lambda}(\boldsymbol{\alpha})\boldsymbol{\alpha} \tag{6.132}$$

式中:$\boldsymbol{\Lambda}(\boldsymbol{\alpha})$ 为对角矩阵,表达式为

$$\boldsymbol{\Lambda}(\boldsymbol{\alpha})=\begin{bmatrix}\frac{p}{2}(|\alpha_1|^2+\eta)^{\frac{p}{2}-1} & 0 & \cdots & 0\\ 0 & \frac{p}{2}(|\alpha_2|^2+\eta)^{\frac{p}{2}-1} & \cdots & 0\\ \vdots & \vdots & \ddots & \vdots\\ 0 & 0 & \cdots & \frac{p}{2}(|\alpha_M|^2+\eta)^{\frac{p}{2}-1}\end{bmatrix} \tag{6.133}$$

令$\partial J(\boldsymbol{\alpha},\beta^{(n-1)})/\partial\boldsymbol{\alpha}=0$,得到最优估计解$\hat{\boldsymbol{\alpha}}$满足以下等式,即

$$[\boldsymbol{\Theta}^{\mathrm{H}}\boldsymbol{\Theta}+\lambda_{\mathrm{S}}^{(n)}\boldsymbol{\Lambda}(\hat{\boldsymbol{\alpha}})]\hat{\boldsymbol{\alpha}}=\boldsymbol{\Theta}^{\mathrm{H}}\boldsymbol{y}_{\mathrm{S}} \tag{6.134}$$

式中:$\lambda_{\mathrm{S}}^{(n)}=\lambda_0\beta^{(n-1)}$。由于对角矩阵$\boldsymbol{\Lambda}(\hat{\boldsymbol{\alpha}})$为$\hat{\boldsymbol{\alpha}}$的非线性函数,故式(6.134)为非线性等式,直接求解非常困难,但可利用迭代逼近方法有效估计等式(6.134)中的近似解。在迭代逼近方法中,对于每一个迭代,式(6.134)近似为以下线性求解问题,即

$$[\boldsymbol{\Theta}^{\mathrm{H}}\boldsymbol{\Theta}+\lambda_{\mathrm{S}}^{(n)}\boldsymbol{\Lambda}(\hat{\boldsymbol{\alpha}}^{(n)})]\hat{\boldsymbol{\alpha}}^{(n+1)}=\boldsymbol{\Theta}^{\mathrm{H}}\boldsymbol{y}_{\mathrm{S}} \tag{6.135}$$

于是得到

$$\hat{\boldsymbol{\alpha}}^{(n)}=[\boldsymbol{\Theta}^{\mathrm{H}}\boldsymbol{\Theta}+\lambda_{\mathrm{S}}^{(n)}\boldsymbol{\Lambda}(\hat{\boldsymbol{\alpha}}^{(n-1)})]^{-1}\boldsymbol{\Theta}^{\mathrm{H}}\boldsymbol{y}_{\mathrm{S}} \tag{6.136}$$

式中:$\hat{\boldsymbol{\alpha}}^{(n)}$为算法第$n$迭代得到的散射系数估计向量。

(2) 固定散射系数向量$\hat{\boldsymbol{\alpha}}$估计噪声方差$\hat{\beta}$。

获得$\hat{\boldsymbol{\alpha}}^{(n)}$后,计算代价函数$J(\hat{\boldsymbol{\alpha}}^{(n)},\beta)$对$\beta$的偏导数,得到

$$\frac{\partial J(\hat{\boldsymbol{\alpha}}^{(n)},\beta)}{\partial\beta}=\frac{N}{\beta}-\frac{1}{\beta^2}\|\boldsymbol{y}_{\mathrm{S}}-\boldsymbol{\Theta}\hat{\boldsymbol{\alpha}}^{(n)}\|_2^2 \tag{6.137}$$

令$\partial J(\hat{\boldsymbol{\alpha}}^{(n)},\beta)/\partial\beta=0$,得到估计解$\hat{\beta}^{(n)}$满足以下等式

$$\hat{\beta}^{(n)}=\|\boldsymbol{y}_{\mathrm{S}}-\boldsymbol{\Theta}\hat{\boldsymbol{\alpha}}^{(n)}\|_2^2/N \tag{6.138}$$

当散射系数满足条件$\|\hat{\boldsymbol{\alpha}}^{(n)}-\hat{\boldsymbol{\alpha}}^{(n-1)}\|_2/\|\hat{\boldsymbol{\alpha}}^{(n)}\|_2\geqslant\varepsilon_0$,SBRIM算法迭代过程结束。

根据压缩感知稀疏重构理论,可得到代价函数$J(\boldsymbol{\alpha})\triangleq\|\boldsymbol{y}_{\mathrm{S}}-\boldsymbol{\Theta}\boldsymbol{\alpha}\|_2^2+\lambda_0\sum_{i=1}^{M}(|\alpha_i|^p)$随着迭代次数$n$增加而收敛,进行简单推导即得到$J(\boldsymbol{\alpha}^{(n+1)},\beta^{(n)})<J(\boldsymbol{\alpha}^{(n)},\beta^{(n)})$,又因$\hat{\beta}^{(n)}$为代价函数$J(\boldsymbol{\alpha}^{(n+1)},\beta)$最小化得到,则$J(\boldsymbol{\alpha}^{(n+1)},\beta^{(n+1)})<J(\boldsymbol{\alpha}^{(n+1)},\beta^{(n)})$,于是得到$J(\boldsymbol{\alpha}^{(n+1)},\beta^{(n+1)})<J(\boldsymbol{\alpha}^{(n)},\beta^{(n)})$,代价函数$J(\boldsymbol{\alpha}^{(n)},\beta^{(n)})$也随着迭代次数$n$增加收敛。因此,经过一定次数迭代之后,SBRIM算法可以精确估计$\hat{\boldsymbol{\alpha}}$和$\hat{\beta}$。

SBRIM算法如算法6.2所示。

算法6.2:SBRIM算法

输入:测量信号$\boldsymbol{y}_S$,测量矩阵$\boldsymbol{\Theta}$,参数λ_0和p,迭代误差门限ε_0。

输出:稀疏散射系数$\hat{\boldsymbol{\alpha}}$。

初始化:估计值$\hat{\boldsymbol{\alpha}}^{(0)}=\boldsymbol{\Theta}^{\mathrm{H}}\boldsymbol{y}_S$,协方差矩阵$\hat{\boldsymbol{\Sigma}}^{(0)}=\boldsymbol{I}$,迭代次数$n=0$。

循环开始

(1) 计算对角矩阵$\boldsymbol{\Lambda}^{(n)}$

$$\boldsymbol{\Lambda}^{(n)}=\mathrm{diag}\left\{\frac{p}{2}(|\alpha_1^{(n-1)}|^2+\eta)^{\frac{p}{2}-1},\frac{p}{2}(|\alpha_2^{(n-1)}|^2+\eta)^{\frac{p}{2}-1},\cdots,\frac{p}{2}(|\alpha_M^{(n-1)}|^2+\eta)^{\frac{p}{2}-1}\right\}。$$

(2) 估计散射系数向量$\hat{\boldsymbol{\alpha}}^{(n)}$

$$\hat{\boldsymbol{\alpha}}^{(n)}=(\boldsymbol{\Theta}^{\mathrm{H}}\boldsymbol{\Theta}+\lambda_S^{(n)}\boldsymbol{\Lambda}^{(n)})^{-1}\boldsymbol{\Theta}^{\mathrm{H}}\boldsymbol{y}_S$$

$$\lambda_S^{(n)}=\lambda_0\beta^{(n)}。$$

(3) 估计噪声方差$\beta^{(n)}$

$$\beta^{(n)}=\|\boldsymbol{y}_S-\boldsymbol{\Theta}\hat{\boldsymbol{\alpha}}^{(n)}\|_2^2/N。$$

(4) 迭代判定:若$\|\boldsymbol{\alpha}^{(n)}-\boldsymbol{\alpha}^{(n-1)}\|_2/\|\boldsymbol{\alpha}^{(n)}\|_2\geqslant\varepsilon_0$且$n<I_{\mathrm{iter}}$,则$n\leftarrow n+1$,执行(1)~(4);否则,结束循环。

循环结束

结果:$\hat{\boldsymbol{\alpha}}\leftarrow\boldsymbol{\alpha}^{(n)}$。

从SBRIM算法原理和流程可知,SBRIM算法可认为是经典ℓ_1范数正则化算法扩展至ℓ_p范数($0<p\leqslant1$),因此SBRIM算法可获得比ℓ_1范数正则化算法(如基追踪算法和ℓ_1-LS算法等)更优的稀疏解。对比BCS算法,SBRIM算法只需要选择参数λ_0和p两个参数,算法参数个数少,选择更加容易。

由于SBRIM算法利用迭代逼近方法估计,得到稀疏散射系数$\hat{\boldsymbol{\alpha}}$往往存在大量微弱虚假目标,即$\|\hat{\boldsymbol{\alpha}}\|_0>K=\|\boldsymbol{\alpha}\|_0$。为了进一步提高SBRIM重构精度,消除微弱虚假目标并保持目标稀疏度K,本节再对SBRIM算法重构结果$\hat{\boldsymbol{\alpha}}$进行稀疏度估计,只提取稀疏主散射目标信息。对于成像空间K个散射点,令$\boldsymbol{\vartheta}(K)=\{|\boldsymbol{\alpha}_K|,\angle\boldsymbol{\alpha}_K,\Omega_{\boldsymbol{\alpha}_K}\}$表示散射点幅度、相位和位置组成的向量,可利用$p(\boldsymbol{y}|\boldsymbol{\vartheta}(K),K)$似然函数评估散射系数$\hat{\boldsymbol{\alpha}}$与$\boldsymbol{\alpha}$的逼近程度进行稀疏度估计,具体表达形式可写为

$$\hat{K}=\arg\min_K\{-2\ln p[\boldsymbol{y}_S|\boldsymbol{\vartheta}(K),K]+2\mathcal{C}(K)\}\tag{6.139}$$

式中：$\ln p[\boldsymbol{y}|\boldsymbol{\vartheta}(K),K]$ 为似然估计项，$\mathcal{C}(K)$ 为复杂度惩罚因子。当测量信号 $\boldsymbol{y}_S$ 中噪声 $\boldsymbol{n}\sim\mathcal{CN}(\boldsymbol{0},\sigma^2\boldsymbol{I})$，则似然估计项近似为 $-2\ln p[\boldsymbol{y}_S|\boldsymbol{\vartheta}(K),K]=\sigma^2\|\boldsymbol{y}_S-\boldsymbol{\Theta}_s\boldsymbol{\alpha}_s\|_2^2$。

至今，相关研究学者已提出了多种模型选择方法和复杂度惩罚因子 $\mathcal{C}(K)$ 表示方式，目前较常用有：贝叶斯信息准则（Bayesian Information Criterion, BIC）[57]、赤池信息准则（Akaike Information Criterion, AIC）[58] 和 HQ 准则（Hannan－Quinn Criterion, HQC）[59] 等，其一般表达式为

$$\mathrm{BIC}=\arg\min_K\{-2\ln p[\boldsymbol{y}_S|\boldsymbol{\vartheta}(K),K]+2K\} \tag{6.140}$$

$$\mathrm{AIC}=\arg\min_K\{-2\ln p[\boldsymbol{y}_S|\boldsymbol{\vartheta}(K),K]+2K\ln M\} \tag{6.141}$$

$$\mathrm{HQC}=\arg\min_K\{-2\ln p[\boldsymbol{y}_S|\boldsymbol{\vartheta}(K),K]+2K\ln(\ln N)\} \tag{6.142}$$

本节主要利用 BIC 准则进行目标真实稀疏度 K 估计，给定 SBRIM 算法重构结果 $\hat{\boldsymbol{\alpha}}$，BIC 方法通过最小化以下 $BIC(\kappa)$ 选择目标[60]

$$BIC(\kappa)=2M\ln(\|\boldsymbol{y}_S-\boldsymbol{\Theta}_\kappa\hat{\boldsymbol{\alpha}}_\kappa\|_2^2)+2\kappa\ln M \tag{6.143}$$

式中：κ 为当前选择的目标数。BIC(κ) 取决于重构残差 $\|\boldsymbol{y}_S-\boldsymbol{\Theta}_\kappa\hat{\boldsymbol{\alpha}}_\kappa\|_2^2$ 和目标数 κ，κ 越大时 $\|\boldsymbol{y}_S-\boldsymbol{\Theta}_\kappa\hat{\boldsymbol{\alpha}}_\kappa\|_2^2$ 越小，因此，BIC(κ) 最小时得到目标稀疏度 K 最优估计。

若 SBRIM 获得 $\hat{\boldsymbol{\alpha}}$ 后，SBRIM－BIC 算法的主要框图描述如算法 6.3 所示。

算法 6.3：SBRIM－BIC 算法

输入：SBRIM 算法重构结果 $\hat{\boldsymbol{\alpha}}$，散射系数 $\hat{\boldsymbol{\alpha}}$ 中位置索引集 $\mathcal{B}$。

输出：稀疏目标索引集 $\boldsymbol{\Omega}_K$，散射系数 $\hat{\boldsymbol{\alpha}}_K$。

初始化：索引集 $\boldsymbol{\Omega}^{(0)}=\varnothing$，$\mathrm{Bic}^{(0)}=\infty$，$\kappa=1$，迭代次数 $i=0$。

循环开始

（1）更新残余索引集：$\mathcal{X}=\mathcal{B}-\boldsymbol{\Omega}^{(i)}$

（2）计算贝叶斯信息量：$\mathrm{BIC}(\kappa)=2M\ln(\|\boldsymbol{y}_S-\boldsymbol{\Theta}_\kappa\hat{\boldsymbol{\alpha}}_\kappa\|_2^2)+2\kappa\ln M$

（3）寻找最小 BIC(κ) 对应的位置索引：$k=\arg\min_{\kappa\in\mathcal{X}}\mathrm{BIC}(\kappa)$

（4）迭代判定：若 $\mathrm{BIC}_k<\mathrm{BIC}^{(i-1)}$，则 $\boldsymbol{\Omega}^{(i)}=\boldsymbol{\Omega}^{(i-1)}\cup k$，$\mathrm{BIC}^{(i)}=\mathrm{BIC}_k$，$\kappa\leftarrow\kappa+1$，$i\leftarrow i+1$，重复（1）～（4）；否则，结束循环。

循环结束

结果：$\boldsymbol{\Omega}_K\leftarrow\boldsymbol{\Omega}^{(i)}$，$\hat{\boldsymbol{\alpha}}_K\leftarrow\hat{\boldsymbol{\alpha}}_{\boldsymbol{\Omega}^{(i)}}$。

6.5.2　参数自适应选择

SBRIM 算法参数 λ_0 和 l_p 决定了散射系数 $\boldsymbol{\alpha}$ 的先验概率分布和稀疏度，因

此参数 λ_0 和 p 的选择直接影响了 SBRIM 算法稀疏重构性能,需对参数 λ_0 和 l_p 合理选择。根据第 6 章的图 6.1,l_p 越小,估计解 $\hat{\boldsymbol{\alpha}}$ 就越稀疏,故更有利于提取少数主散射点特征,但是对噪声也更敏感。由于线阵三维 SAR 不同目标场景图像的统计特征和稀疏特征不尽相同,l_p 取值会有所不同。但是,对于任意给定范数 $p(0<p\leqslant 1)$,总存在对应的参数 λ_0 使 SBRIM 重构达到最优。因此,应兼顾目标稀疏性和抗噪性选择 SBRIM 算法参数 p 和 λ_0。本节给出了一种固定范数 l_p 条件自适应选择 SBRIM 算法参数 λ_0 的方法,但该方法同样也适用于给定参数 λ_0 时选择 SBRIM 算法 $l_p(0<p\leqslant 1)$。

理论上,参数 λ_0 可根据风险函数 $E\{\|\boldsymbol{\alpha}-\hat{\boldsymbol{\alpha}}_\lambda\|_2^2\}$ 最小化进行自适应选择,其中 $\boldsymbol{\alpha}$ 为真实散射系数,$\hat{\boldsymbol{\alpha}}_\lambda$ 为 SBRIM 算法参数 λ 得到的散射系数重构结果。然而,由于线阵三维 SAR 成像中 $\boldsymbol{\alpha}$ 未知,$E\{\|\boldsymbol{\alpha}-\hat{\boldsymbol{\alpha}}_\lambda\|\}$ 不能直接计算,因此需要通过其他风险函数近似估计。Stein 无偏风险估计量(Stein Unbiased Risk Estimatior, SURE)方法和广义交叉校验(Generalized Cross Validation, GCV)方法是参数自适应选择经典方法。为了得到合理的参数 λ_0,本节结合 SURE 方法和 GCV 方法进行 SBRIM 参数 λ_0 自适应选择。

SURE 算法主要思想是通过均方误差最小化进行参数选择。假设 $\boldsymbol{\lambda}\in\mathbb{R}^N$ 为未知参数,测量信号 $\boldsymbol{y}_\mathrm{S}$ 元素$(y_1,y_2,\cdots,y_N)$服从均值为$(\boldsymbol{\lambda}_1,\boldsymbol{\lambda}_2,\cdots,\boldsymbol{\lambda}_N)$、方差为 $\boldsymbol{\sigma}^2$ 的独立同分布,令 $h(\boldsymbol{y}_\mathrm{S})+\boldsymbol{y}_\mathrm{S}$ 为参数 λ 估计量,其中 $h(\boldsymbol{y})$ 为弱可微函数,$\nabla h=\sum_{i=1}^N(\partial/\partial y_i)h_i$,如果 $E\{\sum_{i=1}^N|(\partial/\partial y_i)h_i(\boldsymbol{y}_\mathrm{S})|\}<\infty$,则定义风险函数为

$$\begin{aligned}\mathcal{R}_\lambda&=E\{\|\boldsymbol{y}_\mathrm{S}+h(\boldsymbol{y}_\mathrm{S})-\boldsymbol{\lambda}\|_2^2\}\\&=N\boldsymbol{\sigma}^2+E\{\|h(\boldsymbol{y}_\mathrm{S})\|_2^2+2\boldsymbol{\sigma}^2\ \nabla h(\boldsymbol{y}_\mathrm{S})\}\end{aligned}\tag{6.144}$$

根据式(6.144),定义 Stein 无偏风险估计量为

$$\hat{\mathcal{R}}_\lambda=N\boldsymbol{\sigma}^2+\|h(\boldsymbol{y}_\mathrm{S})\|_2^2+2\boldsymbol{\sigma}^2\ \nabla h(\boldsymbol{y}_\mathrm{S})\tag{6.145}$$

因此,$\hat{\mathcal{R}}_\lambda$ 为风险函数 $\mathcal{R}_\lambda$ 中 $\boldsymbol{y}_\mathrm{S}+h(\boldsymbol{y}_\mathrm{S})$ 的无偏估计,$E\{\|\boldsymbol{\alpha}-\hat{\boldsymbol{\alpha}}_\lambda\|_2^2\}$ 最小化可近似等效为 Stein 无偏风险估计量 $\hat{\mathcal{R}}_\lambda$ 的最小化。

对于线阵三维 SAR 成像,可令重构残差 $R(\boldsymbol{y}_\mathrm{S})=\boldsymbol{y}_\mathrm{S}-\boldsymbol{\Theta\alpha}_\lambda$,则 Stein 无偏风险估计量可表示为

$$\hat{\mathcal{R}}_\lambda=N\boldsymbol{\sigma}^2+\|R(\boldsymbol{y}_\mathrm{S})\|_2^2+2\boldsymbol{\sigma}^2\ \nabla R(\boldsymbol{y}_\mathrm{S})\tag{6.146}$$

式中:$\boldsymbol{\sigma}^2$ 为回波信号 $\boldsymbol{y}_\mathrm{S}$ 中噪声方差。由于函数 $R(\boldsymbol{y}_\mathrm{S})$ 中 $\boldsymbol{\alpha}_\lambda$ 为非线性解,因此通常利用链式准则估计 $\nabla R(\boldsymbol{y}_S)$,Stein 无偏风险估计量 $\hat{\mathcal{R}}_\lambda$ 进一步表示为

$$\hat{\mathcal{R}}_\lambda=N\boldsymbol{\sigma}^2+\|R(\boldsymbol{y}_\mathrm{S})\|_2^2+2\boldsymbol{\sigma}^2\mathrm{trace}(\boldsymbol{T}_\lambda)\tag{6.147}$$

$$\boldsymbol{T}_{\lambda} = (\boldsymbol{\Theta}^{\mathrm{H}}\boldsymbol{\Theta} + \lambda_{\mathrm{S}}\boldsymbol{\Lambda})^{-1}\boldsymbol{\Theta}^{\mathrm{H}} \tag{6.148}$$

若噪声 σ^2 已知,最优化参数 λ_0 可由以下最小化问题求解进行估计

$$\hat{\lambda}_{\mathrm{SURE-opt}} = \arg\min_{\lambda} \hat{\mathcal{R}}_{\lambda} = \arg\min_{\lambda} \{N\sigma^2 + \| R(\boldsymbol{y}_{\mathrm{S}}) \|_2^2 + 2\sigma^2 \mathrm{trace}(\boldsymbol{T}_{\lambda})\} \tag{6.149}$$

算法6.4:黄金分割下降搜索算法

输入:参数区间$[\lambda_{\min},\lambda_{\max}]$,门限 ε_0。

输出:最优参数 $\hat{\lambda}_{\mathrm{opt}}$。

初始化:参数区间 $\mathrm{E}^{(0)} = [\lambda_{\min},\lambda_{\max}]$,变化率 $a=0.618$,迭代次数 $i=0$。

循环开始:

(1) 在第 i 次迭代参数区间 $\mathrm{E}^{(i-1)}$ 中选择参数 λ_1 和 λ_2,即

$$\lambda_1 = \lambda_{\min} + (1-a)(\lambda_{\max} - \lambda_{\min})$$

$$\lambda_2 = \lambda_{\min} + a(\lambda_{\max} - \lambda_{\min})。$$

(2) 计算参数 λ_1 和 λ_2 的风险函数 $\mathcal{A}_{\lambda_1}$ 和 $\mathcal{A}_{\lambda_2}$,即

$$\mathcal{A}_{\lambda_1} = \frac{N\| R(\boldsymbol{y}) \|_2^2}{|\mathrm{trace}(\boldsymbol{I} - \boldsymbol{T}_{\lambda_1})|^2} \cdot [N\sigma^2 + \| R(\boldsymbol{y}) \|_2^2] + 2\sigma^2 \mathrm{trace}(\boldsymbol{T}_{\lambda_1})]$$

$$\mathcal{A}_{\lambda_2} = \frac{N\| R(\boldsymbol{y}) \|_2^2}{|\mathrm{trace}(\boldsymbol{I} - \boldsymbol{T}_{\lambda_1})|^2} \cdot [N\sigma^2 + \| R(\boldsymbol{y}) \|_2^2 + 2\sigma^2 \mathrm{trace}(\boldsymbol{T}_{\lambda_2})]。$$

(3) 更新参数 λ 区间:若 $\mathcal{A}_{\lambda_1} > \mathcal{A}_{\lambda_2}$, $E^{(i)} = [\lambda_{\min},\lambda_2]$;否则 $E^{(i)} = [\lambda_1, \lambda_{\max}]$。

(4) 迭代判定:若 $\max(E^{(i)}) - \min(E^{(i)}) \geqslant \varepsilon_0$,则 $i \leftarrow i+1$,重复(1)~(4);否则,结束循环。

循环结束:

结果:$\hat{\lambda}_{\mathrm{opt}} \leftarrow [\max(E^{(i)}) + \min(E^{(i)})]/2$。

GCV 方法主要思想是通过风险函数的均值最小化进行参数 $\boldsymbol{\lambda}$ 选择,GCV 风险函数表达式为

$$\mathcal{G} = \frac{N\| R(\boldsymbol{y}_{\mathrm{S}}) \|_2^2}{|\mathrm{trace}(\boldsymbol{I} - \boldsymbol{D}_{\lambda})|^2} \tag{6.150}$$

式中:$\boldsymbol{D}_{\lambda}$ 为影响矩阵且 $\boldsymbol{D}_{\lambda}\boldsymbol{y}_{\mathrm{S}} = \boldsymbol{\Theta}\boldsymbol{\alpha}_{\lambda}$。通常矩阵 $\boldsymbol{D}_{\lambda}$ 未知或难以获得,利用近似 $\boldsymbol{D}_{\lambda} = \boldsymbol{T}_{\lambda}$,GCV 风险函数 $\mathcal{G}_{\lambda}$ 可近似表示为

$$\hat{\mathcal{G}}_{\lambda}=\frac{N\|R(\boldsymbol{y}_{\mathrm{S}})\|_2^2}{|\mathrm{trace}(\boldsymbol{I}-\boldsymbol{T}_{\lambda})|^2} \tag{6.151}$$

因此,最优化参数 λ_0 可由风险函数 $\hat{\mathcal{G}}_{\lambda}$ 最小化进行估计

$$\hat{\lambda}_{\mathrm{GCV-opt}}=\underset{\lambda}{\mathrm{argmin}}\hat{\mathcal{G}}_{\lambda}=\underset{\lambda}{\mathrm{argmin}}\left\{\frac{N\|R(\boldsymbol{y}_{\mathrm{S}})\|_2^2}{|\mathrm{trace}(\boldsymbol{I}-\boldsymbol{T}_{\lambda})|^2}\right\} \tag{6.152}$$

根据式(6.149)和式(6.152),SURE 和 GCV 方法都通过风险函数最小化获得最优参数 λ_0 估计。可以结合 SURE 和 GCV 两种风险函数,基于均方误差和均值最小化,定义一种信号风险函数,并称之为 SG 量,其表达式为

$$\mathcal{A}_{\lambda}=\hat{\mathcal{G}}_{\lambda}\cdot\hat{\mathcal{R}}_{\lambda}=\frac{N\|R(\boldsymbol{y}_{\mathrm{S}})\|_2^2}{|\mathrm{trace}(\boldsymbol{I}-\boldsymbol{T}_{\lambda})|^2}\cdot[N\sigma^2+\|R(\boldsymbol{y}_{\mathrm{S}})\|_2^2+2\sigma^2\mathrm{trace}(\boldsymbol{T}_{\lambda})] \tag{6.153}$$

最优化参数 λ_0 由风险函数 $\mathcal{A}_{\lambda}$ 最小化估计,即

$$\hat{\lambda}_{\mathrm{opt}}\underset{\lambda}{\mathrm{argmin}}\mathcal{A}_{\lambda}\ \underset{\lambda}{\mathrm{argmin}}\left\{\frac{N\|R(\boldsymbol{y}_{\mathrm{S}})\|_2^2}{|\mathrm{trace}(\boldsymbol{I}-\boldsymbol{T}_{\lambda})|^2}\cdot[N\sigma^2+\|R(\boldsymbol{y}_{\mathrm{S}})\|_2^2+2\sigma^2\mathrm{trace}(\boldsymbol{T}_{\lambda})]\right\} \tag{6.154}$$

因 $\mathcal{A}_{\lambda}$ 是参数 λ 非线性函数,直接求解函数 $\mathcal{A}_{\lambda}$ 最小化较困难。为了快速估计最优参数 $\hat{\lambda}_{\mathrm{opt}}$,本节利用黄金分割下降搜索法寻找最优参数 $\hat{\lambda}_{\mathrm{opt}}$。黄金分割下降搜索法的主要算法描述如算法 6.4 所示。

6.5.3　共轭梯度方法快速求解

对于线阵三维 SAR 稀疏成像,SBRIM 算法中每一次迭代过程都需对矩阵 $(\boldsymbol{\Theta}^{\mathrm{H}}\boldsymbol{\Theta}+\lambda_{\mathrm{S}}^{(n)}\boldsymbol{\Lambda}^{(n)})$ 进行求逆运算,根据 6.4.2 节分析,线阵三维 SAR 信号测量矩阵 $\boldsymbol{\Theta}$ 为大矩阵,因此计算 $(\boldsymbol{\Theta}^{\mathrm{H}}\boldsymbol{\Theta}+\lambda_{\mathrm{S}}^{(n)}\boldsymbol{\Lambda}(\hat{\boldsymbol{\alpha}}^{(n-1)}))^{-1}$ 需要大量计算量,降低了 SBRIM 算法运算效率。为了提高 SBRIM 算法效率,在 SBRIM 算法中利用共轭梯度(Conjugate Gradient, CG)算法快速求解式子 $\hat{\boldsymbol{\alpha}}^{(n)}=(\boldsymbol{\Theta}^{\mathrm{H}}\boldsymbol{\Theta}+\lambda_{\mathrm{S}}^{(n)}\boldsymbol{\Lambda}(\hat{\boldsymbol{\alpha}}^{(n-1)}))^{-1}\boldsymbol{\Theta}^{\mathrm{H}}\boldsymbol{y}_{\mathrm{S}}$。

CG 法最早是由 Hestenes 和 Stiefle(1952)提出,用于解正定系数矩阵的线性方程组,具有不需要矩阵存储、收敛速度快等优点,CG 算法非常适合于大规模线性方程求解。假设正定矩阵 $\mathcal{A}\in\mathbb{R}^{N\times N}$,若非零向量 $\mathcal{P}_1$ 和 $\mathcal{P}_2$ 满足 $\mathcal{P}_1\mathcal{A}\mathcal{P}_2=0$ 且 $\mathcal{P}_1\mathcal{A}\mathcal{P}_1>0$ 和 $\mathcal{P}_2\mathcal{A}\mathcal{P}_2>0$,则 $\mathcal{P}_1$ 和 $\mathcal{P}_2$ 是矩阵 $\mathcal{A}$ 共轭向量。首先给出 CG 算法以下基本性质。

性质 6.6:设正定方程 $\boldsymbol{y}=\boldsymbol{A}\boldsymbol{x}$,向量 $\mathcal{P}_1,\mathcal{P}_2,\cdots,\mathcal{P}_{N-1}$ 是矩阵 $\mathcal{A}\in\mathbb{R}^{N\times N}$ 共轭向量,则从任意向量 $\boldsymbol{x}_0\in\mathbb{R}$ 出发依次沿 $\mathcal{P}_1,\mathcal{P}_2,\cdots,\mathcal{P}_{N-1}$ 搜索,所得序列 $\{\boldsymbol{x}_k\}_{k=0}^{N}$ 满足

$$\boldsymbol{x}_{k+1}=\boldsymbol{x}_{k+1}+\eta_k\mathcal{P}_k,\eta_k=\boldsymbol{r}_k^{\mathrm{T}}\mathcal{P}_k/(\mathcal{P}_k\mathcal{A}\mathcal{P}_k),\boldsymbol{r}_k=\boldsymbol{y}-\mathcal{A}\boldsymbol{x}_k,k=0,1,\cdots,N-1 \tag{6.155}$$

并且 $\boldsymbol{x}_N$ 是方程 $\boldsymbol{y}=\mathcal{A}\boldsymbol{x}$ 的解。

从性质 6.6 可知,只要构造 N 个正定矩阵 $\mathcal{A}\in\mathbb{R}^{N\times N}$共轭向量 $\mathcal{P}_1,\mathcal{P}_2,\cdots,\mathcal{P}_{N-1}$作为搜索方向,从任一初始向量出发沿 $\mathcal{P}_1,\mathcal{P}_2,\cdots,\mathcal{P}_{N-1}$方向搜索,经过 N 步迭代后便可得到正定方程组 $\boldsymbol{y}=\mathcal{A}\boldsymbol{x}$ 的解。

算法 6.5:CG 算法

输入:向量 $\boldsymbol{y}$,正定矩阵 $\mathcal{A}$,迭代误差门限 ε_0。

输出:向量 $\hat{\boldsymbol{\alpha}}$。

初始化:估计值 $\boldsymbol{\alpha}^{(0)}=\boldsymbol{0}$,残差 $\boldsymbol{r}^{(0)}=\boldsymbol{y}$,共轭向量 $\mathcal{P}^{(0)}=\boldsymbol{y}$,迭代次数 $n=0$。

循环开始:

(1) 计算 η,有

$$\eta=(\boldsymbol{r}^{(n-1)})^{\mathrm{H}}\boldsymbol{r}^{(n-1)}/[(\mathcal{P}^{(n-1)})^{\mathrm{H}}\mathcal{A}\mathcal{P}^{(n-1)}]。$$

(2) 估计信号和重构残差

$$\boldsymbol{\alpha}^{(n)}=\boldsymbol{\alpha}^{(n-1)}+\eta\mathcal{P}^{(n-1)}$$
$$\boldsymbol{r}^{(n)}=\boldsymbol{r}^{(n-1)}-\eta\mathcal{A}\mathcal{P}^{(n-1)}。$$

(3) 更新共轭向量

$$\chi=(\boldsymbol{r}^{(n)})^{\mathrm{H}}\boldsymbol{r}^{(n)}/[(\boldsymbol{r}^{(n-1)})^{\mathrm{H}}\boldsymbol{r}^{(n-1)}]$$
$$\mathcal{P}^{(n)}=\boldsymbol{r}^{(n)}+\chi\mathcal{P}^{(n-1)}。$$

(4) 迭代判定:若 $\|\boldsymbol{r}^{(n)}\|_2\geqslant\varepsilon_0$,则 $n\leftarrow n+1$,重复(1)~(4);否则,结束循环。

循环结束:

结果:$\hat{\boldsymbol{\alpha}}\leftarrow\boldsymbol{\alpha}^{(n)}$。

性质 6.7:设正定方程 $\boldsymbol{y}=\mathcal{A}\boldsymbol{x}$,利用 CG 算法得到的近似解 $\boldsymbol{x}_k$ 满足

$$\|\boldsymbol{x}_k-\boldsymbol{x}_\perp\|_{\mathcal{A}}=\min\{\|\boldsymbol{x}-\boldsymbol{x}_\perp\|_{\mathcal{A}},\boldsymbol{x}\in\boldsymbol{x}_0+\mathcal{K}(\mathcal{A},\boldsymbol{r}_0,k)\} \tag{6.156}$$

式中:$\boldsymbol{x}_\perp$为方程 $\boldsymbol{y}=\mathcal{A}\boldsymbol{x}$ 的解;$\mathcal{K}(\mathcal{A},\boldsymbol{r}_0,k)=\mathrm{span}\{\boldsymbol{r}_0,\mathcal{A}\boldsymbol{r}_0,\cdots,\mathcal{A}^k\boldsymbol{r}_0\}$。

性质 6.8:设正定方程 $\boldsymbol{y}=\mathcal{A}\boldsymbol{x}$,利用 CG 算法得到的近似解 $\boldsymbol{x}_k$ 满足

$$\|\boldsymbol{x}_k-\boldsymbol{x}_\perp\|_{\mathcal{A}}\leqslant 2\left(\frac{\sqrt{\kappa}-1}{\sqrt{\kappa}+1}\right)^{\kappa}\|\boldsymbol{x}_0-\boldsymbol{x}_\perp\|_{\mathcal{A}} \tag{6.157}$$

式中:$\boldsymbol{x}_\perp$为方程 $\boldsymbol{y}=\mathcal{A}\boldsymbol{x}$ 的解;$\kappa=\|\mathcal{A}\|_2\|\mathcal{A}^{-1}\|_2$。

从性质 6.7 和性质 6.8 可知,CG 算法随迭代次数 n 增大而收敛,并且 $\kappa\approx 1$

收敛速度更快。可见,CG 算法不需要预先估计任何算法参数,且处理过程中主要是向量间运算,非常便于并行化。CG 算法的主要流程如算法 6.5 所示。

对于基于 SBRIM 算法的线阵三维 SAR 稀疏成像,令 $\boldsymbol{y}=\boldsymbol{\Theta}^{\mathrm{H}}\boldsymbol{y}_{\mathrm{S}}$,$\boldsymbol{x}=\hat{\boldsymbol{\alpha}}^{(n)}$,$\boldsymbol{\mathcal{A}}=\boldsymbol{\Theta}^{H}\boldsymbol{\Theta}+\lambda_{\mathrm{S}}^{(n)}\boldsymbol{\Lambda}(\hat{\boldsymbol{\alpha}}^{(n-1)})$,则有正定方程 $\boldsymbol{y}=\boldsymbol{\mathcal{A}}\boldsymbol{x}$,即可用 CG 算法求解。

假设一次乘法和加法时间为一个计算单位时间,则矩阵 $\boldsymbol{\Theta}\in\mathbb{C}^{N\times M}$直接乘以一个 M 维向量的计算复杂度为 $\mathcal{O}(MN)$,矩阵 $\boldsymbol{\Theta}$ 乘以 $M\times M$ 矩阵的计算复杂度为 $\mathcal{O}(NM^2)$,矩阵 $\boldsymbol{\Theta}$ 求逆计算复杂度和矩阵相乘相当,约为 $\mathcal{O}(NM^2)$。若矩阵 $\boldsymbol{\Theta}$ 为傅里叶矩阵,利用 FFT 实现矩阵向量相乘的计算复杂度为 $\mathcal{O}(M\log N)$。可知,对于测量矩阵 $\boldsymbol{\Theta}\in\mathbb{C}^{N\times M}$传统时域 BP 算法计算复杂度约为 $\mathcal{O}(MN)$,而传统频域算法(如 RD 和 Wk 算法等)计算复杂度为 $\mathcal{O}(N\lg M)$;OMP 算法计算复杂度约为 $\mathcal{O}(KMN)$,K 为向量 $\boldsymbol{\alpha}$ 稀疏度;BCS - EM 算法计算复杂度约为 $\mathcal{O}(NM^2)$,BCS - RVM 算法计算复杂度约为 $\mathcal{O}(\mathcal{I}_{\mathrm{B}}NM)$,$\mathcal{I}_{\mathrm{B}}$ 为 BCS - RVM 算法迭代次数且 $\mathcal{I}_{\mathrm{B}}\ll M$;而未优化 SBRIM 算法计算复杂度约为 $\mathcal{O}(\mathcal{I}_{\mathrm{S}}NM^2)$,基于 CG 方法的 SBRIM 算法计算复杂度约为 $\mathcal{O}(\mathcal{I}_{\mathrm{S}}\mathcal{I}_{\mathrm{C}}NM)$,$\mathcal{I}_{\mathrm{B}}$ 为 SRBIM 算法迭代次数,$\mathcal{I}_{\mathrm{C}}$ 为 CG 算法迭代次数。

6.5.4 仿真成像结果

首先利用仿真数据进行成像处理,回波数据在距离压缩和徙动校正后加入 SNR = 0dB 高斯白噪声。图 6.20 分别给出了传统 BP 算法、OMP 算法、BCS 算法和 SBRIM 算法在样本率 $\eta_{\mathrm{S}}=1$ 时成像结果以及重构 NMSE,其中 OMP 算法迭代预设稀疏度为目标真实稀疏度,BCS 算法中超参数(a,b,c,d)设为 10^{-6},噪声方差预设为 0.1,SBRIM 算法参数设置为 $p=1$ 和 $\lambda_0=1$。从图 6.20 中重构图像和 NMSE 可知,在低 SNR 条件下 OMP 算法和 BCS 算法因噪声干扰重构结果存在大散射虚假目标,而 SBRIM 算法抑制噪声效果更好,重构结果明显优于 OMP 算法和 BCS 算法,SBRIM - BIC 算法通过稀疏度估计则能够进一步抑制 SBRIM 算法中虚假目标,提高重构精度。

选择范数 $p=1$,图 6.21 给出了 SBRIM 算法对图 6.20 仿真数据稀疏成像时重构残差 $\|\boldsymbol{r}^{(n)}\|$、NMSE 和 SG 量在参数 $\lambda_0\in[10^{-3},10]$ 区间的变化曲线。从图 6.21 看到,$\|\boldsymbol{r}^{(n)}\|$ 随着参数 λ_0 增大而逐渐增大;而 NMSE 和 SG 量先随参数 λ_0 增大而逐渐减小至最小值,然后再逐渐增大,并且 NMSE 在参数 $\lambda_0=0.35$ 时最小,SG 量在 $\lambda=0.28$ 时最小,故重构 NMSE 和 SG 量极小值对应的参数 λ_0 相近。图 6.21 结果说明基于 SG 量最小化可有效选择 SBRIM 算法中参数 λ_0,使得算法重构 NMSE 最小。

为了验证 SBRIM 算法高分辨成像性能,图 6.23 分别给出了在样本率 $\eta_{\mathrm{S}}=1$

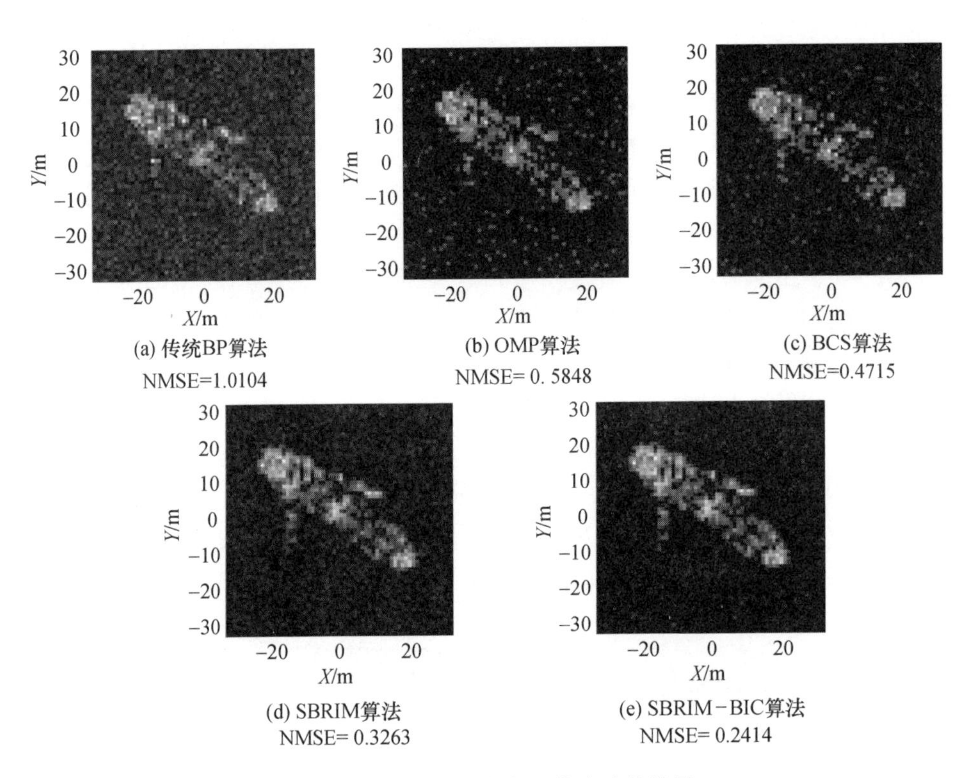

图 6.20　SNR = 0dB 条件下仿真成像结果

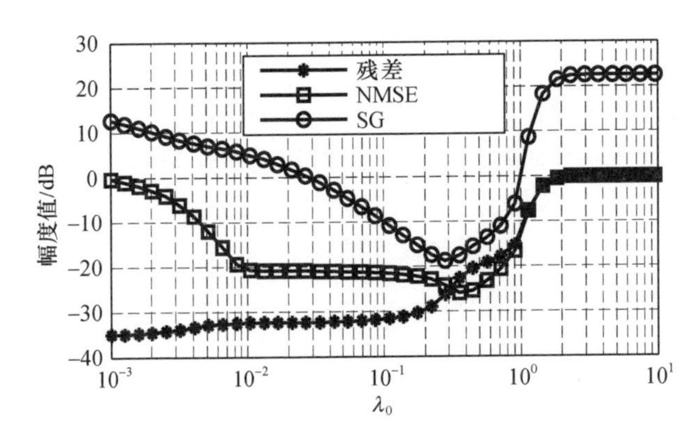

图 6.21　在 $p = 1$ 时重构残差、NMSE 和 SG 量随参数 λ_0 的变化曲线

时 BP、OMP、BCS、SBRIM 和 SBRIM - BIC 算法对图 6.22 中三种不同点目标间距仿真场景的成像结果和重构 NMSE，其中系统仿真参数和算法设置与图 6.20 仿真数据相同，回波数据中 SNR = 35dB，仿真系统在观测场景中心的切航迹和方位向传统分辨力约为 $\rho_c \approx 1$m 和 $\rho_a \approx 1$m。图 6.22 为三种不同点目标间距的原

始仿真场景,场景中存在11个点目标,其散射系数相同,场景单元数为64×64,场景大小分别为32m×32m、16m×16m和8m×8m,则对应相邻分辨单元间距分别约为分辨力ρ_c和ρ_a的1/2、1/4和1/8。从图6.23可知,当分辨单元大小为分辨力ρ_c一半时,OMP、BCS、SBRIM和SBRIM-BIC算法都实现良好重构;当分辨单元大小为分辨力ρ_c的1/4时,OMP算法重构出现位置偏差,BCS、SBRIM和SBRIM-BIC算法能良好重构;而当分辨单元大小为分辨力ρ_c的1/8时,OMP和BCS算法重构都出现虚假目标,但SBRIM和SBRIM-BIC算法仍能良好重构。对比算法重构NMSE可知,在分辨单元小于传统分辨力情况下,SBRIM和SBRIM-BIC算法能获得比OMP算法和BCS算法重构更优的高分辨成像结果,另外SBRIM-BIC算法利用目标稀疏度估计进一步抑制SBRIM算法中的虚假目标,从而重构NMSE更低。

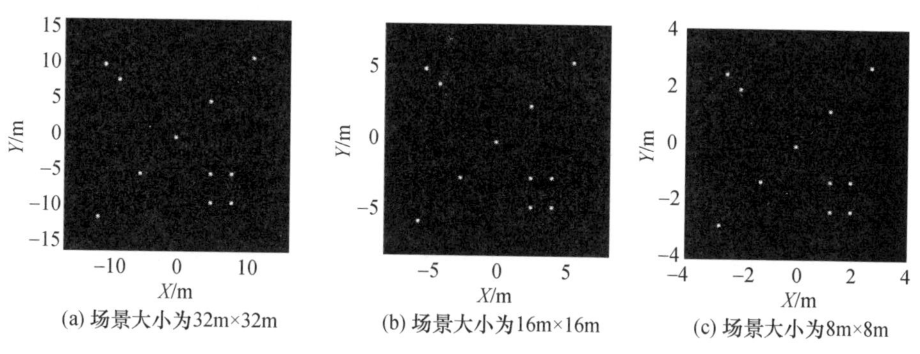

图6.22 原始点目标仿真场景

图6.24给出SBRIM算法在范数参数$p=1$条件下,对图6.22(b)中点目标仿真场景进行稀疏成像,其重构残差$\|\boldsymbol{r}^{(n)}\|$、重构NMSE和SG量随参数$\lambda_0\in[10^{-3},10]$的变化曲线。从图6.24结果得到,$\|\boldsymbol{r}^{(n)}\|$在参数$\lambda_0\leqslant 10$时变化很小,但当$\lambda_0>10$后$\|\boldsymbol{r}^{(n)}\|$随参数λ_0变大而剧增,故参数λ_0设置过大会造成SBRIM算法重构残差$\|\boldsymbol{r}^{(n)}\|$增大;重构NMSE和SG量回随着参数λ_0变大而逐渐减小,然后再增大,并在$\lambda_0\in[1,10]$区间SBRIM算法重构NMSE具有最小值,而在$\lambda_0>10$后猛增。因此通过SG变量最小化可有效的选择SBRIM算法参数λ_0,使得SBRIM算法重构NMSE最小。

为了定量对比BP、OMP、BCS、SBRIM和SBRIM-BIC算法重构性能,表6.2给出了5种算法在不同样本率η_s和SNR条件下对图6.22(c)中点目标仿真场景的重构NMSE结果。从表6.2可知,对于图6.22(c)中分辨单元尺寸小于传统成像分辨力情况,即高分辨力成像时,根据5种算法重构NMSE的大小排序得到:BP>OMP>BCS>SBRIM>SBRIM-BIC。因此,对比OMP和BCS算法,SBRIM算法可获得更优的重构性能,更适合于高分辨力线阵三维SAR稀疏成像。

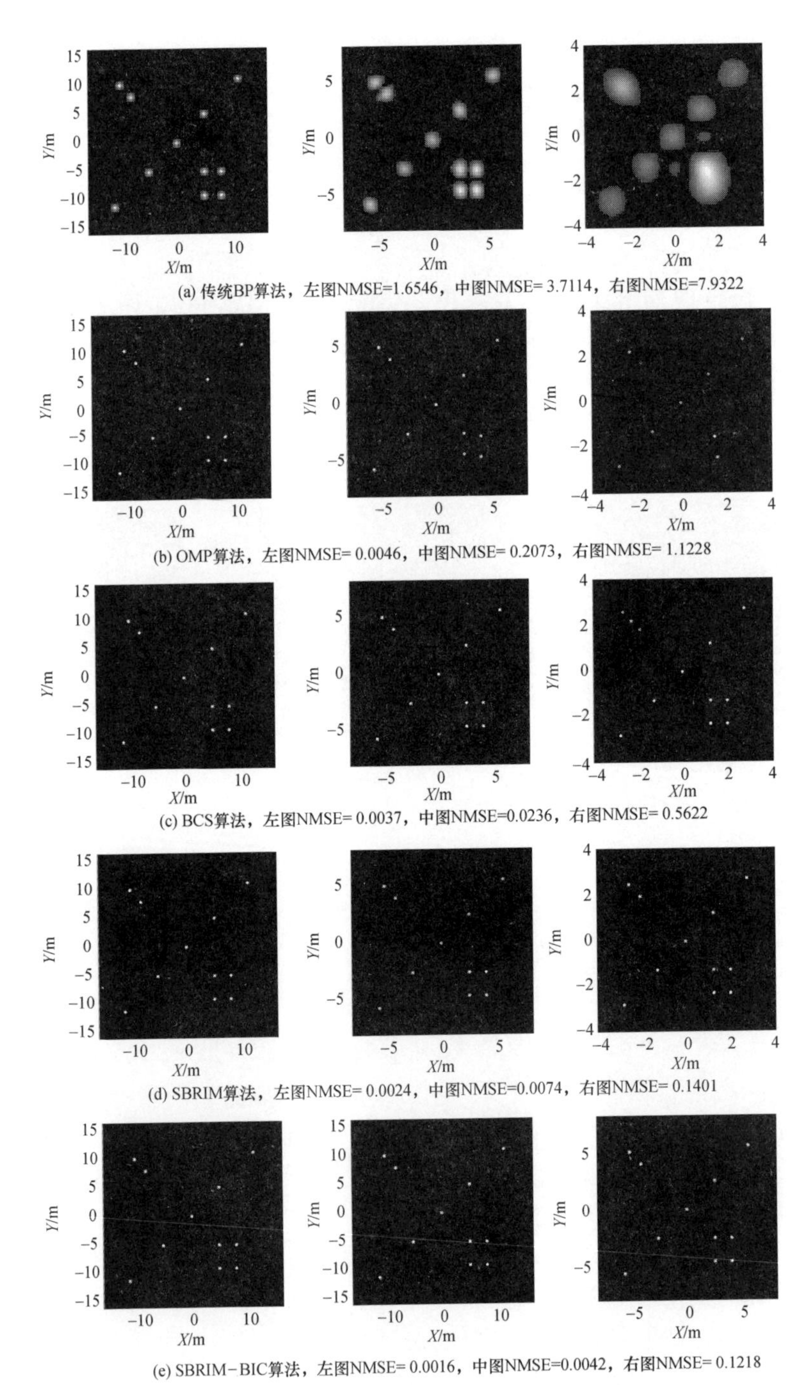

图 6.23　点目标仿真成像结果

(左图的场景大小为 32m×32m;中图的场景大小为 16m×16m;右图的场景大小为 8m×8m)

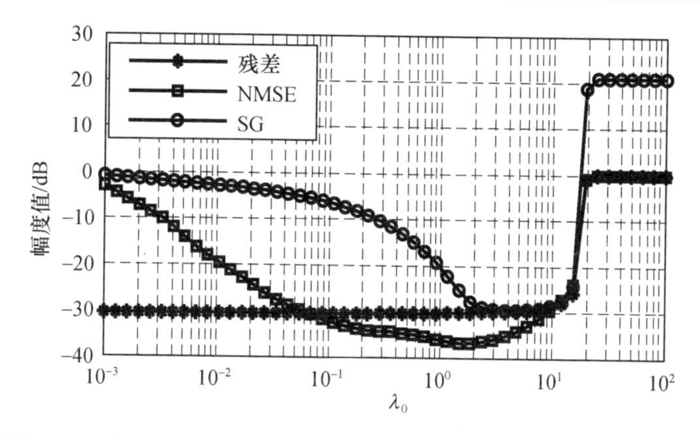

图6.24 在 $p=1$ 时重构残差、NMSE 和 SG 量随参数 λ_0 的变化曲线

表6.2 不同样本率和SNR时不同算法的重构NMSE结果

样本率	信噪比/dB	BP	OMP	BCS	SBRIM	SBRIM - BIC
$\eta_s=1$	0	7.9659	1.1385	0.9612	0.5916	0.5109
	5	7.9544	1.1342	0.6864	0.4327	0.3804
	10	7.9452	1.1294	0.5688	0.3828	0.3369
	15	7.9387	1.1273	0.5663	0.3559	0.3185
	20	7.9358	1.1259	0.5648	0.2827	02515
	25	7.9339	1.1241	0.5632	0.1915	0.1631
	30	7.9327	1.1238	0.5629	0.1401	0.1224
$\eta_s=0.5$	0	8.0797	1.1287	0.8942	0.6452	0.5564
	5	8.0588	1.0976	0.6230	0.4485	0.4143
	10	8.0367	1.0754	0.5674	0.3584	0.3248
	15	7.9854	1.0587	0.5650	0.3730	0.2859
	20	7.9692	1.0442	0.5624	0.2756	0.2416
	25	7.9478	1.0385	0.5621	0.2402	0.2165
	30	7.9386	1.0344	0.5619	0.1670	0.1334

6.5.5 实测成像结果

本节利用6.4.3节中地基线阵三维SAR实验系统获得的喷泉圆台实测数据进行三维成像，图6.25给出了8000个阵元样本条件下SBRIM算法和SBRIM - BIC算法成像结果，其中成像图像大小以及分辨单元尺寸与图6.26相同，算法范数选择为 $p=1$，参数 λ_0 利用SG量最小化方法进行自适应选择，三维图像显示门限为最大值 -25dB。图6.26为图6.25中SBRIM和SBRIM - BIC算法重

构结果在喷泉圆台阵列平面的切片。喷泉圆台实验数据结果验证了 SBRIM 算法和 SBRIM - BIC 算法可有效实现线阵三维 SAR 稀疏成像,并且能够获得比 OMP 算法和 BCS 算法更好的成像结果。

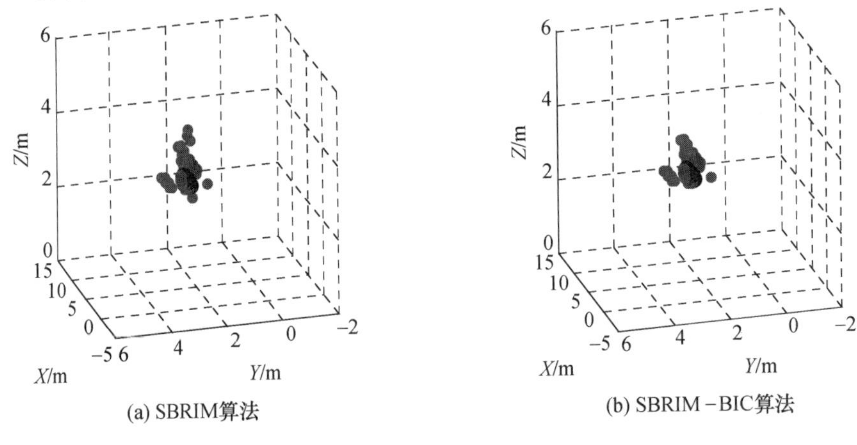

图 6.25　喷泉圆台实测数据三维成像结果

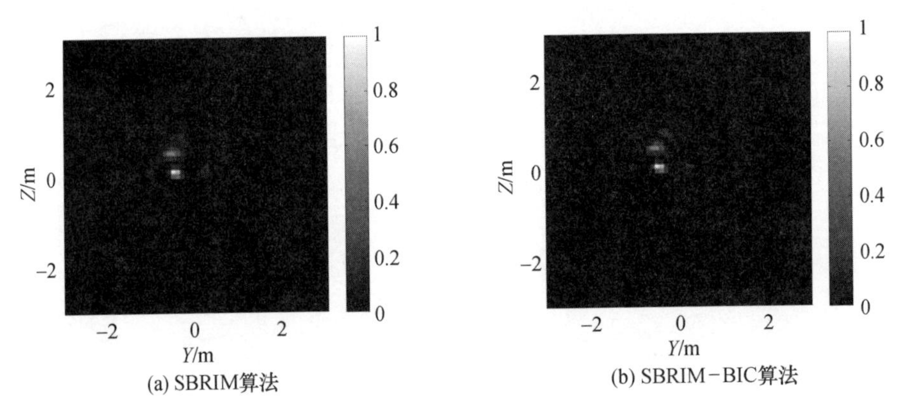

图 6.26　喷泉圆台成像结果在阵列平面的切片

其次利用 SBRIM 和 SBRIM - BIC 算法对 6.4 节中实验球和栅栏路灯实测数据进行三维成像,其中算法参数选择 $p=1$。图 6.27 分别给出了 SBRIM 算法对实验球 1 和栅栏 1 对应距离阵列面成像时重构残差和 SG 量随参数 $\lambda_0 \in [10^{-3}, 10^2]$ 的变化曲线。从图 6.27 可知,SBRIM 算法重构 SG 量随着 λ_0 增加而先减小后增大,根据 SG 量最小值可知,SBRIM 算法在实验球 1 对应距离阵列面成像时最佳参数 λ_0 约为 0.91,在栅栏 1 对应距离阵列面成像时最佳参数 λ 约为 0.96。

对实验球和栅栏路灯场景成像空间中每一个等距离阵列面,选定范数 $p=1$ 后利用黄金分割下降搜索法寻找最优参数 λ_{opt},在测量阵元样本数为 N 为 8000、

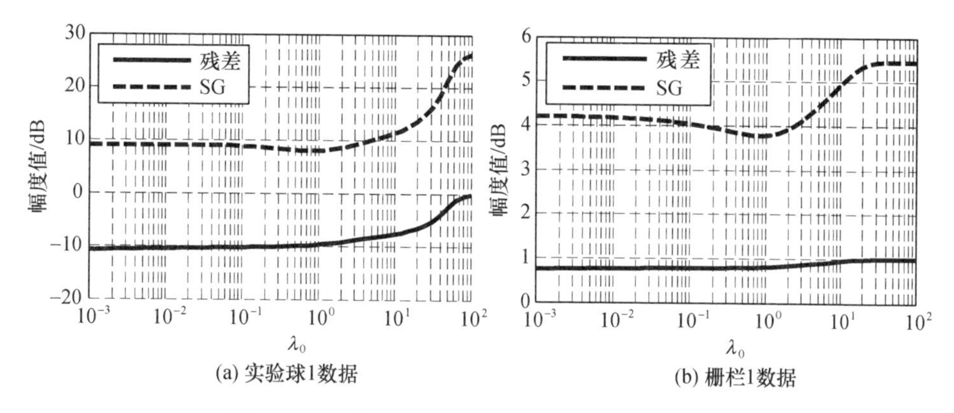

(a) 实验球1数据　(b) 栅栏1数据

图 6.27　重构残差和 SG 量随参数 λ_0 的变化曲线

4000 和 2000 条件下利用 SBRIM 和 SBRIM - BIC 算法进行稀疏成像。图 6.28 给出了 3 种阵元样本数时实验球场景实测数据的 SBRIM 和 SBRIM - BIC 算法成像结果,图 6.29 给出了 3 种阵元样本数时栅栏路灯场景实测数据的 SBRIM 和 SBRIM - BIC 算法成像结果,三维图像显示门限为最大值 -25dB。对图 6.28 和图 6.29 中传统 BP 算法和 HTOMP 算法两组实测数据结果可知,SBRIM 算法和 SBRIM - BIC 算法在能够良好重构稀疏实验球与栅栏路灯的几何和散射特征。然后利用 ENT 和 TBR 评价指标对图 6.28 和图 6.29 中实测数据图像进行计算,得到结果如表 6.3 所列。从表 6.3 可知,SBRIM 和 SBRIM - BIC 算法相对于传统 BP 算法大大提高了 TBR 而降低了 ENT,说明 SBRIM 和 SBRIM - BIC 算法能有效增强线阵三维 SAR 图像目标特征;但 SBRIM 和 SBRIM - BIC 算法中 TBR 略小于 HTOMP 算法,而 ENT 略大于相对 HTOMP 算法,其主要原因是 HTOMP 算法容易丢失弱散射目标。

表 6.3　两种实验场景的图像评价指标结果

评价指标	样本数	实验球场景		路灯栅栏场景	
		SBRIM/dB	SBRIM - BIC/dB	SBRIM/dB	SBRIM - BIC/dB
TBR	8000	61.44	70.24	49.12	58.94
	4000	61.32	70.19	48.76	58.23
	2000	6.126	70.16	46.82	57.27
ENT	8000	0.4528	0.0282	1.131	0.081
	4000	0.4632	0.0289	1.176	0.086
	2000	0.4908	0.0285	1.346	0.092

综上所述,地基线阵三维 SAR 实测数据结果验证了 SBRIM 和 SBRIM - BIC 算法在稀疏阵元数条件下能实现高精度线阵三维 SAR 稀疏成像。

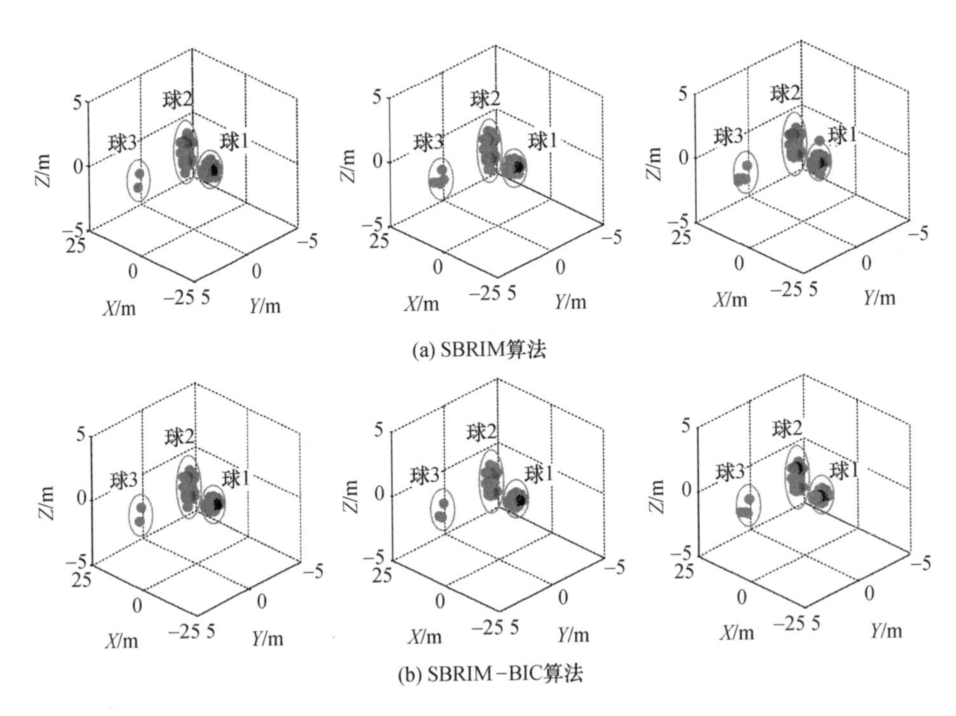

(a) SBRIM算法

(b) SBRIM-BIC算法

图 6.28　实验球数据成像结果

（左图为 8000 个样本数；中图为 4000 个样本数；右图为 2000 个样本数）

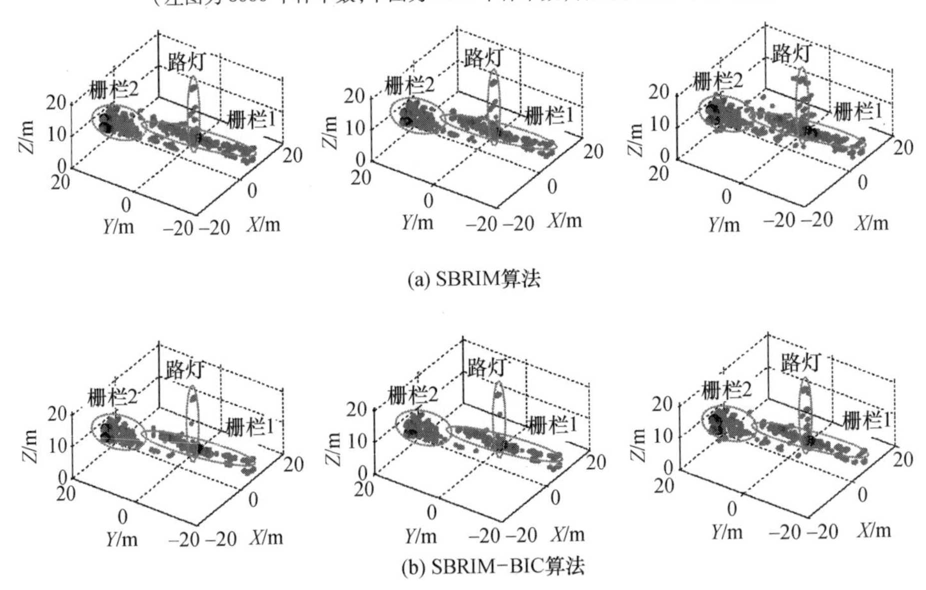

(a) SBRIM算法

(b) SBRIM-BIC算法

图 6.29　栅栏路灯数据成像结果

（左图为 8000 个样本数；中图为 4000 个样本数；右图为 2000 个样本数）

参考文献

[1] Higgins R J. Sampling theory in fourier and signal analysis: foundations [M]. Oxford University Press, 1996.

[2] Shi J, Zhang X L, Yang J Y, et al. Surface-tracing-based LASAR 3-D imaging method via multiresolution approximation [J]. IEEE Transactions on Geoscience and Remote Sensing, 2008, 46(11): 3719 - 3730.

[3] Moreira A, Huang Y. Airborne SAR processing of highly squinted data using a chirp scaling approach with integrated motion compensation [J]. IEEE Transactions on Geoscience and Remote Sensing, 1994, 32(5): 1029 - 1040.

[4] San Antonio G, Fuhrmann D R, Robey F C. MIMO radar ambiguity functions [J]. IEEE Journal of Selected Topics in Signal Processing, 2007, 1(1): 167 - 177.

[5] 师君. 双基地 SAR 与线阵 SAR 原理及成像技术研究[D]. 成都:电子科技大学,2009.

[6] Austin C D, Ertin E, Moses R L. Sparse signal methods for 3-D radar imaging [J]. IEEE Journal of Selected Topics in Signal Processing, 2011, 5(3): 408 - 423.

[7] Mishali M, Eldar Y C. Blind multiband signal reconstruction: compressed sensing for analog signals [J]. IEEE Transactions on Signal Processing, 2009, 57(3): 993 - 1009.

[8] Tsaig Y, Donoho D L. Extensions of compressed sensing [J]. Signal processing. 2006, 86(3): 549 - 571.

[9] Candès E J, Wakin M B. An introduction to compressive sampling [J]. IEEE Signal Processing Magazine, 2008, 25(2): 21 - 30.

[10] Candès E J. The restricted isometry property and its implications for compressed sensing [J]. Comptes Rendus Mathematique, 2008, 346(9): 589 - 592.

[11] Rauhut H, Schnass K, Vandergheynst P. Compressed sensing and redundant dictionaries [J]. IEEE Transactions on Information Theory, 2008, 54(5): 2210 - 2219.

[12] Candes E J, Eldar Y C, Needell D, et al. Compressed sensing with coherent and redundant dictionaries [J]. Applied and Computational Harmonic Analysis, 2011, 31(1): 59 - 73.

[13] Duffin R J, Schaeffer A C. A class of non-harmonic Fourier series [J]. Transactions of the American Mathematical Society, 1952, 72(2):341 - 366.

[14] Elad M, Aharon M. Image denoising via sparse and redundant representations over learned-dictionaries [J]. IEEE Transactions on Image Processing, 2006, 15(12):3736 - 3745.

[15] Elad M, Aharon M, Bruckstein A. K-SVD: an algorithm for designing over-completesdictionaries for sparse representation [J]. IEEE Transactions on Signal Processing, 2006, 54(11):4311 - 4322.

[16] Mazhar R, Gader P D. EK-SVD: optimized dictionary design for sparse representations [C]. 19th International Conference on Pattern Recognition, Tampa, Florida,2008,11:1 - 4.

[17] Zhang Q, Li B X. Discriminative K-SVD for dictionary learning in face recognition [C]. IEEE Conference on Computer Vision and Pattern Recognition, San Francisco, 2010, 7:

2691 - 2698.

[18] Donoho D L. Compressed sensing [J]. IEEE Transactions on Information Theory, 2006, 52 (4): 1289 - 1306.

[19] Candes E J, Tao T. Near-optimal signal recovery from random projections: universal encoding strategies [J]. IEEE Transactions on Information Theory, 2006, 52(12): 5406 - 5425.

[20] Candes E J, Romberg J K, Tao T. Stable signal recovery from incomplete and inaccurate measurements [J]. Communications on Pure and Applied Mathematics, 2006, 59 (8): 1207 - 1223.

[21] Candès E J. The restricted isometry property and its implications for compressed sensing [J]. Comptes Rendus Mathematique, 2008, 346(9): 589 - 592.

[22] Mallat S G, Zhang Z. Matching pursuits with time-frequency dictionaries [J]. IEEE Transactions on Signal Processing, 1993, 41(12): 3397 - 3415.

[23] Tropp J A, Gilbert A C. Signal recovery from random measurements via orthogonal matching pursuit [J]. IEEE Transactions on Information Theory, 2007, 53(12): 4655 - 4666.

[24] Donoho D L, Tsaig Y, Drori I, et al. Sparse solution of underdetermined systems of linear equations by stagewise orthogonal matching pursuit [J]. IEEE Transactions on Information Theory , 2012, 58(2): 1094 - 1121.

[25] Needell D, Vershynin R. Uniform uncertainty principle and signal recovery via regularized orthogonal matching pursuit [J]. Foundations of Computational Mathematics, 2009, 9(3): 317 - 334.

[26] Needell D, Tropp J A. CoSaMP: Iterative signal recovery from incomplete and inaccurate samples [J]. Applied and Computational Harmonic Analysis, 2009, 26(3): 301 - 321.

[27] Chen S S, Donoho D L, Saunders M A. Atomic decomposition by basis pursuit [J]. SIAM journal on scientific computing, 1998, 20(1): 33 - 61.

[28] Tibshirani R. Regression shrinkage and selection via the lasso [J]. Journal of the Royal Statistical Society. Series B (Methodological), 1996: 267 - 288.

[29] Chartrand R, Yin W. Iteratively reweighted algorithms for compressive sensing [C]. IEEE International Conference on Acoustics, Speech and Signal Processing 2008(ICASSP 2008). 2008: 3869 - 3872.

[30] Figueiredo M A T, Nowak R D, Wright S J. Gradient projection for sparse reconstruction: application to compressed sensing and other inverse problems [J]. IEEE Journal of Selected Topics in Signal Processing, 2007, 1(4): 586 - 597.

[31] Blumensath T, Davies M E. Iterative hard thresholding for compressed sensing [J]. Applied and Computational Harmonic Analysis, 2009, 27(3): 265 - 274.

[32] Bredies K, Lorenz D A. Linear convergence of iterative soft-thresholding [J]. Journal of Fourier Analysis and Applications, 2008, 14(5 - 6): 813 - 837.

[33] Yu S, Wang R, Wan W, et al. Compressed sensing in audio signals and it's reconstruction algorithm [C]. IEEE International Conference on Audio, Language and Image Processing

2012(ICALIP2012), 2012: 947 -952.

[34] Yoon Y S, Amin M G. Compressed sensing technique for high-resolution radar imaging [C]. SPIE Defense and Security Symposium. International Society for Optics and Photonics, 2008: 69681A-69681A-10.

[35] Stojanovic I, Karl W C, Cetin M. Compressed sensing of mono-static and multi-static SAR [C]. SPIE Defense, Security, and Sensing. International Society for Optics and Photonics, 2009: 733705 -733705 -12.

[36] Wei S J, Zhang X L, Shi J, et al. Sparse reconstruction for SAR imaging based on compressed sensing [J]. Progress In Electromagnetics Research, 2010, 109: 63 -81.

[37] Austin C D, Ertin E, Moses R L. Sparse multipass 3D SAR imaging: applications to the GOTCHA data set [C]. SPIE Defense, Security, and Sensing. International Society for Optics and Photonics, 2009: 733703 -733703 -12.

[38] Zhang L, Xing M, Qiu C W, et al. Resolution enhancement for inversed synthetic aperture radar imaging under low SNR via improved compressive sensing [J]. IEEE Trans on Geosci Remote Sens, 2010. 48,10: 3824 -3838.

[39] Xie X C, Zhang Y H. High-resolution imaging of moving train by ground-based radar with compressive sensing[J]. Electron Lett, 2010, 46: 529 -531.

[40] Cetin M, Onhon O, Samadi S. Handling phase in sparse reconstruction for SAR: Imaging, autofocusing, and moving targets [C]. 9th European Conference on Synthetic Aperture Radar 2012(EUSAR2012), VDE, 2012: 207 -210.

[41] Min W. High resolution radar imaging based on compressed sensing and adaptive Lp norm algorithm [C]. IEEE CIE International Conference on Radar 2011, 2011, 1: 206 -209.

[42] Wang M, Yang S, Wan Y, et al. High resolution radar imaging based on compressed sensing and fast Bayesian matching pursuit [C]. IEEE International Workshop on Multi-Platform/Multi-Sensor Remote Sensing and Mapping 2011, 2011: 1 -5.

[43] Lord R T, Inggs M R. High resolution SAR processing using stepped-frequencies [C]. IEEE International Geoscience and Remote Sensing 1997(IGARSS'97), 1997, 1: 490 -492.

[44] Tropp J A. Greed is good: Algorithmic results for sparse approximation [J]. IEEE Transactions on Information Theory, 2004, 50(10): 2231 -2242.

[45] Cai T T, Wang L. Orthogonal matching pursuit for sparse signal recovery with noise [J]. IEEE Transactions on Information Theory, 2011, 57(7): 4680 -4688.

[46] Fan R, Wan Q, Liu Y, et al. Complex orthogonal matching pursuit and its exact recovery conditions [J]. arXiv preprint arXiv:1206.2197, 2012.

[47] Needell D, Vershynin R. Signal recovery from incomplete and inaccurate measurements via regularized orthogonal matching pursuit [J]. IEEE Journal of Selected Topics in Signal Processing, 2010, 4(2): 310 -316.

[48] Giryes R, Elad M. RIP-based near-oracle performance guarantees for SP, CoSaMP, and IHT [J]. IEEE Transactions on Signal Processing, 2012, 60(3): 1465 -1468.

[49] Ross T D, Worrell S W, Velten V J, et al. Standard SAR ATR evaluation experiments using the MSTAR public release data set [C]. International Society for Optics and Photonics Aerospace/Defense Sensing and Controls, 1998: 566 – 573.

[50] Wipf D P, Rao B D. Sparse bayesian learning for basis selection [J]. IEEE Transactions on Signal Processing, 2004, 52(8): 2153 – 2164.

[51] Redner R A, Walker H F. Mixture densities, maximum likelihood and the EM algorithm [J]. SIAM review, 1984, 26(2): 195 – 239.

[52] Tipping M E. Sparse Bayesian learning and the relevance vector machine [J]. The Journal of Machine Learning Research, 2001, 1: 211 – 244.

[53] Oliveri G, Rocca P, Massa A. A Bayesian-compressive-sampling-based inversion for imaging sparse scatterers [J]. IEEE Transactions on Geoscience and Remote Sensing, 2011, 49 (10): 3993 – 4006.

[54] Yardibi T, Li J, Stoica P, et al. Source localization and sensing: a nonparametric iterative adaptive approach based on weighted least squares [J]. IEEE Transactions on Aerospace and Electronic Systems, 2010, 46(1): 425 – 443.

[55] Ji S, Xue Y, Carin L. Bayesian compressive sensing [J]. IEEE Transactions on Signal Processing, 2008, 56(6): 2346 – 2356.

[56] Babacan S D, Molina R, Katsaggelos A K. Bayesian compressive sensing using laplace priors [J]. IEEE Transactions on Image Processing, 2010, 19(1): 53 – 63.

[57] Tamura Y, Sato T, Ooe M, et al. A procedure for tidal analysis with a Bayesian information criterion [J]. Geophysical Journal International, 1991, 104(3): 507 – 516.

[58] Posada D, Buckley T R. Model selection and model averaging in phylogenetics: advantages of Akaike information criterion and Bayesian approaches over likelihood ratio tests [J]. Systematic Biology, 2004, 53(5): 793 – 808.

[59] Sin C Y, White H. Information criteria for selecting possibly misspecified parametric models [J]. Journal of Econometrics, 1996, 71(1): 207 – 225.

[60] Roberts W, Stoica P, Li J, et al. Iterative adaptive approaches to MIMO radar imaging [J]. IEEE Journal of Selected Topics in Signal Processing, 2010, 4(1): 5 – 20.

第 7 章 自聚焦成像处理算法

自聚焦成像处理算法是对运动传感器补偿以后残留的相位误差以及其他原因造成的相位误差的进一步补偿。自聚焦算法在高分辨力 SAR 成像处理过程中,通常是不可或缺的一部分。SAR 自聚焦处理的实质是保持回波信号的相干性,它通过消除所有散射点的回波信号中由于各种原因造成的相位误差,从而使得各个散射点的相位历程各自相干。

本章主要介绍阵列三维 SAR 几种自聚焦成像处理算法,主要包括模型松弛自聚焦算法、后向投影自聚焦算法以及稀疏自聚焦算法。其中,首先阐述了各自聚焦算法的基本原理,其次构建了自聚焦算法数学模型,然后给出算法的基本流程,最后利用仿真或实测数据进行了验证分析。

7.1 相位误差

在阵列三维 SAR 实际成像中,导致回波时延相位误差的主要原因有两个:一个是天线位置误差,另一个是电磁波大气转播效应误差。SAR 成像中一般要求载荷平台做匀速直线运动,但飞行载荷受气流扰动和导航控制精度的影响往往偏离理想航线,因此回波数据不可避免存在位置误差。由于传统 SAR 只利用单个或者少数个天线,天线位置误差主要由平台运动速度不确定造成,导致方位向相位误差,而且该误差通常是慢速变化,如平台速度不确定会造成二次项或者多项次函数相位误差。因此,传统 SAR 自聚焦算法主要是针对方位向慢变相位误差进行估计和校正。与传统 SAR 不同,阵列三维 SAR 除了载荷平台位置误差,阵列各阵元的相对位置误差也会引起误差,如受不稳定气流影响阵列阵元会发生剧烈抖动,此时误差往往是高频变化。因此阵列三维 SAR 成像中相位误差的变化比传统 SAR 更加复杂,在相位误差校正时阵列三维 SAR 对自聚焦算法的性能要求也更高。

在阵列三维 SAR 成像中,载荷平台位置误差(主要为平动误差和姿态误差)会在方位向上引入一维相位误差,该相位误差往往是低频变化,仅导致阵列

SAR 三维成像结果在沿航迹向散焦。然而,在每一个方位向的慢时刻,由于阵列各阵元抖动误差且该误差随慢时刻变化,故阵列阵元的位置误差则会在阵列 SAR 阵列平面引入二维相位误差,该相位误差往往是高频变化的,导致阵列 SAR 三维成像结果在切航迹向和沿航迹向散焦。另外,电磁波在空气中传播会受到大气电离层和对流层传播影响,如存在法拉第旋转等效应,则会在阵列三维 SAR 数据引入三维相位误差,并且该相位误差往往是无规律变化,如随机分布相位误差。成像系统同步误差、脉冲间波束误差等同样也会导致阵列三维 SAR 回波相位误差。

综上分析,如果以相位误差的变化规律进行分类,阵列三维 SAR 中相位误差可分为:低频相位误差、高频相位误差和随机相位误差,对阵列三维 SAR 成像结果的影响主要体现在散焦方式和程度不同。根据相位误差来源以及维数影响,阵列三维 SAR 中相位误差可分为:沿航迹相位误差、二维阵列平面相位误差、独立三维相位误差和三维相位误差,对成像结果影响主要体现在散焦维数不同。

为了比较不同变化规律相位误差对阵列三维 SAR 成像的影响,本节仅利用点目标仿真数据进行成像分析,图 7.1 给出了原始点目标仿真场景以及无相位误差时在阵列平面维传统 BP 算法和 CS 算法的成像结果,图 7.2 给出了阵列三维 SAR 方位向存在线性、二次项、高频和随机变化相位误差时,图 7.1 中点目标场景传统 BP 算法和 CS 算法重构结果。对比图 7.1 和图 7.2 可知,方位向相位误差只影响阵列三维 SAR 方位向的重构效果,对切航迹向聚焦几乎无影响,并且线性相位误差会导致成像结果中目标整体位移,二次项相位误差会导致目标周围虚假目标增多,而高频和随机相位误差则会导致整个维向出现虚假目标,故较二次项相位误差,高频和随机相位误差校正难度更大。

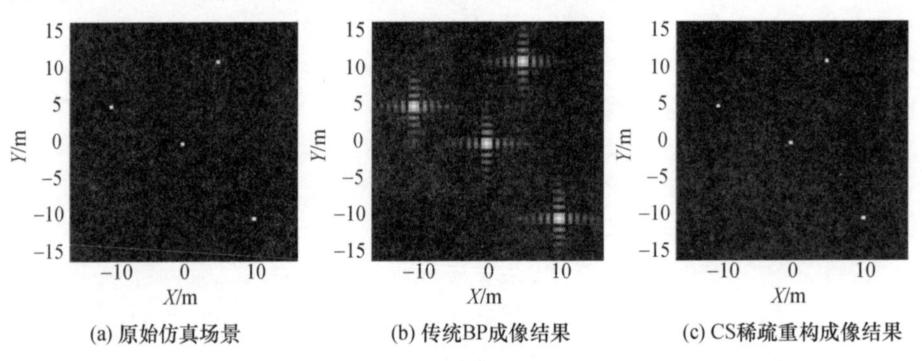

图 7.1 无相位误差时点目标成像结果(显示门限为最大值 −40dB)

假设一个 $N_R N_A N_C \times 1$ 的阵列三维 SAR 回波信号向量为 $\boldsymbol{y}$,其中 N_A、N_R 和 N_C 分别为沿航迹向、距离向和切航迹向样本数。当忽略大气传播效应误差时,

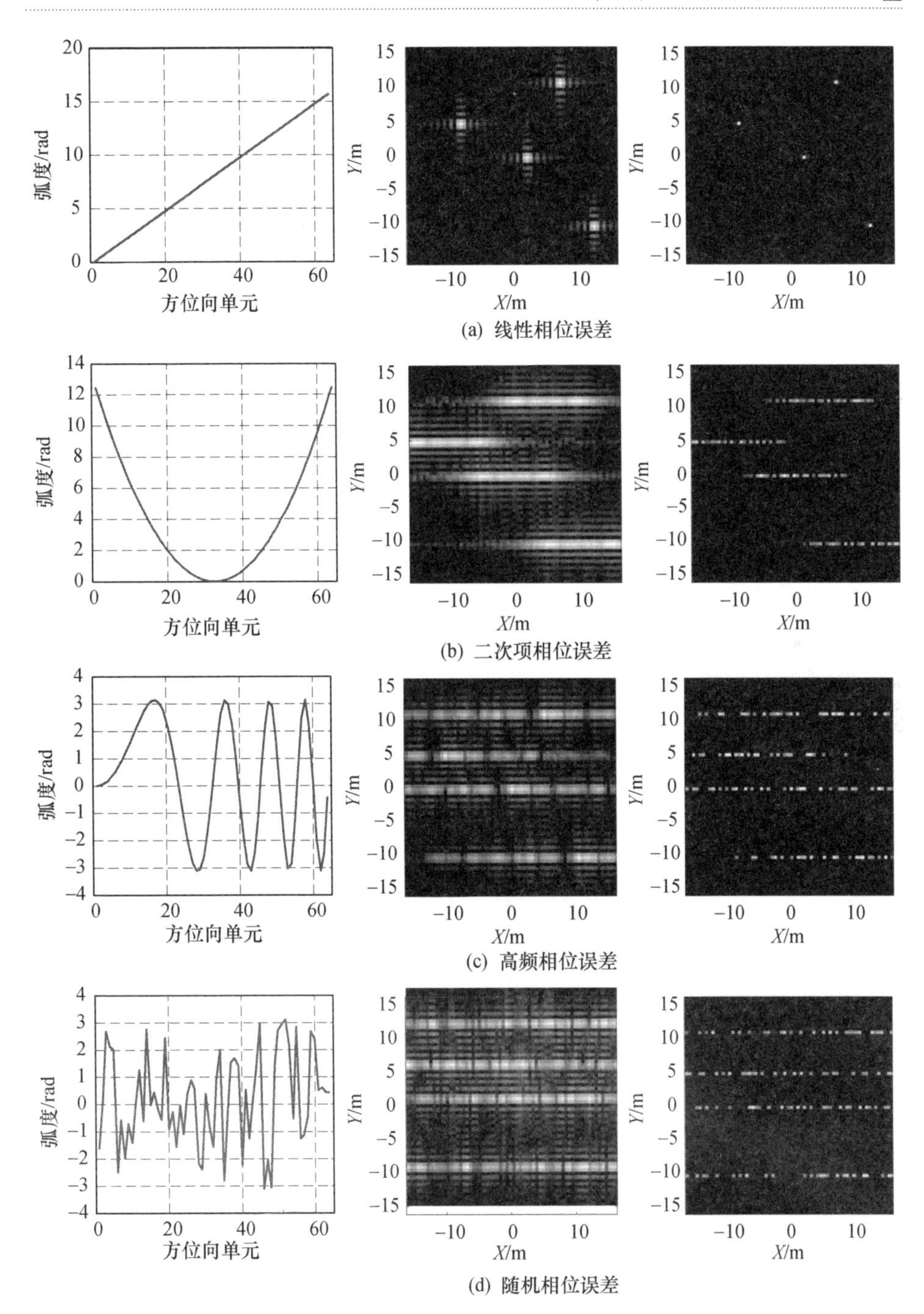

图 7.2　不同变化规律相位误差对成像影响

（左:相位误差分布图;中:传统 BP 算法;右:CS 稀疏重构算法）

只考虑斜距测量不确定性时,距离压缩后的回波数据可写成

$$\begin{aligned}\widetilde{S}_{\mathrm{E}}(l,n,i;\boldsymbol{P}_w) &= \boldsymbol{\alpha}(\boldsymbol{P}_w)\exp\{-\mathrm{j}2\pi f_{\mathrm{c}}[\tau(n,i;\boldsymbol{P}_w)+\Delta\tau(n,i;\boldsymbol{P}_w)]\} \\ &\quad \exp\{\mathrm{j}\pi f_{\mathrm{dr}}[t(l)-\tau(n,i;\boldsymbol{P}_w)-\Delta\tau(n,i;\boldsymbol{P}_w)]^2\} \\ &= S_{\mathrm{E}}(l,n,i;\boldsymbol{P}_w)\exp\{-\mathrm{j}\phi[\Delta\tau(n,i;\boldsymbol{P}_w)]\}\end{aligned} \tag{7.1}$$

式中:$\Delta\tau(n,i;\boldsymbol{P}_w)$为回波信号中的时延误差;$\phi[\Delta\tau(n,i;\boldsymbol{P}_w)]$为时延误差$\Delta\tau(n,i;\boldsymbol{P}_w)$造成的相位误差。因此,混入相位误差的回波信号$\widetilde{S}_{\mathrm{E}}(l,n,i;\boldsymbol{P}_w)$可以表示为理想回波信号$S_{\mathrm{E}}(l,n,i:\boldsymbol{P}_w)$与相位误差$\phi[\Delta\tau(n,i;\boldsymbol{P}_w)]$之积。

假设向量$\boldsymbol{\phi}\in\mathbb{R}^{N_{\mathrm{R}}N_{\mathrm{A}}N_{\mathrm{C}}\times 1}$为阵列三维 SAR 回波信号中的相位误差向量,令对角矩阵$R(\boldsymbol{\phi})=\mathrm{diag}\{\exp(\mathrm{j}\boldsymbol{\phi})\}\in\mathbb{C}^{N_{\mathrm{R}}N_{\mathrm{A}}N_{\mathrm{C}}\times N_{\mathrm{R}}N_{\mathrm{A}}N_{\mathrm{C}}}$表示相位误差矩阵,则存在相位误差的阵列三维 SAR 回波信号的测量模型可表示为

$$\boldsymbol{y}_{\mathrm{s}}=\boldsymbol{R}(\boldsymbol{\phi})\boldsymbol{y}=\boldsymbol{R}(\boldsymbol{\phi})\boldsymbol{\Theta}\boldsymbol{\alpha}=\boldsymbol{D}(\boldsymbol{\phi})\boldsymbol{\alpha} \tag{7.2}$$

式中:$\boldsymbol{y}$和$\boldsymbol{y}_{\mathrm{s}}$分别为无相位误差和有相位误差时阵列三维 SAR 回波信号,矩阵$\boldsymbol{D}(\boldsymbol{\phi})=\boldsymbol{R}(\boldsymbol{\phi})\boldsymbol{\Theta}$为存在相位误差时阵列三维 SAR 的测量矩阵。当回波数据不存在相位误差时矩阵$\boldsymbol{R}(\boldsymbol{\phi})=\boldsymbol{I}$,而存在相位误差时矩阵$\boldsymbol{R}(\boldsymbol{\phi})\neq\boldsymbol{I}$。下面基于相位误差维数分析相位误差$\boldsymbol{\phi}$与阵列三维 SAR 信号测量模型的关系。

7.1.1 沿航迹向相位误差

在一些特殊情况下,阵列三维 SAR 成像可忽略不同阵元间抖动误差和大气传播效应,如阵列天线被刚性固定,此时与传统 SAR 自聚焦成像相似,只需考虑载荷平台位置不确定带来的相位误差。换言之,平台位置误差只影响天线阵元在沿航迹向的聚焦效果,在慢时刻n,每一个天线阵元回波信号在所有距离向单元内的相位误差相同,不同阵元方位向相位误差随慢时刻n的变化也相同,阵列三维 SAR 沿航迹向相位误差的模型如图 7.3 所示。

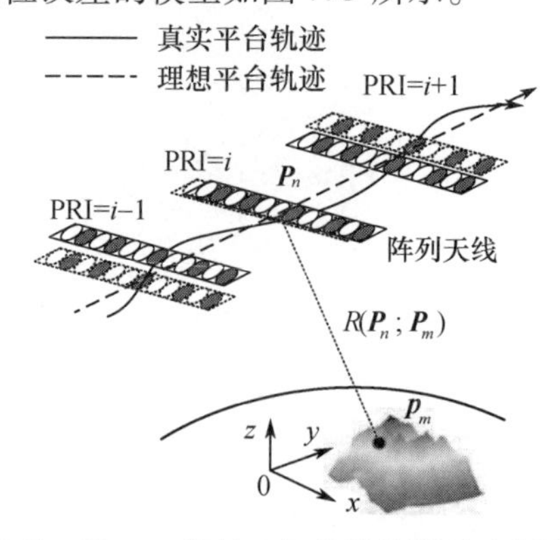

图 7.3 阵列三维 SAR 沿航迹相位误差模型示意图(见彩图)

假设 $\boldsymbol{\phi}_a \in \mathbb{R}^{N_A N_C \times 1}$ 表示阵列三维 SAR 的沿航迹向相位误差，则向量 $\boldsymbol{\phi}_a$ 中存在 $N_A + N_C$ 个未知量，$\boldsymbol{\phi}_a$ 可以表示为

$$\boldsymbol{\phi}_a(n) = \boldsymbol{\varphi}_a(i) + \boldsymbol{\psi}_c(j), i=1,2,\cdots,N_A; j=1,2,\cdots,N_C; n=1,2,\cdots,N_A N_C \tag{7.3}$$

式中：$\boldsymbol{\varphi}_a \in \mathbb{R}^{N_A \times 1}$ 为沿航迹向相位误差向量；$\boldsymbol{\psi}_c \in \mathbb{R}^{N_C \times 1}$ 为切航迹向不同阵元的相位误差。因此，沿航迹相位误差 $\boldsymbol{\phi}_a$ 可以写成

$$\boldsymbol{\phi}_a = [\boldsymbol{\varphi}_a(1) + \boldsymbol{\psi}_c(1) \quad \cdots \quad \boldsymbol{\varphi}_a(N_A) + \boldsymbol{\psi}_c(1) \quad \cdots \quad \boldsymbol{\varphi}_a(N_A) + \boldsymbol{\psi}_c(N_C)] \tag{7.4}$$

此时，阵列三维 SAR 对应的相位误差矩阵 $\boldsymbol{R}(\boldsymbol{\phi}_a)$ 可以表示为

$$\boldsymbol{R}(\boldsymbol{\phi}_a) = \mathrm{diag}\Big\{ \underbrace{\exp[\mathrm{j}\varphi_a(1) + \psi_c(1)] \quad \cdots \quad \exp[\mathrm{j}\varphi_a(1) + \psi_c(1)]}_{N_R} \quad \cdots \\ \underbrace{\exp[\mathrm{j}\varphi_a(N_A) + \psi_c(N_C)] \quad \cdots \quad \exp[\mathrm{j}\varphi_a(N_A) + \psi_c(N_C)]}_{N_R} \Big\} \tag{7.5}$$

因此，对于沿航迹向相位误差，阵列三维 SAR 回波信号的测量模型表示为

$$\boldsymbol{y}_s = \boldsymbol{R}(\boldsymbol{\phi}_a)\boldsymbol{y} = \boldsymbol{R}(\boldsymbol{\phi}_a)\boldsymbol{\Theta}\boldsymbol{\alpha} = \boldsymbol{D}(\boldsymbol{\phi}_a)\boldsymbol{\alpha} \tag{7.6}$$

对于阵列三维 SAR 稀疏成像，当只存在沿航迹向相位误差 $\boldsymbol{\phi}_a$ 时，只需要估计相位误差向量 $\boldsymbol{\phi}_a$ 中 $N_A + N_C$ 个未知量 $\boldsymbol{\varphi}_a(1) + \boldsymbol{\psi}_c(1), \cdots, \boldsymbol{\varphi}_a(N_A) + \boldsymbol{\psi}_c(N_C)$ 并进行校正，即可利用测量矩阵 $\boldsymbol{D}(\boldsymbol{\phi}_a)$ 进行阵列三维 SAR 稀疏成像。

7.1.2 二维阵列相位误差

在一般窄带成像情况下，若忽略大气传播效应影响，阵列三维 SAR 成像只需考虑平台位置和阵列阵元位置不确定带来的相位误差。在该情况下，在某一个阵元位置和慢时刻 n，阵列三维 SAR 回波信号在所有距离单元内相位误差相同，但在不同阵元位置和慢时刻 n 相位误差不相同，即相位误差在阵列平面维上变化。

假设 $\boldsymbol{\phi}_{ac} \in \mathbb{R}^{N_R N_A N_C \times 1}$ 表示阵列三维 SAR 中二维阵列平面的相位误差，则向量 $\boldsymbol{\phi}_{ac}$ 中存在 $N_A N_C$ 个未知量，即有

$$\boldsymbol{\phi}_{ac} = \Big[\underbrace{\phi_{ac}(1), \cdots, \phi_{ac}(1)}_{N_R} \quad \underbrace{\phi_{ac}(2), \cdots, \phi_{ac}(2)}_{N_R} \quad \cdots \quad \underbrace{\phi_{ac}(N_A N_C), \cdots, \phi_{ac}(N_A N_C)}_{N_R} \Big] \tag{7.7}$$

式中：$\phi_{ac}(1), \phi_{ac}(2), \cdots, \phi_{ac}(N_A N_C)$ 为阵列平面维的相位误差值。此时阵列三维 SAR 对应的相位误差矩阵 $\boldsymbol{R}(\boldsymbol{\phi}_{ac})$ 可表示为

$$\boldsymbol{R}(\boldsymbol{\phi}_{ac}) = \mathrm{diag}\Big\{ \underbrace{\exp[\mathrm{j}\phi_{ac}(1)], \cdots, \exp[\mathrm{j}\phi_{ac}(1)]}_{N_R} \quad \cdots \\ \underbrace{\exp[\mathrm{j}\phi_{ac}(N_A N_C)], \cdots, \exp[\mathrm{j}\phi_{ac}(N_A N_C)]}_{N_R} \Big\} \tag{7.8}$$

对于阵列平面相位误差 $\boldsymbol{\phi}_{\mathrm{ac}}$，阵列三维 SAR 回波信号的线性测量模型表示为

$$\boldsymbol{y}_{\mathrm{s}}=\boldsymbol{R}(\boldsymbol{\phi}_{\mathrm{ac}})\boldsymbol{y}=\boldsymbol{R}(\boldsymbol{\phi}_{\mathrm{ac}})\boldsymbol{\Theta}\boldsymbol{\alpha}=\boldsymbol{D}(\boldsymbol{\phi}_{\mathrm{ac}})\boldsymbol{\alpha} \tag{7.9}$$

当只存在阵列平面相位误差 $\boldsymbol{\phi}_{\mathrm{ac}}$ 时，需要估计相位误差向量 $\boldsymbol{\phi}_{\mathrm{ac}}$ 中 $N_{\mathrm{A}}N_{\mathrm{C}}$ 个未知量 $\phi_{\mathrm{ac}}(1),\phi_{\mathrm{ac}}(2),\cdots,\phi_{\mathrm{ac}}(N_{\mathrm{A}}N_{\mathrm{C}})$，再利用 $\boldsymbol{D}(\phi_{\mathrm{ac}})$ 进行阵列三维 SAR 稀疏成像。

7.1.3 独立三维相位误差

独立三维相位误差是指回波信号中包含阵列平面二维相位误差和距离向相位误差，但是阵列平面相位误差和距离向相位误差相互独立。此时在某一个阵列阵元位置，阵列三维 SAR 回波信号在不同距离单元具有不同的相位误差，而在同一个阵列平面内距离向的相位误差相同。

假设 $\boldsymbol{\phi}_{\mathrm{ac\text{-}r}}\in\mathbb{R}^{N_{\mathrm{R}}N_{\mathrm{A}}N_{\mathrm{C}}\times 1}$ 表示阵列三维 SAR 独立三维相位误差，则相位误差向量 $\boldsymbol{\phi}_{\mathrm{ac\text{-}r}}$ 中存在 $N_{\mathrm{A}}N_{\mathrm{C}}+N_{\mathrm{R}}$ 个未知量，$\boldsymbol{\phi}_{\mathrm{ac\text{-}r}}$ 可以表示为

$$\boldsymbol{\phi}_{\mathrm{ac\text{-}r}}(n)=\boldsymbol{\varphi}_{\mathrm{ac}}(i,j)+\psi_{r}(k),i=1,2,\cdots,N_{\mathrm{A}};j=1,2,\cdots,N_{\mathrm{C}};k=1,2,\cdots,N_{\mathrm{R}} \tag{7.10}$$

式中：$\boldsymbol{\varphi}_{\mathrm{ac}}\in\mathbb{R}^{N_{\mathrm{A}}\times N_{\mathrm{C}}}$ 为阵列平面的二维相位误差，$\boldsymbol{\psi}_{\mathrm{r}}\in\mathbb{R}^{N_{\mathrm{R}}\times 1}$ 为距离向相位误差。

因此，阵列三维 SAR 的三维独立相位误差 $\boldsymbol{\phi}_{\mathrm{ac\text{-}r}}$ 可以写成

$$\begin{aligned}\boldsymbol{\phi}_{\mathrm{ac\text{-}r}}=[&\boldsymbol{\varphi}_{\mathrm{ac}}(1,1)+\boldsymbol{\psi}_{\mathrm{r}}(1)\quad\cdots\quad\boldsymbol{\varphi}_{\mathrm{ac}}(N_{\mathrm{A}},1)+\boldsymbol{\psi}_{\mathrm{r}}(1)\quad\cdots\quad\boldsymbol{\varphi}_{\mathrm{ac}}(1,N_{\mathrm{C}})+\boldsymbol{\psi}_{\mathrm{r}}(N_{\mathrm{A}})\\&\boldsymbol{\varphi}_{\mathrm{ac}}(1,N_{\mathrm{C}})+\boldsymbol{\psi}_{\mathrm{r}}(N_{\mathrm{A}})\quad\cdots\quad\boldsymbol{\varphi}_{\mathrm{ac}}(N_{\mathrm{A}},N_{\mathrm{C}})+\boldsymbol{\psi}_{\mathrm{r}}(N_{\mathrm{R}})]\end{aligned} \tag{7.11}$$

对应的三维独立相位误差矩阵 $\boldsymbol{R}(\boldsymbol{\phi}_{\mathrm{ac\text{-}r}})$ 可以表示为

$$\begin{aligned}\boldsymbol{R}(\boldsymbol{\phi}_{\mathrm{ac\text{-}r}})=\mathrm{diag}\{&\exp[\mathrm{j}\varphi_{\mathrm{ac}}(1,1)+\psi_{\mathrm{r}}(1)]\quad\cdots\quad\exp[\mathrm{j}\varphi_{\mathrm{ac}}(N_{\mathrm{A}},1)+\psi_{\mathrm{r}}(1)]\quad\cdots\\&\exp[\mathrm{j}\boldsymbol{\varphi}_{\mathrm{ac}}(1,N_{\mathrm{C}})+\psi_{\mathrm{r}}(N_{\mathrm{A}})]\quad\cdots\quad\exp[\mathrm{j}\varphi_{\mathrm{ac}}(N_{\mathrm{A}},N_{\mathrm{C}})+\psi_{\mathrm{r}}(N_{\mathrm{R}})]\}\end{aligned} \tag{7.12}$$

对于独立三维相位误差，阵列三维 SAR 回波信号的线性测量模型表示为

$$\boldsymbol{y}_{\mathrm{s}}=\boldsymbol{R}(\boldsymbol{\phi}_{\mathrm{ac\text{-}r}})\boldsymbol{y}=\boldsymbol{R}(\boldsymbol{\phi}_{\mathrm{ac\text{-}r}})\boldsymbol{\Theta}\boldsymbol{\alpha}=\boldsymbol{D}(\boldsymbol{\phi}_{\mathrm{ac\text{-}r}})\boldsymbol{\alpha} \tag{7.13}$$

因此当阵列三维 SAR 存在独立三维相位误差，阵列三维 SAR 稀疏成像需要估计相位误差向量 $\phi_{\mathrm{ac\text{-}r}}$ 中的 $N_{\mathrm{A}}N_{\mathrm{C}}+N_{\mathrm{R}}$ 个未知量 $\boldsymbol{\varphi}_{\mathrm{ac}}$ 和 ψ_{r} 以构造测量矩阵 $\boldsymbol{D}(\boldsymbol{\phi}_{\mathrm{ac\text{-}r}})$。

7.1.4 三维相位误差

对于大观测角、宽带成像和星载平台等情况，阵列三维 SAR 稀疏成像不仅要考虑平台轨迹和阵列阵元位置不确定性带来的相位误差，还要考虑大气传播效应等造成的相位误差。此时阵列三维 SAR 回波数据中每一个回波信号都存在独立变化的相位误差，即相位误差在三维回波数据中变化。

假设 $\boldsymbol{\phi}_{\mathrm{acr}} \in \mathbb{R}^{N_R N_A N_C \times 1}$ 表示阵列三维 SAR 中的三维相位误差,则向量 $\boldsymbol{\phi}_{\mathrm{acr}}$ 中存在 $N_A N_C N_R$ 个未知量,即有

$$\boldsymbol{\phi}_{\mathrm{acr}}[\phi_{\mathrm{acr}}(1) \quad \phi_{\mathrm{acr}}(2) \quad \cdots \quad \phi_{\mathrm{acr}}(N_R N_A N_C)] \tag{7.14}$$

式中:$\phi_{\mathrm{acr}}(1),\phi_{\mathrm{acr}}(2),\cdots,\phi_{\mathrm{acr}}(N_R N_A N_C)$ 为三维相位误差向量 $\boldsymbol{\phi}_{\mathrm{acr}}$ 的值,阵列三维 SAR 对应的相位误差矩阵 $\boldsymbol{R}(\boldsymbol{\phi}_{\mathrm{acr}})$ 可以表示为

$$\boldsymbol{R}(\boldsymbol{\phi}_{\mathrm{acr}}) = \mathrm{diag}\{\exp[\mathrm{j}\phi_{\mathrm{acr}}(1)] \quad \cdots \quad \exp[\mathrm{j}\phi_{\mathrm{acr}}(N_R N_A N_C)]\} \tag{7.15}$$

对于三维相位误差 $\boldsymbol{\phi}_{\mathrm{acr}}$,阵列三维 SAR 回波信号的线性测量模型表示为

$$\boldsymbol{y}_s = \boldsymbol{R}(\boldsymbol{\phi}_{\mathrm{acr}})\boldsymbol{y} = \boldsymbol{R}(\boldsymbol{\phi}_{\mathrm{acr}})\boldsymbol{\Phi\alpha} = \boldsymbol{D}(\boldsymbol{\phi}_{\mathrm{acr}})\boldsymbol{\alpha} \tag{7.16}$$

因此对于阵列三维 SAR 成像,当考虑三维相位误差 $\boldsymbol{\phi}_{\mathrm{acr}}$ 时,需要估计相位误差向量 $\boldsymbol{\phi}_{\mathrm{acr}}$ 中 $N_A N_C N_R$ 未知量 $\phi_{\mathrm{acr}}(1),\phi_{\mathrm{acr}}(2),\cdots,\phi_{\mathrm{acr}}(N_R N_A N_C)$ 并进行校正。

综上所述,阵列三维 SAR 回波数据的相位误差可分为沿航迹相位误差 $\boldsymbol{\phi}_a$、二维阵列平面相位误差 $\boldsymbol{\phi}_{\mathrm{ac}}$、独立三维相位误差 $\boldsymbol{\phi}_{\mathrm{ac\text{-}r}}$ 和三维相位误差 $\boldsymbol{\phi}_{\mathrm{acr}}$,其未知量分别为 $N_A + N_C$、$N_A N_C$、$N_A N_C + N_R$ 和 $N_R N_A N_C$。因此,对于阵列三维 SAR 自聚焦成像,$\boldsymbol{\phi}_{\mathrm{acr}}$ 估计难度最大,$\boldsymbol{\phi}_{\mathrm{ac\text{-}r}}$ 次之,再次为 $\boldsymbol{\phi}_{\mathrm{ac}}$,而 $\boldsymbol{\phi}_a$ 估计难度最小。实际中应根据阵列三维 SAR 系统的测量情况,采用最合理的相位误差测量模型进行稀疏自聚焦成像,从而减小阵列三维 SAR 相位误差的估计与校正难度。

7.2 模型松弛自聚焦算法

7.2.1 模型构建与求解

根据阵列三维 SAR 相位误差的观测模型,当测量回波信号 $\boldsymbol{y}_s$ 存在相位误差 $\boldsymbol{\phi}$ 和加性噪声 $\boldsymbol{n}$ 时,阵列三维 SAR 的回波信号测量模型表示为

$$\boldsymbol{y}_s = \boldsymbol{R}(\boldsymbol{\phi})\boldsymbol{\Theta\alpha} + \boldsymbol{n} \tag{7.17}$$

若已知信号 $\boldsymbol{y}_s$ 和测量矩阵 $\boldsymbol{\Theta}$,为了估计未知散射系数 $\boldsymbol{\alpha}$ 和相位误差向量 $\boldsymbol{\phi}$,阵列三维 SAR 自聚焦稀疏成像可转化为以下 $l_1 \sim l_2$ 组合函数的最优化求解问题,即

$$(\hat{\boldsymbol{\alpha}},\hat{\boldsymbol{\phi}}) = \arg \min_{\boldsymbol{\alpha},\boldsymbol{\phi}} (\lambda \|\boldsymbol{\alpha}\|_1 + \|\boldsymbol{y}_s - \boldsymbol{R}(\boldsymbol{\phi})\boldsymbol{\Theta\alpha}\|_2^2) \tag{7.18}$$

式中:λ 为正则化参数。

当测量矩阵 $\boldsymbol{\Theta} \in \mathbb{C}^{N \times M}$ 中 $N < M$ 时,如阵列阵元是稀疏分布或回波信号欠采样,阵列三维 SAR 自聚焦稀疏成像本质上是一个病态求逆问题。因存在两个未知向量 $\hat{\boldsymbol{\alpha}}$ 和 $\hat{\boldsymbol{\phi}}$,直接求解式(7.18)的最优化问题十分困难。由于阵列三维 SAR 是传统 SAR 成像技术的扩展,故可改进传统 SAR 自聚焦成像算法,应用于阵列三维 SAR 自聚焦稀疏成像。目前,大多数传统 SAR 自聚焦算法是基于传统成

像复图像评价最优的自聚焦，如相位梯度自聚焦（Phase gradient autofocus, PGA）算法[1]、最小熵（Minimum Entropy, ME）算法[2]、最大对比度（Maximum contrast, MC）算法[3]和多通道自聚焦（Multi－Chanal Autofocus, MCA）算法[4]等，算法主要思想是利用评价准则最优化估计相位误差。至今，传统 SAR 自聚焦评价准则主要包括：最小均方误差（Least Squares Errors, LSE）准则[5]、最大似然估计（Maximum－Likelihood, ML）准则[6]、对比度最优准则[7]、图像幅度最大准则[8]和最小熵准则[9]等，其中基于最大似然估计的自聚焦算法，如 PGA 算法和 MCA 算法，已被广泛应用于 SAR 自聚焦成像。为了获得稳健的相位误差估计，最大似然自聚焦算法常利用先验信息约束相位误差的估计模型，如场景存在强散射点、低散射区域或者相位误差缓变等。

为了估计和校正阵列三维 SAR 的相位误差，本节首先建立阵列三维 SAR 相位误差估计模型，并分析一种基于模型松弛的最大似然估计自聚焦算法，将相位误差估计的模型松弛和最大似然估计方法结合，应用于阵列三维 SAR 自聚焦稀疏成像。对于式(7.18)中 $\boldsymbol{\alpha}$ 和 $\boldsymbol{\phi}$ 的最优化求解问题，基于模型松弛的自聚焦算法可分解为相位误差估计和稀疏重构两个相互独立步骤。

(1) 首先选择合理评价准则构建相位误差代价函数 $J(\boldsymbol{\phi},\hat{\boldsymbol{\alpha}}_{\mathrm{MF}})$，$J(\boldsymbol{\phi},\hat{\boldsymbol{\alpha}}_{\mathrm{MF}})$ 与相位误差 $\boldsymbol{\phi}$ 和传统成像结果 $\hat{\boldsymbol{\alpha}}_{\mathrm{MF}}$ 有关，利用相位误差模型松弛相位误差估计向量 $\hat{\boldsymbol{\phi}}$ 有

$$\hat{\boldsymbol{\phi}} = \arg\min_{\boldsymbol{\phi}} J(\boldsymbol{\phi},\hat{\boldsymbol{\alpha}}_{\mathrm{MF}}) \tag{7.19}$$

(2) 然后利用得到相位误差估计向量 $\hat{\boldsymbol{\phi}}$，构造相位误差测量模型 $\boldsymbol{y}_{\mathrm{s}} = \boldsymbol{R}(\hat{\boldsymbol{\phi}})\boldsymbol{\Theta}\boldsymbol{\alpha}+\boldsymbol{n}$，再通过稀疏重构算法求解以下最优化问题实现稀疏成像，即

$$\hat{\boldsymbol{\alpha}} = \arg\min_{\boldsymbol{\alpha}\in\mathbb{C}^{N\times 1}}(\lambda\|\boldsymbol{\alpha}\|_1 + \|\boldsymbol{y}_{\mathrm{s}} - \boldsymbol{R}(\boldsymbol{\phi})\boldsymbol{\Theta}\boldsymbol{\alpha}\|_2^2) \tag{7.20}$$

基于模型松弛的阵列三维 SAR 稀疏自聚焦成像方法主要流程如图 7.4 所示。

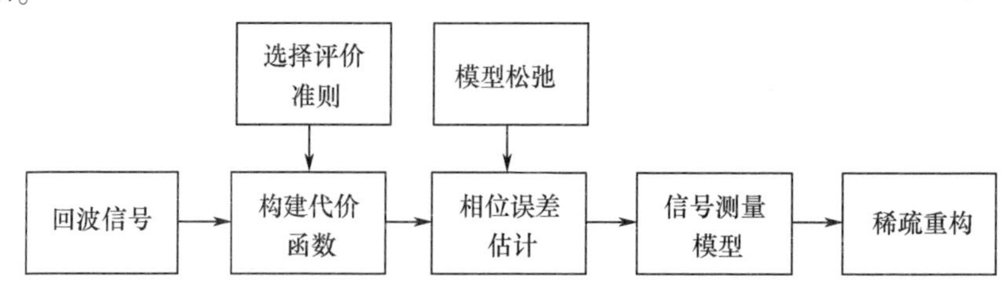

图 7.4　基于模型松弛的自聚焦稀疏成像算法流程图

基于相位误差模型松弛自聚焦算法的关键是构造合理的代价函数 $J(\boldsymbol{\phi},\hat{\boldsymbol{\alpha}}_{\mathrm{MF}})$ 并对 $J(\boldsymbol{\phi},\hat{\boldsymbol{\alpha}}_{\mathrm{MF}})$ 进行模型松弛求解。根据式(7.17)中的回波信号模型，若已知阵列三维 SAR 的相位误差向量 $\boldsymbol{\phi}$，传统 MF 成像方法的结果为

$$\hat{\boldsymbol{\alpha}}_{\text{MF}} = \boldsymbol{\Theta}^{\text{H}} \boldsymbol{R}^{\text{H}}(\hat{\boldsymbol{\phi}}) \boldsymbol{y}_{\text{s}} \tag{7.21}$$

令向量 $\boldsymbol{\gamma} = \mathrm{e}^{-\mathrm{j}\boldsymbol{\phi}}$,矩阵 $R(\boldsymbol{\gamma}) = \mathrm{diag}\{\boldsymbol{\gamma}\} \in \mathbb{C}^{N \times N}$,则矩阵 $\boldsymbol{R}(\boldsymbol{\gamma})$ 具有以下性质:$\boldsymbol{R}(\boldsymbol{\gamma}) = \boldsymbol{R}(-\boldsymbol{\phi})$,$\boldsymbol{R}^{\text{H}}(\boldsymbol{\gamma}) = \boldsymbol{R}(\boldsymbol{\phi})$,且 $\boldsymbol{R}^{\text{H}}(\boldsymbol{\gamma})\boldsymbol{R}(\boldsymbol{\gamma}) = \boldsymbol{R}(\boldsymbol{\gamma})\boldsymbol{R}^{\text{H}}(\boldsymbol{\gamma}) = \boldsymbol{I}$。定义向量 $\boldsymbol{\gamma}$ 的空间集为 $\boldsymbol{\Gamma}\{\boldsymbol{\gamma}: |\boldsymbol{\gamma}(n)| = 1, n = 1,2,\cdots,N\}$,相位误差估计的根本问题是在空间集 $\boldsymbol{\Gamma}$ 中寻找最优的 $\boldsymbol{\gamma}$,使得 $\hat{\boldsymbol{\alpha}}_{\text{MF}}$ 聚焦最好。

当回波信号 $\boldsymbol{y}_s$ 没有测量噪声时,即 $\boldsymbol{n} = \boldsymbol{0}$,将式(7.21)代入式(7.17)中得到

$$\begin{aligned} \boldsymbol{0} &= [\boldsymbol{I} - \boldsymbol{R}^{\text{H}}(\boldsymbol{\gamma})\boldsymbol{\Theta}\boldsymbol{\Theta}^{\text{H}}\boldsymbol{R}(\boldsymbol{\gamma})]\boldsymbol{y}_{\text{s}} \\ &= [\boldsymbol{R}^{\text{H}}(\boldsymbol{\gamma})\boldsymbol{R}(\boldsymbol{\gamma}) - \boldsymbol{R}^{\text{H}}(\boldsymbol{\gamma})\boldsymbol{\Theta}\boldsymbol{\Theta}^{\text{H}}\boldsymbol{R}(\boldsymbol{\gamma})]\boldsymbol{y}_{\text{s}} \\ &= (\boldsymbol{I} - \boldsymbol{\Theta}\boldsymbol{\Theta}^{\text{H}})\boldsymbol{R}(\boldsymbol{\gamma})\boldsymbol{y}_{\text{s}} \end{aligned} \tag{7.22}$$

将回波信号 $\boldsymbol{y}_{\text{s}}$ 表示成矩阵形式 $\boldsymbol{Y} = \mathrm{diag}(\boldsymbol{y}_{\text{s}})$,则有 $\boldsymbol{R}(\boldsymbol{\gamma})\boldsymbol{y}_{\text{s}} = \boldsymbol{Y}\boldsymbol{\gamma}$,式(7.22)可以重新写成

$$(\boldsymbol{I} - \boldsymbol{\Theta}\boldsymbol{\Theta}^{\text{H}})\boldsymbol{Y}\boldsymbol{\gamma} = 0 \tag{7.23}$$

因此,可以求解以下约束阵列方程相位误差向量 $\hat{\boldsymbol{\gamma}}$,即

$$(\boldsymbol{I} - \boldsymbol{\Theta}\boldsymbol{\Theta}^{\text{H}})\boldsymbol{Y}\boldsymbol{\gamma} = 0 \quad \text{s. t.} \quad \boldsymbol{\gamma} \in \boldsymbol{\Gamma} \tag{7.24}$$

令 $\boldsymbol{S}[(\boldsymbol{I} - \boldsymbol{\Theta}\boldsymbol{\Theta}^{\text{H}})\boldsymbol{Y}]$ 表示线性方程等式 $(\boldsymbol{I} - \boldsymbol{\Theta}\boldsymbol{\Theta}^{\text{H}})\boldsymbol{Y}\boldsymbol{\gamma} = 0$ 的解空间,则相位误差向量 $\hat{\boldsymbol{\gamma}}$ 的估计值可表示为

$$\hat{\boldsymbol{\gamma}} \in \boldsymbol{S}[(\boldsymbol{I} - \boldsymbol{A}\boldsymbol{A}^{\text{H}})\boldsymbol{Y}] \cap \boldsymbol{\Gamma} \tag{7.25}$$

得到相位误差向量 $\hat{\boldsymbol{\gamma}}$ 后,阵列三维 SAR 的相位误差估计向量 $\hat{\boldsymbol{\phi}}$ 可写成

$$\hat{\boldsymbol{\phi}} = -\angle\hat{\boldsymbol{\gamma}} \tag{7.26}$$

在实际情况中,回波信号 $\boldsymbol{y}_{\text{s}}$ 中不可避免有噪声干扰,当 $\boldsymbol{n} \neq \boldsymbol{0}$ 时,等式(7.23)变为

$$(\boldsymbol{I} - \boldsymbol{\Theta}\boldsymbol{\Theta}^{\text{H}})\boldsymbol{Y}\boldsymbol{\gamma} = \boldsymbol{n} \tag{7.27}$$

因噪声向量 $\boldsymbol{n}$ 未知,为了获得式(7.27)中的最优解,可以利用 ML 估计准则估计 $\boldsymbol{\gamma}$。ML 估计是一种经典的信号统计参数估计方法,其优势是在噪声条件下估计结果在无偏估计方法中得到的均方误差最小。当噪声 $\boldsymbol{n}$ 为高斯分布时,ML 估计退化为非线性最小均方误差准则估计。假设阵列三维 SAR 回波 $\boldsymbol{y}_{\text{s}}$ 中噪声向量 $\boldsymbol{n} \sim \mathcal{CN}(\boldsymbol{0}, \delta_n^2\boldsymbol{I})$ 服从均值为 0、方差为 δ_n^2 的复高斯随机分布。对于式(7.27),散射系数向量 $\boldsymbol{\alpha}$ 和相位误差向量 $\boldsymbol{\gamma}$ 的最大似然估计可以写成

$$(\hat{\boldsymbol{\alpha}}_{\text{ML}}, \hat{\boldsymbol{\gamma}}_{\text{ML}}) = \arg \min_{\boldsymbol{\alpha}, \boldsymbol{\gamma} \in \boldsymbol{\Gamma}} \| \boldsymbol{y}_{\text{s}} - \boldsymbol{R}(\boldsymbol{\gamma})\boldsymbol{\Theta}\boldsymbol{\alpha} \|_2^2 \tag{7.28}$$

当相位误差向量 $\boldsymbol{\gamma}$ 已知时,则有 $\hat{\boldsymbol{\alpha}}_{\text{ML}} = \arg \min\limits_{\boldsymbol{\alpha}} \| \boldsymbol{y}_{\text{s}} - \boldsymbol{R}(\boldsymbol{\gamma})\boldsymbol{\Theta}\boldsymbol{\alpha} \|_2^2$,得到散射系数向量 $\boldsymbol{\alpha}$ 的最大似然估计为

$$\hat{\boldsymbol{\alpha}}_{\text{ML}} = \boldsymbol{\Theta}^{\text{H}} \boldsymbol{R}^{\text{H}}(\boldsymbol{\gamma}) \boldsymbol{y}_{\text{s}} \tag{7.29}$$

此时 $\hat{\boldsymbol{\alpha}}_{\mathrm{ML}}=\hat{\boldsymbol{\alpha}}_{\mathrm{MF}}$，则可以利用传统 BP 成像算法获得 $\boldsymbol{\alpha}_{\mathrm{ML}}$。将式(7.29)代入式(7.28)中，阵列三维 SAR 相位误差向量 $\boldsymbol{\gamma}$ 的 ML 估计结果可表示为

$$\begin{aligned}\hat{\boldsymbol{\gamma}}_{\mathrm{ML}}&=\arg\min_{\boldsymbol{\gamma}\in\Gamma}\|\boldsymbol{y}_{\mathrm{s}}-\boldsymbol{R}^{\mathrm{H}}(\boldsymbol{\gamma})\boldsymbol{\Theta}\boldsymbol{\Theta}^{H}\boldsymbol{R}(\boldsymbol{\gamma})\boldsymbol{y}_{\mathrm{s}}\|_2^2\\&=\arg\min_{\boldsymbol{\gamma}\in\Gamma}\|[\boldsymbol{I}-\boldsymbol{R}^{\mathrm{H}}(\boldsymbol{\gamma})\boldsymbol{\Theta}\boldsymbol{\Theta}^{\mathrm{H}}\boldsymbol{R}(\boldsymbol{\gamma})]\boldsymbol{y}_{\mathrm{s}}\|_2^2\\&=\arg\min_{\boldsymbol{\gamma}\in\Gamma}\|\boldsymbol{R}^{\mathrm{H}}(\boldsymbol{\gamma})(\boldsymbol{I}-\boldsymbol{\Theta}\boldsymbol{\Theta}^{\mathrm{H}})\boldsymbol{R}(\boldsymbol{\gamma})\boldsymbol{y}_{\mathrm{s}}\|_2^2\\&=\arg\min_{\boldsymbol{\gamma}\in\Gamma}\{\|\boldsymbol{R}^{\mathrm{H}}(\boldsymbol{\gamma})\|_2^2\cdot\|(\boldsymbol{I}-\boldsymbol{\Theta}\boldsymbol{\Theta}^{\mathrm{H}})\boldsymbol{R}(\boldsymbol{\gamma})\boldsymbol{y}_{\mathrm{s}}\|_2^2\}\end{aligned}\tag{7.30}$$

又因 $\|\boldsymbol{R}^{\mathrm{H}}(\boldsymbol{\gamma})\|_2^2=1/N$，则式(7.30)相位误差向量 $\boldsymbol{\gamma}$ 的 ML 估计又可表示为

$$\begin{aligned}\hat{\boldsymbol{\gamma}}_{\mathrm{ML}}&=\arg\min_{\boldsymbol{\gamma}\in\Gamma}\|(\boldsymbol{I}-\boldsymbol{\Theta}\boldsymbol{\Theta}^{\mathrm{H}})\boldsymbol{R}(\boldsymbol{\gamma})\boldsymbol{y}_{\mathrm{s}}\|_2^2\\&=\arg\min_{\boldsymbol{\gamma}\in\Gamma}\|(\boldsymbol{I}-\boldsymbol{\Theta}\boldsymbol{\Theta}^{\mathrm{H}})\boldsymbol{Y}\boldsymbol{\gamma}\|_2^2\end{aligned}\tag{7.31}$$

令矩阵 $\boldsymbol{C}=(\boldsymbol{I}-\boldsymbol{\Theta}\boldsymbol{\Theta}^{\mathrm{H}})\boldsymbol{Y}$，式(7.31)中的最优化等式又可写成

$$\begin{aligned}\hat{\boldsymbol{\gamma}}_{\mathrm{ML}}&=\arg\min_{\boldsymbol{\gamma}\in\Gamma}\|\boldsymbol{C}\boldsymbol{\gamma}\|_2^2\\&=\arg\min_{\boldsymbol{\gamma}\in\Gamma}\boldsymbol{\gamma}^{\mathrm{H}}\boldsymbol{C}^{\mathrm{H}}\boldsymbol{C}\boldsymbol{\gamma}\quad \text{s. t.}\quad|\boldsymbol{\gamma}(n)|=1,n=1,2,\cdots,N\end{aligned}\tag{7.32}$$

因此，相位误差向量 $\boldsymbol{\gamma}$ 的 ML 估计可等效为在 $\boldsymbol{\gamma}$ 幅度值为 1 约束条件下的线性最小化求解问题。显然式(7.32)是典型的模恒定约束二次规划(Constant Modulus Quadratic Program, CMQP)求解问题[10]。CMQP 等式求解的一般表达式为

$$\tilde{\boldsymbol{x}}_{\mathrm{CMQP}}=\arg\min_{\boldsymbol{x}\in\mathbb{C}}\boldsymbol{x}^{\mathrm{H}}\boldsymbol{Q}\boldsymbol{x}\quad \text{s. t.}\quad|\boldsymbol{x}(n)|=c_0,n=1,2,\cdots,N\tag{7.33}$$

若令矩阵 $\boldsymbol{Q}=\boldsymbol{C}^{\mathrm{H}}\boldsymbol{C}$，则式(7.32)中的阵列三维 SAR 相位误差向量 $\boldsymbol{\gamma}$ 的 ML 估计变成式(7.33)的 CMQP 最优化问题求解。因为 CMQP 等式属于广义非确定性多项式难(Non-deterministic Polynomial Hard, NP-Hard)等式，当相位误差向量 $\boldsymbol{\gamma}$ 维数大时 CMQP 等式的最优化求解非常困难。因此，一般采用近似估计算法求解 CMQP 最优解。目前，主要采用特征值松弛(EVR)方法[11]近似求解 CMQP 问题的最优解。

特征值松弛方法是近似求解 CMQP 最优化解的经典方法，该方法主要思想是将 CMQP 约束条件 $|\boldsymbol{\gamma}(n)|=1,n=1,\cdots,N$ 用 $\boldsymbol{\gamma}^{\mathrm{H}}\boldsymbol{\gamma}=N$ 近似。因此，基于特征值松弛方法的阵列三维 SAR 相位误差向量 $\boldsymbol{\gamma}$ 的最优化估计可表示为

$$\hat{\boldsymbol{\gamma}}_{\mathrm{EVD}}=\arg\min_{\boldsymbol{\gamma}\in\mathbb{C}}\boldsymbol{\gamma}^{\mathrm{H}}\boldsymbol{Q}\boldsymbol{\gamma}\quad \text{s. t.}\quad\boldsymbol{\gamma}^{\mathrm{H}}\boldsymbol{\gamma}=N\tag{7.34}$$

为了分析特征值松弛方法估计的性能，本节先给出以下性质。

性质 7.1：令 $\boldsymbol{U}^{-1}\boldsymbol{\Lambda}\boldsymbol{U}=\boldsymbol{Q}$ 表示半正定矩阵 $\boldsymbol{Q}\in\mathbb{C}^{N\times N}$ 的特征值分解，其中对角矩阵 $\boldsymbol{\Lambda}=\mathrm{diag}\{\lambda_1\quad\lambda_2\quad\cdots\quad\lambda_N\}$ 为矩阵 $\boldsymbol{Q}$ 的特征值矩阵并且 $|\lambda_1|\geqslant|\lambda_2|\geqslant\cdots\geqslant|\lambda_N|$，$\boldsymbol{U}=[\boldsymbol{u}_1\quad\boldsymbol{u}_2\quad\cdots\quad\boldsymbol{u}_3]$ 为特征值矩阵 $\boldsymbol{\Lambda}$ 对应的归一化特征向量矩阵，则对任意归一化的非零向量 $\boldsymbol{u}\in\mathbb{C}^{N\times 1}$，都满足以下不等式

$$|\lambda_N| \leqslant |\boldsymbol{u}^{\mathrm{H}}\boldsymbol{Q}\boldsymbol{u}| \leqslant |\lambda_1| \tag{7.35}$$

根据性质 7.1，当 $\boldsymbol{\gamma}$ 取矩阵 $\boldsymbol{Q}$ 最小特征值 λ_N 对应的特征向量时，式(7.34)中 $\boldsymbol{\gamma}^{\mathrm{H}}\boldsymbol{Q}\boldsymbol{\gamma}$ 最小。因此，特征值松弛方法最优解即为矩阵 $\boldsymbol{Q}$ 最小特征值 λ_N 对应的特征向量 $\hat{\boldsymbol{\gamma}}_{\mathrm{EVD}} = \boldsymbol{u}_N$。若 $\hat{\boldsymbol{\gamma}}_{\mathrm{EVD}}$ 满足 CMQP 等式的约束条件 $|\boldsymbol{\gamma}(n)| = 1, n = 1,2,\cdots,N$，则式(7.32) 中 CMQP 最化近似解为 $\hat{\boldsymbol{\gamma}}_{\mathrm{CMQP}} = \hat{\boldsymbol{\gamma}}_{\mathrm{EVD}}$；否则，近似解 $\hat{\boldsymbol{\gamma}}_{\mathrm{CMQP}} \approx \exp(\mathrm{j}\angle\hat{\boldsymbol{\gamma}}_{\mathrm{EVD}})$。

特征值松弛方法是寻找式(7.32)中 CMQP 问题的简单近似解，该算法优势是复杂度低、快速，缺点是对数据 $\boldsymbol{Y}$ 信噪比要求高、估计精度较低。目前，在传统 SAR 成像中广泛应用的自聚焦算法，如 PGA 算法和 MCA 算法，算法核心思想均基于特征值松弛方法。相对于其他基于相位参数模型的自聚焦算法，如子视图相关(Map Drift, MD)算法[12]等，特征值松弛算法是非参数模型算法，不需要确定待估计相位误差表达式的最高阶数，因此该算法不仅能够校正低阶相位误差，也适用于高阶相位误差估计，在 SAR 成像中具有较强的适用性。

7.2.2 PGA 算法

PGA 算法是目前 SAR 成像中最广泛应用的自聚焦算法，基本思想利用图像中独立强散射点的最优聚焦来估计沿航迹向相位误差。当忽略阵列三维 SAR 距离向相位误差而只考虑沿航迹相位误差时，可认为散焦图像是聚焦图像列向量与沿航迹相位误差的逆傅里叶变换(IDFT)相卷积的结果，具体表达式为

$$\hat{\boldsymbol{S}} = \boldsymbol{S} \otimes \mathrm{IDFT}(\mathrm{e}^{\mathrm{j}\boldsymbol{\phi}_{\mathrm{a}}}) = \boldsymbol{F}^{\mathrm{H}}\boldsymbol{R}(\boldsymbol{\phi}_{\mathrm{a}})\boldsymbol{F}\boldsymbol{S} \tag{7.36}$$

式中：$\boldsymbol{S}$ 和 $\hat{\boldsymbol{S}}$ 分别为聚焦和散焦 SAR 图像；$\boldsymbol{\phi}_{\mathrm{a}}$ 为一维沿航迹向的相位误差向量；$\otimes$ 为卷积符号；IDFT(·)为逆离散傅里叶变换符号；$\boldsymbol{F}$ 为一维离散傅里叶变换；$\boldsymbol{F}^{\mathrm{H}}$ 为 $\boldsymbol{F}$ 的共轭矩阵并且 $\boldsymbol{F}^{\mathrm{H}}\boldsymbol{F} = \boldsymbol{I}$。

当无相位误差时，对于某一个距离单元内的孤立散射点 p_w，其回波信号聚焦后的图像可表示为

$$\boldsymbol{S}_w(i) = a_w\delta \tag{7.37}$$

式中：a_w 为散射点 p_w 的散射强度；$\delta(j)$ 为狄拉克函数 $\delta(j) = \begin{cases}1, & j=0\\0, & j\neq 0\end{cases}$。

当存在相位误差时，根据卷积公式，孤立散射点 p_w 的聚焦图像为

$$\hat{\boldsymbol{S}}_w = a_w\delta \otimes \mathrm{IDFT}(\mathrm{e}^{\mathrm{j}\boldsymbol{\phi}_{\mathrm{a}}}) = a_w \cdot \mathrm{IDFT}(\mathrm{e}^{\mathrm{j}\boldsymbol{\phi}_{\mathrm{a}}}) \tag{7.38}$$

对式(7.38)取傅里叶变换，即可得到沿航迹向相位误差 $\boldsymbol{\phi}_{\mathrm{a}}$ 的估计值

$$\hat{\boldsymbol{\phi}}_a = \angle[\mathrm{DFT}(\hat{\boldsymbol{S}}_w)] \tag{7.39}$$

因此，只需获得距离向上孤立强散射点的对应图像 $\hat{\boldsymbol{S}}_w$，即可利用 DFT 变换得到

沿航迹相位误差的估计。

基于 PGA 算法的阵列三维 SAR 相位误差估计与校正主要有以下四个步骤[13]:

步骤 1:循环移位。对距离压缩后回波数据,在每个距离向上选取最强散射点,将最强散射点循环移位至沿航迹向中心位置,使每个距离向上所有最强散射点位于沿航迹向中心。

步骤 2:加窗处理。对步骤 1 得到的回波数据进行加窗处理。加窗是为了保留强散点的相位信息,同时消除其他邻近目标、背景杂波和噪声对相位误差估计的影响,提高强散射点区域的信噪比,从而提高相位误差估计的稳健性。

步骤 3:梯度相位误差估计。对步骤 2 得到的回波数据进行 IDFT 变换得到距离压缩数据 $\boldsymbol{Z}_{\mathrm{p}}$,利用特征向量法进行特征值分解,选择最大特征值对应的特征向量进行相位误差估计。Jakowatz 等人已证明了特征矢量法可得到相位误差的最大似然(ML)估计[14]。特征向量法指出,当仅用相邻两个沿航迹向数据进行估计时,其梯度相位差为

$$\Delta\boldsymbol{\phi}(m) = \angle\left[\sum_{n=1}^{N}\boldsymbol{Z}_{\mathrm{p}}^{*}(m,n)\boldsymbol{Z}_{\mathrm{p}}(m+1,n)\right] \tag{7.40}$$

若令矩阵 $\boldsymbol{R}=\boldsymbol{Z}_{\mathrm{p}}^{\mathrm{H}}\boldsymbol{Z}_{\mathrm{p}}$,利用特征值分解获得矩阵 $\boldsymbol{R}$ 最大特征向量 $\boldsymbol{v}_{\max}$,于是得到

$$\Delta\boldsymbol{\phi}=\angle\boldsymbol{v}_{\max} \tag{7.41}$$

假设相位误差中 $\boldsymbol{\phi}(1)$ 已知,一旦得到了所有相邻沿航迹向的梯度相位差 $\Delta\boldsymbol{\phi}(m)$,即可通过相位积分计算出整个沿航迹向的相位误差,即

$$\boldsymbol{\phi}(m) = \sum_{i=1}^{m}\Delta\boldsymbol{\phi}(i) \tag{7.42}$$

步骤 4:迭代校正。将步骤 2 中距离压缩数据与相位误差 $\boldsymbol{\phi}$ 共扼相乘进行校正。

通常情况下,PGA 算法通过多次迭代运算来逐步提高沿航迹向相位误差估计的精度和聚焦效果。随着图像聚焦程度提高,在 PGA 算法中可以更加准确的提取强散射点位置和回波数据,一般经过 4 ~6 次迭代后 PGA 算法即可达到收敛。基于 PGA 算法的 SAR 自聚焦成像流程图如图 7.5 所示。

假设阵列三维 SAR 距离向压缩后强散射点在沿航迹向的回波信号为 $\boldsymbol{S}_{\mathrm{rc}}$,根据图 7.5 中 PGA 算法的流程,PGA 算法相位误差的估计可表示为

$$\begin{aligned}\hat{\boldsymbol{\gamma}}_{\mathrm{PGA}} &= \arg\max_{\boldsymbol{\gamma}\in\Gamma}\|\boldsymbol{S}_{\mathrm{rc}}\boldsymbol{\gamma}\|_2^2\\ &= \arg\max_{\boldsymbol{\gamma}\in\Gamma}\boldsymbol{\gamma}^{\mathrm{H}}\boldsymbol{S}_{\mathrm{rc}}^{\mathrm{H}}\boldsymbol{S}_{\mathrm{rc}}\boldsymbol{\gamma}\quad \text{s. t.}\quad |\boldsymbol{\gamma}(n)|=1,n=1,2,\cdots,N\end{aligned} \tag{7.43}$$

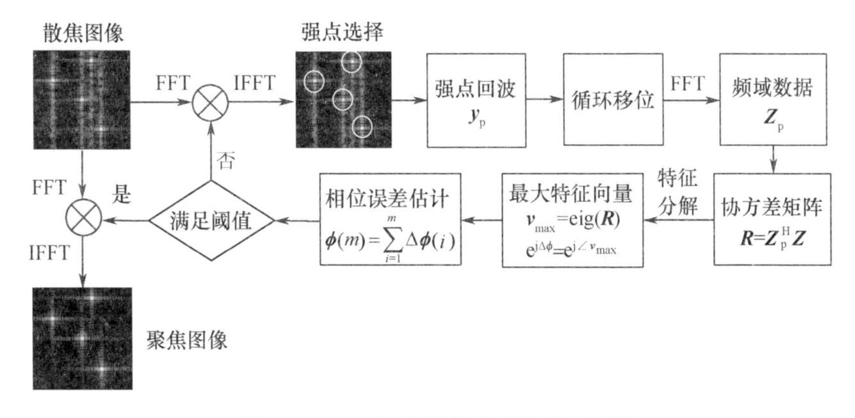

图 7.5 PGA 相位误差估计算法流程图

显然,若令矩阵 $\boldsymbol{Q}_{PGA} = -\boldsymbol{S}_{rc}^{H}\boldsymbol{S}_{rc}$ 时,PGA 算法相位估计问题可变为以下的 CMQP 等式最优化求解问题,即

$$\hat{\boldsymbol{\gamma}}_{PGA} = \arg\min_{\boldsymbol{\gamma}\in\mathbb{C}} \boldsymbol{\gamma}^{H}\boldsymbol{Q}_{PGA}\boldsymbol{\gamma} \quad \text{s. t.} \quad |\boldsymbol{\gamma}(n)| = 1, n = 1, 2, \cdots, N \tag{7.44}$$

因此,可以利用特征值松弛方法近似求解式(7.44)中的最优化解,表达式为

$$\hat{\boldsymbol{\gamma}}_{PGA} = \arg\min_{\boldsymbol{\gamma}\in\mathbb{C}} \boldsymbol{\gamma}^{H}\boldsymbol{Q}_{PGA}\boldsymbol{\gamma} \quad \text{s. t.} \quad \boldsymbol{\gamma}^{H}\boldsymbol{\gamma} = N \tag{7.45}$$

为了提高 PGA 算法相位误差估计稳健性,在选择强散射点数据时需利用阵列三维 SAR 多个距离单元的回波进行积累,表达式为

$$\hat{\boldsymbol{\gamma}}_{PGA} = \arg\min_{\boldsymbol{\gamma}\in\mathbb{C}^{N\times1}} \sum_{i} \boldsymbol{\gamma}^{H}(\boldsymbol{Q}_{PGA})_{i}\boldsymbol{\gamma} \quad \text{s. t.} \quad \boldsymbol{\gamma}^{H}\boldsymbol{\gamma} = N \tag{7.46}$$

从 PGA 算法原理可知,PGA 算法成功估计相位误差的前提条件是成像场景内必存在孤立的强散射点,然后选择强散射点沿航迹向的回波数据进行相位误差估计。但在一些特殊场景,如观测场景为分布式目标或均匀分布目标时,场景中难以找到孤立强散射点,又由于背景杂波和其他相邻目标的干扰,孤立强散射点的回波也较难提取,此时 PGA 算法相位误差估计的性能会下降。

另外,PGA 算法在传统 SAR 成像中只能校正沿航迹相位误差。利用 PGA 算法校正阵列三维 SAR 阵列二维相位误差时,需要进行沿航迹 - 切航迹分维处理。在阵列三维 SAR 回波数据距离压缩后,先在沿航迹向对每一个阵元进行 PGA 相位误差校正,然后在一个慢时刻中对切航迹向数据再进行 PGA 相位误差估计,从而实现阵列三维 SAR 二维阵元相位误差校正。

7.2.3 MCA 算法

MCA 算法是由 Morrisan 等人于 2006 年提出的一种 SAR 自聚焦成像算法[15],该算法利用多通道的散焦冗余建立散焦图像与聚焦之间的线性子空间函数，并利用线性代数方法求解相位误差。当回波存在相位误差时，根据式(7.36)中匹配滤波方法 $\hat{\boldsymbol{S}}=\boldsymbol{F}^{\mathrm{H}}\boldsymbol{R}(\boldsymbol{\phi}_{\mathrm{a}})\boldsymbol{F}\boldsymbol{S}$，自聚焦成像过程可表示为

$$\tilde{\boldsymbol{S}}(\boldsymbol{\phi})=\boldsymbol{F}^{\mathrm{H}}\boldsymbol{R}(\boldsymbol{\phi})\boldsymbol{R}(\boldsymbol{\phi}_{\mathrm{a}})\boldsymbol{F}\boldsymbol{S}=\boldsymbol{C}(\boldsymbol{\phi})\boldsymbol{S} \tag{7.47}$$

式中：矩阵 $\boldsymbol{C}(\boldsymbol{\phi})=\boldsymbol{F}^{\mathrm{H}}\boldsymbol{R}(\boldsymbol{\phi})\boldsymbol{R}(\boldsymbol{\phi}_{\mathrm{a}})\boldsymbol{F}$。若 $\boldsymbol{\phi}=\boldsymbol{\phi}_{\mathrm{a}}$，则有 $\tilde{\boldsymbol{S}}(\boldsymbol{\phi}_{\mathrm{a}})=\boldsymbol{S}$。利用标准基函数，相位误差向量 $\boldsymbol{\phi}$ 的空间集可表示成基函数的线性组合 $\boldsymbol{\phi}=\sum_i\boldsymbol{\phi}_i\boldsymbol{e}_i$，其中 $\boldsymbol{e}_i$ 为标准基向量。因此，根据线性不变性质，矩阵 $\boldsymbol{C}(\boldsymbol{\phi})$ 也可表示为基函数的组合，即

$$\boldsymbol{C}(\boldsymbol{\phi})=\sum_i\boldsymbol{\phi}_i\boldsymbol{C}(\boldsymbol{e}_i) \tag{7.48}$$

将式(7.48)代入式(7.47)中，得到相位误差的线性函数，即

$$\tilde{\boldsymbol{S}}(\boldsymbol{\phi})=\boldsymbol{G}(\hat{\boldsymbol{S}})\boldsymbol{\phi} \tag{7.49}$$

式中：矩阵 $\boldsymbol{G}(\hat{\boldsymbol{S}})=\boldsymbol{C}(\boldsymbol{e}_i)\hat{\boldsymbol{S}}$。显然，若 $\tilde{\boldsymbol{S}}(\boldsymbol{\phi})=0$，求解线性方程组 $\boldsymbol{G}(\hat{\boldsymbol{S}})\boldsymbol{\phi}=0$ 即可得到相位误差向量 $\boldsymbol{\phi}$。基于线性方程求解理论，MCA 算法假设观测场景存在一片低散射或无散射目标区域 $\boldsymbol{B}$，该区域在理想聚焦成像时 $|\boldsymbol{S}_{\mathbf{B}}|\approx0$，因此可以通过目标区域 $\boldsymbol{B}$ 成像结果的最小化获得相位误差估计，具体表示为

$$\begin{aligned}\hat{\boldsymbol{\gamma}}_{\mathrm{MCA}}&=\arg\min_{\boldsymbol{\gamma}\in\Gamma}\|\tilde{\boldsymbol{S}}_{\mathbf{B}}(\boldsymbol{\gamma})\|_2^2\\&=\arg\max_{\boldsymbol{\gamma}\in\Gamma}\|\boldsymbol{G}_{\mathbf{B}}(\hat{\boldsymbol{S}})\boldsymbol{\gamma}\|_2^2\\&=\arg\min_{\boldsymbol{\gamma}}\boldsymbol{\gamma}^{\mathrm{H}}\boldsymbol{G}_{\mathbf{B}}^{\mathrm{H}}(\hat{\boldsymbol{S}})\boldsymbol{G}_{\mathbf{B}}^{\mathrm{H}}(\hat{\boldsymbol{S}})\boldsymbol{\gamma}\quad\text{s. t.}\quad|\boldsymbol{\gamma}(n)|=1,n=1,2,\cdots,N\end{aligned} \tag{7.50}$$

式中：$\boldsymbol{G}_{\mathbf{B}}(\hat{\boldsymbol{S}})$ 为矩阵 $\boldsymbol{G}(\hat{\boldsymbol{S}})$ 中对应于低散射的目标区域 $\boldsymbol{B}$ 的子矩阵。MCA 算自聚焦成像的主要流程示意图如图 7.6 所示。

显然，当令矩阵 $\boldsymbol{Q}_{\mathrm{MCA}}=\boldsymbol{G}_{\mathbf{B}}^{\mathrm{H}}(\hat{\boldsymbol{S}})\boldsymbol{G}_{\mathbf{B}}(\hat{\boldsymbol{S}})$ 时，MCA 算法相位误差估计问题也变为 CMQP 等式的最优化求解问题

$$\hat{\boldsymbol{\gamma}}_{\mathrm{MCA}}=\arg\min_{\boldsymbol{\gamma}\in\mathbb{C}}\boldsymbol{\gamma}^{\mathrm{H}}\boldsymbol{Q}_{\mathrm{MCA}}\boldsymbol{\gamma}\quad\text{s. t.}\quad|\boldsymbol{\gamma}(n)|=1,n=1,2,\cdots,N \tag{7.51}$$

因此，MCA 算法也可利用特征值松弛方法求解式(7.51)的最优化解得到相位误差估计，即

$$\hat{\boldsymbol{\gamma}}_{\mathrm{MCA}}=\arg\min_{\boldsymbol{\gamma}\in\mathbb{C}}\boldsymbol{\gamma}^{\mathrm{H}}\boldsymbol{Q}_{\mathrm{MCA}}\boldsymbol{\gamma}\ \text{s. t.}\quad\boldsymbol{\gamma}^{\mathrm{H}}\boldsymbol{\gamma}=N \tag{7.52}$$

从 MCA 算法原理可知，该算法成功估计相位误差 $\boldsymbol{\gamma}$ 的重要前提条件是成像场景须存在足够大的低散射目标区域。与 PGA 算法类似，在阵列三维 SAR 利用 MCA 自聚焦成像时，需要在沿航迹和切航迹分维处理。

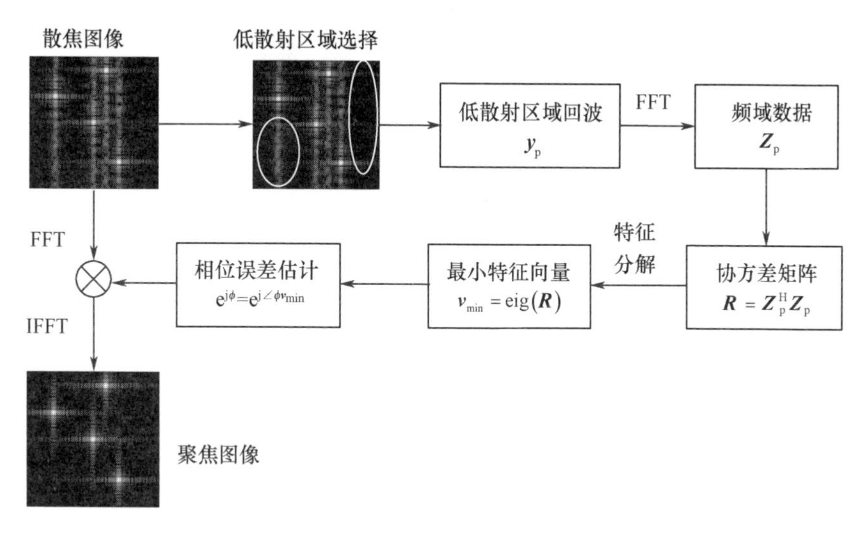

图7.6　MCA算法主要流程框图

7.2.4　仿真结果分析

为了验证基于模型松弛的ML自聚焦算法的自聚焦成像性能，利用7.1节中点目标仿真场景进行自聚焦成像，在回波数据中加入图7.2(b)中二次项和随机相位误差。图7.7和图7.8分别给出了存在二次项和随机相位误差时，在全样本条件下传统BP算法和稀疏重构算法分别利用PGA和MCA自聚焦成像得到的结果，图像显示门限为-30dB。从图7.7和图7.8可知，当存在缓变二次项相位误差时，PGA和MCA两种模型松弛自聚焦算法在传统BP成像时差异不大，能够较好对二次相位误差进行估计并校正；但CS稀疏重构成像时对相位误差估计精度要求更高，基于PGA算法和MCA算法自聚焦结果在目标周围仍存在虚假目标。在陡变随机相位误差情况下，基于PGA算法和MCA算法的BP和CS稀疏重构成像结果差异明显，BP-PGA算法结果旁瓣高且CS-PGA算法结果存在大量虚假目标，MCA算法结果略优于PGA算法，但成像结果仍存在大量高旁瓣和虚假目标；实验结果说了在缓变相位误差时，基于特征值松弛的PGA算法和MCA算法能有效进行相位误差估计，但在陡变相位误差情况下，PGA算法和MCA算法相位误差估计性能下降。

表7.1给出了图7.7和图7.8中基于PGA和MCA自聚焦算法的传统BP和CS稀疏重构成像的MSE结果。由表7.1得到，PGA和MCA自聚焦算法对二次项相位误差的估计效果优于随机相位误差，并且对相同相位误差，MCA算法自聚焦性能优于PGA算法。

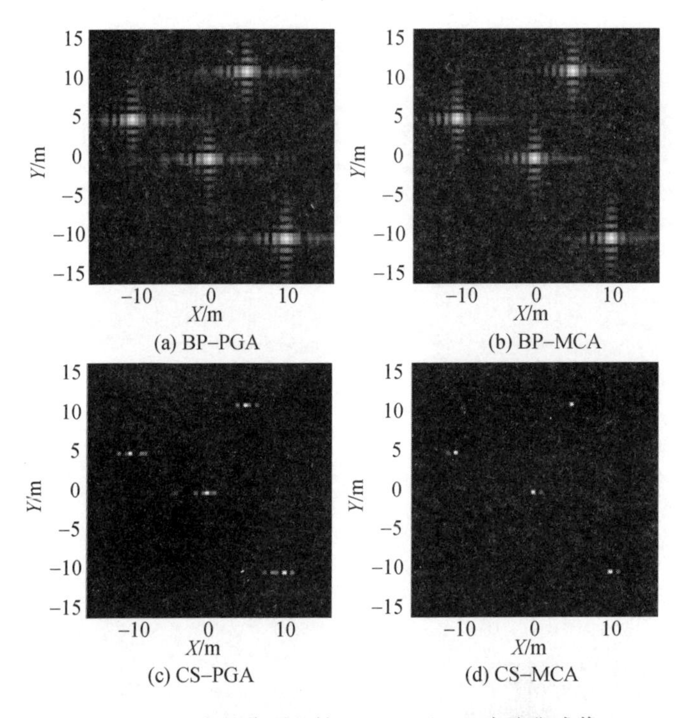

图 7.7　二次相位误差情况下 BP 和 CS 自聚焦成像

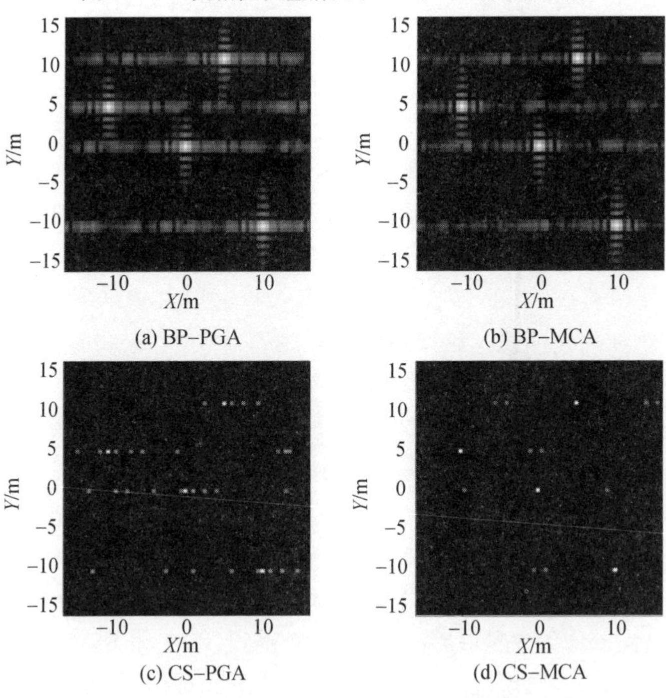

图 7.8　随机相位误差情况下 BP 和 CS 自聚焦成像

表7.1 不同算法自聚焦成像的NMSE结果

相位误差	成像算法	自聚焦算法	
		PGA	MCA
二次相位误差	BP	1.7161	1.6935
	CS	0.4783	0.2276
随机相位误差	BP	1.7493	1.7287
	CS	0.4863	0.2432

对于阵列三维SAR稀疏成像,测量样本往往是欠采样的。为了分析PGA算法和MCA算法在欠采样情况下的自聚焦效果,图7.9先给出样本率η_s为0.5和0.25条件下无相位误差时BP算法以及存在沿航迹向随机相位误差时BP和CS稀疏重构算法成像结果,显示门限为-30dB。从图7.9可知,对于随机相位误差,随着回波样本率η_s减少,BP算法结果模糊度大大增加,而CS算法结果除了在目标所在沿航迹向出现虚假目标,在无目标沿航迹向也出现虚假目标。因此,在欠采样回波情况下,相位误差引起成像结果散焦和失真更严重。

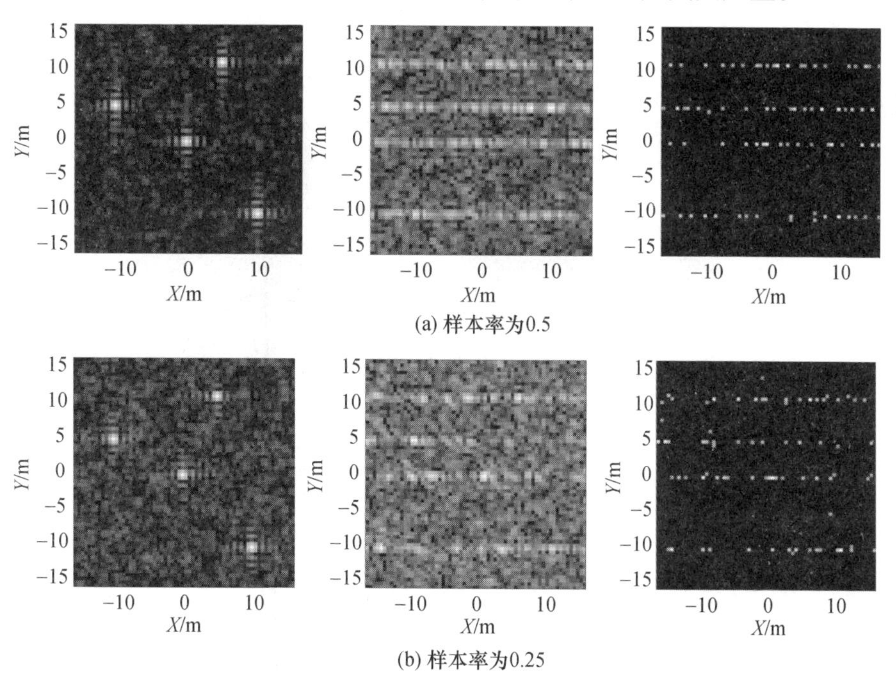

图7.9 欠采样条件下点目标成像结果

(左:无相位误差BP成像;中:随机相位误差BP成像;右:随机相位误差CS稀疏成像)

图7.10和图7.11分别给出了在样本率为0.5和0.25时传统BP算法和CS稀疏重构算法在沿航迹向随机相位误差情况下利用PGA算法和MCA算法

进行自聚焦成像获得的成像结果。对比图7.8中全采样回波成像结果,在欠采样时PGA和MCA自聚焦算法的成像质量变差,尤其是在样本率 $\eta_s = 0.25$ 稀疏采样时BP算法成像散焦严重,CS算法出现了大量的虚假目标。该仿真实验结果说明了基于模型松弛ML理论的PGA算法和MCA算法在数据欠采样时自聚焦成像性能退化,不适合稀疏样本情况的阵列三维SAR自聚焦稀疏成像。

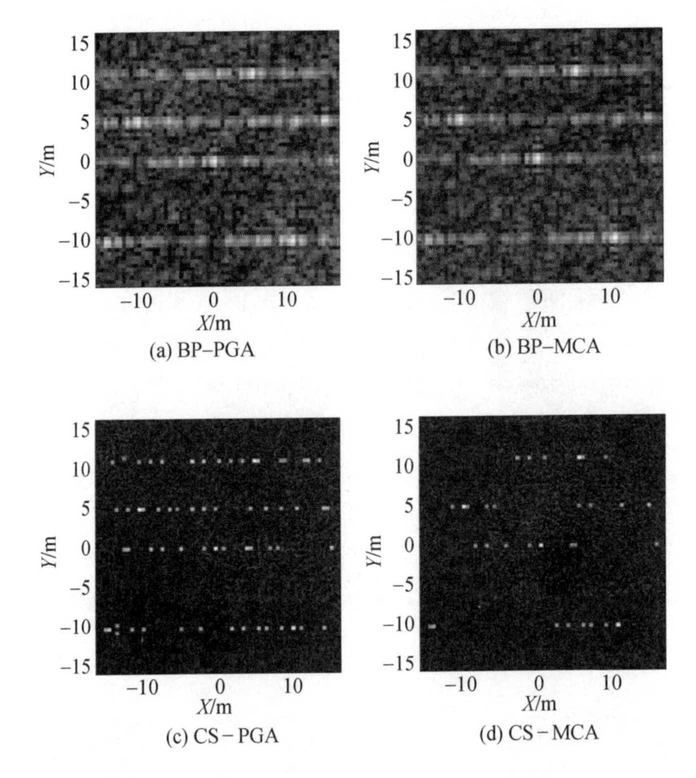

图7.10　样本率为0.5时BP和CS自聚焦成像

综上所述,仿真实验结果验证了基于模型松弛ML理论的PGA算法和MCA算法在全采样和欠采样回波数据条件下,在传统BP算法和CS稀疏重构算法中的自聚焦成像性能。当阵列三维SAR回波信号全采样时,PGA和MCA自聚焦算法能够实现阵列三维SAR自聚焦成像,MCA算法自聚焦性能优于PGA算法。然而,当阵列三维SAR回波信号欠采样时,两种自聚焦算性能会急剧下降,在低样本率时无法实现阵列三维SAR自聚焦成像。因此,当阵列三维SAR稀疏采样时,基于模型松弛ML自聚焦算法不能有效实现阵列三维SAR稀疏自聚焦成像,需要研究有效适用于稀疏样本情况的阵列三维SAR自聚焦稀疏成像算法。

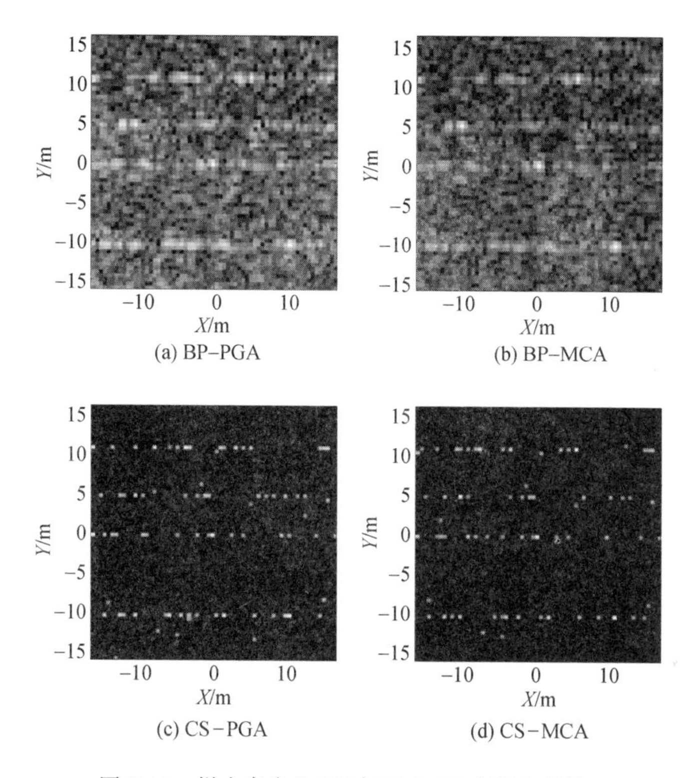

图 7.11 样本率为 0.25 时 BP 和 CS 自聚焦成像

7.2.5 实测数据分析

本节利用地基阵列三维 SAR 实验数据分析基于模型松弛 ML 自聚焦算法的自聚焦成像性能，实验场景为第 3 章中地基阵列三维 SAR 对地面三个实验球。在地基阵列三维 SAR 成像实验中，由于实验平台导轨的机械振动、天线非均匀运动、波束角测量误差和收发天线脉冲时间同步误差等影响，实测回波数据中不可避免存在相位误差。但本系统通过外部辅助测量数据进行运动补偿以及参数调节校正相位误差后，回波数据中的残余相位误差已非常小，从第 3 章稀疏成像结果也可看出，残余相位误差对阵列三维 SAR 数据稀疏成像的影响可以忽略不计。因此，本节利用经外部辅助测量数据补偿和参数调节校正后的回波数据作为无相位误差的参考数据，参考数据的成像结果即可作为精确聚焦成像的参考图像。然后，我们对未经过外部辅助数据补偿的回波数据加入二维阵列平面相位误差，该相位误差在 $[-\pi/2,\pi/2]$ 区间上服从均匀随机分布，通过对比自聚焦图像与参考图像以分析基于模型松弛 ML 理论的 PGA 算法和 MCA 算法的自聚焦成像性能。

首先，图 7.12 给出传统 BP 算法和 CS 稀疏重构算法在样本率 η_s 为 1、0.5

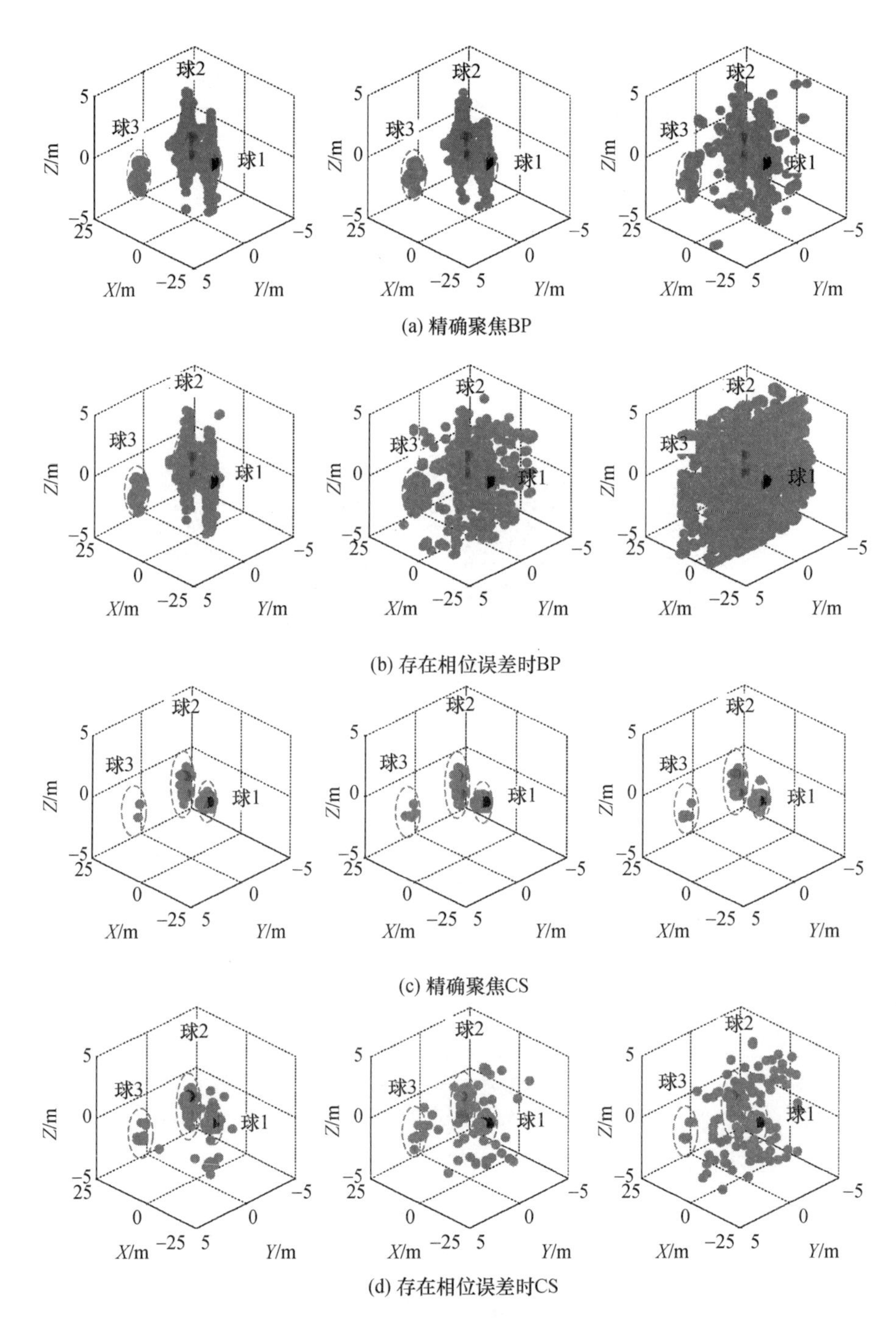

图 7.12 实验球场景成像结果

（左：样本率为 1，中：样本率为 0.5，右：样本率为 0.25）

和 0.25 条件下，对无相位误差回波数据以及存在相位误差回波数据的成像结果，图像显示门限为最大值的 -25dB。从图 7.12 成像结果看出，相位误差在 BP 成像时会造成成像模糊和旁瓣升高，在 CS 稀疏重构时造成虚假目标增多，尤其在回波信号欠采样时，相位误差导致算法成像质量严重下降。

利用基于模型松弛 ML 自聚焦的 PGA 算法和 MCA 算法进行相位误差估计与校正后，传统 BP 和 CS 稀疏重构算法得到成像结果如图 7.13 和图 7.14 所示，图像显示门限为最大值的 -25dB。对比图 7.12 中精确聚焦和无相位误差校正成像结果可知，在样本率 $\eta_s=1$ 时三种自聚焦算法结果与参考图像几乎相同，说明 PGA 算法和 MCA 算法 $\eta_s=1$ 时在获得较好的自聚焦效果；在样本率 η_s 为 0.5 和 0.25 时，基于 PGA 算法和 MCA 算法的 CS 成像结果在目标周围出现虚假目标，在样本率 η_s 为 0.25 时虚假目标增多，说明 PGA 算法和 MCA 算法在欠采样条件下相位误差估计精度下降，并且随着样本数减少自聚焦性能下降。

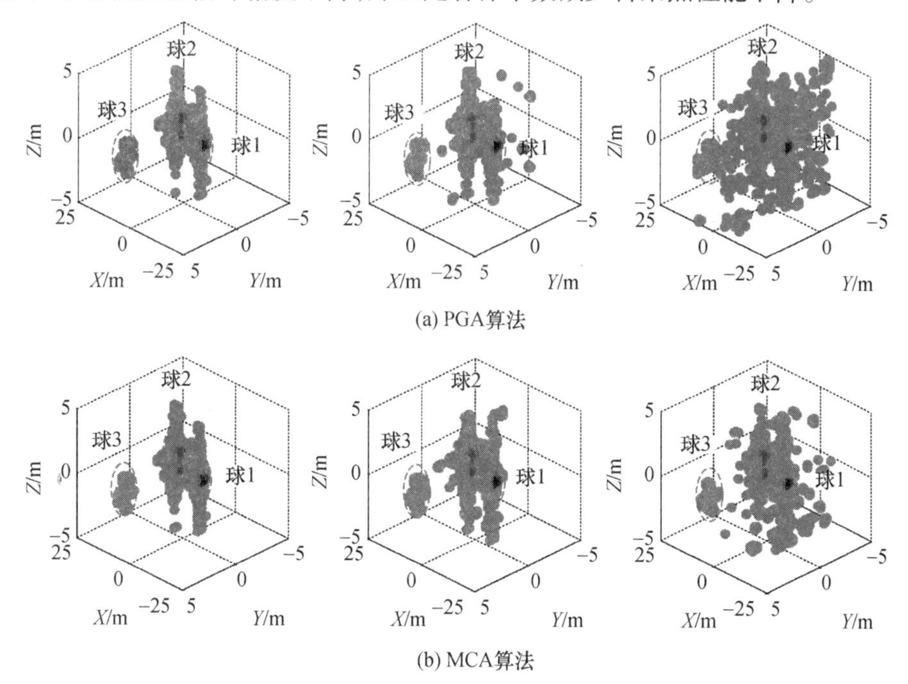

图 7.13　实验球场景 BP 算法成像结果

（左：样本率为 1，中：样本率为 0.5，右：样本率为 0.25）

为了对比 PGA 和 MCA 自聚焦算法性能，利用自聚焦算法重构 MSE 进行评估，BP 算法和 CS 算法的重构 MSE 定义为

$$\mathrm{RE}_{\mathrm{BP}}=\frac{\|\boldsymbol{S}_{\mathrm{BP}}-\hat{\boldsymbol{S}}_{\mathrm{BP}}\|_2}{\|\boldsymbol{S}_{\mathrm{BP}}\|_2},\mathrm{RE}_{\mathrm{CS}}=\frac{\|\boldsymbol{S}_{\mathrm{CS}}-\hat{\boldsymbol{S}}_{\mathrm{CS}}\|_2}{\|\boldsymbol{S}_{\mathrm{CS}}\|_2} \tag{7.53}$$

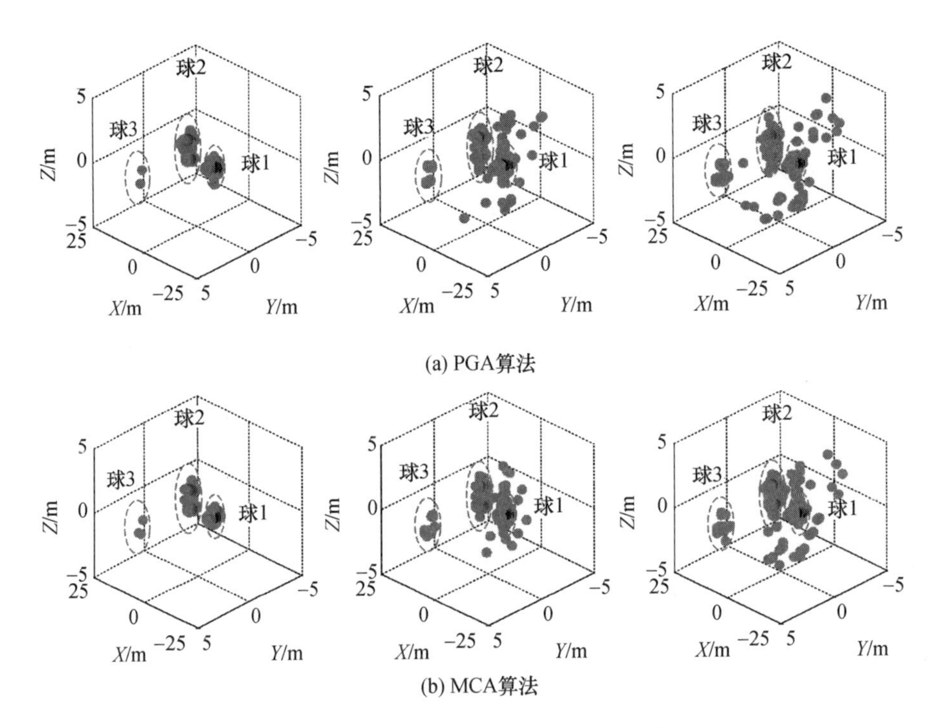

图 7.14　实验球场景 CS 稀疏重构成像结果
（左：样本率为 1，中：样本率为 0.5，右：样本率为 0.25）

式中：$\boldsymbol{S}_{\mathrm{BP}}$为精确聚焦 BP 成像结果；$\hat{\boldsymbol{S}}_{\mathrm{BP}}$为基于自聚焦算法的 BP 成像结果；$\boldsymbol{S}_{\mathrm{CS}}$为精确聚焦 CS 成像结果；$\hat{\boldsymbol{S}}_{\mathrm{CS}}$为基于自聚焦算法的 CS 稀疏成像结果。重构 MSE 越小，则自聚焦算法成像效果越好。表 7.2 给出了实验球场景实测数据未经自聚焦成像和经过 PGA 和 MCA 自聚焦算法成像的重构 MSE 结果。从表 7.2 可知，相对于未经自聚焦处理的 BP 和 CS 算法成像结果，经过 PGA 算法和 MCA 算法自聚焦处理后明显提高了重构 MSE，但样本率减少时自聚焦算法重构 MSE 增大，说明随样本数减少 PGA 和 MCA 自聚焦算法性能退化。另外，在 BP 算法和 CS 算法成像中，PGA 算法重构 MSE 较大，MCA 算法重构 MSE 较小，说明了两种自聚焦算法中 MCA 算法性能教好，PGA 算法较差。

表 7.2　实验球场景中不同算法自聚焦成像重构 MSE 结果

自聚焦算法	成像算法	样本率		
		$\eta_s=1$	$\eta_s=0.5$	$\eta_s=0.25$
未校正	BP	0.0527	0.1851	0.2585
	CS	0.0652	0.1092	0.1906

（续）

自聚焦算法	成像算法	样本率		
		$\eta_s=1$	$\eta_s=0.5$	$\eta_s=0.25$
PGA	BP	0.0038	0.0858	0.1424
	CS	0.0045	0.0438	0.0672
MCA	BP	0.0036	0.0672	0.1387
	CS	0.0038	0.0368	0.0598

7.3　后向投影自聚焦算法

7.3.1　坐标退化迭代算法

图像最终的聚焦需对每个方位向混入的随机相位进行补偿。因此，需要对每个方位向的随机相位误差进行参数估计。记每个方位向的随机相位误差为 $\phi_1,\phi_2,\cdots,\phi_N$，则随机相位误差向量 $\boldsymbol{\Phi}=[\phi_1 \quad \phi_2 \quad \cdots \quad \phi_N]^{\mathrm{T}}$，首先对随机相位误差向量构建观测模型 $L(\boldsymbol{\Phi})$，并且使得对随机相位误差向量 $\boldsymbol{\Phi}$ 的最佳估计满足

$$\hat{\boldsymbol{\Phi}}=\arg\max_{\boldsymbol{\Phi}} L(\boldsymbol{\Phi}) \tag{7.54}$$

式中

$$L(\boldsymbol{\Phi})=\sum_{i=1}^{N_xN_y}\Psi(f_i) \tag{7.55}$$

式中：$\Psi(f_i)$ 为图像的清晰度评价函数。通常对于未知的 SAR 场景，假设每个距离向和方位向的单元格内的复散射系数相互独立同服从零均值高斯分布。因此对于基于最大似然估计的图像清晰度评价函数可以选择

$$\Psi(x)=-\ln(x+b) \tag{7.56}$$

其中 b 为一个正的常参数，表示图像的背景强度。而当 b 的取值较大时，式(7.56)可以近似的表示为

$$\Psi(x)\approx-\ln b-\frac{1}{b}x+\frac{1}{2b^2}x^2 \tag{7.57}$$

将式(7.57)带入式(7.55)中可得

$$\begin{aligned}L(\boldsymbol{\Phi})&=\sum_{i=1}^{N_xN_y}\left(-\ln b-\frac{1}{b}f_i+\frac{1}{2b^2}f_i^2\right)\\&=-N_xN_y\ln b-\frac{1}{b}\sum_{i=1}^{N_xN_y}f_i+\frac{1}{2b^2}\sum_{i=1}^{N_xN_y}f_i^2\end{aligned} \tag{7.58}$$

而式(7.58)的值主要由公式中第三项决定，所以取图像清晰度评价函数为

$$\Psi(f_i)=f_i^2 \tag{7.59}$$

则可得 $L(\boldsymbol{\Phi})$ 的公式为

$$L(\boldsymbol{\Phi}) = \sum_{i=1}^{N_x N_y} f_i^2 \tag{7.60}$$

由图像强度的定义可知

$$f_i = z_i z_i^* \tag{7.61}$$

式中：z_i为图像第 i 个像素点复数值；z_i^* 为 z_i 的共轭。下面将对式(7.54)中的最优化问题求解。

对于随机相位的估计向量 $\boldsymbol{\Phi}$，将采用一种基于坐标退化(Coordinate Descent)的迭代算法进行求解，其基本原理为：在对向量中第 n 个元素进行估计时，将其他元素固定，从而获得第 n 个元素的估计值，然后将第 n 个元素的估计值带入估计向量中，进行下一次迭代。假设 $\hat{\phi}_n^i$为第 i 次迭代中对估计向量 $\boldsymbol{\Phi}$ 中第 n 个元素的估计值，则第 $i+1$ 次迭代所获得的估计向量 $\boldsymbol{\Phi}$ 中第 n 个元素的估计值为

$$\hat{\phi}_n^{i+1} = \arg\max L(\hat{\phi}_1^{i+1},\cdots,\hat{\phi}_{n-1}^{i+1},\phi,\hat{\phi}_{n+1}^{i+1},\cdots,\hat{\phi}_N^{i}) \tag{7.62}$$

所以在第 i 次迭代中，BP 成像结果 $z(\phi)$ 可以表示为

$$\boldsymbol{z}(\phi) = \sum_{p=1}^{n-1} \tilde{\boldsymbol{s}}_p \mathrm{e}^{-\mathrm{j}\phi_p^{i+1}} + \sum_{p=n+1}^{N} \tilde{\boldsymbol{s}}_p \mathrm{e}^{-\mathrm{j}\phi_p^{i}} + \tilde{\boldsymbol{s}}_n \mathrm{e}^{-\mathrm{j}\phi} \tag{7.63}$$

定义向量 $\boldsymbol{x}$ 和 $\boldsymbol{y}$ 为

$$\boldsymbol{x} = \sum_{p=1}^{n-1} \tilde{\boldsymbol{s}}_p \mathrm{e}^{-\mathrm{j}\phi_p^{i+1}} + \sum_{p=n+1}^{N} \tilde{s}_p \mathrm{e}^{-\mathrm{j}\phi_p^{i}} \tag{7.64}$$

$$\boldsymbol{y} = \tilde{\boldsymbol{s}}_n \tag{7.65}$$

则式(7.63)可以表示为

$$\boldsymbol{z}(\boldsymbol{\phi}) = \boldsymbol{x} + \boldsymbol{y}\mathrm{e}^{-\mathrm{j}\phi} \tag{7.66}$$

将式(7.66)代入式(7.62)，即可得到第 i 个像素的强度为

$$f_i = (x_i + \mathrm{e}^{-\mathrm{j}\phi} y_i)(x_i^* + \mathrm{e}^{\mathrm{j}\phi} y_i^*) = |x_i|^2 + |y_i|^2 + 2\mathrm{Re}\{x_i y_i^* \mathrm{e}^{\mathrm{j}\phi}\} \tag{7.67}$$

式中：Re{ · }为取实部运算。为了方便进一步的讨论，记

$$(f_o)_i = |x_i|^2 + |y_i|^2 \tag{7.68}$$

$$(f_\phi)_i = 2\mathrm{Re}\{x_i y_i^* \mathrm{e}^{\mathrm{j}\phi}\} \tag{7.69}$$

因此，图像强度向量 $\boldsymbol{f}$ 可以表示为

$$\boldsymbol{f} = \boldsymbol{f}_o + \boldsymbol{f}_\phi \tag{7.70}$$

通过式(7.60)即可得到观测模型的值为 $\|\boldsymbol{f}\|_2$，所以观测模型的最大值由向量 $\boldsymbol{f}$ 的长度决定，而向量 $\boldsymbol{f}_o$ 为一个常向量，所以向量 $\boldsymbol{f}$ 的长度由 $\boldsymbol{f}_\phi$ 的长度决定。将 $\boldsymbol{f}_\phi$ 展开可以得到

$$
\begin{aligned}
(f_\phi)_i &= x_i y_i^* \mathrm{e}^{\mathrm{j}\phi} + x_i^* y_i \mathrm{e}^{-\mathrm{j}\phi} \\
&= x_i y_i^* (\cos\phi + \mathrm{j}\sin\phi) + x_i^* y_i (\cos\phi - \mathrm{j}\sin\phi) \\
&= (x_i y_i^* + x_i^* y_i)\cos\phi + \mathrm{j}(x_i y_i^* - x_i^* y_i)\sin\phi \\
&= 2\mathrm{Re}\{x_i y_i^*\}\cos\phi + 2\mathrm{Im}\{x_i y_i^*\}\sin\phi
\end{aligned} \tag{7.71}
$$

记 $a_i = 2\mathrm{Re}\{x_i y_i^*\}$，$b_i = 2\mathrm{Im}\{x_i y_i^*\}$，则向量 $\boldsymbol{f}_\phi$ 可以表示为

$$
\boldsymbol{f}_\phi = \boldsymbol{a}\cos\phi + \boldsymbol{b}\sin\phi \tag{7.72}
$$

式(7.72)的表达式可以理解为一个椭圆方程的曲线，即由 $R^{N_x N_y}$ 空间中由向量 $\boldsymbol{a}$ 和 $\boldsymbol{b}$ 所张成的二维空间中的一个椭圆。向量 $\boldsymbol{f}_\phi$ 表示椭圆中心到椭圆上一点的向量，而根据公式(7.70)，向量 $\boldsymbol{f}_o$ 表示 $\mathbb{R}^{N_x N_y}$ 空间中 $\boldsymbol{f}_\phi$ 从原点的位移向量，假设向量 $\boldsymbol{f}$ 在向量 $\boldsymbol{a}$ 和 $\boldsymbol{b}$ 所张成的二维平面 Ω 内的垂足为 x_0，如图 7.15 所示，向量 $\overrightarrow{\boldsymbol{ox}_0}$ 的长度是一个定值，因此向量 $\boldsymbol{f}$ 的长度由 $\overrightarrow{\boldsymbol{x}_0\boldsymbol{x}_1}$ 所决定，所以求向量 $\boldsymbol{f}$ 的最大长度的问题就转换为求解椭圆上一点到椭圆外点 x_0 的最远距离。

因为向量 $\boldsymbol{a}$ 和 $\boldsymbol{b}$ 不是单位正交向量，首先为了重新生成二维平面 Ω 的标准正交基，将向量 $\boldsymbol{a}$ 和 $\boldsymbol{b}$ 单位正交化，可得

$$
\boldsymbol{e}_1 = \frac{\boldsymbol{a}}{\|\boldsymbol{a}\|}, \boldsymbol{e}_2 = \frac{\boldsymbol{b} - \boldsymbol{e}_1\boldsymbol{e}_1^{\mathrm{T}}\boldsymbol{b}}{\|\boldsymbol{b} - \boldsymbol{e}_1\boldsymbol{e}_1^{\mathrm{T}}\boldsymbol{b}\|} \tag{7.73}
$$

所以二维平面 Ω 的标准正交基为

$$
\tilde{\boldsymbol{b}} = \begin{bmatrix} \boldsymbol{b}_1 \\ \boldsymbol{b}_2 \end{bmatrix} = [\boldsymbol{e}_1 \quad \boldsymbol{e}_2]^{\mathrm{T}}\boldsymbol{b}
$$

$$
\tilde{\boldsymbol{a}} = \begin{bmatrix} \boldsymbol{a}_1 \\ \boldsymbol{a}_2 \end{bmatrix} = [\boldsymbol{e}_1 \quad \boldsymbol{e}_2]^{\mathrm{T}}\boldsymbol{a} \tag{7.74}
$$

因此，向量 $\overrightarrow{\boldsymbol{ox}_0}$ 在新坐标系下可以表示为 $\overrightarrow{\boldsymbol{ox}_0} = -[\boldsymbol{e}_1 \quad \boldsymbol{e}_2]^{\mathrm{T}}\boldsymbol{f}_0$。

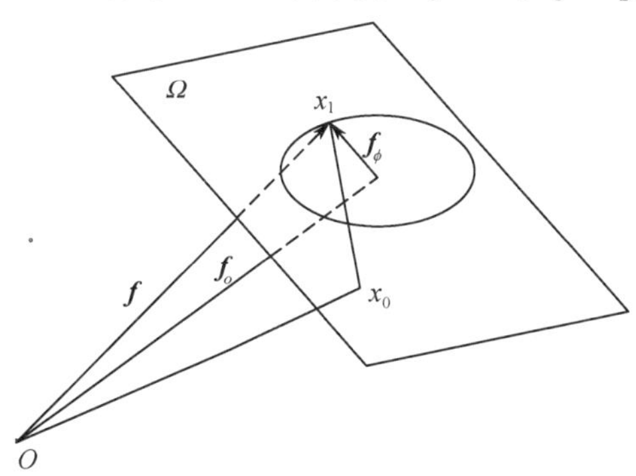

图 7.15　向量关系几何示意图

若要求得椭圆外一点 x_0 到椭圆的最远距离，则以 x_0 为圆心以 $\|x_0 x_1\|_2$ 为半

径做圆，当该圆与椭圆仅有一个交点，假设该点坐标为 $\hat{\boldsymbol{X}}$，即圆与椭圆相切时，x_0 与切点的连线即为所求的最远距离。根据相切的定理可知此时向量$\overrightarrow{\boldsymbol{x}_0\boldsymbol{x}_1}$与过点 x_1 椭圆的法线平行，假设过 x_1 椭圆的法线为 $\boldsymbol{n}(x_1)$，则有

$$\boldsymbol{X}_0 - \hat{\boldsymbol{X}} = \alpha \boldsymbol{n}(\hat{\boldsymbol{X}}) \tag{7.75}$$

记在坐标系 $\boldsymbol{e}_1$ 和 $\boldsymbol{e}_2$ 下，椭圆方程为

$$\boldsymbol{h} = [h_1 \quad h_2]^{\mathrm{T}} = \tilde{\boldsymbol{a}}\cos\phi + \tilde{\boldsymbol{b}}\sin\phi \tag{7.76}$$

将其改写为二次型表达式

$$f(\boldsymbol{h}) = \boldsymbol{h}^{\mathrm{T}}\boldsymbol{R}\boldsymbol{h} = 1 \tag{7.77}$$

式中

$$\boldsymbol{R} = \begin{bmatrix} r_1 & r_3 \\ r_3 & r_2 \end{bmatrix} \tag{7.78}$$

矩阵 $\boldsymbol{R}$ 由椭圆参数决定，根据式(7.74)可得

$$\begin{aligned} r_1 &= (\tilde{a}_2^2 + \tilde{b}_2^2)/(\tilde{a}_2\tilde{b}_1 - \tilde{a}_1\tilde{b}_2) \\ r_2 &= (\tilde{a}_1^2 + \tilde{b}_1^2)/(\tilde{a}_2\tilde{b}_1 - \tilde{a}_1\tilde{b}_2) \\ r_3 &= -(\tilde{a}_1\tilde{a}_2 + \tilde{b}_1\tilde{b}_2)/(\tilde{a}_2\tilde{b}_1 - \tilde{a}_1\tilde{b}_2) \end{aligned} \tag{7.79}$$

过点 x_1 椭圆的法线 $\boldsymbol{n}(x_1)$ 可以表示为

$$\boldsymbol{n}(\hat{\boldsymbol{X}}) = \nabla f(\hat{\boldsymbol{X}}) = 2\boldsymbol{R}\hat{\boldsymbol{X}} \tag{7.80}$$

将式(7.80)代入式(7.75)中可得

$$\boldsymbol{X}_0 - \hat{\boldsymbol{X}} = \boldsymbol{\alpha}\boldsymbol{R}\hat{\boldsymbol{X}} \tag{7.81}$$

因此，点 $\hat{\boldsymbol{X}}$ 为

$$\hat{\boldsymbol{X}} = (\alpha\boldsymbol{R} + \mathbf{I})^{-1}\boldsymbol{X}_0 \tag{7.82}$$

将二次型矩阵 $\boldsymbol{R}$ 进行特征值分解有 $\boldsymbol{R} = \boldsymbol{V}\boldsymbol{\Lambda}\boldsymbol{V}^{\mathrm{T}}$，所以将式(7.82)和 $\boldsymbol{R}$ 代入椭圆二次型表示式中可得

$$\begin{aligned} & \boldsymbol{X}_0^{\mathrm{T}}(\alpha\boldsymbol{R} + \mathbf{I})^{-1}\boldsymbol{R}(\alpha\boldsymbol{R} + \mathbf{I})^{-1}\boldsymbol{X}_0 \\ &= \boldsymbol{X}_0^{\mathrm{T}}\boldsymbol{V}(\alpha\boldsymbol{V} + \mathbf{I})^{-1}\boldsymbol{V}^{\mathrm{T}}(\boldsymbol{V}\boldsymbol{\Lambda}\boldsymbol{V}^{\mathrm{T}})\boldsymbol{V}(\alpha\boldsymbol{V} + \mathbf{I})^{-1}\boldsymbol{V}^{\mathrm{T}}X_0 \\ &= \boldsymbol{X}_0^{\mathrm{T}}\boldsymbol{V}\begin{bmatrix} \nu_1 & 0 \\ 0 & \nu_2 \end{bmatrix}\boldsymbol{V}^{\mathrm{T}}\boldsymbol{X}_0 = 1 \end{aligned} \tag{7.83}$$

式中

$$v_1 = \frac{\lambda_1}{(\alpha\lambda_1 + 1)^2}, v_2 = \frac{\lambda_2}{(\alpha\lambda_2 + 1)^2} \tag{7.84}$$

λ_1 和 λ_2 为矩阵 $\boldsymbol{R}$ 的特征值。

由式(7.83)可以发现，该式为 α 的四次多项式，即

$$p(\alpha)=\sum_{i=0}^{4}c_i\alpha^i=0 \tag{7.85}$$

因此可以通过求解这个四次多项式，解出 α 的实数解，另外，当取到点 $\hat{\boldsymbol{x}}$ 时，角度 $\hat{\phi}$ 满足

$$\begin{bmatrix}\cos\hat{\phi}\\ \sin\hat{\phi}\end{bmatrix}=[\boldsymbol{a}\ \boldsymbol{b}]^{-1}(\hat{\alpha}\boldsymbol{R}+\mathbf{I})^{-1}\boldsymbol{X}_0 \tag{7.86}$$

所以，将求得的 α 代入上式中，即可得到相位的估计值 $\hat{\phi}$。

7.3.1.1 算法实现

BP 自聚焦算法的步骤可以总结如下：

步骤 1 对回波信号进行距离压缩后，将每个方位向的回波数据进行 BP 成像处理，得到的结果储存在矩阵 $\boldsymbol{Z}$ 中

$$\boldsymbol{Z}=[z_1\quad z_2\quad\cdots\quad z_N] \tag{7.87}$$

其中每列数据 $\boldsymbol{z}_N$ 表示第 n 个方位向数据进行 BP 成像处理后的结果。

步骤 2 设置最大迭代次数，初始化随机相位误差向量 $\boldsymbol{\Phi}$，本次实验中 $\boldsymbol{\Phi}$ 的初值选取为零向量。

步骤 3 开始利用迭代法对本次迭代中第 i 个方位向相位误差进行估计，通过式(7.71)计算向量 $\boldsymbol{a}$ 和 $\boldsymbol{b}$，并利用施密特正交化方法将其标准正交化，得到平面 Ω 的单位正交基。

步骤 4 通过式(7.78)计算椭圆二次型表达式中矩阵 $\boldsymbol{R}$，并对其进行特征值分解，得到 λ_1 和 λ_2。

步骤 5 根据式(7.85)求解本次迭代中对 α 的估计值 $\hat{\alpha}$，并将其代入式(7.86)中计算本次迭代对第 i 个方位向随机相位误差的估计 $\hat{\phi}$。

步骤 6 更新随机相位误差向量 $\boldsymbol{\Phi}$，返回步骤 3 对第 $i+1$ 个方位向随机相位误差进行估计。

步骤 7 判断是否达到最大迭代次数，若达到最大迭代次数则输出相位误差估计向量 $\boldsymbol{\Phi}$，否则返回步骤 3 进行下一次迭代。

步骤 8 对每个方位向的回波数据利用估计的相位估计向量 $\boldsymbol{\Phi}$ 进行运动补偿，并进行最终的成像。

7.3.1.2 圆周 SAR 仿真结果分析

为了验证算法的有效性，本节将采用仿真对圆周 SAR 的 BP 自聚焦进行成像实验。雷达发射线性调频信号载频为 10GHz，带宽为 600MHz，对每个方位向

回波信号加入的随机相位误差为 $\Phi \sim U(0,2\pi)$，表 7.3 为本次实验的主要仿真参数。

表 7.3　圆周 SAR 仿真参数

仿真参数	值
载频	10GHz
带宽	600MHz
俯仰角	30°
方位角范围	49°~51°
场景中心距	1000m

成像场景为 10m×10m 区域中的三个点目标，其坐标分别为(0,0)、(2,-3)和(3,1)，未加入随机误差时，场景的成像结果如图 7.16(a)所示，此时图像的雷尼熵为 4.90，图 7.16(b)是有运动误差时 BP 的成像结果，可以发现此时三个点目标已经完全散焦，无法进行目标识别，此时图像的雷尼熵为 7.32。

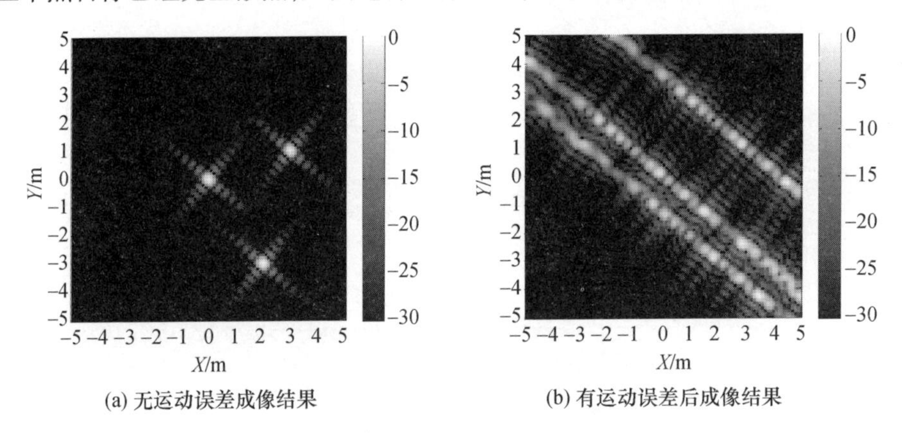

图 7.16　点目标仿真图

采用圆周 SAR BP 自聚焦算法，首先对相位误差进行估计，然后再进行成像，其成像结果如图 7.17 所示，整个算法经过两次迭代，对比图 7.16 与图 7.17 中的成像结果，可以发现圆周 SAR BP 自聚焦算法对随机相位误差具有良好的估计效果，基本可以实现图像的聚焦。经过自聚焦算法成像后的图像的雷尼熵为 4.93，近似等于未加入随机相位误差时 BP 算法的成像结果的雷尼熵，从而验证了本算法的有效性。

图 7.17 的成像结果其自聚焦算法的迭代次数为 2，为了讨论自聚焦算法的收敛速度，对每次迭代后的图像的雷尼熵进行统计，其结果如图 7.18 所示，从图中可以看到，当迭代次数大于等于 2 时，图像的雷尼熵就基本收敛，表示自聚焦算法拥有很快的收敛速度。

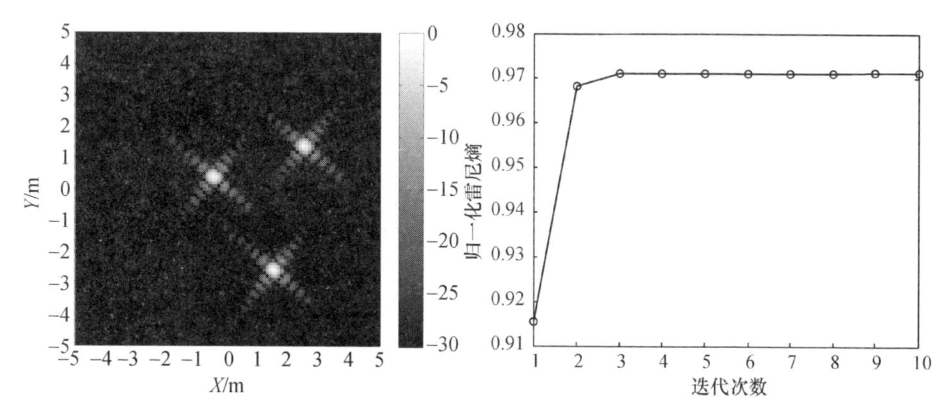

图7.17 BP自聚焦成像结果

图7.18 BP自聚焦收敛速度曲线

7.3.2 基于相位误差估计的三维后向投影自聚焦算法

三维BP算法需要对距离压缩域回波在沿航向和跨航向进行相干积累，而实现相干积累需要得到同一点目标在所有慢时刻到每个阵元的距离史，用于计算延迟相位，如果所有延迟相位计算都是精确的，则同一点目标的所有回波都是相干叠加，最终就能得到聚焦良好的点目标三维成像结果。

但在实际SAR成像中，载荷平台在飞行过程中不可避免地会受气流扰动等外部因素影响而偏离理想航迹，造成平动误差。且阵列三维SAR需要布设阵列天线，如果平台的姿态发生变化，则会产生转动误差。这些都导致了距离史的计算存在误差，从而使得延迟相位计算不准确，导致同一点目标的回波无法精确地相干积累，最终造成三维成像的散焦。下面对此相位误差的估计进行建模并选合适的最优化方法求解。

基于相位误差估计的BP自聚焦算法由Joshua N提出[16]，应用于传统的二维SAR成像，本节将该自聚焦算法推广到阵列三维SAR成像上。

7.3.2.1 相位误差估计模型及最优化求解

为了建立相位误差估计模型，必须先阐述清楚该自聚焦算法的一个前提：同一方位向上，所有场景点的相位误差相同，这在观测场景较小的情况下是成立的。

阵列三维SAR成像需要合成二维面阵，如图7.19所示，设经PCA算法等效后，跨航向上有N_c个收发共用阵元，共有N_a个慢时刻，形成$N_a \times N_c$的二维面阵，但为了便于后面的推导，我们对二维面阵的阵元以跨航向先序进行一维的顺序编号，总阵元数记为$N_s = N_a \times N_c$。

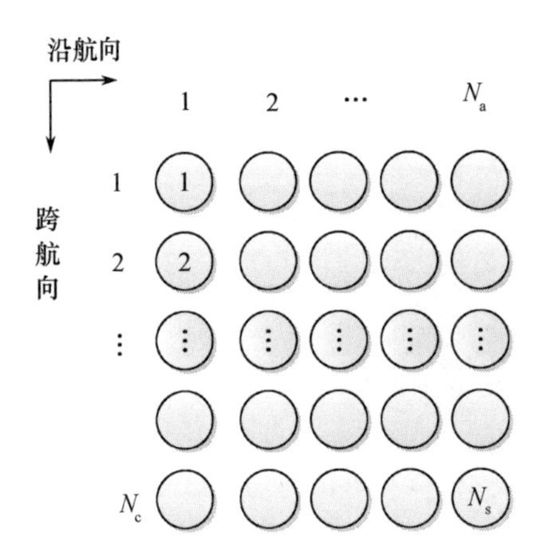

图 7.19　阵列三维 SAR 等效二维虚拟面阵

下面推导由阵元位置误差造成的相位误差，建立相位误差估计模型。如图 7.20 所示，设场景中有两个点目标 $\boldsymbol{P}_{\omega1}$ 和 $\boldsymbol{P}_{\omega2}$，第 k 个虚拟阵元的理想位置为 $\boldsymbol{P}_{\mathrm{pc}}(k)$，由于存在误差，阵元的真实位置会偏离理想位置，记为 $\tilde{\boldsymbol{P}}_{\mathrm{pc}}(k)$。

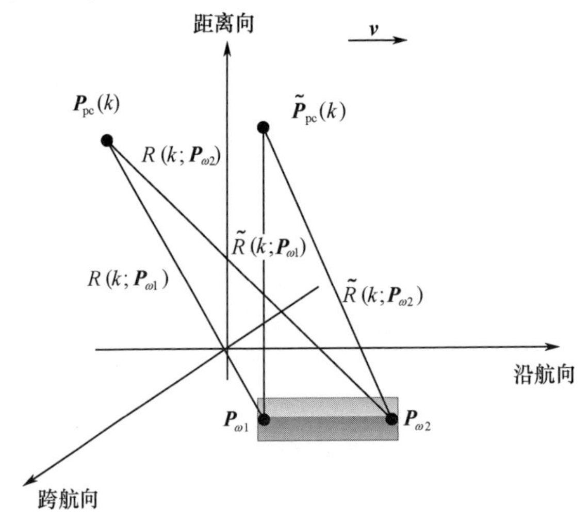

图 7.20　相位误差产生示意图

理想阵元位置到两个点目标的单程距离史分别为 $R(k;\boldsymbol{P}_{\omega1})$、$R(k;\boldsymbol{P}_{\omega2})$，真实阵元位置到两个点目标的单程距离史分别为 $\tilde{R}(k;\boldsymbol{P}_{\omega1})$、$\tilde{R}(k;\boldsymbol{P}_{\omega2})$，则 $\boldsymbol{P}_{\omega1}$ 到第 k 个阵元的距离史误差为

$$\Delta R(k;\boldsymbol{P}_{\omega1}) = |\tilde{R}(k;\boldsymbol{P}_{\omega1}) - R(k;\boldsymbol{P}_{\omega1})| \tag{7.88}$$

$\boldsymbol{P}_{\omega2}$ 到第 k 个阵元的距离史误差为

$$\Delta R(k;\boldsymbol{P}_{\omega2}) = \left| \tilde{R}(k;\boldsymbol{P}_{\omega2}) - R(k;\boldsymbol{P}_{\omega2}) \right| \tag{7.89}$$

如果成像的三维场景较小，且在远场景条件下，可近似认为场景中所有点目标在第 k 个阵元产生的距离史误差相等，即有

$$\Delta R(k) \equiv \Delta R(k;\boldsymbol{P}_{\omega1}) = \Delta R(k;\boldsymbol{P}_{\omega2}) \tag{7.90}$$

为了实现相干积累需要补偿的延迟相位是由距离史决定的，既然距离史存在误差，则延迟相位也会存在误差，由式(7.90)可知，距离史误差仅与虚拟阵元有关，则相位误差也仅与虚拟阵元有关，而二维虚拟面阵是由平台运动合成的，所以应用到阵列三维 SAR 上，该自聚焦算法的前提可重新阐述为：相位误差仅与沿航向慢时刻和跨航向阵元有关，而与三维场景点无关，即对于同一慢时刻同一阵元，所有三维场景点的相位误差是相同的。因此，可设图 7.19 二维虚拟面阵中每个阵元对应一个相位误差，写成向量的形式如下

$$\boldsymbol{\varphi} = [\varphi_1 \quad \varphi_2 \quad \cdots \quad \varphi_{N_s}]^{\mathrm{T}} \tag{7.91}$$

式中：T 为向量转置；N_s 为二维虚拟面阵的总阵元数。式(7.91)即为阵列三维 SAR 的相位误差模型，下面需要推导该相位误差的估计模型。

三维 BP 算法的第一步要将成像空间划分为三维网格，为了便于推导，与虚拟阵元的编号类似，将三维网格点排列成一维向量，即三维图像中的像素点以沿航向优先，跨航向次之，最后距离向的顺序编号为 $1,2,\cdots,m,\cdots,M$，M 为总的像素点数。BP 算法接下来是要对距离压缩域的回波在沿航向和跨航向上进行相干累加，设三维图像空间中第 m 个像素点在图 7.19 二维虚拟面阵中第 k 个阵元的后向投影值为 $b_{m,k}$，则第 m 个像素点三维 BP 成像的复图像值为

$$z_m = \sum_{k=1}^{N_s} b_{m,k} \tag{7.92}$$

式中：$m=1,2,\cdots,M$ 为三维像素点的编号，k 为虚拟阵元的编号。

由前面的分析可知，存在相位误差的情况下，此成像结果是散焦的，需要补偿相位误差后得到聚焦的图像，根据式(7.91)，记相位误差的最优估计值为

$$\hat{\boldsymbol{\varphi}} = [\hat{\varphi}_1 \quad \hat{\varphi}_2 \quad \cdots \quad \hat{\varphi}_{N_s}]^{\mathrm{T}} \tag{7.93}$$

则补偿相位误差后三维 BP 成像的复图像值为

$$\tilde{z}_m = \sum_{k=1}^{N_s} b_{m,k} \mathrm{e}^{-\mathrm{j}\hat{\varphi}_k} \tag{7.94}$$

式中：$\tilde{z}_m$ 即为第 m 个像素点聚焦后的复图像值，所以，只要 $\hat{\boldsymbol{\varphi}}$ 是已知的，即可根据式(7.94)从散焦的原图像得到自聚焦后的图像。

为了使用最优化方法估计该相位误差，首先需要建立最优化的目标函数，该目标函数的值必须能够反映相位误差估计的准确性，根据 BP 成像的原理可知，相位误差估计准确的情况下，图像的聚集效果会更好，所以可以选用一种能够反

映图像聚焦效果的指标作为目标函数,图像的锐度就是这样一种指标,同一幅图像,聚焦越好,其总锐度值越大,图像的锐度定义为所有像素点强度的平方和,第 m 个像素点的图像强度定义为

$$f_m = \tilde{z}_m \tilde{z}_m^* \tag{7.95}$$

式中:$*$ 为取复数的共轭。

所以,三维复图像的锐度可定义为

$$s(\hat{\boldsymbol{\varphi}}) = \sum_{m=1}^{M} f_m^2 \tag{7.96}$$

至此,可建立相位误差 $\boldsymbol{\varphi}$ 的估计模型,即

$$\hat{\boldsymbol{\varphi}} = \arg \max_{\boldsymbol{\varphi}} s(\boldsymbol{\varphi}) \tag{7.97}$$

式中:$\boldsymbol{\varphi} \in R^{N_s}$,即最优化问题式(7.97)的解空间为 N_s,N_s 为二维虚拟面阵的阵元总数,由于该问题没有闭合解,所以可以采用最优化方法中的坐标下降法来求解相位误差估计值。

能够使用坐标下降法的前提是待估计的参数间必须是相互独立的,显然,我们要估计的相位误差是符合这个条件的。坐标下降法的基本思想是:在每次迭代中,在当前点处沿一个坐标方向进行一维搜索,固定其他的坐标方向,找到目标函数的局部极值,对所有参数按此方法搜索一边后,进入下一次迭代,迭代若干次后,即可得到目标函数的全局极值。

设 $\hat{\varphi}_k^{i-1}$ 表示第 $i-1$ 次迭代中对相位误差向量 $\boldsymbol{\varphi}^{i-1}$ 的第 k 个元素的估计值,根据坐标下降法,第 i 次迭代时,$\boldsymbol{\varphi}^i$ 的第 k 个元素的估计值为

$$\hat{\varphi}_k^i = \arg \max_{\varphi} \{ s(\hat{\varphi}_1^i, \cdots, \hat{\varphi}_{k-1}^i, \varphi, \hat{\varphi}_{k+1}^{i-1}, \cdots, \hat{\varphi}_{N_s}^{i-1}) \}, k = 1, 2, \cdots, N_s \tag{7.98}$$

即在每次迭代中,当估计第 k 个元素值时,把其他 $N_s - 1$ 个元素看作已知量。将式(7.94)和式(7.95)代入式(7.96)得到 $s(\hat{\boldsymbol{\varphi}})$ 的表达式,再求解式(7.98)的单参数最值问题,通过一系列的数学变换可得到该问题的闭合解[15]。

对 $\boldsymbol{\varphi}^i$ 中 N_s 个元素均按式(7.98)得到本次迭代的估计值,即完成坐标下降法的第 i 次迭代,迭代若干次后即可得到相位误差 $\boldsymbol{\varphi}$ 的最优估计值 $\hat{\boldsymbol{\varphi}}$,按式(7.94)在距离压缩域的回波中补偿估计相位后,再进行三维 BP 成像得到的三维图像即是聚焦良好的图像,此时图像的锐度最大。

7.3.2.2 算法步骤及流程

在 7.3.2.1 小节中,从非空变的相位误差模型出发,选用三维 SAR 图像的“锐度”为目标函数,建立了阵列三维 SAR 的相位误差估计模型,并给出了坐标下降法求解该最值问题的方法。必须指出的是,在推导过程中是将三维图像域

的所有像素点都用于自聚焦,即目标函数为所有像素点的总锐度,但实际成像时如果三维场景点的规模比较大,会导致该自聚焦算法非常耗时。为了解决该问题,可以在有误差成像的散焦图像中选择强点,然后将强点周围一块小区域作为自聚焦的点,如图 7.21 所示,该小块区域的聚焦效果可以代表整个场景的聚焦效果,所以估计的相位可用于补偿整个场景,若在某些情况下有误差成像散焦太严重,导致无法找到强点,此时只能选择全场景点用于自聚焦。

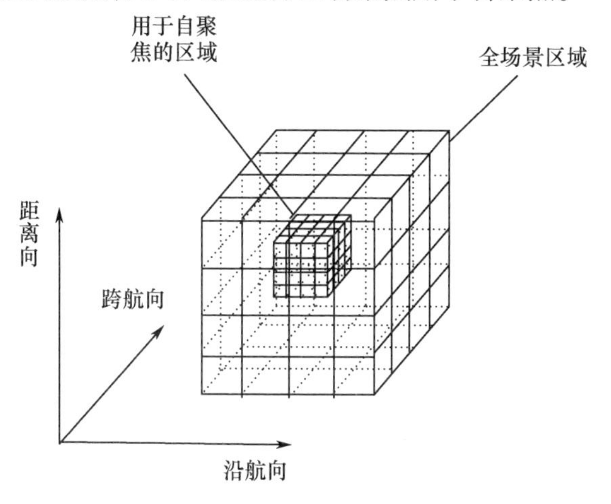

图 7.21　选择部分区域用于自聚焦

下面给出基于相位误差估计的三维 BP 自聚焦算法的主要步骤。

步骤 1　对原始回波数据进行距离压缩后,采用三维 BP 算法对场景进行三维成像,在散焦图像中选择强点区域作为自聚焦的点,设用于自聚焦的总点数为 M,根据图 7.19,二维面阵中共有 N_s 个虚拟阵元,将用于自聚焦的所有散射点在每个虚拟阵元的后向投影值存储到矩阵 $\boldsymbol{B}$ 中

$$\begin{aligned}\boldsymbol{B}&=[\boldsymbol{b}_1\quad \boldsymbol{b}_2\quad \cdots\quad \boldsymbol{b}_m\quad \cdots\quad \boldsymbol{b}_M]^{\mathrm{T}}\\ \boldsymbol{b}_{\boldsymbol{m}}&=[b_{m,1}\quad b_{m,2}\quad \cdots\quad b_{m,k}\quad \cdots\quad b_{m,N_s}]^{\mathrm{T}}\end{aligned}\tag{7.99}$$

式中:$\boldsymbol{B}\in \boldsymbol{C}^{M\times N_s}$,$b_{m,k}$为第 m 个散射点在第 k 个虚拟阵元的后向投影值。

步骤 2　设置相位误差估计向量 $\hat{\boldsymbol{\varphi}}$ 的初始值,一般可设为零向量,设置最大迭代次数为 N。

步骤 3　开始坐标下降法的迭代。在第 i 次迭代,估计 $\hat{\boldsymbol{\varphi}}^i$的第 k 个元素时,把其他元素固定,根据式(7.98)得到 $\hat{\boldsymbol{\varphi}}_k^i$。

步骤 4　用得到的第 k 个元素的估计值 $\hat{\varphi}_k^i$更新向量 $\hat{\boldsymbol{\varphi}}^i$。

步骤 5　重复步骤 3 ~ 步骤 4N_s次,依次更新相位误差向量 $\hat{\boldsymbol{\varphi}}^i$的每个元素。

步骤 6　判断是否达到最大迭代次数 N。若未达到,则进入第 $i+1$ 迭代,即以第 i 次迭代更新的相位误差向量 $\hat{\boldsymbol{\varphi}}^i$ 为初值,重复步骤 3 ~ 步骤 5;若达到最大

迭代次数 N，则输出相位误差向量的最佳估计值 $\hat{\boldsymbol{\varphi}}$，转步骤 7。

步骤 7　对距离压缩域的回波补偿相位误差估计值 $\hat{\boldsymbol{\varphi}}$ 后，再进行一次全场景的三维 BP 成像，输出自聚焦后的三维 SAR 图像。

综上所述，基于相位误差估计的三维 BP 自聚焦算法流程图如图 7.22 所示。

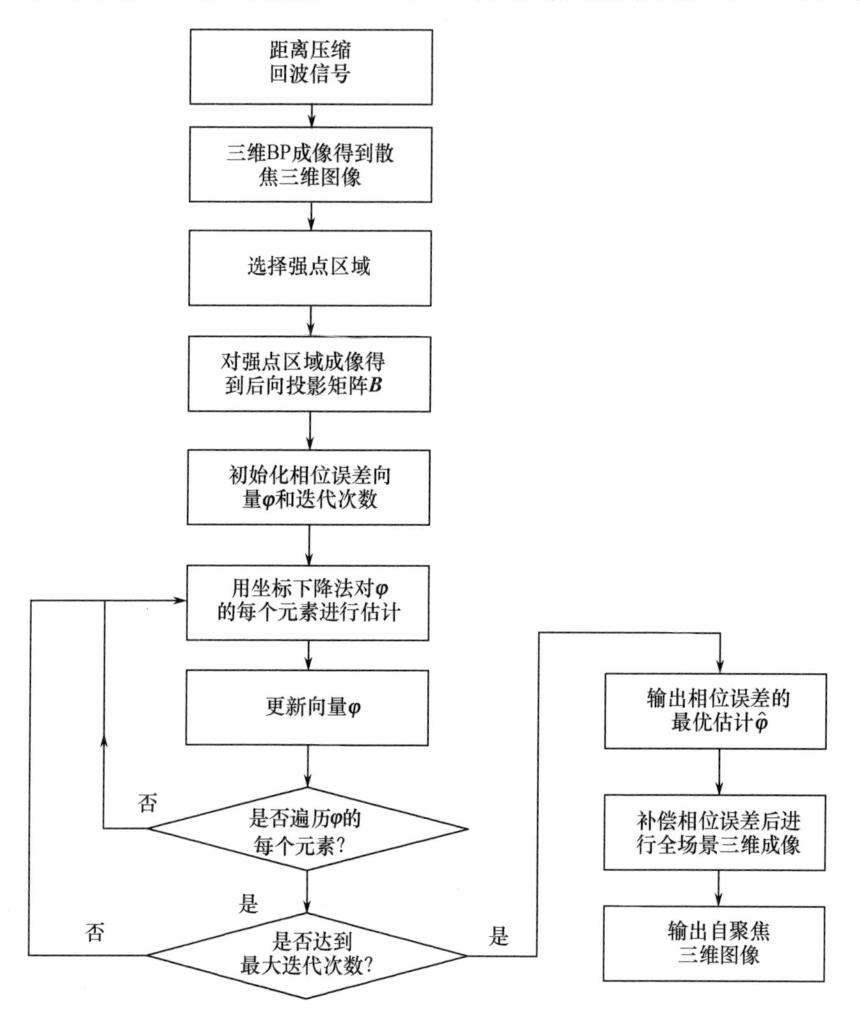

图 7.22　基于相位误差估计的三维 BP 自聚焦算法流程图

7.3.2.3　算法仿真实验

为了验证基于相位误差估计的三维 BP 自聚焦算法的可行性，本节进行仿真实验，实验中 SAR 系统工作在 Ka 波段，采用正下视的工作模式，系统主要参数如表 7.4 所列。

表 7.4　阵列三维 SAR 系统仿真参数

系统参数	数值
发射信号载频	37.5GHz
发射信号带宽	0.45GHz
平台飞行高度	1000m
沿航向合成孔径长度	3m
跨航向天线阵列长度	3m
沿航向采样点数	64
跨航向采样点数	64
距离向采样点数	256

仿真实验中合成的二维面阵为均匀面阵，如图 7.23 所示，面阵中心的坐标为(0,0,1000)，记由阵元位置构成的 APC 数据为 $\boldsymbol{P}_s$，面阵的正下方为成像区域，在成像区域内设置 4 个点目标，其三维空间位置如图 7.23 和图 7.24 所示，坐标分别为(0,0,5)、(5,0,0)、(−5,0,0)、(0,0,−5)。

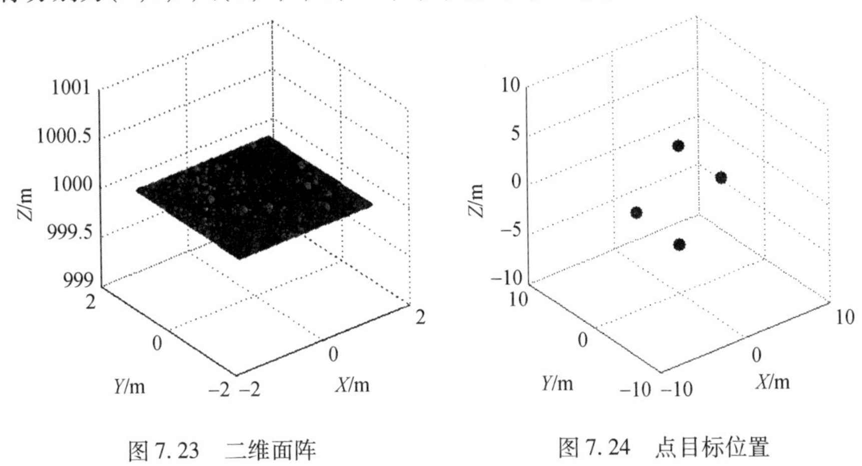

图 7.23　二维面阵　　　图 7.24　点目标位置

4 个点目标的后向散射系数均设为 1，通过回波仿真得到原始回波数据，再进行距离压缩，得到距离压缩后的回波数据，记为 $\boldsymbol{E}$，$\boldsymbol{E}$ 为二维复矩阵，为了便于后续成像处理，回波也是按图 7.19 所示跨航向先序的方式存储成线性的，所以 $\boldsymbol{E}$ 的行数为沿航向采样点数与跨航向采样点数的乘积，列数为距离向采样点数，为了表述方便，之后将沿航向和跨航向统称为阵列向。

利用 APC 轨迹 $\boldsymbol{P}_s$ 和距离压缩回波 $\boldsymbol{E}$，按三维 BP 算法步骤对场景进行无误差三维 BP 成像，成像的场景大小为 20m × 20m × 20m，三维网格点规模为 40 × 40 × 40，结果如图 7.25(a)所示，其中 X、Y、Z 方向分别为沿航向、跨航向、距离向，从成像结果可看出 4 个点目标聚焦良好，无任何散焦现象，图 7.25(b)为图

7.25(a)沿跨航向(Y方向)的侧视图,可看出4个点目标三维成像的空间位置也与实际位置相符,所以,在无相位误差的情况下,三维BP算法能够准确地对场景进行聚焦成像。

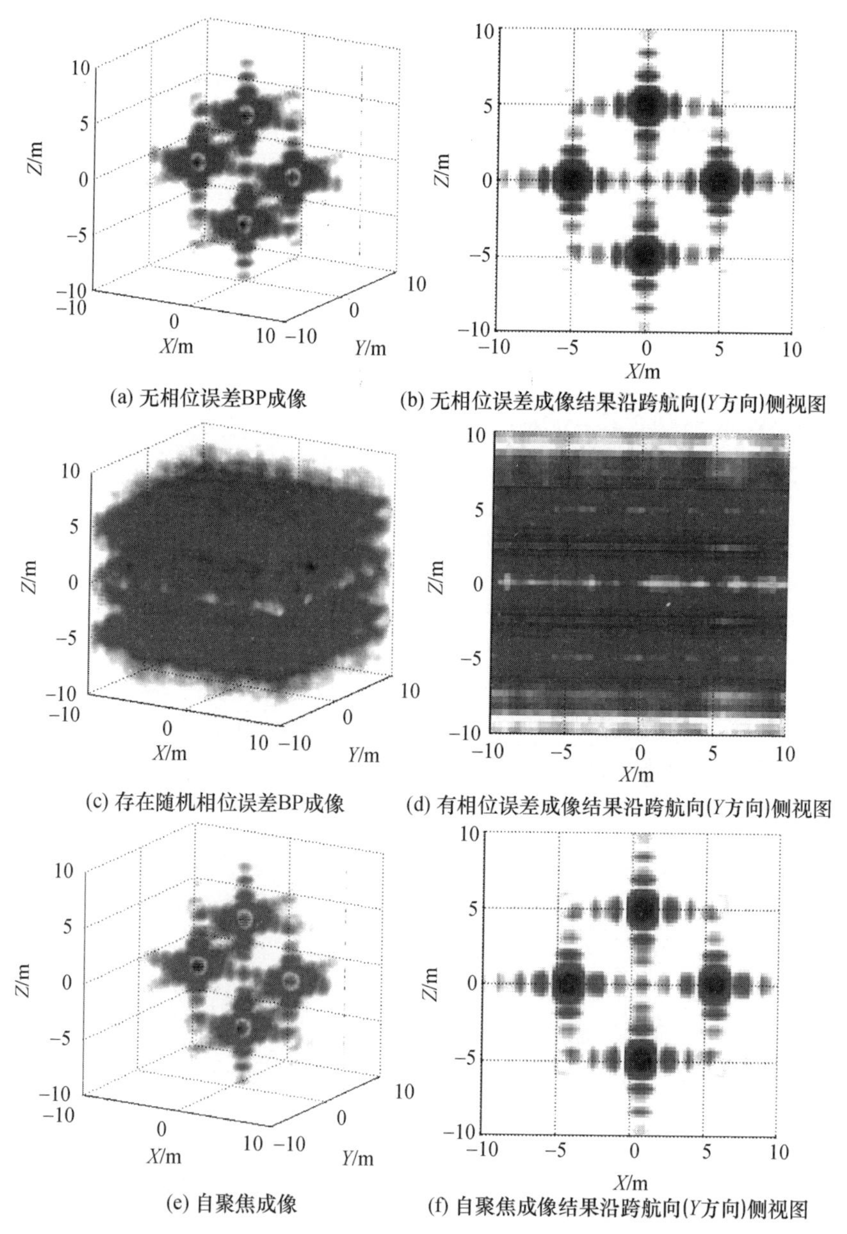

图7.25　基于相位误差估计的三维BP自聚焦算法仿真实验结果

在实际三维成像时,平动误差、转动误差和天线相位中心等效误差是同时存在的,这样导致合成的二维面阵中每个阵元对应的位置误差是不同的,反映到回波数据 $\boldsymbol{E}$ 中就是每个阵列向存在一个独立的相位误差,为了在仿真时模拟这种误差,可在 $\boldsymbol{E}$ 中混入 $[-\pi,\pi]$ 均匀分布的随机相位误差,记混入误差的回波数据为 $\widetilde{\boldsymbol{E}}$,然后再进行一次三维 BP 成像,为了减少用于自聚焦的目标点数,以加快自聚焦算法的速度,可以划分较粗的 BP 网格,在成像区域大小不变的情况下减少网格点数,网格点规模缩减为 25×25×25,结果如图 7.25(c)所示,可看到成像结果完全散焦,且在沿航向和跨航向的散焦更为严重,图 7.25(d)为有误差成像的 Y 方向侧视图。

接下来,对有相位误差的回波数据 $\widetilde{\boldsymbol{E}}$ 进行自聚焦成像。由于散焦较严重,所以是选择全场景点自聚焦,设置迭代次数为 5 次,记录每次迭代后图像的相对锐度,相对锐度定义为

$$p_i = \frac{s_i}{s_0} \cdot 100\% \tag{7.100}$$

式中:s_i 为第 i 次迭代后三维图像的"锐度"值;s_0 为无相位误差成像下三维图像的锐度,相对锐度越大,说明越接近无误差时的成像结果,聚焦效果越好。

每次迭代的三维图像相对锐度值变化情况如图 7.26 所示,可直观的看出此自聚焦算法的收敛速度非常快,基本上 3 次迭代后图像的锐度就和无误差时接近了,5 次迭代后图像的相对"锐度"基本达到 100% 。自聚焦后的成像结果如图 7.25(e)所示,可看到聚焦效果与图 7.25(c)相比大幅改良,图 7.25(f)为 4 个点目标聚焦良好,与无误差成像结果基本一致,验证了此自聚焦算法的有效性,同时也证实了图像的锐度的确能反映图像的聚焦效果。

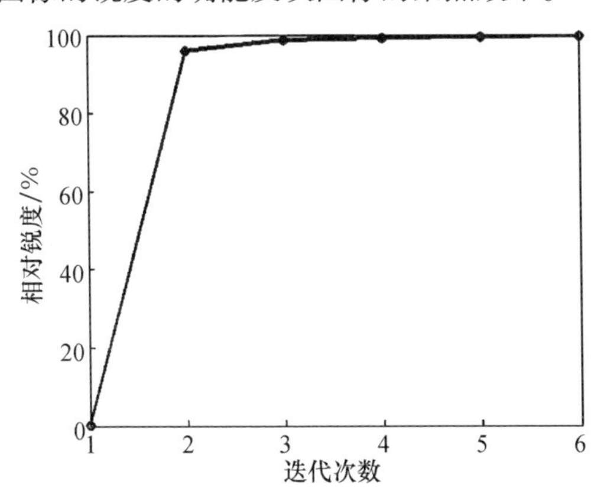

图 7.26　每次迭代图像的相对锐度值

图 7.27 画出了此次仿真实验自聚焦算法估计的相位误差与实际混入相位误差的对比图,为了便于展示,仅选择了第 100 ~ 第 200 个阵列向作为代表。图

中实线为实际混入的相位误差,虚线为本节算法估计的相位误差,可看出两曲线变化趋势较接近,在少部分点处会有偏差,说明本方法能较准确地估计相位误差。

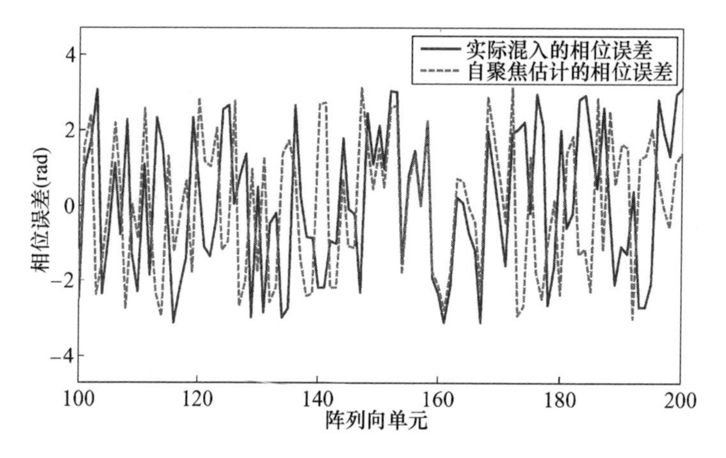

图 7.27　混入相位误差与估计相位误差对比

上述仿真实验验证了在混入随机相位误差的情况下该算法的自聚焦效果,但系统混入的误差有多种,从高阶到低阶都有,所以需要验证该算法在混入不同类型相位误差下的聚焦性能。

图 7.28 为加入二次项相位误差的仿真结果,由于其他参数均不变,仅改变混入的相位误差,所以无误差的成像结果与图 7.25(a)相同,图 7.28(a)中实线为系统实际混入误差,取值的范围为[0,2π],图 7.28(b)为有二次项相位误差时的成像结果,点目标完全散焦,在沿航向的散焦最严重,然后用本节自聚焦算法处理后成像结果如图 7.28(c)所示,此时点目标聚焦良好,图 7.28(a)中虚线为自聚焦迭代 5 次后估计的相位,可看出估计的相位误差曲线与实际混入的误差曲线形状基本一致,只是有一个相对平移,这是由混入的相位误差均值非零导致的,使估计的相位与实际相位相差一个常数的初始相位,这在聚集后的成像结果中表现为图像的整体平移,图 7.28(d)为自聚焦成像结果沿 Y 方向(跨航向)侧视图,可看出 4 个点目标沿 X 方向(沿航向)有一个整体的平移,但点目标间的相对位置不变,并不影响聚焦效果,所以该自聚焦算法能够有效地估计二次项相位误差。

另一种实际中比较常见的误差是高频相位误差,如阵元的抖动就会引入此类误差,我们在回波中混入正弦扰动的相位误差来模拟,如图 7.29(a)中的实线所示,有误差成像结果如图 7.29(b)所示,点目标出现严重散焦,无法确认点目标的空间位置,用本自聚焦算法估计的相位误差如图 7.29(a)中的虚线所示,估计的误差曲线与混入的误差曲线基本重合,说明估计的相位非常准确,补偿后相

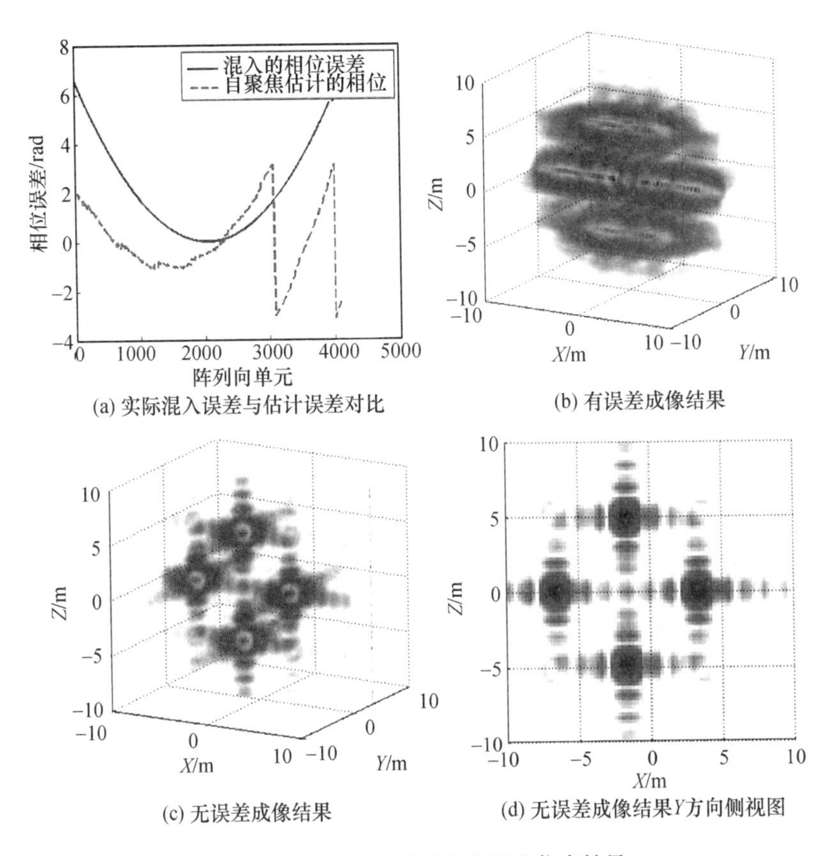

(a) 实际混入误差与估计误差对比　(b) 有误差成像结果

(c) 无误差成像结果　(d) 无误差成像结果Y方向侧视图

图 7.28　混入二次项相位误差仿真结果

位误差后成像结果如图 7.29(c)所示,4 个点目标重新聚焦良好,基本与无误差成像结果接近,图 7.29(d)为自聚焦成像结果沿 Y 方向的侧视图,可看出 4 个点目标的空间位置与无误差成像时一致,没有整体的平移,所以本自聚焦算法对高频相位误差有良好的聚焦性能。

通过上述仿真实验,验证了该自聚焦算法对随机误差、二次项误差和高频误差均有良好的聚焦性能,反映了该自聚焦算法具有较强的鲁棒性。同时,该自聚焦算法的收敛速度很快,上述 3 次仿真实验最大迭代次数均设置为 5 次,基本上 3 次迭代算法就已经收敛,所以基于相位误差估计的三维 SAR 自聚焦算法在成像场景较小的情况下有良好的自聚焦性能,但它的缺点是无法估计空变的误差,所以在大场景下自聚焦的性能会下降;而且,该算法的存储需求很大,原本三维 SAR 成像的数据量就非常大,再加上该自聚焦算法需要存储每个像素点在所有阵列向的后向投影值,存储规模为 $M \times N_s$,所以,对于实际的大场景三维 SAR 成像,该自聚焦算法将不再适用,需要研究新的三维自聚焦算法。

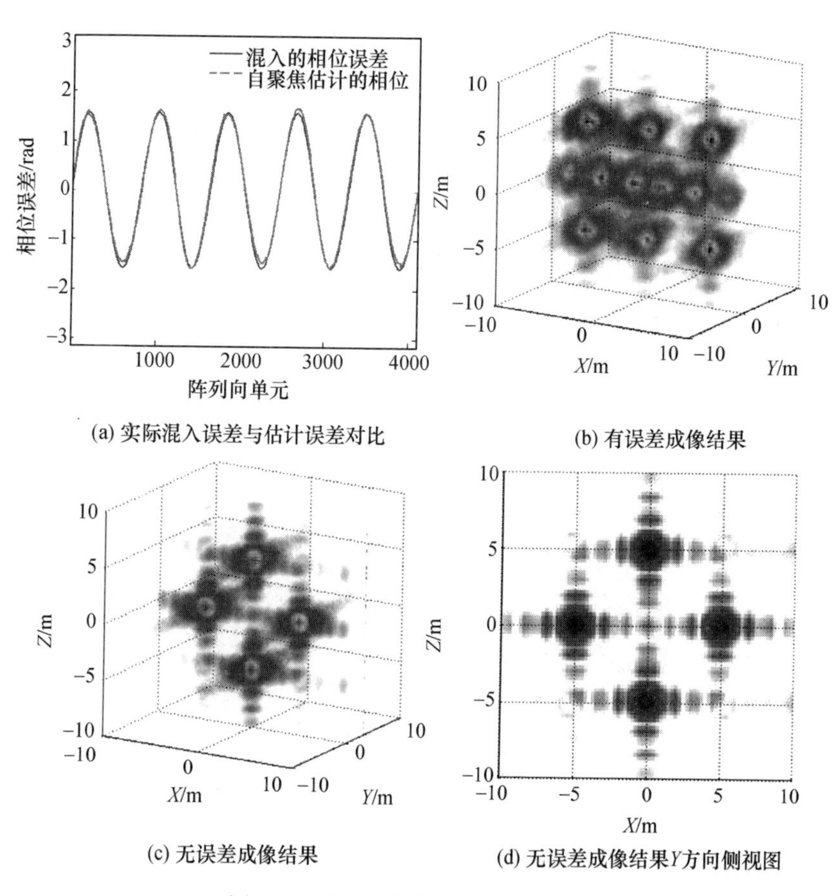

(a) 实际混入误差与估计误差对比
(b) 有误差成像结果
(c) 无误差成像结果
(d) 无误差成像结果Y方向侧视图

图 7.29 混入高频相位误差仿真结果

7.4 稀疏自聚焦算法

当三维 SAR 回波数据是全采样时，基于模型松弛 ML 自聚焦方法可以获得较好的自聚焦成像结果，但是当回波数据欠采样时传统自聚焦成像的性能就会急剧下降，不适用于欠采样条件下的三维 SAR 稀疏成像。为了估计和校正稀疏欠采样情况下阵列三维 SAR 的相位误差，提高阵列三维 SAR 稀疏成像质量，本节结合阵列三维 SAR 回波信号和相位误差的先验概率分布函数，介绍了一种基于贝叶斯迭代最小化的阵列三维 SAR 自聚焦稀疏成像算法。

7.4.1 稀疏贝叶斯迭代

根据阵列三维 SAR 回波模型的先验概率分布，对于未知目标散射系数 $\boldsymbol{\alpha}$、噪声方差 β 和相位误差矩阵 $\boldsymbol{R}(\boldsymbol{\phi})$，可假设阵列三维 SAR 回波信号 $\boldsymbol{y}_s$ 的后验概

率密度函数 $f(\boldsymbol{y}_s|\boldsymbol{\alpha},\beta,\boldsymbol{\phi})$ 服从复高斯随机分布，表示为

$$f(\boldsymbol{y}_s|\boldsymbol{\alpha},\beta,\boldsymbol{\phi}) \sim \mathcal{CN}(\boldsymbol{R}(\boldsymbol{\phi})\boldsymbol{\Theta\alpha},\beta\boldsymbol{I}) \tag{7.101}$$

对于目标散射系数 $\boldsymbol{\alpha}$，可假设目标散射系数 $\boldsymbol{\alpha}$ 每一个元素 α_m 服从独立同分布，未知目标散射系数 $\boldsymbol{\alpha}$ 的先验概率分布函数可以表示为

$$f(\boldsymbol{\alpha}) \propto \prod_{m=1}^{M} f(\alpha_m) \tag{7.102}$$

式中：$f(\boldsymbol{\alpha})$ 为散射系数向量 $\boldsymbol{\alpha}$ 的先验概率分布函数；$f(\alpha_m)$ 为 $\boldsymbol{\alpha}$ 中第 m 个元素的先验概率分布函数。对于雷达图像，通常可简单假设 $f(\alpha_m)$ 服从以下分布，即

$$f(\alpha_m) \propto \exp\left(-\frac{2}{p}(|\alpha_m|^p - 1)\right) \tag{7.103}$$

式中：$0 \leqslant p \leqslant 1$。当 $p=1$ 时，先验概率函数 $f(\alpha_m)$ 则为 SAR 图像特征统计中广泛应用的 Laplacian 函数，并且 p 值越小，对应图像越稀疏。

对于测量回波信号 $\boldsymbol{y}_s$ 中的噪声功率 β，由于 β 值 $\beta \in [0,\infty]$，因此可假设 β 的先验概率分布函数为

$$f(\beta) \propto 1 \tag{7.104}$$

式中：$f(\beta)$ 为 β 在 $[0,\infty]$ 具有相同概率。

对于阵列三维 SAR 中的相位误差向量 $\boldsymbol{\phi}$，可以假设相位误差向量 $\boldsymbol{\phi}$ 每一个元素 ϕ_n 服从独立同分布，并且元素 ϕ_n 在 $[-\pi,\pi]$ 区间上服从均匀随机分布，因此相位误差向量 $\boldsymbol{\phi}$ 先验概率分布函数可表示为

$$f(\boldsymbol{\phi}) \propto \prod_{n=1}^{N} f(\phi_n) \tag{7.105}$$

$$f(\phi_n) \propto \frac{1}{2\pi} \tag{7.106}$$

根据贝叶斯准则，得到散射系数 $\boldsymbol{\alpha}$ 后验概率密度函数 $f(\boldsymbol{\alpha}|\boldsymbol{y}_s,\beta,\boldsymbol{\phi})$ 为

$$\begin{aligned} f(\boldsymbol{\alpha}|\boldsymbol{y}_s,\beta,\boldsymbol{\phi}) &\propto f(\boldsymbol{y}_s|\boldsymbol{\alpha},\beta)f(\boldsymbol{\alpha})f(\beta)f(\boldsymbol{\phi}) \\ &= \frac{1}{(2\pi\beta)^{N/2}}\exp\left[-\frac{\|\boldsymbol{y}_s - \boldsymbol{R}(\boldsymbol{\phi})\boldsymbol{\Theta\alpha}\|_2^2}{2\beta}\right]\prod_{m=1}^{M}\exp\left[-\frac{2}{p}(|\alpha_m|^p - 1)\right]\prod_{m=1}^{N}\left(\frac{1}{2\pi}\right) \end{aligned} \tag{7.107}$$

计算式（7.101）中 $f(\boldsymbol{\alpha}|\boldsymbol{y}_s,\beta,\boldsymbol{\phi})$ 的似然函数，得到

$$\ln f(\boldsymbol{\alpha}|\boldsymbol{y}_s,\beta,\boldsymbol{\phi}) = \text{const} - \frac{N\ln\beta}{2} - \frac{\|\boldsymbol{y}_s - \boldsymbol{R}(\boldsymbol{\phi})\boldsymbol{\Theta\alpha}\|_2^2}{\beta} - \sum_{m=1}^{M}\frac{2}{p}(|\alpha_m|^p - 1) \tag{7.108}$$

其中常数项 $\text{const} = -3N\ln 2\pi/2$，忽略常数项 const 的影响，式（7.108）可表示为

$$\mathcal{L}(\boldsymbol{\alpha},\beta,\boldsymbol{\phi}) \triangleq -\left[\frac{N\ln\beta}{2} + \sum_{m=1}^{M}\frac{2}{p}(|\alpha_m|^p - 1) + \frac{\|\boldsymbol{y}_s - \boldsymbol{R}(\boldsymbol{\phi})\boldsymbol{\Theta}\boldsymbol{\alpha}\|_2^2}{\beta}\right] \tag{7.109}$$

则散射系数向量 $\boldsymbol{\alpha}$、噪声方差 β 和相位误差向量 $\boldsymbol{\phi}$ 可利用 ML 准则进行估计

$$\begin{aligned}(\hat{\boldsymbol{\alpha}},\hat{\beta},\hat{\boldsymbol{\phi}}) &= \arg\max_{\boldsymbol{\alpha},\beta,\boldsymbol{\phi}}\mathcal{L}(\boldsymbol{\alpha},\beta,\boldsymbol{\phi}) \\ &= \arg\min_{\boldsymbol{\alpha},\beta,\boldsymbol{\phi}}\left(\frac{N\ln\beta}{2} + \sum_{m=1}^{M}\frac{2}{p}(|\alpha_m|^p - 1) + \frac{1}{\beta}\|\boldsymbol{y}_s - \boldsymbol{R}(\boldsymbol{\phi})\boldsymbol{\Theta}\boldsymbol{\alpha}\|_2^2\right)\end{aligned} \tag{7.110}$$

根据式(7.109),定义代价函数 $J_p(\boldsymbol{\alpha},\beta,\boldsymbol{\phi})$ 为

$$J_p(\boldsymbol{\alpha},\beta,\boldsymbol{\phi}) \triangleq N\ln\beta + \sum_{m=1}^{M}\frac{2}{p}(|\alpha_m|^p - 1) + \frac{1}{\beta}\|\boldsymbol{y}_s - \boldsymbol{R}(\boldsymbol{\phi})\boldsymbol{\Theta}\boldsymbol{\alpha}\|_2^2 \tag{7.111}$$

式中:代价函数 $J_p(\boldsymbol{\alpha},\beta,\boldsymbol{\phi})$ 中 $\|\boldsymbol{y}_s - \boldsymbol{R}(\boldsymbol{\phi})\boldsymbol{\Theta}\boldsymbol{\alpha}\|_2^2/\beta$ 是未知量 $\boldsymbol{\alpha}$、β 和 $\boldsymbol{\phi}$ 估计精度检测因子,而 $\sum_{m=1}^{M}2(|\alpha_m|^p - 1)/p$ 是散射系数向量 $\boldsymbol{\alpha}$ 的稀疏约束因子。

根据 SBRIM 算法,如果给定 $\boldsymbol{\alpha}$、β 和 $\boldsymbol{\phi}$ 初始值,则可以通过迭代最优化方法求解未知量 $\boldsymbol{\alpha}$、β 和 $\boldsymbol{\phi}$ 最优估计值。因此,基于贝叶斯准则和迭代最优化估计方法,本节介绍一种基于迭代最小化的稀疏贝叶斯重构自聚焦(SAFBRIM)算法。在每一次迭代过程中,SAFBRIM 算法主要包含三个步骤:①先固定噪声方差 β 和相位误差向量 $\boldsymbol{\phi}$,估计散射系数向量 $\hat{\boldsymbol{\alpha}}$;②然后固定散射稀疏 $\hat{\boldsymbol{\alpha}}$ 和相位误差 $\boldsymbol{\phi}$,估计噪声方差 $\hat{\beta}$;③最后利用 $\hat{\boldsymbol{\alpha}}$ 和 $\hat{\beta}$ 来估计相位误差向量 $\boldsymbol{\phi}$。SAFBRIM 自聚焦算法的主要处理步骤如下。

(1) 固定噪声方差 β 和相位误差向量 $\boldsymbol{\phi}$ 来估计散射系数向量 $\hat{\boldsymbol{\alpha}}$。

假设 $\hat{\boldsymbol{\alpha}}^{(t)}$、$\hat{\beta}^{(t)}$ 和 $\hat{\boldsymbol{\phi}}(t)$ 为 SAFBRIM 自聚焦算法第 t 次迭代的估计值,第 $t+1$ 次迭代 $\hat{\boldsymbol{\alpha}}^{(t+1)}$ 的最优化估计可以通过代价函数 $J_p(\boldsymbol{\alpha},\hat{\beta}^{(t)},\hat{\boldsymbol{\phi}}^{(t)})$ 最小化得到

$$\begin{aligned}\boldsymbol{\alpha}^{(t+1)} &= \arg\min_{\boldsymbol{\alpha}} J_p(\boldsymbol{\alpha},\hat{\beta}^{(t)},\hat{\boldsymbol{\phi}}^{(t)}) \\ &= \arg\min_{\boldsymbol{\alpha}}\left[\sum_{m=1}^{M}\frac{2}{p}(|\alpha_m|^p - 1) + \frac{1}{\hat{\beta}^{(t)}}\|\boldsymbol{y}_s - \boldsymbol{R}(\hat{\boldsymbol{\phi}}^{(t)})\boldsymbol{\Theta}\boldsymbol{\alpha}\|_2^2\right]\end{aligned} \tag{7.112}$$

令 $\partial J_p(\boldsymbol{\alpha},\hat{\beta}^{(t)},\hat{\boldsymbol{\phi}}^{(t)})/\partial\boldsymbol{\alpha} = 0$,因为 $\boldsymbol{R}^{\mathrm{H}}(\hat{\boldsymbol{\phi}}^{(t)})\boldsymbol{R}(\hat{\boldsymbol{\phi}}^{(t)}) = \boldsymbol{I}$,得到

$$0 = \frac{\partial J_p(\boldsymbol{\alpha},\hat{\beta}^{(t)},\hat{\boldsymbol{\phi}}^{(t)})}{\partial\boldsymbol{\alpha}}$$

$$=\frac{2\boldsymbol{\Theta}^{\mathrm{H}}\boldsymbol{\Theta}\boldsymbol{\alpha}}{\hat{\beta}^{(t)}}-\frac{2\boldsymbol{\Theta}^{\mathrm{H}}\boldsymbol{R}(\hat{\boldsymbol{\phi}}^{(t)})\boldsymbol{y}_{\mathrm{s}}}{\hat{\beta}^{(t)}}+2\boldsymbol{B}(\boldsymbol{\alpha})\boldsymbol{\alpha}$$

$$=2\left[\frac{\boldsymbol{\Theta}^{\mathrm{H}}\boldsymbol{\Theta}}{\hat{\beta}^{(t)}}+\boldsymbol{B}(\boldsymbol{\alpha})\right]\boldsymbol{\alpha}-\frac{2}{\hat{\beta}^{(t)}}\boldsymbol{\Theta}^{\mathrm{H}}\boldsymbol{R}(\hat{\boldsymbol{\phi}}^{(t)})\boldsymbol{y}_{\mathrm{s}} \tag{7.113}$$

则有

$$[\boldsymbol{\Theta}^{\mathrm{H}}\boldsymbol{\Theta}+\hat{\beta}^{(t)}\boldsymbol{B}(\boldsymbol{\alpha})]\boldsymbol{\alpha}=\boldsymbol{\Theta}^{\mathrm{H}}\boldsymbol{R}(\hat{\boldsymbol{\phi}}^{(t)})\boldsymbol{y}_{\mathrm{s}} \tag{7.114}$$

式中:矩阵 $\boldsymbol{B}(\boldsymbol{\alpha})$ 为对角矩阵,表达式为

$$\boldsymbol{B}(\boldsymbol{\alpha})=\begin{bmatrix}|\alpha_1|^{p-1} & 0 & \cdots & 0\\ 0 & |\alpha_2|^{p-1} & \cdots & 0\\ \vdots & \vdots & \ddots & \vdots\\ 0 & 0 & \cdots & |\alpha_M|^{p-1}\end{bmatrix} \tag{7.115}$$

为了避免 $\alpha_m=0$ 时矩阵 $\boldsymbol{B}(\boldsymbol{\alpha})$ 不可逆,可利用 $\boldsymbol{\alpha}+\eta$ 对 $\boldsymbol{B}(\boldsymbol{\alpha})$ 进行平滑,$\boldsymbol{B}(\boldsymbol{\alpha})=\mathrm{diag}\{(|\boldsymbol{\alpha}|^2+\eta)^{p/2-1}\}$,$\eta$ 为一个很小的正数。由于式(7.115)中 $\boldsymbol{B}(\boldsymbol{\alpha})$ 是 $\boldsymbol{\alpha}$ 的非线性函数,直接求解 $\boldsymbol{\alpha}$ 比较困难。利用迭代逼近方法可有效估计等式(7.115)中近似解。在迭代逼近方法中,对于每一次迭代,式(7.115)近似为以下线性求解问题

$$(\boldsymbol{\Theta}^{\mathrm{H}}\boldsymbol{\Theta}+\hat{\beta}^{(t)}\boldsymbol{B}(\hat{\boldsymbol{\alpha}}^{(t)}))\hat{\boldsymbol{\alpha}}^{(t+1)}=\boldsymbol{\Theta}^{\mathrm{H}}\boldsymbol{R}(\hat{\boldsymbol{\phi}}^{(t)})\boldsymbol{y}_{\mathrm{s}} \tag{7.116}$$

于是得到

$$\hat{\boldsymbol{\alpha}}^{(t+1)}=(\boldsymbol{\Theta}^{\mathrm{H}}\boldsymbol{\Theta}+\hat{\beta}^{(t)}\boldsymbol{B}(\hat{\boldsymbol{\alpha}}^{(t)}))^{-1}\boldsymbol{\Theta}^{\mathrm{H}}\boldsymbol{R}(\hat{\boldsymbol{\phi}}^{(t)})\boldsymbol{y}_{\mathrm{s}} \tag{7.117}$$

式中:$\hat{\boldsymbol{\alpha}}^{(t)}$ 为算法第 t 次迭代得到的散射系数估计向量。

(2) 固定散射系数向量 $\hat{\boldsymbol{\alpha}}$ 和相位误差向量 $\hat{\boldsymbol{\phi}}$ 来估计噪声方差 $\hat{\beta}$。

获得散射系数向量 $\hat{\boldsymbol{\alpha}}^{(t+1)}$ 后,第 $t+1$ 次迭代 $\hat{\beta}^{(t+1)}$ 可以利用代价函数 $J_p(\boldsymbol{\alpha}^{(t+1)},\beta,\hat{\boldsymbol{\phi}}^{(t)})$ 的最小化进行估计

$$\beta^{(t+1)}=\arg\min_{\beta}J_p(\hat{\boldsymbol{\alpha}}^{(t+1)},\beta,\hat{\boldsymbol{\phi}}^{(t)})$$

$$=\arg\min_{\beta}\left[N\ln\beta+\frac{1}{\beta}\|\boldsymbol{y}_{\mathrm{s}}-\boldsymbol{R}(\hat{\boldsymbol{\phi}}^{(t)})\boldsymbol{\Theta}\hat{\boldsymbol{\alpha}}^{(t+1)}\|_2^2\right] \tag{7.118}$$

令 $\partial J_p(\hat{\boldsymbol{\alpha}}^{(t+1)},\beta,\hat{\boldsymbol{\phi}}^{(t)})/\partial\beta=0$,得到

$$\frac{\partial J_p(\hat{\boldsymbol{\alpha}}^{(t+1)},\beta,\hat{\boldsymbol{\phi}}^{(t)})}{\partial\beta}=\frac{N}{\beta}-\frac{1}{\beta^2}\|\boldsymbol{y}_{\mathrm{s}}-\boldsymbol{R}(\hat{\boldsymbol{\phi}}^{(t)})\boldsymbol{\Theta}\hat{\boldsymbol{\alpha}}^{(t+1)}\|_2^2=0 \tag{7.119}$$

则有

$$\hat{\beta}^{(t+1)}=\|\boldsymbol{y}_s-\boldsymbol{R}(\hat{\boldsymbol{\phi}}^{(t)})\boldsymbol{\Theta}\hat{\boldsymbol{\alpha}}^{(t+1)}\|_2^2/N \tag{7.120}$$

(3) 固定散射稀疏向量 $\hat{\boldsymbol{\alpha}}$ 和噪声方差 $\hat{\beta}$ 来估计相位误差向量 $\hat{\boldsymbol{\phi}}$。

获得散射系数向量 $\hat{\boldsymbol{\alpha}}^{(t+1)}$ 和 $\hat{\beta}^{(t+1)}$ 后,第 $t+1$ 次迭代 $\hat{\boldsymbol{\phi}}^{(t+1)}$ 可以利用代价函数 $J_p(\boldsymbol{\alpha}^{(t+1)},\hat{\beta}^{(t+1)},\hat{\boldsymbol{\phi}})$ 最小化进行估计,即

$$\begin{aligned}\hat{\boldsymbol{\phi}}^{(t+1)} &= \arg\min_{\boldsymbol{\phi}} J_p(\hat{\boldsymbol{\alpha}}^{(t+1)},\hat{\beta}^{(t+1)},\boldsymbol{\phi}) \\ &= \arg\min_{\boldsymbol{\phi}}\left[\frac{1}{\hat{\beta}^{(t+1)}}\|\boldsymbol{y}_s-\boldsymbol{R}(\boldsymbol{\phi})\boldsymbol{\Theta}\hat{\boldsymbol{\alpha}}^{(t+1)}\|_2^2\right]\end{aligned} \tag{7.121}$$

因为

$$\begin{aligned}&\|\boldsymbol{y}_s-\boldsymbol{R}(\boldsymbol{\phi})\boldsymbol{\Theta}\hat{\boldsymbol{\alpha}}^{(t+1)}\|_2^2 \\ &=[\boldsymbol{y}_s-\boldsymbol{R}(\boldsymbol{\phi})\boldsymbol{\Theta}\hat{\boldsymbol{\alpha}}^{(t+1)}]^{\mathrm{H}}[\boldsymbol{y}_s-\boldsymbol{R}(\boldsymbol{\phi})\boldsymbol{\Theta}\hat{\boldsymbol{\alpha}}^{(t+1)}] \\ &=\boldsymbol{y}_s^{\mathrm{H}}\boldsymbol{y}_s-\boldsymbol{y}_s^{\mathrm{H}}\boldsymbol{R}(\boldsymbol{\phi})\boldsymbol{\Theta}\hat{\boldsymbol{\alpha}}^{(t+1)}-(\hat{\boldsymbol{\alpha}}^{(t+1)})^{\mathrm{H}}\boldsymbol{\Theta}^{\mathrm{H}}\boldsymbol{R}^{\mathrm{H}}(\boldsymbol{\phi})\boldsymbol{y}_s+(\hat{\boldsymbol{\alpha}}^{(t+1)})^{\mathrm{H}}\boldsymbol{\Theta}^{\mathrm{H}}\boldsymbol{\Theta}\hat{\boldsymbol{\alpha}}^{(t+1)}\end{aligned} \tag{7.122}$$

令向量 $\boldsymbol{\gamma}=\exp(-\mathrm{j}\boldsymbol{\phi})$,矩阵 $\boldsymbol{Y}=\mathrm{diag}(\boldsymbol{y}_s)$,则有

$$\boldsymbol{y}_s^{\mathrm{H}}\boldsymbol{R}(\boldsymbol{\phi})\boldsymbol{\Theta}\hat{\boldsymbol{\alpha}}^{(t+1)}=\mathrm{conj}(\boldsymbol{\gamma}^{\mathrm{T}})\boldsymbol{Y}^{\mathrm{H}}\boldsymbol{\Theta}\hat{\boldsymbol{\alpha}}^{(t+1)} \tag{7.123}$$

$$(\hat{\boldsymbol{\alpha}}^{(t+1)})^{\mathrm{H}}\boldsymbol{\Theta}^{\mathrm{H}}\boldsymbol{R}^{\mathrm{H}}(\boldsymbol{\phi})\boldsymbol{y}_s=(\hat{\boldsymbol{\alpha}}^{(t+1)})^{\mathrm{H}}\boldsymbol{\Theta}^{\mathrm{H}}\boldsymbol{Y}\boldsymbol{\gamma} \tag{7.124}$$

式中:conj(·)为共轭函数符号,将式(7.123)和式(7.124)代入式(7.122),可以得到

$$\begin{aligned}&\|\boldsymbol{y}_s-\boldsymbol{R}(\boldsymbol{\phi})\boldsymbol{\Theta}\hat{\boldsymbol{\alpha}}^{(t+1)}\|_2^2 \\ &=\boldsymbol{y}_s^{\mathrm{H}}\boldsymbol{y}_s-\mathrm{conj}(\boldsymbol{\gamma}^{\mathrm{T}})\boldsymbol{Y}^{\mathrm{H}}\boldsymbol{\Theta}\hat{\boldsymbol{\alpha}}^{(t+1)}-(\hat{\boldsymbol{\alpha}}^{(t+1)})^{\mathrm{H}}\boldsymbol{\Theta}^{\mathrm{H}}\boldsymbol{Y}\boldsymbol{\gamma}+(\hat{\boldsymbol{\alpha}}^{(t+1)})^{\mathrm{H}}\boldsymbol{\Theta}^{\mathrm{H}}\boldsymbol{\Theta}\hat{\boldsymbol{\alpha}}^{(t+1)}\end{aligned} \tag{7.125}$$

令 $\partial J_p(\boldsymbol{\alpha}^{(t+1)},\hat{\beta}^{(t+1)},\hat{\boldsymbol{\phi}})/\partial\boldsymbol{\phi}$,得到

$$\begin{aligned}0&=\frac{\partial J_p(\hat{\boldsymbol{\alpha}}^{(t+1)},\hat{\beta}^{(t+1)},\boldsymbol{\phi})}{\partial\boldsymbol{\phi}} \\ &=\mathrm{j}(\hat{\boldsymbol{\alpha}}^{(t+1)})^{\mathrm{H}}\boldsymbol{\Theta}^{\mathrm{H}}\boldsymbol{Y}\boldsymbol{\gamma}-\mathrm{j}\,\mathrm{conj}(\boldsymbol{\gamma}^{\mathrm{T}})\boldsymbol{Y}^{\mathrm{H}}\boldsymbol{\Theta}\hat{\boldsymbol{\alpha}}^{(t+1)}\end{aligned} \tag{7.126}$$

假设向量 $\boldsymbol{\chi}=\boldsymbol{Y}^{\mathrm{H}}\boldsymbol{\Theta}\hat{\boldsymbol{\alpha}}^{(t+1)}$,则有

$$\begin{aligned}&(\hat{\boldsymbol{\alpha}}^{(t+1)})^{\mathrm{H}}\boldsymbol{\Theta}^{\mathrm{H}}\boldsymbol{Y}\boldsymbol{\gamma}-\mathrm{conj}(\boldsymbol{\gamma}^{\mathrm{T}})\boldsymbol{Y}^{\mathrm{H}}\boldsymbol{\Theta}\hat{\boldsymbol{\alpha}}^{(t+1)} \\ &=\boldsymbol{\chi}^{\mathrm{H}}\boldsymbol{\gamma}-\mathrm{conj}(\boldsymbol{\gamma}^{\mathrm{T}})\boldsymbol{\chi}\end{aligned}$$

$$
\begin{aligned}
&= [\mathrm{Re}(\boldsymbol{\chi}) - \mathrm{jIm}(\boldsymbol{\chi})]^{\mathrm{T}}[\mathrm{Re}(\boldsymbol{\gamma}) + \mathrm{jIm}(\boldsymbol{\gamma})] \\
&- [\mathrm{Re}(\boldsymbol{\gamma}) - \mathrm{jIm}(\boldsymbol{\gamma})]^{\mathrm{T}}[\mathrm{Re}(\boldsymbol{\chi}) + \mathrm{jIm}(\boldsymbol{\chi})] \\
&= \mathrm{j}2[\mathrm{Re}(\boldsymbol{\chi})^{\mathrm{T}}\mathrm{Im}(\boldsymbol{\gamma}) - \mathrm{Im}(\boldsymbol{\chi})^{\mathrm{T}}\mathrm{Re}(\boldsymbol{\chi})] \\
&= \mathrm{j}2\,|\boldsymbol{\chi}|^{\mathrm{T}}[\cos(\angle\boldsymbol{\chi})\sin(\angle\boldsymbol{\gamma}) - \sin(\angle\boldsymbol{\chi})\cos(\angle\boldsymbol{\gamma})] \\
&= \mathrm{j}2\,|\boldsymbol{\chi}|^{\mathrm{T}}\sin(\angle\boldsymbol{\chi} - \angle\boldsymbol{\gamma})
\end{aligned} \tag{7.127}
$$

根据式(7.127)，只要$\angle\boldsymbol{\gamma} = \angle\boldsymbol{\chi}$，则$2|\boldsymbol{\chi}|^{\mathrm{T}}\sin(\angle\boldsymbol{\chi} - \angle\boldsymbol{\gamma})$值为零，即得到$\partial J_p(\boldsymbol{\alpha}^{(t+1)},\hat{\beta}^{(t+1)},\hat{\boldsymbol{\phi}})/\partial\boldsymbol{\phi} = 0$。所以，得到相位误差向量$\hat{\boldsymbol{\phi}}^{(t+1)}$为

$$
\hat{\boldsymbol{\phi}}^{(t+1)} = -\angle\boldsymbol{\gamma} = -\angle\boldsymbol{\chi} = -\angle\boldsymbol{Y}^{\mathrm{H}}\boldsymbol{\Theta}\hat{\boldsymbol{\alpha}}^{(t+1)} \tag{7.128}
$$

当散射系数满足条件$\|\boldsymbol{\alpha}^{(t)} - \boldsymbol{\alpha}^{(t-1)}\|_2/\|\boldsymbol{\alpha}^{(t)}\|_2 \geqslant \varepsilon_0$，SAFBRIM 算法迭代结束。

对于 SAFBRIM 算法，代价函数$J_p(\boldsymbol{\alpha}^{(t)},\hat{\beta}^{(t)},\hat{\boldsymbol{\phi}}^{(t)})$会随着迭代次数$t$增加而逐渐减小，具有以下收敛性质。

性质 7.2：令$J_p(\boldsymbol{\alpha}^{(t)},\hat{\beta}^{(t)},\hat{\boldsymbol{\phi}}^{(t)})$表示式(7.111)中的代价函数，$\hat{\boldsymbol{\alpha}}^{(t)}$、$\hat{\beta}^{(t)}$和$\hat{\boldsymbol{\phi}}(t)$为 SAFBRIM 算法第$t$次迭代的估计值，则$J_p(\boldsymbol{\alpha}^{(t)},\hat{\beta}^{(t)},\hat{\boldsymbol{\phi}}^{(t)})$随$t$增加而单调递减，即

$$
J_p(\boldsymbol{\alpha}^{(t+1)},\hat{\beta}^{(t+1)},\hat{\boldsymbol{\phi}}^{(t+1)}) < J_p(\boldsymbol{\alpha}^{(t)},\hat{\beta}^{(t)},\hat{\boldsymbol{\phi}}^{(t)}) \tag{7.129}
$$

证明：假设$\hat{\boldsymbol{\alpha}}^{(t)}$、$\hat{\beta}^{(t)}$和$\hat{\boldsymbol{\phi}}(t)$为 SAFBRIM 算法第$t$次迭代估计值，根据式(7.118)和式(7.121)，第$t+1$次迭代估计值$\hat{\beta}^{(t+1)}$和$\hat{\boldsymbol{\phi}}^{(t+1)}$分别为代价函数$J_p(\hat{\boldsymbol{\alpha}}^{(t+1)},\beta,\hat{\boldsymbol{\phi}}^{(t)})$和$J_p(\hat{\boldsymbol{\alpha}}^{(t+1)},\hat{\beta}^{(t+1)},\boldsymbol{\phi})$最小化时得到的唯一最优解，则有

$$
J_p(\hat{\boldsymbol{\alpha}}^{(t+1)},\beta^{(t+1)},\hat{\boldsymbol{\phi}}^{(t)}) < J_p(\hat{\boldsymbol{\alpha}}^{(t+1)},\beta^{(t)},\hat{\boldsymbol{\phi}}^{(t)}) \tag{7.130}
$$

$$
J_p(\hat{\boldsymbol{\alpha}}^{(t+1)},\beta^{(t+1)},\hat{\boldsymbol{\phi}}^{(t+1)}) < J_p(\hat{\boldsymbol{\alpha}}^{(t+1)},\beta^{(t+1)},\hat{\boldsymbol{\phi}}^{(t)}) \tag{7.131}
$$

通过式(7.130)和式(7.131)，得到

$$
J_p(\hat{\boldsymbol{\alpha}}^{(t+1)},\beta^{(t+1)},\hat{\boldsymbol{\phi}}^{(t+1)}) < J_p(\hat{\boldsymbol{\alpha}}^{(t+1)},\beta^{(t+1)},\hat{\boldsymbol{\phi}}^{(t)}) < J_p(\hat{\boldsymbol{\alpha}}^{(t+1)},\beta^{(t)},\hat{\boldsymbol{\phi}}^{(t)}) \tag{7.132}
$$

根据 SBRIM 算法代价函数性质，在无相位误差向量$\boldsymbol{\phi}$时，得到

$$
J_p(\hat{\boldsymbol{\alpha}}^{(t+1)},\hat{\beta}^{(t+1)},\boldsymbol{\phi}=0) < J_p(\hat{\boldsymbol{\alpha}}^{(t)},\beta^{(t)},\boldsymbol{\phi}=0) \tag{7.133}
$$

则可得到

$$
J_p(\hat{\boldsymbol{\alpha}}^{(t+1)},\hat{\beta}^{(t+1)},\hat{\boldsymbol{\phi}}^{(t+1)}) < J_p(\hat{\boldsymbol{\alpha}}^{(t)},\beta^{(t)},\hat{\boldsymbol{\phi}}^{(t+1)}) \tag{7.134}
$$

结合式(7.132)和式(7.134),即可得到式(7.129)。

通过多次迭代过程处理,随着代价函数 $J_p(\hat{\boldsymbol{\alpha}}^{(t)},\hat{\beta}^{(t)},\hat{\boldsymbol{\phi}}^{(t)})$ 逐渐收敛,SAFBRIM 算法便可得到散射系数 $\boldsymbol{\alpha}$、噪声功率 β 和相位误差向量 $\boldsymbol{\phi}$ 的估计,从而实现阵列三维 SAR 自聚焦稀疏成像。从 SARBRIM 算法可知,该算法不需预知相位误差 $\boldsymbol{\phi}$ 的变化规律,可以用于任意分布的相位误差估计,如陡变或随机相位误差,并且基于稀疏重构得到的散射系数向量 $\hat{\boldsymbol{\alpha}}$ 进行相位误差估计,因此在欠采样条件下也能实现阵列三维 SAR 自聚焦稀疏成像。

7.4.2 算法实现

SAFBRIM 算法的主要流程描述如算法 7.1 所示。

算法 7.1:SAFBRIM 算法

输入:测量信号 $\boldsymbol{y}_s$,测量矩阵 $\boldsymbol{\Theta}$,总迭代次数 T_{iter},平滑因子 η。

输出:散射系数向量 $\hat{\boldsymbol{\alpha}}$ 和相位误差向量 $\hat{\boldsymbol{\phi}}$。

初始化:散射系数 $\hat{\boldsymbol{\alpha}}^{(0)}=\boldsymbol{\Theta}^{\mathrm{H}}\boldsymbol{y}_s$,噪声功率 $\hat{\beta}^{(0)}=\|\boldsymbol{y}_s-\boldsymbol{\Theta}\hat{\boldsymbol{\alpha}}^{(0)}\|_2^2/N$,

相位误差 $\hat{\boldsymbol{\phi}}^{(0)}=0$。

循环开始。

(1) 估计第 t 次迭代稀疏目标散射系数 $\hat{\boldsymbol{\alpha}}^{(t)}$

$$\boldsymbol{B}(\hat{\boldsymbol{\alpha}}^{(t-1)})=\mathrm{diag}\{(|\hat{\boldsymbol{\alpha}}^{(t-1)}|^2+\eta)^{\frac{p}{2}-1}\}$$

$$\hat{\boldsymbol{\alpha}}^{(t)}=[\boldsymbol{\Theta}^{\mathrm{H}}\boldsymbol{\Theta}+\hat{\beta}^{(t-1)}\boldsymbol{B}(\hat{\boldsymbol{\alpha}}^{(t-1)})]^{-1}\boldsymbol{\Theta}^{\mathrm{H}}\boldsymbol{R}(\hat{\boldsymbol{\phi}}^{(t-1)})\boldsymbol{y}_s$$

(2) 估计第 t 次迭代的噪声方差 $\hat{\beta}^{(t)}$

$$\hat{\beta}^{(t)}=\|\boldsymbol{y}_s-\boldsymbol{R}(\hat{\boldsymbol{\phi}}^{(t-1)})\boldsymbol{\Theta}\hat{\boldsymbol{\alpha}}^{(t)}\|_2^2/N$$

(3) 估计第 t 次迭代的相位误差矩阵 $\boldsymbol{R}^{(t)}(\boldsymbol{\phi})$

$$\hat{\boldsymbol{\phi}}^{(t)}=-\angle\boldsymbol{Y}^{\mathrm{H}}\boldsymbol{\Theta}\hat{\boldsymbol{\alpha}}^{(t)}$$

(4) 迭代判定。若迭代次数 $t<T_i$,则令 $t\leftarrow t+1$,重复执行(1)-(4);否则停止迭代。

循环结束。结果:$\hat{\boldsymbol{\alpha}}\leftarrow\boldsymbol{\alpha}^{(t)}$,$\hat{\boldsymbol{\phi}}\leftarrow\boldsymbol{\phi}^{(t)}$。

7.4.3 仿真结果分析

为了验证 SAFBRIM 算法的自聚焦稀疏成像性能,首先利用 7.3 节中图 7.9 点目标仿真数据进行成像。图 7.30 给出了在样本率为 1、0.5 和 0.25 条件下

SAFBRIM 算法稀疏自聚焦成像的结果，其中 SAFBRIM 算法参数 p 选择为 1，显示门限为最大值的 -30dB。从图 7.30 可知，在样本率为 1、0.5 和 0.25 条件下 SAFBRIM 算法都能获得良好的自聚焦稀疏成像，成像结果明显优于基于模型松弛 ML 自聚焦方法，说明 SAFBRIM 算法在数据欠采样时也能实现有效的自聚焦稀疏成像。

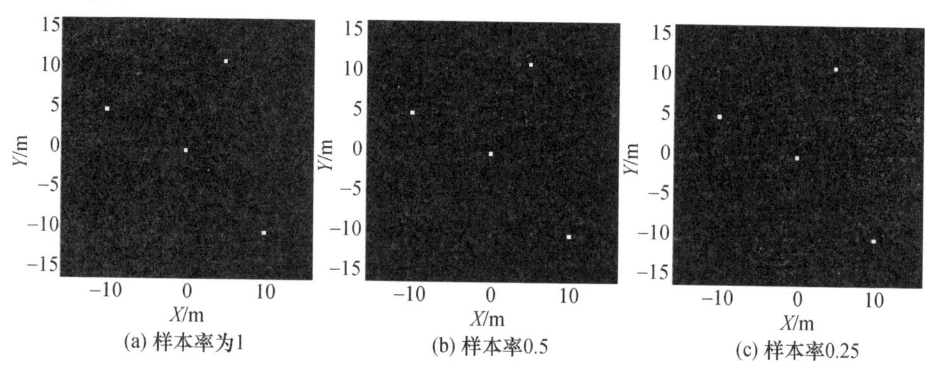

图 7.30 SAFBRIM 自聚焦成像结果

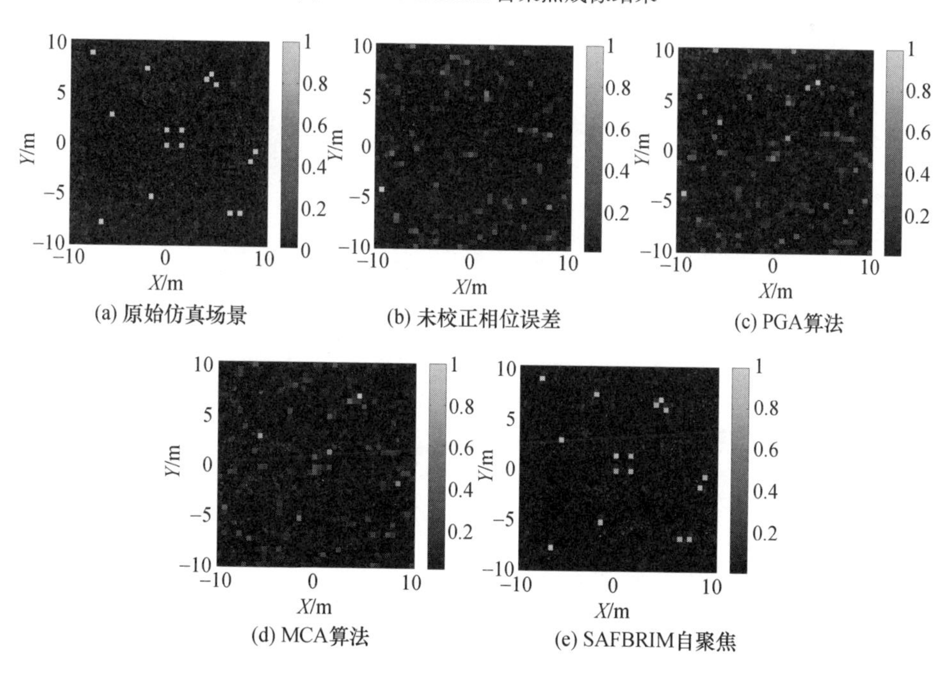

图 7.31 点目标仿真成像结果

其次，为了验证 SAFBRIM 算法对于阵列平面二维相位误差的自聚焦性能，利用多点目标进行仿真成像，系统主要仿真参数如下：二维均匀面阵长度为 4m×4m，阵元数为 40×40，中心频率 $f_c = 30\text{GHz}$，场景距离面阵 $R_0 = 1000$，传统分辨力$\rho_a = \rho_c = 1.25$m，场景大小20m×20m，分辨单元数为40×40，场景存在16个散射系数为1的点目标。在回波数据距离压缩后加入阵列平面二维相位误差$\boldsymbol{\phi}_{ac}$，相位误差$\boldsymbol{\phi}_{ac} \sim \mathcal{U}(-0.75\pi, 0.75\pi)$，$\mathcal{U}(a,b)$表示在$[a,b]$区间随机均匀分布。图7.32给出了在样本率$\eta_s$为0.5时点目标仿真场景、基于PGA和MCA自聚焦算法的SBRIM稀疏成像以及SAFBRIM算法稀疏成像结果，其中SBRIM和SAFBRIM算法参数p选择为1。图7.32结果显示，存在阵列平面二维随机相位误差时，SBRIM算法重构失败，基于PGA和MCA自聚焦的SBRIM算法成像不能精确重构目标，但SAFBRIM算法可获得较好的重构结果，验证了SAFBRIM算法在阵列平面随机相位误差情况下具有良好的稀疏重构性能，优于传统基于PGA和MCA自聚焦算法。

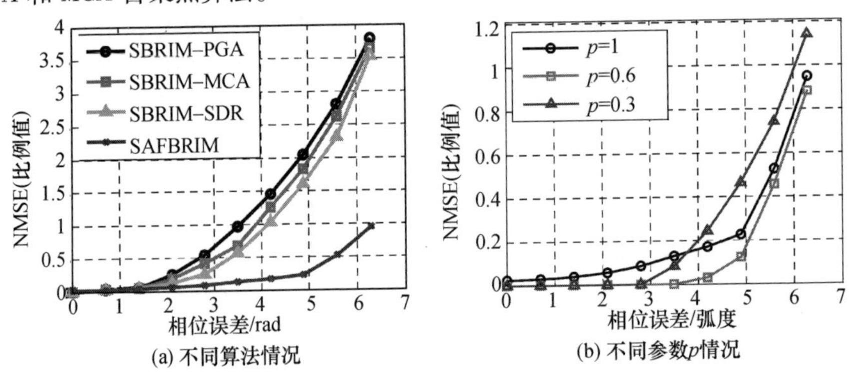

图7.32 重构NMSE随相位误差的变化曲线

图7.32(a)给出了基于PGA和MCA自聚焦的SBRIM算法以及SAFBRIM算法对图7.31仿真数据重构时，重构NMSE随相位误差$\boldsymbol{\phi}_{ac}$分布区间的变化曲线，其中SBRIM和SAFBRIM算法参数$p=1$。图7.32(b)为SAFBRIM算法参数p为1、0.6和0.3以及样本率$\eta_s=0.5$时，对图7.31仿真数据经过20迭代处理，重构NMSE随相位误差$\boldsymbol{\phi}_{ac}$分布区间的变化曲线。从图7.31可知，$\boldsymbol{\phi}_{ac}$相同时SAFBRIM算法重构NMSE优于基于PGA和MCA自聚焦的SBRIM算法；$\boldsymbol{\phi}_{ac}$误差区间增大，各自聚焦算法重构NMSE增大，当$\boldsymbol{\phi}_{ac}$误差区间较小时，SAFBRIM算法参数p为0.6和0.3重构NMSE优于参数$p=1$，但当$\boldsymbol{\phi}_{ac}$误差区间较大时，SAFBRIM算法参数$p=0.3$重构NMSE大于p为1和0.6。图7.33(a)和(b)分别为$\boldsymbol{\phi}_{ac} \sim \mathcal{U}(-0.5\pi, 0.5\pi)$和$\boldsymbol{\phi}_{ac} \sim \mathcal{U}(-0.75\pi, 0.75\pi)$条件下，SAFBRIM算法参数$p$为1、0.6和0.3以及样本率$\eta_s=0.5$时，图7.32中仿真数据重构NMSE随迭代次数的变化曲线。从图7.32和图7.33可知，当$\boldsymbol{\phi}_{ac} \sim \mathcal{U}(-0.5\pi, 0.5\pi)$时SAFBRIM算法重构NMSE随迭代次数$t$增大而减小，并且参数$p$越小时重构NMSE越小、收敛越快；但当$\boldsymbol{\phi}_{ac} \sim \mathcal{U}(-0.75\pi, 0.75\pi)$时，SAFBRIM

算法在 $p=0.6$ 重构 NMSE 最小、收敛最快，而 $p=0.3$ 重构 NMSE 最大、收敛最慢。图 7.33 说明参数 p 选择与相位误差 $\boldsymbol{\phi}_{\mathrm{ac}}$ 分布区间有关，当 $\boldsymbol{\phi}_{\mathrm{ac}}$ 分布区间较大时应选择大值参数 p，确保 SAFBRIM 算法重构性能。

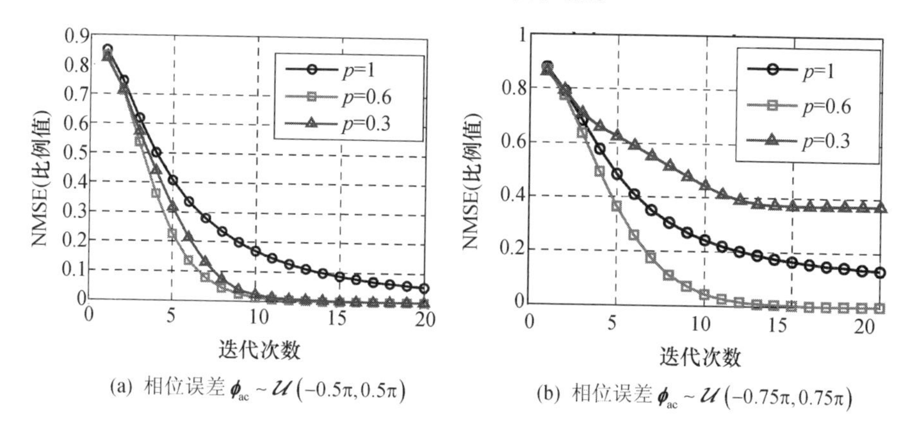

(a) 相位误差 $\boldsymbol{\phi}_{\mathrm{ac}}\sim\mathcal{U}(-0.5\pi,0.5\pi)$　　(b) 相位误差 $\boldsymbol{\phi}_{\mathrm{ac}}\sim\mathcal{U}(-0.75\pi,0.75\pi)$

图 7.33　重构 NMSE 变化曲线

7.4.4　实测数据分析

本节利用两组地基阵列三维 SAR 实测数据验证 SAFBRIM 算法重构性能。首先利用图 7.12 实验球场景实测数据进行成像，图 7.34 给出 SAFBRIM 算法在样本率 η_s 为 1、0.5 和 0.25 条件下成像结果，图像显示门限为最大值的 −25dB。对比图 7.13 中 PGA 算法和 MCA 算法的结果，SAFBRIM 算法重构结果和参考图像差别很小，在稀疏阵元样本时较 PGA 算法和 MCA 算法结果抑制了虚假目标，说明 SAFBRIM 算法相位误差估计性能优于 PGA 算法和 MCA 算法，在稀疏样本时也可以很好实现阵列三维 SAR 相位误差估计和校正。

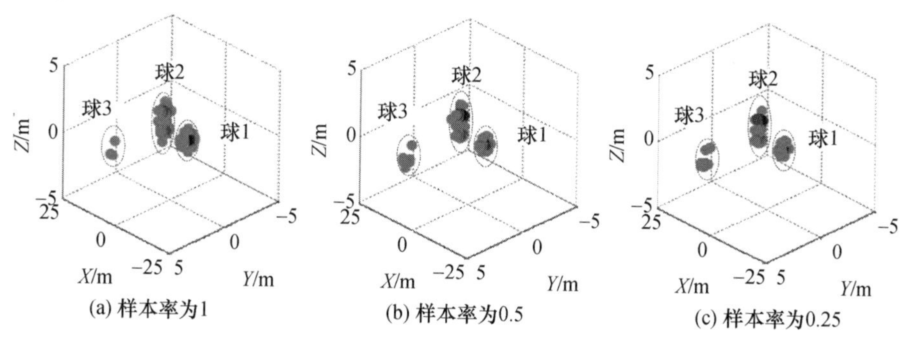

(a) 样本率为1　　(b) 样本率为0.5　　(c) 样本率为0.25

图 7.34　实验球场景 SAFBRIM 重构结果

其次，利用体育馆曲面墙场景的实测数据进行成像。实验场景为体育馆墙面曲面框架，光学图像如图 7.35 所示，墙面到阵列三维 SAR 平台距离约为 150m，曲面墙正对地面实验平台。

图 7.35　体育馆曲面墙框架实验场景（见彩图）

回波数据经外部辅助测量数据补偿和参数调节校正后，图 7.36 给出了体育馆曲面墙传统 BP 和 SAFBRIM 算法的三维成像结果。图 7.36(a)为利用全采样 10000 个阵元样本数时的 BP 成像结果，图 7.36(b)为随机选择 2000 个阵元样本数时 BP 成像结果，图 7.36(c)为随机选择 2000 个阵元样本数时 SAFBRIM 算法成像结果。图 7.37 分别为图 7.36 中三维成像结果的俯视、正视和侧视图像。从图 7.36 和图 7.37 看出，传统 BP 算法受旁瓣串扰严重，图像质量较差，尤其是在稀疏样本情况下，墙面被埋没在高旁瓣中完全不能分辨，而 SAFBRIM 算法抑制了传统 BP 的旁瓣影响，在稀疏样本数据条件下仍然可以清晰可辨。未经外部辅助数据校正和参数调节，并在回波数据加入 $\boldsymbol{\phi}_{ac} \sim \mathcal{U}(-0.5\pi, 0.5\pi)$ 阵列平面相位误差。图 7.38 给出了在 2000 阵元样本情况下体育馆曲面墙场景三维成像结果，其中图 7.38(a)为无相位补偿 BP 成像结果，图 7.38(b)为基于 PGA 自聚焦的 BP 成像结果，图 7.38(c)为利用 SARBRIM 估计相位误差进行补偿的 BP 成像结果，图 7.38(d)为无相位补偿 SBRIM 成像结果，图 7.38(e)为基于 PGA 自聚焦的 SBRIM 成像结果。

图 7.38(f)为 SAFBRIM 成像结果，三维图像显示门限为最大值的 -25dB。从图 7.38 可知，因相位误差 $\boldsymbol{\phi}_{ac}$ 的影响，无相位误差校正的传统 BP 算法和 SBRIM 算法成像结果都出现了大量的虚假目标；利用 PGA 算法和 SDR 算法进行相位误差校正后，BP 算法和 SBRIM 算法成像结果相对未误差校正时有一定提高，SBRIM 算法结果中可辨别出曲面墙，但图像中还是存在大量虚假目标；SAFBRIM 算法在相位误差条件下可良好重构出曲面墙，验证了算法的有效性。

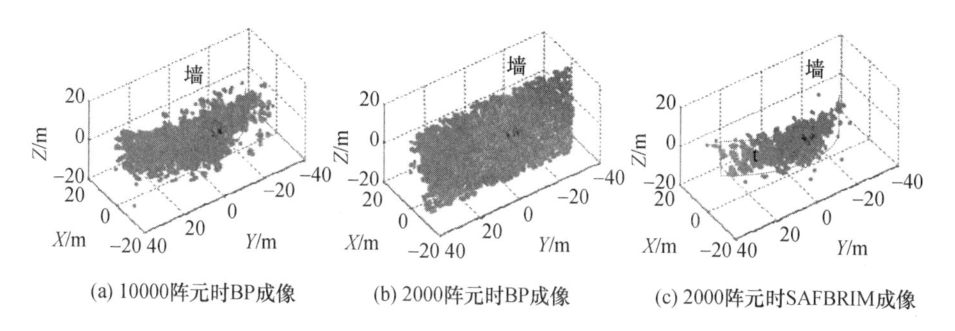

图 7.36　通过外部参数补偿的曲面墙成像结果

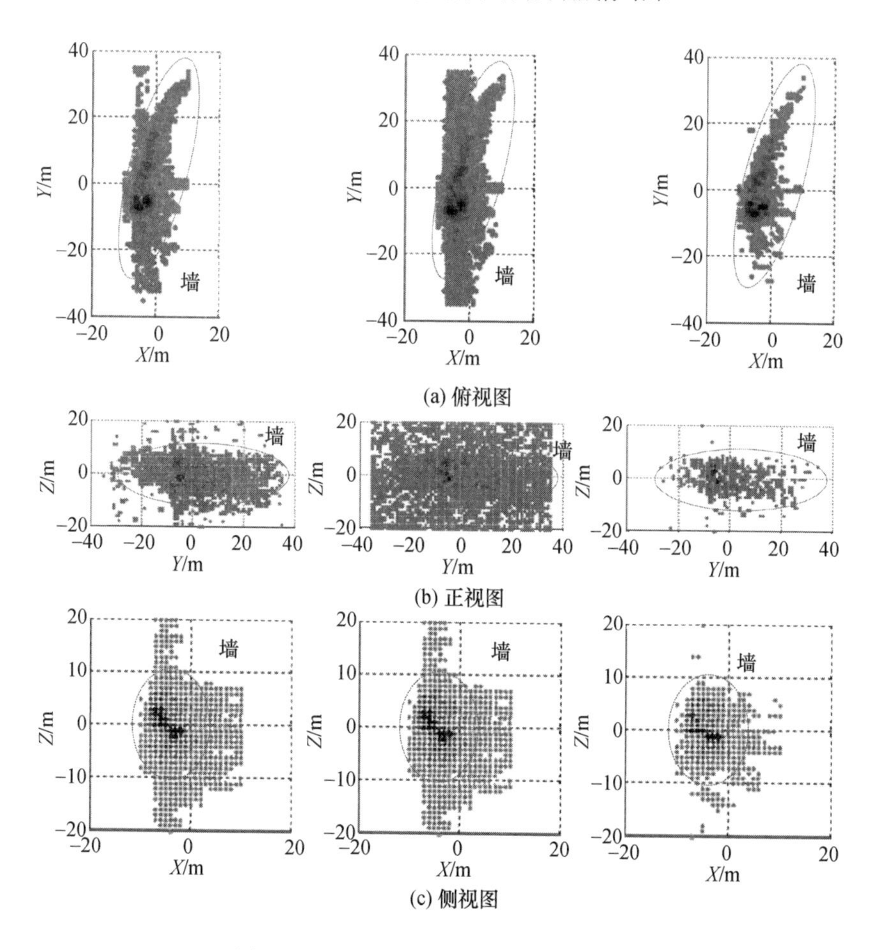

图 7.37　实验球在图中三个方向的图像

（左:10000 阵元时 BP 成像;中:2000 阵元时 BP 成像;右:2000 阵元时 SAFBRIM 成像）

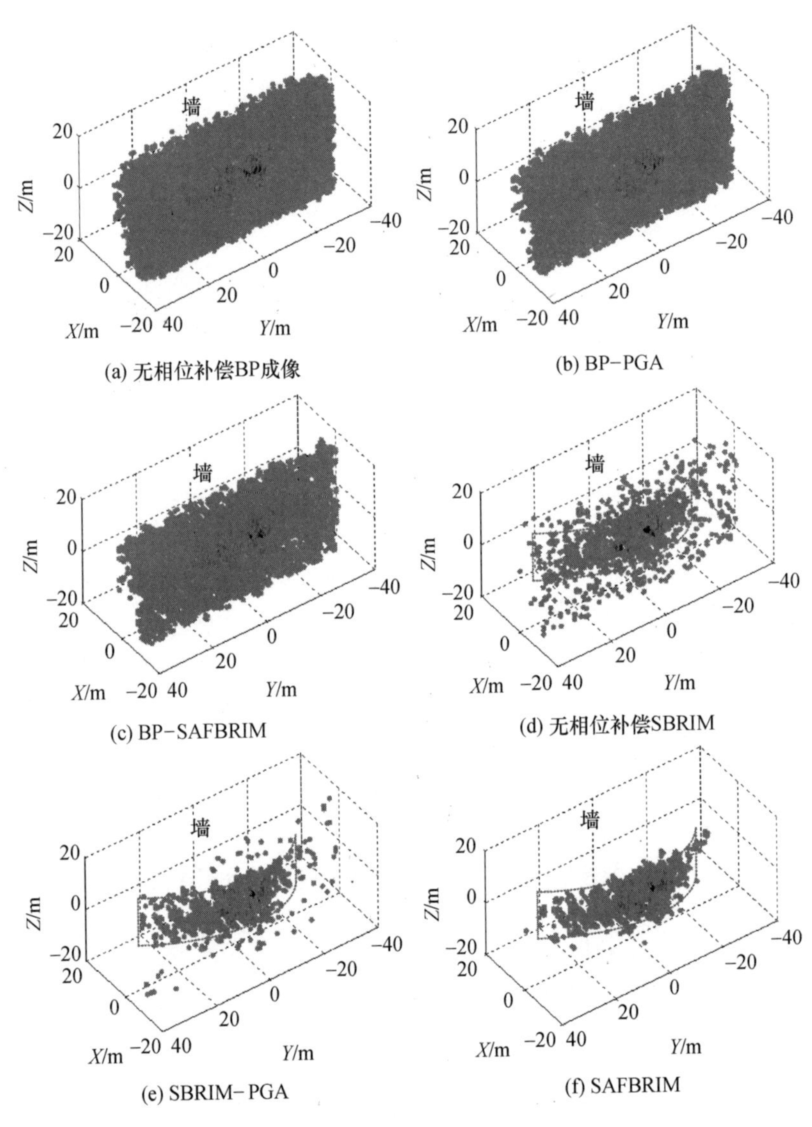

图 7.38　存在相位误差时曲面墙成像结果

参考文献

[1] Wahl D E, Eichel P H, Ghiglia D C, et al. Phase gradient autofocus-a robust tool for high resolution SAR phase correction[J]. IEEE Transactions on Aerospace and Electronic Systems, 1994, 30(3): 827-835.

[2] Wang J, Liu X. SAR minimum-entropy autofocus using an adaptive-order polynomial model [J]. IEEE Geoscience and Remote Sensing Letters, 2006, 3(4): 512-516.

[3] Fienup J R. Synthetic-aperture radar autofocus by maximizing sharpness[J]. Optics Letters, 2000, 25(4): 221-223.

[4] Morrison R L, Do M N, Munson D C. MCA: a multichannel approach to SAR autofocus[J]. IEEE Transactions on Image Processing, 2009, 18(4): 840-853.

[5] Ye W, Yeo T S, Bao Z. Weighted least-squares estimation of phase errors for SAR/ISAR autofocus[J]. IEEE Transactions on Geoscience and Remote Sensing, 1999, 37(5): 2487-2494.

[6] JakowatzJr C V, Wahl D E. Eigenvector method for maximum-likelihood estimation of phase errors in synthetic-aperture-radar imagery[J]. JOSA A, 1993, 10(12): 2539-2546.

[7] Berizzi F, Corsini G, Diani M, et al. Autofocus of wide azimuth angle SAR images by contrast optimisation[J]. IEEE International Geoscience and Remote Sensing Symposium, 1996 (IGARSS1996), 1996, 2: 1230-1232.

[8] Schulz T J. Optimal sharpness function for SAR autofocus[J]. IEEE Signal Processing Letters, 2007, 14(1): 27-30.

[9] Wang J, Liu X, Zhou Z. Minimum-entropy phase adjustment for ISAR[J]. IET Radar, Sonar and Navigation, 2004, 151(4): 203-209.

[10] Vandenberghe L, Boyd S. Semi-definite programming[J]. SIAM review, 1996, 38(1): 49-95.

[11] Anstreicher K, Wolkowicz H. On lagrangian relaxation of quadratic matrix constraints[J]. SIAM Journal on Matrix Analysis and Applications, 2000, 22(1): 41-55.

[12] Calloway T M, Donohoe G W. Subaperture autofocus for synthetic aperture radar[J]. IEEE Transactions on Aerospace and Electronic Systems, 1994, 30(2): 617-621.

[13] 武昕伟. SAR自聚焦技术及相干斑抑制算法研究[C]. 南京:南京航空航天大学, 2002.

[14] JakowatzJr C V, Wahl D E. Eigenvector method for maximum-likelihood estimationof phase errors in synthetic-aperture-radar imagery[J]. JOSA, 1993, 10(12): 2539-2546.

[15] Morrison R L, Do M N. Multichannel autofocus algorithm for synthetic aperture radar[J]. IEEE International Conference on Image Processing 2006, 2006: 2341-2344.

[16] Ash J N. An autofocus method for backprojection imagery in synthetic aperture radar[J]. IEEE Geoscience and Remote Sensing Letters,2012, 9(1): 104-108.

第 8 章 高效时域成像方法

虽然时域三维成像算法具有适用性好、成像精度高的优点，但该算法运算量较大，一定程度上制约了该算法的实际使用，对于数据量庞大的三维数据来说，尤为如此。第 5 章介绍了基于硬件加速的高效时域成像算法，本章将着重讨论从算法实现过程中进一步提高时域成像处理效率的方法。

8.1 快速后向投影成像

8.1.1 快速因式分解算法

由于 BP 算法的计算量正比于回波方位向脉冲数与成像区域像素点数的乘积，对于长孔径和大成像区域的情况下，计算时间将成为一个很大的问题。一种基于因式分解的后向投影双基 SAR 成像算法能够在牺牲少量成像精度的条件下大幅降低 BP 算法的运算量，能够很好地调和成像精度与成像效率的矛盾，使得在时域高效处理 SAR 数据成为可能。

快速因式分解后向投影算法（FFBP）[1-4]是一种采用多次迭代分解 - 组合思想来减少 BP 算法运算量的方法，它的多次迭代分解 - 组合思想就是把一个全孔径的脉冲数据处理，逐级分解为若干较小的子孔径，利用短子孔径内的脉冲数据采用 BP 算法得到低分辨成像结果，然后逐级组合较小的子孔径，形成较大的孔径，同时逐级合并低分辨子图像，合并过程中图像的分辨力会逐步提升，最后得到预期分辨力的最终图像。可以用下式来表示该分级迭代过程

$$I^{i+1}(x^{i+1},y^{i+1}) = \sum_{k=0}^{k=K^{i+1}} I^{i}[x^{i}(x^{i+1},y^{i+1}),y^{i}(x^{i+1},y^{i+1})] \tag{8.1}$$

$$I^{0}(x^{0},y^{0}) = \sum_{k=0}^{k=K^{0}} F\left[\frac{R(x^{0},y^{0},k)}{c},k\right]\exp\left[\mathrm{j}2\pi\frac{R(x^{0},y^{0},k)}{c}\right] \tag{8.2}$$

式中：上标 i 为当前级数；I 为当前级的子图像组；K 为当前级用于合并的子孔径数目。

快速因式分解 BP 算法主要利用极坐标系下的距离近似原理减少数据量，提高成像效率，如图 8.1 所示，一个子孔径内有 5 个采样点位置，以每个采样点位置为圆心画圆弧，可以看出在一定的角度 θ 内，几个圆弧具有近似相同的弧线，因此在误差允许范围内，我们可以近似一个子孔径内所有采样点位置形成的圆弧与以孔径中心为圆点形成的圆弧重合，这样就可以不必将雷达数据投影到每个像素点位置，只需投影到以孔径中心为圆点的圆弧像素点上。这样可以大大降低运算数据量，从而提高算法效率。

子图像分辨力的选取将决定算法的运算效率以及最终的成像结果质量，初级子图像分辨力 $\Delta\theta$ 的选取尤为关键，后面多级子图像分辨力都可以根据这个分辨力来确定。根据奈奎斯特定律，初级子图像分辨力 $\Delta\theta$ 存在一个上限，如果超过这个上限那么图像的原始信息将受到影响，进而影响最终的成像结果质量。下面将从时域出发，对子图像分辨力的选取进行分析，并最终得到一个量化的子图像分辨力的限制条件，根据这一条件可以在成像质量和效率之间做到最合适的取舍。

如图 8.2 所示，在以 O 点为原点的极坐标系图像网格中，当天线处于方位向第 k 个采样点的时候，角度相差 φ 的两个像素点距雷达的距离分别为 $R(\theta+\varphi)$、$R(\theta)$，两者的距离误差为

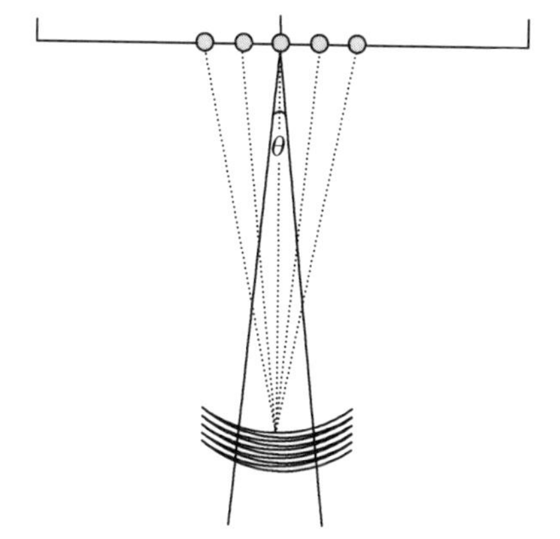

图 8.1　距离近似原理

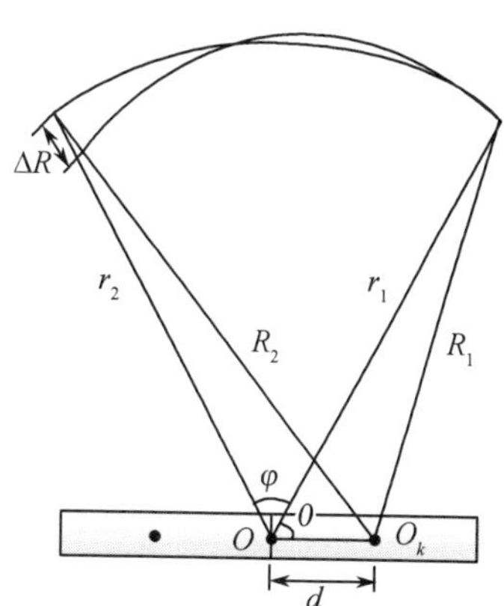

图 8.2　子图像距离误差

$$\Delta\mathrm{R} = |R(\theta+\phi) - R(\theta)| = \left|\frac{R^2(\theta+\phi) - R^2(\theta)}{R(\theta+\phi) - R(\theta)}\right|$$
$$\approx \left\|\frac{R^2(\theta+\phi) - R^2(\theta)}{2R(\theta)}\right\| \tag{8.3}$$

式中

$$R(\theta) = \sqrt{r^2 + d^2 - 2rd\cos\theta}$$

$$\Delta R=\left|\frac{2rd\cos\theta-2rd\cos(\theta+\phi)}{\sqrt{r^2+d^2-2rd\cos\theta}}\right|$$

$$=\left|\frac{rd}{\sqrt{r^2+d^2-2rd\cos\theta}}\right|\cdot|\cos\theta-\cos(\theta+\phi)| \tag{8.4}$$

设 $u=\dfrac{d}{r}$,得到

$$f(u,\theta)=\left|\frac{u}{\sqrt{1+u^2-2u\cos\theta}}\right| \tag{8.5}$$

$$\Delta R\approx|rf(u,\theta)|\cdot|\cos\theta-\cos(\theta+\varphi)| \tag{8.6}$$

$$f(u,\theta)=\left|\frac{u}{\sqrt{1-\cos^2\theta+(\cos\theta-u)^2}}\right|\leqslant\left|\frac{u}{\sqrt{1-\cos^2\theta}}\right|$$

$$=\left|\frac{u}{\sin\theta}\right| \tag{8.7}$$

将式(8.7)代入式(8.6)中可得

$$\Delta R\leqslant r\left|\frac{u}{\sin\theta}\right||\Delta(\cos\theta)|=\left|\frac{d}{\sin\theta}\right||\Delta(\cos\theta)| \tag{8.8}$$

$$\Delta(\cos\theta)=-2\sin\left(\theta+\frac{\varphi}{2}\right)\sin\left(-\frac{\varphi}{2}\right)$$

$$=2\times\left[\sin\theta\cos\frac{\varphi}{2}+\cos\theta\sin\frac{\varphi}{2}\right]\sin\frac{\varphi}{2} \tag{8.9}$$

当 $\varphi\to0$ 时,有 $\cos\dfrac{\varphi}{2}\to1,\sin\dfrac{\varphi}{2}\to\dfrac{\varphi}{2}\to0$

$$\Delta(\cos\theta)\approx2\times\frac{\varphi}{2}\sin\theta=\varphi\sin\theta \tag{8.10}$$

$$\Delta R\leqslant\left|\frac{d}{\sin\theta}\right||\varphi\sin\theta|=|d\varphi| \tag{8.11}$$

如果选取子图像分辨力 $\Delta\theta=\varphi$,那么为了保证同一像素点能够进行相参积累,即必须满足 $\Delta R\leqslant\lambda_c/4$,即

$$\Delta R\leqslant|d\cdot\varphi|\leqslant\lambda_c/4 \tag{8.12}$$

$$\Delta\theta=|\varphi|\leqslant\frac{\lambda_c}{4|d|} \tag{8.13}$$

从式(8.13)看出,子图像分辨力是由波长与子孔径长度决定的。选择合适的子孔径长度,平衡算法效率和成像质量。

对于一个方位向采样点数为 N,场景大小为 $N*N$ 的成像区域,原始 BP 算

法的运算量为 N^3。若采用快速因式分解 BP 算法，假设分解因子为 n，则其运算量为 $N^2\log_n N$，即

$$\frac{D_{\text{FFBP}}}{D_{\text{BP}}} \propto \frac{\log_n N}{N} \tag{8.14}$$

可见，快速因式分解 BP 算法在一定的误差范围内能够很好地对原始 BP 算法进行加速，并且数据量越大，加速效果越明显。

而在三维成像空间，同样存在这样的距离近似关系。

如图 8.3 所示，假设由 9 个天线相位中心组成一块虚拟面阵，分别以各个阵元为球心画球面，在一定的夹角范围内，可以把 9 个阵元所画的球面看作近似重合，用以面阵中心阵元为球心所画的球面代替。这样，面阵内的各个阵元的回波数据只需要投影到以面阵中心为球心的球面上，从而减少了向三维场景空间的投影次数，大大降低了运算量。而夹角内的其他像素点可以通过插值获取，其中也会有一定的计算量，但是对于整个算法过程中的运算量来说是微小的。

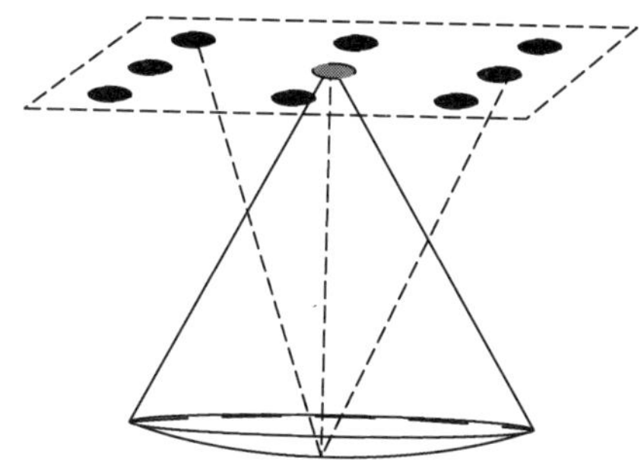

图 8.3　三维场景距离近似几何图

同样地，三维 FFBP 算法中的分辨力选择仍需遵循一定的选取准则，和二维 FFBP 算法的分析一样，在三维 FFBP 算法中沿航向和跨航向上的分辨力选取准则为

$$\begin{aligned} |\Delta\theta_x| &\leqslant \frac{\lambda}{4|L|} = \frac{\lambda}{2L_x} \\ |\Delta\theta_y| &\leqslant \frac{\lambda}{4|L|} = \frac{\lambda}{2L_y} \end{aligned} \tag{8.15}$$

式中：L_x 和 L_y 为选取子面阵两个方向上的长度；λ 为波长；$\Delta\theta_x$ 和 $\Delta\theta_y$ 分别为两个方向上的角度分辨力。

8.1.2　算法实现

三维 FFBP 算法的具体操作步骤如下。

以阵列三维 SAR 为例，假设线阵在一个合成孔径时间内运动形成虚拟面阵，利用 PCA 等效原理将其等效为一个拥有 $N_x * N_y$ 个单发单收的面阵，选取地面参考系，下面详细描述算法实现过程。

第一步，划分子面阵。对原面阵在切航向和沿航向上分别划分，形成多个子面阵，可以在两个方向上划分不同的长度，分别为 M_x 和 M_y。在阵列三维 SAR 中，由于在切航迹向的天线长度较短，分辨力较低，因此也可以只在沿航迹向上划分面阵，保留切航迹向的原始分辨力，但是成像效率会降低。

第二步，确定子图像初始分辨力 α_x 和 α_y，其中 α_x 为切航迹向的角度采样间隔，α_y 为沿航迹向的角度采样间隔，以子面阵中心 O 为圆心在球坐标系下划分各个子面阵成像区域的像素网格 $(\rho^0, \theta_x^0, \theta_y^0, t_n^0)$，其中 t_n^0 为不同子面阵的中心位置，n 为子面阵的个数。如图 8.4 所示，对于场景中任意点 P，在球坐标系下的坐标为 $(\rho^0, \theta_x^0, \theta_y^0, t_n^0)$，下面需要推导其在对应地平面的三维坐标 $P(X, Y, Z)$。根据图中的几何结构和坐标系，可以得出

$$\tan\theta_x^o = \frac{QA}{QO}$$

$$\tan\theta_y^o = \frac{QB}{QO}$$

$$QA^2 + QB^2 + OQ^2 = \rho^2 \tag{8.16}$$

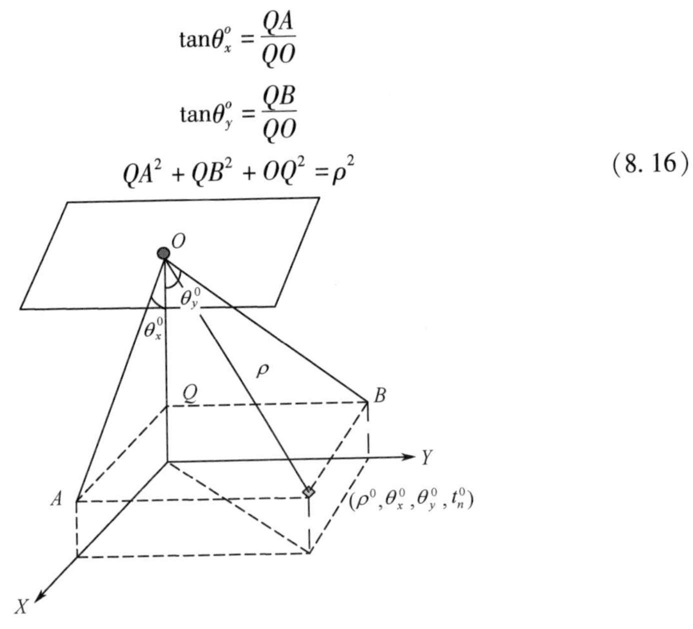

图 8.4　子图像网格划分

从而可以求得目标点 P 的三维坐标，即

$$P(\rho, \theta_x^0, \theta_y^0, t_n^0) = \left[\frac{\rho\tan(\theta_x^0)}{\sqrt{1 + \tan^2\theta_x^0 + \tan^2(\theta_y^0)}}, \frac{\rho\tan(\theta_y^0)}{\sqrt{1 + \tan^2\theta_x^0 + \tan^2(\theta_y^0)}}, \right.$$
$$\left. H - \frac{\rho}{\sqrt{1 + \tan^2\theta_x^0 + \tan^2(\theta_y^0)}} \right] \tag{8.17}$$

式中:H 为阵列高度。获得像素点的三维坐标后即可进行传统的 BP 成像,生成初始分辨力的第一级子图像 $I(\rho,\theta_x^0,\theta_y^0,t_n^0)$。对第一级每个子面阵进行同样的操作,得到 n 个三维子图像。

第三步是将前一级合成的子图像融合成有较高分辨力的三维图像。同理,利用第二步的网格划分原则将成像场景划分为$(\rho,\theta_x^k,\theta_y^k,t_n^k)$,$k$ 为第 k 级子图像网格。确定目标点 $P(\rho^k,\theta_x^k,\theta_y^k,t_n^k)$在上一级各个子图像中的位置,并利用插值得到目标点的像素值,对从上一级所有子图像获得的像素值进行积累得到新一级三维图像,用公式表达即为

$$
\begin{aligned}
&I(\rho^k,\theta_x^k,\theta_y^k,t_n^k)\\
&=\sum_n I[\rho^{k-1}(\rho^k,\theta_x^k,\theta_y^k,t_n^k),\theta_x^{k-1}(\rho^k,\theta_x^k,\theta_y^k,t_n^k),\theta_y^{k-1}(\rho^k,\theta_x^k,\theta_y^k,t_n^k),t_n^{k-1}]
\end{aligned}
\tag{8.18}
$$

8.1.3　仿真结果分析

本节通过仿真实验验证基于 FFBP 的阵列三维 SAR 成像算法的有效性。设场景中心为参考点,采用下视成像,仿真主要的系统参数如表 8.1 所列。

表 8.1　仿真系统参数

参数	大小
平台高度/m	2000
发射机飞行速度/(m/s)	[0;100;0]
PRF/Hz	800
线阵阵元间距/m	0.03
工作频率/GHz	10
带宽/MHz	150

基于 FFBP 的阵列三维 SAR 成像结果与传统 BP 成像结果如图 8.5 和图 8.6 所示。

表 8.2　点目标峰值旁瓣比

成像方法	峰值旁瓣比/dB		时间
	沿航向	跨航向	
原始 BP 算法	13.26	13.54	263005s
本节算法	13.01	13.11	1221s

由图 8.5、图 8.6 和表 8.2 可以看出,三维快速因式分解 BP 算法可以很好地进行成像,其基本保持原有的成像质量,利用原始 BP 算法所需成像时间为 263005s,而本节算法的成像时间为 1221s,相比有约 215 倍的效率提升,可见该算法可以在基本保证成像质量的同时大幅提高成像效率。

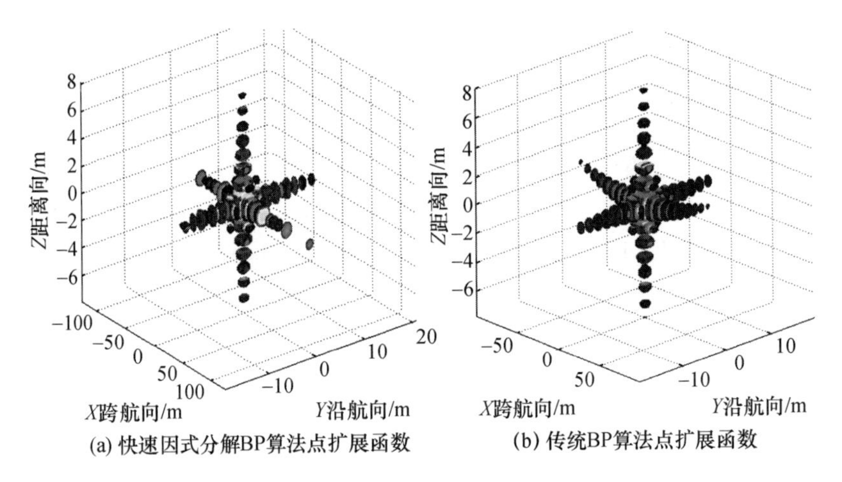

(a) 快速因式分解BP算法点扩展函数　(b) 传统BP算法点扩展函数

图 8.5　三维点扩展函数形状比较(−30dB isosurface 图)

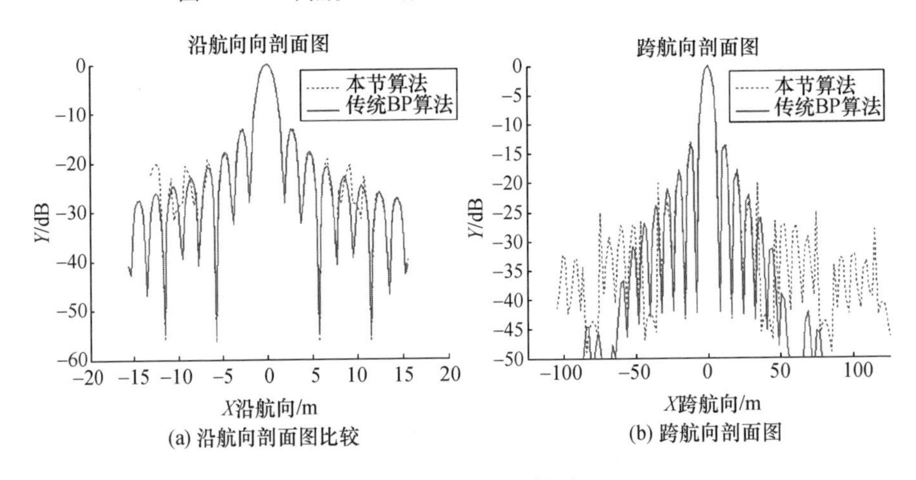

(a) 沿航向剖面图比较　(b) 跨航向剖面图

图 8.6　剖面图比较图

8.2　多分辨逼近曲面预测成像

8.2.1　曲面预测原理

三维 BP 算法和 RD 算法本质上都将三维合成孔径雷达成像问题看作三维空间中的匹配问题。但在实际应用中,三维图像空间中的很多区域并不包含散射点,或被其他散射点遮挡,实际回波中只包含三维空间中某特定曲面的回波信号。因此,线阵合成孔径雷达成像问题可简化为对三维空间中的特定曲面成像的问题。

依据上述观点,线阵 SAR 成像问题可转化为若干二维曲面的成像问题,从而大大降低了线阵 SAR 成像处理的运算量，基于上述思路的成像算法称为曲面预测线阵 SAR 成像算法。

由于基于曲面预测的成像算法与场景的散射模型有较大关系，本节首先简要介绍雷达散射模型的相关知识。目前为止，有很多关于自然目标和人造目标散射模型的文章[5-8]。在合成孔径雷达散射模型中，最通用的是由 Anthony Freeman 和 Stephen L. Durden[8]提出的三参数模型（Three - component Scattering Model），其基本思想是将目标散射机理分为三类：粗糙面散射（Rough Surface Scattering），二次散射（Double - bounce Scattering）和体散射（Volume Scattering or Canopy Scattering）。

粗糙面散射模型主要用于分析由各向同性（Reciprocal）介质构成的紧密物体，如道路、土地等，其散射机理如图 8.7(a)所示。二次散射主要用于分析二面角散射器，如地面与树干的相互作用，其散射机理如图 8.7(b)所示。体散射主要用于分析由细且方向随机的圆柱体构成的稀疏物体产生的雷达回波，如树冠等，其散射机理如图 8.7(c)所示。

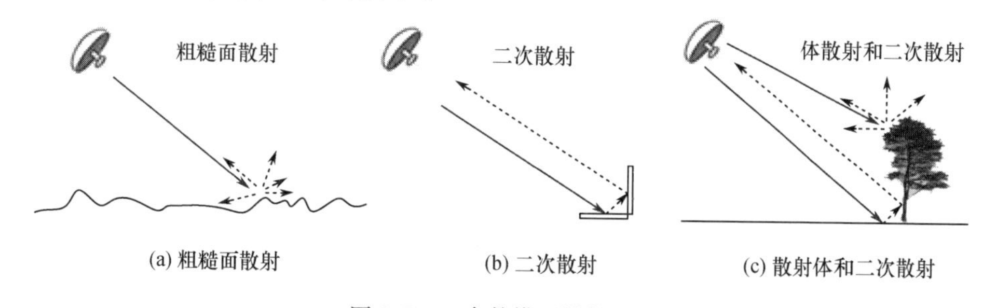

图 8.7　三参数模型散射机理

根据三分量散射模型，各种散射体的散射系数都可看作若干相互独立的散射点在空间中的组合。对于粗糙面散射，其散射点构成了三维空间中的连续曲面。对于复杂目标，如树木（如图 8.7(c)），在高度方向可能存在两个或多个散射点，此时散射点构成了三维空间中的层状结构。但是，由于散射层的厚度远小于成像区域的高度，在低分辨力尺度下，该散射层仍然可看作三维空间中的曲面。另外，在获得散射层的近似曲面后，通过在该曲面附近精细搜索即可获得该散射层中各散射点散射系数的分布。综上所述，在低分辨力尺度下，各种目标散射点在空间中的组合可看作三维空间中的曲面，该假设是基于曲面预测的线阵 SAR 成像算法的基础。

基于曲面预测的线阵 SAR 成像算法的原理如图 8.8 所示。假设雷达视线方向平行于高度向（z 向），则三维成像空间中的散射面 Y 可表示为

$$Y = P\{x,y,z)/z = h(x,y) \quad (x,y) \in \Omega \subset R^2\} \tag{8.19}$$

式中：(x,y) 为节点（Note）；Ω 为节点集；h 为高度函数。

对于给定的节点(x_0,y_0)，其沿z方向的散射系数分布为一个类冲激函数，如图8.8所示。该冲激函数最大值对应的位置即为该节点对应的高度。通过搜索节点集中每个节点沿z方向的散射系数分布函数最大值的位置，即可得到该场景中的散射曲面。

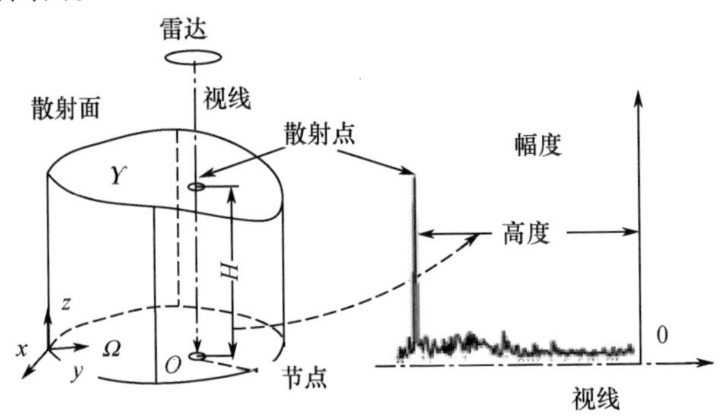

图8.8　曲面预测原理示意图

基于曲面预测的线阵SAR成像算法步骤如下。

步骤1　初始化。采用BP算法对节点集Ω的子集Ω_0进行成像，得到各节点沿z方向的散射系数分布函数；搜索各散射点的最大值和对应的高度，得到初始化散射曲面Y_0，即

$$Y_0=\{(x,y,z)/z=h(x,y),\quad (x,y)\in\Omega_0\subset\Omega\} \tag{8.20}$$

步骤2　预测。将节点集Ω_0扩展为$\Omega_1(\Omega_0\subset\Omega_1\subseteq\Omega)$，利用初始化散射曲面$Y_0$预测节点集$\Omega_1$对应的散射曲面，得到节点集$\Omega_1$对应的散射曲面的估计值$Y_1$，即

$$P[Y_0]\rightarrow Y_1 \tag{8.21}$$

式中：$P[\cdot]$为曲面预测算子。

步骤3　搜索。在散射曲面的估计值Y_1附近进行搜索，得到节点集Ω_1对应的散射曲面的真实值Y_1，即

$$S[Y_1]\rightarrow Y_1 \tag{8.22}$$

式中：$S[\cdot]$为搜索算子。

步骤4　迭代。将步骤2中的Ω_0和Y_0替换为Ω_1和Y_1，重复步骤2～步骤4，直到获得节点集Ω对应的散射曲面的真实值Y。

8.2.2　预测与搜索

1）预测算子

曲面预测算子的目的是利用散射曲面的已知信息估计该散射曲面未知区域的可能的高度。该高度将作为下一步搜索算子的初始值，因此，其曲面预测算子

估计精度的高低直接影响曲面预测算法的运算效率。曲面预测算子的输入为散射曲面已知区域 Ω_i 的高度值,其输出为待预测区域 Ω_{i+1}($\Omega_i \subset \Omega_{i+1}$)高度的估计值。

假设 Y_i 和 Y_{i+1} 表示节点集 Ω_i 和 Ω_{i+1} 对应的子散射曲面,则预测算子可表示为

$$P[Y_i] \rightarrow \hat{Y}_{i+1} \tag{8.23}$$

相应地,预测误差可表示为

$$\boldsymbol{e} = z - \hat{z} \tag{8.24}$$

式中:z 和 $\hat{z}$ 为给定节点的高度的预测值和真实值。

数学上,预测算子可通过多变量插值技术实现。根据插值方法的不同,曲面预测算子包括多项式预测算子、岭函数预测算子、样条预测算子和多分辨预测算子等。从预测策略角度分析,预测算子可分为局部预测算子和多分辨预测算子。前者从散射曲面的局部区域沿着该局部区域的边界处向外预测,如图 8.9(a)所示。后者从散射曲面的低分辨图像开始,通过迭代算法逐次提高已知图像的分辨力,如图 8.9(b)所示。

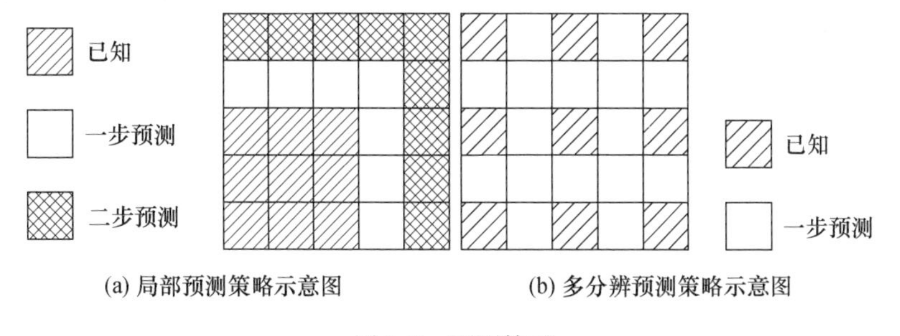

(a) 局部预测策略示意图　　(b) 多分辨预测策略示意图

图 8.9　预测算子

在高分辨力三维成像 SAR 情况下,由于临近区域内散射点高度受地面起伏影响较大,局部预测算子的预测误差一般要大于多分辨预测算子。另外,对于 $N \times N$ 场景,局部预测算子的迭代次数为 N 次;而多分辨预测算子的迭代次数为 $\log_2 N$ 次。较少的迭代次数往往意味着较少的插值运算和较低的运算量。因此,接下来将主要分析基于多分辨策略的曲面预测算法。

2）搜索算子

搜索算子的目的是寻找各节点沿 z 方向的散射系数分布函数的最大值及相应的位置。搜索算子的输入包括原始数据、节点、节点高度的估计值及搜索门限。其输出为该节点的实际高度和相应的散射系数。

假设 D、(x_0, y_0)、$\hat{Z}$、Θ、Z 和 σ 分别为原始数据、节点、节点高度的估计值、搜索门限、节点的实际高度和相应的散射系数,则搜索算子可表示为

$$S[D,(x_0,y_0),\hat{Z},\Theta]\rightarrow[Z,\sigma] \tag{8.25}$$

搜索算子可通过如下公式实现，即

$$\begin{cases}\sigma(x_0,y_0,z_{\max})\geqslant\sigma(x_0,y_0,z_{\max}-1)\\ \sigma(x_0,y_0,z_{\max})\geqslant\sigma(x_0,y_0,z_{\max}+1)\\ \sigma(x_0,y_0,z_{\max})>\Theta\end{cases} \tag{8.26}$$

该公式给出了沿 z 方向的散射系数分布函数的最大值的判定准则：该位置散射点强度大于其相邻两个点的散射强度；该位置散射点强度大于某搜索门限 Θ。

搜索门限 Θ 的选择可基于恒虚警准则（Constant False Alarm Rate/CFAR criteria）[9,10]。假设目标散射系数和噪声都服从高斯分布，则搜索门限 Θ 可通过如下公式计算，即

$$\Theta=v_0\cdot\mathrm{erfc}^{-1}(P_{\mathrm{false}})+\mu_0 \tag{8.27}$$

式中：μ_0 和 v_0 为散射系数的均值和标准差，并可在图像初始化过程中得到，$\mathrm{erfc}^{-1}(\cdot)$ 为逆补误差函数（Inverse Complementary Error Function）。

由于全阵元线阵 SAR 的单散射点 BP 压缩算子的运算量与稀疏阵元线阵 SAR 的单散射点 BP 压缩算子的运算量不同，而基于曲面预测技术的线阵 SAR 成像算法只降低调用单散射点 BP 压缩算子的次数。为了便于分析，本节以调用单散射点 BP 压缩算子的次数为对象，研究曲面预测算法的运算量。

3）最坏情况

当门限 Θ 大于沿 z 方向的散射系数分布函数的最大值，或预测算子的误差达到最大值时，即 $e=H$，则曲面预测算子的运算效率最低。此时，三维图像空间中的所有散射点必须被压缩，由于预测算子和搜索算子的存在，曲面预测算法的运算效率要略低于三维 BP 算法的运算效率。

4）平均情况

根据式（8.26），为了确定沿 z 方向的散射系数分布函数的最大值，必须对沿 z 方向的相邻三个散射点进行压缩，即基于曲面预测技术的线阵 SAR 成像算法的运算量至少是二维 BP 算法运算量的 3 倍。但是，由于地面起伏的存在，散射面应考虑为光滑曲面和噪声起伏的叠加，即

$$\tilde{h}(x,y)=h(x,y)+N(x,y) \tag{8.28}$$

式中：$\tilde{h}(x,y)$ 为实际地面高度；$h(x,y)$ 为光滑项；$N(x,y)$ 为噪声项，用于模拟地面起伏，其概率分布函数为 $N(h)$。

为了分析高度估计误差和地面起伏对曲面预测算法运算量的影响，定义 T（随机变量）为除三次必要调用外调用单散射点压缩算子的额外运算量。

根据图 8.10，额外运算量小于 $\tau(T\leqslant\tau)$ 的概率可写为

$$P(T \leqslant \tau) = \int_{e_h-\tau/2}^{e_h+\tau/2} \mathcal{N}(h)\mathrm{d}h, \tau \geqslant 0 \tag{8.29}$$

式中：e_h为预测算子相对式(8.28)中光滑项的误差。

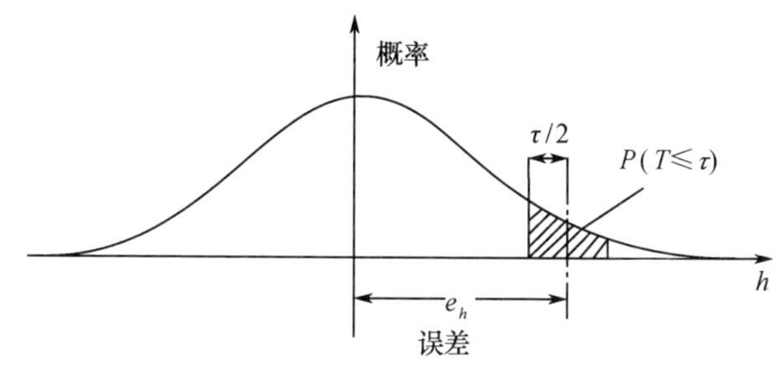

图 8.10 额外运算量示意图

相应地，额外运算量 T 的概率分布函数为

$$f_{\mathrm{T}}(\tau) = \frac{1}{2}[\mathcal{N}(e_h+\tau/2)+\mathcal{N}(e_h-\tau/2)], \tau \geqslant 0 \tag{8.30}$$

其期望值 T_0可写为

$$T_0 = E[T] = \frac{1}{2}\int_0^{+\infty} \tau \cdot [\mathcal{N}(e_h+\tau)+\mathcal{N}(e_h-\tau)]\mathrm{d}\tau \tag{8.31}$$

则曲面预测算子的运算量为 $L \times W \times (3+T_0) \times \Xi_{\mathrm{c}}$。

特殊地，当噪声项 $N(x,y)$ 服从标准差为 v 的高斯分布时，额外运算量的期望值 T_0 可通过如下公式计算，即

$$T_0 = \frac{\sqrt{2}}{\sqrt{\pi}} v \cdot \mathrm{e}^{-\frac{e_h^2}{2v^2}} + \mathrm{e}_h\left[1-\mathrm{erfc}\left(\frac{e_h}{\sqrt{2}\cdot v}\right)\right] \tag{8.32}$$

为验证式(8.32)，产生一系列均值为 e_h、标准差为 v 的高斯分布随机数，然后采用 8.2.2 节提供的方法从 0 位置搜索该随机数，并计算平均搜索次数。最后，通过改变均值 e_h和标准差 v，得到与平均搜索次数的关系，如图 8.11 所示。

图 8.11(a)为曲面预测误差和额外运算量的关系。点线、点画线、虚线和实线分别为噪声标准差 $\nu=1,10,50$ 和 100 时，曲面预测误差和平均搜索次数的关系。“×”为通过仿真得到的 $\nu=100$ 时，曲面预测误差和平均搜索次数的关系。图 8.11(b)为噪声标准差和额外运算量的关系。点线、点画线、虚线和实线分别为预测误差 $e_h=1,10,50$ 和 100 时噪声标准差和额外运算量的关系。“×”为通过仿真得到的 $e_h=100$ 时，噪声标准差和额外运算量的关系。可以看出，式(8.32)与仿真结果良好吻合。

从图 8.11 可以看出，当地面起伏服从高斯分布时，平均搜索次数和曲面预

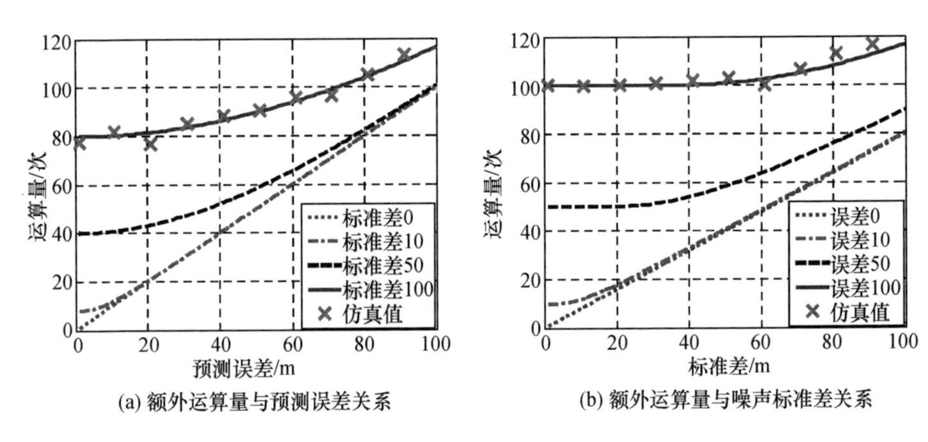

图 8.11　额外运算量与预测误差及噪声标准差的关系

测误差及噪声标准差的关系可由式(8.32)得到。另外,当两个因素(曲面预测误差和噪声标准差)中的一个影响较小时,平均搜索次数与另一个因素近似成比例变化。

8.2.3　多分辨逼近技术

对于特定函数的多分辨逼近过程可看作其在一簇 $\boldsymbol{L}^2(\mathbb{R})$ 子空间中的投影过程,其定义为 $\boldsymbol{L}^2(\mathbb{R})$ 空间中的一簇闭子空间 $\{\boldsymbol{V}_j\}_{j\in\mathbb{Z}}$ 称为 $\boldsymbol{L}^2(\mathbb{R})$ 上的多分辨逼近,当其满足下列 6 个性质:

性质 1　$$\forall(j,k)\in\mathbb{Z}^2, f(t)\in\boldsymbol{V}_j \Leftrightarrow f(t-2^jk)\in\boldsymbol{V}_j \tag{8.33}$$

性质 2　$$\forall j\in\mathbb{Z}, \boldsymbol{V}_j\subset\boldsymbol{V}_{j+1} \tag{8.34}$$

性质 3　$$\forall j\in\mathbb{Z}, f(t)\in\boldsymbol{V}_j \Leftrightarrow f(2t)\in\boldsymbol{V}_{j+1} \tag{8.35}$$

性质 4　$$\lim_{j\to-\infty}\boldsymbol{V}_j=\bigcap_{j=-\infty}^{+\infty}\boldsymbol{V}_j=\{0\} \tag{8.36}$$

性质 5　$$\lim_{j\to+\infty}\boldsymbol{V}_j=\text{closure}\left(\bigcup_{j=-\infty}^{+\infty}\boldsymbol{V}_j\right)=\boldsymbol{L}^2(\mathbb{R}) \tag{8.37}$$

性质 6　存在函数 $\theta(t)$ 满足 $\{\theta(t-n)\}\,n\in\mathbb{Z}$ 为 $\boldsymbol{V}_0$ 空间中的粒子基(Riesz basis)。

其中:j 为逼近层数,j 越大说明该逼近子空间分辨力越高;$\boldsymbol{V}_j$ 为第 j 层逼近子空间。

性质 1 说明逼近子空间 $\boldsymbol{V}_j$ 在 2^j 尺度上对于平移变换是封闭的,也就是说任何 $\boldsymbol{V}_j$ 逼近子空间中的函数 $f(t)$,将其平移 2^jk 后仍属于逼近子空间 $\boldsymbol{V}_j$。

性质 2 说明分辨力越高的逼近子空间中包含信息越多,且高分辨逼近子空间中包含低分辨逼近子空间中的全部信息。

性质 3 给出了多分辨力逼近的基本迭代关系,即基 -2 多分辨力逼近。

性质 4 和性质 5 说明当逼近子空间分辨力无限低时，被逼近函数的所有信息将会丢失；相反地，当逼近子空间分辨力无限高时，信号逼近值将收敛于原始信号。

性质 6 用于构造逼近子空间正交基。

根据小波理论相关文献[11]，逼近子空间 $\boldsymbol{V}_j$ 的正交基可通过对尺度函数（scaling function）$\phi(t)$ 的伸缩/平移变换得到，也就是说

$$\phi_{j,n}(t)=\frac{1}{\sqrt{2j}}\phi\left(\frac{t-n}{2^j}\right) \tag{8.38}$$

而该尺度函数则可通过多分辨力逼近定义中性质 6 的粒子基得到

$$\hat{\phi}(\omega)=\frac{\hat{\theta}(\omega)}{\left[\sum_{k=-\infty}^{+\infty}|\theta(\omega+2k\pi)|^2\right]^{1/2}} \tag{8.39}$$

式中：$\hat{\phi}(\omega)$ 和 $\hat{\theta}(\omega)$ 分别为尺度函数 $\phi(t)$ 和粒子基 $\theta(t)$ 的傅里叶变换。

另外，根据多分辨力逼近定义中的性质 2，第 j 层逼近空间的尺度函数 $\phi_j(t)$ 可由第 $j+1$ 层逼近空间的尺度函数 $\phi_{j+1}(t)$ 平移的线性组合表示，即

$$\phi_{j,0}(t)=\sum_{n=-\infty}^{+\infty}h[n]\cdot\phi_{j+1,n}(t) \tag{8.40}$$

$$h(n)=\langle\phi_{j,0}(t),\phi_{j+1,n}(t)\rangle \tag{8.41}$$

其中，式（8.40）为尺度 -2 关系（Two - scale Relation）[11-13]，$h(n)$ 为与尺度函数 $\phi_j(t)$ 对应的共轭镜像滤波器（Conjugate Mirror Filter），且满足

$$\hat{\phi}(\omega)=\prod_{p=1}^{+\infty}\frac{\hat{h}(2^{-p}\omega)}{\sqrt{2}}\hat{\phi}(0) \tag{8.42}$$

综上所述，$\boldsymbol{L}^2(\mathbb{R})$ 空间的多分辨力逼近可由该逼近空间的粒子基 $\theta(t)$、尺度函数 $\phi(t)$ 或共轭镜像滤波器 $h(n)$ 中的任意一个确定。

当已知逼近空间的尺度函数 $\phi(t)$ 时，利用投影变换，可直接得到 $\boldsymbol{L}^2(\mathbb{R})$ 空间中任何函数 $f(t)$ 任意分辨力的逼近值 $\tilde{f}_j(t)$，即

$$\tilde{f}_j(t)=\mathrm{P}_{V_j}[f(t)]=\sum_{n=-\infty}^{+\infty}\langle f,\phi_{j,n}(t)\rangle\cdot\phi_{j,n}(t) \tag{8.43}$$

式中：$\mathrm{P}_{V_j}[\cdot]$ 为逼近子空间 $\boldsymbol{V}_j$ 的投影算子。

基于多分辨逼近的曲面预测算法（Multiresolution Approximation / MRA 3-D BP Imaging Algorithm）是曲面预测线阵 SAR 成像算法的一种，其预测算子采用多分辨技术（小波技术）实现。与其他曲面预测算法比较，二维小波变换可分解为两个一维插值，并采用镜像滤波器技术快速实现。因此，其运算量小于其他曲面预测算法[11]。

另外，通过合理地选择小波基可保证基于多分辨逼近的曲面预测算法在各种地形条件下具有较小的估计误差。

与一般的曲面预测算法类似，基于多分辨逼近的曲面预测算法可分为如下四步：初始化、预测、搜索和迭代，其算法结构如图 8.12 所示。

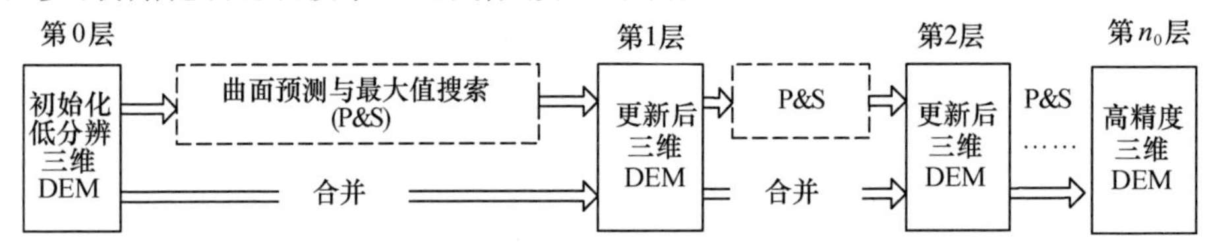

图 8.12　曲面预测算法结构图

特殊地，基于多分辨逼近的曲面预测算法的第 j 层迭代的节点集可用如下公式表示为

$$\boldsymbol{\Omega}_j = \boldsymbol{\Phi}_j \otimes \boldsymbol{\Phi}_j \tag{8.44}$$

$$\boldsymbol{\Phi}_j = \left\{0, 2^{J-j}, \cdots, \left(\frac{L}{2^{J-j}} - 1\right) \cdot 2^{J-j}\right\} \tag{8.45}$$

式中：$\otimes$ 为张量乘（tensor product）；L 为场景的长度和宽度（假设场景为正方形）；J 为总迭代层数，$J = \log_2(L)$。

8.2.4　算法实现

为了便于算法描述，重新定义符号如表 8.3 所列。

表 8.3　本算法的符号定义

符号	定义
$\boldsymbol{D}$	线阵 SAR 原始数据
$\overline{\boldsymbol{P}}_{\text{apc}}$	天线相位中心轨迹
$\boldsymbol{\Omega}$	图像空间的节点集
$\boldsymbol{\Omega}_j$	第 j 次迭代的节点集
$\boldsymbol{\Pi}$	沿高度向（z 向）的散射点集
Δ_j	$\boldsymbol{\Omega}_j$ 对应的散射稀疏数组
Y_j	$\boldsymbol{\Omega}_j$ 对应的散射曲笑　际高度数组
$\hat{Y}_j$	$\boldsymbol{\Omega}_j$ 对应的散射曲面估计高度数组
$\sigma(z)$	给定节点处高度为 z 的散射点对应的散射系数
$\sigma^{+}(z)$	给定节点处高度为 $z+1$ 的散射点对应的散射系数
$\sigma^{-}(z)$	给定节点处高度为 $z-1$ 的散射点对应的散射系数
$\sigma_{\max}$	给定节点处各散射点对应的散射系数的最大值
$z_{\max}$	给定节点处散射系数最大值对应的高度值

步骤 1　初始化。

利用单散射点压缩算子对节点集 Ω_0 对应的三维成像区域进行压缩，得到节点集 Ω_0 对应的三维成像区域的散射系数分布，即

$$C[\boldsymbol{D},\overline{\boldsymbol{P}}_{\mathrm{apc}},(x,y),z]\to\sigma(x,y,z),(x,y)\in\Omega_0,z\in\Pi \tag{8.46}$$

寻找节点集 Ω_0 中每个节点沿 z 方向散射系数函数的最大值和相应的位置。

统计节点集 Ω_0 对应的三维成像区域内散射点散射系数的均值和标准差，统计节点集 Ω_0 对应的三维成像区域内噪声区域的均值和标准差，并利用式(8.27)，计算搜索门限 Θ。

将节点集 Ω_0 中每个节点沿 z 方向散射系数函数的最大值和相应的位置分别存入散射系数矩阵 Δ_0 和高度矩阵 Y_0。

步骤 2　预测。

沿行方向在高度矩阵 $\boldsymbol{Y}_0$ 相邻元素间补零；将补零后高度矩阵 $\boldsymbol{Y}_0$ 做沿行方向快速傅里叶变换（FFT），然后将快速傅里叶变换结果与 Shannon 镜像滤波器相乘，并沿行方向快速逆傅里叶变换 IFFT，完成高度矩阵 $\boldsymbol{Y}_0$ 沿行方向的插值；将沿行方向插值后高度矩阵 $\boldsymbol{Y}_0$ 相邻元素间沿列方向补零。

将补零后高度矩阵 $\boldsymbol{Y}_0$ 做沿列方向快速傅里叶变换，然后将快速傅里叶变换结果与 Shannon 镜像滤波器相乘，并沿列方向快速逆傅里叶变换，完成高度矩阵 $\boldsymbol{Y}_0$ 的二维插值，得到预测高度矩阵 $\hat{\boldsymbol{Y}}_1$。

步骤 3　搜索。

对于节点集 $\Omega_1-\Omega_0$ 中的每个节点，以步骤 2 的预测值 $\hat{z}$ 为初始点，采用单散射点压缩算子进行压缩处理，即

$$C[\boldsymbol{D},\overline{\boldsymbol{P}}_{\mathrm{apc}},(x,y),\hat{z}]\to\sigma(\hat{z}),(x,y)\in\Omega_1-\Omega_0 \tag{8.47}$$

当 $\sigma(\hat{z})<\Theta$，说明预测值 $\hat{z}$ 不在沿 z 方向散射系数函数主瓣以内，搜索 $\hat{z}+i$ 和 $\hat{z}-i,i=1,2,\cdots,n$，直到 $\sigma(\hat{z})\geqslant\Theta$。

当 $\sigma(\hat{z})\geqslant\Theta$，沿 z 方向压缩与 $\hat{z}$ 相邻的两个散射点，即

$$C[\boldsymbol{D},\overline{\boldsymbol{P}}_{\mathrm{apc}},(x,y),\hat{z}+1]\to\sigma^{+}(\hat{z}),(x,y)\in\Omega_1-\Omega_0 \tag{8.48}$$

$$C[\boldsymbol{D},\overline{\boldsymbol{P}}_{\mathrm{apc}},(x,y),\hat{z}-1]\to\sigma^{-}(\hat{z}),(x,y)\in\Omega_1-\Omega_0 \tag{8.49}$$

当 $\sigma^{+}(\hat{z})\leqslant\sigma(\hat{z})$ 且 $\sigma^{-}(\hat{z})\leqslant\sigma(\hat{z})$，说明预测值为实际高度值，将 $\sigma(\hat{z})$ 和 $\hat{z}$ 分别存入散射系数数组 Δ_1 和高度数组 Y_1 中，并返回。

当 $\sigma^{+}(\hat{z})>\sigma(\hat{z})$ 且 $\sigma(\hat{z})>\sigma^{-}(\hat{z})$，说明实际高度高于预测高度，正向搜索（$z$ 值增大），直到 $\sigma^{+}(z)\leqslant\sigma(z)$，此时的位置 z 即为实际高度，将 $\sigma(\hat{z})$ 和 $\hat{z}$ 分别存入散射系数数组 Δ_1 和高度数组 Y_1 中，并返回。

当 $\sigma^{+}(z)<\sigma(z)$ 且 $\sigma(z)<\sigma^{-}(z)$，说明实际高度低于预测高度，负向搜索

(z 值减小),直到 $\sigma^-(z)\leqslant\sigma(z)$,此时的位置 z 即为实际高度,将 $\sigma(\hat{z})$ 和 $\hat{z}$ 分别存入散射系数数组 Δ_1 和高度数组 Y_1 中,并返回。

如果对于所有 $z\in\Pi,\sigma<\Theta$,说明搜索门限 Θ 过高,寻找该节点对应的沿 z 方向散射系数函数的最大值 $\sigma_{\max}$ 和相应的坐标 $z_{\max}$,将 $\sigma_{\max}$ 和 $Z_{\max}$ 分别存入散射系数数组 Δ_1 和高度数组 Y_1 中,并返回。

最后,可得到第一次迭代后的散射系数数组 Δ_1 和高度数组 Y_1。

步骤4　迭代。

将步骤2中 Y_0 替换为 Y_1,重复步骤2~步骤4,直到最终获得理论分辨力的节点集 Ω 对应的散射系数数组 Δ 和高度数组 Y。

8.2.5　仿真结果分析

本节通过仿真实验验证基于多分辨逼近的曲面预测算法的有效性,并分析该算法的运算量。设场景中心为参考点,仿真采用的主要系统参数如表8.4所示所列。

表8.4　主要仿真系统参数

系统参数	仿真值
平台速度/(m/s)	[125, 0, 0]
平台位置/m	[0, 0, 4000]
载频/Hz	35×10^9
带宽/Hz	150×10^6
采样频率/Hz	170×10^6
脉冲重复频率/Hz	1000
天线方向图/(°)	1(AT)×20(CT)
线阵长度/m	32
场景尺寸/像素	128×128×150
场景分辨力/m	4×4×4
注:AT表示沿航迹向,CT表示切航迹向	

图8.13(a)为仿真中采用的地形,可由Matlab中的peaks函数产生。图8.13(b)~图8.13(e)分别为分辨力为32m、16m、8m和4m时,采用基于多分辨逼近的曲面预测算法得到的该场景的成像结果(高度图)。从图中可以看出,基于多分辨逼近的曲面预测算法可正确地重建该场景的高度图。但是,在场景的边界区域,成像误差较大,该现象主要由于当雷达视线方向偏离等效面阵法向方向时,等效面阵的有效孔径减小导致相邻散射点无法分离,即相邻散射点的最小

距离小于系统分辨力。此现象由线阵SAR系统决定,在各种成像算法中都会产生,并不影响基于多分辨逼近的曲面预测算法的正确性。

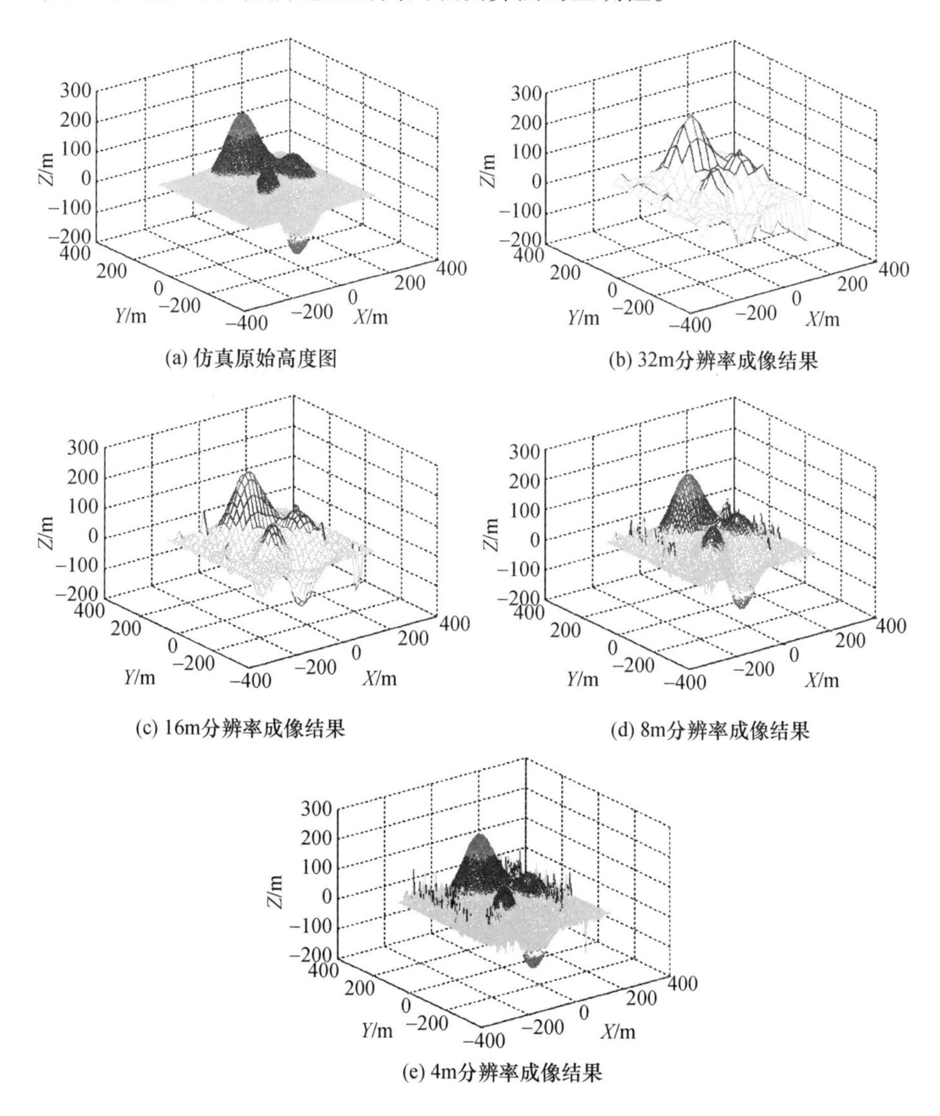

(a) 仿真原始高度图　(b) 32m分辨率成像结果

(c) 16m分辨率成像结果　(d) 8m分辨率成像结果

(e) 4m分辨率成像结果

图8.13　曲面预测算法的有效性

为了分析地面起伏对基于多分辨逼近的曲面预测算法的影响,在图8.14(a)、图8.15(a)和图8.16(a)的地形上加了三种不同标准差的噪声,其标准差分别为:7.5m、12.5m和25m。各种起伏下地形的成像结果如图8.14(b)、图8.15(b)和图8.16(b)所示。

从中可以看出,基于多分辨逼近的曲面预测算法可重建具有起伏的地形。

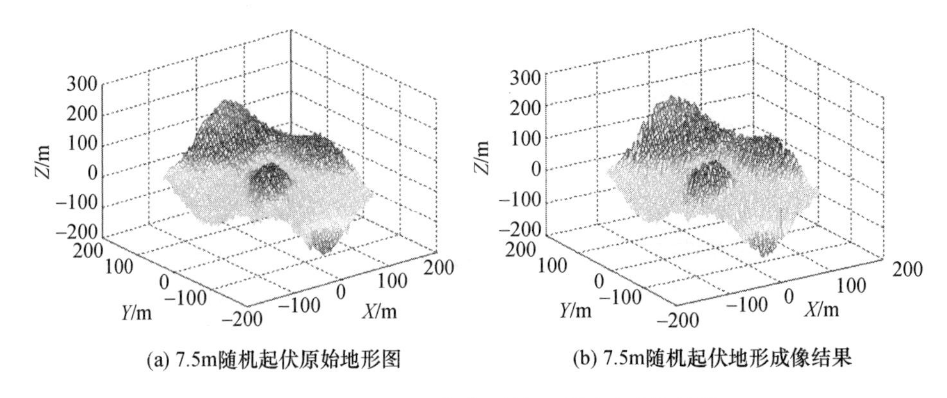

(a) 7.5m随机起伏原始地形图　　(b) 7.5m随机起伏地形成像结果

图 8.14　7.5m 随机起伏原始地形图及成像结果

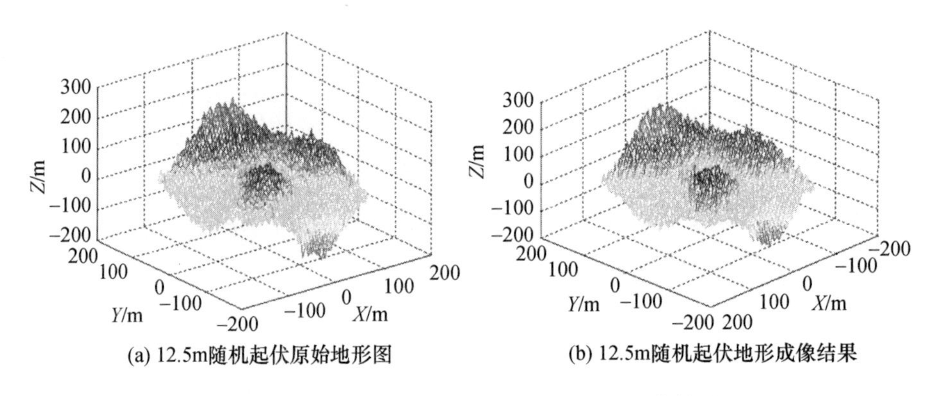

(a) 12.5m随机起伏原始地形图　　(b) 12.5m随机起伏地形成像结果

图 8.15　12.5m 随机起伏原始地形图及成像结果

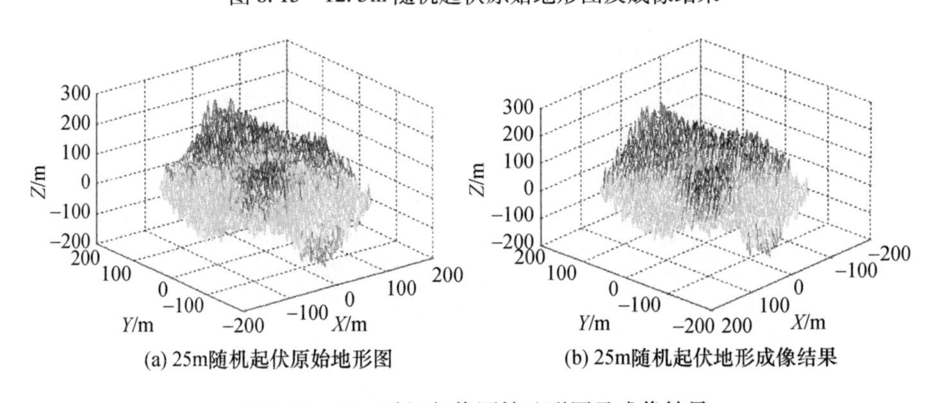

(a) 25m随机起伏原始地形图　　(b) 25m随机起伏地形成像结果

图 8.16　25m 随机起伏原始地形图及成像结果

为了分析地面起伏对算法运算量的影响，统计各种噪声条件下，基于多分辨逼近的曲面预测算法调用单散射点 BP 算子的次数分别为 21976 次、24659 次、29742 次和 44918 次。通过仿真得到的额外运算量期望值 T_0 和根据式(8.32)得到的额外运算量期望值 T_0 如表 8.5 所列。

表 8.5 不同地面起伏条件下额外运算量期望值

标准差/m	0	7.5	12.5	25
T_0（仿真）	2.7229	3.4216	4.7453	8.6974
T_0（理论）	0	1.5958	3.1915	5.5852

从表中可以看出，额外运算量期望值 T_0 随着地面起伏的增加而增加。另外，由于成像误差的存在，实际额外运算量期望值要高于理论额外运算量期望值。一般情况，基于多分辨逼近的曲面预测算法的运算量是二维 BP 算法的十几倍，而远远低于三维 BP 算法（根据三维场景的高度决定，通常是二维 BP 算法的几百倍）。

8.3 子孔径逼近成像

前节介绍的基于曲面预测的快速成像方法将成像目标视作如地形图一样的连续曲面，在此曲面上进行预测成像，以减小成像空间，降低运算量[14]。但是，当成像目标不是一个曲面，而更多的是独立散射点时，曲面预测的方法将不再适用。针对此问题，本节讨论了基于子孔径逼近的快速算法，该方法无论对于连续曲面目标或者独立目标，均可以使用。

8.3.1 孔径迭代与分辨力逼近

基于子孔径逼近的快速成像方法是一种基于子孔径成像带来的低分辨力图像信息，剔除不包含目标的成像区域，提高运算效率的快速成像方法。它的原理基础是孔径长度与分辨力的关系，在三维 LASAR 中，分辨力大小与合成孔径长度成反比。因此，利用小孔径进行低分辨力成像，可以为高分辨力成像提供有效地先验信息。基于子孔径逼近的快速成像方法原理框图如图 8.17 所示。

首先，子孔径逼近成像算法选择一个较小的子孔径，对整个成像场景进行整体成像，得到一幅低分辨图像并利用其提取出包含目标的感兴趣区域（如图 8.17 左所示）。然后，子孔径逼近成像算法将子孔径扩大，针对包含目标的感兴趣区域进行成像，得到一幅较高分辨力的图像并利用其进一步精确提取出包含目标的感兴趣区域（如图 8.17 中所示）。最后，不断迭代、扩大子孔径直到全孔径成像，得到系统分辨力的三维图像（如图 8.17 右所示）。

需要注意的是，由于距离向分辨力值与系统的带宽有关。因此，子孔径逼近成像算法只适用于阵列向二维，并不适用于距离向。

与基于曲面预测的快速成像方法相类似的是，子孔径逼近成像算法也采用了多分辨逼近的思维。二者之间的区别在于它们获得低分辨图像的手段是不一

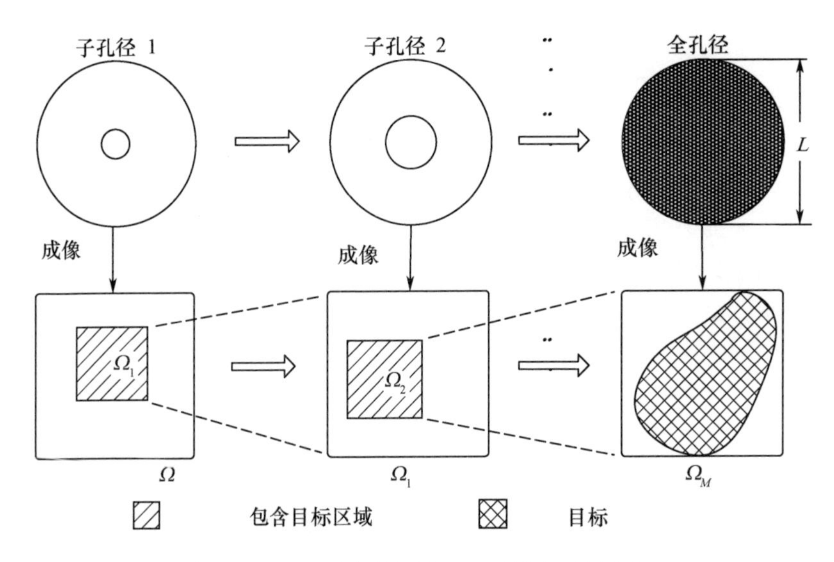

图 8.17　基于子孔径逼近的快速算法原理框图

样的,这就导致了它们适用场景的不一样。

基于曲面预测的快速成像方法在获得低分辨力图像时,采用的是利用全孔径成像并对高分辨力图像进行间隔采样的方式获得低分辨力图像。当散射点处在一个连续平面上时,这种采样方式非常有效(如图 8.18(a)中的区域 A)。而当对离散散射点成像时,该采样方式会导致散射点的丢失(如图 8.18(a)中的区域 B)。

为了克服散射丢失的缺陷,子孔径逼近成像算法采用了子孔径成像的方法。当选择子孔径成像时,根据天线理论[15],图像分辨单元的散射系数是该分辨单元内所有目标散射系数的积分。因此,在进行低分辨成像时,子孔径逼近成像算法并不会丢失散射点(如图 8.18(b)中的区域 C)。

更进一步的是,针对场景中的不同特性目标,子孔径逼近成像算法可以采用不同的分辨力去逼近包含目标区域,以进一步达到避免散射点丢失的目的,这在本书中暂不做讨论。

8.3.2　算法实现

定义三维成像区域为 Ω,全孔径长度为 L,全孔径下达到的系统分辨力为 ρ_L,子孔径逼近成像算法的主要步骤如下。

步骤 1　初始成像。选择一个子孔径,其长度为 l_1 且 $l_1 < L$,根据分辨力公式,此时成像的分辨力 ρ_1 为

$$\rho_1 = \rho_L L / l_1 \tag{8.50}$$

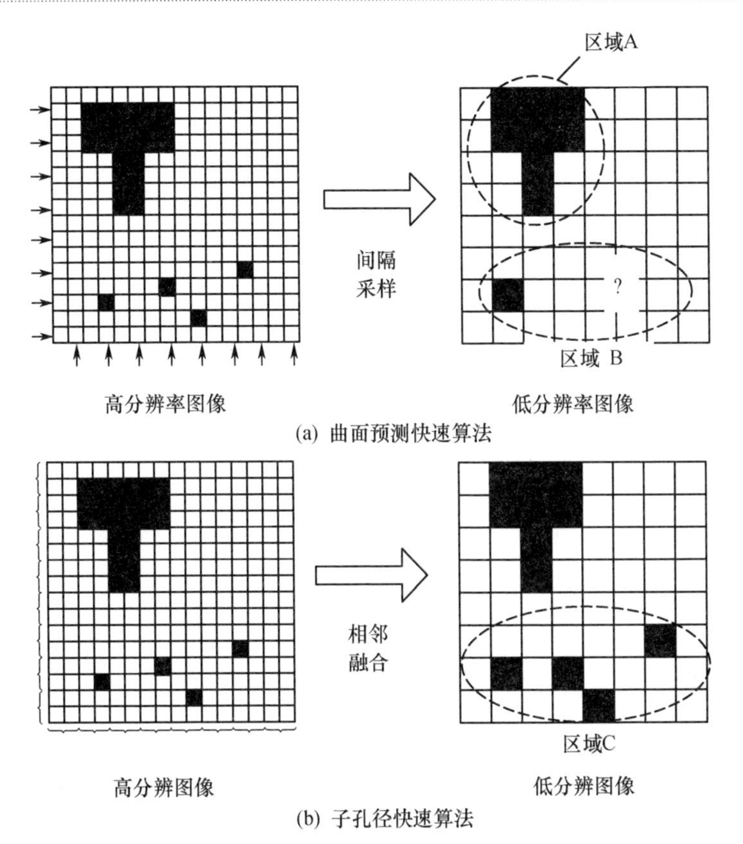

图 8.18　曲面预测快速算法与子孔径快速算法的区别

在此分辨力下，利用三维 BP 算法进行初始成像，得到分辨力为 ρ_1 的初始图像。

步骤 2　包含目标区域选取。取初始图像中最强点的散射系数为 $\sigma_{\max}^{[1]}$，选择一个分离门限 ξ，利用其分离出包含目标的区域 Ω_1，即分辨单元的散射系数大于 $\xi|\sigma|_{\max}^{[1]}$ 的成像区域为

$$\Omega_1 = \{\boldsymbol{p}_\alpha \mid |\boldsymbol{I}[\boldsymbol{p}_\alpha]| > \xi|\sigma|_{\max}^{[1]}, \boldsymbol{p}_\alpha \in \Omega\} \tag{8.51}$$

步骤 3　提高分辨力成像。将子孔径长度 l_1 扩大到 l_2 且满足 $l_1 < l_2 \leqslant L$，根据分辨力公式，此时成像的分辨力 ρ_2 为

$$\rho_2 = \rho_L L / l_2 \tag{8.52}$$

在此分辨力下，利用三维 BP 算法对包含目标区域 Ω_1 进行成像，得到分辨力为 ρ_2 的较高分辨力图像。

步骤 4　迭代。将步骤 2 中的 $\sigma_{\max}^{[1]}$、l_2 和 Ω_1，分别替换为 $\sigma_{\max}^{[m]}$、l_{m+1} 和 Ω_m，其中 m 表示迭代的次数，$m = 2, 3, \cdots, n$，然后步骤 2 ~ 步骤 3 直到达到系统分辨力成像。

需要指出的是,三维 BP 算法在此只是辅助成像,其可以被替换为其他的三维成像方法,如三维距离徙动算法[16]和三维压缩传感成像方法[17]。

在步骤 2 中,分离门限 ξ 是一个关键参数,其被用来平衡运算量和图像细节丢失的矛盾。从式(8.51)中可以看出,ξ 越小,越多的图像细节被保留下来,包含目标的区域越大,但计算量越大。ξ 越大,越少的图像细节被保留下来,包含目标的区域越小,但计算量越小。

在实际中,ξ 的选取可以参考系统模糊函数的峰值旁瓣比。当系统参数确定时,其峰值旁瓣比也是确定的,ξ 的选取可以略低于其峰值旁瓣比。其原因是,当 ξ 小于峰值旁瓣比时,将会有过多的旁瓣包含在目标区域内,导致包含目标区域被扩大,不利于运算效率的提高。当 ξ 大于峰值旁瓣比时,又会导致在选取包含目标区域时散射点的丢失。

8.3.3 实验数据分析

本节通过仿真和实测实验验证子孔径逼近成像算法的有效性。

1. 仿真实验

图 8.19 展示了缩比汽车模型目标几何结构示意图,其大小约为 1m × 0.7m × 0.3m(长 × 宽 × 高)。在该实验中,使用的宽带信号中心频率为 2GHz,带宽为 1GHz,扫描阵列为 2m × 2m 的正方形。

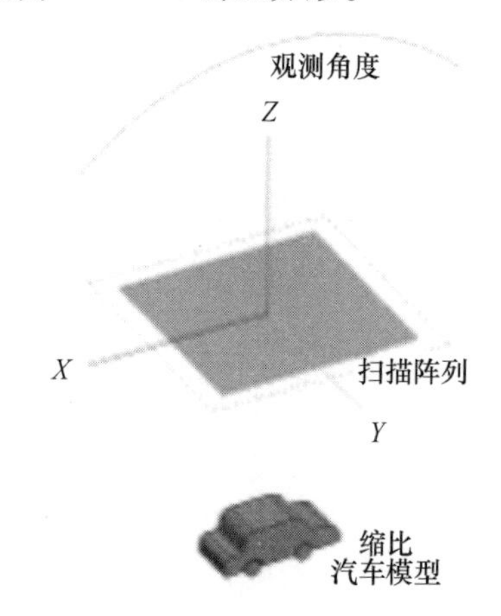

图 8.19 缩比汽车模型目标几何结构

图 8.20 展示了缩比汽车模型在两种三维成像算法下的成像结果。

2. 实测实验

基于三维 LASAR 实测实验数据,本小节将验证子孔径逼近成像算法的有效性。在该实验中,虚拟二维正方形扫描阵列的大小为 2m × 2m,实验系统工作在 X 波段,带宽为 80MHz。

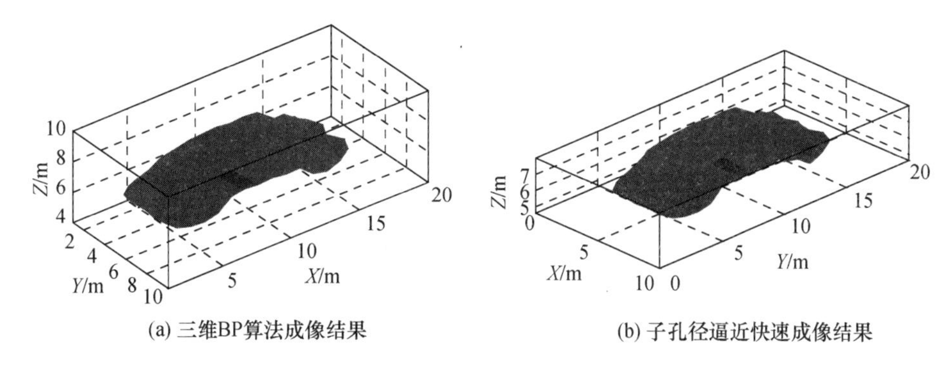

(a) 三维BP算法成像结果　(b) 子孔径逼近快速成像结果

图 8.20　仿真三维成像实验

图 8.21(a)和 8.21(b)分别展示了成像场景照片和场景中主要目标的示意图。图 8.21(c)和 8.21(d)展示了三维 BP 算法成像结果,及其顶视图、前视图和侧视图。从中可以看出,目标值占据了成像空间的一小部分区域,这显示了典型的稀疏特性,其 99.03% 的区域并不包含散射点。

图 8.22 展示了子孔径逼近成像算法三维成像结果,及其顶视图、前视图和侧视图。

将三维 BP 算法和子孔径逼近成像算法成像结果绝对值相减,可以分析出二者成像结果的差异。二者差异中没有大于最大散射点值的 -13dB 的散射点出现(-13dB 是系统的峰值旁瓣比)。当观测大于最大散射点值的 -30dB 的散射点时,体现出少量差别,而 -30dB 已经大大地小于系统模糊函数的峰值旁瓣比。从该意义上来说,三维 BP 算法和子孔径快速算法成像结果是一致的,散射点基本没有丢失。

因此我们可以总结出:

(1) 子孔径逼近成像算法可以有效成像。

(2) 三维 BP 算法和子孔径逼近成像算法成像结果基本是一致的。

(3) 系统模糊函数的峰值旁瓣比是一个较好的分离门限,其可以保证散射点不丢失且选取区域精确。

8.3.4　子孔径选择方式的影响

在研究中,我们发现有三个主要因素将会影响子孔径逼近快速算法的运算量分别是:子孔径选择方式、目标结构和场景稀疏度。本节将针对两种典型的子孔径选择方式——线性扩张方式和二倍数扩张方式,来分析子孔径选择对运算量带来的影响。

(a) 成像场景照片

(b) 目标布设示意图

(c) 三维BP算法成像结果

(d) 三维BP算法成像结果的顶视图、前视图和侧视图

图 8.21　实测三维成像实验(见彩图)

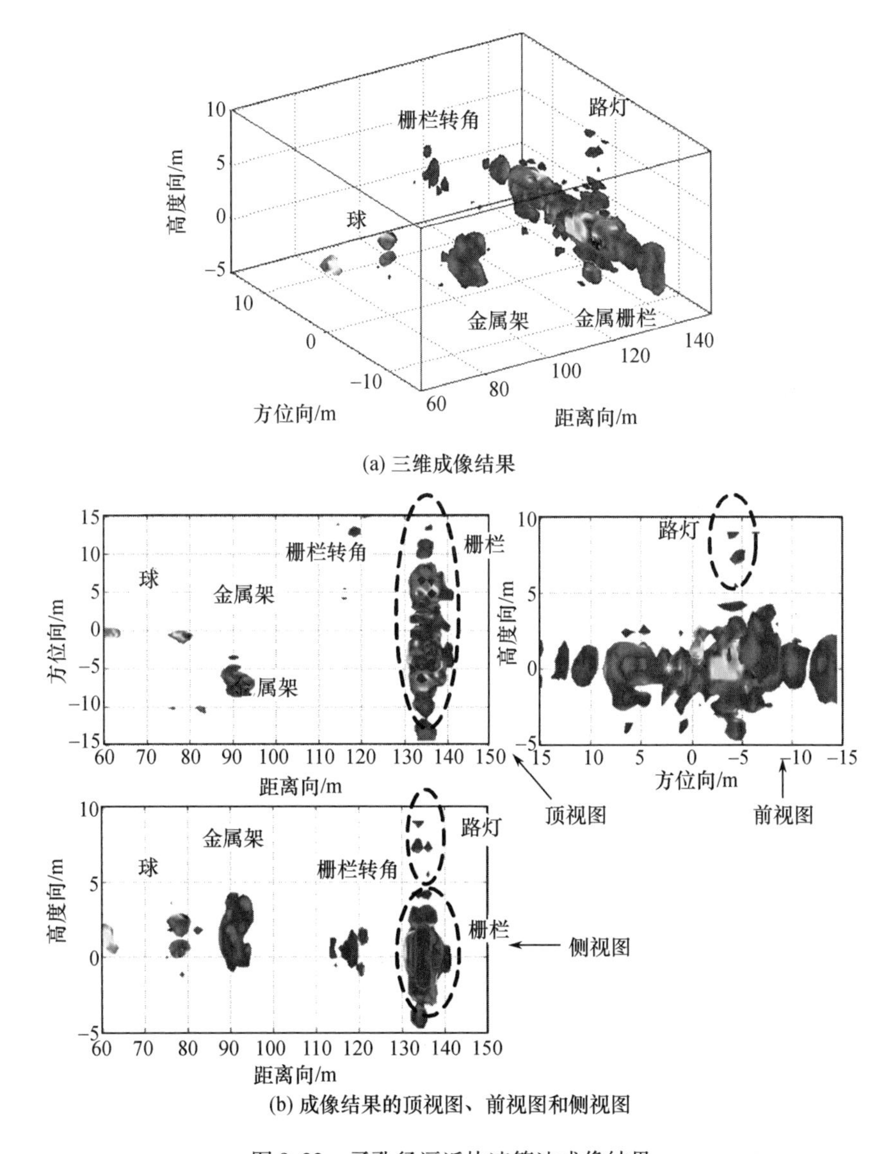

(a) 三维成像结果

(b) 成像结果的顶视图、前视图和侧视图

图 8.22　子孔径逼近快速算法成像结果

8.3.4.1　线性扩张方式

假设全孔径长度为 L,我们将子孔径长度按线性扩展,即第 m 个子孔径长度 $l_m = mL/M$,其中 m 也表示第 m 次迭代,$m = 1,2,\cdots,M$,M 为总的迭代次数。当第 M 次迭代时,$l_M = L$ 即为全孔径成像。

对于一个在系统分辨力下有 $X \times Y \times Z$ 像素的三维场景来说,目标在成像空间中占据的像素为

$$\Phi = (1 - G)XYZ \tag{8.53}$$

式中:G 为场景稀疏度,即表示场景中不包含目标的像素点数与场景总像素点数的比值。

由于分辨力的降低,在第 m 次迭代时,包含目标区域的像素点总和为

$$\Phi^{[m]} = (\rho_m/\rho_L)^2(1 - G_m)XYZ = (m/M)^2(1 - G_m)XYZ \tag{8.54}$$

需要指出的是,实际上目标的结构也会影响目标区域的像素点总和,这将在下一小节中讨论。在这里假设目标是独立的散射点,因此目标区域的像素点总和与目标个数成正比,且与分辨力的平方成正比。

另一方面,假设阵列上阵元分布是均匀的。由于采用了子孔径成像,在第 m 次迭代时,单散射点子孔径逼近成像算法的运算量 $\Psi_s^{[m]}$ 为

$$\Psi_s^{[m]} = (m/M)^2\Psi_b \tag{8.55}$$

因此,对于整个目标,在第 m 次迭代时,单散射点子孔径逼近成像算法的运算量 $\Psi_{SA}^{[m]}$ 为

$$\begin{aligned}\Psi_{SA}^{[m]} &= (m/M)^2(1 - G_m)XYZ\Psi_s^{[m]} \\ &= (m/M)^4(1 - G_m)XYZ\Psi_b\end{aligned} \tag{8.56}$$

最终,整个子孔径逼近成像算法的运算量为

$$\Psi_{SA} = \sum_{m=1}^{M}\Psi_{SA}^{[m]} \tag{8.57}$$

因为 Ψ_b在成像中运算量保持不变,稀疏度 G 和迭代次数 M 将决定整个子孔径快速算法的运算量。

根据以上分析可知,子孔径逼近成像算法可以通过两个途径减小三维 BP 算法的运算量:

(1) 从式(8.54),可以看出由于获取了先验信息,它减小了三维场景中需要计算的像素点数。

(2) 从式(8.57),可以看出由于采取了子孔径成像,它减小了需要进行相参累加的阵元个数。

8.3.4.2 二倍数扩张方式

我们将子孔径长度按二倍数扩展,即第 m 个子孔径长度 $l_m = L/2^{M-m}$。当第 m 次迭代时,$l_M = L$ 即为全孔径成像。

根据同样的分析,可以得到整个子孔径逼近成像算法的运算量为

$$\Psi_{SA} = \sum_{m=1}^{M}2^{-4(M-m)}(1 - G)XYZ\Psi_b \tag{8.58}$$

线性扩张方式与二倍数扩张方式的运算量对比,将在 8.3.6 节中进行实验对比分析。

8.3.5　目标结构的影响

根据子孔径逼近成像算法的原理,场景稀疏度越大,包含目标的区域就越小,子孔径逼近成像算法的运算量就越小。但在实际中,目标的结构将影响子孔径逼近成像算法的运算量。对于任意目标,其将符合以下三种拓扑结构之一,或是它们的组合。

8.3.5.1　零维结构

零维结构表示目标由一系列独立的散射点组成,例如图 8.21 中所示的金属球,其大小小于系统分辨力。对于该结构中的每一个散射点,其周围均包含了一个空的区域,如图 8.23 左上部分所示。

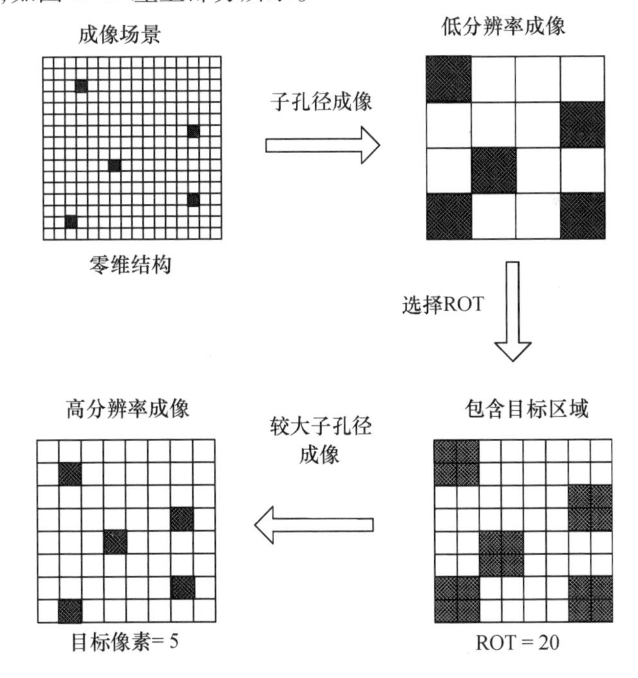

图 8.23　零维结构产生独立的 ROT,搜索效率为 25%

为了描述目标结构对运算量的影响,我们定义 Ξ 为包含目标区域的搜索效率,它表示迭代中分辨力扩大一倍时,目标真实像素点占包含目标区域(Region of Targets, ROT)像素点的比值。Ξ 越高,运算量越小。

假设成像场景中目标所占像素点为 β 个。在迭代中,每一个像素点将产生独立的 ROT,如图 8.23 右上与右下图所示。因此,当分辨力扩大一倍时,ROT 所占的像素点为 4β 个。在高分辨力图像中,目标所占像素点仍然为 β 个,如图 8.23 左下部分所示。因此,包含目标区域的搜索效率 $\Xi=25\%$ 。

8.3.5.2 一维结构

一维结构表示连续线性结构,例如图 8.21 中所示的路灯,其一边长度小于系统分辨力,而另一边长度远大于系统分辨力。一维结构占据的像素形状如图 8.24 左上部分所示。

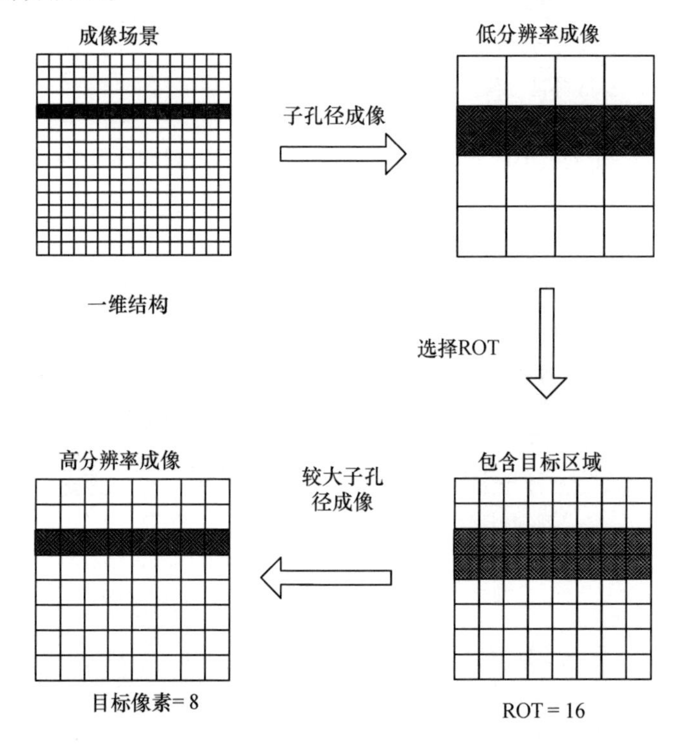

图 8.24 一维结构产生一边融合的 ROT,搜索效率为 50%

在迭代中,ROT 的一边会扩展,而另一边保持不变,如图 8.25 右上与右下部分所示。假设成像场景中目标所占像素点为 β 个,忽略一维结构两端的影响,ROT 所占的像素点为 2β 个,而在高分辨力图像中目标所占像素点仍然为 β 个,如图 8.25 左下部分所示。因此,包含目标区域的搜索效率 $\Xi = 50\%$ 。

8.3.5.3 二维结构

二维结构表示一个二维曲面结构,如地面这类边长远大于系统分辨力的曲面,或者如建筑的墙面这类在二维空间中也可视为曲面(这里只关注目标在二维空间中的结构)。一维结构占据的像素形状如图 8.25 左上部分所示。

在迭代中,ROT 的两边均不会扩展,如图 8.25 右上与右下部分所示。假设成像场景中目标所占像素点为 β 个,ROT 所占的像素点为 β 个,而在高分辨力图像中目标所占像素点仍然为 β 个，如图 8.25 左下部分所示。因此，包含目标区域的搜索效率 $\Xi=100\%$ 。

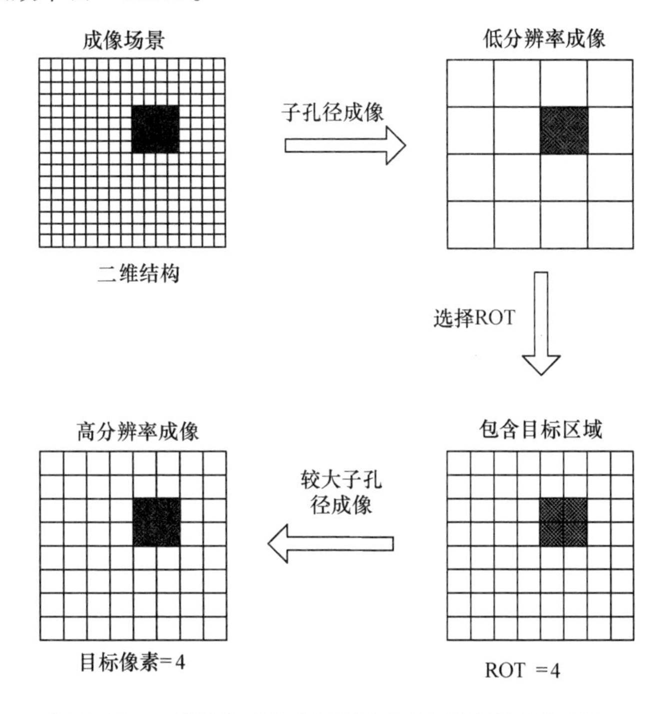

图 8.25　二维结构产生曲面型的 ROT，搜索效率为 100%

综上所述，不同的目标结构将产生不同的 ROT 形状，其将影响 ROT 的搜索效率。通过不同 ROT 形状的对比，可以得出以下结论：二维结构具有最高的搜索效率，零维结构具有最低的搜索效率，而一维结构的搜索效率在前二者之间。需要指出的是，同一目标的 ROT 结构在不同分辨力下将会发生改变。总之，子孔径逼近成像算法的运算量范围介于零维结构和二维结构之间。

不同目标结构的运算量对比，将在 8.3.6 节中进行实验对比分析。

8.3.6　运算量对比

本节利用仿真实验，分析子孔径选择方式、目标结构和稀疏度对子孔径逼近成像算法运算量的影响。

8.3.6.1　子孔径选择方式

根据 8.3.5 节中的分析，不同的子孔径选择方式（典型的为线性扩张和二倍数扩张）有不同的运算量表达式，其仿真的数值结果如图 8.26 和图 8.27 所示。

在迭代过程中，场景稀疏度是与子孔径（亦即分辨力）有关的，如图 8.26(a)

和图 8.27(a)所示。从中可以看出,随着子孔径的扩大,迭代过程中的稀疏度将会逐渐逼近真实的场景稀疏度(G = 99%),这意味着 ROT 不断逼近真实目标。不同子孔径选择方式在于它们 ROT 逼近上的不同。二倍数扩张方式的 ROT 逼近速度更快一些,这是因为其子孔径的扩张更快一些。而线性扩张方式的 ROT 逼近更慢,但意味着更准确的逼近。

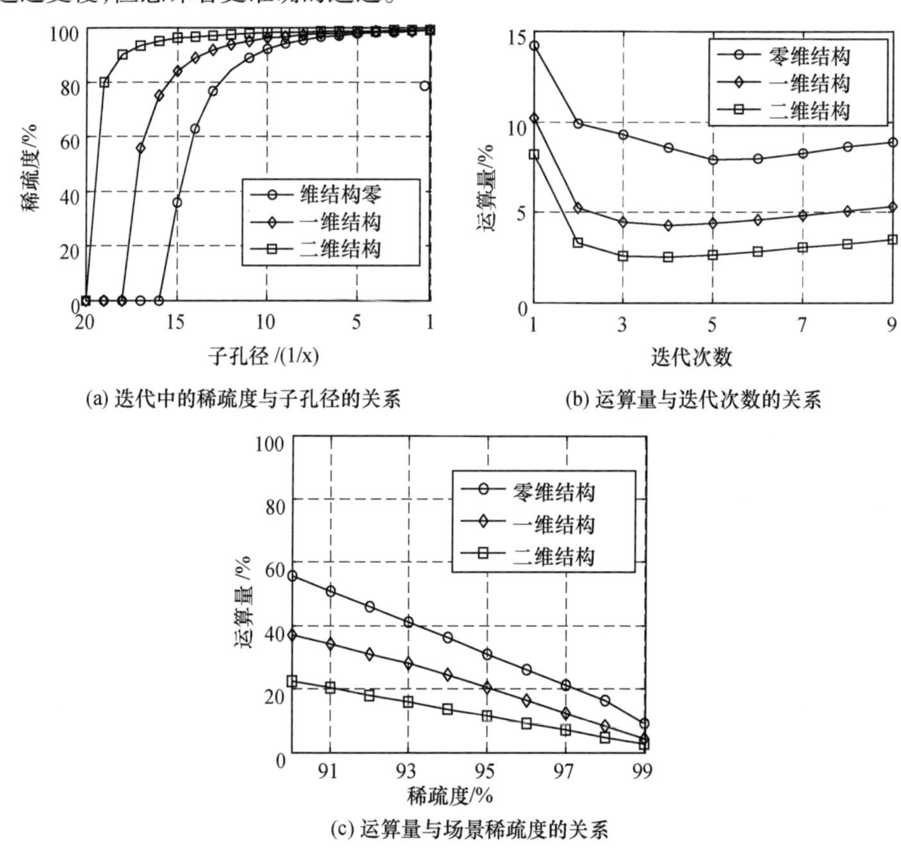

(a) 迭代中的稀疏度与子孔径的关系

(b) 运算量与迭代次数的关系

(c) 运算量与场景稀疏度的关系

图 8.26　子孔径线性扩张方式的运算量分析

子孔径快速算法运算量占标准三维 BP 运算量的百分比,与迭代次数的关系如图 8.26(b)与图 8.27(b)所示。通过二者的对比可以看出,线性扩张方式的运算量比二倍数扩张方式的运算量低。因此,由于具有更准确地逼近真实目标区域且运算量低的优势,线性扩张方式被更多地采用。

对于线性扩张方式,从图 8.26(b)中可以发现,其运算量分别在 M = 5(目标符合二维结构)和 M = 3(目标符合零维结构)时达到最小值。因此,M = 5 和 M = 3分别是对于二维结构和零维结构最理想的迭代次数。对于二倍数扩张方式,运算量随着迭代次数的增加而降低,当迭代次数超过两次以后,降低得并不明显。因此可以认为迭代两次是一个合适的次数。

8.3.6.2 目标结构

根据8.3.5节中的分析,零维、一维和二维结构的ROT搜索效率之比为1:2:4(在分辨力扩大一倍的情况下)。图8.26和图8.27中的结果可以验证该分析。从图8.26和图8.27中可以看出,零维结构的运算量最高,二维结构的运算量最低,而一维结构的运算量处于前两者中间。需要指出的是,由于图中所示的整体运算量是所有迭代运算量之和,并且目标的边缘会对ROT选择产生一定的影响,零维、一维和二维结构的运算量之比是不精确的。

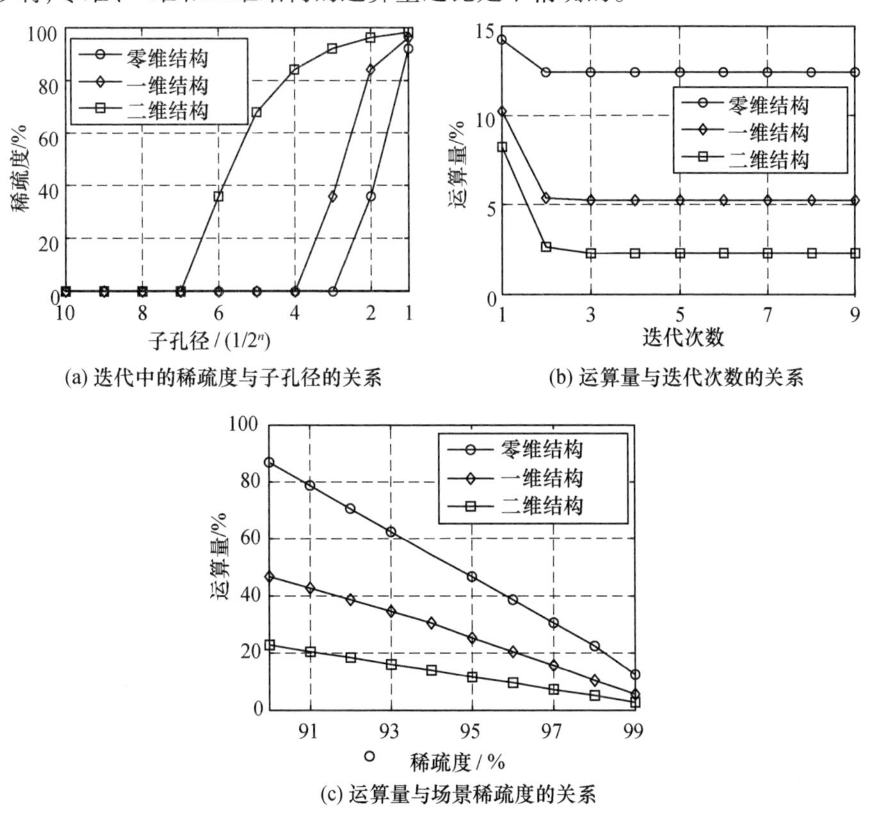

图8.27 子孔径二倍数扩张方式的运算量分析

8.3.6.3 场景稀疏度

当目标结构已知、子孔径选择方式选定以后,子孔径逼近成像算法的运算量只与场景稀疏度有关。通过对子场景的选择,可以得到不同稀疏度场景,子孔径逼近成像算法的运算量与场景稀疏度的关系如图8.26(c)和图8.27(c)所示。

从图 8.26(c)和图 8.27(c)可以看出,运算量随着稀疏度的提高而降低。对于线性扩张方式,当场景稀疏度大于 90% 时,子孔径逼近成像算法的运算量在最差情况下(目标符合零维结构)只有三维 BP 算法的 55% 。对于一般情况(目标符合一维结构),当场景稀疏度大于 97.6% 时,子孔径逼近成像算法的运算量只有三维 BP 算法的 10% 。

对于 8.3.3 节中所述的实验数据,其场景稀疏度达到 99.03% ,利用子孔径逼近成像算法成像的运算量只有三维 BP 算法的 8.61% ,这处在零维结构和一维结构的运算量之间。这表示该实测场景的目标结构是由这两种,甚至三种结构组合构成的,也验证了目标结构与运算量关系的分析。

参考文献

[1] Rodriguez-Cassola M, Prats P, Krieger G, et al. Efficient Time-Domain Focussing for General Bistatic SAR Configurations: Bistatic Fast Factorised Backprojection [C]. Synthetic Aperture Radar (EUSAR), 2010 8th European Conference on, Aachen, Germany, 2010:1 –4.

[2] Vu V T, Sjögren T K, Pettersson M I. Fast factorized backprojection algorithm for UWB SAR image reconstruction [C]. Geoscience and Remote Sensing Symposium (IGARSS), 2011 IEEE International, Vancouver, BC, 2011: 4237 –4240.

[3] Ulander L M H, Hellsten H, Stenstrom G. Synthetic aperture radar processing using fast factorized back projection [J]. IEEE Transactions on Aerospace and Electronic Systems, 2003, 39(3) : 760 – 776.

[4] Frolind P O, Ulander L M H. Evaluation of angular interpolation kernels in fast back projection SAR processing [J]. IEEE Proceedings: Radar, Sonar and Navigation, 2006, 153 (3): 243 –249.

[5] Durden S L, van Zyl J J, Zebker H A. Modeling and observation of the radar polarization signature of forested areas[J]. IEEE trans Geosci Remote Sensing, 1989,27: 290 –301.

[6] Durden S L, Klein J D, Zebker H A. polarimetric radar measurements of a forested area near Mt. Shasta[J]. IEEE trans Geosci. Remote Sensing, 1991,29: 444 –450.

[7] Freeman A, Durden S L. A three-component scattering model for polarimetric SAR Data[J]. IEEE Trans on Geoscience and Remote sensing, 1998,3(36):953 –973.

[8] Yamaguchi Y, Moriyama T, Ishido M, et al. Four-component scattering model for polarimetric SAR image decomposition [J]. IEEE Trans on Geoscience and Remote sensing, vol. 43, No. B, 2005 13(43): 1699 –1706.

[9] Van Tress H L. Detection, Estimation and modulation theory[M]. John Wiley,1968.

[10] Wood Ward P M. Probability and information theory with application to radar[M]. Pergamon press Ltd., 1953.

[11] Mallat S. a wavelet tour of signal processing [M]. 北京:机械工业出版社,2003.

[12] Kincaid D, Cheney W. 数值分析[M]. 3 版. 北京:机械工业出版社,2005.

[13] Cheney W, Light W. A course in approximation theory [M]. 北京:机械工业出版社,2004.

[14] Jun S, Xiaoling Z, Yang J, et al. Surface-tracing-based LASAR 3-D imaging method via multiresolution approximation [J]. Geoscience and Remote Sensing, IEEE Transactions on, 2008, 46(11): 3719 - 3730.

[15] Balanis C A. Antenna theory: analysis and design [M]. John Wiley&Sons, 2012.

[16] Du L, Wang Y, Hong W, et al. A three-dimensional range migration algorithm for downward-looking 3D-SAR with single-transmitting and multiple-receiving linear array antennas [J]. EURASIP Journal on Advances in Signal Processing, 2010: 11.

[17] Jun S, Xiaoling Z, Gao X, et al. Signal processing for microwave array imaging: TDC and sparse recovery [J]. Geoscience and Remote Sensing, IEEE Transactions on, 2012, 50 (11):4584 - 4598.

第9章 三维成像阵列设计与分析

与传统二维 SAR 的等效线型阵列相比,三维 SAR 需要更多的阵元合成二维阵列,以获得三维空间分辨力。在实际工程实现中,为了获得大量的阵元,并降低系统实现的难度,需要结合应用环境对阵列及阵元分布进行优化设计。本章首先分析推导几种典型阵元分布与系统模糊函数的关系,以便进一步加深对三维 SAR 系统设计的理解。然后,介绍多入多出(MIMO)阵列技术及其在三维 SAR 中的应用。

9.1 阵元分布与模糊函数

9.1.1 天线相位中心对模糊函数的影响

本节中为了便于描述阵元分布,我们将阵元分布建模为关于阵元序号的函数,对于最简单的等间隔二维阵列,其函数模型为矩形周期函数。对于布设于直线运动飞机等平台上的单激励规则线型阵列,其函数模型为周期三角函数。本节以此为基础,分析不同阵元分布对系统模糊函数的影响。

9.1.1.1 周期函数

1. 周期函数的沿 - 切航向平面模糊函数

为了便于分析,将离散变量 l 替换为连续变量,则

$$\chi_N^{\beta-\gamma}(p,q) = \left| \int \exp\{\mathrm{j}\cdot 2\pi[p\cdot t + q\cdot g(t)]\}\mathrm{d}t \right| \tag{9.1}$$

由于 $g(t)$ 为周期为 T 的周期函数,上述积分可改写为

$$\chi_N^{\beta-\gamma}(p,q) = \left| \sum_{i=0}^{N-1} \int_{iT}^{(i+1)T} \exp\{\mathrm{j}\cdot 2\pi[p\cdot t + q\cdot g(t)]\}\mathrm{d}t \right| \tag{9.2}$$

式中:N 为 $g(t)$ 的周期个数。

定义 $t' = t - i\cdot T$,并替换式(9.2)中的 t,可得到沿 - 切航向平面的二维模糊函数 $\chi_N^{\beta-\gamma}(p,q)$ 为

$$\chi_N^{\beta-\gamma}(p,q) = \left| \sum_{i=0}^{N-1} \exp(\mathrm{j} \cdot 2\pi p \cdot i \cdot T) \right| \cdot |G(p,q)| \tag{9.3}$$

式中

$$G(p,q) \triangleq \int_0^T \exp\{\mathrm{j} \cdot 2\pi[p \cdot t' + q \cdot g(t)]\}\mathrm{d}t' \tag{9.4}$$

当 $\exp(\mathrm{j} \cdot 2\pi p \cdot T) = 1$ 时有：

$$\chi_N^{\beta-\gamma}(p,q) = N \cdot |G(p,q)| \tag{9.5}$$

否则，利用等比数列求和公式，可得到

$$\chi_N^{\beta-\gamma}(p,q) = \left| \frac{\sin(N \cdot \pi \cdot p \cdot T)}{\sin(p \cdot \pi \cdot T)} \right| \cdot |G(p,q)| \tag{9.6}$$

式(9.6)表明，周期信号的沿－切航向平面(即由沿航迹方向向量与切航迹方向向量确定的平面)的二维模糊函数为沿航迹向准 sinc 函数和二维函数 $|G(p,q)|$ 的乘积。

2. 典型周期函数的沿－切航向平面模糊函数

(1) 矩形周期函数。

假设线阵 SAR 只有两个阵元构成(如传统的单基线干涉 SAR)。按照固定的时间间隔依次打开其中的一个天线，则将产生矩形周期的天线相位中心走动函数，如图 9.1(a)所示。

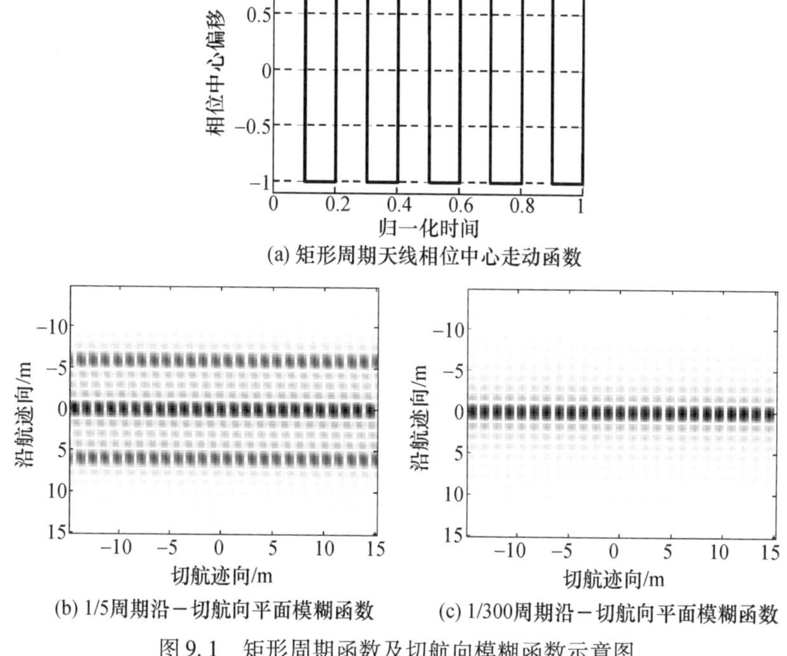

(a) 矩形周期天线相位中心走动函数

(b) 1/5周期沿－切航向平面模糊函数　(c) 1/300周期沿－切航向平面模糊函数

图 9.1　矩形周期函数及切航向模糊函数示意图

此时,切换模式 $g(t)$ 在一个周期内的函数可表示为

$$g(t)=\begin{cases}1, & t\in[0,T/2]\\ -1, & t\in[T/2,T]\end{cases} \tag{9.7}$$

将式(9.7)代入式(9.4),可得到

$$\begin{aligned}G(p,q) &= \int_0^{T/2}\exp\left[\mathrm{j}2\pi(pt'+q)\right]\mathrm{d}t' + \int_{T/2}^{T}\exp\left[\mathrm{j}2\pi(pt'-q)\right]\mathrm{d}t'\\ &= \left[\exp(\mathrm{j}2\pi q)+\exp(-\mathrm{j}2\pi q)\cdot\exp(\mathrm{j}\pi pT)\right]\times\int_0^{T/2}\exp\left(\mathrm{j}2\pi pt'\right)\mathrm{d}t'\\ &= \left[\exp(\mathrm{j}2\pi q)+\exp(-\mathrm{j}2\pi q)\cdot\exp(\mathrm{j}\pi pT)\right]\cdot\mathrm{sinc}\left(\frac{\pi pT}{2}\right)\end{aligned} \tag{9.8}$$

利用式(9.6),可得到矩形周期函数的二维模糊函数为

$$\chi_N^{\beta-\gamma}(p,q)=\left|\frac{\sin(N\cdot\pi\cdot p\cdot T)}{\sin(p\cdot\pi\cdot T)}\right|\cdot\sin(2\pi(q-pT/4))\cdot\mathrm{sinc}\left(\frac{\pi pT}{2}\right) \tag{9.9}$$

图9.1(b)和9.1(c)为周期为1/5和1/300时获得的沿－切航向平面二维模糊函数。

从中可以看出,对于矩形周期信号,其切航迹方向的模糊函数不是类脉冲函数。该结果可直接从式(9.9)得到:$\chi_N^{\beta-\gamma}(p,q)$ 相对于切航迹变量 q 为正弦函数。上述结果说明,周期矩形相位中心运动不具有三维分辨能力,相应地单基线干涉SAR也不具备三维分辨能力。

注意,三维分辨能力与干涉SAR的高程测量精度是不同的概念。具有三维分辨能力的SAR系统能够区分三维空间中的任意两个散射点;干涉SAR则只能获得二维图像中各散射点的高度信息。当观测空间中多个散射点投影到二维SAR图像中同一像素时(对于单基地SAR意味着投影圆上的不同散射点),单基线干涉SAR提取的高程信息将出现错误。

(2) 三角型周期函数。

假设线阵天线的阵元均匀、连续的分布在切航迹方向。控制激励阵元从天线的一端匀速移动到线阵的另一端则可得到三角型周期函数,如图9.2(a)所示。

此时,$g(t)$ 在一个周期内的函数可表示为

$$g(t)=\begin{cases}1-4t/T, & t\in[0,T/2]\\ 1+4t/T, & t\in[-T/2,0]\end{cases} \tag{9.10}$$

将式(9.10)代入式(9.4),可得到

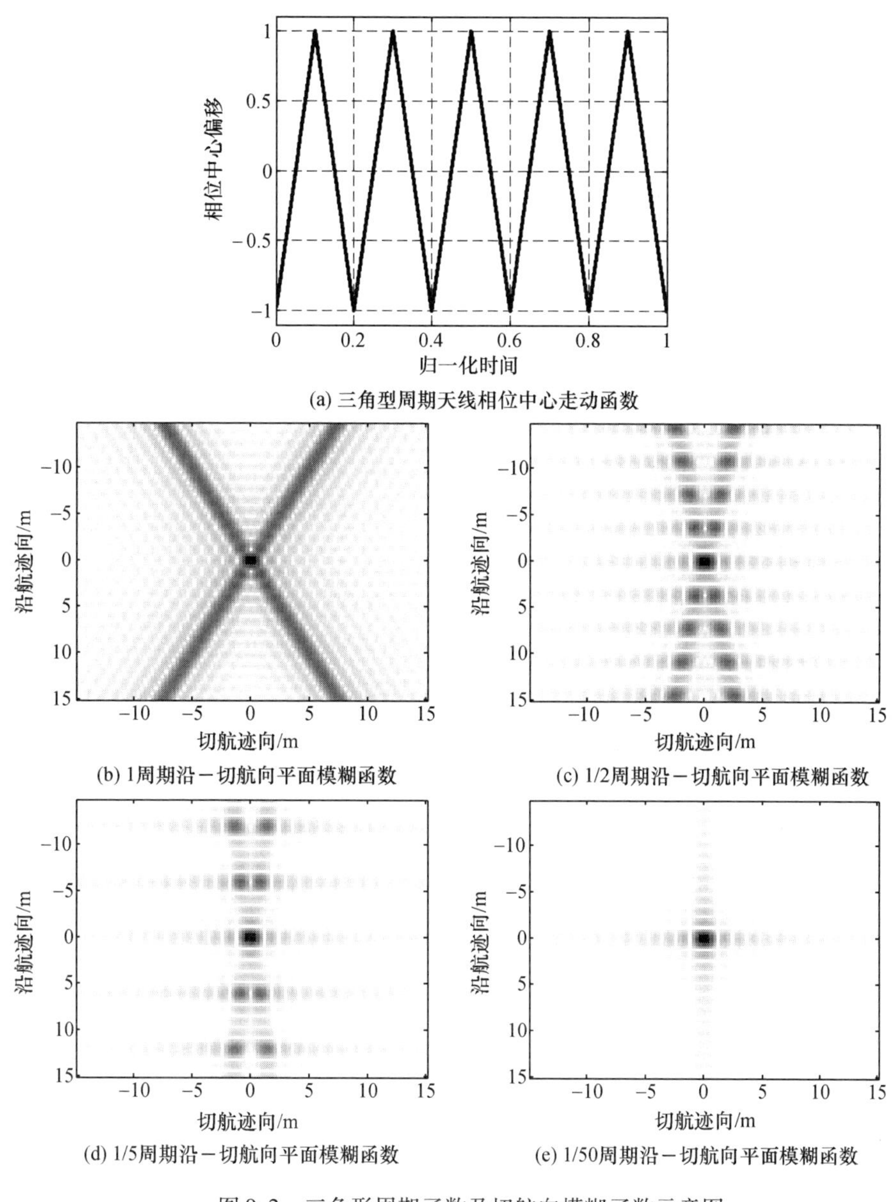

(a) 三角型周期天线相位中心走动函数

(b) 1周期沿－切航向平面模糊函数

(c) 1/2周期沿－切航向平面模糊函数

(d) 1/5周期沿－切航向平面模糊函数

(e) 1/50周期沿－切航向平面模糊函数

图 9.2　三角形周期函数及切航向模糊函数示意图

$$G(p,q) = \int_{0}^{T/2} \exp\left[\mathrm{j}2\pi(pt' + q - qTt'/4)\right]\mathrm{d}t' + \int_{-T/2}^{0} \exp\left[\mathrm{j}2\pi(pt' + q + qTt'/4)\right]\mathrm{d}t'$$

$$= \exp(\mathrm{j}\pi pT/2)\int_{-T/4}^{T/4}\exp\left[\mathrm{j}2\pi(p+q\cdot 4/T)t'\right]\mathrm{d}t'$$

$$+\exp(-\mathrm{j}\pi pT/2)\int_{-T/4}^{T/4}\exp\left[\mathrm{j}2\pi(p-q\cdot 4/T)t'\right]\mathrm{d}t'$$

$$= \frac{T}{2}\{\exp(\mathrm{j}\pi pT/2)\cdot \mathrm{sinc}(pT\pi/2+2\pi q)$$

$$+\exp(-\mathrm{j}\pi pT/2)\cdot \mathrm{sinc}(\pi pT/2-2\pi q)\} \tag{9.11}$$

利用式(9.6),可得到三角型周期函数的二维模糊函数为

$$\chi_N^{\beta-\gamma}(x,y)=\frac{T}{2}\cdot\left|\frac{\sin(N\cdot\pi\cdot p\cdot T)}{\sin(p\cdot\pi\cdot T)}\right| \cdot\left|\exp(\mathrm{j}\pi pT/2)\cdot \mathrm{sinc}(\pi pT/2+2\pi q)+\exp(-\mathrm{j}\pi pT/2)\cdot \mathrm{sinc}(\pi pT/2-2\pi q)\right| \tag{9.12}$$

图9.2(b)~图9.2(e)为周期为1、1/2、1/5和1/50时获得的沿－切航向平面二维模糊函数。

从中可以看出:三角型天线相位中心运动轨迹为类冲激函数,三角型天线相位中心运动轨迹的稀疏线阵SAR具有三维分辨能力。另外,当三角型函数的周期较长时,其二维模糊函数为两条相交于原点的直线。降低三角型函数的周期两条直线的斜率对称地增加。当周期为1/5时,两条直线几乎重合。进一步降低周期到1/50,两条直线完全重合。此时,沿－切航向平面内的二维模糊函数可看作切航迹向和沿航迹向一维模糊函数的乘积。

上述现象可利用式(9.9)解释。由于式(9.9)中包含切航迹变量q的一项为关于$pT/4-q$和$pT/4+q$的sinc函数。当T较大时,$pT/4$的影响较大,两个sinc函数产生沿－切航向平面内两条相交于原点的直线。其各自的斜率分别为$\pm 4/T$。随着周期T的减小,两条直线的斜率也相应的增加,两条直线的夹角变小。当周期T足够小时,$pT/4$的影响可忽略。此时,法平面内二维模糊函数可近似表示为

$$\chi_N^{\beta-\gamma}(x,y)\approx T\cdot\left|\frac{\sin(N\cdot\pi\cdot p\cdot T)}{\sin(p\cdot\pi\cdot T)}\right|\cdot \mathrm{sinc}(2\pi q) \tag{9.13}$$

上述分析表明,三角型天线相位中心运动轨迹的稀疏线阵SAR具有三维分辨能力。且一般情况下,沿航迹模糊函数和切航迹模糊函数相互耦合,沿－切航向平面内二维模糊函数不能表示为沿航迹模糊函数和切航迹模糊函数的乘积。当三角型周期函数的周期较小时,沿航迹和切航迹模糊函数的耦合效应可忽略,沿－切航向平面内二维模糊函数可看作为沿航迹模糊函数(sinc函数)和切航迹模糊函数(sinc函数)的乘积。

(3) 正弦函数。

假设线阵天线的阵元均匀、连续的分布在切航迹方向。控制激励阵元从天线的一端以特定的速度移动到线阵的另一端则可得到正弦函数,如图 9.3(a)所示。

此时,$g(t)$在一个周期内的函数可表示为

$$g(t)=\sin(\nu\cdot t) \tag{9.14}$$

式中:ν 为正弦信号的频率,$\nu=2\pi/T$。

将式(9.14)代入式(9.4),可得到

$$G(p,q)=\int_0^T \exp\left[\mathrm{j}2\pi(pt'+q\sin(\nu t'))\right]\mathrm{d}t' \tag{9.15}$$

根据贝赛尔函数的性质,$G(x,y)$可表示为

$$G(p,q)=T\cdot J(-2\pi q;pT) \tag{9.16}$$

式中:$J(k;m)$为第一类贝赛尔函数;k 为复变量;m 为贝赛尔函数的阶数。

利用式(9.6),可得到正弦周期函数的二维模糊函数为

$$\chi_N^{\beta-\gamma}(p,q)=\left|\frac{\sin(N\cdot\pi\cdot p\cdot T)}{\sin(p\cdot\pi\cdot T)}\right|\cdot T\cdot J(-2\pi q;p\cdot T) \tag{9.17}$$

图9.3(b)~图9.3(e)为周期为1、1/2、1/5 和1/50 时获得的沿 - 切航向平面二维模糊函数。

从中可以看出:正弦天线相位中心运动轨迹的对应的模糊函数为类冲激函数,正弦型天线相位中心运动轨迹的稀疏线阵 SAR 具有三维分辨能力。另外,与三角型函数类似,当正弦函数的周期较长时,其二维模糊函数为两条相交于原点的直线。降正弦函数的周期两条直线的斜率对称地增加。当周期为 1/5 时,两条直线几乎重合。进一步降低周期到 1/50,两条直线完全重合。此时,沿 - 切航向平面内的二维模糊函数可看作切航迹向和沿航迹向一维模糊函数的乘积。

与三角型函数类似,当周期 T 足够小时,$pT/4$ 的影响可忽略。此时,法平面内二维模糊函数可近似表示为

$$\chi_N^{\beta-\gamma}(p,q)\approx\left|\frac{\sin(N\cdot\pi\cdot p\cdot T)}{\sin(p\cdot\pi\cdot T)}\right|\cdot T\cdot J(-2\pi q;0) \tag{9.18}$$

综上所述,正弦型天线相位中心运动轨迹的稀疏线阵 SAR 具有三维分辨能力。一般情况下,沿航迹模糊函数和切航迹模糊函数相互耦合,沿 - 切航向平面内二维模糊函数不能表示为沿航迹模糊函数和切航迹模糊函数的乘积。当正弦函数的周期较小时,沿航迹和切航迹模糊函数的耦合效应可忽略,沿 - 切航向平面内二维模糊函数可看作为沿航迹模糊函数(sinc 函数)和切航迹模糊函数(贝赛尔函数)的乘积。

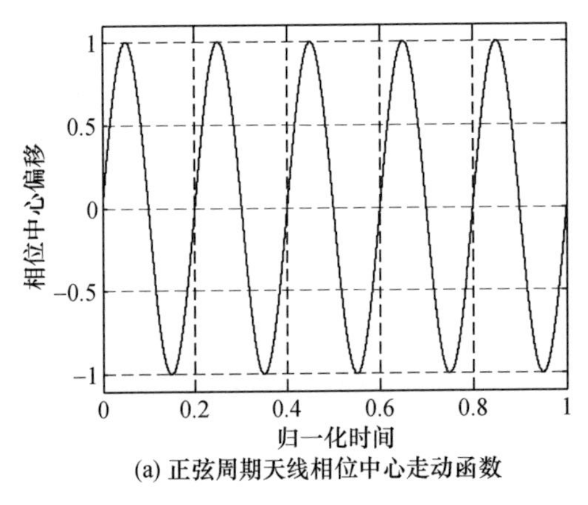

(a) 正弦周期天线相位中心走动函数

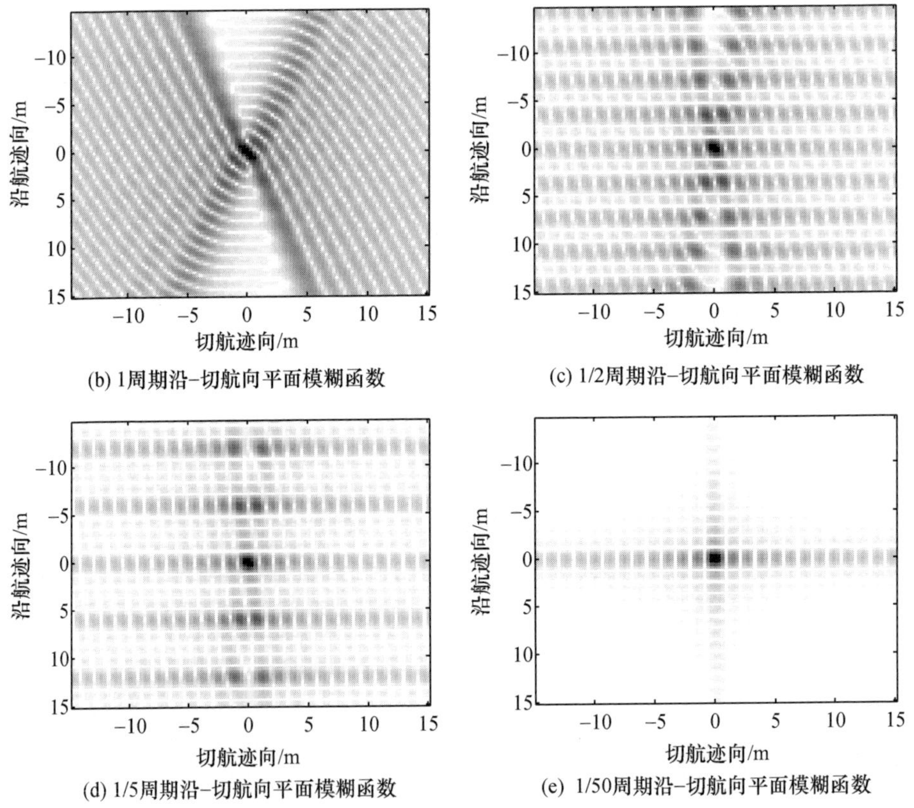

(b) 1周期沿-切航向平面模糊函数

(c) 1/2周期沿-切航向平面模糊函数

(d) 1/5周期沿-切航向平面模糊函数

(e) 1/50周期沿-切航向平面模糊函数

图 9.3　正弦周期函数及切航向模糊函数示意图

图 9.4 为小周期条件下，三角型周期函数和正弦周期函数切航迹向模糊函数。

从图 9.4 中可以看出，三角型周期函数的切航迹向模糊函数的旁瓣抑制性能要优于正弦函数的切航迹向模糊函数的旁瓣抑制性能。

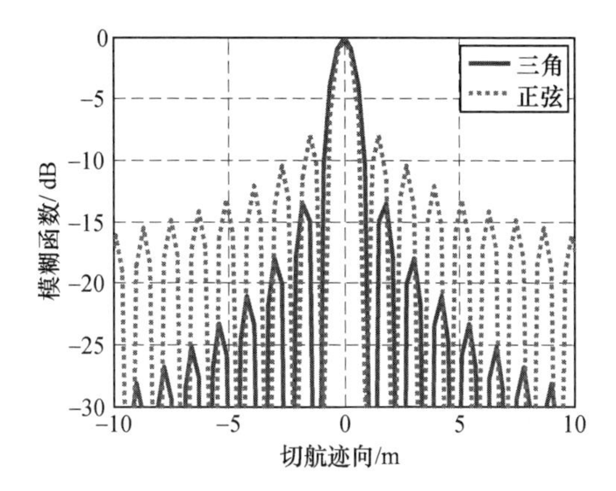

图9.4　三角型周期函数和正弦周期函数切航迹向模糊函数

9.1.1.2　伪随机函数

1. 伪随机函数的沿－切航向平面模糊函数

与周期函数不同,伪随机函数的沿－切航向平面(沿航迹向和切航迹向确定的平面)模糊函数不能通过直接求解式(9.4)中的积分获得。沿－切航向平面模糊函数与伪随机函数的关系可利用分布函数的概念加以研究。分布函数是傅里叶分析中用于计算振荡积分的重要工具,但其数学概念较为复杂。为避免繁杂的数学概念,本节从离散信号的角度入手,推导沿－切航向平面模糊函数和伪随机函数的分布的关系。由于该关系的证明较为复杂,首先将结论以定理的形式给出。

定理9.1:给定与直线函数 $p \cdot l$ 相互独立的离散伪随机函数 $g(l)$,其对应的沿－切航向平面二维模糊函数为

$$\chi_N^{\beta-\gamma}(p,q) \approx \left|\frac{\sin(N \cdot p \cdot \pi)}{\sin(p \cdot \pi)}\right| \cdot |\mathcal{d}_g(q)| \tag{9.19}$$

式中:$l=0,\frac{1}{N},\frac{2}{N},\cdots,1$;$N$ 为离散函数 $g(l)$ 的长度;$\mathcal{d}_g(\cdot)$ 为伪随机函数 $g(l)$ 的特征函数(Characteristic Function)。

证明:根据加法的交换率和结合率以及概率分布函数的物理意义,复指序列的和可用如下积分计算,即

$$\sum_l \exp(\mathrm{j} \cdot 2\pi \cdot f(l)) = N \cdot \int_{-\infty}^{\infty} \exp[\mathrm{j} \cdot 2\pi \cdot v] \cdot \mathrm{d}\mathcal{D}_f(v) \tag{9.20}$$

式中:$\mathcal{D}_f(v)$ 为函数 $f(l)$ 的概率分布函数,定义为

$$\mathcal{D}_f(v) \triangleq P[f(l) \leqslant v] \tag{9.21}$$

因此,可得到

$$\sum_{l} \exp[\mathrm{j} \cdot 2\pi \cdot f(l)] = N \cdot d_f(1) \tag{9.22}$$

式中：$d_f(\cdot)$为函数$f(l)$的特征函数，即$\mathrm{d}\mathcal{D}_f(v)/\mathrm{d}v$的傅里叶变换。

令$f(l)=p\cdot l+q\cdot g(l)$，根据贝叶斯准则（Bayes'Rule），函数$p\cdot l+q\cdot g(l)$的分布函数$\mathcal{D}_{p\cdot l+q\cdot g(l)}(v)$可利用如下公式计算，即

$$\begin{aligned}\mathcal{D}_{p\cdot l+q\cdot g(l)}(v) &= P[p\cdot l+q\cdot g(l)\leqslant v] \\ &= \sum_{l=0}^{1} P_{p\cdot l}(\tau = p\cdot l)\cdot P(q\cdot g(n)\leqslant v-p\cdot l \mid \tau = p\cdot l)\end{aligned} \tag{9.23}$$

式中：$P(A/B)$为条件概率；$P_{p\cdot l}(\tau=p\cdot l)$为函数$p\cdot l$的离散概率密度函数（Discrete Probability Density Function）；$P_{p\cdot l}(\tau=p\cdot l)$为均匀分布（Uniform Distribution），即$P(\tau=pl)=1/N$。

由于函数$p\cdot l$和$q\cdot g(l)$相互独立，可得到

$$\mathcal{D}_{p\cdot l+q\cdot g(l)}(v) = \frac{1}{N}\sum_{l=0}^{1} P[q\cdot g(l)\leqslant v-p\cdot l] \tag{9.24}$$

下面分作三种情况讨论：

(1) 情况1：$q=0$。

此时，可直接得到沿-切航向平面二维模糊函数为

$$\chi_N^{\beta-\gamma}(p,0) = \left|\frac{\sin(N\cdot p\cdot\pi)}{\sin(p\cdot\pi)}\right| \tag{9.25}$$

(2) 情况2：$q>0$。

此时，可知：

$$\mathcal{D}_{p\cdot l+q\cdot g(l)}(v) = \frac{1}{N}\sum_{l=0}^{1} P\left[g(l)\leqslant\frac{v-p\cdot l}{q}\right] \tag{9.26}$$

沿-切航向平面二维模糊函数为

$$\begin{aligned}\chi_N^{\beta-\gamma}(p,q) &= \left|N\cdot\int_{-\infty}^{\infty}\exp(\mathrm{j}\cdot 2\pi\cdot v)\cdot\mathrm{d}\mathcal{D}_{p\cdot l+q\cdot g(l)}(v)\right| \\ &= \left|\sum_{l=0}^{1}\int_{-\infty}^{\infty}\exp(\mathrm{j}\cdot 2\pi\cdot v)\,\mathrm{d}\mathcal{D}_g\left(\frac{v-pl}{q}\right)\right| \\ &= \left|\sum_{l=0}^{1}\{\exp(\mathrm{j}2\pi pl)\}\right|\cdot|d_g(q)|\end{aligned} \tag{9.27}$$

(3) 情况3：$q<0$。

此时，可知

$$\mathcal{D}_{p\cdot l+q\cdot g(l)}(v) = \frac{1}{N}\sum_{l=0}^{1} P\left[-g(l)\leqslant\frac{v-p\cdot l}{-q}\right] \tag{9.28}$$

沿 - 切航向平面二维模糊函数为

$$\begin{aligned}\chi_N^{\beta-\gamma}(p,q) &= \left|N\cdot\int_{-\infty}^{\infty}\exp(\mathrm{j}\cdot 2\pi\cdot v)\cdot \mathrm{d}\mathcal{D}_{p\cdot l+q\cdot g(l)}(v)\right| \\ &= \left|\sum_{l=0}^{1}\int_{-\infty}^{\infty}\exp(\mathrm{j}\cdot 2\pi\cdot v)\,\mathrm{d}\mathcal{D}_{-g}\left(\frac{v-pl}{-q}\right)\right| \\ &= \left|\sum_{l=0}^{1}P\exp(\mathrm{j}2\pi pl)\}\right|\cdot\left|d_g(q)\right|\end{aligned}\tag{9.29}$$

结合上述三种情况并利用等比数列求和公式,可得到

$$\chi_N^{\beta-\gamma}(p,q)=\left|\frac{\sin(N\cdot p\cdot\pi)}{\sin(p\cdot\pi)}\right|\cdot\left|d_g(q)\right|\tag{9.30}$$

证毕

上述定理表明:当天线相位中心运动轨迹与直线函数 $p\cdot l$ 相互独立时,沿 - 切航向平面内二维模糊函数可看作为沿航迹模糊函数和切航迹模糊函数的乘积。

注意,天线相位中心运动轨迹与直线函数 $p\cdot l$ 相互独立,并不一定意味着天线相位中心运动轨迹为伪随机函数。即使天线相位中心运动轨迹为连续函数,只要其与沿航迹向的直线函数 $p\cdot l$ 在统计意义上相互独立,上述定理即成立。实际上,在分析周期天线相位中心轨迹时,当周期较小时,可近似认为其与直线函数 $p\cdot l$ 相互独立,近似式(9.13)和式(9.18)可从定理 9.1 直接得到。

2. 典型伪随机函数的沿 - 切航向平面模糊函数

本节利用定理 9.1 讨论均匀分布伪随机函数和高斯分布伪随机函数的沿 - 切航向平面内二维模糊函数。

(1) 均匀分布(Uniform Distribution)。

随机控制激励阵元可得到均匀分布的伪随机天线相位中心运动轨迹。此时,函数 $g(l)$ 的概率密度函数 $\mathcal{D}_g'(v)$ 可写为

$$\mathcal{D}_g'(v)=\begin{cases}1/2, & v\in[-1,1]\\ 0, & \text{其他}\end{cases}\tag{9.31}$$

相应地

$$d_g(x)=\mathrm{FFT}[\mathcal{D}_g'(v)]=\mathrm{sinc}(x)\tag{9.32}$$

式中:FFT[·]表示傅里叶变换。

将式(9.32)代入式(9.19)可得到均匀分布伪随机函数对应的沿 - 切航向平面内二维模糊函数 $\chi_N^{\beta-\gamma}(p,q)$ 为

$$\chi_N^{\beta-\gamma}(p,q)=\left|\frac{\sin(N\cdot p\cdot\pi)}{\sin(p\cdot\pi)}\cdot\mathrm{sinc}(q)\right|\tag{9.33}$$

图 9.5(a)为均匀分布伪随机函数对应的沿 - 切航向平面内二维模糊函数。

利用式(9.19)可知:沿 - 切航向平面内二维模糊函数可看作为沿航迹模糊

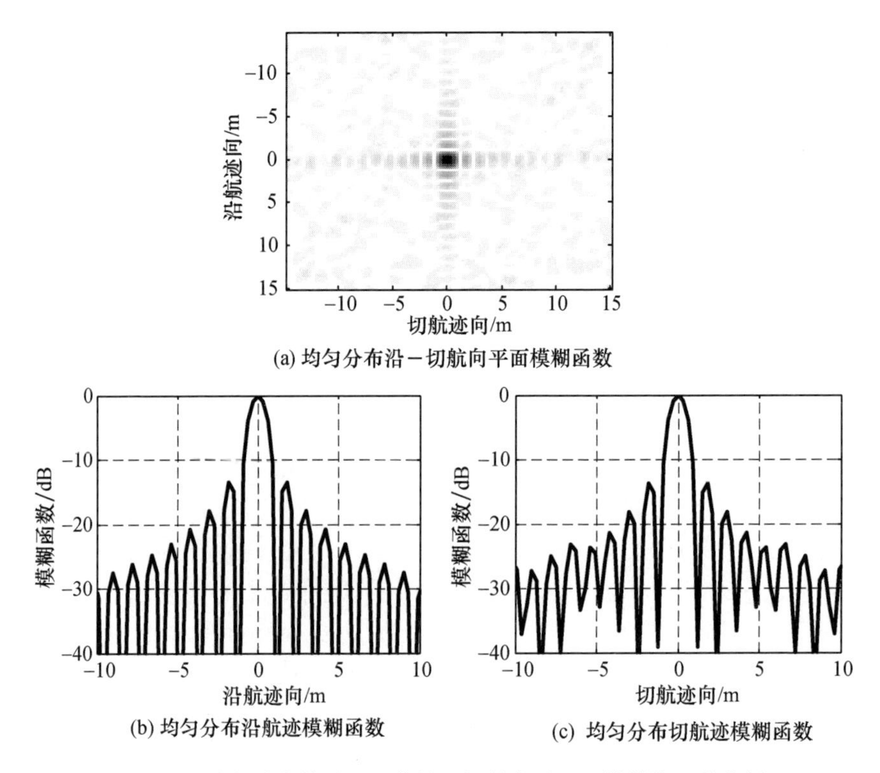

图 9.5　均匀分布伪随机函数沿 - 切航向平面二维模糊函数分析

函数和切航迹模糊函数的乘积。

图 9.5(b)和图 9.5(c)为均匀分布伪随机函数对应的沿航迹模糊函数和切航迹模糊函数。

利用式(9.33)可知:均匀分布伪随机函数对应的沿航迹模糊函数和切航迹模糊函数分别为类 sinc 函数和 sinc 函数,即均匀分布伪随机函数与短周期三角型周期函数具有相同的沿 - 切航向平面内二维模糊函数。

(2) 高斯分布(Gauss Distribution)。

随机控制激励阵元可得到高斯分布的伪随机天线相位中心运动轨迹。此时,函数 $g(l)$ 的概率密度函数 $\mathcal{D}_g'(v)$ 可写为

$$\mathcal{D}_g'(v) = \exp(-v^2/2) \tag{9.34}$$

相应地

$$d_g(x) = \mathrm{FFT}(\mathcal{D}_g'(v)) = \exp\left(-\frac{x^2}{2}\right) \tag{9.35}$$

将式(9.35)代入式(9.19)可得到均匀分布伪随机函数对应的沿 - 切航向平面内二维模糊函数 $\chi_N^{\beta-\gamma}(p,q)$ 为

$$\chi_N^{\beta-\gamma}(p,q)=\left|\frac{\sin(N\cdot p\cdot \pi)}{\sin(p\cdot \pi)}\cdot \exp\left(-\frac{q^2}{2}\right)\right| \tag{9.36}$$

图 9.6(a)为高斯分布伪随机函数对应的沿－切航向平面内二维模糊函数。图 9.6(b)和图 9.6(c)为高斯分布伪随机函数对应的沿航迹模糊函数和切航迹模糊函数。

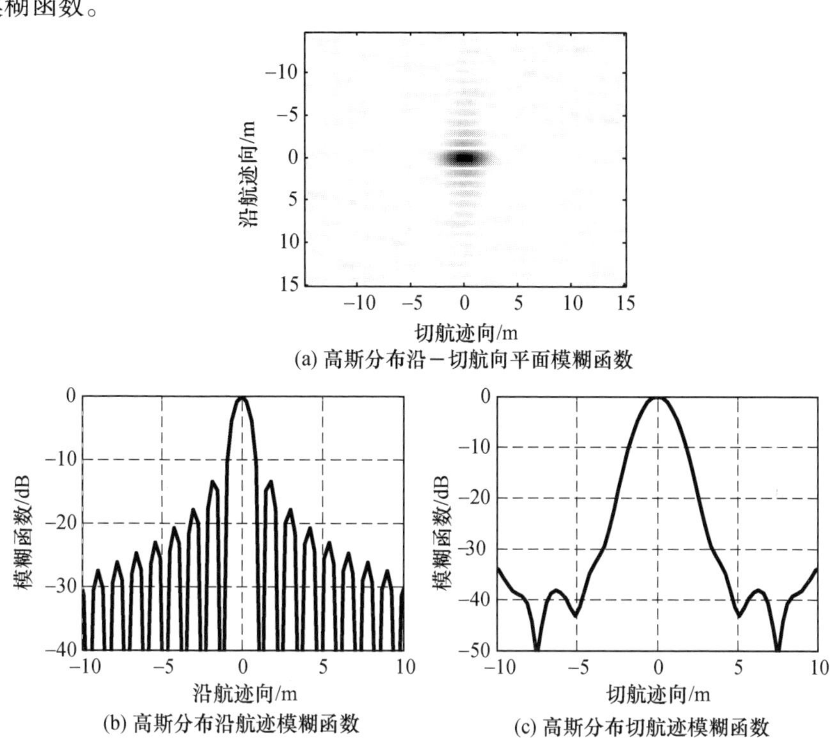

(a) 高斯分布沿－切航向平面模糊函数

(b) 高斯分布沿航迹模糊函数

(c) 高斯分布切航迹模糊函数

图 9.6　高斯分布伪随机函数沿航迹模糊函数和切航迹模糊函数分析

利用式(9.36)可知：高斯分布伪随机函数对应的沿航迹模糊函数和切航迹模糊函数分别为类 sinc 函数和高斯函数。

比较图 9.6(b)和图 9.6(c)可知：均匀分布伪随机函数对应的切航迹模糊函数的主瓣宽度优于高斯分布伪随机函数对应的切航迹模糊函数的主瓣宽度；相反地，高斯分布伪随机函数对应的切航迹模糊函数的旁瓣抑制效果优于均匀分布伪随机函数对应的切航迹模糊函数的旁瓣抑制效果。通过上述比较可知：伪随机函数的选择直接影响切航迹模糊函数的主瓣宽度和旁瓣抑制性能。伪随机函数分布的优化问题将在下一节详细讨论。

9.1.2　稀疏阵相位中心轨迹优化

根据上一章的分析，不同分布的伪随机序列具有不同的切航迹模糊函数，本节将介绍伪随机函数分布的优化问题。

9.1.2.1 沿-切航向平面模糊函数的方差

定义沿-切航向平面内二维模糊函数$\chi_N^{\beta-\gamma}(p,q)$的方差为

$$\chi_N^{\beta-\gamma}(p,q)=\left|\frac{\sin(N\cdot p\cdot \pi)}{\sin(p\cdot \pi)}\cdot \exp\left(-\frac{q^2}{2}\right)\right| \tag{9.37}$$

式中:ξ_p和ξ_q为其对应的均值,定义为

$$\xi_p \triangleq \Phi^{-1}\cdot \int_{-\infty}^{\infty}\int_{-\infty}^{\infty} p\left|\chi_N^{\beta-\gamma}(p,q)\right|^2 \mathrm{d}p\mathrm{d}q \tag{9.38}$$

$$\xi_q \triangleq \Phi^{-1}\cdot \int_{-\infty}^{\infty}\int_{-\infty}^{\infty} q\left|\chi_N^{\beta-\gamma}(p,q)\right|^2 \mathrm{d}p\mathrm{d}q \tag{9.39}$$

式中:Φ为$\chi^{\beta-\gamma}(p,q)$的能量,定义为

$$\Phi \triangleq \int_{-\infty}^{\infty}\int_{-\infty}^{\infty} \left|\chi_N^{\beta-\gamma}(p,q)\right|^2 \mathrm{d}p\mathrm{d}q \tag{9.40}$$

对于伪随机序列,$\chi^{\beta-\gamma}(p,q)$可分解为沿航迹和切航迹模糊函数的乘积,通过简单推导,可得到

$$\sigma_\chi^{\beta-\gamma}=\sigma_\chi^\beta\cdot\sigma_\chi^\gamma \tag{9.41}$$

$$\sigma_\chi^\beta \triangleq \Phi_\beta^{-1}\cdot \int_{-\infty}^{\infty}(p-\xi_p)^2\left|\chi_N^\beta(p)\right|^2\mathrm{d}p \tag{9.42}$$

$$\sigma_\chi^\gamma \triangleq \Phi_\gamma^{-1}\cdot \int_{-\infty}^{\infty}(q-\xi_q)^2\left|\chi_N^\gamma(q)\right|^2\mathrm{d}q \tag{9.43}$$

式中:σ_χ^β和σ_χ^γ分别为沿航迹和切航迹模糊函数的方差;$\chi_N^\beta(p)$和$\chi_N^\gamma(q)$分别为沿航迹和切航迹模糊函数;Φ_β^{-1}和Φ_γ^{-1}为$\chi_N^\beta(p)$和$\chi_N^\gamma(q)$的能量。

$$\Phi_\beta^{-1}\triangleq \int_{-\infty}^{\infty}\left|\chi_N^\beta(p)\right|^2\mathrm{d}p$$

$$\Phi_\gamma^{-1}\triangleq \int_{-\infty}^{\infty}\left|\chi_N^\gamma(q)\right|^2\mathrm{d}q \tag{9.44}$$

根据上一节的分析,$\chi_N^\beta(p)$为准 sinc 函数。因此,对沿-切航向平面内二维模糊函数$\chi_N^{\beta-\gamma}(p,q)$的优化可转化为对切航迹模糊函数$\chi_N^\gamma(q)$的优化。

根据式(9.19),$\chi_N^\gamma(q)=d_g(q)$,可得到

$$\sigma_\chi^\gamma=\Phi_\gamma^{-1}\int_{-\infty}^{\infty}(q-\xi_q)^2\left|d_g(q)\right|^2\mathrm{d}q \tag{9.45}$$

明显地,我们只需要考虑 $\xi_q=0$ 的情况,因此,σ_χ^γ 可简化为

$$\sigma_\chi^\gamma = \Phi_\gamma^{-1} \cdot \int_{-\infty}^{\infty} q^2 \mid d_g(q) \mid^2 \mathrm{d}q \tag{9.46}$$

综上所述,对式(9.37)的优化等价于对式(9.46)的优化。

9.1.2.2　恒定方差的优化

假设阵列天线长度无限长,而伪随机序列的方差固定。根据海森堡测不准原理(Heisenberg Uncertainty),对于任意函数 $f \in \boldsymbol{L}^2(\mathbb{R})$,其时域方差 σ_t^2 和频域方差 σ_ω^2 的乘积大于或等于 1/4,即

$$\sigma_t^2 \cdot \sigma_\omega^2 \geqslant 1/4 \tag{9.47}$$

不等式(9.47)取等号当且仅当

$$f(t) = a\exp[\mathrm{j}\xi t - b(t-u)^2] \tag{9.48}$$

式中:a 和 b 为复数,u 和 ξ 为实数。

也就是说,设伪随机序列方差 σ_t^2 一定,当伪随机序列服从高斯分布时,切航迹模糊函数方差最小,$\sigma_\chi^\gamma = \dfrac{1}{4\sigma_t^2}$。

9.1.2.3　固定天线长度的优化

实际中,线阵天线长度总是一定的,伪随机序列 $g(l)$ 的取值范围为 $-1 \sim 1$。将式(9.46)重新写为

$$\sigma_\chi^\gamma = \Phi^{-1} \cdot \int_{-\infty}^{\infty} [\mathrm{j}q \cdot d_g(q)] \cdot [-\mathrm{j}q \cdot d_g^*(q)]\mathrm{d}q \tag{9.49}$$

由于 $\mathrm{j}q \cdot d_g(q)$ 为伪随机序列分布函数的二阶导数的傅里叶变换,根据 Parseval 公式,可得到

$$\sigma_\chi^\gamma = 2\pi \cdot \int_{-1}^{1} \mid \mathcal{D}''_g(q) \mid^2 \mathrm{d}q \tag{9.50}$$

由于 $\mathcal{D}_g(q)$ 为概率分布函数,$\mathcal{D}''_g(q)$ 为实函数,则

$$\sigma_\chi^\gamma = 2\pi \cdot \int_{-1}^{1} [\mathcal{D}''_g(q)]^2 \mathrm{d}q \tag{9.51}$$

$$\text{s. t.}: \int_{-1}^{1} \mathcal{D}''_g(q)\ \mathrm{d}q = 1 \quad 且 \quad \mathcal{D}'_g(q) \geqslant 0 \tag{9.52}$$

为了便于分析,将式(9.51)进行离散化处理,得到

$$\sigma_\chi^\gamma = 2\pi \cdot \sum_{i=0}^{N} \left(\frac{d_{i+1}-d_i}{\Delta x}\right)^2 \Delta x = 2\pi \boldsymbol{d}^{\mathrm{T}} \boldsymbol{D}^{\mathrm{T}} \boldsymbol{D} \boldsymbol{d} / \Delta x \tag{9.53}$$

$$\text{s. t. } \boldsymbol{d}^{\mathrm{T}} \boldsymbol{e} \cdot \Delta x = 1 \quad 且 \quad \boldsymbol{d} \geqslant 0 \tag{9.54}$$

$$D = \begin{bmatrix} 1 & 0 & 0 & 0 & 0 \\ -1 & 1 & 0 & 0 & 0 \\ 0 & -1 & 1 & 0 & 0 \\ \cdots & \cdots & \cdots & \cdots & \cdots \\ 0 & 0 & 0 & -1 & 1 \\ 0 & 0 & 0 & 0 & -1 \end{bmatrix}_{(N+1)\times N} \tag{9.55}$$

$$\boldsymbol{d} = [d_0 \quad d_1 \quad \cdots \quad d_n]^{\mathrm{T}} \tag{9.56}$$

$$\boldsymbol{e} = [1 \quad 1 \quad \cdots \quad 1]^{\mathrm{T}} \tag{9.57}$$

式中:$\boldsymbol{d}$ 为待优化的分布函数;$\boldsymbol{D}$ 为一阶差分矩阵;$\boldsymbol{e}$ 为 1 向量;Δx 为离散化步长。

定义拉格朗日函数[1]为

$$L(\boldsymbol{d},\lambda) = 2\pi \boldsymbol{d}^{\mathrm{T}}\boldsymbol{D}^{\mathrm{T}}\boldsymbol{D}\boldsymbol{d}/\Delta x + \lambda \cdot (\boldsymbol{d}^{\mathrm{T}}\boldsymbol{e} \cdot \Delta x - 1) \tag{9.58}$$

则最优分布 $\boldsymbol{d}^*$ 的必要条件为

$$\begin{cases} \dfrac{\partial L(\boldsymbol{d},\lambda)}{\partial \boldsymbol{d}} = 4\pi \boldsymbol{D}^{\mathrm{T}}\boldsymbol{D} \cdot \boldsymbol{d}/\Delta x + \Delta x \cdot \lambda \boldsymbol{e} = 0 \\ \boldsymbol{d}^{\mathrm{T}}\boldsymbol{e} \cdot \Delta x = 1 \end{cases} \tag{9.59}$$

求解该方程,可得到最优分布 $\boldsymbol{d}^*$ 为

$$\begin{cases} \boldsymbol{d}^* = -\Delta x^2 (\boldsymbol{D}^{\mathrm{T}}\boldsymbol{D})^{-1} \cdot \lambda \boldsymbol{e} \\ \lambda = -4\pi / \{[(\boldsymbol{D}^{\mathrm{T}}\boldsymbol{D})^{-1} \cdot \boldsymbol{e}]^{\mathrm{T}} \cdot \boldsymbol{e}\Delta x^3\} \end{cases} \tag{9.60}$$

求解式(9.60)得到的最优分布 $\boldsymbol{d}^*$ 如图 9.7 所示。

利用 5 阶多项式对最优分布进行拟和,得到的拟和系数如表 9.1 所列。

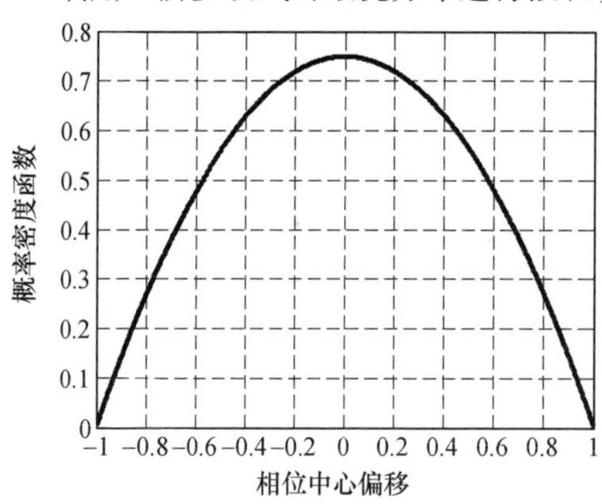

图 9.7 基于方差准则的最优分布

表 9.1 最优分布的拟合系数

阶数	值
5	0.000
4	0.000
3	0.000
2	-1.994
1	2.991
0	0.000

从中可以看出,其中 3 阶、4 阶和 5 阶系数都为 0。因此,可认为最优分布 $\boldsymbol{d}^*$ 为抛物线分布。

图 9.8 为均匀分布、高斯分布和最优分布伪随机序列对应的切航迹模糊函数。

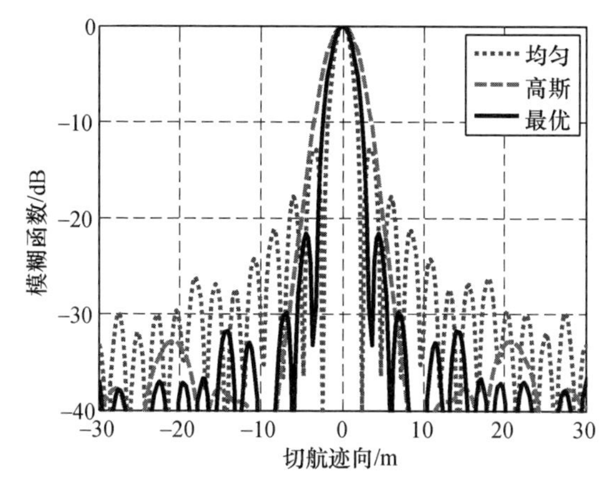

图 9.8　均匀分布、高斯分布和最优分布伪随机序列对应的切航迹模糊函数

从中可以看出,抛物线分布的主瓣宽度优于高斯分布,而与均匀分布接近。另外,抛物线分布的旁瓣抑制能力优于均匀分布,而与高斯分布接近。也就是说,基于方差准则的最优化分布具有较好的主瓣宽度和旁瓣抑制能力。

9.2　三维 MIMO-SAR 系统

三维 MIMO-SAR 是指采用相参 MIMO 雷达阵列天线技术并具有三维成像能力的合成孔径雷达(Synthetic Aperture Radar, SAR),它是成像雷达体系延伸出来的一个最新研究方向。三维 MIMO-SAR 系统综合了距离压缩(又称脉冲压缩),合成孔径和数字波束形成(DBF)等技术,分别获得距离向(或高程向)、沿航向和切航向的分辨能力。它不仅继承了传统三维 SAR 系统的所有优点,而且由于引入了 MIMO 技术而带来诸多潜在的应用优势。

本节将从三维 SAR 成像和 MIMO 雷达的综合角度对三维 MIMO-SAR 系统进行研究,并对相关原理进行了分析与说明。

9.2.1　系统几何模型与基本假设

目前,MIMO 雷达通常可以分为两大类[2,3]:一类是指发射或接收天线阵元采用大间隔布置,从而使探测信号可以从多个不相关的方向照射到散射目标或者对每个接收天线来说都可以认为是多个独立散射体的回波,称其为统计(或分布式)MIMO 雷达;另一类是指收发天线阵元都采用紧凑式布置,使远场目标的回波对于收发天线来说都是相关的,该类称之为相参(或密集式)MIMO 雷达。

本章研究的系统结构主要为适用于机载或星载平台的几何结构，故在未做特殊说明的情况下，本文所讨论的阵列天线均属于相参 MIMO 雷达的范畴，即天线阵元位置采取紧凑式布置，远场目标的回波对于收发天线各阵元来说都是相关的，可采用点目标的模型的情况。另外，为简化讨论，本章所涉及的发射天线阵列（简称发射阵列）和接收天线阵列（简称接收阵列）均以一维线阵为主。

下面以典型的机载下视三维 MIMO-SAR 系统为例，构建系统的几何模型。如图 9.9 所示，该系统将 MIMO 阵列天线安装在一个机载平台上，平台中心距离地面的垂直高度为 h，以速度 v 做匀速直线运动，雷达波束采用正下方照射方式，并对飞行平台所经路线下的一个条形区域进行扫描。

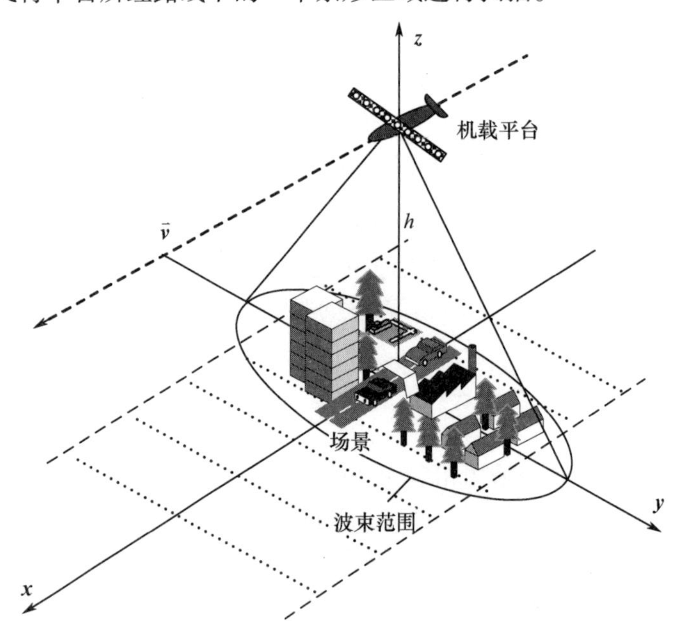

图 9.9　机载下视三维 MIMO-SAR 成像系统的几何结构图（见彩图）

图 9.9 中，以机载平台的中心为参考系，$\boldsymbol{x}$，$\boldsymbol{y}$，$\boldsymbol{z}$ 分别为沿航迹向（AT 向）、切航迹向（CT 向）、和高度向方向向量，$\boldsymbol{v}$ 为平台的运动速度向量，h 为平台距离地面的垂直高度。

雷达系统的 MIMO 阵列天线以稀疏的方式布置在飞机的两翼上（或星载平台的条形板）[4,5]，其结构如图 9.10 所示。

许多文献指出[4-6]，当系统采用下视模式对观测区域进行扫描成像时，可以避免建筑物或陡峭地形的遮挡，从而在根本上消除了传统侧视 SAR 固有的阴影效应，并能在很大程度上减少其他的一些几何畸变效应（如顶底倒置、透视缩短等），因而，相比于传统二维 SAR 或者三维干涉 SAR 来说更加适合于对城市区

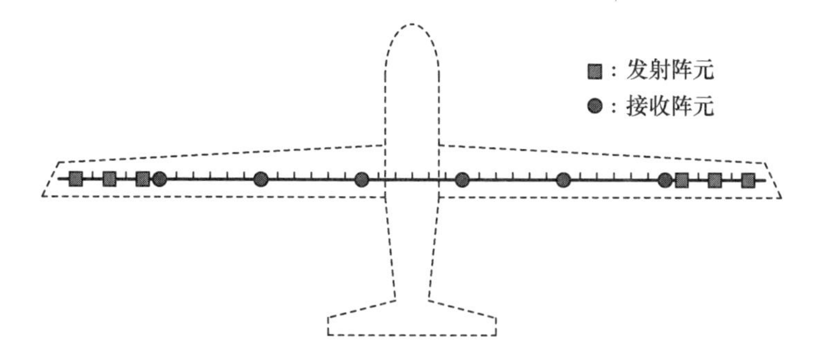

图 9.10　线形 MIMO 天线阵列的分布示意图

域和复杂地形的侦察与测绘工作。

9.2.2　相参 MIMO 雷达基本原理

1. 信号模型

考虑如图 9.11 所示的相参 MIMO 雷达模型[2]，发射阵列和接收阵列都是均匀线阵，且发射阵列由 M 个天线阵元构成，每个发射阵元所发射的信号分别记为 $s_1(t),s_2(t),\cdots,s_M(t)$，则发射阵列信号可表示为

$$\boldsymbol{s}(t)=[s_1(t)\quad s_2(t)\quad\cdots\quad s_M(t)]^{\mathrm{T}} \tag{9.61}$$

接收阵列由 N 个天线阵元构成，每个接收阵元所接收的信号分别记为 $y_1(t),y_2(t),\cdots,y_N(t)$，接收阵列信号可表示为

$$\boldsymbol{y}(t)=[y_1(t)\quad y_2(t)\quad\cdots\quad y_N(t)]^{\mathrm{T}} \tag{9.62}$$

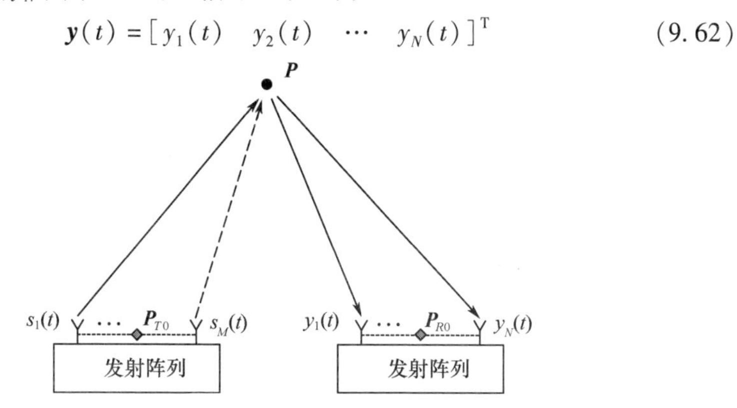

图 9.11　相参 MIMO 雷达模型

图 9.11 中：$\boldsymbol{P}$ 为空间中的任意散射点目标；$\boldsymbol{P}_{\mathrm{T0}}$ 为发射阵列的中心位置；$\boldsymbol{P}_{\mathrm{R0}}$ 为接收阵列的中心位置。

假设在感兴趣的区域内共有 L 个点目标，其中第 l 个点目标 $\boldsymbol{P}_l$ 到发射阵列中心位置 $\boldsymbol{P}_{\mathrm{T0}}$ 的距离为 $d_{\mathrm{t}l}$，其所对应的时延记为 $\Gamma_{\mathrm{t}l}$（$\Gamma_{\mathrm{t}l}=d_{\mathrm{t}l}/c$，$c$ 为光速），到接收阵列中心位置 $\boldsymbol{P}_{\mathrm{R0}}$ 的距离为 $d_{\mathrm{r}l}$，其所对应的时延记为 $\Gamma_{\mathrm{r}l}$，则总中心时延为

$\Gamma_l(\Gamma_l=\Gamma_{tl}+\Gamma_{rl})$。

同时假设发射信号均为窄带信号，即信号的微小时延可以用相移（Phase Shift）来表示，则在第 l 个点目标处所收集到的信号形式为

$$x_l(t) = \sum_{k=1}^{M} s_k(t-\tau_{l,k}) \approx \sum_{k=1}^{M} s_k(t-\Gamma_{tl})\mathrm{e}^{-\mathrm{j}\phi_{l,k}} \tag{9.63}$$

式中

$$\phi_{l,k}=2\pi f_c\cdot(\tau_{l,k}-\Gamma_{tl}),\quad k=1,2,\cdots,M \tag{9.64}$$

式中：$\tau_{l,k}$为第 l 个点目标到第 k 个发射阵元的相对时延；$\phi_{l,k}$为 $\tau_{l,k}$与 Γ_{tl}之差所对应的相对相移；f_c为发射信号的载波频率。

式(9.64)中的相对相移还可以写成向量的形式，我们称其为发射阵列导向向量，记为 $\boldsymbol{\alpha}_t(\phi_l)$，即

$$\boldsymbol{\alpha}_t(\phi_l)=[\mathrm{e}^{-\mathrm{j}\phi_{l,1}}\quad \mathrm{e}^{-\mathrm{j}\phi_{l,2}}\quad \cdots\quad \mathrm{e}^{-\mathrm{j}\phi_{l,M}}]^{\mathrm{T}} \tag{9.65}$$

则有

$$x_l(t)=\boldsymbol{\alpha}_t^{\mathrm{T}}(\phi_l)\boldsymbol{s}(t-\Gamma_{tl}) \tag{9.66}$$

设第 l 个点目标散射强度的复增益（即后向散射系数，RCS）为 σ_l，$l=1,2,\cdots,L$，则第 i 个接收阵元接收到的回波为所有散射点回波信号的叠加，即

$$y_i(t) = \sum_{l=1}^{L}\sigma_l\cdot\boldsymbol{\alpha}_t^{\mathrm{T}}(\phi_l)\boldsymbol{s}(t-\Gamma_{tl}-\tau_{l,i}) = \sum_{l=1}^{L}\sigma_l\cdot\mathrm{e}^{-\mathrm{j}\varphi_{l,i}}\boldsymbol{\alpha}_t^{\mathrm{T}}(\phi_l)\boldsymbol{s}(t-\Gamma_l) \tag{9.67}$$

式中

$$\varphi_{l,i}=2\pi f_c\cdot(\tau_{l,i}-\Gamma_{rl}),\quad i=1,2,\cdots,N \tag{9.68}$$

式中：$\tau_{l,i}$为第 l 个点目标到第 i 个接收阵元的相对时延；$\varphi_{l,i}$为 $\tau_{l,i}$与 Γ_{rl}之差所对应的相对相移。同样，可令接收阵列导向向量为 $\boldsymbol{\alpha}_r(\varphi_l)$，则

$$\boldsymbol{\alpha}_r(\varphi_l)=[\mathrm{e}^{-\mathrm{j}\varphi_{l,1}}\quad \mathrm{e}^{-\mathrm{j}\varphi_{l,2}}\quad \cdots\quad \mathrm{e}^{-\mathrm{j}\varphi_{l,N}}]^{\mathrm{T}} \tag{9.69}$$

则整个接收阵列所接收到的回波信号向量为

$$\begin{aligned}\boldsymbol{y}(t) &= [y_1(t)\quad y_2(t)\quad \cdots\quad y_N(t)]^{\mathrm{T}}\\ &= \sum_{l=1}^{L}\sigma_l\cdot\boldsymbol{\alpha}_r(\varphi_l)\boldsymbol{\alpha}_t^{\mathrm{T}}(\phi_l)s(t-\Gamma_l)\end{aligned} \tag{9.70}$$

若考虑噪声情况，则接收阵列最终接收到的回波信号向量可以表示为

$$\boldsymbol{y}(t) = \sum_{l=1}^{L}\sigma_l\cdot\boldsymbol{\alpha}_r(\varphi_l)\boldsymbol{\alpha}_t^{\mathrm{T}}(\phi_l)\boldsymbol{s}(t-\Gamma_l)+\boldsymbol{V}(t) \tag{9.71}$$

式中：$\boldsymbol{V}(t)=[v_1(t)\quad v_2(t)\quad \cdots\quad v_N(t)]^{\mathrm{T}}$，$v_i(t)$，$(i=1,2,\cdots,N)$为加性复高斯白噪声。对于满足远场条件的相参 MIMO 雷达而言，由于收发阵列布置紧凑，通常会认为 $\theta_l=\varphi_l=\phi_l$为整个 MIMO 阵列指向第 l 个点目标的方向角，故式(9.71)还可写为

$$
\boldsymbol{y}(t)=\sum_{l=1}^{L}\boldsymbol{\sigma}_l\cdot\boldsymbol{\alpha}_{\mathrm{r}}(\theta_l)\boldsymbol{\alpha}_{\mathrm{t}}^{\mathrm{T}}(\theta_l)\boldsymbol{s}(t-\boldsymbol{\Gamma}_l)+\boldsymbol{V}(t) \tag{9.72}
$$

2. 工作原理

实际上,相参 MIMO 雷达性能的改善主要是通过发射信号的波形分集得到的。接下来,我们将利用发射信号为正交信号的特性,从匹配滤波的角度对相参 MIMO 雷达的基本工作原理做进一步说明。

假设发射信号 $s_k(t),(k=1,2,\cdots,M)$ 为归一化的理想正交信号,则应满足下面的关系

$$
\int\boldsymbol{s}_i(t)s_j^*(t)\mathrm{d}t=\begin{cases}1, & i=j\\0, & i\neq j\end{cases} \tag{9.73}
$$

式中:* 为复共轭运算,为简化分析可以先对相参 MIMO 雷达的整个信号传播流程做一个简单的描述。

M 发 N 收的相参 MIMO 雷达,同时发射 M 个相互正交的波形信号,这些信号经由(多)目标散射后被 N 个接收阵元所接收。由于信号正交性的缘故,这些发射出去的信号在空间传播中能够保持各自的独立性。该过程可认为从发射阵列到接收阵列的空间传播中,等价地存在 MN 个相互独立的观测通道,每个通道对应为一个特定的发射阵元到目标再到某特定接收阵元的路径组合。

因此可以在接收端的每个接收阵元处使用 M 个匹配滤波器分别对 M 个发射波形进行最佳匹配滤波,通过对正交信号的分选便可得到 MN 个通道的回波数据。其工作原理如图 9.12 所示。

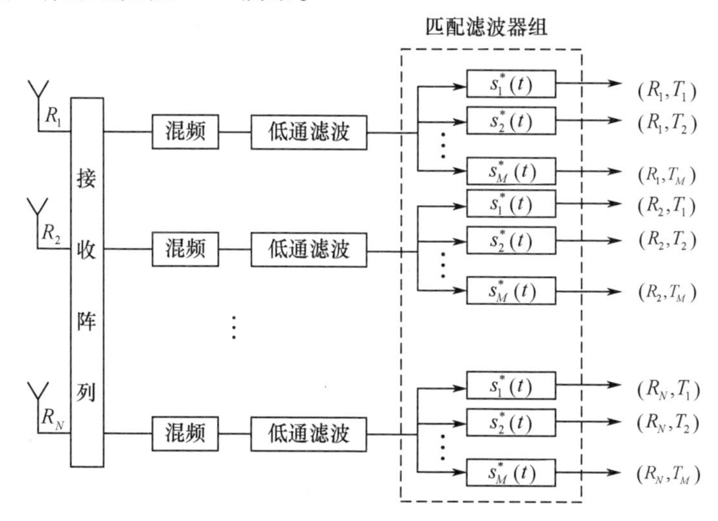

图 9.12　相参 MIMO 雷达基于最佳匹配滤波的工作原理示意图

在不考虑信号中心传输时延的情况下,式(9.71)的接收信号可以改写为

$$\boldsymbol{y}(t) = \sum_{l=1}^{L} \sigma_l \cdot \boldsymbol{\alpha}_{\mathrm{r}}(\varphi_l)\boldsymbol{\alpha}_{\mathrm{t}}^{\mathrm{T}}(\phi_l)\boldsymbol{s}(t) + \boldsymbol{V}(t) \tag{9.74}$$

则接收信号 $\boldsymbol{y}(t)$ 经过匹配滤波之后的输出可以表示为

$$\boldsymbol{Y}_{NM} = \int \boldsymbol{y}(t) \cdot \boldsymbol{s}^{\mathrm{H}}(t)\mathrm{d}t = \sum_{l=1}^{L} \sigma_l \cdot \boldsymbol{\alpha}_{\mathrm{r}}(\varphi_l)\boldsymbol{\alpha}_{\mathrm{t}}^{\mathrm{T}}(\phi_l) + \boldsymbol{V}(t), \boldsymbol{Y}_{NM} \in C^{N\times M} \tag{9.75}$$

式中

$$\boldsymbol{V}(t) = \int \boldsymbol{V}(t) \cdot \boldsymbol{s}^{\mathrm{H}}(t)\mathrm{d}t, \boldsymbol{V}(t) \in C^{N\times M} \tag{9.76}$$

$\boldsymbol{V}(t)$ 是噪声信号经过匹配滤波之后的结果。为便于分析，输出矩阵 $\boldsymbol{Y}_{NM}$ 也可以表示成向量的形式

$$\boldsymbol{y} = \mathrm{vec}(\boldsymbol{Y}_{NM}) = \sum_{l=1}^{L} \sigma_l \cdot [\boldsymbol{\alpha}_{\mathrm{r}}(\varphi_l) \otimes \boldsymbol{\alpha}_{\mathrm{t}}(\phi_l)] + \mathrm{vec}[\boldsymbol{V}(t)], \quad \boldsymbol{y} \in C^{MN\times 1} \tag{9.77}$$

或写为

$$\boldsymbol{y} = \mathrm{vec}(\boldsymbol{Y}_{NM}) = \sum_{l=1}^{L} \sigma_l \cdot [\boldsymbol{\alpha}_{\mathrm{r}}(\theta_l) \otimes \boldsymbol{\alpha}_{\mathrm{t}}(\theta_l)] + \mathrm{vec}[\boldsymbol{V}(t)], \quad \boldsymbol{y} \in C^{MN\times 1} \tag{9.78}$$

式中：符号“$\otimes$”为 Kronecker 积；vec[·]为矩阵的向量化运算，在满足远场条件时有 $\theta_l = \varphi_l = \phi_l$ 成立。

由上述分析可知，经过匹配滤波后，相参 MIMO 雷达的正交信号可以实现完全解相关，从而获得 MN 个独立的回波数据[2]，使得相参 MIMO 雷达实现波形分集效果从而获得其性能的改善。另外，MIMO 雷达实际上也可以看作一种多通道的雷达系统，多通道的数据进行的是联合处理，这种方式对于提高雷达的各项性能十分有利。

3. 虚拟阵元技术

相参 MIMO 雷达除了利用波形分集技术所带来的性能改善外，还引入了虚拟阵元的概念，利用该技术同样可以带来诸多潜在的应用优势。

由上一节可知，M 发 N 收的相参 MIMO 雷达可以等效为 MN 个相互独立的观测通道，每个通道为某个发射阵元到目标再到某个接收阵元传播路径的组合，从天线阵元的角度可以认为其等效于由 MN 个收发共用的虚拟天线阵元构成的多天线系统。

为简化分析，我们先做下面的推导。将所有的点目标看作一个整体，则发射阵列的导向向量可以改写为

$$\boldsymbol{\alpha}_{\mathrm{t}} = [\mathrm{e}^{-\mathrm{j}\phi_{\mathrm{t}1}} \quad \mathrm{e}^{-\mathrm{j}\phi_{\mathrm{t}2}} \quad \cdots \quad \mathrm{e}^{-\mathrm{j}\phi_{\mathrm{t}M}}]^{\mathrm{T}} \tag{9.79}$$

接收阵列的导向向量可以改写为

$$\boldsymbol{\alpha}_{\mathrm{r}}=[\mathrm{e}^{-\mathrm{j}\varphi_{\mathrm{r}1}}\quad \mathrm{e}^{-\mathrm{j}\varphi_{\mathrm{r}2}}\quad \cdots\quad \mathrm{e}^{-\mathrm{j}\varphi_{\mathrm{r}N}}]^{\mathrm{T}} \tag{9.80}$$

其中 $\phi_{\mathrm{t}k}(k=1,2,\cdots,M)$ 为第 k 个发射阵元到目标的群时延与发射阵列中心位置 $\boldsymbol{P}_{\mathrm{T0}}$ 到目标的群时延之差所对应的相对相位延迟，$\varphi_{\mathrm{t}i}(i=1,2,\cdots,N)$ 为第 i 个接收阵元到目标的群时延与接收阵列中心位置 $\boldsymbol{P}_{\mathrm{R0}}$ 到目标的群时延之差所对应的相对相位延迟。为便于分析，可以将系统匹配滤波之后的输出简化为一个相对导向矢量的表达形式

$$\begin{aligned}\boldsymbol{\alpha}&=\boldsymbol{\alpha}_{\mathrm{r}}\otimes\boldsymbol{\alpha}_{\mathrm{t}}=\boldsymbol{\alpha}_{\mathrm{t}}\otimes\boldsymbol{\alpha}_{\mathrm{r}}\\&=[\mathrm{e}^{-\mathrm{j}(\phi_{\mathrm{t}1}+\varphi_{\mathrm{r}1})}\quad \mathrm{e}^{-\mathrm{j}(\phi_{\mathrm{t}1}+\varphi_{\mathrm{r}2})}\quad \cdots\quad \mathrm{e}^{-\mathrm{j}(\phi_{\mathrm{t}2}+\varphi_{\mathrm{r}1})}\quad \cdots\quad \mathrm{e}^{-\mathrm{j}(\phi_{\mathrm{t}M}+\varphi_{\mathrm{r}N})}]^{\mathrm{T}}_{MN\times 1}\end{aligned} \tag{9.81}$$

式(9.81)可理解为，系统可等效为 MN 个收发共用的虚拟阵元，每个等效的虚拟阵元互不干涉地发射信号并接收该信号相应的回波信号，这 MN 个等效的虚拟阵元组成的阵列即为虚拟阵列。这是虚拟阵元技术的第一种理解方式。

式(9.81) 还可进一步变形为

$$\boldsymbol{\alpha}=\mathrm{e}^{-\mathrm{j}\phi_{\mathrm{t}1}}\otimes[\mathrm{e}^{-\mathrm{j}(\varphi_{\mathrm{r}1})}\quad \mathrm{e}^{-\mathrm{j}(\varphi_{\mathrm{r}2})}\quad \cdots\quad \mathrm{e}^{-\mathrm{j}(\phi_{\mathrm{t}2}-\phi_{\mathrm{t}1}+\varphi_{\mathrm{r}1})}\quad \cdots\quad \mathrm{e}^{-\mathrm{j}(\phi_{\mathrm{t}M}-\phi_{\mathrm{t}1}+\varphi_{\mathrm{r}N})}]^{\mathrm{T}}_{MN\times 1} \tag{9.82}$$

式(9.82)可理解为，系统由一个发射阵元发射信号，MN 个等效的虚拟阵元同时接收回波信号的情况，这 MN 个等效的接收阵元组成的阵列即为虚拟阵列。这是虚拟阵元技术的第二种理解方式。

虚拟阵元技术带来的优点有：虚拟阵元可以扩展原有物理天线阵列的孔径长度，从而产生更窄的波束方向图，提高阵列的空间分辨力；在需要同等阵元数目的情况下，利用虚拟阵元技术可以大大减少实际物理阵元的数量，降低系统的硬件开销；对于物理阵元间隔大于半波长的阵列，虚拟阵元对物理接收阵列内插，这时的角度测量仍可无模糊地实现；虚拟阵元还能够提高物理接收阵列的自由度，增加目标的最大可辨识数目。

由此可知，应用虚拟阵元技术来改善现有雷达系统的性能将是一种非常有效的技术手段。

9.2.3　系统模糊函数及分辨力

根据上一节的虚拟阵元技术的原理可知，M 发 N 收的相参 MIMO 雷达系统可以等效为由 MN 个收发共用的虚拟天线阵元构成的全激励系统，或者在接收端收到的信号亦可视为 MN 路传统的 SAR 数据，而三维 MIMO-SAR 系统的三维成像能力正是通过对这 MN 路传统 SAR 数据的联合处理实现的。

1. 典型三维 MIMO-SAR 系统的回波模型

本节将以机载下视工作模式为例对线阵三维 MIMO-SAR 系统的模糊函

数[4]进行分析。在该模式下,假设发射信号为相互正交的且可进行脉冲压缩的信号,由 M 个发射阵元同时进行发射,N 个接收阵元同时接收场景的回波信号,结合三维合成孔径雷达的相关理论对观测区域进行成像。其简化后的几何结构如图 9.13 所示。

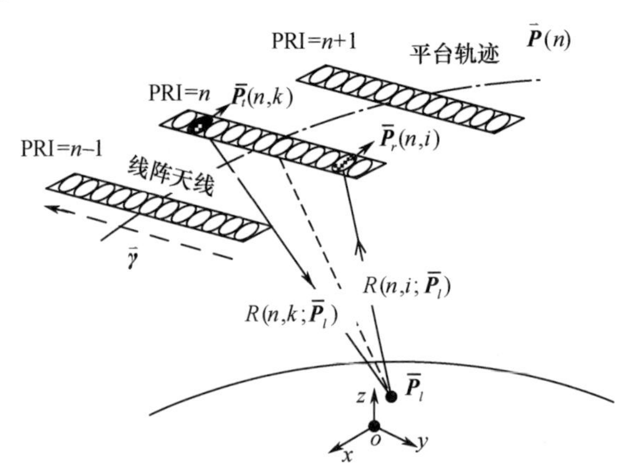

图 9.13　线阵三维 MIMO-SAR 系统几何结构图

其中:$\boldsymbol{P}(n)$为平台轨迹;$\boldsymbol{\gamma}$ 为 MIMO 线阵的方向矢量;$\boldsymbol{P}_l$为空间中某一任意散射点的空间位置;n 为慢时间域(slow - time);$\boldsymbol{P}_{\mathrm{t}}(n,k)$为在慢时刻 n 第 k 个发射阵元的空间位置;$\boldsymbol{P}_{\mathrm{r}}(n,i)$为在慢时刻 n 第 i 个接收阵元的空间位置;$R_{\mathrm{t}}(n,k;\boldsymbol{P}_l)$为 $\boldsymbol{P}_{\mathrm{t}}(n,k)$到散射点 $\boldsymbol{P}_l$的欧氏距离;$R_{\mathrm{r}}(n,i;\boldsymbol{P}_l)$为散射点 $\boldsymbol{P}_l$到 $\boldsymbol{P}_{\mathrm{r}}(n,i)$的欧氏距离。

则对应于散射点 $\boldsymbol{P}_l$的发射和接收距离史分别可以表示为

$$R_{\mathrm{t}}(n,k;\boldsymbol{P}_l) \triangleq \|\boldsymbol{P}_{\mathrm{t}}(n,k)-\boldsymbol{P}_l\|_2, \quad k=1,2,\cdots,M \tag{9.83}$$

$$R_{\mathrm{r}}(n,i;\boldsymbol{P}_l) \triangleq \|\boldsymbol{P}_{\mathrm{r}}(n,i)-\boldsymbol{P}_l\|_2, \quad i=1,2,\cdots,N \tag{9.84}$$

式中:$\|\cdot\|_2$为算子二范数运算,这里用于计算向量的长度。

则总的距离史可以表示为

$$R(n;\boldsymbol{P}_l) \triangleq R(n,k/i;\boldsymbol{P}_l) = R_{\mathrm{t}}(n,k;\boldsymbol{P}_l) + R_{\mathrm{r}}(n,i;\boldsymbol{P}_l) \tag{9.85}$$

设发射信号为 $s_{\mathrm{t}}(t)$,则在慢时刻 n,第 k 个发射阵元发射的信号经散射点 $\boldsymbol{P}_l$反射后由第 i 个接收阵元所接收到的回波可以表示为

$$s_{\mathrm{r}}(t,n,k/i;\boldsymbol{P}_l) = \sigma_l(\boldsymbol{P}_l)\cdot s_{\mathrm{t}}(t-\tau) \tag{9.86}$$

式中:$\sigma_l(\boldsymbol{P}_l)$为回波信号经 $\boldsymbol{P}_l$点反射后的复增益系数;$\tau = R(n,k/i;\boldsymbol{P}_l)/c$ 为发射信号从发射阵元到达 $\boldsymbol{P}_l$点经反射后再到达接收阵元这一过程所需要的时延;c 为光速。

采用匹配滤波技术对接收信号在快时间 t 域进行脉冲压缩,则可得到脉冲压缩后的信号为

$$\boldsymbol{d}_{\mathrm{II}}(r,n,ki;\boldsymbol{P}_l)=\sigma_l(\boldsymbol{P}_l)\cdot w(n;\boldsymbol{P}_l)\cdot\chi^R(r-R(n;k/i;\boldsymbol{P}_l))\cdot\exp\left\{-\mathrm{j}2\pi f_c\frac{R(n,k/i;\boldsymbol{P}_l)}{c}\right\},\quad ki=1,2,\cdots,MN \tag{9.87}$$

式中：r 为距离域(range domain)；ki 为第 k 个发射阵元与第 i 个接收阵元所等效成的虚拟阵元的序号；$\sigma_l(\boldsymbol{P}_l)$为散射点 $\overline{P}_l$的雷达散射截面积(RCS)；$\boldsymbol{w}(n)$为天线方向图(Antenna Pattern)；$\chi^R(\cdot)$为距离向模糊函数(Range Ambiguity Function)，对于线性调频信号来说，距离向模糊函数为一个辛格函数(sinc)，距离向的分辨力为 $\rho_r=c/2B$，B 为信号的带宽。

对于一个给定已离散化的观测场景 Ω，在慢时刻 n，由第 i 个阵元发射，第 i 个阵元接收的整个场景脉冲压缩后的回波数据可以表示为

$$\boldsymbol{D}_{\mathrm{II}}(r,n,ki)=\sum_{P_l\in\Omega}s_c(r,n,k/i;\boldsymbol{P}_l) \tag{9.88}$$

从式(9.88)的形式可以看出，线阵三维 MIMO-SAR 系统的回波数据是由每个阵元的二维回波矩阵组成的三维回波矩阵，其中每个虚拟阵元的二维回波数据与传统二维 SAR 成像系统的回波数据类似，只是由于收发阵元位置的不同导致每个虚拟阵元的距离历史而有一定的差异。

可见，经过距离压缩(匹配滤波)后的线阵三维 MIMO-SAR 不同散射点回波数据的差异完全体现在其到各阵元的距离历史上。因此，线阵三维 MIMO-SAR 距离历史分析是分析其特征的关键[4,7-8]。

2. 典型三维 MIMO-SAR 系统距离历史分析

参照图 9.13，为了便于分析，首先给出如下定义

$$\boldsymbol{P}_l=[x_l\quad y_l\quad z_l]^{\mathrm{T}} \tag{9.89}$$

$$\boldsymbol{P}_0=[0\quad 0\quad 0]^{\mathrm{T}} \tag{9.90}$$

式中：$\boldsymbol{P}_l$为观测场景中的某一任意散射点；$\boldsymbol{P}_0$为观测场景中的参考点；上标“T”为转置运算。

根据多元泰勒展开定理(Multi – variables Taylor’s Theorem)，可对变量 $\boldsymbol{P}_l$在参考点 $\boldsymbol{P}_0$处进行空间展开

$$R(n;\boldsymbol{P}_l)=R(n;\boldsymbol{P}_0)+\nabla R(n;\boldsymbol{P}_l)\cdot\boldsymbol{P}_l+e_{sp}(n;\boldsymbol{P}_l) \tag{9.91}$$

$$R(n;\boldsymbol{P}_0)=R_t(n,k;\boldsymbol{P}_0)+R_r(n,i;\boldsymbol{P}_0) \tag{9.92}$$

$$\nabla R(n;\boldsymbol{P}_0)=\nabla R_t(n,k;\boldsymbol{P}_0)+\nabla R_r(n,i;\boldsymbol{P}_0) \tag{9.93}$$

式中：符号“∇”为梯度运算算子；$e_{sp}(\cdot)$为空间截断误差，当观测场景满足远场假设时，该误差可以忽略。对于机载三维 MIMO-SAR 系统而言，通常认为恒满足此条件。

假设系统载荷平台的飞行速度为$\boldsymbol{v}$,且有

$$\boldsymbol{v}=[v_x \quad v_y \quad v_z]^{\mathrm{T}} \tag{9.94}$$

天线阵列的归一化方向向量为$\boldsymbol{\xi}$,且有

$$\boldsymbol{\xi}=[\xi_x \quad \xi_y \quad \xi_z]^{\mathrm{T}} \tag{9.95}$$

式(9.93)中的梯度项可以表示为如下形式

$$\nabla R(n;\boldsymbol{P}_0)=-[x(n),y(n),z(n)] \tag{9.96}$$

式中

$$\begin{aligned}x(n)&=\frac{x_{\mathrm{t}}(n)}{R_{\mathrm{t}}(n,k;\boldsymbol{P}_0)}+\frac{x_{\mathrm{r}}(n)}{R_{\mathrm{r}}(n,i;\boldsymbol{P}_0)}\\&=\frac{x_{\mathrm{t}}(0)+v_x\cdot n+\xi_x\cdot L_{\mathrm{CT}}\cdot g_{\mathrm{t}}(n,k)}{R_{\mathrm{t}}(n,k;\boldsymbol{P}_0)}+\frac{x_{\mathrm{r}}(0)+v_x\cdot n+\xi_x\cdot L_{\mathrm{CT}}\cdot g_{\mathrm{r}}(n,i)}{R_{\mathrm{r}}(n,i;\boldsymbol{P}_0)}\end{aligned} \tag{9.97}$$

$$\begin{aligned}y(n)&=\frac{y_{\mathrm{t}}(n)}{R_{\mathrm{t}}(n,k;\boldsymbol{P}_0)}+\frac{y_{\mathrm{r}}(n)}{R_{\mathrm{r}}(n,i;\boldsymbol{P}_0)}\\&=\frac{y_{\mathrm{t}}(0)+v_y\cdot n+\xi_y\cdot L_{\mathrm{CT}}\cdot g_{\mathrm{t}}(n,k)}{R_{\mathrm{t}}(n,k;\boldsymbol{P}_0)}+\frac{y_{\mathrm{r}}(0)+v_y\cdot n+\xi_y\cdot L_{\mathrm{CT}}\cdot g_{\mathrm{r}}(n,i)}{R_{\mathrm{r}}(n,i;\boldsymbol{P}_0)}\end{aligned} \tag{9.98}$$

$$\begin{aligned}z(n)&=\frac{z_{\mathrm{t}}(n)}{R_{\mathrm{t}}(n,k;\boldsymbol{P}_0)}+\frac{z_{\mathrm{r}}(n)}{R_{\mathrm{r}}(n,i;\boldsymbol{P}_0)}\\&=\frac{z_{\mathrm{t}}(0)+v_z\cdot n+\xi_z\cdot L_{\mathrm{CT}}\cdot g_{\mathrm{t}}(n,k)}{R_{\mathrm{t}}(n,k;\boldsymbol{P}_0)}+\frac{z_{\mathrm{r}}(0)+v_z\cdot n+\xi_z\cdot L_{\mathrm{CT}}\cdot g_{\mathrm{r}}(n,i)}{R_{\mathrm{r}}(n,i;\boldsymbol{P}_0)}\end{aligned} \tag{9.99}$$

式中:$g_{\mathrm{t}}(n,k)$为在慢时刻n第k个发射阵元相对于天线阵列的有效孔径L_{CT}的归一化位置,即

$$g_{\mathrm{t}}(n,k)=\frac{1}{L_{\mathrm{CT}}}\left(\boldsymbol{P}_{\mathrm{t}k}-\frac{L_{\mathrm{CT}}}{2}\right),\quad k=1,2,\cdots,M \tag{9.100}$$

同理

$$g_{\mathrm{r}}(n,i)=\frac{1}{L_{\mathrm{CT}}}\left(\boldsymbol{P}_{\mathrm{r}i}-\frac{L_{\mathrm{CT}}}{2}\right),\quad i=1,2,\cdots,N \tag{9.101}$$

且有

$$g(n,ki)=\frac{1}{2}[g_{\mathrm{t}}(n,k)+g_{\mathrm{r}}(n,i)],\quad ki=1,2,\cdots,MN \tag{9.102}$$

相对于参考点$\boldsymbol{P}_0$来说,定义收发阵元的等效视线方向的方向向量$\boldsymbol{\alpha}$为

$$\boldsymbol{\alpha}=-[\alpha_x \quad \alpha_y \quad \alpha_z]^{\mathrm{T}} \tag{9.103}$$

$$\begin{cases}\alpha_x = \dfrac{x_t(0)}{R_t(0,0;\boldsymbol{P}_0)} + \dfrac{x_r(0)}{R_r(0,0;\boldsymbol{P}_0)} \\ \alpha_y = \dfrac{y_t(0)}{R_t(0,0;\boldsymbol{P}_0)} + \dfrac{y_r(0)}{R_r(0,0;\boldsymbol{P}_0)} \\ \alpha_z = \dfrac{z_t(0)}{R_t(0,0;\boldsymbol{P}_0)} + \dfrac{z_r(0)}{R_r(0,0;\boldsymbol{P}_0)}\end{cases} \tag{9.104}$$

定义载荷平台等效角速度方向向量β为

$$\boldsymbol{\beta}(n) \triangleq \boldsymbol{\omega} \cdot n \tag{9.105}$$

$$\boldsymbol{\omega} = \frac{\boldsymbol{v}_t}{R_t(0,0;\boldsymbol{P}_0)} + \frac{\boldsymbol{v}_r}{R_r(0,0;\boldsymbol{P}_0)} \tag{9.106}$$

定义等效阵列孔径角向量$\boldsymbol{\gamma}$为

$$\boldsymbol{\gamma}(n) \triangleq \left[\frac{L_{CT} \cdot g_t(n,k)}{R_t(0,0;\boldsymbol{P}_0)} + \frac{L_{CT} \cdot g_r(n,i)}{R_r(0,0;\boldsymbol{P}_0)}\right] \cdot \boldsymbol{\xi} \tag{9.107}$$

忽略空间截断误差,则式(9.91)可以近似表示为

$$\begin{aligned} R(n;\boldsymbol{P}_l) &\approx R(n;\boldsymbol{P}_0) + \nabla R(n;\boldsymbol{P}_0) \cdot \boldsymbol{P}_l \\ &= R(n;\boldsymbol{P}_0) + (\boldsymbol{\alpha} + \boldsymbol{\omega} \cdot n + \boldsymbol{\gamma}(n)) \cdot \boldsymbol{P}_l \end{aligned} \tag{9.108}$$

3. 系统模糊函数及分辨力分析

假设以参考点$\boldsymbol{P}_0$处的回波信号作为参考信号,则线阵三维 MIMO-SAR 系统的模糊函数可写为

$$\chi(\boldsymbol{P}_l) = \frac{\sum\limits_{ki}\sum\limits_{n}\int \boldsymbol{d}_A(t,n,ki;\boldsymbol{P}_0)\boldsymbol{d}_B^*(t,n,ki;\boldsymbol{P}_l)\mathrm{d}t}{\sum\limits_{ki}\sum\limits_{n}\int |\boldsymbol{d}_A(t,n,ki;\boldsymbol{P}_0)|^2\mathrm{d}t \cdot \sum\limits_{ki}\sum\limits_{n}\int |\boldsymbol{d}_B(t,n,ki;\boldsymbol{P}_l)|^2\mathrm{d}t} \tag{9.109}$$

将式(9.87)代入式(9.109),可得到

$$\chi(\boldsymbol{P}_l) = \frac{\left|\sum\limits_{ki}\sum\limits_{n}\chi^R[\Delta R^l(n,ki;\boldsymbol{P}_l)] \cdot \exp[-\mathrm{j} \cdot K_0 \cdot \Delta R^l(n,ki)]\right|}{\sum\limits_{ki}\sum\limits_{n}\int |\boldsymbol{d}_A(t,n,ki;\boldsymbol{P}_0)|^2\mathrm{d}t \cdot \sum\limits_{ki}\sum\limits_{n}\int |\boldsymbol{d}_B(t,n,ki;\boldsymbol{P}_B)|^2\mathrm{d}t} \tag{9.110}$$

式中:$\Delta R^l(n,ki;\boldsymbol{P}_l)$为散射点$\boldsymbol{P}_l$处双程距离历史与场景参考点$\boldsymbol{P}_0$双程距离历史的差。$\Delta R^l(n,ki)$可写为

$$\Delta R(n,ki;\boldsymbol{P}_\omega) = R(n;\boldsymbol{P}_l) - R(n;\boldsymbol{P}_0) = (\boldsymbol{\alpha} + \boldsymbol{\omega} \cdot n + \boldsymbol{\gamma}(n)) \cdot \boldsymbol{P}_l \tag{9.111}$$

近似地,有

$$\chi(\boldsymbol{P}_l) \approx \chi^{\mathrm{R}}(\boldsymbol{\alpha} \cdot \boldsymbol{P}_l) \cdot \chi^{\mathrm{AT}}(\boldsymbol{\beta} \cdot \boldsymbol{P}_l) \cdot \chi^{\mathrm{CT}}(\boldsymbol{\gamma} \cdot \boldsymbol{P}_l) \tag{9.112}$$

$$\begin{cases} \chi^{\mathrm{AT}}(x) \triangleq \dfrac{1}{N_{\mathrm{sl}}} \cdot \left| \displaystyle\sum_{n=0}^{N_{sl}-1} \exp(\mathrm{j} \cdot K_0 \cdot \| \boldsymbol{\beta} \| \cdot x) \right|, & n \in \mathbb{N} \\ \chi^{\mathrm{CT}}(y) \triangleq \dfrac{1}{N_{\mathrm{vir}}} \cdot \left| \displaystyle\sum_{n=0}^{N_{\mathrm{vir}}-1} \exp(\mathrm{j} \cdot K_0 \cdot \| \boldsymbol{\gamma} \| \cdot y) \right|, & n \in \mathbb{N} \end{cases} \tag{9.113}$$

式中:N_{sl}为沿航迹向观测点数;N_{vir}为虚拟阵列阵元的总数;β 为 $\boldsymbol{\beta}$ 的单位矢量;γ 为 $\boldsymbol{\gamma}$ 的单位向量;$\chi^{\mathrm{AT}}(\cdot)$为沿航迹方位向的模糊函数;$\chi^{\mathrm{CT}}(\cdot)$为切航迹方位向的模糊函数;$\chi^{\mathrm{R}}(\cdot)$为距离向的模糊函数;$K_0=2\pi f_c/c$ 为电磁波波数。

利用等比数列求和公式,可知 $\chi^{\mathrm{AT}}(\cdot)$ 和 $\chi^{\mathrm{CT}}(\cdot)$ 为类 sinc 函数,式(9.112)可表示为

$$\chi(\boldsymbol{P}_l) = \left(\frac{\boldsymbol{\alpha} \cdot \boldsymbol{P}_l}{\rho_{\mathrm{R}}}\right) \cdot q\mathrm{sinc}\left(\frac{\boldsymbol{\beta} \cdot \boldsymbol{P}_l}{\rho_{\mathrm{AT}}}\right) \cdot q\mathrm{sinc}\left(\frac{\boldsymbol{\gamma} \cdot \boldsymbol{P}_l}{\rho_{\mathrm{CT}}}\right) \tag{9.114}$$

式中:ρ_{R}、ρ_{AT}和ρ_{CT}分别为距离向、沿航迹向和切航迹向的分辨力,函数$q\mathrm{sinc}(\cdot)$被称为类辛格函数

$$q\mathrm{sinc}(n) \triangleq \frac{\sin(n)}{N\sin(n/N)} \tag{9.115}$$

其理想的三维点扩展函数形式如图 9.14 所示。

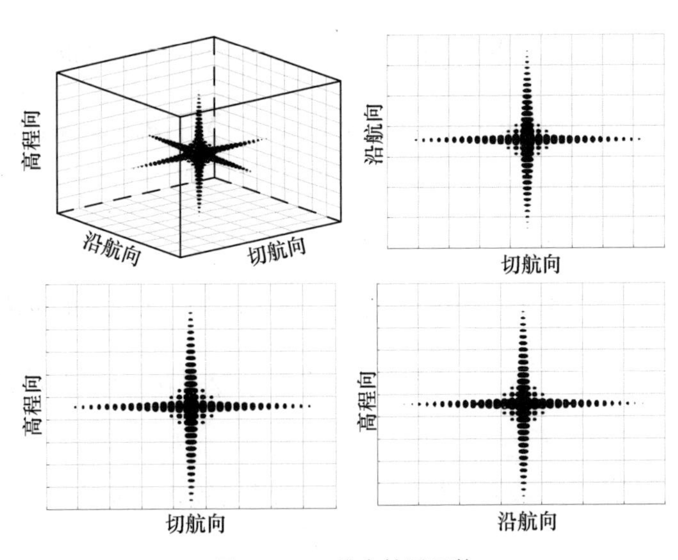

图 9.14　三维点扩展函数

各维分辨力分别为

$$\begin{cases}\rho_{\mathrm{R}}=c/2B\\ \rho_{\mathrm{AT}}=\lambda/2\theta_{\mathrm{AT}}\\ \rho_{\mathrm{CT}}=\lambda R/L_{\mathrm{CT}}\end{cases}\tag{9.116}$$

式中:c 为光速;B 为发射信号的带宽;λ 为载波波长;θ_{AT}为沿航迹向合成天线孔径有波束角;R 为阵列中心到场景中心的距离;L_{CT}为 MIMO 天线阵列沿切航迹向的有效孔径长度。

9.3　MIMO 天线阵列设计与优化

对于三维 MIMO-SAR 成像系统而言,其载荷平台通常为机载或星载飞行平台,故对载荷重量与布阵空间的要求十分严格。而根据 MIMO 原理设计的多发多收的天线阵列不仅可以有效地减少实天线阵元的数目,降低系统的硬件开销,还可以在给定布阵空间的前提下扩大天线阵列的有效孔径,提高系统切航迹向的分辨力;另外,由于系统的工作频段较高,对抖动误差较为敏感,利用 MIMO 天线阵列灵活布阵的特点可以较好地解决或减轻该问题。因此,研究并设计符合系统要求的 MIMO 天线阵列模型,对于整体系统性能发挥、成本开销及后续成像研究等方面起着至关重要作用。

9.3.1　三维 MIMO-SAR 天线阵列设计需考虑的因素

9.3.1.1　分辨力因素

对于三维 MIMO-SAR 系统而言,它继承了传统 SAR 成像理论中的距离压缩与合成孔径技术,实现了距离向和沿航迹向的分辨能力,并结合阵列信号处理的相关原理得到切航迹向的分辨力。为便于分析,这里假设发射信号为正交 LFM 信号,现将系统分辨力公式重写如下

$$\rho_{\mathrm{R}}=\frac{c}{2B}\tag{9.117}$$

$$\rho_{\mathrm{AT}}=\frac{\lambda}{2\theta_{\mathrm{AT}}}=\frac{\lambda}{2L_{\mathrm{AT}}}\cdot R=\frac{D}{2}\tag{9.118}$$

$$\rho_{\mathrm{CT}}=\frac{\lambda}{2L_{\mathrm{CT}}}R\tag{9.119}$$

式中:ρ_{R} 为距离向分辨力;c 为光速;B 为发射信号的带宽;ρ_{AT}为沿航迹向分辨力;λ 为载波波长;L_{AT}为天线阵元在飞行平台运动的作用下在沿航迹向所合

成的虚拟孔径的长度；R 为阵列中心到观测场点的欧氏距离；D 为天线阵元沿航迹向的实孔径大小；ρ_{CT}为切航迹向的分辨力；L_{CT}为 MIMO 天线阵列在切航迹向的有效孔径长度。

由式(9.117)可以看出，距离向分辨力 ρ_R 只与发射信号的带宽 B 有关，故在天线阵列的设计中不作考虑；由式(9.118)可以看出，沿航迹向分辨力 ρ_{AT}与 λ、L_{AT}和 R 有关，对于具有距离徒动校正能力的 SAR 系统而言，该维分辨力还可以说只与天线阵元沿航迹向的实孔径 D 有关，而与天线阵列的长度和位置等无关，故天线阵列的设计对沿航迹向分辨力的影响可以不用做过多考虑。

而由式(9.119)可知，系统切航迹向的分辨力除与距离 R 有关外，还特别与载波波长 λ 以及 MIMO 天线阵列在切航迹向的有效孔径长度 L_{CT}有关，影响因素较多且与天线阵列的布置有直接联系，因此在设计 MIMO 天线阵列模型时，切航迹向的分辨力是一个重点考虑因素。

下面将通过仿真分析切航迹分辨力和各个参数之间的关系，并给出在三维 MIMO-SAR 在实际的天线阵列设计中应如何选择参数。

图 9.15 为不同载频下，天线阵列的有效孔径和切航迹分辨力之间的关系。从图中可以看出，载频越高（对应的波长 λ 越小），切航向分辨力越好，且随着阵列长度的增加，切航向分辨力变优。

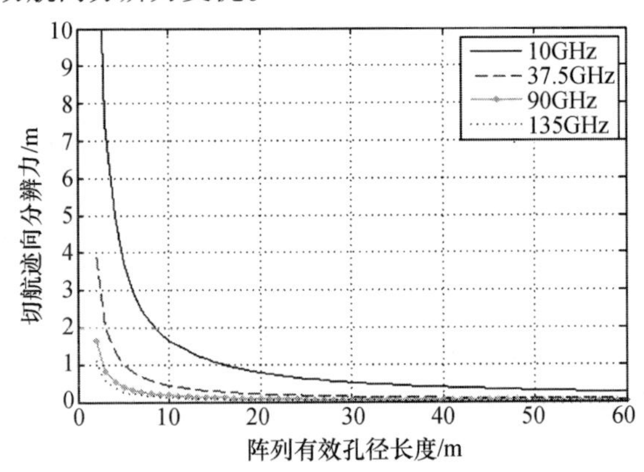

图 9.15　阵列孔径长度与切航迹分辨力的关系（$R=1000$m）

图 9.16 为归一化切航迹分辨力（$\rho_{CT}=1$m）时，不同载频的阵列有效孔径长度和天线阵列中心到观测场景距离 R 之间的关系。从图中可以看出，在固定切航迹分辨力下的前提下，载频越高，所需的阵列孔径长度越小，且随着天线阵列中心到观测场景距离 R 的增加，同一载频下所需的阵列有效孔径长度也随之增大。需要注意的是载频越高，平台几何误差对系统的影响也会越敏感。

表 9.2 为载频为 10GHz、37.5GHz、90GHz 和 135GHz 下切航迹分辨力为 1m

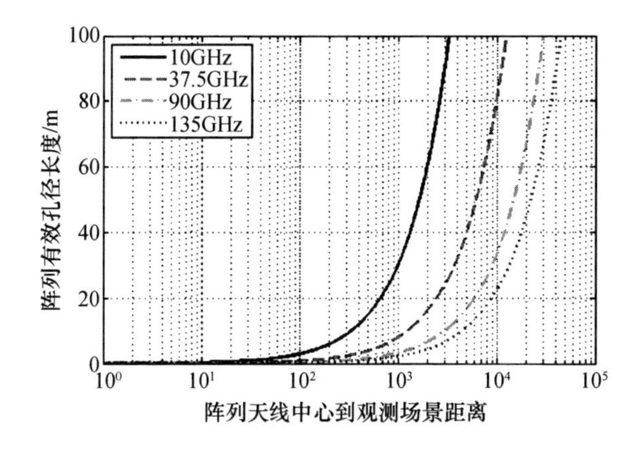

图 9.16　阵列孔径长度和与天线阵列中心到观测场景距离 R 的关系

时载荷平台工作于大气层内、临近空间和近地轨道时所需的等效阵列长度。

表 9.2　典型工作高度时不同载频所需的阵列长度

载频	高度		
	5km	20km	400km
10GHz	75m	300m	6000m
37.5GHz	20m	80m	1600m
90GHz	8.3m	33.3m	666.7m
135GHz	5.6m	22.2m	444.4m

为了实现阵列三维 SAR 成像系统的三维成像，合理的选择阵列的长度是必要的。从表 9.3 可以看出，要达到切航迹 1m 的分辨力，工作于大气层内的载荷平台选择 37.5GHz（Ka 波段）[7] 比较合适，工作于临近空间的载荷平台选择 90GHz（W 波段）135GHz 或以上的频段较为合适，而当载荷平台工作于近地轨道时对天线阵列有效孔径长度的要求已经变的得以实现了。

9.3.1.2　旁瓣与栅瓣因素

由于本章所讨论的天线阵列属于相参 MIMO 雷达的范畴，故场景目标模型可以被视为点目标模型，且一般会满足远场条件的假设，即发射波与观测场景的回波可以被视为平行波，换言之，对于同一点目标，发射波束与接收波束可以认为具有相同的观测角，如图 9.17 所示。

其中：T 为发射阵列；R 为接收阵列；$\boldsymbol{P}$ 为空间中的某一散射点；θ_t 为发射波束的观测角；θ_r 为接收波束的观测角；θ_o 为整体阵列中心位置处的观测角，当收发波束为平行波时，显然有

$$\theta_o = \theta_t = \theta_r \tag{9.120}$$

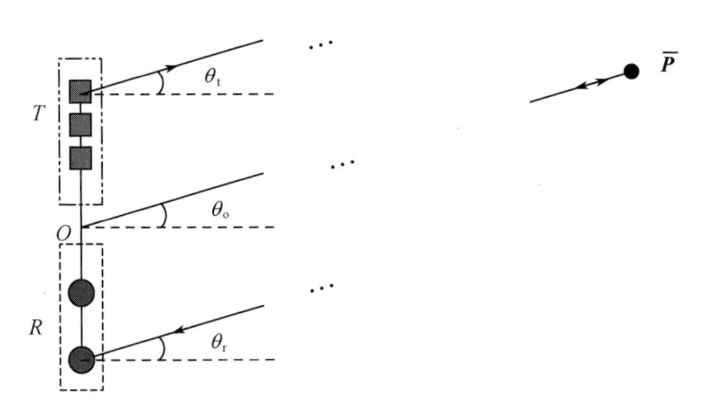

图 9.17　远场情况下的雷达波束示意图

在该情况下,利用阵列信号处理中的波束形成理论对天线阵列的工作原理进行分析将十分简便。结合第 2 章的知识,对相参 MIMO 阵列的分析,可以转化为对由其虚拟阵元组成的期望虚拟阵列的分析,下面便针对虚拟阵列的旁瓣和栅瓣情况进行讨论。

文献[9]指出,若用波束图的方法对天线阵列进行分析,则构成天线阵列的阵元分布情况对系统旁瓣和栅瓣有着重要影响。

以线阵为例,当天线阵元均匀分布时,其波束图可以写为类辛格函数(Qsinc)的形式。

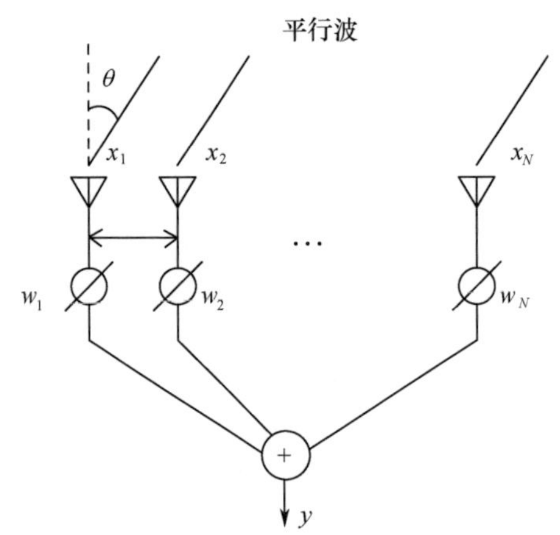

图 9.18　采用线性组合器的线阵空域滤波示意图

图 9.18 中,θ 为平面波的观测角;y 为输出;$w_i(i=1,2,\cdots,N)$ 为空域滤波的加权值。则天线阵列的幅度波束图可表示为

$$F(\theta)=|y|=|\boldsymbol{w}^{\mathrm{H}}\boldsymbol{a}(\theta)| \tag{9.121}$$

式中:$\boldsymbol{a}(\theta)$ 为阵列的导向向量;$\boldsymbol{w}$ 为权向量,且有

$$\boldsymbol{a}(\theta)=[\mathrm{e}^{\mathrm{j}\varphi_1}\quad \mathrm{e}^{\mathrm{j}\varphi_2}\quad \cdots\quad \mathrm{e}^{\mathrm{j}\varphi_N}]^{\mathrm{T}}=[1\quad \mathrm{e}^{\mathrm{j}\varphi}\quad \cdots\quad \mathrm{e}^{\mathrm{j}(N-1)\varphi}]^{\mathrm{T}} \tag{9.122}$$

$$\boldsymbol{w}=[w_1\quad w_2\quad \cdots\quad w_N]^{\mathrm{T}}=[1\quad \mathrm{e}^{\mathrm{j}\varphi_0}\quad \cdots\quad \mathrm{e}^{\mathrm{j}(N-1)\varphi_0}]^{\mathrm{T}} \tag{9.123}$$

式中

$$\begin{cases}\varphi=\dfrac{2\pi d}{\lambda}\sin(\theta)\\[2ex]\varphi_0=\dfrac{2\pi d}{\lambda}\sin(\theta_0)\end{cases} \tag{9.124}$$

若将波束指向为方向($\theta_0=0°$),则有

$$F(\theta)=|\boldsymbol{w}^{\mathrm{H}}\boldsymbol{a}(\theta)|=\left|\sum_{n=1}^{N}\mathrm{e}^{\mathrm{j}(n-1)(\varphi-\varphi_0)}\right|=\left|\frac{\sin(N\pi d/\lambda)(\sin\theta-\sin\theta_0)}{\sin[(\pi d/\lambda)(\sin\theta-\sin\theta_0)]}\right| \tag{9.125}$$

显然,式(9.125)为类辛格信号的形式。分析知,当阵列为非均匀分布时,从能量合成的角度可以把不同密度的阵元分布看成是对相应的均匀阵列进行加窗的结果,而加窗对主瓣的宽度和峰值旁瓣比的特性有着直接影响。

下面以由 64 个阵元组成的线阵为例,假设波束指向为法线方向($\theta_0=0°$),对均匀与非均匀布阵情况下的波束图进行对比性仿真。

用于对比仿真的三个阵列的阵元分布情况分别如图 9.19 所示,其中阵元间隔的单位为 $\lambda/2$。

三种分布情况下的波束图对比如图 9.20 所示。

可以看出,在线阵为均匀分布时,其波束图比较理想。在其他非均匀情况时,或者旁瓣展宽,使其分辨力下降,或者峰值旁瓣比降低,使其成像的噪声增加影响弱目标的检测。而且若单纯为了提高峰值旁瓣比,亦可以在后期的信号处理中通过加窗来得以解决,在天线阵列的设计上主瓣宽度的因素要比峰值旁瓣比因素考虑的权重要大,但在同等或近似主瓣宽度的情况下的峰值旁瓣比则成为主要考虑因素。

而在栅瓣问题上,由式(9.125)可知,波束不但在瞄准方向 $\theta=\theta_0$ 时取得最大值,在满足下面的条件时亦会出现最大值

$$\frac{\pi d}{\lambda}(\sin\theta-\sin\theta_0)=\pm k\pi,k=1,2,\cdots \tag{9.126}$$

为了在空间角 $-90°\sim+90°$ 内不出现栅瓣,阵元间隔与载波波长之间应满足如下条件

$$\frac{d}{\lambda}\leqslant\frac{1}{1+|\sin\theta_0|} \tag{9.127}$$

一般认为,当阵元间隔小于等于载波波长的一半($d\leqslant\lambda/2$)时,可以在任意

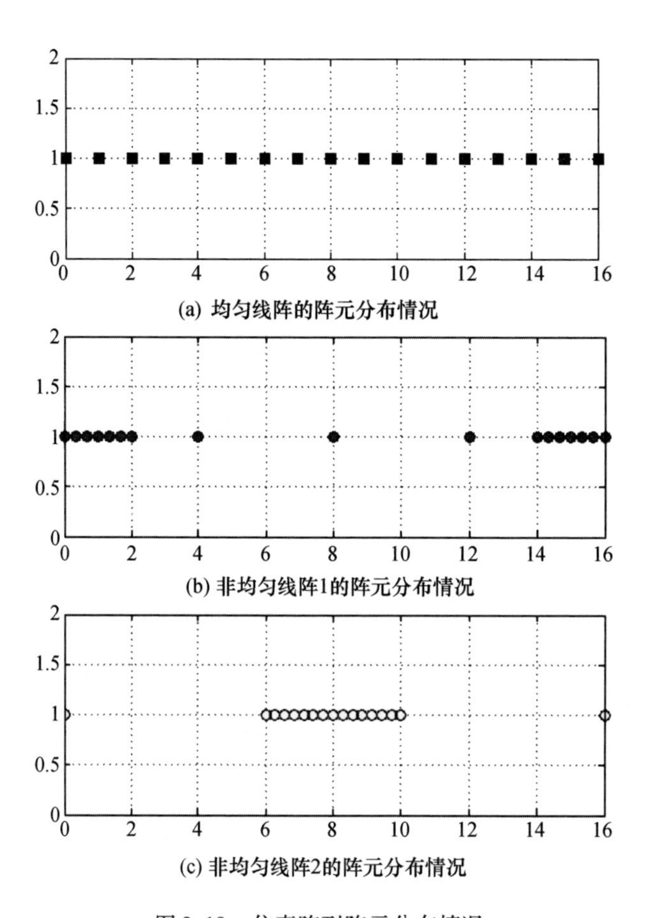

(a) 均匀线阵的阵元分布情况

(b) 非均匀线阵1的阵元分布情况

(c) 非均匀线阵2的阵元分布情况

图 9.19　仿真阵列阵元分布情况

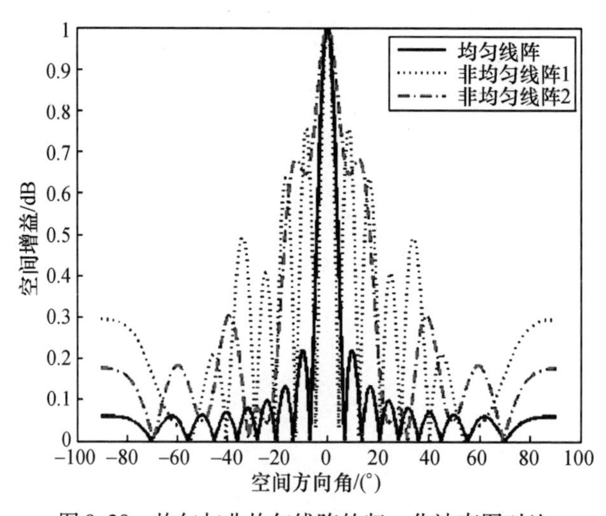

图 9.20　均匀与非均匀线阵的归一化波束图对比

空间角内避免栅瓣的出现。

9.3.1.3　阵列抖动误差因素

阵列抖动误差[7]是线阵三维 MIMO-SAR 成像系统不同于常规二维 SAR 成像系统的独有特征。因此，对阵列阵列抖动误差的分析也是关系到线阵三维 MIMO-SAR 系统设计的关键因素之一。在线阵三维 MIMO-SAR 系统中，为简化设计与后期信号的处理过程，一般会把线阵元线性对称地安装在载荷平台上，例如安装在机载平台的两个机翼下方。在载荷平台运动的过程中，搭载阵列的机械系统受到各种因素（风速、材料、几何结构和引擎振动等）的影响会产生在切航迹和高度面内的抖动，从而使得天线相位中心偏离理想的位置。根据机械振动理论，在时间 t，位于 x_l处的阵元、厚度为 d 的阵列和其摆动幅度 z_{h}之间有如下关系

$$\frac{\partial^2 z_{\mathrm{h}}}{\partial t^2} = -\frac{d^2}{12}v_{\mathrm{s}}^2\frac{\partial^4 z_{\mathrm{h}}}{\partial x_l^4} \tag{9.128}$$

式中：$v_{\mathrm{s}} = \sqrt{E/\rho}$为阵列介质材料的声音传播速度；$E$ 为介质的弹性系数；ρ 为介质的密度，一般情况下它们均为常数。

对于一个给定长度为 $L=2l$ 的阵列，可表示为如下的振动方程

$$z_{\mathrm{h}}(t,x_l) = \sum_k A_k \cdot \cos(2\pi f_k t) \cdot G\left(\frac{2\pi}{\lambda_k}x_l\right) \tag{9.129}$$

式中：f_k为第 k 阶特征频率；λ_k为振动波长；分别表示为

$$f_k = \alpha_k(2k+1)^2\frac{\pi}{16\sqrt{3}}\frac{d}{l^2}v_{\mathrm{s}},\quad k=0,1,2,\cdots \tag{9.130}$$

$$\lambda_k = \sqrt{\alpha_k}\frac{4l}{2k+1},\quad k=0,1,2,\cdots \tag{9.131}$$

α_k为第 k 阶特征常数，一般地有 $\alpha_0\approx 1.42$，$\alpha_k\approx 1$，$k=1,2,\cdots$；d 为阵列的厚度；$G(\cdot)$为和振动波长、阵元位置有关的函数，可用正弦函数近似，表示振动波沿机翼传播；A_k为和气流及系统发动机有关的振动幅度，一般地，特征频率越高振动幅度越小，约按照 2 的指数幂衰减，4 阶以上基本可以忽略。

图 9.21 为阵列长度为 24m，阵列厚度为 4.5cm，介质声速为 2400m/s，最大特征幅度为 5mm 且取前 4 阶时，阵列在 0 时刻沿机翼抖动误差曲线。

从图 9.21 中可看出，机翼抖动误差最大值可达 8.65mm。且由于机翼抖动误差与时间有关，会产生微多普勒效应，为影响成像质量的主要因素之一。且机翼抖动误差随时间的变化率越平滑，微多普勒效应越小，成像质量越好。

下面对机翼不同位置，分析其抖动误差随时间的变化关系，以及抖动误差变化率与时间的关系。

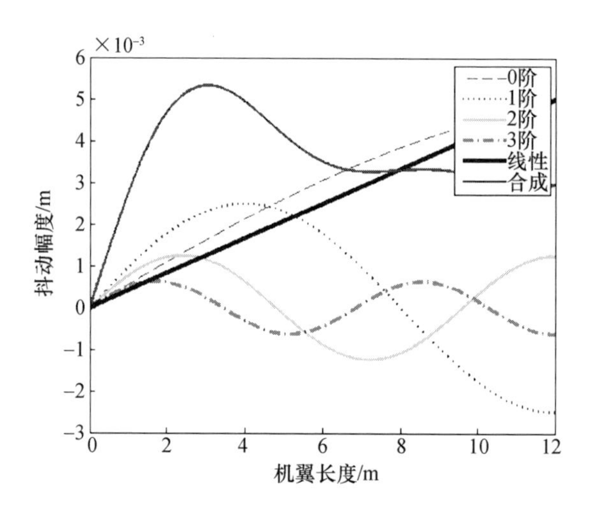

图 9.21　零时刻机翼抖动误差

图 9.22(a)为机翼不同位置误差变化曲线,表示机翼不同位置的抖动误差随时间的变化规律。图 9.23(a)为机翼不同位置误差变化率曲线,表示机翼不同位置误差变化曲线对时间求导后,误差变化率随时间的变化规律。图 9.22(b)为图 9.23(b)中机翼不同位置误差变化率对时间求和后的规律。

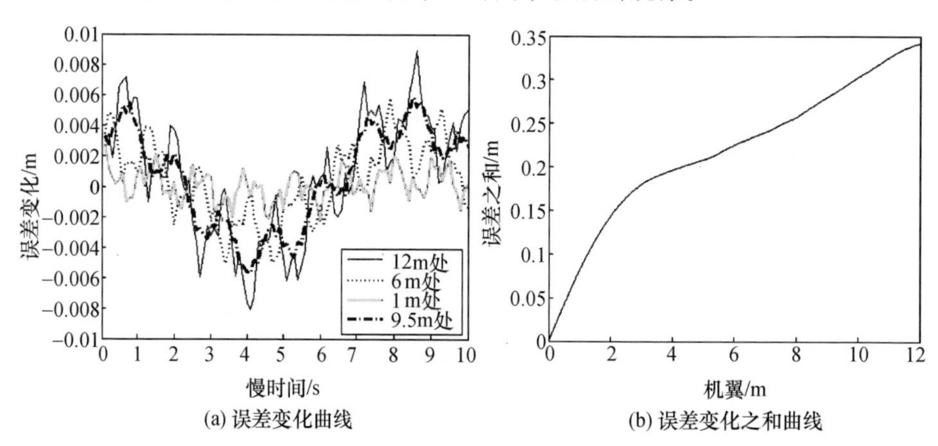

图 9.22　机翼不同位置抖动误差随时间变化

机翼抖动误差影响最终成像质量有两个主要因素:距离历史和微多普勒效应。对于采用匹配滤波的成像方法,微多普勒效应对成像质量的影响较大。从图 9.22(b)中可看出,翼尖处的误差变化率之和最大,即此处微多普勒效应最大,对成像质量影响较大;而靠近机身处的误差变化率之和最小,即此处微多普勒效应最小,对成像质量影响较小。

比较机翼抖动误差对距离历史的影响:从图 9.23(b)可看出,翼根处的抖动

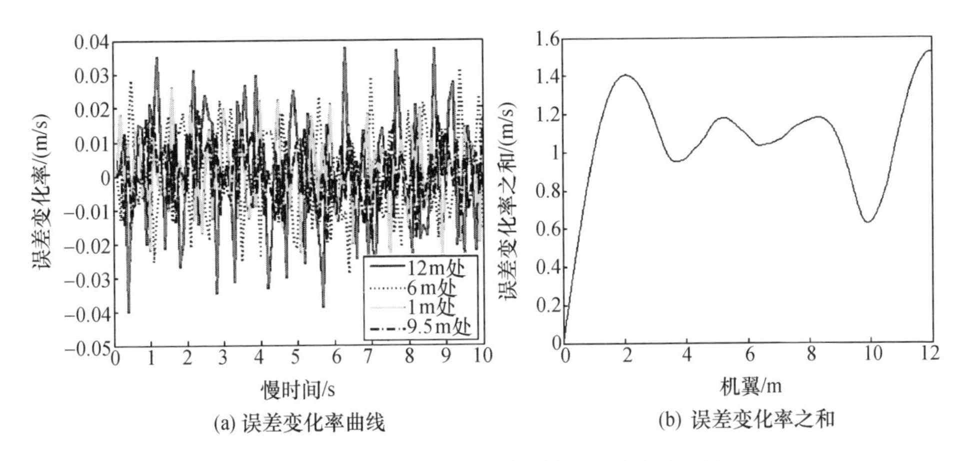

(a) 误差变化率曲线 (b) 误差变化率之和

图 9.23 机翼不同位置抖动误差变化率曲线图

误差对距离历史的影响更小,此处放置的阵元更有利于成像。

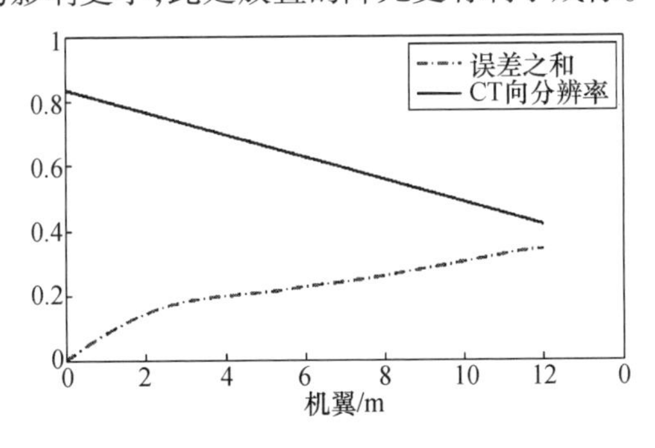

图 9.24 误差之和与分辨力比较

考虑系统采用的是相参 MIMO 阵列,由虚拟阵元技术及后面的 PCA 原理及图 9.24 可知,发射阵布置的位置离翼尖越近,虚拟阵列的有效长度越长,CT 向分辨力越高,与此同时天线阵列的抖动误差之和也越大。所以,天线阵列模型的设计与优化需要综合考虑以上多个因素,得出最佳设计方案。

9.3.2 三维 MIMO-SAR 天线阵列设计的方法

由 9.2 节的分析可知,M 发 N 收的相参 MIMO 雷达可以等效为 MN 个相互独立的数据通道,MIMO 天线阵列亦可以等效为由相互独立的 MN 个收发共用的虚拟天线阵元构成的虚拟阵列,利用该原理可以有效地降低实阵元的数目。根据前面信号模型及糊函数的分析可知,在满足远场假设的前提下,完全可以用虚拟天线阵列来代替实际的物理天线阵列进行分析与处理,同理也可用期望的虚拟天线阵列来逆向指导 MIMO 天线阵列的设计。

本节,将分别从 PCA 原理及与其相对应的卷积形式两个方面来对 MIMO 天线阵列的设计原理进行综合分析，并引入了天线波束图的概念用于对阵列模型的分析与验证，为后续 MIMO 天线阵列的设计与优化研究提供了理论指导。

9.3.2.1 基于 PCA 原理的设计方法

如图 9.25(a)所示，为一个简单的雷达信号收发模型。其中 P_T 为发射阵元的位置，P_R 为接收阵元的位置，P_C 为 P_T 与 P_R 连线上的中点位置，$\boldsymbol{P}$ 为空间某一散射点的位置。当满足式(9.132)的条件时便可进行波前为平面波的假设。

$$\Delta L^2/4r \ll \lambda_0 \tag{9.132}$$

式中

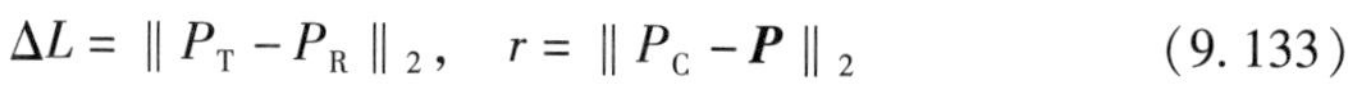

$$\Delta L = \| P_T - P_R \|_2, \quad r = \| P_C - \boldsymbol{P} \|_2 \tag{9.133}$$

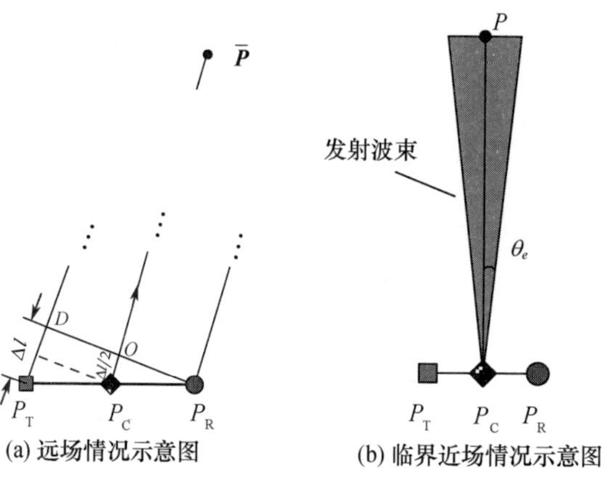

(a) 远场情况示意图　　(b) 临界近场情况示意图

图 9.25　雷达信号收发情况示意图

在远场情况假设下，发射阵元与接收阵元之间的距离相对于远场目标到天线阵列的距离可以忽略不计，即发射波束与接收波束可以近似认为是平行关系。此时，过 P_R 点做垂直于 PP_T 的直线 P_RD，由几何知识可知，距离 $\boldsymbol{P}O = \boldsymbol{P}P_T = \boldsymbol{P}P_R$，设 $\Delta l = P_TD = |\boldsymbol{P}P_T - \boldsymbol{P}P_R|$ 是发射距离史与接收距离史之差，则根据中位线定理有 $OP_C = \Delta l/2$ 成立，综上可知

$$2\boldsymbol{P}P_C = \boldsymbol{P}P_T + \boldsymbol{P}P_R \tag{9.134}$$

将 P_C 位置定义为一个虚拟阵元，则发射阵元与接收阵元的距离史之和刚好等于虚拟阵元的双程距离，因此一对收发分置的实天线阵元可以由位于它们相位中心的一个收发共用的虚拟阵元代替，该原理称为相位中心近似(PCA)原理。

另外，如图 9.25(b)所示，在临界近场的情况下，若发射波束的范围比较小，其发射波束半波束角 θ_e 在则满足式(9.135)时，同样可适用于 PCA 原理[24]。

$$\frac{\Delta L^2}{4r\lambda_0}(1 - \cos^2\theta_e) \ll 1 \tag{9.135}$$

考虑 M 发 N 收的相参 MIMO 阵列，按照 PCA 原理可以得到 $M \times N$ 个收发共用的虚拟天线阵元，若期望的虚拟阵列为间隔为 d 的均匀线阵，则实阵元与虚拟阵元之间的关系如图 9.26 所示。

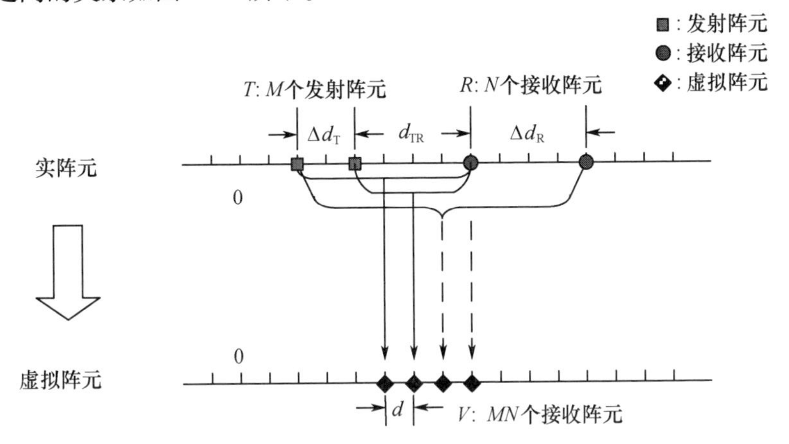

图 9.26 M 发 N 收阵列的 PCA 原理示意图

其中：T 为发射阵列，阵元间距为 Δd_T；R 为接收阵列，阵元间距为 Δd_R；V 表示虚拟阵列，阵元间距为 d；d_{TR}表示收发阵列间的相对距离。

若发射阵元的坐标为 t，接收阵元的坐标为 r，则虚拟阵元的坐标 v 可表示为

$$v = \frac{t+r}{2} = \frac{r}{2} + \frac{t}{2} \tag{9.136}$$

分析式(9.136)，若固定接收阵元 r 的位置，则根据 PCA 原理可知，对于不同的发射阵元 t'来说，其等效成的虚拟阵元 v' 都是在 $r/2$ 的基础上增加 $\Delta d_T/2$ 的整数倍。故对于 M 发 N 收的相参 MIMO 天线阵列，若期望生成间隔为 d 的均匀线阵，则应满足发射阵元间距 $\Delta d_T = 2d$，接收阵元间距 $\Delta d_R = M\Delta d_T = 2Md$。而收发阵列的相对距离 d_{TR} 却并不会影响虚拟阵列的阵元数目及分布形状，这一点对于后续相参 MIMO 阵列模型的设计是十分有利的。

另外，显然收发阵元的位置互换后对于虚拟阵元的位置并没有影响，因此利用 PCA 原理设计的天线阵列模型，其收发阵元的位置是可以整体对换的。

9.3.2.2 与 PCA 原理相对应的卷积分析法

从上面的分析可以看出，根据 PCA 原理确定虚拟阵元位置的实质是对坐标的左右平移，这与离散冲激函数的卷积性质十分类似。将阵元位置改写成空间坐标的形式，设某发射阵元的坐标为 $P_t = (0,\ 0,\ t)$，其对应的冲激信号可写为 $P_t(n) = \delta(n-t)$；接收阵元的坐标为 $P_r = (0,\ 0,\ r)$，其对应的冲激信号可写为 $P_r(n) = \delta(n-r)$；则虚拟阵元的坐标应为 $P_v = (0,\ 0,\ (t+r)/2)$，与其对应的冲

激信号可表示为 $P_v(n)=\delta(n-(t+r)/2)=\delta(n-t/2)*\delta(n-r/2)$。

由此可知,在发射阵元与接收阵元的位置确定的情况下,首先对发射阵元和接收阵元位置所对应的冲激信号形式的进行两倍的坐标压缩,再将两者进行卷积运算便可得到虚拟阵元的位置坐标。其运算步骤如图 9.27 所示。

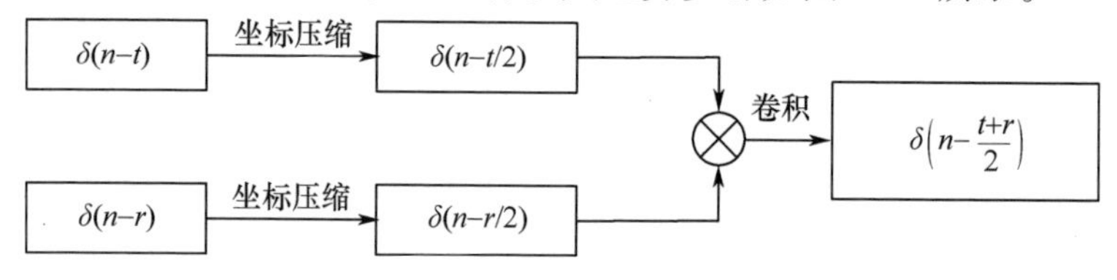

图 9.27 PCA 原理的卷积形式示意图

同理,由多个阵元组成的发射阵列与接收阵列,其 PCA 原理的卷积形式可以表示为

$$\boldsymbol{T}=\sum_{i=1}^{M}\delta(n-t_i) \tag{9.137}$$

$$\boldsymbol{R}=\sum_{k=1}^{N}\delta(n-r_k) \tag{9.138}$$

$$\begin{aligned}\boldsymbol{V}=\boldsymbol{T}*\boldsymbol{R}&\xrightarrow{\text{坐标压缩}}\left[\sum_{i=1}^{M}\delta\left(n-\frac{t_i}{2}\right)\right]*\left[\sum_{k=1}^{N}\delta\left(n-\frac{r_k}{2}\right)\right]\\&=\sum_{i=1}^{M}\sum_{k=1}^{N}\delta\left(n-\frac{t_i+r_k}{2}\right)\end{aligned} \tag{9.139}$$

式中:$\boldsymbol{T}$ 为发射阵列所对应的冲激序列;$\boldsymbol{R}$ 为接收阵列所对应的冲激序列;$\boldsymbol{V}$ 为虚拟阵列所对应的冲激序列;符号“ * ”为卷积运算符。

下面以发射阵元数 $M=4$,接收阵元数 $N=4$ 为例,则根据 PCA 原理,可得到 16 个等间隔分布的均匀线阵,如图 9.28 所示。以此作为期望阵列对 PCA 原理的卷积形式进行可行性验证,其仿真结果如图 9.29 所示。

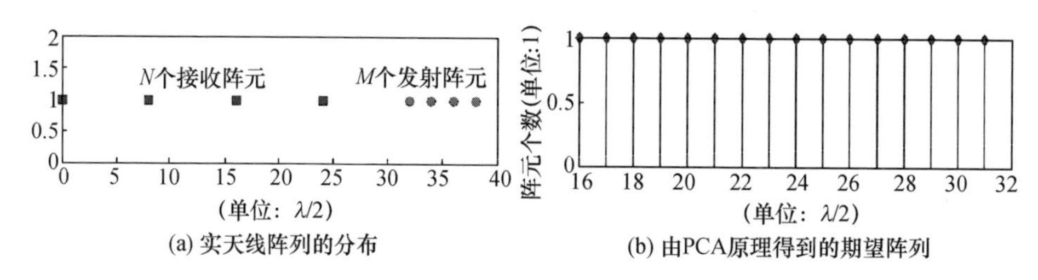

(a) 实天线阵列的分布　(b) 由PCA原理得到的期望阵列

图 9.28 阵列布阵方式

根据时域卷积对应频域相乘的性质,可知发射阵列所对应的冲激序列的频域变换与接收阵列所对应的冲激序列的频域变换乘积的结果应该等于期望阵列

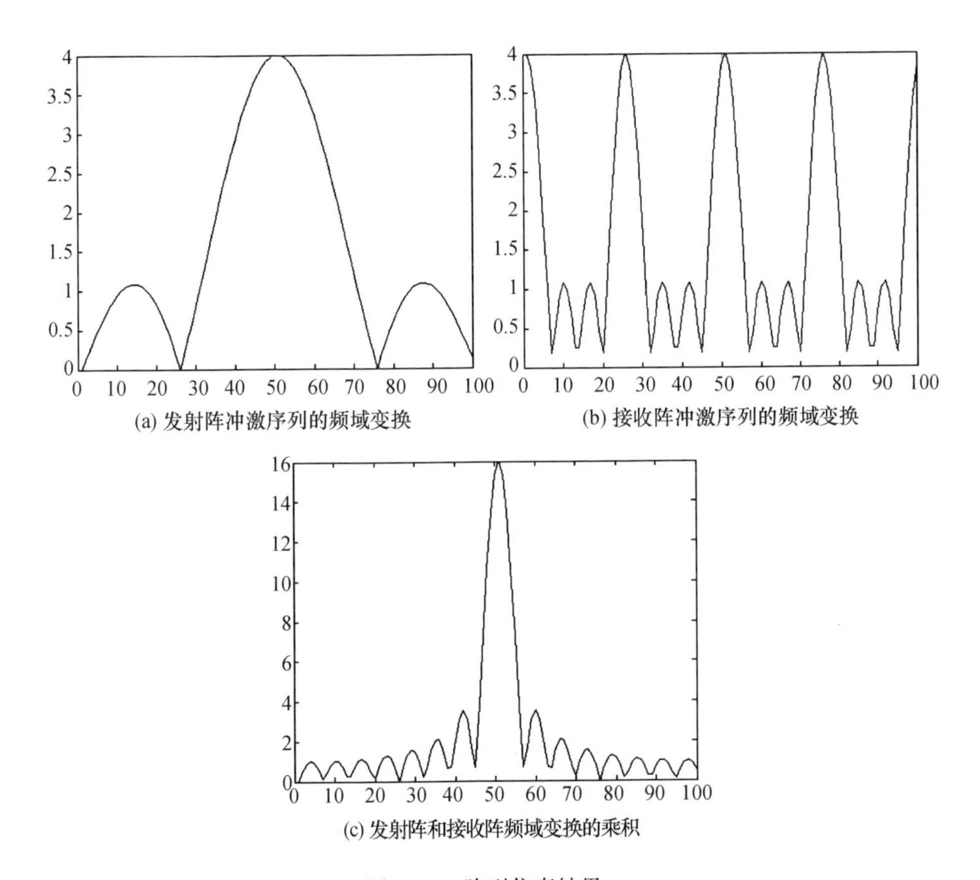

(a) 发射阵冲激序列的频域变换

(b) 接收阵冲激序列的频域变换

(c) 发射阵和接收阵频域变换的乘积

图 9.29　阵列仿真结果

所对应的冲激序列的频域变换。比较图 9.29 与图 9.30 可知，PCA 原理与其对应的压缩卷积形式是完全等价的。

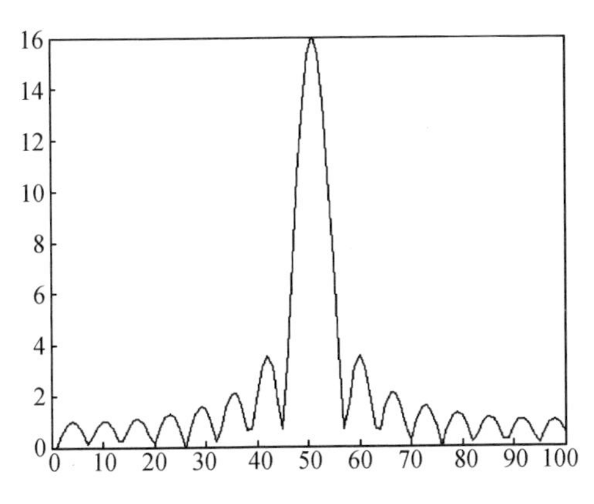

图 9.30　期望阵冲激序列的频域变换

另外,PCA 原理的卷积形式与第 2 章相参 MIMO 雷达经匹配滤波后的 Kronecker 积形式亦相互对应,这也从另一个角度佐证了 PCA 原理用于相参 MIMO 雷达天线阵列设计的可行性。

9.3.2.3 基于天线波束图的阵列模型验证方法

天线阵列的模型在设计完成后,需要有效的方法对其进行可行性验证,本文引入的是基于天线波束方向图[10](简称波束图)的验证方法。相参 MIMO 天线阵列收到的场景回波信号经过匹配滤波之后可以写成发射阵列导向向量与接收阵列导向向量作 Kronecker 积的形式,为便于分析,可以将其改写为

$$\boldsymbol{y}(\theta)=\sigma_\theta\cdot\boldsymbol{\alpha}(\theta)+\boldsymbol{v} \tag{9.140}$$

式中:θ 为相参 MIMO 天线阵列的波束指向角;$\boldsymbol{y}(\theta)\in C^{MN\times 1}$ 为天线阵列波束指向不同方向时所对应的经匹配滤波后的回波信号;σ_θ 为常系数,表示天线阵列波束指向不同方向时的散射强度;$\boldsymbol{\alpha}(\theta)\in C^{MN\times 1}$ 为相参 MIMO 阵列的合成导向向量,且有 $\boldsymbol{\alpha}(\theta)=\boldsymbol{\alpha}_{\mathrm{r}}(\theta)\otimes\boldsymbol{\alpha}_{\mathrm{t}}(\theta)$,$\boldsymbol{v}=\mathrm{vec}(\tilde{\boldsymbol{V}}(t))\in C^{MN\times 1}$ 为加性复高斯白噪声,其协方差为 $\boldsymbol{\Phi}_{\mathrm{v}}=\sigma\cdot I_{MN}$($I_{MN}$ 为 MN 阶单位矩阵)。

相参 MIMO 天线阵列的波束图可写为

$$F(\theta)=|\boldsymbol{w}^{\mathrm{H}}\boldsymbol{a}(\theta)|=|\boldsymbol{w}^{\mathrm{H}}\boldsymbol{y}(\theta)| \tag{9.141}$$

假设信号期望的波束指向为 θ_0,则其最优波束权向量可表示为 $\boldsymbol{w}=\mu\boldsymbol{\Phi}^{-1}\boldsymbol{a}(\theta_0)$,为简化推导,省略一些常数,则有

$$\begin{aligned}F(\theta)&=|\boldsymbol{w}^{\mathrm{H}}\boldsymbol{a}(\theta)|=|\boldsymbol{a}^{\mathrm{H}}(\theta)\cdot\boldsymbol{a}(\theta)|\\&=|[\boldsymbol{\alpha}_{\mathrm{r}}^{\mathrm{H}}(\theta)\otimes\boldsymbol{\alpha}_{\mathrm{t}}^{\mathrm{H}}(\theta)]_{MN\times 1}\cdot[\boldsymbol{\alpha}_{\mathrm{r}}(\theta)\otimes\boldsymbol{\alpha}_{\mathrm{t}}(\theta)]|_{1\times MN}\\&=|[\boldsymbol{\alpha}_{\mathrm{r}}^{\mathrm{H}}(\theta)\boldsymbol{\alpha}_{\mathrm{r}}(\theta)]\otimes[\boldsymbol{\alpha}_{\mathrm{t}}^{\mathrm{H}}(\theta)\boldsymbol{\alpha}_{\mathrm{t}}(\theta)]|\\&=|\boldsymbol{\alpha}_{\mathrm{r}}^{\mathrm{H}}(\theta)\boldsymbol{\alpha}_{\mathrm{r}}(\theta)|\cdot|\boldsymbol{\alpha}_{\mathrm{t}}^{\mathrm{H}}(\theta)\boldsymbol{\alpha}_{\mathrm{t}}(\theta)|\\&=F_{\mathrm{r}}(\theta)\cdot F_{\mathrm{t}}(\theta)=F_{\mathrm{t}}(\theta)\cdot F_{\mathrm{r}}(\theta)\end{aligned} \tag{9.142}$$

由式(9.142)可知,在远场情况下,相参 MIMO 雷达阵列的波束图等于发射阵列波束图与接收阵列波束图的乘积。以图 9.28(a)中所示的 4 发 4 收的相参 MIMO 天线阵列为例,其波束图的仿真结果如图 9.31 和图 9.32 所示。

由图 9.31 和图 9.32 可以看出,发射阵列与接收阵列波束图的乘积,与由 PCA 原理所得到的期望阵列的波束图完全一致,证明了该方法的有效性。根据该原理我们还可以对后继章节设计的 MIMO 天线阵列模型做可行性验证。

9.3.3 三维 MIMO-SAR 天线阵列模型设计

根据 PCA 原理,虚拟阵列的阵元数目及分布形状只与发射和接收阵列各自

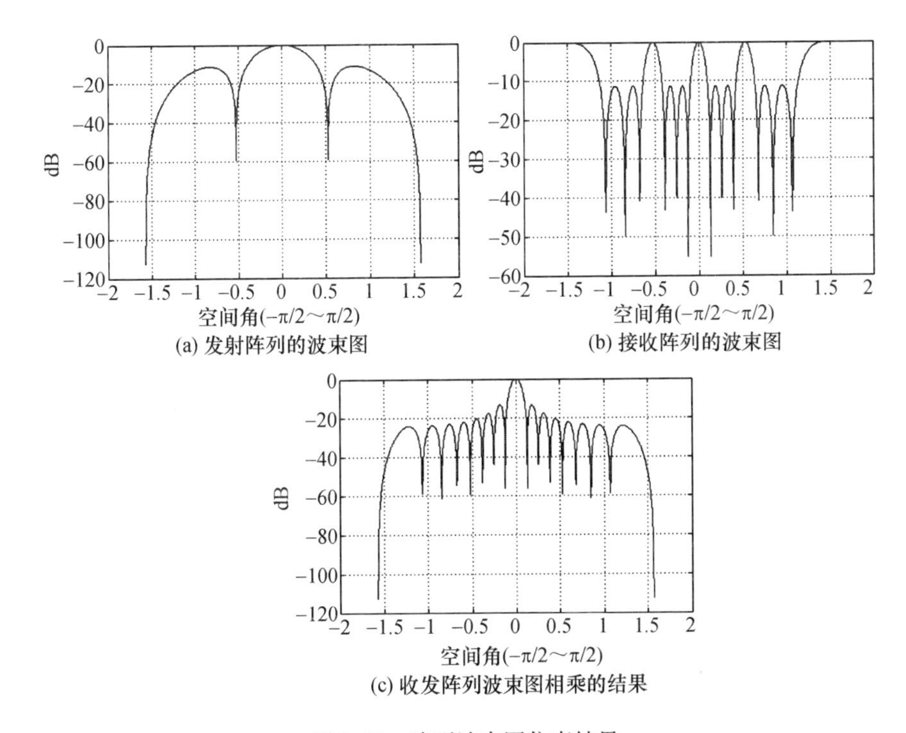

图 9.31　阵列波束图仿真结果

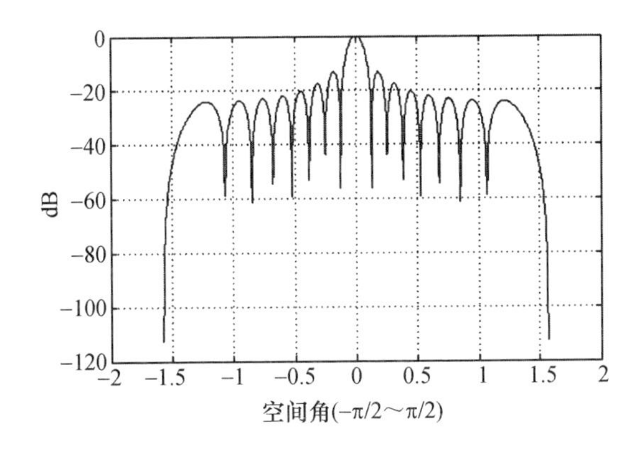

图 9.32　期望阵列的波束图

阵元的间距 Δd_{T}、Δd_{R} 有关，而与发射与接收阵列的相对位置（d_{TR}）无关，其相对位置只会影响虚拟线阵 Z 的空间相对位置，而不会对虚拟阵列的形状和阵元分布规律造成影响。这个特性为灵活布阵和后继优化带来了有利条件，使得按系统要求布置合适的阵列成为可能。

根据 PCA 原理设计的 MIMO 天线阵列，其发射阵列与接收阵列间是可以相互替换的，即所有的发射阵元可以替换为接收阵元，相应地所有的接收阵元替换为发射阵元,此时由其等效成的虚拟阵列仍保持不变。因此,为便于模型描述,我们在后继的 MIMO 阵列模型设计中只考虑其中的一种情况,且定义发射阵列为阵元分布较密的“密阵(Dense-array)”,用字母“D”来表示该类型的阵列;接收阵列为相对稀疏的“疏阵(Sparse-array)”,用字母“S”来表示该类型的阵列。接下来便对三维 MIMO-SAR 天线阵列模型的设计展开研究。

9.3.3.1 一种改进型的线形“D-S-D”模型

根据上节的分析可知,系统的切航迹向分辨力与天线阵列的有效孔径有着直接关系,因此为得到较大的切航迹向分辨力,MIMO 阵列所等效的期望虚拟阵列的孔径应该尽可能的大。德国 ARTINO 系统[17-18]双端发射模型正是在此考虑的基础上提出的一种高效模型,该模型将阵元分布较为密集的两个子发射阵布置在了机翼的两端位置,阵元分布较为稀疏的接收阵列则均匀地分布在两个子发射阵之间,为统一命名,本文将这种阵列模型称为线形“D-S-D”(或“密-疏-密”)模型,如图 9.33 所示。

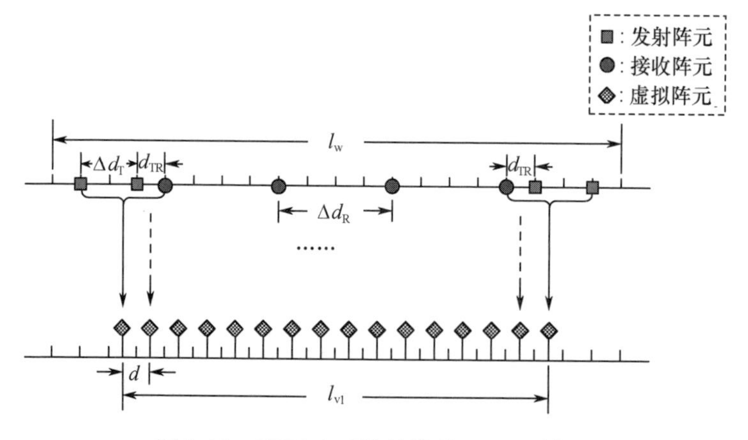

图 9.33 ARTINO 系统的线形“D-S-D”模型

其中:Δd_T为发射阵元的间距;Δd_R 为接收阵元的间距;d 为虚拟阵元的间距;d_{TR}为收发阵列的相对距离;l_w为布阵平台的最大长度;l_{v1} 为该模型下虚拟阵列的有效孔径长度。

为了得到间隔为 d 的均匀虚拟线阵,各阵元间还应满足下面的位置关系

$$\begin{cases}\Delta d_T = 2d \\ \Delta d_R = \dfrac{M}{2}\Delta d_T = Md\end{cases} \tag{9.143}$$

$$d_{TR} = \Delta d_T/2 = d \tag{9.144}$$

在满足上述条件时,根据 PCA 原理便可得到一个均匀的虚拟线阵。

为量化分析,本文定义了“空间尺寸利用率”的概念,即天线阵列等效成的虚拟阵列的有效孔径长度与布阵平台的最大长度之比,用符号“η”表示,则有

$$\eta = l_v / l_w \tag{9.145}$$

式中:l_v为相参 MIMO 阵列等效成的虚拟阵列沿切航迹向的有效孔径长度;l_w为布阵平台的最大长度。由式(9.116)可知,天线阵列的有效孔径长度对于系统的切航迹向分辨力有着重要影响,所以天线阵列的空间尺寸利用率可以作为在给定平台的情况下评价切航迹向分辨力的一个重要标准。

如图 9.33 所示,以 4 发 4 收为例进行说明,该模型等效成的虚拟阵列沿切航迹向的有效孔径 l_{v1},布阵平台的最大长度 l_w以及空间尺寸利用率 η_1分别为

$$l_{v1} = (MN-1)d = 15d \tag{9.146}$$

$$l_w = M(N+1)d = 20d \tag{9.147}$$

$$\eta_1 = \frac{l_{v1}}{l_w} = \frac{MN-1}{M(N+1)} = \frac{15}{20} \tag{9.148}$$

虽然该模型可以在布阵平台长度一定的情况下得到一个较大的虚拟天线孔径,但其空间尺寸利用率仍有进一步提升的空间,我们在此基础上提出了一种改进型的线形“D-S-D”阵列模型。

同样以 $M=4$ 发,$N=4$ 收为例,其模型如图 9.34 所示。

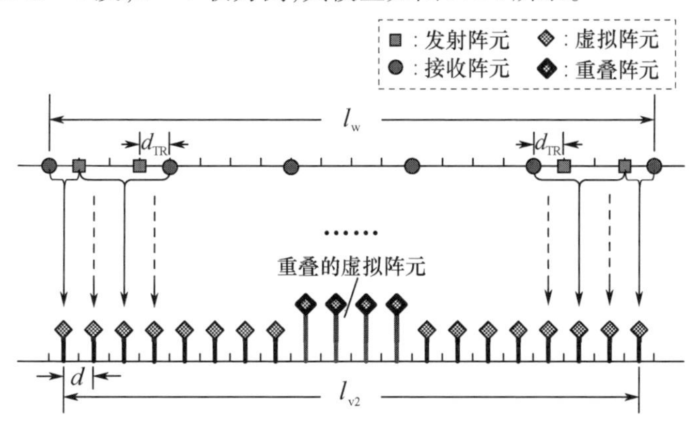

图 9.34 改进型的线形“D-S-D”模型

该模型通过在原有线形“D-S-D”的基础上,增加了两个额外的接收阵元。这个改进对于原有实天线阵的长度几乎没有影响,但对阵列的有效孔径却有了进一步的提高,该模型在给定的布阵长度下可以得到几乎最大的有效孔径长度。其所得的虚拟阵列的孔径及空间尺寸利用率分别为

$$l_{v2} = [M(N+1)-1]d = 19d \tag{9.149}$$

$$\eta_2 = \frac{l_{v2}}{l_w} = \frac{M(N+1)-1}{M(N+1)} = \frac{19}{20} \tag{9.150}$$

由此可以看出,改进型的线形“D-S-D”模型比德国 ARINO 系统的双端发射模型拥有更大的空间尺寸利用率,进而在给定平台下能够进一步提高系统的切航迹向分辨力,且在收发阵元数较少情况下效果较为明显。缺点是虽然该模型同样能够得到虚拟满阵,但虚拟阵元在中间位置却有 M 个重叠阵元,这个问题可以在后期的信号处理中通过加权或者选择性使用重叠阵元来解决。总之,相比切航迹分辨力的提高,只增加两个接收阵元的代价是值得的。

以图 9.35 中所示的 $M=4$ 发 $N=6$ 收的情况为例,其阵元位置及其波束图的仿真结果分别如图 9.35 和图 9.36 所示。

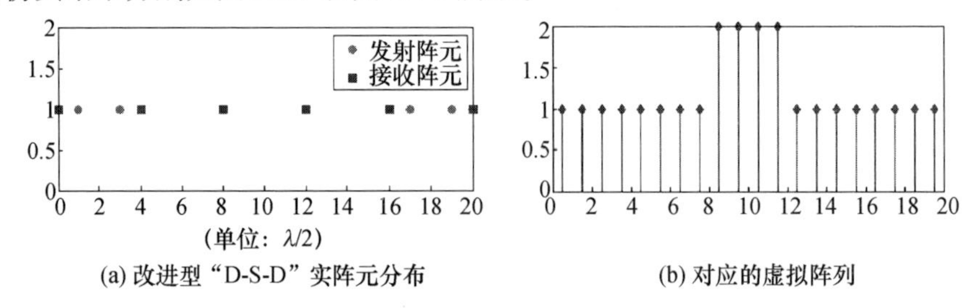

(a) 改进型“D-S-D”实阵元分布　　(b) 对应的虚拟阵列

图 9.35　改进型 D-S-D 线阵模型实阵分布及阵元等效图

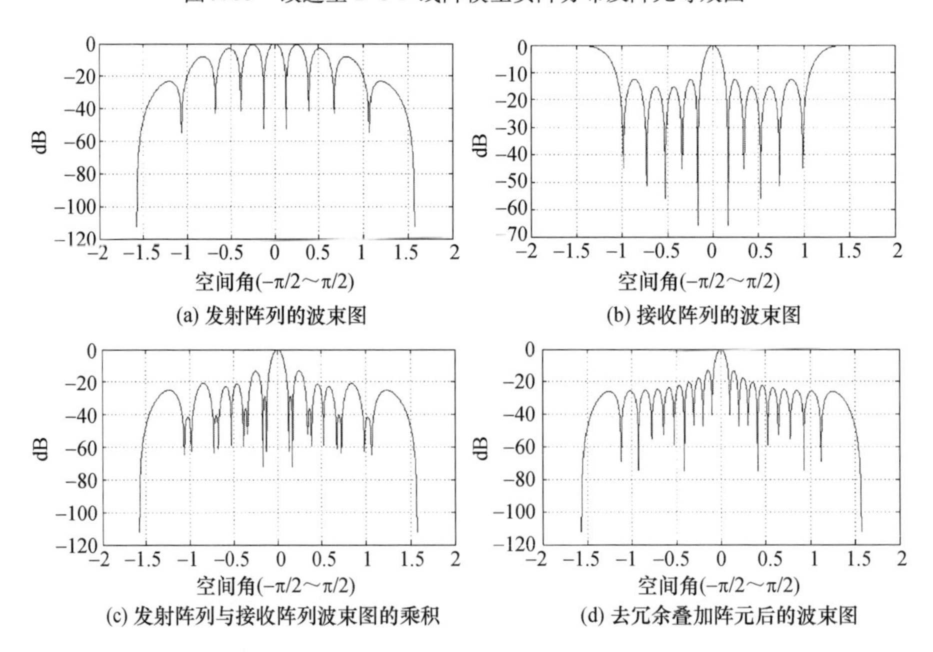

(a) 发射阵列的波束图　　(b) 接收阵列的波束图

(c) 发射阵列与接收阵列波束图的乘积　　(d) 去冗余叠加阵元后的波束图

图 9.36　改进型 DSD 线阵模型仿真图

由仿真结果可知,由于虚拟阵元存在叠加冗余,故其发射阵列波束图与接收阵列波束图的直接乘积与理想的波束图稍微有些差异,但对虚拟阵元采用选择性去冗余后,便可得到理想的波束图,如图 9.36(d)所示。因此,改进型的线形

"D-S-D"模型是可行的。

9.3.3.2　线形"S-D-S"模型

对于机载平台的三维 MIMO-SAR 系统而言,天线的阵元通常会被布置在机翼的两端以获得较大的切航迹向天线孔径,但由 9.3.2.3 节可知,由于机翼抖动误差因素的存在,使得机翼不同部位的抖动情况不一致,且越靠近机身部位抖动越小。因此,为减少抖动误差,MIMO 阵列应将尽可能多的实阵元布置在靠近机身的部位。基于该考虑,我们提出了一种线形"S-D-S"(或"疏 – 密 – 疏")模型,下面便对该模型的设计过程进行介绍。

根据上节的 PCA 原理可知,对于 M 发 N 收的 MIMO 阵列,若期望的虚拟阵列为间隔为 d 的均匀线阵,则发射阵元的间距 Δd_{T} 与接收阵元的间距 Δd_{R} 应该满足下面的关系

$$\begin{cases}\Delta d_{\mathrm{T}} = 2d \\ \Delta d_{\mathrm{R}} = M\Delta d_{\mathrm{T}} = 2Md\end{cases} \tag{9.151}$$

另外,由于发射阵列与接收阵列的相对位置,只会影响虚拟阵列的相对位置而对其阵元数目和形状无关,因此在阵元间距满足式(9.151)的前提下可对发射阵列和接收阵列的相对位置做适当调整,如图 9.37 所示,可将阵元较密的发射阵列布置在中央位置处,接收阵列均匀分布,称该模型为线形"S-D-S"模型。

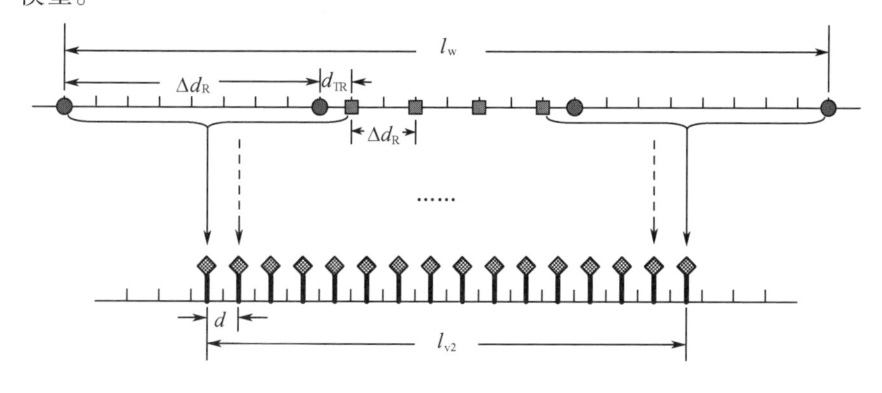

图 9.37　线形"S-D-S"模型及其虚拟阵列的示意图

由图可以看出,该线形"S-D-S"模型将阵元较密的发射阵列布置在靠近机身的部位,这样做可有效降低系统的整体抖动误差,且可以缩短天线馈线的总长度,有益于提高发射功率。

如图 9.37 中所示,以 $M=4$ 发,$N=4$ 收的情况为例,该模型基于波束图的可行性仿真结果如图 9.38 所示。

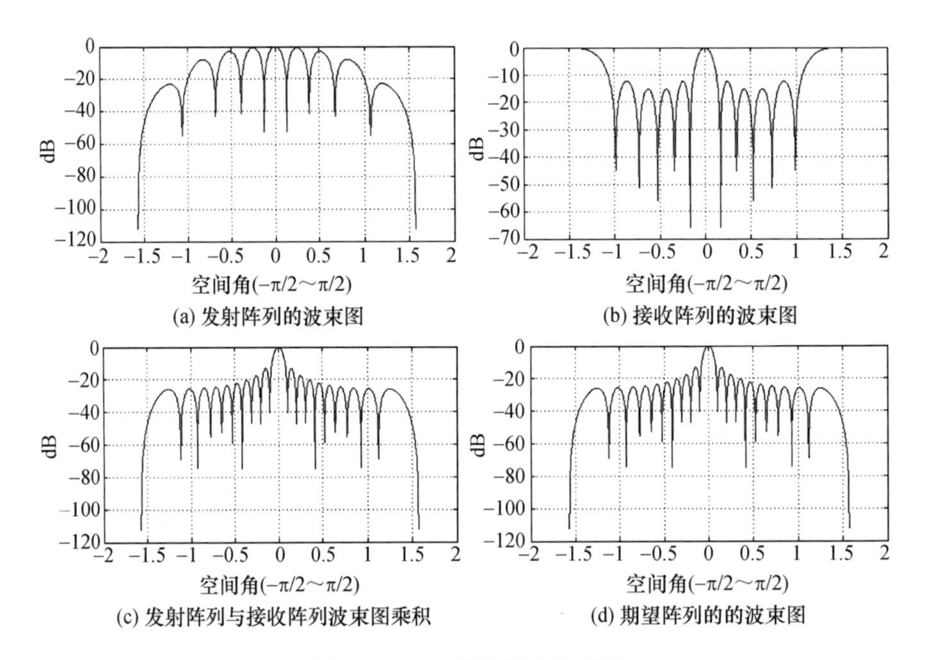

(a) 发射阵列的波束图

(b) 接收阵列的波束图

(c) 发射阵列与接收阵列波束图乘积

(d) 期望阵列的的波束图

图 9. 38　SDS 线阵模型仿真图

分析该模型的空间尺寸利用率,可以表示为

$$\eta_3 = \frac{L_{v3}}{L} = \frac{MN-1}{2M(N-1)} \approx 50\% \tag{9.152}$$

显然该模型的空间尺寸利用率有些过低,会导致分辨力严重下降,影响了其实用性。另外,由于线阵的中心位置为机身位置的所在,同样不适于布置天线阵元,故需要做进一步的改进。

9. 3. 3. 3　线形“S-D-D-S”模型

根据图 9. 38 可知,由于机翼抖动误差因素的存在,使得系统切航迹向的分辨力与抖动误差成为一对不可调和的矛盾。若单纯考虑分辨力因素,改进型的线形“D-S-D”模型将是最佳的选择;若单纯考虑系统抖动误差因素线形“S-D-S”模型将是最佳的选择。若要兼顾两方面的性能,则可以进行一些折衷性的设计,基于这种考虑,我们提出了一种线形“S-D-D-S”(或“疏 - 密 - 密 - 疏”)的阵列模型结构。

考虑将密阵分成左右对称的两个子密阵,再由其位置关系进行适当的组合以期望最终合成一个均匀的线阵。我们通过实验分析,证明这种阵列模型是可行的,从而得到线阵“S-D-D-S”模型的设计方案。

下面以 $M=4$ 发,$N=4$ 收的情况为例对其如何布阵加以说明,如图 9. 39 所示。

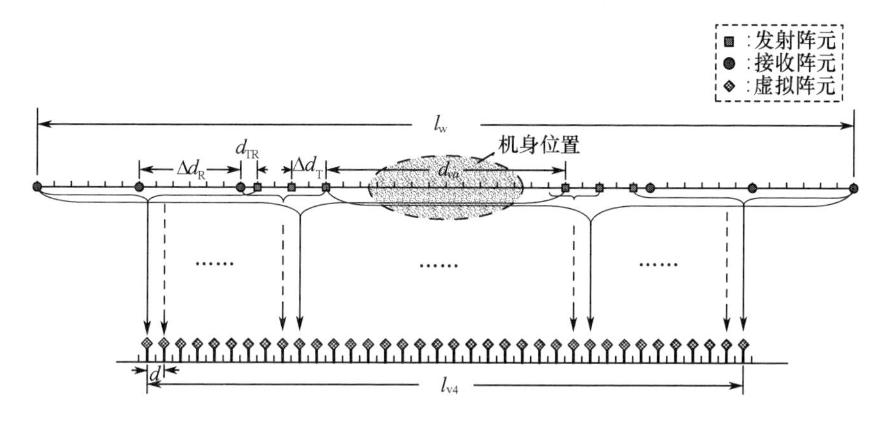

图 9.39　线形“S-D-S-D”模型示意图

该设计方案既考虑到了机翼两端抖动较剧烈的情况同时又回避了在机身处不适宜布阵的缺陷，而且其天线的空间尺寸利用率相对于线形“S-D-S”模型也有所提高。

下面对该模型各阵元间的关系进行综合性分析。

如图 9.40 所示，在该方案中要想生成间隔为 d 的均匀线阵，须满足下面的条件限制。

(1) 发射阵元的间距与接收阵元的间距满足公式(9.151)，子发射阵列与接收阵列相邻接处的间距 $\Delta d_{TR}=d$。

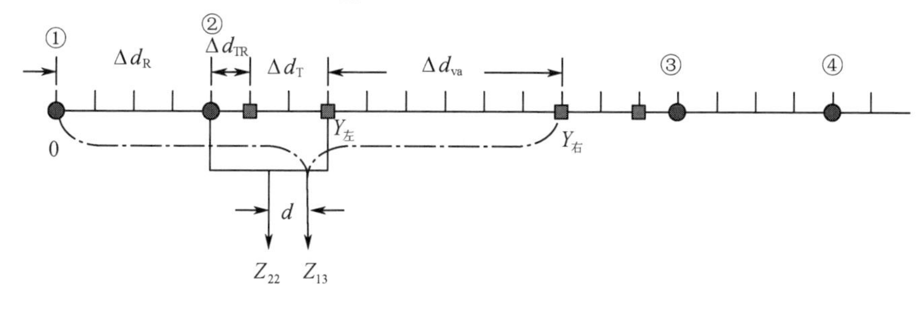

图 9.40　线形“S-D-D-S”模型的位置关系

(2) 设左侧第一个阵元的位置为零点，左侧密阵最内侧阵元的坐标为 $Y_左$，右侧密阵最内侧阵元的坐标为 $Y_右$，则左右密阵中央空缺处的跨度 Δd_{va} 可进行如下推导

$$Z_{22}=\frac{2\left(\frac{N}{2}-1\right)Md+\left(\frac{M}{2}-1\right)2d+d}{2}=\frac{1}{2}(MN-M-1)d \qquad (9.153)$$

$$Z_{13}=Z_{22}+d=\frac{1}{2}(MN-M+1)d \tag{9.154}$$

$$Y_{左}=\left(\frac{N}{2}-1\right)\cdot Md+\left(\frac{M}{2}-1\right)\cdot 2d+d=\left(\frac{MN}{2}-1\right)d \tag{9.155}$$

$$Y_{右}=2Z_{13}=(MN-M+1)d \tag{9.156}$$

$$\Delta d_{va}=Y_{右}-Y_{左}=\left[M\left(\frac{N}{2}-1\right)+2\right]d \tag{9.157}$$

由于阵列的左右对称性,使得中央跨度 Δd_{va} 在满足式(9.157)时正好能等效成一个等间隔 d 的均匀线阵。且由式(9.157)可知,其跨度间隔约为整个线阵的1/3,对于容纳机身来说绰绰有余,从而避免了在机身处布阵的缺陷。

分析该阵列模型的空间尺寸利用率

$$l_w=\left(\frac{3N}{2}-1\right)Md \tag{9.158}$$

$$l_{v4}=(MN-1)d \tag{9.159}$$

$$\eta_4=\frac{l_{v4}}{l_w}=\frac{MN-1}{\left(\frac{3MN}{2}-M\right)}\approx\frac{2}{3} \tag{9.160}$$

可以看出该阵列模型完全可以生成期望的均匀线阵,其空间尺寸利用率 $\eta_4\approx\frac{2}{3}$ 相对于前面模型的线形"S-D-S"模型的 $\eta_3\approx 50\%$ 有所提高,但相对于线形"D-S-D"模型来说其空间尺寸利用率还是相对较低,仍有进行进一步提升的空间,但考虑到阵列有效孔径长度与阵列抖动误差的折衷,还是一种非常有价值的 MIMO 天线阵列模型。

以 $M=6$ 发,$N=6$ 收为例,该模型基于波束图的可行性仿真结果如图9.41～图9.43所示。

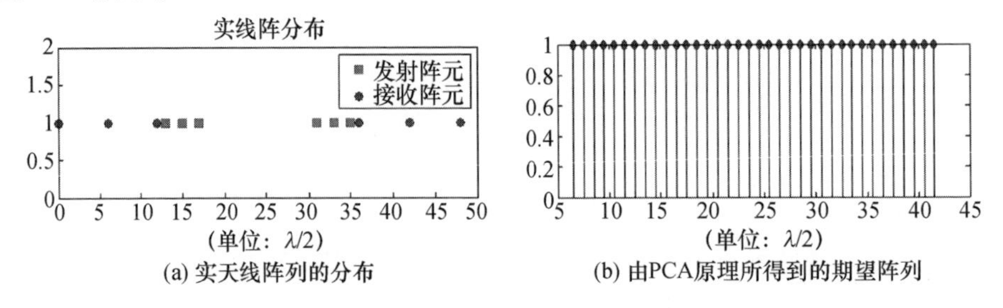

(a) 实天线阵列的分布　(b) 由PCA原理所得到的期望阵列

图9.41　S-D-D-S 线阵元分布图

从仿真结果可以看出,该阵列模型的天线波束图与期望得到的均匀线阵的波束图是一致的,证明了该模型是可行的。

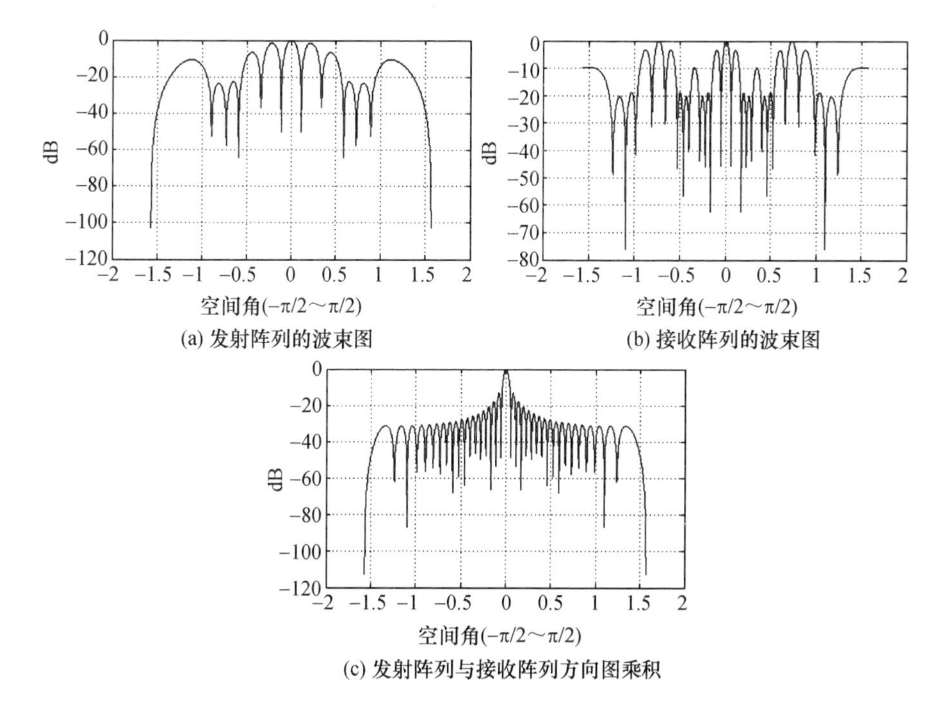

(a) 发射阵列的波束图
(b) 接收阵列的波束图
(c) 发射阵列与接收阵列方向图乘积

图 9.42 S-D-D-S 线阵模型仿真图

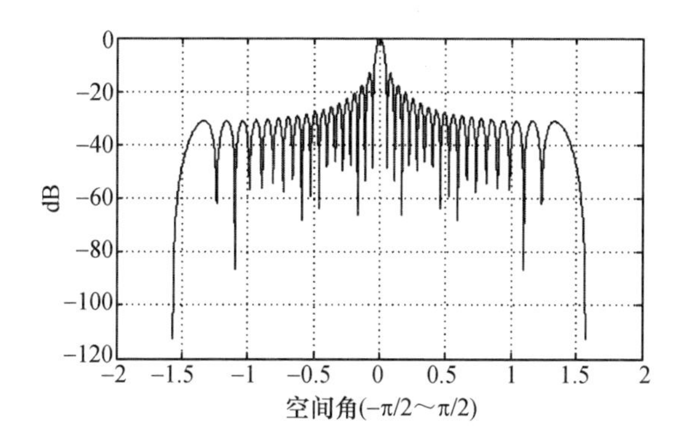

图 9.43 期望阵列的波束图

9.3.3.4 改进型的线形"S-D-D-S"模型

由前面线形"S-D-D-S"模型可以看出,阵列模型的空间尺寸利用率仍然较低,分析其原因主要有两点:①由于采用 PCA 原理作为设计方法,使得中间密两端疏的线阵模型不可避免地造成了空间的浪费;②中央部位两个子发射阵列之间的空缺 d_{va} 并没有有效利用起来。

要想进一步提高天线阵列的空间尺寸利用率可以从上面提到的两个主要原因着手,但由于设计方法本身的限制,对第一方面进行优化设计的空间不是很大,故本文主要从第二方面原因,即对如何提高中央空缺处 d_{va} 的利用率进行研究。

根据 PCA 原理得到的虚拟阵列的形状和大小与收发阵列的相对位置无关的原则,可以进行这样的猜想:是否可以在固定密阵位置的情况下将两端的疏阵向中间靠拢,以减少实际天线的尺寸,基于此考虑,我们给出了一种改进型的线形“S-D-D-D”模型。

下面通过 6 发 6 收的情况来说明该模型的可行性,如图 9.44 所示。

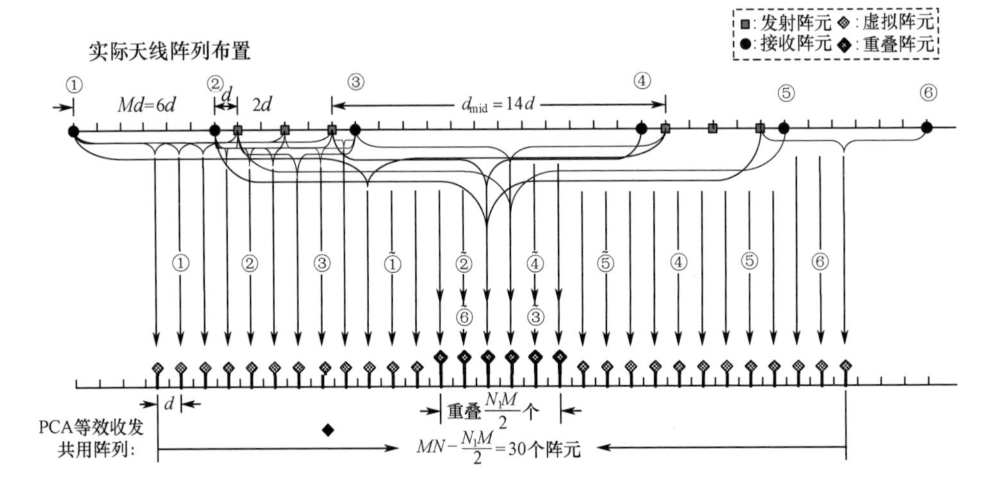

图 9.44　改进型线形“S-D-D-S”模型示意图

由图 9.44 可知,其阵元的位置关系与 9.3.3.3 节线形“S-D-D-D”模型完全一致,唯一的区别在于将外侧的 N_1 接收阵元布置在中央空缺处 d_{va} 内,虽然根据 PCA 原理形成的虚拟阵元虽然会产生冗余,但天线的空间尺寸利用率会明显增加。

以 M 发 N 收为例,假设落在 d_{va} 内的接收阵元数为 N_1,分布在阵列两端的接收阵元数为 N_2,则有 $N=N_1+N_2$。

则,实线阵的长度(翼展)可以表示为

$$l_w=\left(\frac{3N}{2}-N_1-1\right)\cdot Md \tag{9.161}$$

等效线阵的孔径长度为

$$l_{v5}=(MN-\frac{N_1M}{2}-1)d \tag{9.162}$$

该阵列模型的空间尺寸利用率为

$$\eta_5 = \frac{l_{v5}}{l_w} \tag{9.163}$$

考虑极限情况，即当 $N_1 = N_2 = N/2$ 时，阵列模型的空间尺寸利用率为

$$\eta_3 = \frac{MN - \frac{MN}{4} - 1}{(N-1)M} \approx \frac{3}{4} = 75\% \tag{9.164}$$

可以看出，该阵列模型的空间尺寸利用率已经较为实用，但同时由于引入了冗余阵元会使实天线阵元的数目有所增加，但增加的数目十分有限是可以接受的。

9.3.3.5　错开分布的线阵模型

一维线形阵列虽然易于设计与分析，但在某些情况下却并不适用，比如当机翼与机身之间有一定的夹角时，机翼上所能得到的最大连线连线长度明显小于翼展的物理尺寸情况，这种情况下选择一维线阵模型将不能充分利用翼展的长度；另外，由于三维 MIMO-SAR 系统的工作频段较高，载波波长较小，在这种情况下，上述几个线形模型中收发阵列的阵元间隔 $d(d=\lambda/2)$ 会变的非常小，进而导致收发阵列在邻接处的间距 Δd_{TR} 由于空间过小而难于布置的情况。基于上述考虑，我们给出了一种错开分布的阵列模型，该模型可以很好的解决或减轻上述问题。

如图 9.45 所示，我们可以将 PCA 原理扩展成二维形式，这种情况下由 PCA 原理所得到的虚拟阵元的位置可以表示为下面的形式

$$C = (P_T + P_R)/2 \tag{9.165}$$

或者

$$\begin{cases} C_x = (P_{Tx} + P_{Rx})/2 \\ C_y = (P_{Ty} + P_{Ry})/2 \end{cases} \tag{9.166}$$

式中：$C=(C_x, C_y)$ 为由 PCA 原理得到的虚拟阵元的位置坐标；$P_T = (P_{Tx}, P_{Ty})$ 为发射阵元的位置坐标；$P_R = (P_{Rx}, P_{Ry})$ 为接收阵元的位置坐标。

如图 9.46 所示，如果把发射阵列布置在直线 l_1 上，接收阵列布置在直线 l_2 上，由 MIMO 阵列所形成的所有虚拟阵元将落在位于 l_1 与 l_2 中间位置且平行于该两条直线的直线 l_3 上。

错开分布的线阵模型可以用于 9.3.3.1 至 9.3.3.5 节所提到的所有模型中，下面以 $M=6$ 发，$N=6$ 收的“S-D-S-D”模型为例进行说明。如图 9.47 所示，发射阵列与接收阵列分别布置在两条相互平行的直线上，两直线间的距离由实际飞行平台的机翼弯曲程度以及机翼的宽度所决定。

显然这种错开分布的线阵模型能够适应更多的载荷平台，且对于弯翼的情

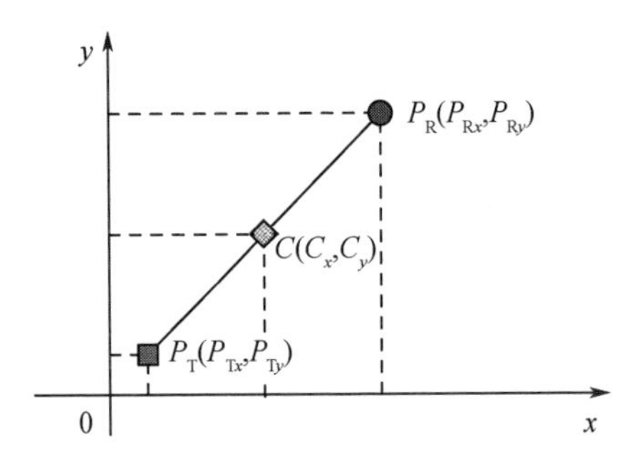

图 9.45　远场情况下的雷达波束指向指向图

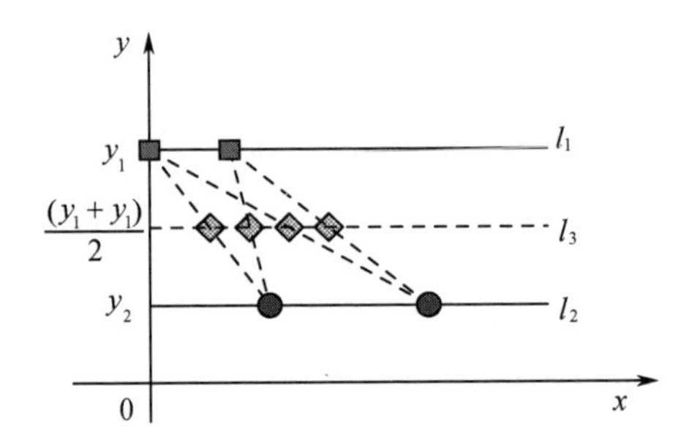

图 9.46　远场情况下的雷达波束指向指向图

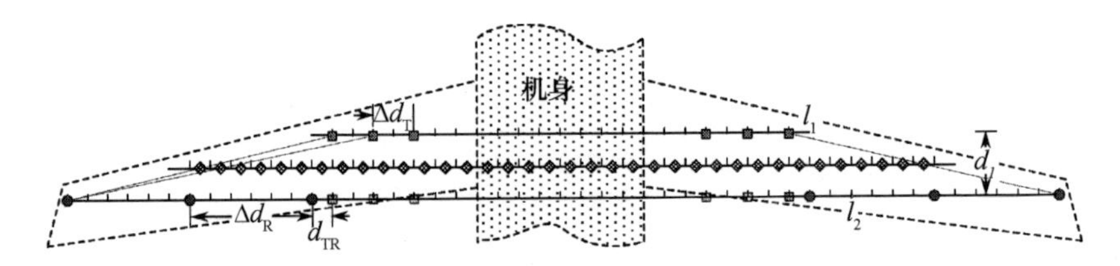

图 9.47　远场情况下的雷达波束指向指向图

况或者载波频段较高的情况,效果尤为突出。

参考文献

[1] Sethi S P, T'hompson G L. Optimal Control theory applications to management science[M]. Martinus Nijhoff Publishing, Kluwer Boston, Inc. ,1981.

[2] 夏威. MIMO 雷达模型与信号处理研究[C]. 成都: 电子科技大学, 2008.

[3] 王怀军,许红波,陆珉,等. MIMO 雷达技术及其应用分析[J]. 雷达科学与技术, 2009.

[4] 师君. 双基地 SAR 与线阵 SAR 原理及成像技术研究[C]. 成都: 电子科技大学, 2009.

[5] Weiβ M,Ender J H G. A 3D imaging radar for small unmanned airplanes—ARTINO[J]. in Proc. 2nd EURAD Conf. ,2005:229 – 232.

[6] Klare J, Brenner A, Ender J. A new airborne radar for 3D imaging simulation study of ARTINO [J]. in EUSAR 2006,Dresden,Germany,2006.

[7] 王银波. 新型阵列三维 SAR 关键技术研究[C]. 成都：电子科技大学，2009.

[8] 李伟华. 基于 PCA 原理的线阵三维 SAR 成像原理与算法研究[C]. 成都：电子科技大学，2009.

[9] 龚耀寰. 自适应滤波 - 时域自适应滤波和智能天线[M].2 版. 北京:电子工业出版社,2003.

[10] 郑志东,张剑云. MIMO 雷达波束方向图及其旁瓣抑制方法[J]. 系统工程与电子技术，2010.

主要符号表

符号	含义
$\boldsymbol{A}$	信号子空间
B_{r}	雷达发射基带信号的信号带宽
c	光速
c	电磁波在空气中的传播速度
$D(\phi)$	存在相位误差时阵列三维 SAR 的测量矩阵
D	表示雷达天线真实孔径的长度
d	相邻阵列单元的间距
f_{c}	发射信号中心频率
f_{d}	多普勒频率
f_{s}	采样频率
G	噪声子空间
H_0	SAR 载荷平台的飞行高度
H_0	飞行高度
K_{r}	LFM 信号的调频斜率
k_x	方位向波数
k_y	切航迹向波数
k	距离向波数
L_{a}	雷达合成孔径的长度
L_{r}	距离向测绘带的宽度
N_{a}	方位向采样数,即脉冲重复个数
N_{r}	距离向采样点数
$\boldsymbol{P}(0)$	平台初始位置
PRF	雷达发射脉冲重复频率
P_{ω}	波束照射范围内的任意一个散射点
$R(\phi)$	相位误差矩阵
$R_{\mathrm{s}}(t;r_{\mathrm{T}},r_{\mathrm{R}})$	收发天线的距离历史和
$\mathrm{rect}(t/T_{\mathrm{p}})$	矩形窗函数
T_{a}	合成径孔时间

T_p	发射信号脉宽
y_s	有相位误差时阵列三位 SAR 回波信号
y	无相位误差时阵列三维 SAR 回波信号
$\alpha(P_\omega)$	散射点 $\boldsymbol{P}_\omega$ 的后向散射系数
$\hat{\alpha}$	散射系数向量估计
α	散射系数
Δx	实孔径天线在观测点的方位向分辨力
$\hat{\phi}$	相位误差向量估计
ϕ	阵列三维 SAR 回波信号中的相位误差向量
λ	波长
$\rho_{at}=\lambda/2\theta_{at}$	沿航迹向分辨力
ρ_a	方位向分辨力
$\rho_{ct}=\lambda R/2L$	切航迹向分辨力
ρ_r	雷达系统距离分辨力
Θ	无相位误差时阵列三维 SAR 的测量矩阵
θ	天线波束宽度
Υ	三维成像空间中的散射面
Ω	图像空间的节点集
ω_0	中心频率对应的角频率
$\chi(t_d,f_d)$	系统模糊函数
$\chi_r(\cdot)$	距离向模糊函数

缩略语

SAR	Synthetic Aperture Radar	合成孔径雷达
RCS	Radar Cross Section	雷达散射截面
SB-SAR	Space-Borne SAR	星载 SAR
AB-SAR	Air-Borne SAR	机载 SAR
SAH-SAR	Space/Air Hybrid SAR	星机联合 SAR
SP-SAR	Single Polarimetric SAR	单极化 SAR
DP-SAR	Double Polarimetric SAR	双极化 SAR
FP-SAR	Full Polarimetric SAR	全极化 SAR
In SAR	Interferometric SAR	干涉 SAR
Cur SAR	Curvallinear SAR	曲线 SAR
Cir SAR	Circular SAR	圆周 SAR
Tom SAR	Tomography SAR	层析 SAR
LASAR	Linear Array SAR	线阵 SAR
PRF	Pulse-Recurrence-Frequency	脉冲重复频率
LFM	Linear Frequency Modulation	线性调频
POSP	Principle of Stationary Phase	驻定相位原理
DFT	Discrete Fourier Transform	离散傅里叶变换
IDFT	Inverse Discrete Fourier Transform	逆离散傅里叶变换
TBP	Time Bandwidth Product	时宽带宽积
FFT	Fast Fourier Transform	快速傅里叶变换
IFFT	Inverse Fast Fourier Transform	快速傅里叶逆变换
NUFFT	Nonuniform Fast Fourier Transform	非均匀快速傅里叶变换
PSLR	Peak to Sidelobe Ratio	峰值旁瓣比
RDA	Range-Doppler Algorithm	距离多普勒算法

CSA	Chirp Scaling Algorithm	变尺度算法
WKA	Wavenumber domain Algorithm	波数域算法
SRC	Secondary Range Compression	二次距离压缩
RCM	Range Cell Migration	距离徙动
MUSIC	Multiple Signal Classification	多重信号分类
ESPRIT	Estimation of Signal Parameters via Rotational Invariance Techniques	基于旋转不变性原理的信号参数估算技术
RCMC	range Cell Migration Correction	距离徙动校正
LS	Least Square	最小二乘
PRF	pulse Recurrence Frequency	脉冲重复频率
IAA	Iterative Adaptive Approach	迭代自适应算法
APES	Amplitude and Phase Estimation	幅度相位估计
AIC	akaike information criterion	赤池信息量准则
MDL	minimum description length	最小描述长度定理
BP	Back Propagation	后向投影
NMSE	normalized mean squared error	归一化均方根误差
GPU	Graphics Processing Unit	图形处理器
APC	Antenna Phase Center	天线相位中心
PRI	Pulse Repetition Interval	脉冲重复间隔
CS	Compressed Sensing	压缩传感理论
DCT	Discrete Cosine Transform	离散余弦变换
RIP	Restricted Isometry Property	约束等距性质
MP	Matching Pursuits	匹配追踪
OMP	Orthogonal Matching Pursuit	正交匹配追踪
MF	Matched Filtering	匹配滤波
SNR	Signal Noise Ratio	信噪比
MAP	Maximum A Posteriori	最大后验
ML	Maximum Likelihood	最大似然估计
SBL	Sparse Bayesian Learning	稀疏贝叶斯学习
BCS	Bayesian Compressed Sensing	贝叶斯压缩传感
EM	Mean Maximum	均值最大
RVM	Relevance Vector Machine	相关向量机

SBRIM	Sparsity Bayesian Recovery via Iterative Minimum	基于迭代最小化稀疏贝叶斯重构
BIC	Bayesian Information Criterion	贝叶斯信息准则
HQC	Hannan-Quinn Criterion	HQ 准则
SURE	Stein Unbiased Risk Estimatior Stein	无偏风险估计量
GCV	Generalized Cross Validation	广义交叉校验
CG	Conjugate Gradient	共轭梯度
PGA	Phase Gradient Autofocus	相位梯度自聚焦
ME	Minimum Entropy	最小熵算法
MC	Maximum Contrast	最大对比度
MCA	Multi-Chanal Autofocus	多通道自聚焦
LSE	Least Squares Errors	最小均方误差
ML	Maximum-Likelihood	最大似然估计
CMQP	Constant Modulus Quadratic Program	模恒定约束二次规划
NP-hard	Non-deterministic Polynomial Hard	广义非确定性多项式难等式
EVR	Eigen Value Relaxation	特征值松弛
MD	Map Drift	子视图相关
FFBP	Fast Factorized Back-Projection	快速因式分解后向投影
CFAR	Constant False Alarm Rate	恒虚警概率
MRA	Multi-Resolution Approximation	多分辨逼近
ROT	Region Of Targets	包含目标区域
DBF	Digital Beam Forming	数字波束形成
PCA	Phase Center Approximation	相位中心近似

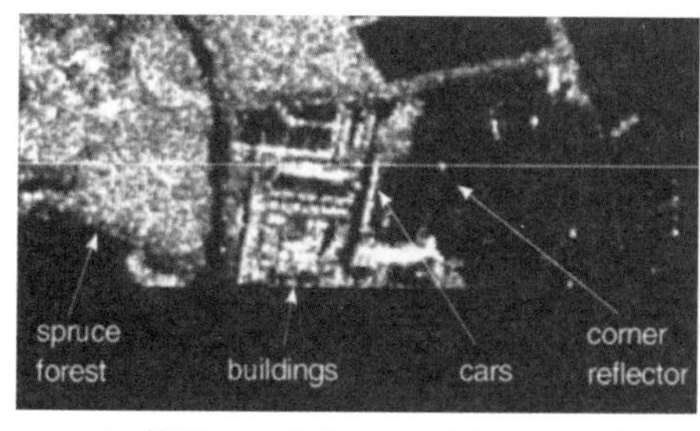

(a) 德国Oberpfaffenhofen郊区SAR图像

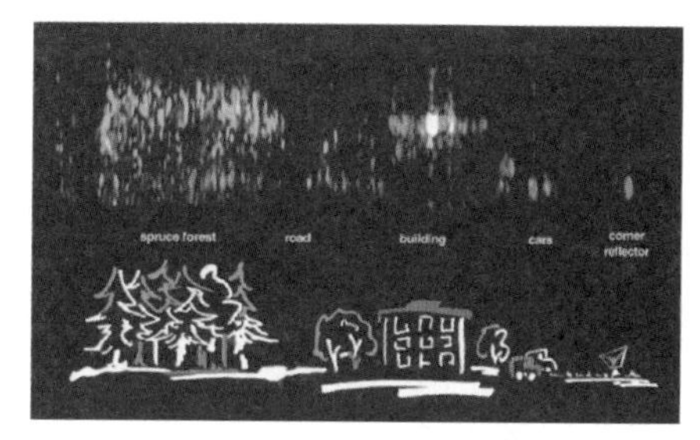

(b) 高度维层析成像结果

图 1.2　14 条航过机载层析 SAR 系统及三维成像结果

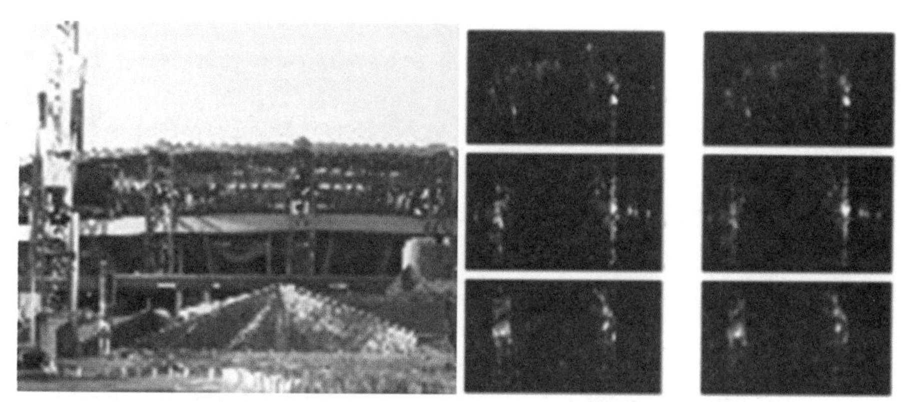

(a) 光学图　　(b) 三维层析图

图 1.3　圣保罗体育馆星载 ERS 层析 SAR 三维成像

(a) 光学图

(b) 三维层析图

图 1.4　美国拉斯维加斯某建筑星载 Terra SAR-X 层析 SAR 三维成像

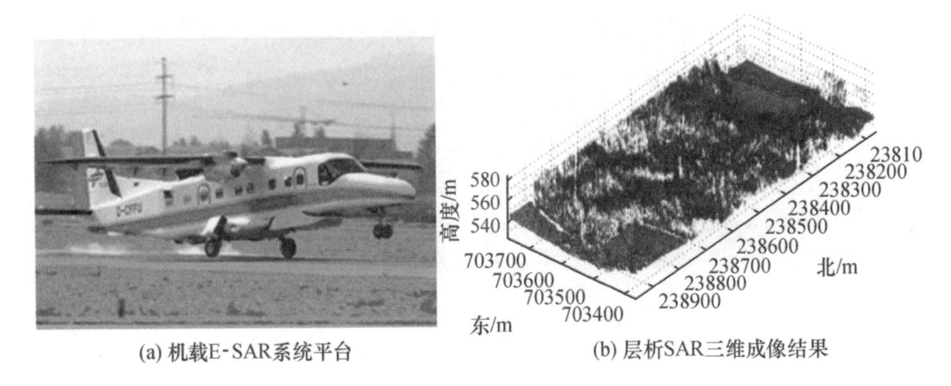

(a) 机载E-SAR系统平台　　(b) 层析SAR三维成像结果

图 1.5　机载 E-SAR 层析 SAR 系统及三维成像结果

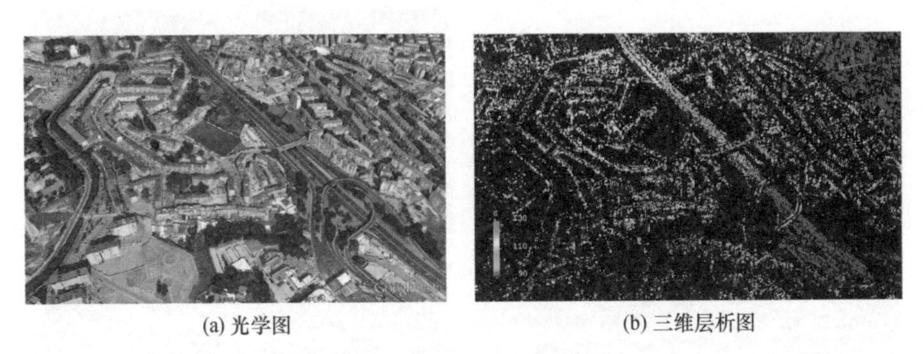

(a) 光学图　　(b) 三维层析图

图 1.6　意大利城市那不勒斯城区 COSMO－SKYMED 星载 SAR 层析三维成像

图 1.7　德国柏林城区 Terra SAR－X 星载 SAR 层析三维成像结果

(a) 光学图

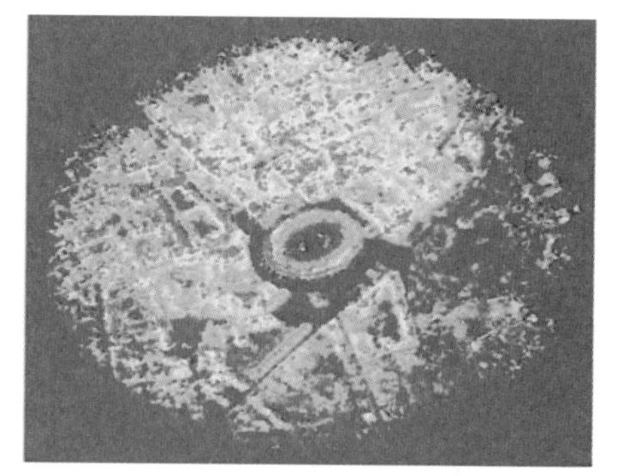

(b) 三维成像

图 1.8　法国宇航局 X 波段机载圆周 SAR 三维成像结果

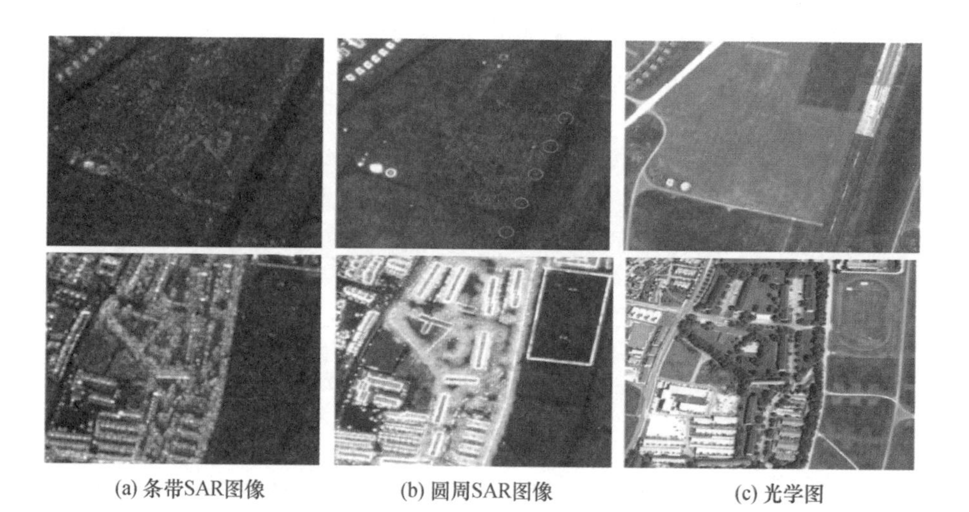

(a) 条带SAR图像　　(b) 圆周SAR图像　　(c) 光学图

图 1.9　德国宇航局 L 波段全极化机载 SAR 圆周成像与常规条带对比

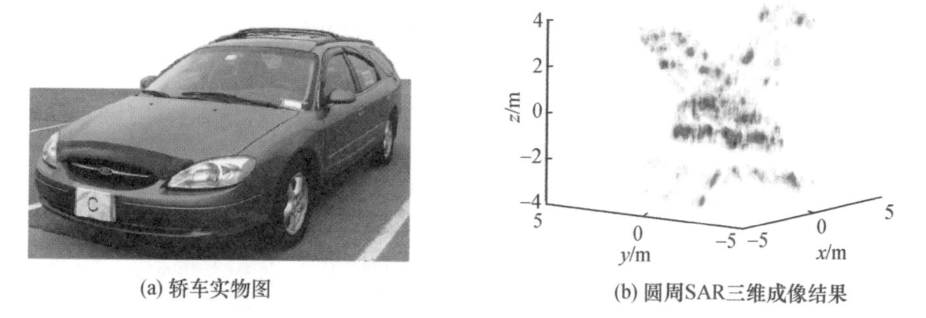

(a) 轿车实物图　　(b) 圆周SAR三维成像结果

图 1.10　美国空军实验室机载 GOTCHA 圆周 SAR 数据三维成像结果

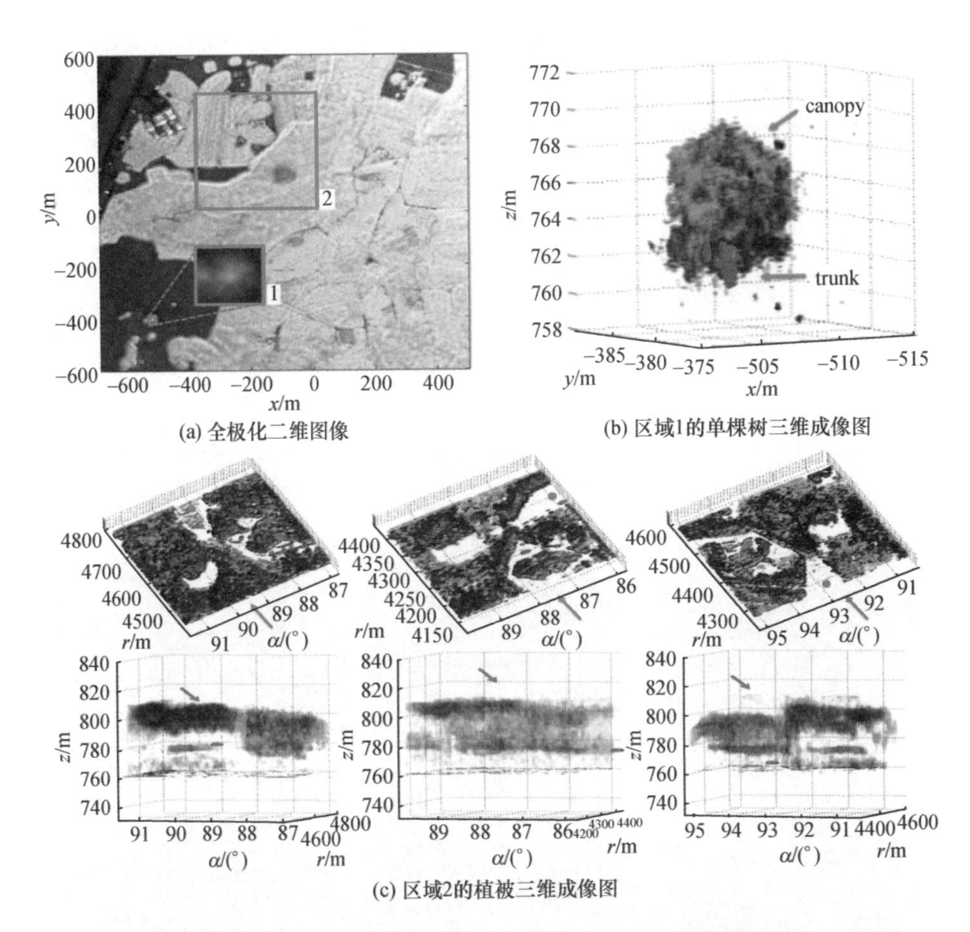

(a) 全极化二维图像

(b) 区域1的单棵树三维成像图

(c) 区域2的植被三维成像图

图 1.11　德国 L 波段 F－SAR 机载圆周 SAR 三维成像结果

(a) RAMSES–NG机载SAR系统

(b) 飞机和人的圆周SAR成像结果

图 1.12　法国 X 波段 RAMSES－NG 机载圆周 SAR 成像结果

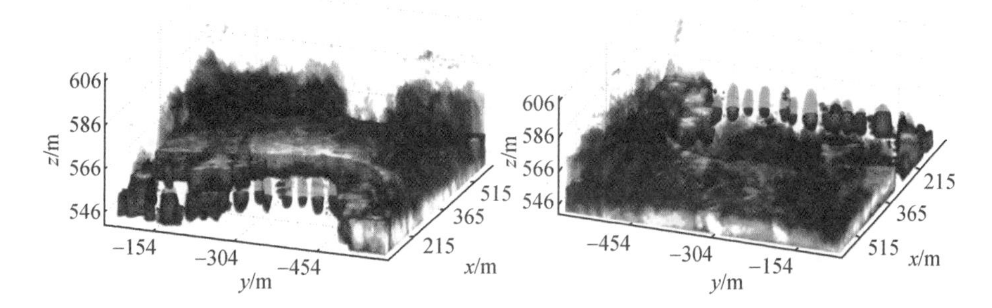

图 1.13　瑞士 Vordemwald 区域机载圆周 SAR 三维成像结果

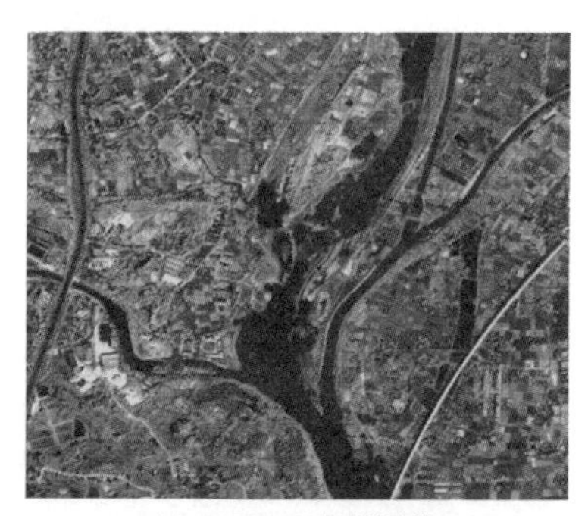

(a) IKONOS光学图像

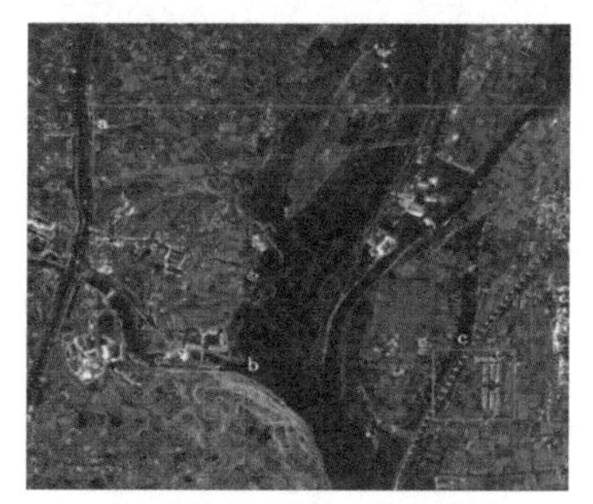

(b) 全极化圆周SAR成像结果

图 1.14　中科院电子所 P 波段机载圆周 SAR 成像结果

(a) 图1.14(b)中的输电线区域，上图为圆周SAR图像，下图为条带SAR图像

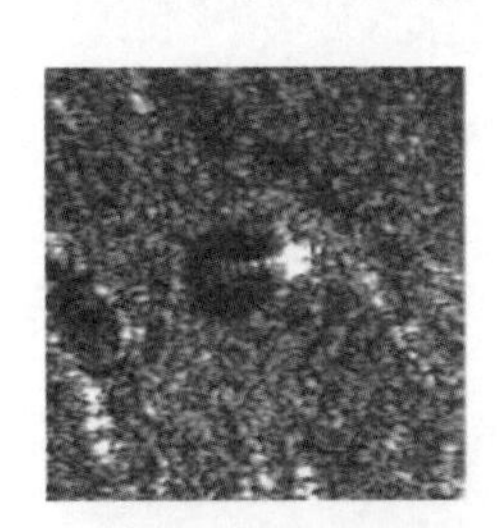

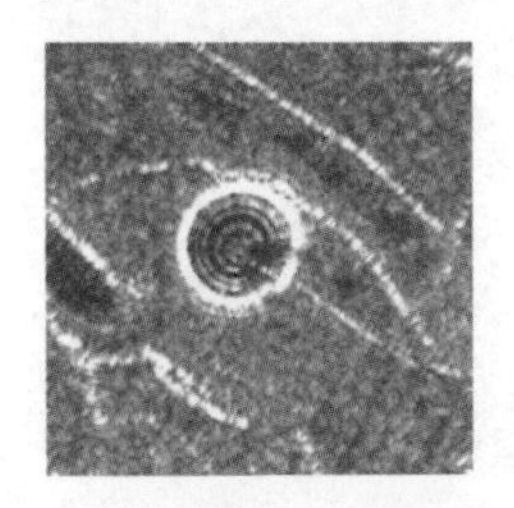

(b) 图1.14(b)中的水井区域，左图为条带SAR图像，中图为圆周SAR图像，右图为光学图像

(c) 图1.14(b)中的高铁区域，左图为条带SAR图像，中图为圆周SAR图像，右图为光学图像

图 1.15　中科院电子所 P 波段机载圆周 SAR 成像与常规条带 SAR 图像的细节对比

(a) ARTINO下视成像示意图

(b) ARTINO无人机实物平台

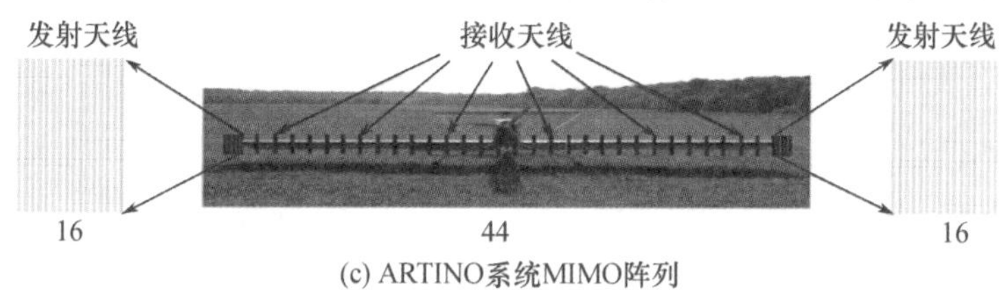

(c) ARTINO系统MIMO阵列

图 1.16　德国 FGAN – FHR 研究机构 ARTINO 工作示意图与实物系统

(a) ARTINO飞行实验图

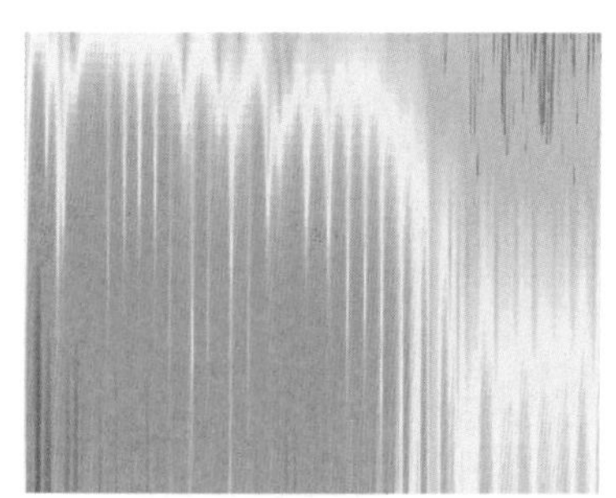

(b) 信号频谱图

图 1.17　2010 年无人机 ARTINO 飞行实验图及信号频谱

(a) 光学场景图

(b) SAR成像结果

图 1.18　2012 年波兰 WATSAR 项目前期实验光学场景图与 SAR 成像结果

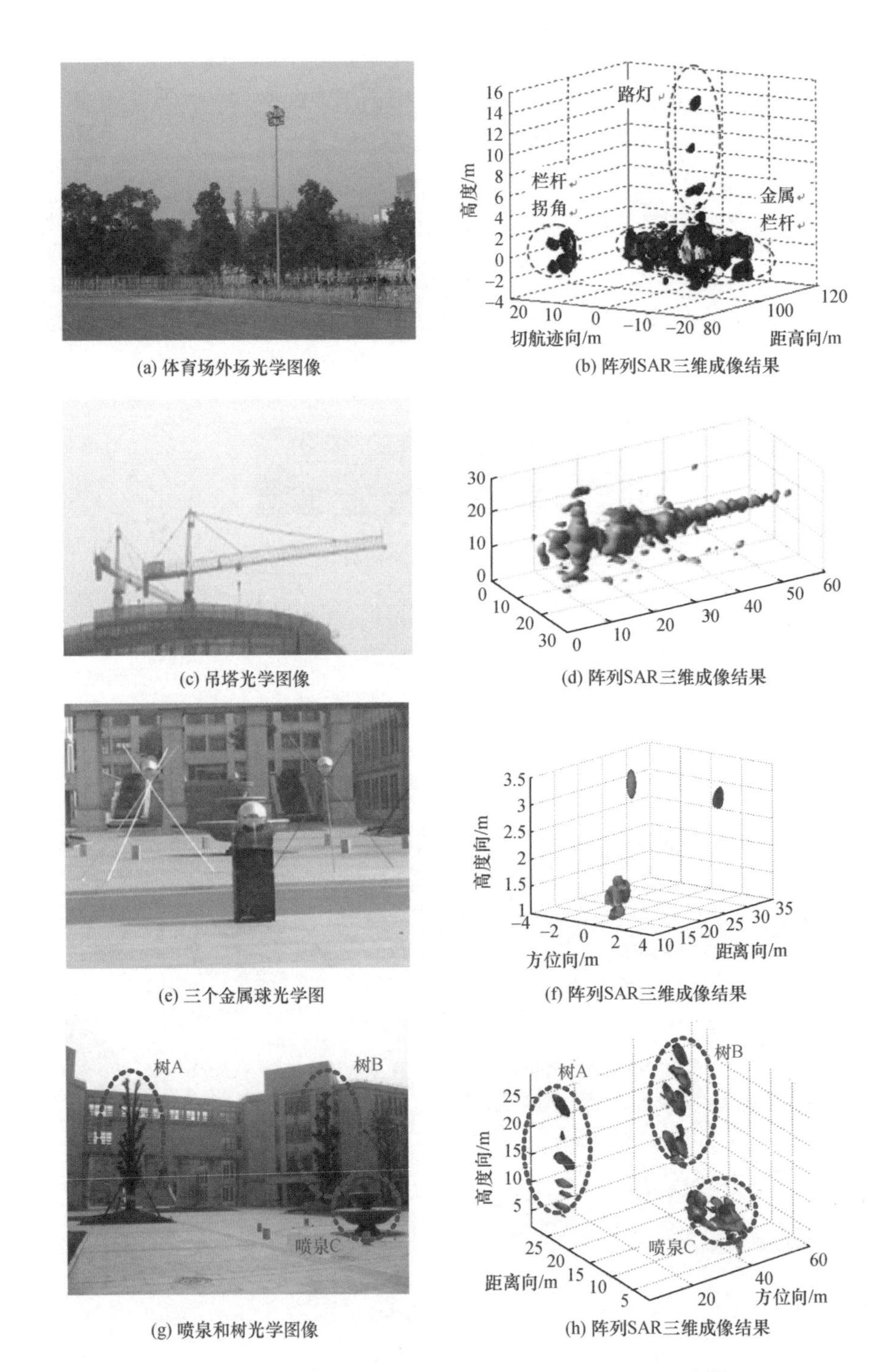

(a) 体育场外场光学图像
(b) 阵列SAR三维成像结果
(c) 吊塔光学图像
(d) 阵列SAR三维成像结果
(e) 三个金属球光学图
(f) 阵列SAR三维成像结果
(g) 喷泉和树光学图像
(h) 阵列SAR三维成像结果

图 1.19　电子科技大学地基线阵 SAR 外场场景三维成像结果

图 1. 21　测试设备

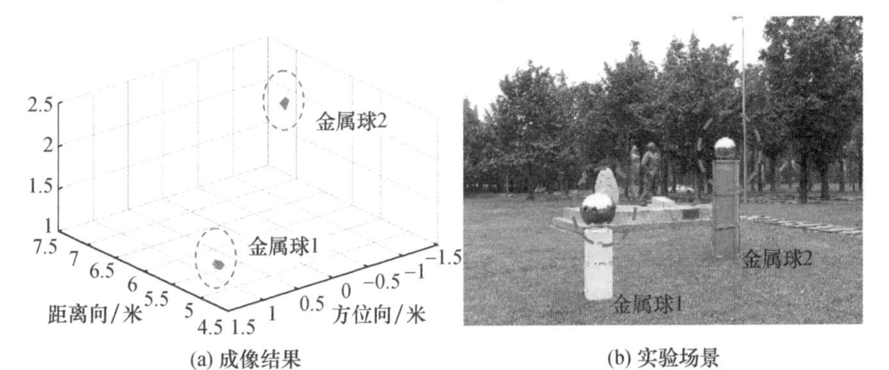

(a) 成像结果　　(b) 实验场景

图 1. 22　三维 SAR 实测结果

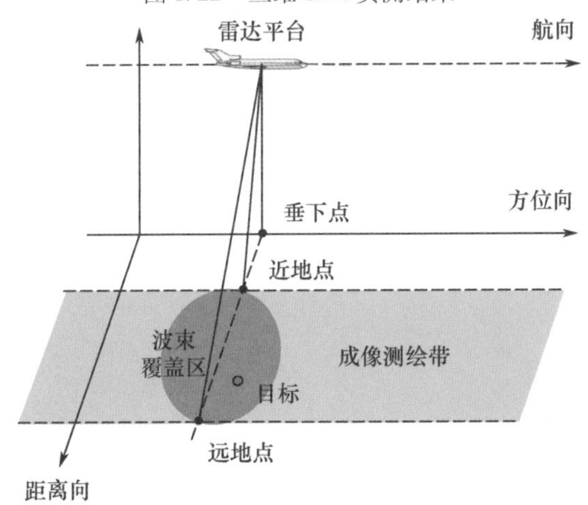

图 2. 1　合成孔径雷达成像几何示意图

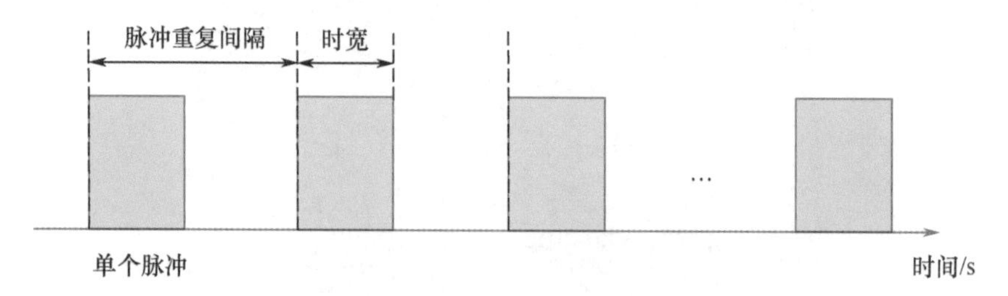

图 2. 2　雷达脉冲示意图

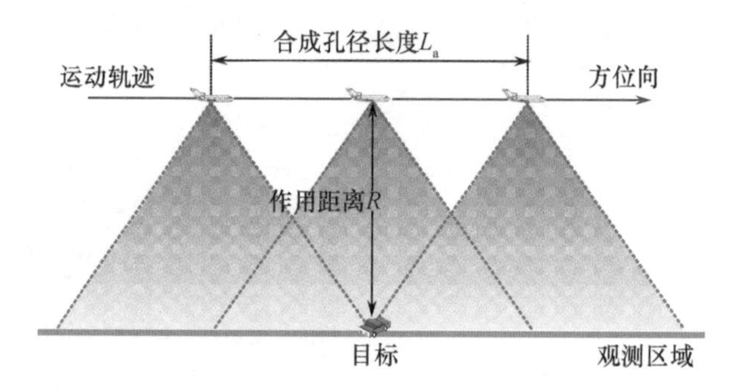

图 2. 3　合成孔径示意图

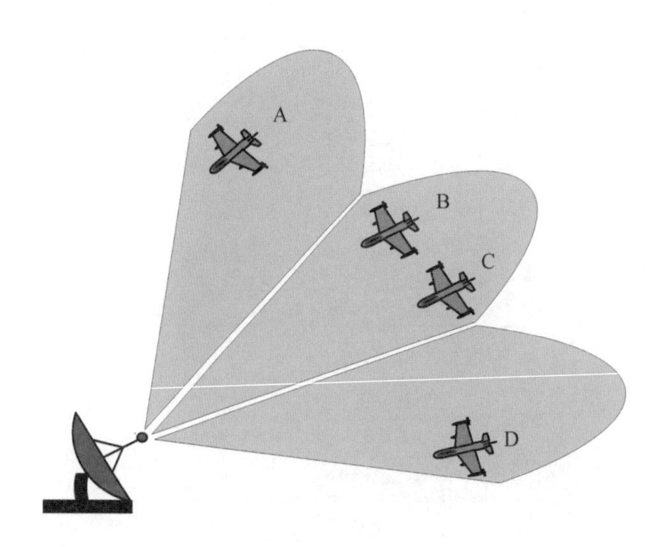

图 2. 5　雷达系统方位向分辨力示意图

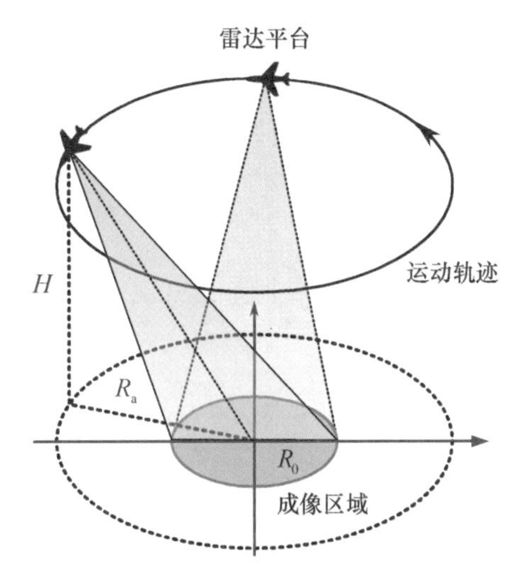

图 3.1　圆周 SAR 成像几何关系图

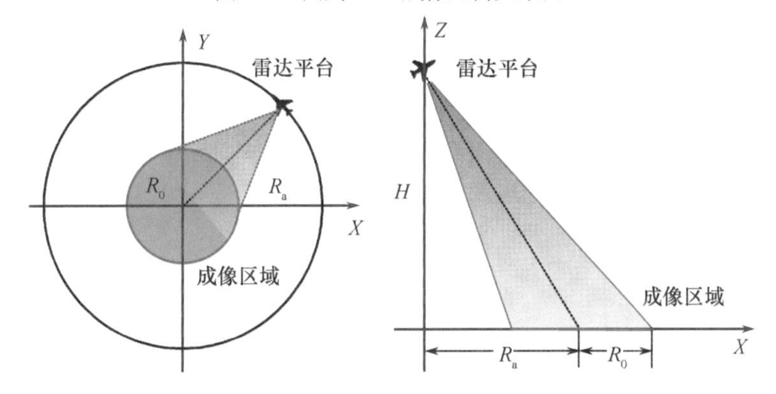

图 3.2　圆周 SAR 成像系统俯视图和侧视图

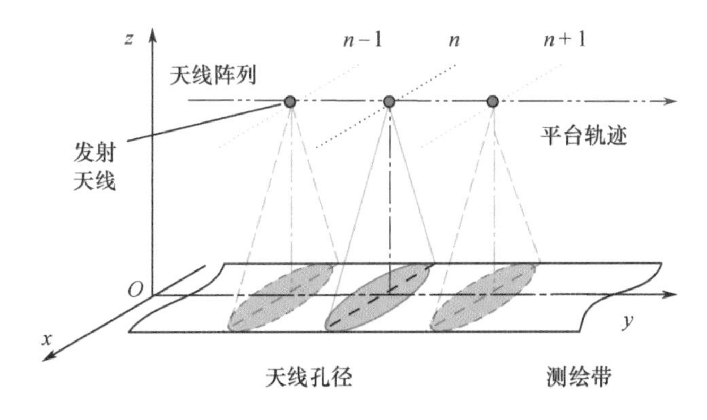

图 3.10　固定发射方式阵列 SAR 原理图

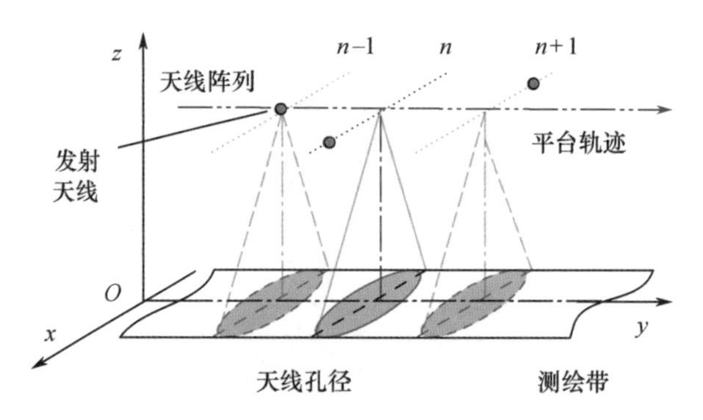

图 3.11　正交发射方式阵列 SAR 原理图

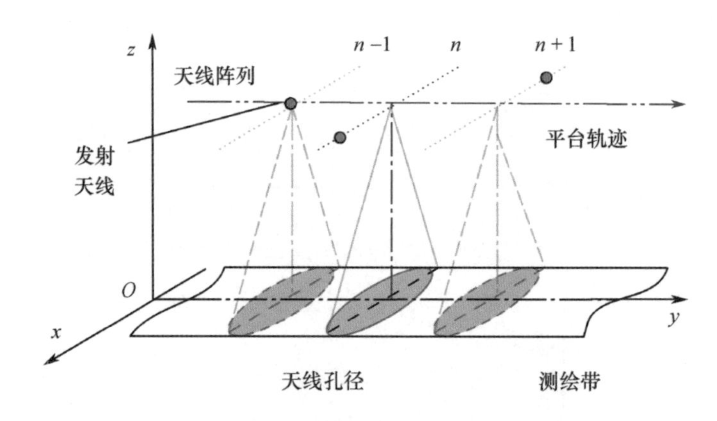

图 3.12　随机发射方式阵列 SAR 原理图

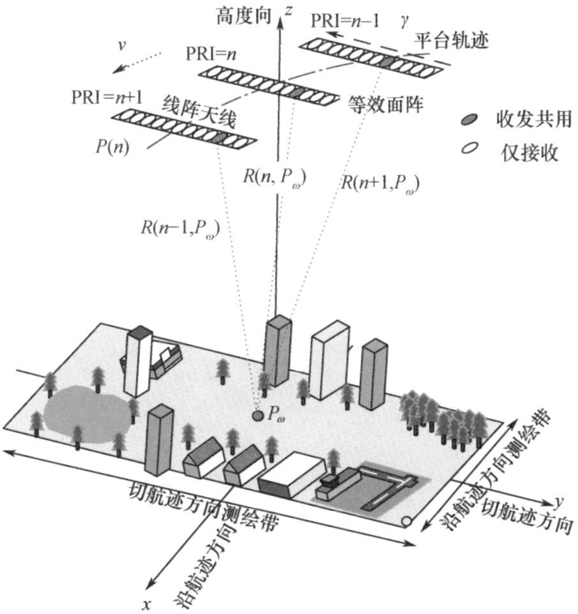

图 4.1　线阵三维 SAR 几何结构图

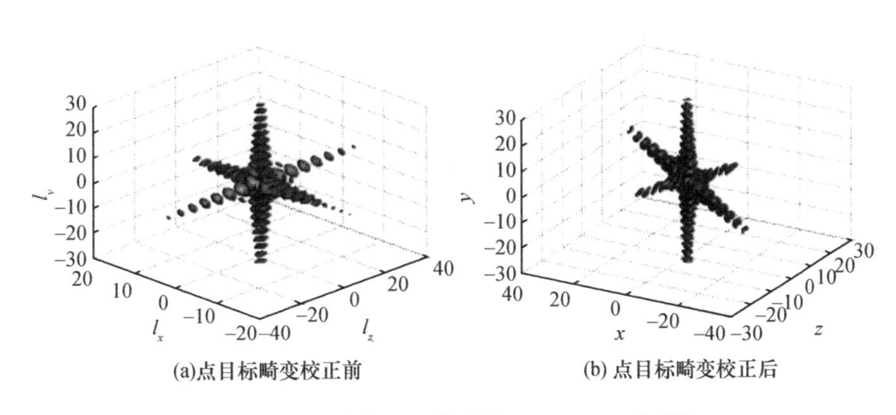

图 4.7　三维点扩展函数形状(-30dB 显示门限)

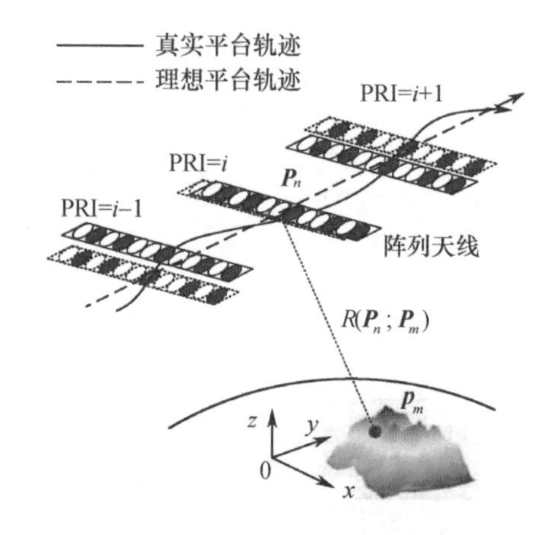

图 7.3　阵列三维 SAR 沿航迹相位误差模型示意图

图 7.35　体育馆曲面墙框架实验场景

(a) 成像场景照片

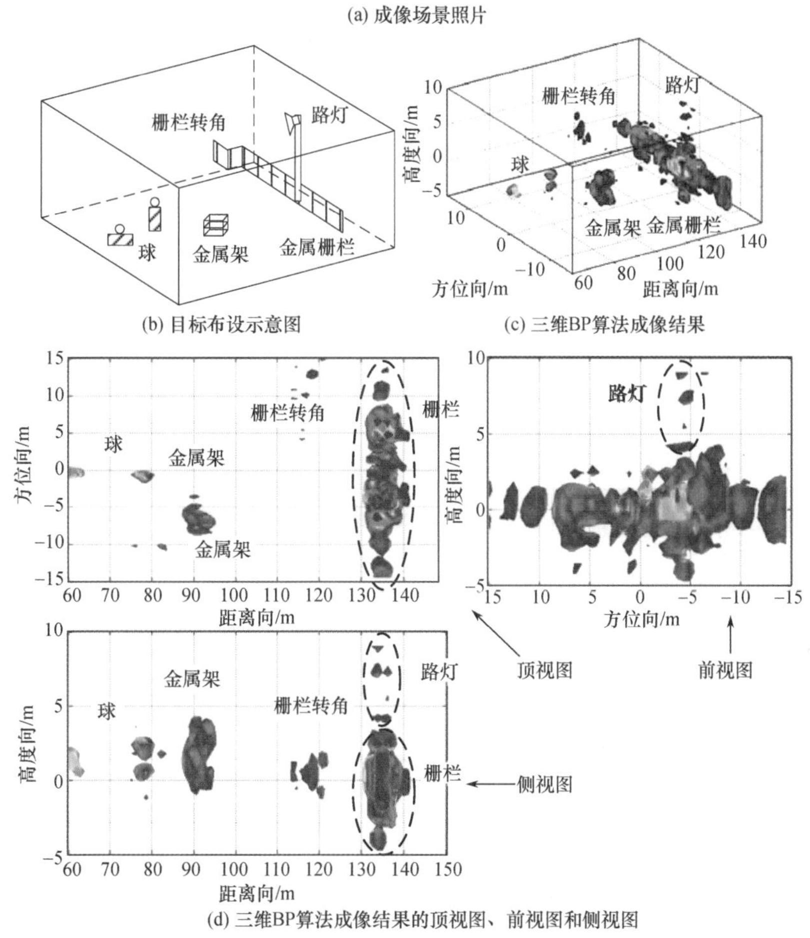

(b) 目标布设示意图

(c) 三维BP算法成像结果

(d) 三维BP算法成像结果的顶视图、前视图和侧视图

图 8.21 实测三维成像实验

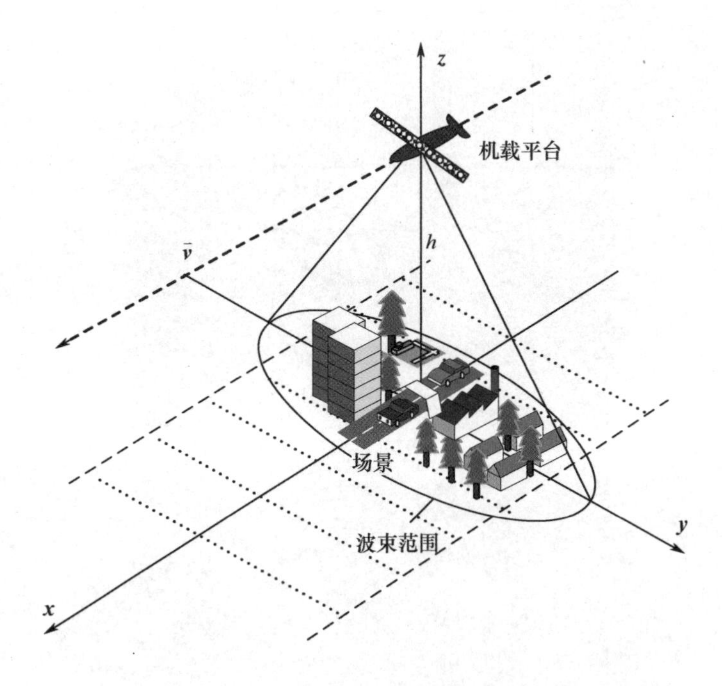

图 9.9　机载下视三维 MIMO-SAR 成像系统的几何结构图